Intelligent Detection of
Agricultural Images

国家出版基金资助项目

湖北省公益学术著作出版专项资金资助项目

智能化农业装备技术研究丛书

组编单位 中国农业机械学会

丛书主编 赵春江

农业图像智能检测

陈兵旗 陈思遥 李景彬 ◎ 著

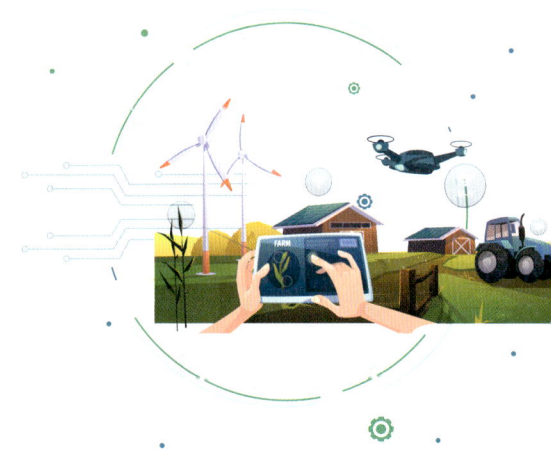

华中科技大学出版社

http://press.hust.edu.cn

中国·武汉

内 容 简 介

数字图像处理是智能装备领域的核心技术之一,也是智慧农业的重要技术支撑。随着"新农科"建设的推进和智慧农业的不断发展,越来越多的农业院校开设了农业智能装备工程专业。本书对当前数字图像处理的农业应用研究进行总结归纳,以满足教学和研究需要。

本书首先介绍了数字图像处理的基本理论和农业图像智能检测的技术框架,然后详细介绍了研究案例用到的图像处理常用算法。在应用案例部分,以作者近三十年的图像处理农业应用研究为主线,结合当前国内外重要研究成果及专业图像处理算法软件,为读者呈现了一套专业、实用、可借鉴的数字图像处理农业应用技术解决方案。

本书可作为农业工程、农业智能装备工程、智慧农业(数字农业)等领域的科研人员参考用书,也可供相关专业的研究生学习使用。

图书在版编目(CIP)数据

农业图像智能检测/陈兵旗,陈思遥,李景彬著.—武汉:华中科技大学出版社,2025.1.
(智能化农业装备技术研究丛书/赵春江主编). -- ISBN 978-7-5772-1162-6

Ⅰ.S-39

中国国家版本馆 CIP 数据核字第 2025LW4483 号

农业图像智能检测　　　　　　　　　　　　　陈兵旗　　陈思遥　　李景彬　著
Nongye Tuxiang Zhineng Jiance

策划编辑:俞道凯　　王　勇
责任编辑:吴　晗
封面设计:廖亚萍
责任监印:朱　玢
出版发行:华中科技大学出版社(中国·武汉)　　　　电话:(027)81321913
　　　　　武汉市东湖新技术开发区华工科技园　　　　邮编:430223
录　　排:武汉市洪山区佳年华文印部
印　　刷:武汉市洪林印务有限公司
开　　本:710mm×1000mm　1/16
印　　张:32.75
字　　数:572千字
版　　次:2025年1月第1版第1次印刷
定　　价:248.00元

智能化农业装备技术研究丛书
编审委员会

作者简介

▶ **陈兵旗**　石河子大学特聘教授，中国农业大学工学院教授，日本东京农工大学硕士、博士，日本学术振兴会（JSPS）博士后、访问教授。全国研究生教育评估监测专家库专家，高等学校科学研究优秀成果奖（科学技术）通信评审专家，国家科学技术学术著作出版基金项目评审会专家，中国博士后科学基金评审专家，全国农业机械化与设施农业工程技术专家库专家，北京市科技项目评审专家库专家，河北省科技奖励评审专家库专家，国家自然科学基金及多个省（市）科技计划项目评审专家，《农业工程学报》杰出审稿人，校际凡科平台优秀评审专家。

从事图像处理及机器视觉研究与教学工作三十余年，出版著作16部，获授权国家发明专利14项，发表研究论文70余篇，主持开发图像处理系统软件和项目50多项，应邀在全国性学术会议作特邀报告及技术培训10余次。

▶ **陈思遥** 男，日本京都大学农学研究科和东京大学农学生命科学研究科博士后研究员。2019年获中国农业大学信息与电气工程学院电子信息工程专业工学学士学位。2019年10月至2025年3月就读于日本京都大学农学研究科，获得硕士和博士学位，同时完成京都大学卓越大学院Platform项目。博士期间兼任日本学术振兴会（JSPS）特别研究员。研究方向涵盖微流控生物传感及计算机视觉在植物表型分析中的应用。

▶ **李景彬** 工学博士，二级教授，博士研究生导师，入选新疆维吾尔自治区"天山英才"培养计划（新疆工匠项目），新疆维吾尔自治区苹果产业技术体系果园机械化技术与装备岗位科学家，兵团中青年科技创新领军人才，现任石河子大学党委常委、宣传部部长。担任中国农业工程学会第十一届理事会理事，中国现代农机装备行业产教融合共同体副理事长，《农业机械学报》编委，《机械工程学报》编委。

主要研究领域为新疆特色作物机械化生产关键技术与装备、畜禽养殖关键技术与装备、图像信息采集与处理，先后主持国家自然科学基金等省部级以上科研项目20项，发表科研论文150余篇，其中以第一作者或通讯作者发表的30余篇论文被SCI/EI收录，出版专著及教材10部，授权专利50余项；曾获兵团第一届教学成果奖特等奖、新疆维吾尔自治区教学成果一等奖、兵团技术发明奖一等奖、兵团科技进步奖二等奖、中国农业机械学会青年科技奖等省部级科技奖励8项，荣获兵团高等学校教学名师、宝钢优秀教师、最美农机教师、兵团青年五四奖章等荣誉。

 # 总序一

　　智能化农业装备是转变农业发展方式、提高农业综合生产能力的重要基础,是加快建设农业强国的重要支撑。它以数据、知识和装备为核心要素,将先进设计、智能制造、新材料、物联网、大数据、云计算和人工智能与农业装备深度融合,实现农业生产全过程所需的信息感知、定量决策、智能控制、精准投入及个性化服务的一体化。智能化农业装备是农业产业技术进步和农业生产方式转变的核心内容,已成为现代农业创新增长的驱动力之一。

　　"智能化农业装备技术研究丛书"是由中国农业机械学会与华中科技大学出版社共同发起,为服务"乡村振兴"和"创新驱动发展"国家重大战略,贯彻落实"十四五"规划和2035年远景目标纲要,面向世界农业科技前沿、国家经济主战场和农业现代化建设重大需求,精准策划,且汇集了我国智能化农业装备先进技术的一套科技著作。

　　丛书结合国际农业发展新趋势与我国农业产业发展形势,聚焦智能化农业装备领域前沿技术和产业现状,展示我国智能化农业装备领域取得的自主创新研究成果,助力我国智能化农业装备领域高端、专精科研人才培养。为此,向为丛书出版付出辛勤劳动的专家、学者表示崇高的敬意和衷心的感谢。

　　党中央把加快建设农业强国摆上建设社会主义现代化强国的重要位置。我国正处在全面推进乡村振兴、实现农业现代化的关键时期,智能化农业装

备领域前沿技术发展大有可为！丛书汇集了高校、科研院所以及企业的理论科研成果与产业应用成果。期望丛书深厚的技术理论和扎实的产业应用能切实推进我国智能化农业装备领域的发展，为我国建设农业强国和实现农业现代化做出新的、更大的贡献。

中国工程院院士

国家农业信息化工程技术研究中心主任

北京市农林科学院信息技术研究中心研究员

2024 年 1 月

总序二

　　智能化农业装备是提升农业生产效率、促进农业可持续发展以及推动农业现代化建设的重要支撑。"智能化农业装备技术研究丛书"的编写立足于贯彻落实制造强国战略部署，锚定农业强国建设目标，全方位夯实粮食安全根基，积极落实"藏粮于技"，加强农业科技和装备支撑，聚焦智能化农业装备领域前沿技术、基础共性技术及关键核心技术，突出自主创新，为农业强国建设提供理论与技术支持。

　　党的二十大报告明确提出"加快建设农业强国"，这是党中央着眼全面建成社会主义现代化强国做出的战略部署。"强国必先强农，农强方能国强"，中国农业机械学会始终不忘"农业的根本出路在于机械化"之初心，牢记推进中国农业机械化发展之使命，全面贯彻习近平总书记提出的"大力推进农业机械化、智能化，给农业现代化插上科技的翅膀"的重要指示，团结广大的科技工作者，聚焦大食物观、粮食安全和食品科技自立自强，围绕农业装备补短板、强弱项、促智能，不断促进科技创新、服务国家重大战略需求、助力科技经济融合发展，为促进农业装备转型升级、农业强国建设和乡村振兴积极贡献智慧与力量。

　　中国农业机械学会作为专业性的学术组织，本着"合作、开放、共享"理念，充分发挥桥梁和纽带作用，组织行业专家、学者群策群力，撰写丛书，并与华中科技大学出版社通力合作共同推动丛书的出版。丛书可作为广大农业科技工作者、农业装备研发人员、农业院校师生的宝贵参考书，也将成为推动我国农业现代化进程的重要力量。

最后，衷心感谢为丛书做出贡献的专家、学者，他们具有深厚的专业知识、严谨的学术态度、卓越的成就和独到的见解。感谢华中科技大学出版社相关人员在组织、策划过程中付出的辛勤劳动。

中国工程院院士

中国农业机械学会名誉理事长

2024 年 1 月

　　智慧农业是农业生产的发展方向,视觉检测是智慧农业的重要组成部分,在农业生产自动化和智能化中发挥着重要作用。农业生产涉及人、机器、植物、动物和复杂的自然环境,各种视觉检测对象都没有标准的形态、颜色、尺寸等外观特性,这与工业视觉检测存在显著差异。

　　目前,国内主要农业院校都已经开设农业智能装备工程专业,且越来越多的农业院校计划增设该专业。

　　视觉检测系统也称为机器视觉系统,由硬件和软件两部分构成。硬件主要是计算机和图像采集设备等,软件主要是图像处理软件与分析算法。本书主要介绍视觉检测的软件部分。在概论之后,首先介绍了图像处理的常用方法,然后通过大量应用研究项目介绍了视觉检测在农业生产各个方向的应用情况,最后介绍专业通用图像处理系统和二维与三维运动图像测量分析系统,具体章节内容安排如下。

　　第 1 章分为 3 节,分别概要介绍了数字图像处理发展、近年兴起的深度学习和农业图像智能检测。在第 3 节"农业图像智能检测概论"对后续各章的应用研究项目分别进行了概述,读者可以通过该节的介绍,快速找到自己感兴趣的研究项目。

　　第 2 章介绍了图像处理常用方法,包括:图像颜色与变换、目标提取、去噪声处理、边缘检测与提取、几何参数检测、直线检测、单目视觉检测、双目视觉检测和小波变换。这些方法在后面的研究项目里都有应用,个别特殊的图像处理方法放在对应章节的第 1 节里介绍。本章介绍的都是基本理论,想使用算法 C 语言程序的读者,可以参看《实用数字图像处理与分析》(陈兵旗主编)。

第 3 章至第 8 章介绍了视觉检测在农业领域的应用,涉及种子籽粒图像检测、农作物提取与生长量三维图像监测、农作物病害图像监测、农副产品图像检测、动物行为二维与三维检测、农田导航线图像检测等 6 个方向,每个方向都分别介绍了多个应用研究项目。

第 9 章至第 11 章介绍了多种专业版软件:通用图像处理系统 ImageSys、二维运动图像测量分析系统 MIAS 和三维运动图像测量分析系统 MIAS3D。在第 10、11 章的最后分别简单介绍了对应的实时系统 RTTS 和 RTTS3D。这些专业软件是由作者主持开发的,本书中的多数研究项目都是作者团队在这些专业软件平台上完成的。

本书凝练了作者主持的日本学术振兴会(JSPS)特别研究员项目、国家高技术研究发展计划(863 计划)项目、国家自然科学基金项目及国家重点研发计划项目等的研究成果。需要特别说明的是,农业场景的强干扰性(如动态光照变化、生物形态多样性等)与算法泛化需求之间的矛盾,仍是制约智能检测技术规模化应用的关键瓶颈。书中部分算法虽通过多年多场景数据验证,但其架构设计可能随着技术的发展需作适应性调整。期待与同行共同探索更具鲁棒性的解决方案,同时恳请广大读者不吝指正。

作 者

2024 年 10 月

目 录
CONTENTS

第 1 章
概论

1.1　数字图像处理技术发展概述

图像处理的起源可以追溯到旧石器时代,在古代文明中就能够看到很多图像处理的实例。但是,从技术角度来说,可以认为图像处理技术开始于印刷术和复印技术等这些以数字形式发展起来的技术。

1. 早期阶段

1964 年,第三代计算机 IBM System/360 的问世,以及 1965 年微型计算机 DEC PDP-8 的出现,推动了计算机技术的迅速发展,从而为数字图像处理所依赖的计算平台提供了有力保障。数字图像处理技术的初步应用始于人造卫星图像的处理。1965 年 Mariner 4 卫星传回火星表面的图像,1969 年阿波罗 11 号在月球着陆时传回月球表面的图像,这些都标志着数字图像处理技术在航空航天领域的首次大规模应用。由于航空航天领域的拍摄环境恶劣,图像在传输过程中画质极低,需要经过大量的数字图像处理以改善图像质量。与此同时,数字图像处理技术也开始尝试应用于医学领域,例如显微镜图像的计量测定、疾病诊断、血细胞分类、染色体分析及细胞病理学的研究。此外,在 1965 年前后,研究者首次尝试对胸部 X 光照片进行处理,包括改善图像质量、实现物体识别、特征提取、分类测量以及模式识别。在物理学领域,数字图像处理技术被用于解析粒子加速器中粒子轨迹的影像。20 世纪 60 年代后半期,数字图像处理开始扩展到通用场景图像处理和三维物体图像处理领域。这一时期的研究工作以美国麻省理工学院人工智能实验室为中心展开,涉及计算机视觉、物体识别、场景分析及机器人视觉等课题。二维模式识别研究以文字识别为重点,成为一项庞大的工程。日本于 1968 年为适应邮政编码制度,研制了文字识别装置,该装置极大地促进了文字识别技术的发展。由此产生的许多算法,如细化处理、阈值处理、形状特征提取等,成为后续图像处理领域的基础算法,并得到了广泛应用。1968年,有关图像处理的国际研讨会论文集公开出版。

2. 快速发展阶段

20世纪70年代初期,数字图像处理开始加速发展,出现了医学领域的计算机断层扫描(computed tomography,CT)仪和地球观测卫星。这些技术装备从成像阶段开始就进行了复杂的数字图像处理,数据量庞大。CT仪是将多张投影图像重构成截面图像的仪器,其数理基础拉东变换(Radon transform)由拉东于1917年提出。20世纪70年代后,随着计算机及其相关技术的进步,CT技术开始了实用化应用。CT技术不仅对医学产生了革命性影响,也对整个图像处理技术产生了很大的促进作用,同时开辟了获取立体三维数字图像的途径。20世纪90年代后,出现了利用多幅CT图像在计算机内进行人体三维虚拟重建的技术,该技术可以自由移动三维图像的视角,从任意角度观察人体,帮助进行诊断和治疗。

地球观测卫星以一定周期在地球上空轨道运行,通过不同光谱波段的传感器对地球表面发出的反射能量进行检测,并将检测数据连续传送回地面,还原成详尽的地球表面图像。研究人员开发了提取其信息的各种算法。此后,又形成了将海洋观测卫星、气象观测卫星等的图像进行合成的遥感图像处理技术,并广泛应用于地质勘探、植被保护、气象观测、农业、海洋开发、城市规划等领域。

CT图像和遥感图像在应用层面都具有极其重要的意义,为了对其进行处理,研究人员开发出了非常多的算法。例如,对于CT图像,首先开发出了图像重构算法,通过空间频率处理以及灰度等级处理来改善画质,还开发出了各种图像测量算法。在此基础上,进一步开发出了表示人体三维构造的立体三维图像处理算法。对于遥感图像,出现了图像几何变换、倾斜校正、彩色合成、图像分类、结构处理、邻域分割等处理算法。随着技术的发展,CT图像和遥感图像的精度也在不断提高,现在CT仪的分辨率可以达到0.5 mm以下,卫星观察地球表面的分辨率可达1 m以下。

在其他领域,为了实现检测自动化、节省劳动力和提高产品质量,规模生产(产业)应用开始进入实用化阶段。例如,图像处理技术在集成电路的设计和检测方面实现了大规模应用。然而,从产业应用的整体规模来看,实用化的成功例子比较有限。与此同时,为实现物体识别和场景解析,研究人员开始探索基于人工智能的三维场景识别与理解技术。但是,物体识别、场景解析问题比预想的要难,即使到现在实用化的例子也很少。

与文字识别紧密相关的图纸、地图、教材等文档的自动化处理,也成为图像处理的一个重要领域。例如,传真通信和复印机就使用了二值图像的压缩、编码、几何校正等诸多算法。日本在 1974 年开始了地图数据库的开发工作,目前这些技术积累被广泛应用于地理信息系统(geographical information system,GIS)和汽车导航等领域。

在医学领域,除了前述的 CT 技术以外,人们还实现了血细胞分类装置的商业化,并开始试制细胞诊断与治疗装置。另有研究探索基于胸部 X 射线照片诊断硅肺病、心脏病、结核病及癌症的计算机辅助诊断。同时,基于超声影像、X 射线影像、血管荧光影像以及放射性同位素(radioactive isotope,RI)影像等的辅助诊断技术亦成为研究热点。在这些研究中,研究人员开发了差分滤波、距离变换、细化处理、轮廓检测及区域生长等灰度图像处理相关算法,为后续图像处理算法研究奠定了基础。

在硬件方面,20 世纪 70 年代有几项重要的发展。例如,帧存储器的出现及普及,为图像处理带来了便利。数字信号处理器(digital signal processor,DSP)的发展,开创了包括快速傅里叶变换(fast Fourier transform,FFT)在内的高级处理的新途径。随着电荷耦合器件(charge coupled device,CCD)图像采集装置的开发与进步,出现了利用激光测量距离的测距仪。而在计算机技术方面,20 世纪 70 年代前半期美国 Intel 公司的微处理器 4004 和 8008 相继问世,并应用到随后出现的微型计算机上。1973 年美国 Xerox 公司开发了被称为第一个工作站的 Alto。1976 年大型超级计算机 Cray-1 问世,扩大了处理器规模和功能的选择范围,对开发各种规模的图像处理系统做出了贡献。

在软件方面,并行处理、二值图像处理等基础性算法被逐步提出。在相关基础理论中,图像变换(如离散傅里叶变换、离散正交变换等)、数字图像几何学以及以此为基础的诸多算法形成了体系,并且一些具有通用性的图像处理程序包也被开发出来。

总之,该时期图像处理的价值和发展前景被广泛认知,各个应用领域了解了其用途,纷纷开始了基础性研究,到了 20 世纪 70 年代后半期就进入了全面推广应用的阶段,尤其是对基础方法、处理程序框架、算法等的研究,进入了快速发展时期。实际上,现在被实用化或处在继续研究中的图像处理技术的基础性方法,大多起始于 20 世纪 60—70 年代。

20 世纪 80 年代图像处理技术获得了进一步快速普及。图像处理技术在多个领域进入实用化、大众化阶段。工作站、内存以及 CCD 输入装置的组合,形成了这一时期在性价比上更为优秀的专用系统,使得多样化的图像处理系统实现了商业化,很多通用软件工具被开发出来,许多技术人员也能够开发针对各种问题的处理算法。20世纪80年代,图像处理硬件的核心是搭载有专用图像处理设备的工作站。

3. 智能化发展阶段

进入20世纪90年代,迅速在全球普及的互联网技术对图像处理产生了不小的影响。同时,由于计算机性能的飞跃性提升及其应用的普及,信息处理能力和图像获取手段得到了前所未有的发展,使得在任何地点都可以获得与以前超级计算机相同的图像处理能力。大量图像要通过网络高速传输,促使图像编码、压缩等研究工作活跃起来,JPEG(joint photographic experts group,联合图像专家组)、MPEG(moving picture experts group,动态图像专家组)等图像压缩标准成为世界统一标准。随着高性能且价格低廉的数字照相机和图像扫描仪的普及,数字图像处理技术也得到了进一步普及。虚拟现实(virtual reality,VR)技术的出现,标志着图像信息利用方式的范式转变。

在理论研究层面,图像处理技术逐步形成系统性框架。例如,通过三维物体(或场景)与其二维投影间的几何与灰度映射关系,建立了可量化的图像解析方法,并明确了视频图像(动态三维物体记录)的基本性质与处理原则。面对复杂对象的解析需求,知识型计算机视觉开始引入领域知识库,探索对象特征的知识表达与推理机制。同期,图像处理方法的知识库化尝试催生了多种专用处理系统。人工智能技术的突破亦为图像处理注入新动力。基于分形几何、混沌理论、神经网络及遗传算法等工具,研究者重新定义了空间探索、优化建模与自主学习的方法论,为深度学习时代的到来奠定技术基石。随着技术迭代,图像处理逐渐突破理性分析框架,转向以感性信息处理为前沿方向,探索人类感知与机器表达的深度融合。

20世纪80年代初,医学影像技术实现重大革新:X射线逐渐被计算机断层扫描(CT)与磁共振成像(magnetic resonance imaging,MRI)取代。20世纪80年代末至90年代,超高速X光CT与螺旋CT相继问世,推动医学影像全面数字化。数字射线摄影的普及促进了影像数据的一体化管理与远程医疗发展,其核心技术涵盖图像传输、存储、压缩及重建等全流程系统化处理。尤为重要的是,基于螺旋CT的三维人体建模技术(即"虚拟人体")在20世纪90年代中期取得突破。1995—1998年,日、美两国分别通过全身X射线CT与MRI图像完成可视化人体工程,为外科手术模拟与虚拟内窥镜技术奠定基础。同期,两国在胸部、胃部及乳腺 X 射线计算机辅助诊断(CAD)领域投入大量研究,首台医用 X 光 CAD 商用设备于 1998 年在美国面世。工业应用数字图像处理技术在工业领域实现多维度渗透:不仅用于产品外观尺寸、表面缺陷及形状分析和材料内部结构非侵入式评估,还用于机器人视觉引导、装配流水线控制、水产品分级分选,以及核反应堆监测等复杂场景的远程视觉支持等。

在卫星遥感技术方面,20 世纪 80 年代,多个国家发射了地球观测卫星,显著提升卫星图像种类与数据规模。随着计算机技术进步,低成本数据分析系统推动用户应用范围的扩展。20 世纪 90 年代前期,搭载合成孔径雷达(synthetic aperture radar,SAR)的卫星陆续升空,SAR 数据处理技术成为研究热点,其中基于双天线微波相位信息的地形高程测量与地壳形变监测取得了突破性进展。1999 年,高分辨率商业卫星 IKONOS-2 发射,遥感影像分辨率进入亚米级(1 m 以下)时代。

在文档与通信技术方面,实现设计了图自动识别、手写输入图形处理以及文件批量扫描;同时,通过高压缩比智能编码、环境监测图像传输和生物特征识别(如人脸识别),以及非语言通信界面开发,推动了面部图像处理技术快速发展。

20 世纪 90 年代末,数字图像处理技术焦点转向混合现实(mixed reality,MR)的构建,即通过计算机图形学(computer graphics,CG)与图像识别技术,将现实场景、物理图像与虚拟元素动态融合。此类技术为增强现实与虚拟交互系统提供了早期理论框架。

三维计算机辅助设计(3D CAD)软件模块的成熟,推动了其在制造业、建筑业及城市规划领域的规模化应用,成为工程设计的标准工具。同期,数字图像的大规模传播催生了版权保护需求,电子水印技术成为 20 世纪 90 年代研究热点,旨在防范非法复制与不当使用。

数字图像处理技术的演进高度依赖计算机与通信技术和成像技术创新两大基础支撑。计算机与通信技术:网络环境升级推动了高速信号处理、大容量存储与传输、移动计算(mobile computing)及可穿戴计算(wearable computing)的发展,普适计算(ubiquitous computing)进一步重构图像处理生态。成像技术创新:CT、MRI 与超声影像技术持续迭代,扫描仪、数码相机、摄像头、数字电视及拍照手机的普及,使图像采集真正实现了大众化。

图像处理系统逐步向智能化演进,其核心表现为功能融合、虚实融合与应用融合。功能融合:图像识别(计算机视觉)、生成(CG 建模)与传输存储技术的协同。虚实融合：虚拟环境与现实世界及其记录图像的交互映射。应用融合：计算机辅助诊断与计算机辅助外科在临床中的实际应用；作为物品智能识别、定位与监控的核心技术在物联网（internet of things，IoT）中的应用。

21世纪，机器人技术的普及深刻影响了人类生存模式。数字图像处理作为机器视觉的"感知中枢"，借助高精度识别算法赋能自主导航、环境交互与决策支持，其地位从技术工具升维为社会基础设施的核心要素。

1.2 深度学习概要

1.2.1 基本概念

深度学习（deep learning）是机器学习（machine learning）的一个分支，其研究目标是使计算机通过模拟人类学习行为，获取新知识或技能，并重组已有知识结构以持续优化性能。1959年，美国学者塞缪尔（Samuel）设计了一款具备学习能力的对弈程序，该程序可通过持续对弈提升棋艺。4年后，该程序击败了其设计者；3年后，又战胜美国蝉联8年的国际象棋冠军。这一案例不仅验证了机器学习的潜力，也引发了关于人工智能的社会与哲学讨论。

当前机器学习解决问题的典型流程（以视觉感知为例）如下。

数据获取：通过传感器（如摄像头）采集原始数据。

预处理：对数据进行清洗和标准化处理。

特征提取与选择：从数据中筛选出关键特征。

推理与预测：基于特征进行模式识别或决策。

模型优化：通过反馈迭代改进算法性能。

上述流程可概括为特征表达（数据获取→预处理→推理预测）。良好的特征表达对算法精度至关重要。传统方法依赖人工特征工程，而深度学习则自动学习特征，显著降低了人力成本。

特征作为机器学习系统的输入，直接影响模型性能。若特征表达合理，即使是简单线性模型亦可达到较高精度。例如：

低价值特征：图像的像素级数据无法区分汽车与非汽车。

高价值特征：结构化特征（如车灯、轮胎的存在性）可有效支持分类。

复杂图形通常由基本结构（如边缘、纹理）组合而成，声音信号亦遵循类似规律。深度学习的核心在于逐层提取低层次特征（如边缘），并组合为高层次抽象特征（如物体部件）。特征维度增加虽能提升模型精度，但会加剧计算复杂度与数据稀疏性问题。

1.2.2　基本思想

假设存在一个系统 S,其包含 n 个层级 $(S_1,S_2,\cdots,S_n)$,输入为 S_1,输出为 S_O,流程可表示为

$$S_1 \rightarrow S_1 \rightarrow S_2 \rightarrow \cdots \rightarrow S_n \rightarrow S_O$$

若输出 S_O 严格等于输入 S_1,即系统处理过程中未发生信息损失,则表明每一层级 S_i 均保留了输入信息的完整性,仅将其转换为另一种表示形式。深度学习的核心目标是通过自动学习特征,构建此类层级系统。

输入假设:给定大量输入样本 S_1(如图像或文本)。

系统设计:构建多层系统 S,通过参数优化使输出 S_O 逼近输入 S_1。

特征提取:在此过程中,系统自动捕获输入的多层次特征 $\{S_1,S_2,\cdots,S_n\}$。

深度学习的基本思想是通过逐层传递(S_i 的输出作为 S_{i+1} 的输入),实现对输入信息的分级抽象表达。

需指出,输出严格等于输入的假设在现实中不可行。根据信息论原理,信息处理过程通常伴随信息损失。实际应用中,深度学习的优化目标是最小化输入与输出的差异(即损失函数最小化)。

1.2.3　深度学习常用方法

1.2.3.1　自动编码器(autoencoder)

人工神经网络(artificial neural network,ANN)是具有层次结构的系统,如果给定一个神经网络,并假设其输出与输入相同,再通过训练调整其参数,从而获得各层的权重,自然就得到了输入的多种不同表示(每一层代表一种表示),这些表示就是特征。自动编码器就是一种尽可能复现输入信号的神经网络。为了实现这种复现,自动编码器必须捕捉可以代表输入数据的最重要的因素,找到可以代表原信息的主要成分。具体过程简单介绍如下。

1. 给定无标签数据,用非监督学习的方法学习特征

如图 1.2.1(a)所示的神经网络,输入的样本是有标签的,即(input,target),这样,可根据当前输出和 target 之间的差异来改变前面各层的参数,直到收敛。如果只有图 1.2.1(b)所示的无标签数据,那么输入与输出间的误差怎么得到呢?

如图 1.2.2 所示,将输入信号送入编码器(encoder),即可得到一个编码,该

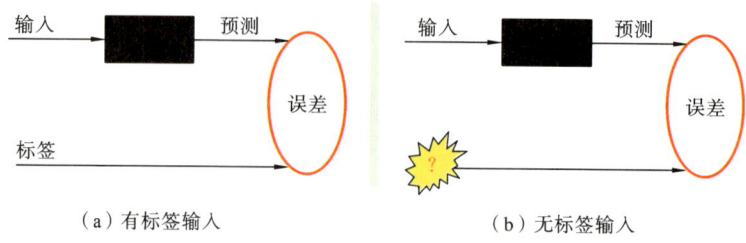

（a）有标签输入　　　　　　（b）无标签输入

图 1.2.1　神经网络输入

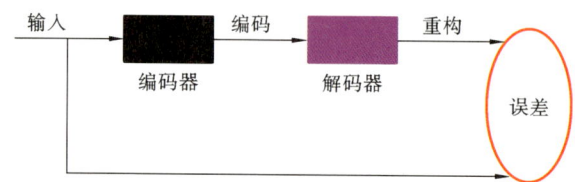

图 1.2.2　编码器与解码器

编码即为输入数据的一种表示。要验证该编码确实反映了原始输入信号,可再接入一个解码器,此时解码器将输出一个信号;若输出信号与原始输入信号高度相似(理想情况下应完全一致),则可认为该编码具有较高的可靠性。调整编码器和解码器的参数以最小化重构误差,就能获得输入信号的第一层表示,也即"编码"。将重构后的信号与原输入信号进行比较得到的误差。

2. 通过编码器产生特征,逐层训练下一层

上面得到了第一层的编码,根据重构误差最小化准则,得出的这个编码就是原输入信号的良好表达(即与原信号在本质上具有相同信息)。第二层和第一层的训练方式一样,将第一层输出的编码当成第二层的输入信号,同样最小化重构误差,就会得到第二层的参数,并且得到第二层输入的编码,也就是原输入信息的第二个表达。其他层以此类推(训练某层时,其前面层的参数都是固定的,并且前面层的解码器失去作用)。图 1.2.3 所示为逐层训练模型。

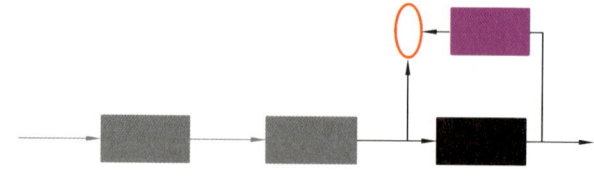

图 1.2.3　逐层训练模型

3. 有监督微调

采用上述方法可构建多层神经网络。至于需要多少层,目前尚无统一科学评价标准,通常需根据具体任务进行试验确定,每一层都会获得原始输入的不同表达。

然而,单纯的自动编码器仅学会了如何重构或复现输入,尚未学会如何将输入与特定类别建立关联,也就是说,它仅获得了一种能够较好表征输入的特征。为实现分类任务,可以在自动编码器最顶层的编码层后附加一个分类器(例如逻辑回归、支持向量机(support vector machine,SVM)等),然后采用标准的多层神经网络监督学习方法(如梯度下降法)进行训练。这种微调方式可分为两种:一种是只调整分类器参数,如图 1.2.4 所示的黑色部分;另一种则是通过有标签样本对整个系统进行微调,如图 1.2.5 所示。

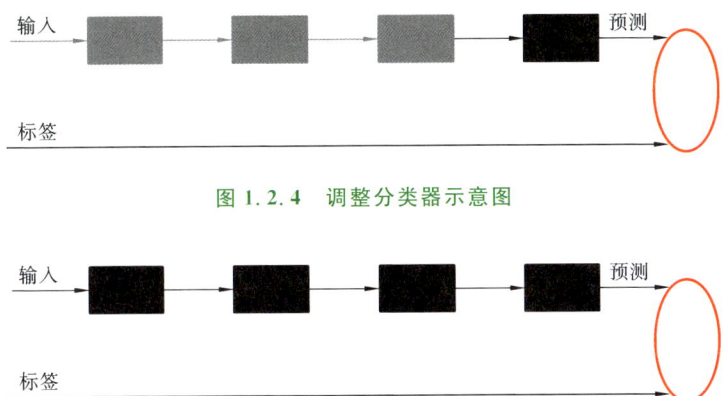

图 1.2.4 调整分类器示意图

图 1.2.5 微调整个系统示意图

监督学习完成后,这个神经网络就可以用来分类了。在研究中人们发现,如果在原有的特征中加入这些自动学习得到的特征,可以大大提高分类的精确度。自动编码器有一些变体,这里简要介绍两个。

(1)稀疏自动编码器(sparse autoencoder)。

稀疏自动编码器是在标准自动编码器架构中引入特定约束条件衍生的深度学习方法。例如,通过添加 L1 正则化约束(该约束迫使神经网络中大部分节点激活值为零,仅保留少数关键特征,从而实现稀疏化),即可构建稀疏自动编码器。其核心思想在于:通过约束隐层编码的稀疏性,迫使模型学习到更高效的特征表示。稀疏编码因能捕获数据的本质结构,通常比密集编码具有更强的解释性和泛化能力。

（2）降噪自动编码器（denoising autoencoder）。

降噪自动编码器通过向输入数据注入噪声（如随机掩蔽或高斯噪声），并以原始无噪声数据作为重建目标，迫使编码器学习对噪声不敏感的鲁棒特征表示，从而提高模型在噪声干扰下的泛化能力。相较于标准自动编码器，降噪自动编码器的泛化能力得到了提升，其原因在于模型更加关注数据本质结构而非噪声干扰。模型参数可通过梯度下降算法优化，最小化重建误差。

1.2.3.2　稀疏编码（sparse coding）算法

如果放宽输出与输入严格相等的约束，并引入线性代数中基的概念，可将输出表示为基的线性组合：

$$O=a_1\times\phi_1+a_2\times\phi_2+\cdots+a_n\times\phi_n \tag{1.2.1}$$

式中：ϕ_i 是基；a_i 是对应的系数。

由此可以得到这样一个最优化式子，即 $\min|I-O|$，其中 I 表示输入，O 表示输出。求解这个最优化式子，可以求得系数 a_i 和基 ϕ_i。

如果在上述式子上加上范数正则化约束，得到

$$\min|I-O|+\mu\times(|a_1|+|a_2|+\cdots+|a_n|) \tag{1.2.2}$$

式中：μ 为正则化参数，控制稀疏性与重构误差的平衡。

这种方法被称为稀疏编码算法。通俗地说，稀疏编码算法就是将一个信号表示为一组基的线性组合，而且要求只需要较少的几个基就可以将信号表示出来。这里要求系数 a_i 是稀疏的。选择具有稀疏性的分量来表示输入数据，是因为绝大多数的感官数据（比如自然图像）可以被表示成少量基本元素的叠加，在图像中这些基本元素可以是面或者线。

稀疏编码算法是一种无监督学习方法，它用来寻找一组超完备基向量，以更高效地表示样本数据。虽然利用主成分分析（principal component analysis，PCA）技术能方便地找到一组完备基向量，但是这里想要做的是找到一组超完备基向量来表示输入向量（也就是说，基向量的个数要比输入向量的维数大）。超完备基的优点是它们能更有效地找出隐含在输入数据内部的结构与模式。对于超完备基，系数 a_i 不再由输入向量唯一地确定。因此，在稀疏编码算法中，另加了一个稀疏性评判标准来解决因超完备而导致的退化（degeneracy）问题。比如在图像的特征提取的最底层，要生成边缘检测器（edge detector），用于从原图像中随机选取一些小块（patch），通过这些小块生成能够描述它们的"基"，然后给定一个测试小块（test patch）。之所以要生成边缘检测器，是因为利用不同

方向的边缘就能够描述整幅图像,而不同方向的边缘自然就是图像的基了。稀疏编码算法分为以下两个阶段。

1. 训练(training)阶段

这一阶段的任务是给定一系列的样本图片$[x_1,x_2,\cdots]$,通过学习得到一组基$[\phi_1,\phi_2,\cdots]$,从而构成字典。

稀疏编码算法是聚类算法(如$k\text{-means}$算法)的变体,其训练过程与聚类算法也差不多,就是一个重复迭代的过程。其基本的思想如下:如果要优化的目标函数包含两个变量,如$L(W,B)$,那么可以先固定W并调整B,使得L最小,然后固定B并调整W,使得L最小,这样交替迭代,不断将L推向最小值。按上述方法,交替更改系数a和基ϕ,使得下面这个目标函数最小:

$$\min_{a,\phi}\sum_{i=1}^{m}\left\|x_i-\sum_{j=1}^{k}a_{i,j}\phi_j\right\|^2+\lambda\sum_{i=1}^{m}\sum_{j=1}^{k}|a_{i,j}|\qquad(1.2.3)$$

每次迭代分两步:

① 固定字典$\phi[k]$,然后调整$a[k]$,使得式(1.2.3)即目标函数最小,这一步是求解最小绝对收缩和选择算子(least absolute shrinkage and selection operator,LASSO)问题。

② 固定$a[k]$,调整$\phi[k]$,使得式(1.2.3)即目标函数最小,这一步是求解凸二次规划(convex quadratic programming)问题。

不断迭代,直至算法收敛。这样就可以得到一组可以良好表示这一系列样本数据$[x_1,x_2,\cdots]$的基。

2. 编码(coding)阶段

这一阶段的任务是:给定一个新的图片$\boldsymbol{x}$,由上面得到的字典,通过解一个LASSO问题得到稀疏向量$\boldsymbol{a}$。这个稀疏向量就是这个输入向量$\boldsymbol{x}$的一个稀疏表达:

$$\min_{a}\sum_{i=1}^{m}\left\|x_i-\sum_{j=1}^{k}a_{i,j}\phi_j\right\|^2+\lambda\sum_{i=1}^{m}\sum_{j=1}^{k}|a_{i,j}|\qquad(1.2.4)$$

编码示例如图 1.2.6 所示。

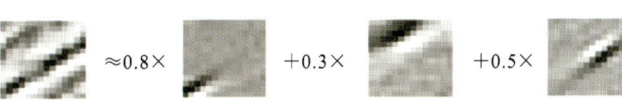

将x_i表示成:$a_i=[0,0,\cdots,0,0.8,0,\cdots,0,0.3,0,\cdots,0,0.5,\cdots]$

图 1.2.6 编码示例

1.2.3.3 限制玻尔兹曼机

假设有一个二层图,如图 1.2.7 所示,同一层的节点之间没有连接,一层是可视层,即输入数据层(v),另一层是隐藏层(h),假设所有的节点都是随机二值变量节点(只能取 0 或者 1),同时假设全概率分布 $p(v,h)$ 满足 Boltzmann 分

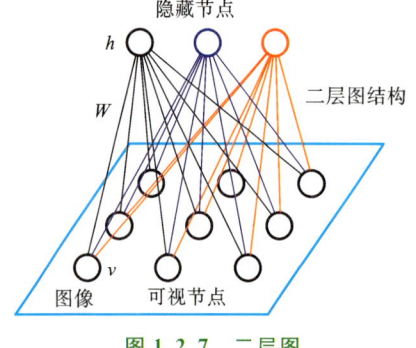

隐藏节点

h

W 二层图结构

v

图像   可视节点

图 1.2.7   二层图

布,我们称这个模型是限制玻尔兹曼机(restricted Boltzmann machine,RBM)。

由于该模型是二层图,所以在已知 v 的情况下,所有的隐藏节点之间是条件独立的(因为节点之间不存在连接),即 $p(h|v)=p(h_1|v)p(h_2|v)\cdots p(h_n|v)$。同理,在已知隐藏层 h 的情况下,所有的可视节点都是条件独立的。同时又由于所有的 v 和 h 满足 Boltzmann 分布,因

此,当输入 v 的时候,通过 $p(h|v)$ 可以得到隐藏层 h,而得到隐藏层 h 之后,通过 $p(v|h)$ 又可重构可视层 v。如果通过调整参数,可以使从隐藏层得到的可视层 v_1 与原来的可视层 v 一样,那么得到的隐藏层就是可视层的另外一种表达,因此,隐藏层可以作为可视层输入数据的特征,即它是一种深度学习方法。

如何训练,也就是可视层节点和隐藏层节点间的权值怎么确定的问题,需要做一些数学分析,即建立模型。

联合组态(joint configuration)的能量可以表示为

$$E(v,h;\theta)=-\sum_{ij}W_{ij}v_ih_j-\sum_i b_iv_i-\sum_j a_jh_j$$

$$\theta=\{W,a,b\}\text{model parameters}$$

(1.2.5)

而某个组态的联合概率分布可以通过 Boltzmann 分布(和这个组态的能量)来确定:

$$P_\theta(v,h)=\frac{1}{Z(\theta)}\exp(-E(v,h;\theta))=\frac{1}{Z(\theta)}\prod_{ij}e^{W_{ij}v_ih_j}\prod_i e^{b_iv_i}\prod_j e^{a_jh_j}$$

$$Z(\theta)=\sum_{h,v}\exp(-E(v,h;\theta))$$

(1.2.6)

因为隐藏层节点之间是条件独立的(节点之间不存在连接),即

$$p(h|v)=\prod_j p(h_j|v)$$

(1.2.7)

可以比较容易(对式(1.2.7)进行因子分解)得到在给定可视层 v 的基础上,隐藏层第 j 个节点为 1 或者为 0 的概率:

$$P(h_j = 1 \mid v) = \frac{1}{1 + \exp\left(-\sum\limits_i W_{ij} v_i - a_j\right)} \qquad (1.2.8)$$

同理,在给定隐藏层 h 的基础上,可视层 v 第 i 个节点为 1 或者为 0 的概率也可以容易得到:

$$P(v_i = 1 \mid h) = \frac{1}{1 + \exp\left(-\sum\limits_j W_{ij} h_j - b_i\right)} \qquad (1.2.9)$$

给定一个满足独立同分布的样本集 $D = \{v^{(1)}, v^{(2)}, \cdots, v^{(N)}\}$,需要学习参数 $\theta = \{\boldsymbol{W}, a, b\}$。

通过最大似然估计方法对概率模型进行参数估计,即选择能使当前观测样本出现概率最大化的参数值,从而实现对以下对数似然函数的最大化:

$$L(\theta) = \frac{1}{N} \sum_{n=1}^{N} \lg P_\theta(V^{(n)}) - \frac{\lambda}{N} \parallel \boldsymbol{W} \parallel_F^2 \qquad (1.2.10)$$

也就是对最大对数似然函数求导,就可以得到 L 最大时对应的参数 $\boldsymbol{W}$:

$$\frac{\partial L(\theta)}{\partial W_{ij}} = E p_{\text{data}} [v_i h_i] - E p_\theta [v_i h_i] - \frac{2\lambda}{N} W_{ij} \qquad (1.2.11)$$

如果把隐藏层的层数增加,就可以得到深度玻尔兹曼机(deep Boltzmann machine,DBM);如果在靠近可视层的部分使用贝叶斯信念网络(即有向图模型,这里依然限制层中节点之间没有连接),而在最远离可视层的部分使用限制玻尔兹曼机,可以得到深度信念网络(deep belief network,DBN)。DBM 与 DBN 如图 1.2.8 所示。

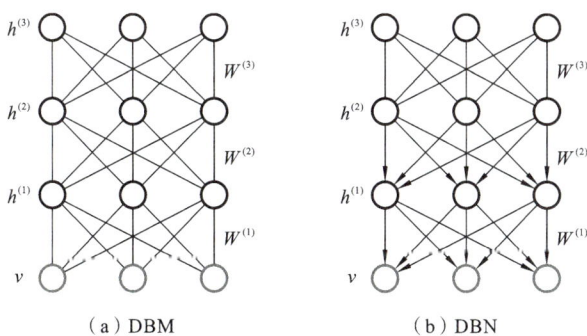

（a）DBM　　　　　　　（b）DBN

图 1.2.8　DBM 与 DBN

1.2.3.4　深度信念网络

如图 1.2.9 所示,深度信念网络是一个概率生成模型,与传统的判别模型

的神经网络相比,概率生成模型的任务是建立一个观察数据和标签之间的联合分布,对 $P(\text{Observation}|\text{Label})$ 和 $P(\text{Label}|\text{Observation})$ 都进行评估,而判别模型仅仅评估 $P(\text{Label}|\text{Observation})$。在深度神经网络中应用传统的 BP 算法的时候,深度信念网络存在以下问题。

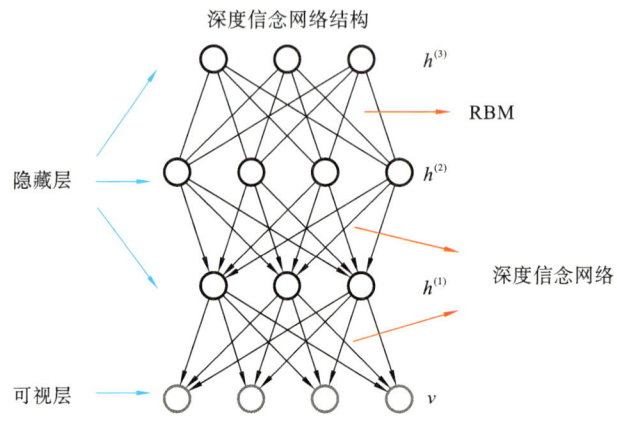

图 1.2.9　深度信念网络模型

① 需要为训练提供一个有标签的样本集;

② 学习过程较慢;

③ 不适当的参数选择会导致学习收敛于局部最优解。

1. 网络结构与训练流程

深度信念网络由多个 RBM 堆叠构成,其典型结构如图 1.2.10 所示。网络遵循严格的层间连接规则:可视层与隐藏层之间全连接,层内神经元无连接。该结构使隐藏层能够捕获可视层数据的高阶相关性特征。

2. 训练过程

深度信念网络的训练过程有着明确的阶段性,主要分为无监督预训练和有监督微调两个重要阶段。

1) 无监督预训练

在无监督预训练阶段,通常采用对比散度(contrastive divergence,CD)算法逐层初始化网络参数。该算法核心在于利用吉布斯采样(Gibbs sampling),交替更新可视层重构与隐藏层激活状态。通过不断迭代更新,模型参数逐步逼近

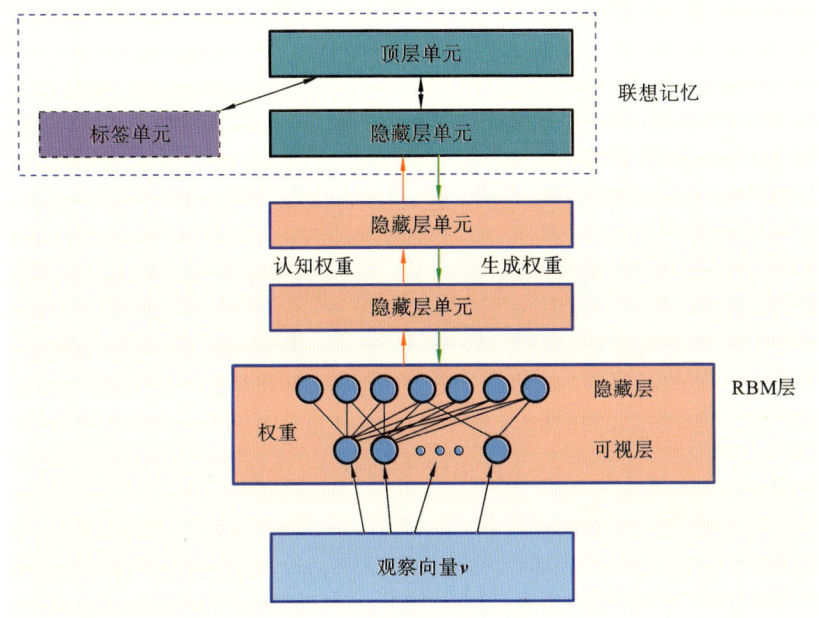

图 1.2.10 深度信念网络框架

最大似然估计,且需单步迭代便能在一定程度上实现有效逼近。

这种方法充分利用数据的内在结构和分布规律,在无外部标签指导下挖掘数据中的特征信息,为后续训练奠定了坚实基础。

2)有监督微调

无监督预训练完成后,在网络顶层附加标签,通过 BP 算法进一步优化分类决策边界。由于预训练阶段已将参数约束在合理范围内,BP 阶段只需进行局部搜索,而不必在整个庞大参数空间中盲目探索,从而显著加快收敛速度,缩短达到理想效果的训练时间,并提高整体训练效率与准确性。

3. 模型扩展与应用

深度信念网络的灵活性使得它的扩展比较容易,下面介绍空间特征处理扩展和时序建模扩展。

1)空间特征处理扩展

卷积深度信念网络(convolutional DBN,CDBN)是对传统 DBN 在图像处理能力方面的重要改进。卷积深度信念网络着重考虑了输入数据的二维结构特性,在处理图像等具有空间维度的数据时,能够保留其原本的二维结构信息,这对于准确理解图像中的空间关系以及提取有效的空间特征是至关重要的。通过卷积 RBM,卷积深度信念网络可以精准地提取局部空间特征,聚焦于图像中的局部区域,挖掘出不同局部区域之间的细微差异和关联,进而实现生成模型的平移不变性。也就是说,无论图像在平面内如何平移,模型都能够准确地识别出其中的关键特征,这在很多需要对图像进行多角度、多位置识别的应用场景中有着极大的优势,比如图像分类、目标检测等场景。

2) 时序建模扩展

通过堆叠时序限制玻尔兹曼机(temporal RBM),可以构建出时间卷积机(temporal convolution machine)这一扩展模型。在语音信号处理领域,语音数据往往具有很强的时序性,时间卷积机凭借其对时序特征的良好建模能力,能够捕捉到语音信号在不同时间点的变化规律以及相互之间的关联,从而在语音识别、语音合成等具体应用中展现出巨大的潜力,为语音信号处理技术的发展提供了新的思路和有力的工具。

4. 替代架构对比

在深度学习领域,还有一种替代架构值得关注,那就是使用堆叠去噪自动编码器(stacked denoising autoencoder)替代 RBM。堆叠去噪自动编码器在训练过程中,通过添加输入噪声的方式来提升模型的鲁棒性,它能够让模型在面对带有噪声干扰的数据时,依然可以较为准确地提取特征和进行相应的处理。堆叠去噪自动编码器训练过程与 RBM 的参数更新规则存在一定的相似之处,不过也存在着明显的局限性,那就是难以进行概率采样。这就导致其在对数据的概率分布进行准确刻画以及基于概率的特征挖掘方面存在不足,进而使得其特征表达能力受到限制。在一些对概率分析和特征多样性要求较高的应用场景中,它可能无法达到像深度信念网络那样理想的效果。

1.2.3.5 卷积神经网络

卷积神经网络(convolutional neural network,CNN)是人工神经网络的一种,已成为当前语音分析和图像识别领域的研究热点。其采用权值共享网络结构使之更类似于生物神经网络,降低了网络模型的复杂度,减少了权值参数的数量。该优点在网络的输入是多维图像时表现得更为明显,使图像可以直接作为该网络的输入,避免了传统识别算法中复杂的特征提取和数据重建过程。卷积神经网络是为识别二维形状而特殊设计的一个多层感知器,这种网络结构对平移、比例缩放、倾斜或者其他形式的变形具有高度不变性。

如图 1.2.11 所示,卷积神经网络是一个多层的神经网络,每层由多个二维平面组成,而每个平面又包含多个独立神经元。

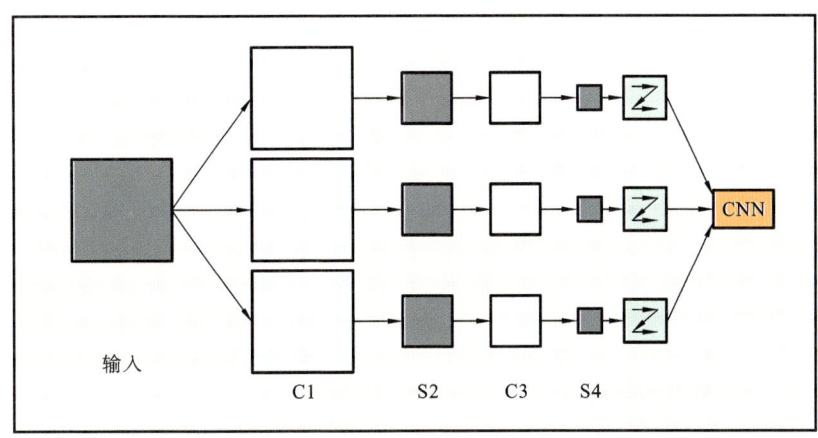

图 1.2.11　卷积神经网络的概念示意图

　　输入图像与三个可训练滤波器(卷积核)以及相应的偏置进行卷积运算。卷积过程如图 1.2.11 所示,在 C1 层产生三个特征映射图;随后,在每个特征映射图中,每组四个像素经过求和、加权和加偏置运算,并通过 sigmoid 激活函数得到 S2 层的特征映射图。接着,对这些映射图再次进行滤波处理得到 C3 层,C3 层经滤波后生成 S4 层。最终,这些特征图经过光栅化处理,连接成一个向量输入传统全连接神经网络,从而得到最终输出。

　　一般来说,C 层为特征提取层,每个神经元的输入来自前一层的局部感受野,并提取局部特征;一旦局部特征被提取,其与其他特征间的空间位置关系也随之确定。S 层为特征映射层,每个 S 层由多个特征映射构成,每个特征映射为一个平面,且该平面上所有神经元共享相同的权值。激活函数通常选用核较小的 sigmoid 函数,以增强特征映射的位移不变性。

　　此外,同一特征映射面上的神经元共享权值,极大地减少了网络自由参数的数量,降低了参数选择的复杂度。在卷积神经网络中,每个特征提取层(C 层)通常紧跟一个用于求局部平均或降采样的计算层(S 层),这种二次特征提取结构使网络在识别过程中对输入样本的畸变具有较高的容忍度。

　　CNN 的一个重要特性在于,通过局部感受野和权值共享大幅减少了需要训练的参数数量。如图 1.2.12(a)所示,若有 1000×1000 像素的图像,且假设隐藏层中存在 1×10^{6} 个神经元(若全连接,即每个隐藏层神经元均与图像所有像素相连),则连接数为 $1000\times1000\times10^{6}=10^{12}$,即有 10^{12} 个权值参数。然而,图像的空间联系具有局部性,就如同人眼通过局部感受野捕捉外界信息一样,每个神经元只需感受局部区域,然后在更高层次整合这些局部信息即可获得全局信息。这样就大幅减少了连接数,从而减少了需要训练的权值参数数量。如图 1.2.12(b)所示,假设局部感受野为 10×10 像素,隐藏层每个神经元仅与这 10×10 像素的局部图像区域相连接,则 1×10^6 个神经元仅需 $1 \times 10^6 \times (10 \times 10) = 10^8$ 个连接,即有 10^8 个参数,比全连接方式减少了四个数量级,使得训练大为简化。

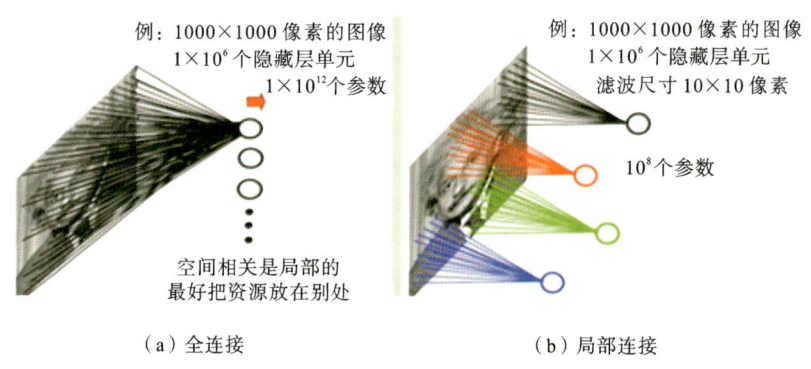

例:1000×1000 像素的图像
1×10^6 个隐藏层单元
1×10^{12} 个参数

空间相关是局部的
最好把资源放在别处

（a）全连接

例:1000×1000 像素的图像
1×10^6 个隐藏层单元
滤波尺寸 10×10 像素

10^8 个参数

（b）局部连接

图 1.2.12　隐藏层神经元连接

进一步,如果隐藏层中每个神经元对 10×10 像素区域的 100 个连接权值均采用共享同一组参数(即使用同一卷积核对图像进行卷积),则无论隐藏层神经元数量如何,两层之间的连接参数均仅为 100 个。这正是权值共享的基本思想,也是卷积神经网络的重要特征。

每个卷积核对应一种特征检测器,通过设置不同参数,实现对多种特征的提取。例如,在检测不同方向的边缘特征时,需要采用参数各异的卷积核。

单个卷积核对输入图像进行卷积运算后生成的特征响应矩阵称为特征图(feature map)。当使用 100 个独立卷积核时,将对应生成 100 个特征图,这些特征图共同构成该卷积层的神经元激活状态。

设输入图像尺寸为 $W_{in} \times H_{in}$,卷积核尺寸为 $K \times K$,步长为 S,则输出特征图尺寸计算公式为

$$W_{out} = \lfloor (W_{in} - K)/S \rfloor + 1, \quad H_{out} = \lfloor (H_{in} - K)/S \rfloor + 1$$

例如输入图像为 1000×1000 像素,卷积核为 10×10 像素,当步长 $S = 10$ 像素(无重叠)时,特征图尺寸为 100×100 像素,对应 100×100 个神经元;若步长 $S = 8$ 像素(重叠 2 像素),则尺寸变为 124×124 像素。每个特征图独立计

算,100 个特征图对应神经元数量扩大 100 倍。

1.2.3.6　常用深度学习框架

为了改进业务流程并在竞争中保持领先地位,越来越多的组织正转向深度学习和人工智能研究。然而,由于规模和资源的限制,并不是所有的组织都能为自己的业务和产品开发整套的人工智能深度学习系统。一些有实力的大公司开发并开源了深度学习框架,提供了深度学习模型开发所必需的接口、库及工具,大幅度降低了个人和小规模企业开发智能产品的门槛。

本小节介绍一些流行的深度学习框架,包括 TensorFlow、Keras、PyTorch、Caffe、MXNet、CNTK、Theano、Darknet、PaddlePaddle、YOLO 等。

1. TensorFlow

TensorFlow 是由谷歌公司 Google Brain 团队开发的深度学习框架,于 2015 年底开源(Apache 2.0 许可),并迅速成为最流行的开源深度学习框架之一。

TensorFlow 的前身是 Google Brain 团队开发的闭源深度学习系统 DistBelief。为了适应分布式计算并优化其在谷歌的张量处理单元(tensor processing unit,TPU)上的运行效率,谷歌重新设计了 TensorFlow,在设计之初就已经充分考虑了分布式计算及基于 ASIC 芯片的运行需求,因此,TensorFlow 具有较高的深度学习运行效率。TensorBoard 工具包提供了计算流图可视化功能,为模型的调试和优化提供了便利。

TensorFlow 可运行于中央处理器(central processing unit,CPU)、图形处理器(graphics processing unit,GPU)及 TPU 等计算单元,兼容服务器、个人计算机、移动设备等多种终端。开发者可将模型部署至本地硬件或云端环境,支持从高性能计算集群到资源受限的移动设备的全场景适配。

TensorFlow 提供主流编程语言接口,包括:Python、C++、Java、Go、C♯、Haskell、Julia、Rust、Ruby、Scala、R、JavaScript 和 PHP。针对移动设备,谷歌提供轻量化工具链 TensorFlow Lite,支持将服务器或高性能计算机训练的模型转换为移动端适配格式,可无缝部署至基于 Android、Linux 等系统的移动处理器,实现从理论验证到产品落地的全流程支持。

TensorFlow 凭借其通用性和扩展性,已成为学术界研究及工业界产品开发的核心工具之一,广泛应用于计算机视觉、自然语言处理、推荐系统等领域。TensorFlow 的核心优势在于高效的分类与推理能力,尤其在处理复杂模式识别任务中表现卓越。其专有版本(Google 内部优化版)被应用于多项关键业务:

驱动 Google 搜索结果排序引擎 RankBrain,优化搜索相关性;提升语音识别精度,支持噪声环境下的语音分离与增强;生成自然流畅的语音合成,模拟人类语音模式;解析不同语言的句法结构,改进机器翻译质量;识别图像/视频中的地标、人物、动作及情感,显著提升视觉搜索准确率。

TensorFlow 的模块化特性允许开发者自由定制模型,无须受限于预设框架或应用场景;原生集成机器学习与深度学习算法;兼容统计建模及通用数值计算需求,支持跨学科研究。

2. Keras

Keras 是由 François Chollet 等人开发的开源 Python 深度学习库,遵循 MIT 开源协议发布。作为神经网络的高级 API,Keras 在设计理念上与其他深度学习框架存在显著差异,其本质上是一个可移植的抽象接口层,需要依赖 TensorFlow、Theano 等后端计算框架运行。

Keras 最初是为简化 Theano 框架的学术研究而设计的前端接口,后续逐步扩展支持 TensorFlow、微软认知工具包(CNTK)、Deeplearning4J 和 Apache MXNet 等多个深度学习后端。这种跨框架特性使其成为模型迁移的有效工具,研究人员不仅能够实现神经网络算法与模型的跨平台移植,还可直接迁移预训练网络及其权重参数。

Keras 以易用著称,其模块化设计显著降低了神经网络模型的构建难度。通过独立定义计算图数据结构,Keras 实现了与底层框架的解耦,开发者无须深入掌握后端框架的编程细节。正因如此,Google 于 2017 年将 Keras 正式整合至 TensorFlow 核心库,作为官方推荐的高级 API。值得注意的是,自 2.4.0 版本起,Keras 终止了对多后端架构的支持,全面转向与 TensorFlow 的深度集成优化。

在技术实现层面,Keras 现已成为 TensorFlow 的有机组成部分。其子模块通过标准化 API,充分发挥 TensorFlow 底层算子优化的灵活性优势,同时保持上层模型构建的高效性。这种"Keras 前端＋TensorFlow 后端"的协同模式,已发展为当前深度学习领域的主流开发范式,在提升研发效率的同时有效降低了技术迁移成本。

3. PyTorch

PyTorch 是一个基于 Python 的开源机器学习框架,遵循修订版 BSD 许可证。

尽管 Python 是数据科学领域的首选语言,但 PyTorch 的前身 Torch 框架采用的是 Lua 脚本语言。在神经网络训练过程中,算法通常通过优化损失函数实现参数调整,其中梯度下降法是最常用的优化策略。PyTorch 继承了 Torch 的自动微分特性,其 Autograd 模块采用动态计算图技术,能够高效实现梯度计算。相较于静态图框架,PyTorch 允许用户实时调整网络结构而无须重建计算图,这种动态特性为深度学习算法的研究与开发提供了显著的灵活性优势。

在架构设计上,PyTorch 通过基于精简 C 语言的核心层实现张量运算加速,并集成数学加速库(如 Intel MKL、NVIDIA cuBLAS)以提升 CPU/GPU 计算性能。该框架不仅保持与 Python 生态系统的深度集成,还提供 C++扩展接口,实现了高度可定制的底层扩展能力。

Facebook 研究团队广泛应用 PyTorch/Torch 开展自然语言处理(natural language processing,NLP)研究,在开源社区发布了包括机器翻译、对话系统、多模态理解在内的多项突破性成果。PyTorch 官方维护的 Torchvision 组件提供标准化接口,支持 AlexNet、VGG、ResNet 等经典模型的架构调用与预训练参数加载,极大简化了计算机视觉任务的开发流程。

4. Caffe

Caffe 由加利福尼亚大学伯克利分校的贾扬清团队主导开发,以 C++/CUDA(compute unified device architecture)代码为核心实现,是最早的深度学习框架之一,其发布时间早于 TensorFlow、MXNet、PyTorch 等主流框架。该框架需要编译安装,支持命令行、Python 和 MATLAB 接口,可便捷实现单机多卡与多机多卡训练。目前官方主分支已停止维护,由 Intel 等机构维护的分支仍在更新,整体框架成熟稳定。

Caffe 的主要优点:采用 C++/CUDA 底层实现,兼具高性能与执行效率;基于工厂设计模式,模块化架构清晰,代码可读性与扩展性强;提供多语言接口(命令行/Python/MATLAB),降低使用门槛;支持 CPU/GPU 无缝切换,多 GPU 训练机制完善;工具链完备,开发者社区活跃。

Caffe 的主要局限:源码修改需同时实现前向传播、反向传播及 CUDA 核函数,开发门槛较高;缺乏自动微分机制,依赖手动推导梯度;并行策略仅支持数据并行,未实现模型并行;主要针对计算机视觉任务优化,通用性不足。

5. MXNet

MXNet 是由李沐团队主导开发的高度灵活、可扩展性强的深度学习框架,现已被亚马逊(Amazon)列为官方推荐框架。该框架创新性地融合了命令式编程与符号式编程双重特性:在命令式编程方面,MXNet 提供直观的张量运算接口,支持开发者灵活实现模型迭代训练过程中的控制逻辑;在符号式编程方面,通过符号表达式构建神经网络结构,并依托系统级自动微分功能实现高效模型训练。MXNet 以卓越的计算性能著称,尤其适合部署在计算资源受限的应用场景。

6. CNTK

CNTK 是由微软研究院开源推出的深度学习框架。其核心架构采用有向计算图抽象,将神经网络建模为分步骤执行的数学运算集合:叶节点表征输入数据与网络参数,中间节点定义基于输入数据的张量运算规则。该工具包为经典网络架构(如前馈深度网络、卷积神经网络 CNN、循环神经网络 RNN/LSTM等)提供了模块化实现方案,支持通过组合基础组件快速构建复杂模型。系统内置自动微分机制与随机梯度下降优化器,确保训练流程的高效性。根据微软官方基准测试,CNTK 在多项性能指标上超越主流开源框架,其语音识别研究团队的技术积淀使该工具包在处理时序数据(如语音识别任务)以及时空维度分离卷积运算方面具有突出优势。

7. Theano

Theano 起源于 2007 年,由蒙特利尔大学 Yoshua Bengio 教授团队(包含核心开发者 Ian Goodfellow 等人)联合研发。作为深度学习领域的元老级框架,Theano 不仅是首个具备广泛影响力的 Python 深度学习工具库,更与 Caffe 共同构成了早期深度学习技术栈的核心基础设施。

该框架定位为底层数学计算引擎,其设计理念与 TensorFlow 相似,专注于数学表达式的符号化定义、自动化优化与高效求值。通过张量运算的抽象化支持,Theano 尤其擅长处理高维数组数据,这使其天然契合机器学习模型的数学建模需求。从技术架构而言,Theano 可被视为数学表达式的编译器:开发者通过符号式编程范式定义计算逻辑后,框架自动将其编译为高度优化的底层代码,无缝运行于 GPU 或 CPU 硬件环境。然而,由于缺乏分布式计算支持,其应用场景更多集中于学术研究领域,而非工业级大规模部署场景。

作为 Python 生态中首个成熟的深度学习框架,Theano 在技术演进史上具有里程碑意义。其开创性引入的计算图抽象模型与 GPU 加速机制,直接启发了后续主流框架(如 TensorFlow、PyTorch)的核心架构设计,为现代深度学习系统的技术范式奠定了理论基础与实践基础。

8. Darknet

Darknet 是由 Joseph Redmon 博士为开发 YOLO 实时目标检测系列算法

而设计的轻量化深度学习框架。该框架以其极简架构著称:以 C 语言为核心开发语言,仅依赖 CUDA 实现异构计算加速,具备 CPU/GPU 无缝切换能力。其原生无第三方依赖的特性,使其成为研究底层框架设计的理想参考对象。

相较于 Caffe 等早期框架,Darknet 在保持模块化设计优势的同时,通过精简架构实现更高的代码可读性与部署效率。这种特性使其不仅支撑了 YOLO 系列里程碑式模型的研发(YOLOv1—v3),更成为工业界轻量级嵌入式视觉系统的重要技术选型。其开源代码库已成为理解现代目标检测框架实现原理的经典教学案例。

9. PaddlePaddle

PaddlePaddle(飞桨)是百度公司自主研发的产业级深度学习框架,于 2016 年正式开源。作为中国首个具备完整自主知识产权的全栈式 AI 开发平台,其技术架构深度融合百度搜索引擎、自动驾驶等核心业务的实战经验,提供以下关键组件。

深度学习核心引擎:支持大规模分布式训练与多硬件推理部署。

产业级模型库:覆盖计算机视觉、自然语言处理、推荐系统等主流场景。

全流程开发工具链:包含自动化模型压缩工具 PaddleSlim、端到端开发套件 PaddleClas 等。

可视化分析平台:集成模型解释工具 VisualDL、联邦学习框架 PaddleFL。

10. YOLO

YOLO 实时目标检测算法由 Joseph Redmon 团队于 2015 年首次提出,其核心创新在于将传统级联检测流程重构为单阶段端到端预测范式。截至 2023 年,该系列已迭代至 YOLOv8 版本。

作为单阶段检测器的奠基性工作,YOLO 系列开创的"全局上下文理解＋密集预测"范式深刻影响着 Mask R-CNN、DETR 等后续算法的设计理念。其开源生态已形成 PyTorch、TensorFlow、PaddlePaddle 等多框架实现版本。

YOLO 框架通过端到端的全局预测机制实现高效目标检测。其核心流程可概括为:将输入图像均匀划分为 $S \times S$ 网格单元,每个单元负责检测中心点落入该区域的目标;每个网格同步预测 B 个边界框(bounding box),通过四元组(中心坐标 (x, y)、宽 w、高 h)定位空间位置;输出边界框的目标性评分(objectness score)及基于 Softmax 的类别概率,计算公式为 $\mathrm{Pr}(\mathrm{object}) \times \mathrm{IoU}(\mathrm{pred} \mid \mathrm{truth})$,其中 IoU 衡量预测框与真实框的空间重叠度。

1.3 农业图像智能检测概论

1.3.1 总论

机器视觉系统包含图像采集、图像处理等软件和图像采集设备、计算机等硬件设备,图像处理是其核心功能。机器视觉技术的应用研究,一般是指图像处理算法的研究,硬件设备一般是购买现有硬件或者由专业公司定制。所谓的机器视觉技术一般是指图像处理算法的技术。另外,为了与广告、美颜等领域的图像效果处理相区别,机器视觉领域的图像处理又被称为图像处理与分析、图像检测等。

目前深度学习方法在机器视觉技术中得到了广泛应用。利用传统机器视觉技术,一般需要有较丰富的研发经验才能进行相关应用项目的开发,且处理算法的通用性较差,学习门槛较高。深度学习需要搭建很多神经网络层次结构,一些用户不具备搭建深度学习框架的能力。有不少大公司和专业机构根据不同的需求设计了一些深度学习框架并对外开放,用户可以利用这些深度学习框架,实现自己的图像检测目的。

在功能方面,传统机器视觉技术更适合用于精确检测与定位,其优点是处理速度快,对硬件处理能力要求不高。深度学习更适合目标分类,需要对大量检测目标样本进行训练,处理量大,自然环境下的检测精度一般在80%左右,需要采用高性能的 GPU 处理设备提高检测速度。如果能够融合深度学习和传统机器视觉技术,针对深度学习的初步检测结果,运用传统机器视觉技术进行精确检测与定位,就可以大大提高机器视觉技术的效率和精度。

机器视觉技术在农业生产自动化和智能化中具有重要作用。和工业应用相比,农业应用具有复杂的自然环境、非结构化的应用场景、目标对象不规则和多样性等特点。据统计,人们在日常生活和工作中有大约80%的感知信息是通过眼睛获取的。人类的视觉系统有数百万个神经元从双眼连接到大脑皮层,形成一种非常复杂的生物结构,通过眼睛对物体进行检测和识别,感知和辨析物体形状和纹理,对人类来说是一项简单的任务。机器视觉在很大程度上是在模拟人类的视觉系统功能,对目标对象进行检测和分析。在农业领域的非标准化和非结构化环境中要用好机器视觉技术,当前仍然极具挑战性,这也决定了农业领域中机器视觉技术具有较大的科学研究价值和应用潜力。

机器视觉技术在农业领域的应用研究始于 20 世纪 70 年代,主要集中在植物种类的鉴别、农产品品质检测等方面,初期的研究多数是对机器视觉在农业应用领域的可行性分析及图像处理算法的开发。随着计算机软硬件、图像采集处理装置、图像处理技术的迅猛发展,机器视觉技术在农业的应用领域不断扩展。目前,美国、日本、德国等发达国家已经开始将机器视觉系统应用到农业生产的各个阶段,以解决人口老龄化加剧、劳动力缺乏等问题。中国的机器视觉相关研究,多数仍处于试验阶段,但随着国家的政策支持和经济投入,也取得了一定研究成果。在我国,机器视觉技术在农业领域主要应用于农产品质量分级和无损检测、作物信息监测等。基于机器视觉的农业装备可以极大提高生产效率,实现农业生产的智能化。随着智能驾驶的兴起,农田车辆导航成为当前研究热点,搭载机器视觉系统的智能农业机械也广泛地应用在农业生产中。我国正处于传统农业向现代农业转型的过渡期,融合各种现代化智能技术的农业将成为未来发展趋势。机器视觉技术在农业生产中的应用可以节约劳动力、带动产业升级、推动农业现代化的发展进程,对未来农业的智能化发展有重要意义。

本书的第 1 章分别对图像处理、深度学习以及图像处理的农业应用进行概述。第 2 章介绍图像处理的常用方法,对于个别不常用的方法,放在应用该方法的首节做介绍。第 3 章至第 8 章分别介绍种子籽粒图像检测、农作物提取与生长量三维图像监测、农作物病害图像监测、农副产品图像检测、动物行为二维与三维检测、农田导航线图像检测等专题,每个专题都包含多个研究项目。第 9 章至第 11 章,分别介绍通用图像处理系统 ImageSys、二维运动图像测量分析系统 MIAS 和三维运动图像测量分析系统 MIAS 3D 等 3 个专业图像处理软件系统功能,这些专业系统配套有 400 个左右图像处理函数的开发平台。下面分别对第 3 章至第 8 章的各个专题进行概述。

1.3.2　种子籽粒图像检测概要

稻谷、玉米和小麦为我国最主要的粮食作物,三者产量之和占我国粮食作物总产量的 90% 以上。粮食生产在我国的农业生产中占有主导地位,粮食生产的现代化是农业现代化的主要任务,种子籽粒图像检测是粮食生产现代化和智能化的关键一环。

本书第 3 章介绍了水稻种子分类与检测、排种器试验台籽粒检测、棉花种子精选、玉米粒在穗计数、玉米种粒图像精选及定向定位装置和基于倾斜摄影的玉米种粒三维参数测量共 6 个与种子籽粒相关的研究项目,这些都是作者团队完成的研究项目。

1. 水稻种子分类与检测

水稻种子类型与质量是影响作物产量的关键因素,因此筛选不同类型与品质的种子对提升产量具有重要意义。种子精选的核心目标在于提高净度和发芽率,以减少播种量、降低生产成本。实践表明,精选后种子可增产 5%～10%。传统分选方法多用于种子预处理阶段,主要是去除杂质以便后续精选。常见精选技术包括:介电分选法、静电分离法和机器视觉技术。

笔者在研究中通过建立水稻种子品种净度标准数据库,提出基于图像特征的品种鉴别参数体系,具体方法如下。

① 品种分类:以面积和宽长比为特征参数构建品种数据库,运用最小矩形等效法鉴别未知品种。

② 缺陷检测:通过扫描线像素突变频次检测裂纹种子。

③ 霉变识别:根据多阈值提取的面积变化差判别霉变区域。

试验中选用丰源优 299 等 10 个品种,对品种判别、工位有无种子判断、几何参数判断及发霉或破损情况判断,准确率分别为 100%、92.7%、87.6% 和 76.3%。

2. 排种器试验台籽粒检测

排种器作为播种机的关键部件,其性能直接影响播种的质量。排种器性能参数的检测可以通过在田间或者实验室进行试验的方式进行。由于田间试验受到很多客观因素的影响,其结果往往不能准确反映排种器的性能。因此,在实验室内进行试验成为检测排种器性能的主要方法。国内外研究人员都非常关注精密排种器测试手段的研究,出现了相应的用于检测排种器性能的检测设备和检测方法,例如高速摄影法、基于单片机的检测法、基于虚拟仪器的检测法和基于图像处理的检测法等。目前排种器性能检测大多运用基于图像处理的方法,但这种方法只适用于某种特定的排种器,而且检测得到的性能参数也较少。为此,笔者开发出一种可以用于条播、穴播、精播三种类型排种器性能检测的图像处理算法,该算法能够一次对多条播行进行检测。受摄像机拍摄宽度的制约,研究仅讨论最多有两条播行的情况。

研究内容包括:通过传感器触发拍摄的方式采集籽粒在传送带上的序列图像,并将采集到的连续图像合成为完整分布图像;利用判别分析法获取二值化处理的阈值,提取出籽粒区域;利用中值法计算单个籽粒的面积(像素数),并计算出籽粒个数;对二值图像分别进行横向和纵向灰度值的相加投影,获得播幅宽度、中心线坐标、播行纵向上的种子区间和间断区间等参数;在此基础上,对于条播、穴播和精播三种播种方式,分别计算出排种器性能检测参数。

3. 棉花种子精选

在播种前需要通过精密分选确保种子的发芽率,这是精密播种的必要条件。在棉种分选方面,传统的分选技术有:① 利用空气动力学特性的风选法,该方法能较好地剔除轻杂物,但无法剔除和种子质量相近的杂物或活力不高的种子。② 几何筛选法,这种选种方法无法分选出几何形状差异不大的不良种子。③ 重力分选法,这种选种方法只适用于去除杂质之后的精选,但无法分选出破裂种子。虽然传统的方法能选出籽粒饱满的种子,但不能保证选出的种子能够发芽。目前较为先进的种子精选或提高活力的技术主要有:① 利用物理因素激活种子生物酶的物理激活法,这种方法虽然能提高种子的活性,但是无法剔除无活力的种子;② 利用不同活力种子介电常数的不同,通过静电作用进行分离,此方法能分选出活力较高的种子,剔除活力低的种子,但是无法剔除破裂种子;③ 基于颜色的分离法,这种方法可以有效剔除不能发芽的红色种子,但是不能分选破裂种子。

成熟度较低的棉种呈红色,其活性和发芽率都较低,而在质量、密度和大小上与发育良好的棉种十分接近,只有利用颜色特征才能将其剔除。另外,棉种在加工过程中不可避免地会受到损伤,从而使棉种的发芽率降低。因此,利用重力初选以后的棉种,还要进行红色棉种和破裂棉种的剔除。对于大批量的棉种,目前一般采用棉种色选机进行精选。但是,其精选精度较低,而且不能分选出破裂棉种。

笔者针对初选后的棉种,设计出利用图像处理技术的精选方案,并且开发出红色棉种和破裂棉种的图像处理算法。精选作业前,先设定种子通道工位。精选过程中,使用首帧差分阈值分割的方式提取种子区域的二值图像,然后在原图像的种子区域计算红色像素数并判断红色棉种,通过分析二值图像判断破裂棉种,最后对种子图像进行微分处理并去除边缘像素判断破裂棉种。试验结果表明,该算法能够很好地判断出缺陷棉种,速度快、准确率高。

4. 玉米粒在穗计数

在玉米育种、栽培、新品种测试及品质评估等农业研究中,经常需要对玉米穗的形态及数量参数(如穗行数、行粒数和千粒质量等)进行测量。玉米产量预测方法主要包括遥感预测、模型预测、传感器预测和田间取样预测等。其中,田间取样预测方法需要根据理论产量公式进行预估;在地块较小、缺乏历史数据或技术条件不完善的情况下,该方法简单而有效。在玉米产量预测中,穗粒数是衡量玉米产量的重要参数。

笔者在研究中设计了一种成本较低的试验装置,用于对玉米穗进行快速图像检测,从而获得玉米穗长、穗宽、穗行数、行粒数和穗粒数等参数,为玉米育种和产量估计提供依据。

利用 PC 摄像头连续采集旋转台上玉米穗的图像,经过图像处理后,提取出玉米穗的图像区域,从而获得玉米穗长和穗宽等参数;通过对玉米穗局部区域中 X 轴方向和 Y 轴方向累计像素值曲线的分析,提取出玉米穗行,获得每一穗行的穗粒数和穗行宽度;同时,通过图像匹配技术确定玉米穗的穗行数。试验结果表明,在总穗粒数的测量上,平均准确率达到 95%,且整穗检测的平均时间约为 102 s。该方法实现了玉米穗参数的快速、有效自动检测。与现有的人工检测方法相比,该方法大大提高了检测效率,降低了劳动强度,并可应用于玉米千粒质量检测、产量预测、育种和品质分析等领域。

5. 玉米种粒图像精选及定向定位装置

玉米定向播种能够提高通光、通风效果,对密植、增产具有重要意义。实现玉米定向播种的必要前提是保障种子发芽率,故需进行播前精选。机器视觉技术可用于种子特征指标的定量描述,为实现玉米种子的快速有效检测提供了解决途径。国内外在玉米种粒品质、种类评价方面的算法研究较多,主要集中在特征参数的静态检测上,而针对玉米种粒动态在线检测以及自动精选分级系统的研究较少,尚未出现专门用于玉米种粒检测的商业化仪器设备。

笔者根据玉米定向播种对种粒的要求,设计了一种基于机器视觉的玉米种粒实时精选装置,提出了种粒图像动态检测方法:根据种粒图像的 RGB 颜色特征,提取出种粒区域及其各颜色区域,结合种粒形态特征,建立了周长、面积等20 个检测指标,并通过测试统计确定了各指标合格范围,最终利用上述检测指标实现了对具有尖端露黑色胚部、小型、圆形、虫蚀、破损、霉变等特征的不符合定向播种要求的种粒的判断。依据种粒粘连处两分界点沿轮廓线较近一侧的距离与两分界点间直线距离的比值,若该比值大于单一种粒轮廓线上任意两点的对应值,则判断存在种粒粘连现象。试验表明,采用该方法合格性检测准确率为 96%,种粒粘连判断的准确率为 99%,不合格种粒吹除有效率为 98%。

6. 基于倾斜摄影的玉米种粒三维参数测量

玉米考种作业是利用技术手段对玉米品种特征进行评估的过程。目前,研究人员已基于计算机视觉技术和机电一体化手段,对玉米考种问题进行了理论分析和系统实现。玉米考种可分为在穗考种和脱穗考种两种模式。玉米脱穗考种又可分为单粒和批量考察，考察参数包括种粒的长度、宽度、周长、面积以及千粒质量等。相较于传统利用游标卡尺、卷尺、天平等人工测量方式，这些自动化考种系统在测量速度和客观性方面均有显著提高。然而，目前已实现的考种方法和系统，尚缺乏能够同时对玉米种粒的长度、宽度和厚度这三维特征进行有效获取和分析的解决方案。虽然基于脱穗后的种粒考种方法可以通过图像处理技术方便地获取种粒的长度和宽度等参数，但现有研究尚未能获取种粒厚度参数，主要原因在于采用正面拍摄方式无法捕捉到种粒的厚度信息。倾斜摄影是一种近年来在航空摄影测量领域兴起的测量方法，该方法通过倾斜图像采集装置并结合影像透视变换技术实现测量。相较于航空测量，玉米考种的测量环境更为可控，因此该理论可以应用于玉米考种领域。

笔者研究设计了一种结合倾斜摄影与旋转试验台的自动玉米种粒考种装置，通过两块相互垂直的标定板保留倾斜影像中的空间信息和标定数据，从而计算出三维数据。基于装置获得标定数据，利用图像处理方法获取玉米种粒的长度、宽度和厚度数值。通过透视变换，从倾斜摄影图像中分别得到水平正摄和竖直正摄的图像；种粒轮廓的长轴和短轴以旋转盘直径为参考进行计算；种粒的厚度则以竖直方向棋盘格标定数据为依据进行计算。图像记录系统按照 10 帧/秒的帧率和 1280×720 像素的分辨率启动。选取 180 粒不同品种的玉米种粒进行试验验证。试验结果显示，种粒长轴、短轴和厚度测量的均方根误差分别为 1.86 mm、1.28 mm 和 0.741 mm，对应的决定系数分别为 0.8496、0.8693 和 0.8462。该装置及其相应的检测方法能够较为准确地一次性测量出玉米种粒的三维参数。

1.3.3　农作物提取与生长量三维图像监测概要

第 4 章介绍了插秧环境的水稻秧苗提取、旱田绿色农作物检测、大田农作物生长量三维图像监测、基于改进分水岭算法的名优茶嫩叶识别分割方法共 4 个研究项目。

1. 插秧环境的水稻秧苗提取

采用亮度分割法、微分处理法、线亮度解析法和线颜色解析法等方法提取水稻秧苗。

2. 旱田绿色农作物检测

旱田绿色农作物利用 $2G-R-B$ 可以获得较好的提取效果；对于提取后的灰度图像，利用大津法可以获得较好的二值化图像。

3. 大田农作物生长量三维图像监测

农作物的长势可以用个体和群体特征来描述。监测农作物长势,可以及时了解其生长状况、肥力、病虫害及营养状况,从而便于采取相应管理措施,确保农作物的正常生长。大田农作物长势监测的主要方法有:基于卫星遥感的大面积监测和基于人工或者机器视觉的中小面积监测。其中,基于机器视觉的小面积监测,由于具有成本低、无损、连续、实时等优点,近年来得到广泛应用。该方法是在种植区安装单个或多个摄像头对农作物实施监测,多用于大棚环境下的农作物生长监测。通过处理监测图像,不仅可以提取农作物的群体特征,例如叶面面积指数、覆盖度、株距、行距、颜色信息等,还可以提取株高、茎粗、叶片数等农作物的个体特征。随着计算机技术与图像处理技术的发展,农作物的三维建模与可视化技术近年来成为研究的热点,该技术不仅能够直观展示农作物的生长和发育过程,也可以对农作物进行产量预测等。

笔者在研究中以玉米为对象,基于双目立体视觉对大田间玉米生长参数进行测量,并建立玉米三维生长模型,以实现对大田玉米生长参数的实时测量和生长过程的三维虚拟显示。以上次测量的平均株高平面为测量区域基准面,利用大津法提取测量区域的玉米叶片。对测量区域进行均匀网格分割,通过对左右网格的匹配,求得覆盖面积和平均颜色。对网格的形心,通过左右视觉的对应进行三维重建,获得形心点云的三维数据和平均株高。利用标定杆的测量方法佐证三维株高测量的正确性。利用上述测量参数,构建玉米的三维生长模型,并利用 OpenGL 实现玉米生长过程的三维虚拟显示。将笔者研究玉米建模改为小麦建模后,对大田小麦也进行了检测试验,获得了较好的效果,证明该研究成果在改变农作物的建模方法后,可以应用于不同农作物的生长监测。

4. 基于改进分水岭算法的名优茶嫩叶识别分割方法

名优茶主要产于我国南方地区,其采摘时间大致在清明和谷雨之间,并选择茶叶最嫩的部分。传统采茶机通常采用"一刀切"的方式来采茶,在采摘的过程中无法准确区分出名优茶的嫩叶,在采摘的茶叶中常会夹杂部分老叶和枝条,且可能会折断茶叶,从而影响茶叶的外观品质。鉴于以上所述,要满足名优茶对茶叶原材料的高品质要求,名优茶几乎全部需要采用手工采摘。但手工采摘效率低、成本高,难以满足茶叶市场的巨大需求。近年来,基于机器视觉的机器人在名优茶叶的自动采摘中得到应用,其主要用于名优茶嫩叶的识别与分割,以达到提高名优茶的采茶效率和质量,从而降低成本的目的。

针对名优茶嫩叶采摘的研究大多是在光照等理想的外部条件下进行的,或者在遮光的条件下进行,而针对在强光和不均匀光照下茶叶嫩叶采摘的研究很少。在强光照下,茶叶嫩叶表面会反射形成高亮区域,从而影响了茶叶嫩叶识别精度。

为了解决这些问题,笔者提出了一种改进的分水岭算法,用于茶芽的识别和分割。首先,采用高斯滤波对采集到的茶叶样本进行平滑去噪;其次,采用最小误差法获取最佳适应阈值 T',对 B 分量进行超阈值零处理,从而得到 B' 分量;然后,对 G 分量和 B' 分量作差以得到 $G-B'$ 分量,采用最小误差法获取最佳适应阈值 T_1、T_2,并对 $G-B'$ 分量进行分段线性变换增强,以提高二值化图像中茶叶嫩叶和背景的区分度;最后,采用分水岭函数完成图像分割。试验结果表明,改进分水岭算法具有较高的茶叶分割的准确性和完整性。

1.3.4 农作物病害图像监测概要

第 5 章首先介绍了图像纹理分析基础知识,然后介绍了小麦叶片病害监测和基于图文协同表示学习的小样本蔬菜病害识别模型。

1. 小麦叶片病害监测

病害图像分割是整个病害图像诊断系统的难点和重点,对于分解复杂的诊断任务和提高诊断正确率都具有非常重要的意义。笔者以小麦为对象,研究广泛适用的病害图像诊断算法。

通过小波变换和纹理矩阵计算,增强小麦病害部位特征,由自动阈值处理获得病害部位的二值图像;通过二值图像与原图像的匹配,计算出病害部位的颜色特征值;以待测病害图像与数据库病害图像之间颜色特征值差值最小为原则,检索出库存病害图像。算法对小麦病害图像的诊断准确率达 90% 以上。

2. 基于图文协同表示学习的小样本蔬菜病害识别模型

使用图像和文本进行协同表示学习比单独使用任何一种模式都能取得更好的效果。这不仅在细粒度图像分类任务中得到了验证,在其他领域(如文本生成图像、视觉问答和图像-文本匹配)中得到了验证。因此,针对小样本疾病数据集特征提取能力差的问题,笔者参考人类专家的疾病识别过程,将疾病图像与疾病特征的文本描述相结合,作为疾病识别的先验知识,提出了一种基于图像-文本协同表示学习的小样本蔬菜病害识别模型。该模型整合图像和文本信息以表示疾病特征,取得了更好的识别结果。

笔者主要的研究成果如下。

① 提出了一种基于图像-文本协同表示学习的复杂环境下蔬菜病害小样本

识别模型,该模型利用图像通道和文本通道并行工作的方式对病害进行分类。

② 在传统研究中,需要进行大量的图像训练才能达到预期的效果。笔者在研究中通过添加文本信息作为先验知识,确保该模型在小样本数据集上仍能获得良好的识别结果。

③ 不同病害在叶片上的表现形式不同,鉴于疾病特征存在于叶片的正面和背面,研究在模型中添加了背面叶片图像,以支持疾病诊断过程。

1.3.5 农副产品图像检测概要

第6章介绍了果园图像去雾处理、果树上红色水果的提取与检测、茯苓自动去皮作业的表皮视觉定位、基于 Mask R-CNN 的番茄植株整枝操作点检测方法和一种基于深度分类模型的茭白品质自动分级方法。

1. 果园图像去雾处理

采摘作业在整个果蔬生产作业环节中占据重要地位,采摘机器人在减轻人工采摘劳动强度、提高采摘效率、降低作业成本等方面与传统采摘工作相比具有不可比拟的优势。采摘机器人需要各种控制系统集成才能有效完成其任务,而视觉系统无疑是其中很重要的组成部分之一。果蔬采摘具有明显的季节性,尤其是苹果需要在成熟期内及时采摘,因此实现全天候的采摘作业非常必要。严重的大面积雾霾会直接影响苹果采摘机器人视觉系统对图像的处理,从而给苹果的生产作业带来直接的经济损失。因此对于雾霾天气环境下苹果采摘机器人视觉系统,要做的首要工作就是图像去雾。

笔者在研究中提出了一种基于暗通道先验原理的苹果图像去雾调参和改进方法。此外,还给出了一种获取大气光系数 A 的方法:首先把计算得到的暗通道图结果存入矩阵,求暗通道图中的前 1/1000 个最大元素所在位置,并存储在与暗通道矩阵相同大小的新矩阵中;根据新矩阵中的位置信息,提取 R 通道矩阵中相应位置的像素值,最后求取这些值的平均值作为 A 的取值。与其他暗通道去雾方法进行对比试验,发现所研究的方法能获得更好的主观视觉效果。

2. 果树上红色水果的提取与检测

自然环境中,机器人在进行果实采摘作业时,首先需要从复杂的背景中分辨出成熟果实,因此成功识别成熟果实是机器人采摘作业的关键步骤。自然环境下果实的自动识别一直以来都是该领域的热点课题,许多学者都对此进行了深入的研究。笔者在研究中旨在探讨一种在自然环境下对成熟桃子进行图像识别、圆心定位和半径获取的算法,为机器人采摘桃子提供技术支持。

研究针对成熟桃子的红色特征,以 $R-G$ 的均值为阈值,提取 $R-G$ 大于阈值的桃子红色区域,采用匹配膨胀的方法获得桃子的整体区域。利用轮廓连线的中垂线相交方法求取桃子拟合圆的可能圆心点群,通过横坐标和纵坐标方向的投影对其进行分组,通过计算各组可能圆心点群的统计参数,获得了各个拟合圆的圆心坐标与半径。试验证明,该方法能够很好地适应自然环境的复杂性,快速准确地实现桃子的分离提取、圆心定位和半径计算。

3. 茯苓自动去皮作业的表皮视觉定位

笔者基于茯苓自动去皮机,提出了一种茯苓表皮视觉定位方法。该方法依据夹持装置固定端与可移动端的蓝色标识,在图像左、右半部分内采用由上至下逐行扫描(左半部分由右向左,右半部分由左向右);若某行中存在像素段,其像素值满足 $B-G>30$ 与 $B-R>30$ 且长度大于 10,则将该像素段的起点分别作为处理窗口的左上角和右上角。在初始处理窗口内从下向上逐行扫描,将每行像素进行 $2R-G-B$ 色差处理后的累加值存储在数组 s 中,并计算平滑后 s 的平均值与方差,最后使用 ImageSys 平台的 Detect_graph_concave 函数求得处理窗口的下边界 Y 坐标。对处理窗口区域进行自动二值化,提取茯苓区域,然后通过腐蚀去噪、膨胀腐蚀等处理进行修复,最后从左向右逐列由下向上扫描,设每列像素上第 1 个像素值为 0 的像素点为该列表皮。试验结果表明,在固定光源下,该算法的检测准确率高,能满足实用化需求。

4. 基于 Mask R-CNN 的番茄植株整枝操作点检测方法

番茄是全球广泛种植的大宗蔬菜,对保障人类营养需求具有重要作用。中国番茄种植规模和产量居全球首位,是菜农增收、蔬菜产业发展的重要支撑。整枝打叶是番茄栽培管理的关键环节,几乎贯穿整个生产周期。及时摘除成熟变色果实区域的侧枝叶片,可以调节植株营养和生殖生长平衡,改善通风透光条件,降低病虫害发生风险,对提高番茄产量和品质具有重要意义。然而,每周进行 2~3 次的人工整枝打叶,是目前工厂化番茄种植过程中操作最复杂、效率最低、人力投入最大的生产环节之一,占人力成本总投入的 40%~60%。研发温室番茄整枝打叶机器人代替人工作业,对于提升番茄种植效益具有重要意义。

针对工厂化番茄智能化整枝打叶作业的需要,笔者研究了基于 Mask R-CNN 模型的整枝操作点识别与定位方法,以期为整枝打叶机器人的精准操作提供依据。鉴于丛生植株中主茎和侧枝目标随机生长且形态各异,结合植株在不同生长阶段、不同视场尺度和观测视角下的成像特征,构建了温室番茄植株图像样本数据集。采用学习率微调训练方法,对 Mask R-CNN 预训练模型进行迁移训练,建立了主茎和侧枝像素区域的识别与分割模型。在对视场内同株相邻主茎和侧枝目标进行区分的基础上,提出基于图像矩特征的茎秆中心线拟合方法。以中心线交点为参考,沿侧枝进行定向偏移,实现对整枝操作点图像坐标的定位。试验结果表明,模型对番茄主茎和侧枝目标的识别错误率、精确率和召回率分别为 0.12、0.93 和 0.94,模型在近景仰视图像中对目标的识别和定位效果优于其他视场的图像。

5. 一种基于深度分类模型的茭白品质自动分级方法

茭白是一种常见的水生蔬菜,味道鲜美且营养丰富,广受消费者喜爱。在茭白进入市场前对其进行品质分级可保证产品质量并最大化经济效益。目前,茭白的品质分级都是由人工完成的,人力成本高,且耗时费力,甚至由于劳动强度大导致分级结果不够稳定,此问题已成为茭白精细化营销以实现经济效益最大化的瓶颈。因此,探索一种高效、准确的茭白品质自动分级方法来确保产品质量是十分有意义的工作。

笔者在研究中提出了用于自动分级的 LightNet 算法,在茭白品质分级任务中获得较高的准确率,该算法还可以扩展应用到其他品质分级任务中。试验结果表明,该算法对于茭白品质分级任务准确率达到 95.62%,推测每幅茭白图像品质的时间约为 47 ms,满足硬件装置运转的实时性要求。

1.3.6 动物行为二维与三维检测概要

第 7 章首先介绍了模板匹配基础知识,然后介绍了蜜蜂舞蹈行为检测、田间害鼠的图像捕获与形状特征检测、奶牛乳头的三维图像检测与定位、基于边界脊线识别的群养猪粘连图像分割方法、基于深度学习的绵羊面部表情自动分类和基于特征空间方法的猪脸识别。

1. 蜜蜂舞蹈行为检测

社会性昆虫(包括蚂蚁、白蚁及部分胡蜂、蜜蜂)在自然界有很重要的生物学意义。蜜蜂的摇摆舞是所有社会性昆虫行为方式中被研究得最深入、知名度最高的动作。摇摆舞的特殊之处在于它是真正的象征性符号,其传递的信号可以引导工蜂完成复杂的反应活动。在其他已知动物通信形式中,单个个体发出信号所包含的信息量比蜜蜂摇摆舞包含的信息量要少得多,并且前者只有信号真实存在才能发挥作用,而不像摇摆舞只要象征符号存在就能发挥作用。蜜蜂摇摆舞包含的信息量相当大,其摇摆时间的长短与蜜源距蜂巢的距离有如下比例关系:$S=Kt$。其中:S 表示蜜源至蜂巢的距离;K 为比例系数,因外界因素的不同而取值不同,其值一般取 500;t 表示蜜蜂的平均摇摆时间。蜜蜂通过摇摆舞不仅能报告蜜源至蜂巢距离,还能指示蜜源所在的方向。如果在竖直平面上跳摇摆舞,蜜蜂头朝上,表示朝太阳的方向飞去,能找到蜜源;反之,则表示在背向太阳的地方可以找到蜜源。蜜蜂摇摆舞角度与蜜源的关系是:蜜源角度=蜜蜂摇摆舞角度+太阳方位角。所以,如果获得蜜蜂摇摆舞的摇摆区间坐标,计算得到摇摆时间和角度,就可以推导蜜源的距离和方位信息。

笔者在研究中对未标记的多目标蜜蜂行为轨迹进行图像跟踪与分析,获得蜜蜂摇摆舞的摇摆区间坐标,进而获得舞蹈时间和角度,为解析蜜蜂摇摆舞所传递的信息提供原始数据。基于颜色特征,首先确定跟踪目标点,采用前后帧模板匹配方法对其运动轨迹进行跟踪;而后对目标运动轨迹进行统计与分析,确定蜜蜂摇摆行为,并进行标记,实现对目标蜜蜂摇摆行为的跟踪与分析。试验证明,该算法能快速有效地实现对蜜蜂运动轨迹的跟踪并正确判断其摇摆行为。

2. 田间害鼠的图像捕获与形状特征检测

害鼠是农业生产过程中的有害动物。它盗食种子、咬断禾苗,从而危害多种农作物。同时,它还在树木和农作物根部挖洞做窝,破坏树木和农作物根系,轻则影响农作物的生长发育,重则使农作物伤口长久不愈,从而导致害虫、微生物的侵入,引起病虫危害,甚至使植株死亡,降低农作物的成活率。对害鼠的监测是植保工作的重要一环。传统的害鼠监测主要靠人工在田间观察获得相关数据,需要长时间不间断地连续观察和记录,不仅费时费力,很多参数定量化也非常困难,而且记录出来的数据可靠性较低。近年来,随着计算机技术的发展,有研究者结合视频记录与实地观测研究害鼠的行为,对其活动和体态姿势进行辨识。

田间害鼠的外形特征对认识害鼠的生活习性、掌握害鼠种群的演变规律和根据种类来制定灭鼠方案,保护好农作物具有重要的作用。为了从田间获取害鼠的外形特征,笔者提出了一种基于机器视觉的害鼠特征提取方案。该方案在一个箱体通道内放置诱饵,当田间害鼠通过时,利用箱体上方的摄像头采集图像,用 4G 图传设备将图像序列传到图像处理端。对害鼠图像进行全局二值化处理后,用形态学腐蚀和膨胀操作去噪声,采用 8 邻域检测获取轮廓点;用 8 连通链码分析方法来跟踪轮廓,用多轮廓跟踪提取方法去除非害鼠的连通区域,以此获取精确的害鼠轮廓。通过害鼠尾巴比身体更细长的外形特点,基于轮廓图把害鼠的尾巴和身体部分分割开来。再计算害鼠尾巴的长度、身体的长度、身体的高度、尾巴和身体的比例等特征。在轮廓图像的基础上,准确提取害鼠的背部皮毛图像,对背部皮毛图像进行轮廓分析以判断害鼠背部是否有线条。通过对褐家鼠、黑线姬鼠、黄胸鼠和小家鼠等不同鼠种的自动提取特征数据和人工获取数据进行对比分析,发现该方法能较为准确地提取害鼠外形特征,可以为分析田间害鼠的生活习性、种群的演变规律等大数据应用提供基础数据。

3. 奶牛乳头的三维图像检测与定位

随着社会经济的不断发展和科学技术的不断进步,传统的人工挤奶方式因效率低下、环境恶劣、人工成本高等缺点而逐渐被淘汰。自动挤奶机器人作为新兴产物,因生产效率高、不需人为干预、卫生条件好等优点受到中型和大型奶牛场的青睐。在自动挤奶机器人中,奶牛乳头的图像识别是实现自动挤奶的关键技术。

笔者在研究中首先模拟真实挤奶环境制作了奶牛仿生模型,研究奶牛乳头的图像识别方法,以便代替真实奶牛完成乳头识别算法的研究和试验。利用RGB空间颜色变换的方法识别奶牛乳头模型的坐标:首先在RGB颜色空间中对图像进行颜色变换的灰度化处理,随后对灰度图像进行阈值分割和形态学运算,最后对二值图像进行参数测量以获得乳头模型的二维坐标。通过对真实奶牛乳头图像的测试,笔者发现该算法对普通红色乳头识别效果较好,对颜色特征不明显的乳头识别效果较差。

笔者在研究中搭建了双目视觉三维重建系统,采用棋盘标定法进行相机的标定。优化标定流程,在双目标定之前先对单目相机进行标定,提高了标定精度。基于OpenCV和Visual C++开发了自动化的标定工具,利用该工具对双目相机进行标定试验,与MATLAB标定工具箱获得的相机数据进行精度对比。试验表明,该标定方法具有可靠的精度和较高的标定效率。

此外,笔者提出了一种目标点的实时三维重建方法,利用DirectShow进行图像采集,实时跟踪获取目标在左右图像中的二维坐标,利用奇异值分解法进行目标点三维坐标求解,大幅度降低矩阵运算量,并且保证较高的精度;采用OpenGL进行目标点的实时3D显示。笔者开发了目标点实时三维重建系统并应用于挤奶机器人视觉系统中,可以实时获得奶牛乳头的三维坐标并进行可视化显示,为控制系统提供实时而精确的数据。

4. 基于边界脊线识别的群养猪粘连图像分割方法

生猪养殖业在中国经济发展中占有重要地位。中国生猪养殖规模化和集约化程度逐年升高。规模化养殖的发展给饲养管理带来了新的挑战。猪只数目的增加导致人工巡检工作强度加大。为减轻饲养管理压力、及时发现异常状况,并提高饲养管理效率和水平,利用计算机视觉技术实现生猪采食、饮水、排泄、攻击、爬跨、分娩、哺乳、活动状态等行为的自动识别,以及健康福利状况的自动评估成为当前的研究热点。其中,猪体图像的前景分割和粘连猪体图像的分离是实现生猪数量自动盘点以及个体行为准确识别的基础。

为实现群养猪粘连图像的自动分割,笔者在研究中采用决策树分割算法提取视频图像帧的猪体前景区域,计算各连通区域的复杂度,根据复杂度确定粘连猪体连通区域,利用标记符控制的分水岭分割算法处理粘连猪体图像,检测待选的边界脊线,通过检验待选边界脊线的分割效果和形状特征(包括线性度和 Harris 拐点数目),识别出猪体粘连分割线,实现粘连猪体的分离。结果表明,决策树分割算法能够有效地去除复杂背景,前景分割效果良好。粘连猪体分离结果显示,基于边界脊线识别的粘连猪体分离准确率达 89.4%,并较好地保留了猪体轮廓。计算分割后猪体连通区域的中心点,并对中心点进行德洛奈剖分(Delaunay triangulation),初步实现了猪只的定位和栏内分布的可视化。6 min 的监控视频处理结果显示,利用决策树分割算法,能够正确统计出栏内猪只数量。

5. 基于深度学习的绵羊面部表情自动分类

利用图像识别技术对自然栖息地中的动物生命状态进行监测,对于动物的健康与保护至关重要。目前,"绵羊疼痛面部表情量表"已成为从面部表情监测绵羊健康状态的重要工具。

笔者在研究中构建了一个绵羊脸部数据集和相应的分类框架,使用带微调的转移学习来自动分类正常状态(即无疼痛)和异常状态(即疼痛)的绵羊脸部图像,将基于卷积神经网络的结构应用于绵羊面部数据集,提出数据增强、L2 正则化和微调优化模型。

6. 基于特征空间方法的猪脸识别

人们对食品安全的关注度日益增加,识别管理对于提高食品质量安全至关重要。尽管射频识别(RFID)标签广泛用于身份管理,但在某些领域,它们并非最合适的工具。例如,在养猪业中,RFID 的成本对养殖户来说较高,从而阻碍了身份管理技术在该领域的应用。

笔者在研究中提出了廉价的无标记猪识别管理系统。特征空间方法是高效的人脸识别方法,笔者在研究中将其应用于猪脸识别。试验结果显示,猪眼区域是最有效的面部识别部位。基于 16 个样本/类别的训练数据，获得了 16 个类别 97.9％的识别准确率，并提出了该方法的一些可能性应用前景。

1.3.7　农田导航线图像检测概要

第 8 章介绍了水田插秧导航线检测、水田管理导航线检测、水田微型除草机器人导航线检测、小麦播种行走路线检测、玉米收割导航线检测、麦田多列目标线图像检测、红枣收获机导航线检测、其他农田作业的导航线及田端检测，以及视觉导航样机试验及性能测试等研究项目。

1. 水田插秧导航线检测

在研究中，笔者提出了过已知点的 Hough 变换的概念，并开发了相应算法。该算法将传统导航目标提取后回归直线的导航线检测模式，变为先检测每个水平扫描线上导航线候选点和确定已知点，然后对候选点群进行直线回归。该方法大大提高了导航线的检测速度和精度。过已知点的 Hough 变换算法作为成熟算法，放在了第 2 章，算法的 C 语言代码可以查阅《实用数字图像处理与分析》（陈兵旗主编）一书。

在项目研究中，笔者在秧苗检测的基础上，通过设置处理窗口，确定了以目标苗列线作为处理区域的最长线；在二值图像上设一条水平线，依次以其周围各个白色区域中心为已知点，反复执行过已知点的 Hough 变换，最终检测出了目标苗列线。

将插秧环境的田埂分为水泥田埂和土质田埂，利用不同的微分算子分别对目标田埂、田端田埂和侧面田埂进行二值化处理，利用区域标记和田埂噪声，分别提取了水泥田埂、土质田埂与水面分界处的像素，分别以最长区域的中心点和像素分布中心点为已知点，基于过已知点的 Hough 变换检测出了水泥田埂和土质田埂的导航线。

利用插秧机实际作业视频，验证了上述导航线检测的正确性和实时性。

2. 水田管理导航线检测

插秧之后，水稻从幼苗到成熟期间，需要使用水稻管理机器人进行施肥、喷药、除草和生长调查等水田管理工作；在工作过程中，水田管理机器人需要沿着苗列间行走。随着水稻从幼苗逐渐成熟，水田图像中的水面部分逐渐减少，而秧苗部分逐渐增多，行走路线的图像检测算法，需要能够适应水田环境的这种变化。相对于插秧环境，水田管理的图像检测环境更加复杂多变，导航线检测需要有新的方法。

笔者在研究中利用图像中蓝色像素值来判断目标秧苗行间位置,以此作为行进路线的大致位置。分析每个水平扫描线的颜色来检测行驶方向候选点群,以候选点群的中心为已知点。分析目标空间中图像从底部到顶部亮度分布的变化来检测未被水稻覆盖的水田末端。利用过已知点的 Hough 变换检测行驶方向线。该算法在读入彩色图像后,能快速检测出导航线和田端位置(视野中有田端时)。

3. 水田微型除草机器人导航线检测

为了减小除草剂的使用对环境带来的影响,日本多所大学已对水田微型除草机器人进行了研究。笔者研究的内容是探讨微型除草机器人的导航方式。对微型除草机器人来说,水田环境非常复杂,当秧苗长高后,由于其体型小,其在秧苗间通行就像穿行在隧洞中,姿态稍有变化,视野中的图像就会完全不一样。因此,微型除草机器人在完成除草作业继续通行之前,必须确认行驶方向。可以说,微型除草机器人的视觉环境比起插秧机和水田管理机器人要复杂得多。

样本图像采集的时间段为从 2001 年 6 月 16 日到 2001 年 9 月 4 日,每周采集一次,共包括 8 个采样时期。分别将摄像机放置于水面上方大约 10 cm、20 cm 和 30 cm 处,且在每一个高度处将摄像机依次水平、水平向下倾斜 10°和 20°放置。对摄像机进行 360°旋转,获得每个高度、每个角度的录像带样本,从每个录像带样本中均匀采集 24 幅图像。分析彩色图像中蓝色像素的分布和二值图像中黑色像素的分布,从 24 幅图像中提取目标图像;分析目标图像二值图像和蓝色图像的水平线,得到目标图像中心线的候选点。利用过已知点的 Hough 变换检测行走路线。69 个样本全部检测正确,从读入 24 帧图像到检测出行走路线用时 0.4～0.8 s。

4. 小麦播种行走路线检测

为实现田间小麦播种机自动行走作业,笔者在研究中针对具有微弱导航信息的播种作业环境,采用小波变换与线性分析、前后帧相互关联等方法获取图像中区域分界处的点群数据;之后,利用过已知点的 Hough 变换对点群进行直线拟合,最终完成导航信息的检测。通过对多段不同环境下、不同地区采集到的播种作业视频进行测试发现,该方法能够准确、稳定且快速地完成小麦播种过程中田埂直线、播种直线及田端的检测。

5. 玉米收割导航线检测

笔者在研究中提出的玉米收割机导航线的图像检测算法如下:对于第一帧

与非第一帧采用不同的处理方法,将图像分割成几份,分别进行处理,使得目标区域的定位能够适应目标线偏斜的情况;利用彩色图像的 G 分量变化,查找候选点;利用过已知点的 Hough 变换检测玉米列边界线,并且自动判断玉米收割机是否到达田端。针对已知点的获取、处理区域的确定,提出了运用跳行累计的方法,减少了计算量,加快了处理速度。经试验验证,该检测算法正确地检测出了目标直线,图像平均处理速度能够满足玉米收割的作业要求。

6. 麦田多列目标线图像检测

笔者在研究中,通过分析二值图像中的每条水平扫描线,得到目标区域和目标点;根据相邻两条扫描线的目标点的横坐标对目标点进行聚类;利用过已知点的 Hough 变换正确检测出各个苗列的中心线。测试结果表明,在不同自然和田间条件下采集的 650 幅小麦图像中,有 600 幅精确地检测出了不同的多中心线。

7. 红枣收获机导航线检测

针对新疆地区骏枣与灰枣枣园的收获作业,笔者提出了一种红枣收获机枣树行视觉导航线检测算法。该算法通过枣园图像固定区域中 B 分量竖直方向累计直方图的标准差 d 与最小值 f 的关系对枣园种类进行自动判断。针对灰枣枣园,首先采用色差法与大津法进行灰度化与二值化处理,然后进行面积去噪与补洞处理,在处理区域内从上向下逐行扫描,将每行像素上像素值为 0 的像素点坐标平均值作为该行候选点的坐标,并将所有候选点坐标的平均值作为Hough 变换的已知点的坐标,最后基于过已知点的 Hough 变换拟合导航线;针对骏枣枣园,在处理区域内通过竖直方向累计 R 分量的极值分析方法确定扫描区间,然后在扫描区间内从上到下逐行扫描,将每行像素上 R 分量值最小的像素点作为该行的候选点,并将所有候选点的坐标平均值作为 Hough 变换的已知点的坐标,最后使用过已知点的 Hough 变换拟合导航线。试验结果表明:对于灰枣枣园与骏枣枣园,该算法的检测准确率平均值分别为 94% 和 93%,处理一帧图像平均耗时分别为 0.042 s 和 0.046 s。

8. 其他农田作业的导航线及田端检测

笔者利用小麦播种的导航线检测方法分别对耕作、玉米播种、棉花播种、小麦收获和棉花采摘的环境进行了行导航线检测试验,并列出了检测结果。

9. 视觉导航样机试验及性能测试

2015 年 7 月,笔者研究的视觉导航设备在新疆石河子市进行了棉花地喷药

导航试验,经新疆生产建设兵团农业机械检测测试中心检测,车速为 4.7 km/h
时,路径跟踪误差为 20 mm,不存在压苗现象。

参考文献

[1] 陈兵旗. 机器视觉技术[M]. 北京:化学工业出版社,2018.
[2] 陈兵旗. 机器视觉技术及应用实例详解[M]. 北京:化学工业出版社,2014.

第 2 章
图像处理常用方法

2.1　图像颜色与变换

2.1.1　彩色图像

彩色图像由红(red)、绿(green)、蓝(blue)三个分量(即 R、G、B 分量)的灰度图像组成。各种彩色由三原色通过不同比例混合而成。每个颜色通道被划分为 0～255 共 256 个离散的亮度等级,因此根据红、绿、蓝的不同组合可表示 $256×256×256＝16\ 777\ 216$ 种颜色(即 2^{24} 种颜色)。包含此数量级色彩的图像称为全彩色图像(full-color image)或真彩色图像(true-color image)。若采用直接存储 R、G、B 分量的方式保存图像,文件体积会显著增大。例如:一幅 640×480 像素的彩色图像,每个像素需用 3 B(1 B＝8 b)空间存储三通道数值,总存储空间为 640×480×3 B＝921 600 B。

对于 16 色图像,若仍采用每个像素直接存储 R、G、B 分量的方式(每个通道 8 b),理论上每个像素仍需 3 B,整幅图像存储空间与真彩色图像相同。但 16 色图像仅需表示 16 种颜色,直接编码方式存在大量冗余数据。为此,通常采用调色板(palette)技术进行优化存储,该技术亦称为颜色查找表(look-up table, LUT)。调色板由颜色索引表构成,表中每条记录对应一种颜色的 R、G、B 分量。例如:索引 0 对应红色(255,0,0),当像素为红色时只需记录索引值 0。此时 16 色图像每个像素仅需 4 b(2^4＝16)存储索引值,即 0.5 字节/像素,整幅图像数据量为 640×480×0.5 B＝153 600 B,另需附加调色板数据(16×3 B＝48 B),总存储空间显著降低。

全彩色图像不适用调色板技术,因为其颜色数量(16 777 216 色)远超常规调色板容量(通常不大于 256 色)。若强制使用调色板,不仅无法实现压缩效果,反而需要额外存储调色板数据,导致存储效率降低。

上述采用红、绿、蓝三原色表示的图像称为位图(bitmap),其文件格式可分为压缩与非压缩两种,标准文件格式为 BMP 格式。除位图外,常见图像格式还包括 TIFF 格式和 JPEG 格式等。TIFF 格式多用于专业图像处理领域,支持无损压缩;JPEG 格式是数码设备广泛采用的有损压缩格式,通过舍弃高频信息实现高压缩率。

随着图形处理需求的发展,除 24 位全彩色格式外,新增了包含 8 位透明度通道(alpha channel)的 32 位 RGBA 格式。Alpha 通道采用 0~255 灰度值定义像素透明度:255(白色)表示完全不透明,0(黑色)表示完全透明,中间值呈现半透明效果。该特性主要应用于视频合成中的多图层混合处理,在常规图像分析场景中较少使用。

2.1.2 灰度图像

灰度图像(gray scale image)是指只含亮度信息,不含色彩信息的图像。在 BMP 格式中没有灰度图像的概念,但是如果每个像素的 R、G、B 分量完全相同,也就是 $R=G=B=Y$,该图像就是灰度图像(或称单色图像(monochrome image))。其中 Y 被称为灰度值,一般常用灰度值为 $[0,255]$,0 为黑,255 为白,所有中间值是从黑到白的各种灰色调,总共 256 级。

彩色图像的 R、G、B 分量分别是一个灰度图像。通过线性加权公式可将彩色图像变为灰度图像:

$$Y = 0.299R + 0.587G + 0.114B \qquad (2.1.1)$$

2.1.3 颜色变换

彩色图像的色彩表征除 RGB 原色空间外,还存在 YUV、HSI、Lab 等颜色表征方式。

YUV(亦称 YCbCr),是视频编码领域的常用色彩空间。该空间由表征亮度信息的 Y 分量(相当于灰度)和两个色度分量构成:U(Ch,蓝色色差分量)与 V(Cr,红色色差分量)。其中 Y 值由公式(2.1.1)求得,U(Cb)对应蓝色分量与亮度的差值($B-Y$),V(Cr)对应红色分量与亮度的差值($R-Y$)。

HSI 色彩空间中:S(saturation)表征色彩饱和度,反映颜色鲜明程度;H(hue)表征色调,定义颜色类型;I(intensity)表征明度,描述图像明暗特征。这三个参数构成颜色的三要素,其中明度 I 与式(2.1.1)存在差异,需通过三维柱坐标系运算实现,H、S 则由式(2.1.2)确定:

$$\begin{cases} C_1 = R - Y \\ C_2 = B - Y \\ H = \arctan(C_1/C_2) \\ S = \sqrt{C_1^2 + C_2^2} \end{cases} \tag{2.1.2}$$

Lab 色彩空间由国际照明委员会（CIE）于 1976 年提出。该空间基于正交的 L、a、b 三要素构建：L 轴表征明度，a 轴覆盖红-绿色域，b 轴覆盖蓝-黄色域。任意颜色特征均可通过 a、b 值精确表征，L、a、b 三参数可完整描述自然界色彩。具体而言，L 值域为 0（纯黑）至 100（纯白），a、b 值域均为 $-128 \sim +127$。因 Lab 空间完整涵盖 RGB 与 CMYK（印刷四分色模式：青（cyan）、品红（magenta）、黄（yellow）、黑（key）），故其向 CMYK 空间转换时可避免色彩信息损失。鉴于 Lab 色彩模型计算复杂度较高，这里不作公式展开。

2.1.4 几何变换

图像几何变换（geometric transformation）是通过空间映射改变像素几何关系的处理方法，主要分为线性变换与非线性变换两大类，用于计算机图形学、双目视觉等领域。

1. 缩放

某一点 (x, y) 经过缩放后其位置变为 (X, Y)，则两者之间有如下关系：

$$\begin{cases} X = ax \\ Y = by \end{cases} \tag{2.1.3}$$

式中：a、b 分别是 X 轴、Y 轴的缩放率。a、b 比 1 大时为放大，比 1 小时为缩小。对所有的像素点 (x, y) 进行计算，就可以把图像放大或缩小了。变换后各个像素的取值方法请参考其他相关书籍，这里不再赘述。

2. 平移

使图像沿 X 轴平移 x_0，沿 Y 轴平移 y_0，变换公式为

$$\begin{cases} X = x + x_0 \\ Y = y + y_0 \end{cases} \tag{2.1.4}$$

3. 旋转

使图像逆时针旋转 θ 角，变换公式为

$$\begin{cases} X = x\cos\theta + y\sin\theta \\ Y = -x\sin\theta + y\cos\theta \end{cases} \tag{2.1.5}$$

4. 仿射变换

组合上述的放大、缩小、平移、旋转,就可以实现各种各样的变形。到目前为止,所说明的方法都是以原点为中心进行的变形,而以任意点为中心旋转、放大、缩小也是可能的。例如,以(x_0,y_0)为中心旋转,首先平移$(-x_0,-y_0)$,使(x_0,y_0)回到原点后,旋转θ角,最后再平移(x_0,y_0)就可以了。变换公式如下:

$$\begin{cases} X=(x-x_0)\cos\theta+(y-y_0)\sin\theta+x_0 \\ Y=-(x-x_0)\sin\theta+(y-y_0)\cos\theta+y_0 \end{cases} \tag{2.1.6}$$

二维仿射变换的一般表示公式如下:

$$\begin{cases} X=ax+by+c \\ Y=dx+ey+f \end{cases} \tag{2.1.7}$$

5. 透视变换

从一点(视点)观看一个物体时,物体在成像平面上的投影图像就是透视变换图像。这种透视变换可表示为

$$\begin{cases} X=(ax+by+c)/(px+qy+r) \\ Y=(dx+ey+f)/(px+qy+r) \end{cases} \tag{2.1.8}$$

6. 齐次坐标表示

几何变换采用矩阵处理更方便。二维平面(x,y)的几何变换能够用二维向量$[x,y]$和2×2矩阵来表现,但是却不能表现平移。因此,为了能够同样地处理平移,增加一个虚拟的维度,即通常使用三维向量$[x,y,1]^{\mathrm{T}}$和3×3的矩阵。这个三维空间的坐标$(r,y,1)$称为(x,y)的齐次坐标。

基于这个齐次坐标,仿射变换可表现为

$$\begin{bmatrix} X \\ Y \\ 1 \end{bmatrix} = \begin{bmatrix} a & b & c \\ d & e & f \\ 0 & 0 & 1 \end{bmatrix} \begin{bmatrix} x \\ y \\ 1 \end{bmatrix} \tag{2.1.9}$$

式(2.1.9)与式(2.1.7)是一致的。另外,缩放的齐次坐标表示为

$$\begin{bmatrix} X \\ Y \\ 1 \end{bmatrix} = \begin{bmatrix} a & 0 & 0 \\ 0 & b & 0 \\ 0 & 0 & 1 \end{bmatrix} \begin{bmatrix} r \\ y \\ 1 \end{bmatrix} \tag{2.1.10}$$

平移的齐次坐标表示为

$$\begin{bmatrix} X \\ Y \\ 1 \end{bmatrix} = \begin{bmatrix} 1 & 0 & x_0 \\ 0 & 1 & y_0 \\ 0 & 0 & 1 \end{bmatrix} \begin{bmatrix} x \\ y \\ 1 \end{bmatrix} \tag{2.1.11}$$

旋转的齐次坐标表示为

$$
\begin{bmatrix} X \\ Y \\ 1 \end{bmatrix} = \begin{bmatrix} \cos\theta & \sin\theta & 0 \\ -\sin\theta & \cos\theta & 0 \\ 0 & 0 & 1 \end{bmatrix} \begin{bmatrix} x \\ y \\ 1 \end{bmatrix} \tag{2.1.12}
$$

式(2.1.10)、式(2.1.11)、式(2.1.12)分别与前述的式(2.1.3)、式(2.1.4)、式(2.1.5)一致。组合这些矩阵,就能够表示各种各样的仿射变换。例如,以(x_0, y_0)为中心旋转,可以表示为平移和缩放矩阵积的形式:

$$
\begin{bmatrix} X \\ Y \\ 1 \end{bmatrix} = \begin{bmatrix} 1 & 0 & x_0 \\ 0 & 1 & y_0 \\ 0 & 0 & 1 \end{bmatrix} \begin{bmatrix} \cos\theta & \sin\theta & 0 \\ -\sin\theta & \cos\theta & 0 \\ 0 & 0 & 1 \end{bmatrix} \begin{bmatrix} 1 & 0 & -x_0 \\ 0 & 1 & -y_0 \\ 0 & 0 & 1 \end{bmatrix} \begin{bmatrix} x \\ y \\ 1 \end{bmatrix} \tag{2.1.13}
$$

式(2.1.13)展开后与式(2.1.6)是一致的。

透视变换是三维空间的变换,用四维向量和 4×4 的矩阵来表现。如空间中一点在两个坐标系中的坐标分别为(X, Y, Z)和(x, y, z),则其坐标变换公式用旋转矩阵 $\boldsymbol{R}$ 和平移矩阵 $\boldsymbol{t}$ 可描述为

$$
\begin{bmatrix} X \\ Y \\ Z \\ 1 \end{bmatrix} = \begin{bmatrix} \boldsymbol{R} & \boldsymbol{t} \\ \boldsymbol{0}^{\mathrm{T}} & 1 \end{bmatrix} \begin{bmatrix} x \\ y \\ z \\ 1 \end{bmatrix} \tag{2.1.14}
$$

其中:$\boldsymbol{R}$ 为 3×3 的旋转矩阵(rotation matrix);$\boldsymbol{t}$ 为三维平移向量(translation vector);$\boldsymbol{0}^{\mathrm{T}} = [0,0,0]$。

2.2 目标提取

目标提取是计算机视觉任务的基础环节,其核心在于通过特征差异从复杂背景中分离目标对象。人类视觉系统依赖颜色和形状差异实现目标检测,数字图像处理则通过量化这些特征实现自动化提取。本节阐述常用目标提取方法。

2.2.1 阈值分割

对于灰度图像,最简单的目标提取(二值化)方法为阈值处理(thresholding),即对于输入图像的各像素,当其灰度值在某设定值(即阈值,threshold)以上或以下时,赋予对应的输出图像的像素为白色(255)或黑色(0),用式(2.2.1)或式(2.2.2)表示:

$$g(x,y)=\begin{cases}255 & f(x,y)\geqslant t\\ 0 & f(x,y)<t\end{cases} \qquad (2.2.1)$$

$$g(x,y)=\begin{cases}255 & f(x,y)\leqslant t\\ 0 & f(x,y)>t\end{cases} \qquad (2.2.2)$$

式中：$f(x,y)$、$g(x,y)$ 分别是处理前和处理后的图像在 (x,y) 处像素的灰度值；t 是阈值。

根据图像情况，有时需要提取两个阈值之间的部分，即令

$$g(x,y)=\begin{cases}255 & t_1\leqslant f(x,y)\leqslant t_2\\ 0 & 其他\end{cases} \qquad (2.2.3)$$

这种方法称为双阈值二值化处理。

2.2.2 自动二值化处理

灰度图像像素取值范围为 0（纯黑）至 255（纯白），共 256 个离散灰度值。统计各灰度值对应像素数（计算机可瞬时完成），可生成表征图像灰度分布的直方图。如图 2.2.1 所示，直方图横轴表示 0～255 灰度值，纵轴表征像素数或占总像素的比例。

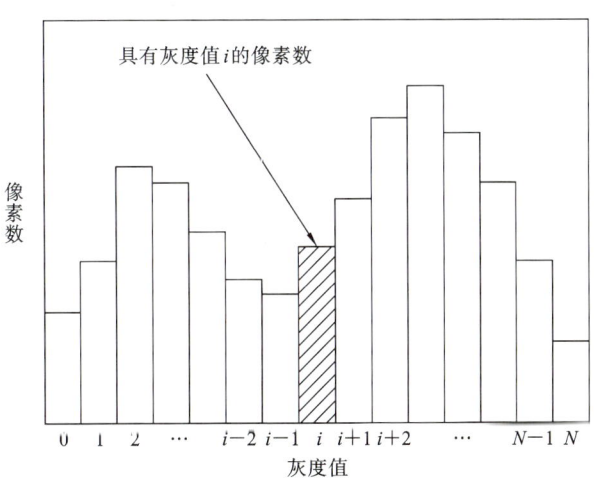

图 2.2.1　直方图

在背景单一的场景下，直方图通常呈现双峰特征：主峰对应背景区域（高像素数），次峰对应目标区域（低像素数）。以图 2.2.2(a) 所示水稻籽粒 G 分量灰度图像为例，其直方图（见图 2.2.2(c)）左侧高密度峰对应暗背景，右侧低密度

峰对应亮籽粒。对于此类双峰特征显著的情形,将阈值设定于双峰间鞍点(如取 $T=50$),可获得理想分割效果(见图 2.2.2(b))。

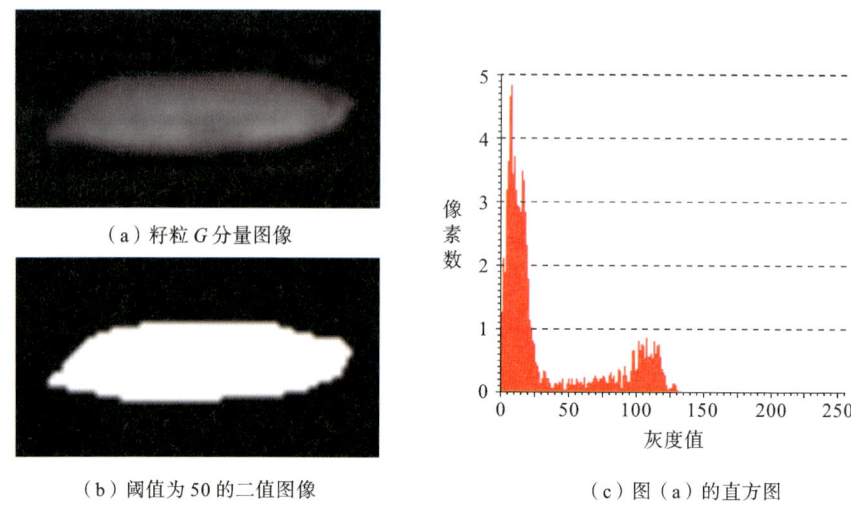

(a)籽粒 G 分量图像

(b)阈值为 50 的二值图像

(c)图(a)的直方图

图 2.2.2　水稻籽粒图像及其直方图

当原始直方图存在高频波动时,鞍点定位将受噪声干扰。此时常采用滑动窗口均值滤波对直方图进行平滑处理。如图 2.2.3 所示,经 5 邻域点平滑后的直方图(见图 2.2.2(c)处理结果)鞍点特征显著增强,便于算法自动检测。此类基于直方图鞍点检测的阈值选取方法统称为模态法(mode method)。

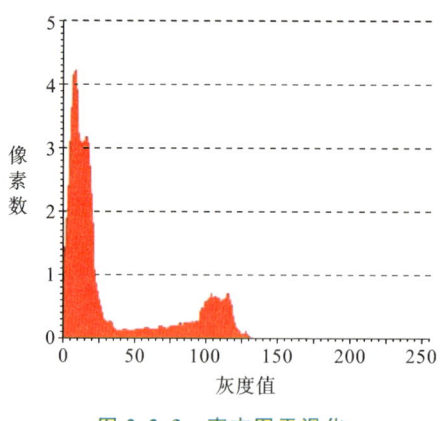

图 2.2.3　直方图平滑化

阈值确定方法除了模态法以外,还有 p 参数法(p-tile method)、判别分析法(discriminant analysis method)、可变阈值法(variable thresholding)、大津法(Otsu method)等。p 参数法是当物体占整个图像的比例已知(如 $p\%$)时,在直方图上,将暗灰度(或者亮灰度)一侧的累计像素数占总像素数 $p\%$ 的地方的灰度值作为阈值的方法。判别分析法是当直方图分成物体和背景两部分时,通过分析两部分的统计量来确定阈值的方法。可变阈值法用在背景灰度多变的情况下,对图像的不同部位设置不同的阈值。大津法则在各种图像处理任务中得到了广泛的应用,下面具体介绍大津法。

大津法也称最大类间方差法,是由日本学者大津于 1979 年提出的。它首先按图像的灰度特性,将图像分成背景和目标两部分。背景和目标之间的类间方差越大,说明构成图像的两部分的差别越大。因此,使类间方差最大的分割意味着错分概率最小。

设定图像包含两类区域,t 为分割两区域的阈值。由直方图统计可得:被 t 分割后的区域 1 和区域 2 面积占整个图像的面积的比例分别为 θ_1 和 θ_2,整幅图像、区域 1、区域 2 的平均灰度分别为 μ、μ_1、μ_2。整幅图像的平均灰度与区域 1、区域 2 的平均灰度之间的关系为

$$\mu = \mu_1\theta_1 + \mu_2\theta_2 \tag{2.2.4}$$

同一区域常常具有灰度相似的特性,而不同区域之间则表现出明显的灰度差异,当被阈值 t 分割的两个区域间灰度差较大时,两个区域的平均灰度 μ_1、μ_2 与整幅图像的平均灰度 μ 之差也较大,区域间的灰度方差就是描述这种差异的有效参数,其表达式为

$$\sigma_B^2(t) = \theta_1(\mu_1 - \mu)^2 + \theta_2(\mu_2 - \mu)^2 \tag{2.2.5}$$

式中:σ_B^2 表示图像被阈值 t 分割后两个区域间的灰度方差。

显然,取不同的 t 值,就会得到不同的区域间的灰度方差,也就是说,区域间灰度方差、区域 1 的灰度均值、区域 2 的灰度均值、区域 1 面积占比、区域 2 面积占比都是阈值 t 的函数,因此式(2.2.5)可以写成:

$$\sigma_B^2(t) = \theta_1(t)[\mu_1(t) - \mu]^2 + \theta_2(t)[\mu_2(t) - \mu]^2 \tag{2.2.6}$$

经数学推导得,区域间灰度方差可表示为

$$\sigma_B^2(t) = \theta_1(t)\theta_2(t)[\mu_1(t) - \mu_2(t)]^2 \tag{2.2.7}$$

被分割的两区域间灰度方差达到最大时,被认为两区域处于最佳分割状态,由此确定阈值 T 为

$$T = \max[\sigma_B^2(t)] \tag{2.2.8}$$

以最大灰度方差确定阈值不需要人为地设定其他参数,是一种自动选择阈

值的方法。

2.2.3　彩色图像与运动目标提取

对自然界的目标提取,可以根据目标的颜色特征,尽量使用 R、G、B 分量及它们之间的差分组合来实现,这样可以有效避免自然光变化的影响,快速有效地提取目标。在农业领域,对绿色作物的提取,一般用 $(2G-R-B)/2$、$G-R$ 或者 $G-B$;对红色水果的提取,一般用 $(2R-G-B)/2$、$R-G$ 或者 $R-B$。

运动目标提取有目标跟踪提取、帧间差分提取、背景差分提取等方法,需要根据实际情况采用不同的方法。

2.3　去噪声处理

图像在获取和传输过程中会受到各种噪声的干扰,从而使质量下降。为了抑制噪声并改善图像质量,要对图像进行去噪声处理。图像的噪声可以理解为附着在图像上的干扰信号。例如电视机因天线的状况不佳,画面出现雪花噪点,这种现象称为图像退化。引起图像退化的噪声大致可分成两类:一种是幅值基本相同,但出现的位置很随机的椒盐噪声(salt and pepper noise);另一种则是位置和幅值随机分布的随机噪声(random noise)。去除噪声的方法可以分为以下几类。

(1) 空域滤波:直接对图像数据做空间变换以达到滤波即去除噪声的目的。

(2) 频率滤波:先将空间域图像变换至频率域处理,然后反变换回空间域图像,包括傅里叶变换、小波变换等。

(3) 线性滤波:输出像素是输入像素邻域像素的线性组合的滤波方法,包括移动平均、高斯滤波等。

(4) 非线性滤波:输出像素是输入像素邻域像素的非线性组合的滤波方法,包括中值滤波、边缘保持滤波等。

以下介绍几种常用的图像滤波处理方法。

2.3.1　移动平均

移动平均(或称均值滤波,averaging filtering)是最常用的消除噪声方法之一,其本质是一种低通滤波。该方法按给定移动步距(或面积)和重叠率,将相邻点或面域内的数据沿特定方向连续移动求平均,最终获得各线段或面域内代表值。其核心原理是:任意点的趋势分量可通过该点邻域范围内其他数据点的数值分布特征进行平均计算,参与运算的邻域范围称为窗口。

移动平均的标准实现流程为:在原始数据图上设定窗口,对窗口覆盖的原始数据计算算术平均值,并将该值作为窗口中心点的趋势值;随后沿指定方向移动窗口,重复计算直至覆盖整个区域。图 2.3.1(a)展示了 3×3 像素窗口(每个方格代表 1 个像素),通过式(2.3.1)计算这 9 个像素的平均值 q:

$$q=(p_0+p_1+p_2+p_3+p_4+p_5+p_6+p_7+p_8)/9 \qquad (2.3.1)$$

最终将该平均值 q 替换原窗口中心位置对应的像素值 p_4,处理效果如图 2.3.1(b)所示。

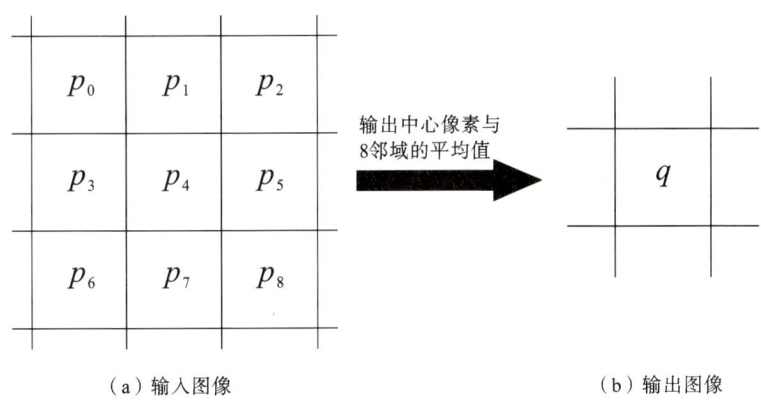

（a）输入图像　　　　　　　　　　　　　（b）输出图像

图 2.3.1　移动平均

移动平均本身存在着固有的缺陷,由于该方法是通过使图像模糊,达到消除细小噪声的目的,所以它不能很好地保护图像细节,去除噪声的效果并不理想。该方法适用于对细节要求不高的场景。

2.3.2　中值滤波

中值滤波(median filtering)是一种非线性数字滤波技术,常用于去除图像或其他信号中的噪声。其核心设计思想是通过奇数个采样点组成的观察窗口,对输入信号进行局部采样分析。具体实现方式为:将窗口内的数值按大小排序,取中间值作为当前采样点的输出值,并通过滑动窗口遍历整个信号。中值滤波是图像处理中的经典算法,对斑点噪声和椒盐噪声具有显著抑制效果,同时能较好地保留边缘特征,避免传统线性滤波导致的边缘模糊问题。

以灰度图像处理为例(见图 2.3.2(a)),针对黑框线标记的 3×3 邻域内像素,其灰度值按升序排列为

2　　2　　3　　3　　④　　4　　4　　5　　10

此时中值为第 5 个像素的灰度值 4(图 2.3.2(b))。原灰度值 10 的像素因显著偏离周围像素值,在排序后位于序列末端,无法被选为中值,从而被有效滤除。

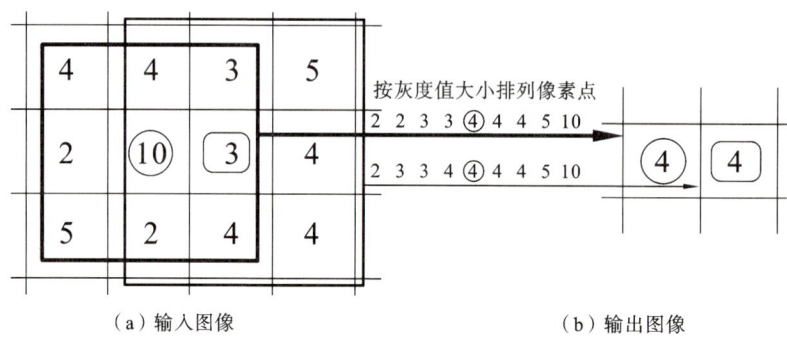

(a)输入图像　　　　　　　　　　(b)输出图像

图 2.3.2　中值滤波

当窗口右移一个像素时,在新窗口里,刚才去除的噪声右侧的像素(由□所围的像素)在滤波后又如何呢?按照同样的方法进一步计算,查看新窗口(□所围像素的邻域内)的像素,按照从小到大的顺序排列如下:

2　　3　　3　　4　　④　　4　　4　　5　　10

此时中值仍为 4,替换了原位置灰度值 3(见图 2.3.2(b))。尽管此操作可能造成细微图像质量损失,但视觉感知上差异不明显。

边缘保持特性的验证如图 2.3.3 所示,原始边缘图像(见图 2.3.3(a))经中值滤波处理后(见图 2.3.3(b)),边缘结构完整保留。相较于移动平均法,中值滤波因噪声值难以成为中间值,输出受噪声影响更小。

采用移动平均法时,由于噪声成分被列入平均计算之中,所以输出受到了

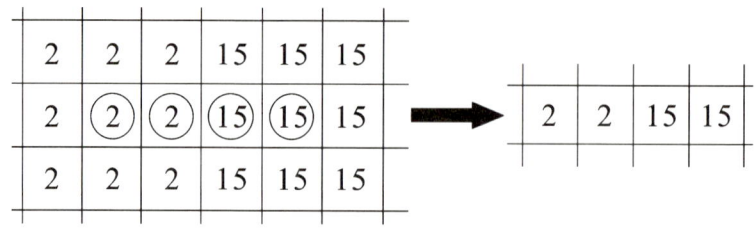

(a)具有边缘的输入图像　　　　　　　　(b)中值滤波可以保持边缘

图 2.3.3　对具有边缘的图像进行中值滤波

噪声的影响。但是采用中值滤波法时,因为噪声成分难以被选为中值,所以几乎不会影响到输出。因此,用同样的 3×3 区域时,中值滤波法的去噪声能力会更胜一筹。

图 2.3.4 展示了一块电脑芯片原图,以及用中值滤波法和移动平均法去除噪声的结果,很清楚地表明了中值滤波法无论在噪声消除上还是在边缘保持上都是一个非常优秀的方法。但是,中值滤波法花费的计算时间是移动平均法的许多倍。

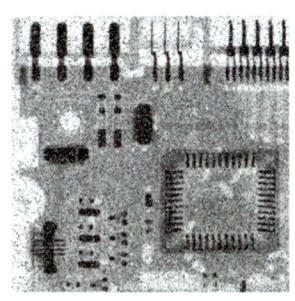 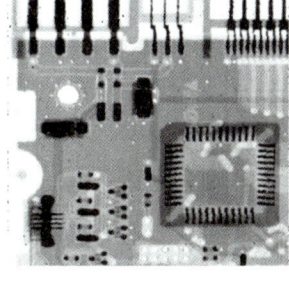 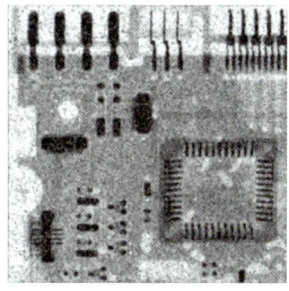

（a）原始图像　　　　　　　（b）中值滤波法　　　　　　　（c）移动平均法

图 2.3.4　中值滤波法与移动平均法的比较

2.3.3　二值图像去噪声

二值图像的噪声一般用膨胀（dilation）与腐蚀（erosion）处理进行消除。以白色像素为目标,膨胀是指某像素的邻域内只要有一个像素是白色像素,则将该像素置为白色像素,而其他像素保持不变的处理;腐蚀是指某像素的邻域内只要有一个像素是黑色像素,则将该像素置为黑色像素,而其他像素保持不变的处理。

除了膨胀与腐蚀之外,还可以用计算面积大小的方法去除噪声。面积的大小,其实就是连接区域包含的像素个数,对此将在第 2.5 节"几何参数检测"中介绍。

2.4　边缘检测与提取

2.4.1　图像边缘

边缘作为图像中最显著的视觉特征之一,表征了场景中物体与背景或物体间的边界信息。在数字图像处理领域,边缘检测(edge detection)是基础且关键的预处理步骤,其核心目标是定位图像灰度函数的突变区域,这些区域通常对应目标的几何轮廓。

边缘检测技术的主要应用包括:通过轮廓特征实现物体分类,计算目标的面积、周长等参数,建立多幅图像间的空间对应关系,为模式识别、场景分析提供特征基础。

由于自然图像中颜色的变化必定伴有灰度的变化,因此对于边缘检测,只要把焦点集中在灰度识别上就可以了。在实际图像中(由计算机图形学制作出的图像另当别论),即使使用眼睛可清楚地确定边缘,也或多或少会由于边缘变钝、灰度变化量小,从而使得提取清晰的边缘变得非常困难,因此人们提出了各种各样的算法提取边缘。

2.4.2　微分处理

由于边缘为灰度值急剧变化的部分,微分作为针对函数变化部分的运算能够在边缘检测与提取中运用。微分运算包括一阶微分(first differential calculus,也称梯度运算)与二阶微分(second differential calculus,也称拉普拉斯运算),它们都可以用在边缘检测与提取中。下面逐一介绍一阶微分、二阶微分,以及常用的模板匹配方法。

1. 一阶微分(梯度运算)

坐标点(x,y)处的灰度倾斜度的一阶微分值,可以用具有大小和方向的向量 $G(x,y)=(f_x,f_y)$ 表示,其中 f_x 为 X 轴方向的微分,f_y 为 Y 轴方向的微分。

在数字图像中,f_x、f_y 的计算公式如下:

$$\begin{cases} f_x = f(x+1,y) - f(x,y) \\ f_y = f(x,y+1) - f(x,y) \end{cases} \tag{2.4.1}$$

求出微分值 f_x、f_y 后,就能算出边缘的强度与方向:

$$G = \sqrt{f_x^2 + f_y^2} \tag{2.4.2}$$

$$\theta = \arctan\left(\frac{f_x}{f_y}\right) \tag{2.4.3}$$

边缘的方向是指其灰度由暗变化到亮的方向。一阶微分更适合边缘(阶梯状灰度变化)的检测。

2. 二阶微分(拉普拉斯运算)

二阶微分 $L(x,y)$ 是对梯度再进行一次微分,只用于检测边缘的强度(不求

方向),在数字图像中表示为

$$L(x,y)=4f(x,y)-|f(x,y-1)+f(x,y+1)+f(x-1,y)+f(x+1,y)|$$

$$(2.4.4)$$

在数字图像中数据以一定间隔排列,不可能进行真正意义上的微分运算。因此,如式(2.4.1)或式(2.4.4)那样用相邻像素间的差值运算实际上是差分,为方便起见称为微分。进行像素间微分运算的系数组被称为微分算子。梯度运算中的 f_x、f_y 的计算式(2.4.1),以及拉普拉斯运算式(2.4.4),都是基于这些微分算子而进行的微分运算。这些微分算子有多个种类,如表 2.4.1、表 2.4.2 所示。实际的微分运算,就是计算目标像素及其周围像素分别乘上微分算子对应数值矩阵系数的和,其计算结果被用作微分运算后目标像素的灰度值。扫描整幅图像,对每个像素都进行这样的微分运算,称为卷积。

表 2.4.1　一阶微分的微分算子

算子名称	一般差分			Roberts 算子			Sobel 算子		
求 f_x 的模板	0	0	0	0	0	0	−1	0	1
	0	1	−1	0	1	0	−2	0	2
	0	0	0	0	0	−1	−1	0	1
求 f_y 的模板	0	0	0	0	0	0	−1	−2	−1
	0	1	0	0	0	1	0	0	0
	0	−1	0	0	−1	0	1	2	1

表 2.4.2　二阶微分的微分算子

算子名称	拉普拉斯算子 1			拉普拉斯算子 2			拉普拉斯算子 3		
模板	0	−1	0	−1	−1	−1	1	−2	1
	−1	4	−1	−1	8	−1	−2	4	−2
	0	−1	0	−1	−1	−1	1	−2	1

3. 模板匹配

模板匹配(template matching)研究图像与模板的一致性(匹配程度),即准备几个表示边缘的标准模板,与图像的一部分进行比较,选取最相似的部分作为结果图像。如图 2.4.1 所示的 Prewitt 算子,共有对应于 8 个边缘方向的 8 种掩模(mask)模板。图 2.4.2 展示了这些掩模模板与实际图像如何进行比较。与微分运算相同,目标像素及其周围(3×3 邻域)像素分别乘以对应掩模的系数值,然后对各个积求和。对 8 个掩模模板分别进行计算,计算结果中最大的掩

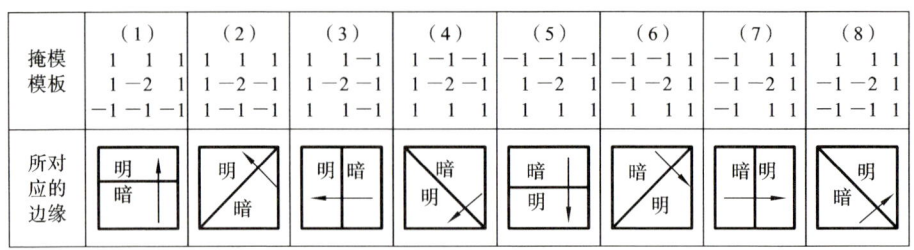

图 2.4.1 用于模板匹配的各个掩模模板(Prewitt 算子)

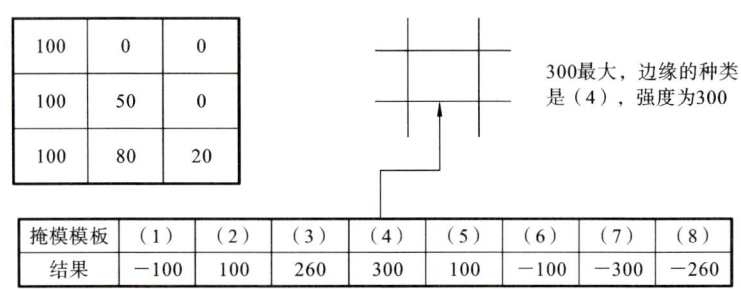

(对于当前像素的8邻域点,计算各掩模模板的一致程度)

例如,掩模模板(1): 1×100+1×0+1×0+1×100+(−2)×50+1×0+(−1)×100+(−1)×80+(−1)×20＝−100

图 2.4.2 模板匹配的计算示例

模方向即为边缘的方向,计算结果即为边缘的强度。图 2.4.3 是一帧图像采用不同微分算子处理的结果。可见,采用不同的微分算子,处理结果是不一样的。在实际应用时,可以根据具体情况选用不同的微分算子,如果处理效果差不多,要尽量选用计算量少的算子,这样可以提高处理速度。例如,图2.4.3(b)和图 2.4.3(d) 的微分效果差不多,但是图 2.4.3(b)采用 Sobel 算子的计算量会比图 2.4.3(d)采用 Prewitt 算子少很多。

另外,当目标对象的方向已知时,如果使用模板匹配算子,就可以只选用方向与目标对象相同的模板进行计算,这样可以在获得良好检测效果的同时,大大减少计算量。例如,在检测公路上的车道线时,由于车道线是竖直向前的,也就是说需要检测左右边缘,如果选用 Prewitt 算子,可以只计算左右边缘的第(3)和(7)种掩模模板,这样就可以使计算量减少到使用全部模板的 1/4。减少计算量对于实时处理具有非常重要的意义。

此外,在模板匹配中,经常使用的还有图 2.4.4 所示的 Kirsch 算子和图 2.4.5 所示的 Robinson 算子等。

（a）原图像　　　　　　　　　　　　（b）Sobel 算子

（c）拉普拉斯算子 1　　　　　　　　　（d）Prewitt 算子

图 2.4.3　不同算子的微分图像

M1	M2	M3	M4	M5	M6	M7	M8
5 5 5	−3 5 5	−3 −3 5	−3 −3 −3	−3 −3 −3	−3 −3 −3	5 −3 −3	5 5 −3
−3 0 −3	−3 0 5	−3 0 5	−3 0 5	−3 0 −3	5 0 −3	5 0 −3	5 0 −3
−3 −3 −3	−3 −3 −3	−3 5 5	−3 5 5	5 5 5	5 5 −3	5 5 −3	−3 −3 −3

图 2.4.4　Kirsch 算子

M1	M2	M3	M4	M5	M6	M7	M8
1 2 1	2 1 0	1 0 −1	0 −1 −2	−1 −2 −1	−2 −1 0	−1 0 1	0 1 2
0 0 0	1 0 −1	2 0 −2	1 0 −1	0 0 0	−1 0 1	−2 0 2	−1 0 1
−1 −2 −1	0 −1 −2	1 0 −1	2 1 0	1 2 1	0 1 2	−1 0 1	−2 −1 0

图 2.4.5　Robinson 算子

　　微分处理后的图像还是灰度图像，一般需要进一步进行二值化处理。对于微分图像的二值化处理，可以采用第 2.2.2 节介绍的 p 参数法，设定直方图上位(明亮部分)5%的位置为阈值会获得较好且稳定的处理效果。

2.5 几何参数检测

利用计算机分析图像特征,能够对物体进行自动判别,例如自动售货机的钱币面额识别、工厂内通过摄像机自动判别产品质量、通过判别邮政编码自动分拣信件、基于指纹识别的密码锁,以及人脸识别等典型应用。其中,图像的特征很大程度上由图像的几何参数决定。本节以简单的二值图像为对象,通过分析物体的形状、大小等特征,介绍提取所需要的物体并除去不必要噪声的方法。

所谓图像特征,就是图像中物体具有的特征。以图2.5.1中的香蕉提取为例,计算机系统并不具备人类对"香蕉"这一概念的认知能力。因此,必须将物体的特征转化为计算机可识别的几何参数,包括尺寸量值、形状描述因子等量化指标。这种参数化描述构成了计算机视觉系统进行目标识别与特征提取的核心依据。

图 2.5.1   原图像

2.5.1 图像的几何参数

每一幅图像都具有能够区别于其他类图像的自身特征。有些特征是可以直观地感受到的自然特征,如亮度、边缘、纹理和色彩等;有些特征则需要通过变换或处理才能得到,如矩、直方图以及主成分等。通常,目标区域的几何形状特征参数主要有周长、面积、最长轴、方位角、边界矩阵和形状系数等。表2.5.1列出了几个图形以及相应的特征参数。下面介绍几个有代表性的特征参数及其计算方法。

表 2.5.1　图形及其特征参数

种类	圆	正方形	正三角形
图像	r	r	$\frac{\sqrt{3}}{2}r$ r
面积	πr^2	r^2	$\frac{\sqrt{3}}{4}r^2$
周长	$2\pi r$	$4r$	$3r$
圆形度	1.0	$\frac{\pi}{4}=0.79$	$\frac{\pi\sqrt{3}}{9}=0.60$

1. 面积

面积是指物体(或区域)中包含的像素数。

2. 周长

物体(或区域)轮廓线的周长是指轮廓线上像素间距离之和。像素间距离有图 2.5.2(a)和(b)两种情况。图 2.5.2(a)表示并列的像素,当然并列方式可以是上、下、左、右 4 个方向,这种并列像素间的距离是 1 个像素。图 2.5.2(b)表示的是倾斜方向连接的像素,倾斜方向也有左上角、左下角、右上角、右下角 4 个方向,这种倾斜方向像素间的距离是 $\sqrt{2}$ 个像素。在进行周长测量时,需要根据像素间的连接方式,分别计算距离。图 2.5.2(c)是一个周长的测量例子。

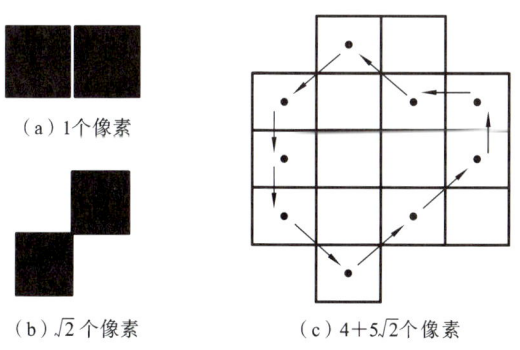

（a）1个像素

（b）$\sqrt{2}$ 个像素

（c）$4+5\sqrt{2}$ 个像素

图 2.5.2　像素间的距离

如图 2.5.3 所示,提取轮廓线,需要按以下方法对轮廓线进行追踪。

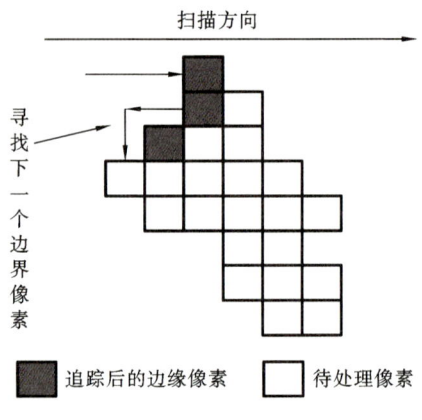

图 2.5.3　轮廓线的追踪

① 扫描一个边界像素,给其赋值 a_0。

② 如果 a_0 周围全为黑色像素(0),说明 a_0 是个孤立点,停止追踪,否则按图 2.5.3 所示的顺序寻找下一个边界点。用同样的方法,追踪一个一个的边界点。

③ 再次追踪到第一个边界点 a_0 时,证明已经围绕物体一周,终止扫描。

3. 圆形度

圆形度是基于面积和周长而计算物体(或区域)的形状复杂程度的特征量。例如,五角星的面积和圆的面积相等,那么它的周长一定比圆的长。因此,可以用以下公式来定义圆形度:

$$e = \frac{4\pi \times s}{c^2} \tag{2.5.1}$$

式中:s 为区域面积;c 为区域周长。对于半径为 r 的圆,$s = \pi r^2$,$c = 2\pi r$,所以圆形度 e 等于 1。由表 2.5.1 可以看出:形状越接近于圆,e 越大;形状越偏离圆形(复杂度越高),e 越小;e 的值在 0 和 1 之间,最大为 1。

4. 重心

重心就是物体(或区域)中像素坐标的平均值。例如,某白色像素的坐标为 (x_i, y_i)($i = 0, 1, 2, \cdots, n-1$),其重心坐标为

$$(x_0, y_0) = \left(\frac{1}{n} \sum_{i=0}^{n-1} x_i, \frac{1}{n} \sum_{i=0}^{n-1} y_i \right) \tag{2.5.2}$$

除了上面介绍的参数以外,还有长度(length)和宽度(breadth)、欧拉数(Euler's number)以及可查看物体的长度方向的矩等许多特征参数,这里就不一一介绍了。

利用上述参数,就能把图 2.5.1 中的香蕉与其他水果区分开来。香蕉是这些水果中圆形度最小的。不过,首先需要把所有的物体从背景中提取出来,这可以利用二值化处理提取明亮部分得到。图 2.5.4

图 2.5.4　图 2.5.1 的二值图像

是图 2.5.1 的图像经过二值化处理(阈值为 40),再通过 2 次中值滤波去噪声后的图像。

2.5.2　区域标记

区域标记是指给连接在一起的像素(即连接成分)附上相同的标记,不同的连接成分附上不同的标记。区域标记在二值图像处理中占有非常重要的地位。图 2.5.5 所示为区域标记后的结果。利用区域标记处理将各个连接成分区分开来后,就可以分析各个连接成分的形状特征了。

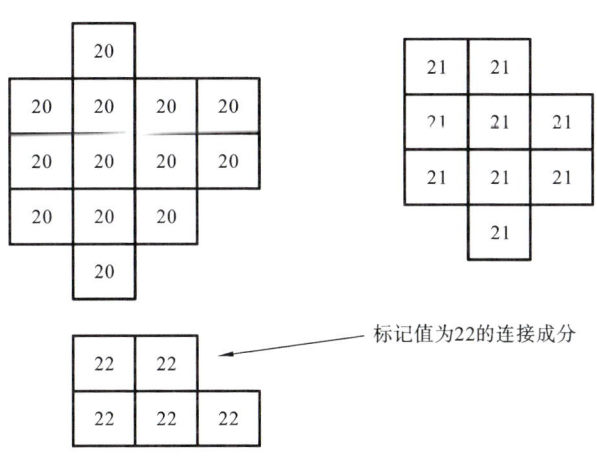

标记值为22的连接成分

图 2.5.5　区域标记后的结果

区域标记也有许多方法,下面介绍一个简单的方法,步骤如下(参考图 2.5.6):

① 扫描图像,遇到没加标记的目标像素(白色像素)P 时,附加一个新的标记。

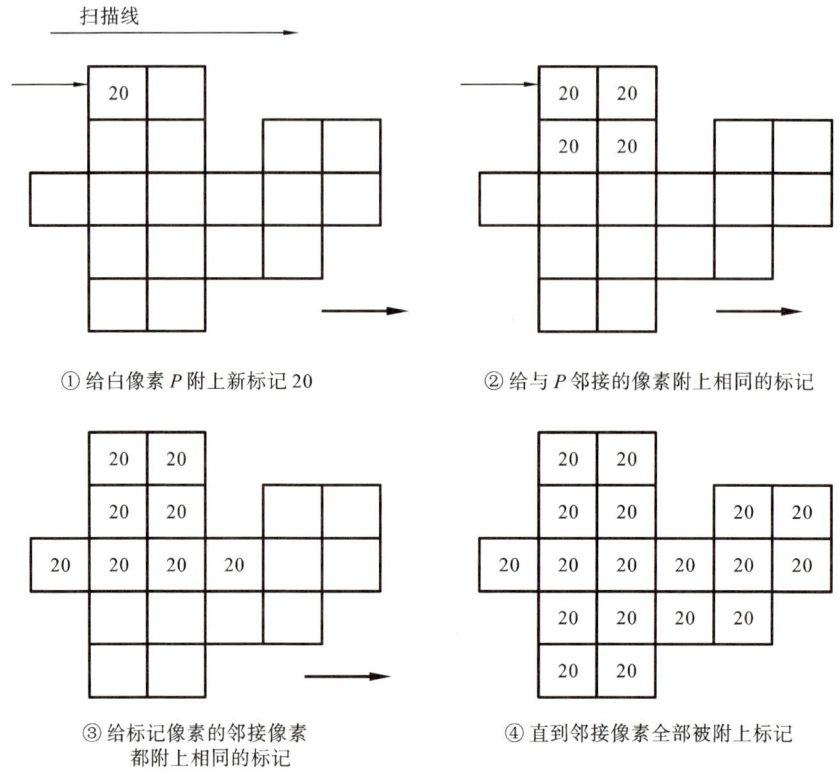

① 给白像素 *P* 附上新标记 20　　② 给与 *P* 邻接的像素附上相同的标记

③ 给标记像素的邻接像素　　④ 直到邻接像素全部被附上标记
　都附上相同的标记

图 2.5.6　给一个连接成分附加标记（标记 20）

② 给与 P 连接在一起（即相同连接成分）的像素附加相同的标记。

③ 给所有与加标记像素连接在一起的像素附加相同的标记。

④ 将连接在一起的像素全部附加标记。这样一个连接成分就被附加了相同的标记。

⑤ 返回到第①步，重新查找新的没加标记的像素，重复上述各个步骤。

⑥ 图像全部被扫描后，处理结束。

2.5.3　几何参数检测与提取

通过以上处理，就完成了从图 2.5.1 中提取香蕉的准备工作，处理步骤如图 2.5.7 所示，处理结果列在表 2.5.2 中。

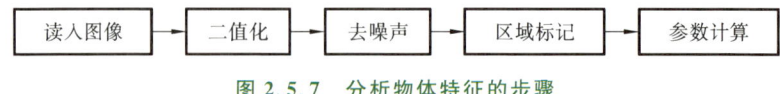

图 2.5.7　分析物体特征的步骤

表 2.5.2　各个物体的特征参数　　　　（单位：像素）

物体序号	面积	周长	圆形度	重心位置
0	21718	894.63	0.3410	(307, 209)
1	22308	928.82	0.3249	(154, 188)
2	9460	367.85	0.8785	(401, 136)
3	14152	495.14	0.7454	(470, 274)
4	8570	352.98	0.8644	(206, 260)

由表 2.5.2 可知，圆形度小的物体有两个，可能就是香蕉。分析图像中物体的特征，得到如图 2.5.8 所示的图像，轮廓线和重心位置的像素表示得比较亮。然后把图 2.5.8 中圆形度小于 0.5 的物体抽出，提取连接成分的图像，如图 2.5.9 所示。通过这些处理后获得一个掩模图像，利用该掩模即可从原图像（图 2.5.1）中把香蕉提取出来，提取结果如图 2.5.10 所示。

图 2.5.8　分析物体特征得到的图像

图 2.5.9　图 2.5.8 中圆形度小于 0.5 的物体的抽出结果

图 2.5.10　从图 2.5.1 中提取香蕉

2.6　直线检测

2.6.1　传统 Hough 变换的直线检测

1962 年，保罗·哈夫(Paul Hough)提出了 Hough 变换法，并申请了专利。该方法将图像空间中的检测问题转换到参数空间，通过在参数空间里进行简单的累加统计来完成检测任务。该方法对于有噪声干扰或间断线的情况具有良好的鲁棒性。

直线的方程可以用公式(2.6.1)来表示：

$$y = kx + b \tag{2.6.1}$$

式中：k 和 b 分别是斜率和截距。过平面 OXY 上的某一点 (x_0, y_0) 的所有直线的参数都满足方程 $y_0 = kx_0 + b$，即过平面 OXY 上点 (x_0, y_0) 的一族直线对应于一个方程。

由于式(2.6.1)形式的直线方程无法表示 $x = c$（c 为常数）形式的直线，所以在实际应用中，一般采用极坐标方程：

$$\rho = x\cos\theta + y\sin\theta \tag{2.6.2}$$

式中：ρ 为原点到直线的垂直距离；θ 为 ρ 与 x 轴间的夹角（见图 2.6.1(a)）。

根据公式(2.6.2)，直线上不同的点在参数空间中被变换为一族相交于 p 点的正弦曲线（见图 2.6.1(b)），因此可以通过检测参数空间中相交点 p 的局部最大值，来实现平面 OXY 中直线的检测。

Hough 变换的步骤如下：

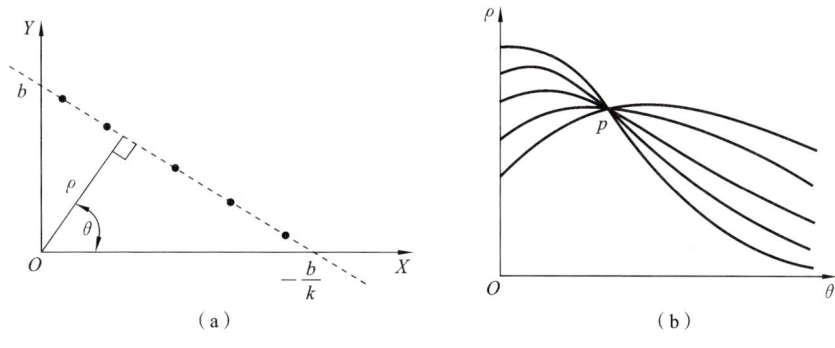

图 2.6.1　Hough 变换对偶关系示意图

（1）将参数空间量化成 $m \times n$（m 为 θ 的等分数，n 为 ρ 的等分数）个单元，并设置累加器矩阵 $Q_{[m \times n]}$；

（2）给参数空间中的每个单元分配一个累加器 $Q(\theta_i, p_i)$（$0 < i < m-1, 0 < j < n-1$），并把累加器的初始值置为零；

（3）将直角坐标系中的各点 (x_k, y_k)（$k=1, 2, \cdots, s$，s 为直角坐标系中的点数）代入公式（2.6.2），然后将 θ_0 至 θ_{m-1} 也都代入其中，分别计算出相应的值 p_i；

（4）在参数空间中，找到每一个 (θ_i, p_j) 所对应的单元，并将该单元的累加器加 1，即 $Q(\theta_i, p_j) = Q(\theta_i, p_j) + 1$，相当于对该单元进行一次投票；

（5）待直角坐标系中的所有点都进行运算之后，检查参数空间的累加器，这些累加器中必有一个出现最大值，将这个出现最大值的累加器对应单元的参数值作为所求直线的参数输出。

由以上步骤可看出，Hough 变换的具体实现是利用投票方法，即曲线上的每一点可以投票若干参数组合，赢得多数投票的参数就是胜者。累加器阵列的峰值就是一条直线的参数。Hough 变换的这种基本策略还可以推广到平面曲线的检测。

图 2.6.2 表示了一个二值图像经过传统 Hough 变换后检测出白色像素最多的一条直线。图像大小为 512×480 像素，运算时间为 652 ms（CPU 主频为 1 GHz）。

Hough 变换是一种全局性的检测方法，具有极佳的抗干扰能力，可以很好地抑制数据点集中存在的干扰，同时还可以将数据点集拟合成经过的像素点数不同的多条直线。但是，Hough 变换的精度不容易控制，因此，不适合对拟合直线的精度要求较高的实际问题。同时，它的巨大计算量使它的处理速度很慢，从而限制了它在实时性要求很高的领域的应用。

图 2.6.2　二值图像经过传统 Hough 变换后检测出白色像素最多的直线

Hough 变换不仅能检测直线,还能够检测曲线,例如弧线、椭圆线、抛物线等。但是,随着曲线复杂程度的增加,描述曲线的参数个数也会增加,即 Hough 变换时参数空间的维数也会增加。Hough 变换的实质是将图像空间的具有一定关系的像素进行聚类,寻找能把这些像素用某一解析式联系起来的参数空间的积累对应点,在参数空间不超过二维时,这种变换有着理想的效果。然而,当参数空间维度超过二维时,这种变换在时间上的消耗和所需存储空间的急剧增大,使得其仅仅在理论上是可行的,而在实际应用中几乎不能实现。这时往往要求根据具体的应用情况寻找特点,如利用一些被检测图像的先验知识来设法降低参数空间的维度,以缩短变换过程所耗费的时间。

2.6.2　过已知点的 Hough 变换直线检测

以上介绍的 Hough 变换直线检测方法是一种穷尽式搜索,计算量和空间复杂度都很高,很难在实时性要求较高的领域应用。为了解决这一问题,多年来许多学者致力于 Hough 变换算法的高速化研究。例如将随机过程、模糊理论等与 Hough 变换结合,或者将分层迭代、级联的思想引入 Hough 变换过程中,大大提高了 Hough 变换的效率。

本小节介绍笔者在插秧机视觉研究中提出的过已知点的 Hough 变换,本书中介绍的农田作业机器人行走路线是以此为基础进行检测的。该方法使得全局性直线检测转化为目标直线候选点的检测和已知点的确定,实现了直线的快速检测。

过已知点的 Hough 变换方法,是在 Hough 变换的基础上,将逐点向整个参数空间的投票转化为仅向一个"已知点"参数空间投票的快速直线检测方法。其基本思想是:首先找到属于直线上的一个点,将这个已知点 p_0 的坐标定义为 (x_0,y_0),将过 p_0 的直线斜率定义为 m,则坐标和斜率的关系可表示为

$$y-y_0=m(x-x_0) \tag{2.6.3}$$

定义区域内目标像素 p_i 的坐标为 (x_i,y_i)($0 \leqslant i < n$,n 为区域内目标像素总数),则 p_i 点与 p_0 点之间连线的斜率 m_i 可表示为

$$m_i=(y_i-y_0)/(x_i-x_0) \tag{2.6.4}$$

将斜率值映射到一组累加器上,每求得一个斜率,将使其对应的累加器的值加 1,因为由同一条直线上的点求得的斜率一致,所以当目标区域中有直线成分时,其对应的累加器会出现局部最大值,将该值所对应的斜率作为所求直线的斜率。

当 $x_i=x_0$ 时,m_i 为无穷大,此时公式(2.6.4)不成立。为了避免这一现象,当 $x_i=x_0$ 时,令 $m_i=2$,当 $m_i>1$ 或 $m_i<-1$ 时,采用式(2.6.5)的计算值 m'_i 替代 m_i:

$$m'_i=1/m_i+2 \tag{2.6.5}$$

这样,无限域的 m_i 被限定在(-1,3)的有限范围内。在实际操作时设定斜率区间为[2,4]。

过已知点 Hough 变换的具体步骤如下:

(1) 将设定的斜率区间等分为 10 个子区间,即每个子区间的宽度为设定斜率区间宽度的 1/10;

(2) 为每个子区间设置一个累加器 n_j($1 \leqslant j \leqslant 10$);

(3) 初始化各个累加器,令其值为 0,即 $n_j=0$;

(4) 从上到下、从左到右逐点扫描图像,遇到目标像素时,由式(2.6.4)及式(2.6.5)计算其与已知点 p_0 之间的斜率 m_i,m_i 值属于哪个子区间就将哪个子区间累加器的值加 1;

(5) 当扫描完全部处理区域之后,将累加器的值最大的子区间及其相邻的 2 个子区间(共 3 个子区间)作为下一次投票的斜率区间,重复上述第(1)至(4)步,直到斜率区间的宽度小于设定的斜率检测精度为止,例如 $m=0.05$,这时将累加值最大的子区间的中间值按式(2.6.5)设定的条件进行逆变换后作为所求

直线的斜率值。

利用过已知点的 Hough 变换进行直线检测过程如图 2.6.3 所示。

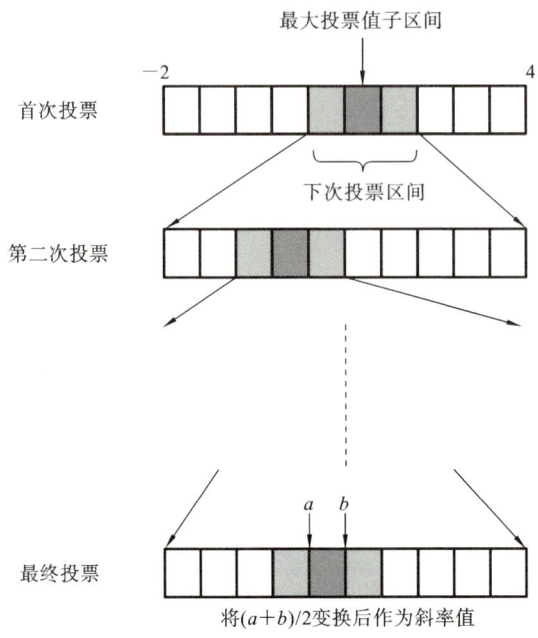

图 2.6.3　过已知点的 Hough 变换直线检测过程

图 2.6.4 为利用过已知点的 Hough 变换进行直线检测的结果,图中检出直线上的"＋"表示已知点的位置,处理时间为 35 ms。也就是说对于该图,在同等条件下,过已知点的 Hough 变换方法的处理速度比一般 Hough 变换方法快将近 20 倍。

利用过已知点的 Hough 变换进行直线检测的方法,其关键问题是如何确定已知点。在实际操作中,一般选择容易获取的特征点为已知点,例如某个区域内的像素分布中心等。

在实际应用中,往往通过对检测对象特征的分析,获取少量的目标像素点,通过减少处理对象,来提高 Hough 变换的处理速度。检测对象的特征,一般采用灰度或者颜色特征。例如,在检测公路车道线时,可以通过分析车道线的灰度或者某个颜色分量,首先找出车道线像素在每条横向扫描线上的分布中心点,然后仅对这些中心点进行 Hough 变换,这样可以极大地提高处理速度。在进行特征点的提取时,某些特征点可能会出现误差,但是由于 Hough 变换的统计学特性,部分误差不会影响最终的检测结果。

图 2.6.4 利用过已知点的 Hough 变换进行直线检测的结果

2.7 单目视觉检测

在机器视觉中,摄像机(或相机)成像是典型的透视变换模型。在世界坐标系下,三维空间中的物体在成像平面上的投影可以用一种几何模型来表示,这种几何模型将图像的 2D 坐标与现实空间中的 3D 坐标联系在一起,这就是我们通常所说的摄像机模型。

2.7.1 参考坐标系

摄像机模型一般涉及四种坐标系,即世界坐标系、摄像机坐标系、图像物理坐标系、图像像素坐标系。了解这四种坐标系的意义及其关系对图像恢复和信息重构具有重要作用。

1. 图像像素坐标系

数字图像在计算机中以离散化的像素点的形式表示,图像中每个像素点的灰度值以数组的形式存储在计算机中。以图像左上角的像素点为坐标原点,建立以像素为单位的平面直角坐标系,该坐标系为图像像素坐标系,每个像素点在该坐标系下的坐标值表示了该点在图像平面中与图像左上角像素点的相对位置。

2. 图像物理坐标系

图像物理坐标系是指在图像中建立的以摄像机光轴与图像平面的交点（一般位于图像中心处）为原点、以物理单位（如 mm）表示的平面直角坐标系，如图 2.7.1 中的坐标系 O_1XY。像素点在该坐标系下的坐标值可以体现该点在图像中的物理位置。

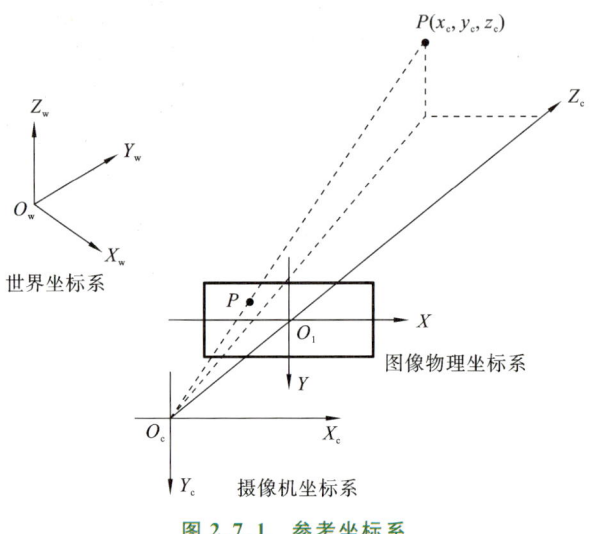

图 2.7.1 参考坐标系

3. 摄像机坐标系

图 2.7.1 中，坐标原点 O_c 与 X_c 轴、Y_c 轴、Z_c 轴构成的三维坐标系为摄像机坐标系。其中，O_c 为摄像机的光心，X_c 轴、Y_c 轴与图像物理坐标系的 X 轴、Y 轴平行，Z_c 轴为摄像机光轴，与图像平面垂直。

4. 世界坐标系

世界坐标系是根据现实环境选择的三维坐标系，摄像机和场景的真实位置坐标都是相对于该坐标系的。世界坐标系一般使用 O_w 点和 X_w 轴、Y_w 轴、Z_w 轴来描述，可根据实际情况选取。

摄像机模型所涉及的上述 4 个坐标系中，最受关注的是世界坐标系和图像像素坐标系。

2.7.2 摄像机模型分析

摄像机模型一般分为线性模型和非线性模型两种。线性模型也称为针孔模型,是透视投影中最常用的成像模型。该模型是一种理想状态下的成像模型,并没有考虑摄像机镜头畸变对成像带来的影响。在镜头畸变较大的场合,非线性模型能更准确地描述摄像机成像过程。但随着摄像机镜头制造工艺水平的提高,许多摄像机的镜头畸变几乎可以忽略不计。在这种情况下,线性模型与非线性模型的差别并不大,但线性模型求解简单、使用方便,因此在视觉测量中有着更广泛的应用。本小节基于线性摄像机模型,介绍空间点与其像点之间的映射关系。

在线性模型中,物点、摄像机光心、像点三点共线,如图 2.7.1 所示。空间点、光心的连线与成像平面的交点就是其对应的像点,一个物点在成像平面上有唯一的像点与之对应。场景中任意点 P 的图像像素坐标与世界坐标之间的关系可用齐次坐标和矩阵的形式表示为

$$Z_c \begin{bmatrix} u \\ v \\ 1 \end{bmatrix} = \begin{bmatrix} \dfrac{1}{\mathrm{d}x} & 0 & u_0 \\ 0 & \dfrac{1}{\mathrm{d}y} & v_0 \\ 0 & 0 & 1 \end{bmatrix} \begin{bmatrix} f & 0 & 0 & 0 \\ 0 & f & 0 & 0 \\ 0 & 0 & 1 & 0 \end{bmatrix} \begin{bmatrix} \boldsymbol{R} & \boldsymbol{T} \\ \boldsymbol{0}^{\mathrm{T}} & 1 \end{bmatrix} \begin{bmatrix} X_w \\ Y_w \\ Z_w \\ 1 \end{bmatrix}$$

$$= \begin{bmatrix} f_x & 0 & u_0 & 0 \\ 0 & f_y & v_0 & 0 \\ 0 & 0 & 1 & 0 \end{bmatrix} \begin{bmatrix} \boldsymbol{R} & \boldsymbol{T} \\ \boldsymbol{0}^{\mathrm{T}} & 1 \end{bmatrix} \begin{bmatrix} X_w \\ Y_w \\ Z_w \\ 1 \end{bmatrix} = \boldsymbol{M}_1 \boldsymbol{M}_2 \boldsymbol{x}_w = \boldsymbol{M} \boldsymbol{x}_w \qquad (2.7.1)$$

式中:(u, v) 为点 P 在图像平面上投影点的图像像素坐标;$[X_w, Y_w, Z_w, 1]^{\mathrm{T}}$ 描述其世界坐标;$f_x = f/\mathrm{d}x$,为摄像机在 X 轴方向上的焦距;$f_y = f/\mathrm{d}y$,为摄像机在 Y 轴方向上的焦距;$\boldsymbol{M}_1$ 为内参矩阵,$\boldsymbol{M}_1$ 中的参数 f_x、f_y、u_0、v_0 都与摄像机自身的内部结构相关,故称为内部参数(简称内参);$\boldsymbol{M}_2$ 中的旋转矩阵 $\boldsymbol{R}$ 与平移向量 $\boldsymbol{T}$ 表示的是摄像机相对于世界坐标系的位置,故称之为外部参数(简称外参),$\boldsymbol{M}_2$ 为外参矩阵;$\boldsymbol{M}$ 为 $\boldsymbol{M}_1$ 与 $\boldsymbol{M}_2$ 的乘积,是一个 3×4 矩阵,称为投影矩阵,该矩阵可体现任意空间点的图像像素坐标与世界坐标之间的关系。

通过式(2.7.1)可知,若已知投影矩阵 $\boldsymbol{M}$ 和空间点世界坐标 $\boldsymbol{X}_w$,则可求得空间点的图像像素坐标 (u, v),因此,在线性模型中,一个物点在成像平面上对应唯一的像点。但反过来,若已知像点坐标 (u, v) 和投影矩阵 $\boldsymbol{M}$,代入式(2.7.1),只能得到关于 $\boldsymbol{X}_w$ 的两个线性方程,这两个线性方程表示的是像点和光心的连线,该连线上的所有点都对应着该像点,即一个像点所对应的物点并不具有唯一性。

　　要获取待测目标的距离参数,关键环节之一是从二维图像中还原待测目标在三维场景中的坐标信息。基于以上讨论可知,在线性模型中一个像点对应的物点并不具有唯一性,因此只通过一幅图像对图像场景进行三维重建并不可行。但是,在许多场景下,待测目标都可近似看成位于同一平面,这时,只需建立待测目标所在平面(以下简称"世界平面")与成像平面之间的对应关系即可实现对待测目标的三维重建,线性摄像机模型也可简化成平面摄像机模型,如图 2.7.2 所示。

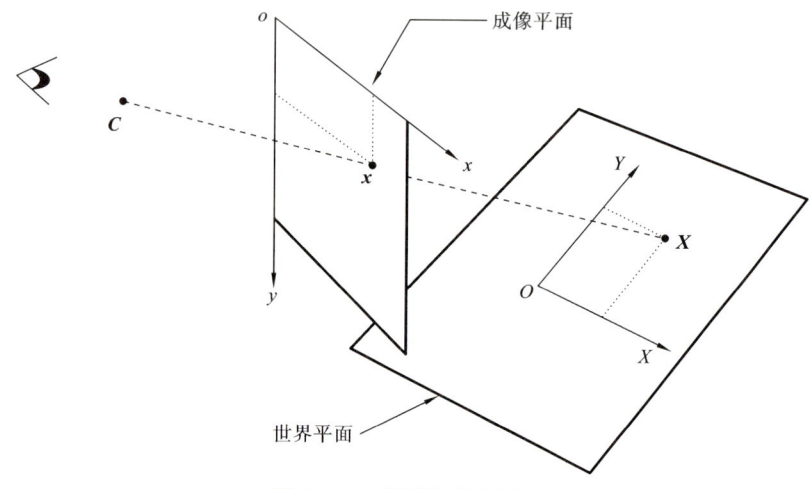

图 2.7.2　平面摄像机模型

　　在图 2.7.2 中,C 为摄像机光心,即针孔成像中的针孔,空间点 X 在成像平面上的对应点为像点 x,令 $X=[X,Y,Z,1]$、$x=[x,y,1]$ 分别表示空间点在世界坐标系和图像像素坐标系中的齐次坐标,则根据式(2.7.1)变换可得到以下关系式:

$$\lambda x = PX \tag{2.7.2}$$

　　在式(2.7.2)中,P 为 3×4 矩阵,$\lambda \in \mathbf{R}$ 是与齐次世界坐标 X 有关的比例缩放因子,将世界坐标系的原点、X 轴、Y 轴设置在待测平面上,则 Z 轴与待测平面垂直,X 的齐次坐标可简化为 $[X,Y,0,1]$,代入式(2.7.2)得

$$\lambda \begin{bmatrix} x \\ y \\ 1 \end{bmatrix} = [P_1,P_2,P_3,P_4] \begin{bmatrix} X \\ Y \\ 0 \\ 1 \end{bmatrix} = [P_1,P_2,P_4] \begin{bmatrix} X \\ Y \\ 1 \end{bmatrix} = \begin{bmatrix} H_{11} & H_{12} & H_{13} \\ H_{21} & H_{22} & H_{23} \\ H_{31} & H_{32} & H_{33} \end{bmatrix} \begin{bmatrix} X \\ Y \\ 1 \end{bmatrix}$$

$$\tag{2.7.3}$$

由式(2.7.3)可知,三维空间平面上的点与图像平面上的点之间的关系可通过一个 3×3 的齐次矩阵 $\boldsymbol{H}=[\boldsymbol{P}_1,\boldsymbol{P}_2,\boldsymbol{P}_3]$ 来描述,$\boldsymbol{H}$ 即为单应性矩阵,世界坐标可通过式(2.7.3)转换成图像像素坐标,相反,图像像素坐标亦可通过式(2.7.4)转换成世界坐标:

$$s\boldsymbol{X}=\boldsymbol{H}^{-1}\boldsymbol{x} \tag{2.7.4}$$

2.7.3　摄像机标定

摄像机标定的目的在于为世界坐标系的三维物点和图像坐标系中的二维像点建立一种映射关系,而空间物体表面某点的三维几何位置与其在图像中对应点之间的相互关系是由摄像机成像的几何模型决定的。在线性模型中,三维物点与对应像点之间的投影关系与摄像机的内、外部参数相关,采用 3×4 的投影矩阵 $\boldsymbol{M}$ 来描述,摄像机标定的过程就是求解摄像机内、外部参数的过程,即求取投影矩阵 $\boldsymbol{M}$ 的过程。

在线性摄像机模型-平面摄像机模型中,世界坐标系与像素坐标系之间的投影关系使用单应性矩阵 $\boldsymbol{H}$ 进行描述;当待测目标位于同一平面上时,待测平面与图像平面之间的关系可以用单应性矩阵 $\boldsymbol{H}(\boldsymbol{H}^{-1})$ 来表示,只要能求得 $\boldsymbol{H}^{-1}$,便可将待测目标的像素坐标转换成待测平面上的世界坐标,再进一步计算距离等参数。对单应性矩阵 $\boldsymbol{H}^{-1}$ 的求取过程就是摄像机标定过程。

求取单应性矩阵的算法主要有:点对应算法、直线对应算法以及利用两幅图像之间的单应关系进行约束的算法等。以下介绍点对应算法。

假定在平面摄像机模型中,存在 N 组对应点,其世界坐标和图像坐标都已知,设其中某一点的世界坐标和图像坐标分别为 $[X_i,Y_i,1]^T$ 和 $[x_i,y_i,1]^T$,则根据式(2.7.4)可得两个线性方程:

$$(x_i \quad y_i \quad 1 \quad 0 \quad 0 \quad 0 \quad -x_iX_i \quad -y_iX_i \quad -X_i)\boldsymbol{h}=0$$
$$(0 \quad 0 \quad 0 \quad x_i \quad y_i \quad 1 \quad -x_iY_i \quad -y_iY_i \quad -Y_i)\boldsymbol{h}=0 \tag{2.7.5}$$

式中:$\boldsymbol{h}=[h_0,h_1,h_2,h_3,h_4,h_5,h_6,h_7,h_8]^T$,是矩阵 $\boldsymbol{H}^{-1}$ 的矢量形式。

那么,N 组对应点可以得到 $2N$ 个关于 $\boldsymbol{h}$ 的线性方程。由于 $\boldsymbol{H}^{-1}$ 是一个齐次矩阵,它的 9 个元素只有 8 个独立,换言之,虽然它有 9 个参数,实际上只有 8 个未知数,因此,当 $N\geqslant4$ 时,即可得到足够的方程,实现单应性矩阵 $\boldsymbol{H}^{-1}$ 的估算,完成摄像机标定。

2.8　双目视觉检测

一般来讲,双目视觉系统的结构可以根据摄像机光轴是否平行分为平行式立体视觉模型和会聚式立体视觉模型。可以根据测量场景和测量精度要求选择不同的视觉模型。

2.8.1 平行式立体视觉模型

平行式立体视觉模型中,双目视觉系统中的两台摄像机光轴平行放置,使得会聚距离为无穷远,如图2.8.1所示。

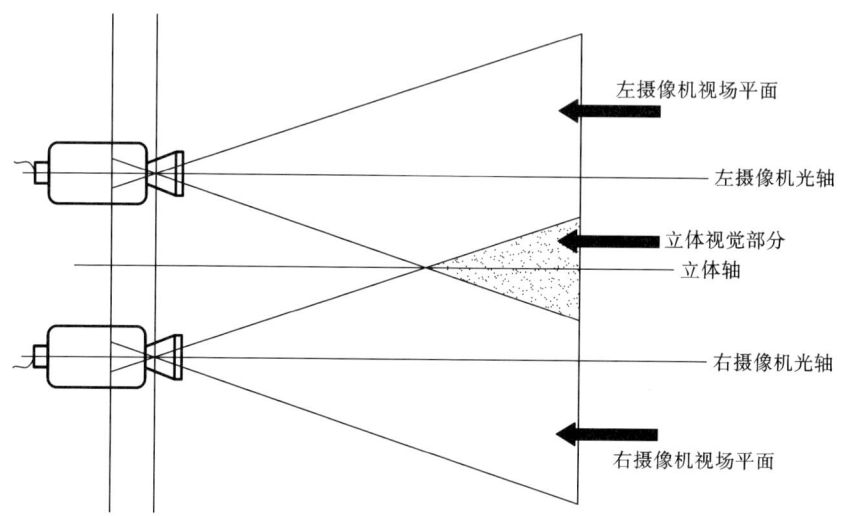

图 2.8.1 平行式立体视觉模型

其原理如图2.8.2所示。假设两摄像机一模一样,即摄像机内参完全相同。两个摄像机的坐标系分别为 C_1 和 C_2 坐标系,C_1 坐标系和 C_2 坐标系的 X 轴重合,Y 轴平行。因此,将其中一个摄像机沿其 X 轴平移一段距离后能够与另一个摄像机完全重合。如图2.8.2所示,$P(x_1,y_1,z_1)$ 为空间中任意一点,经过左、右摄像机的光学成像过程,在左、右投影面上的成像点分别为 p_1、p_2,根据成像原理可知,p_1、p_2 点的纵坐标相等,横坐标的差值为两个成像坐标系间的距离。

在平行式立体视觉模型中,假设两个成像坐标系间的距离即某点横坐标的差值为 b。C_1 坐标系为 $O_1X_1Y_1Z_1$,C_2 坐标系为 $O_2X_2Y_2Z_2$,则空间任意点 P 的坐标在 C_1 坐标系中为 (x_1,y_1,z_1),在 C_2 坐标系中为 (x_1-b,y_1,z_1)。因此若已知摄像机的内参,则可以得出 P 点的三维坐标值:

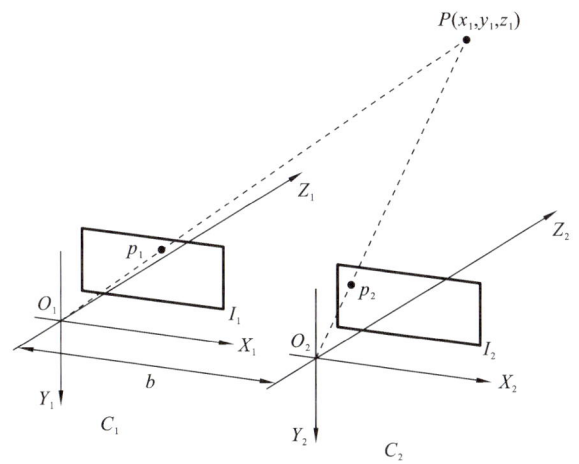

图 2.8.2　平行式立体视觉模型原理

$$\begin{cases} x_1 = \dfrac{b(u_1 - u_0)}{u_1 - u_2} \\[2mm] y_1 = \dfrac{ba_x(v_1 - v_0)}{a_y(u_1 - u_2)} \\[2mm] z_1 = \dfrac{ba_x}{u_1 - u_2} \end{cases} \qquad (2.8.1)$$

式中：b 为点 P 在 C_1、C_2 坐标系的横坐标差值；u_0、v_0、a_x、a_y 为摄像机内参。

　　(u_1, v_1)、(u_2, v_2) 分别为 p_1 与 p_2 的图像坐标，可见，由 p_1 与 p_2 的图像坐标 (u_1, v_1) 和 (u_2, v_2)，可求出空间点 P 的三维坐标 (x_1, y_1, z_1)。$u_1 - u_2$ 称为视差，是由双目视觉系统中两个摄像机的位置不同导致 P 点在左、右成像平面中的投影点位置不同引起的。由式(2.8.1)可见，P 点到投影面的距离越远（即 z_1 越大），视差就越小。因此，当 P 点接近无穷远时，O_1P 与 O_2P 趋于平行，视差趋于零。

2.8.2　会聚式立体视觉模型

　　平行式立体视觉模型中，摄像机的光轴平行，因此成像的几何关系也最简单，但事实上，在现实情况中很难得到绝对的平行立体摄像系统，因为在实际摄像机安装时，我们无法看到摄像机光轴，所以无法调整摄像机的相对位置到图2.8.2 所示的理想情形。在一般情况下，是采用如图 2.8.3 所示的任意放置的两个摄像机来组成双目立体视觉系统。

　　会聚式立体视觉模型的原理如图 2.8.4 所示。

　　在会聚式立体视觉模型中，假定 p_1 与 p_2 分别为空间同一点 P 在左、右成像

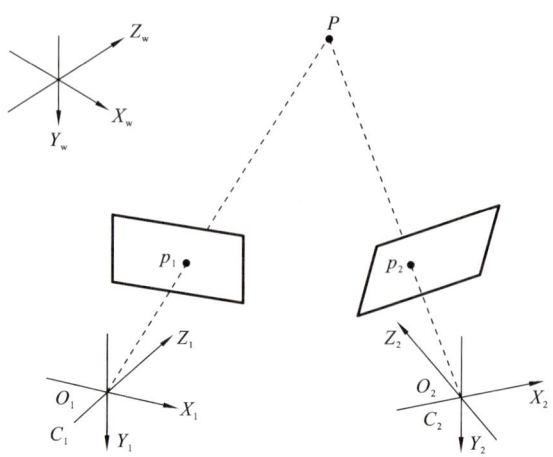

图 2.8.3　会聚式立体视觉模型

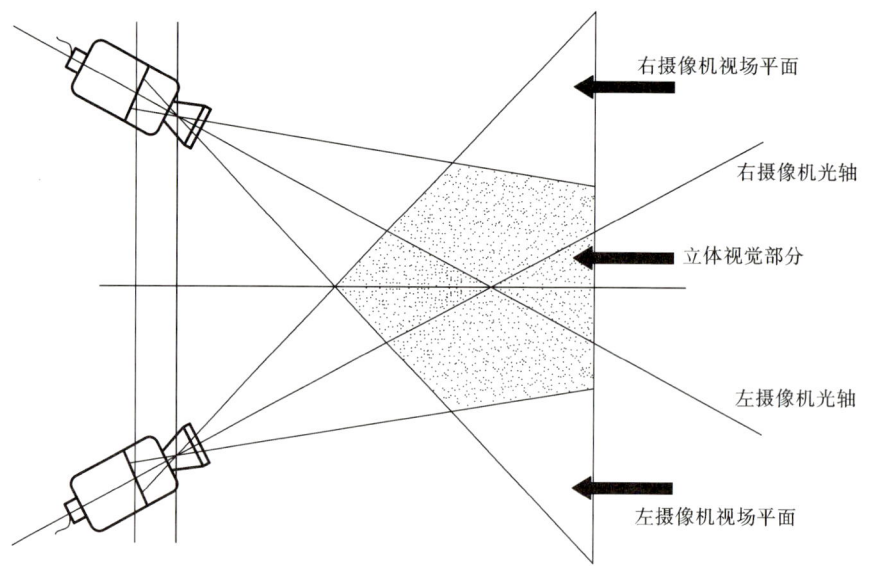

图 2.8.4　会聚式立体视觉模型原理

平面上的对应点，并假定两摄像机标定结果已知，即已知它们的投影矩阵分别为 $\boldsymbol{M}_1$ 与 $\boldsymbol{M}_2$。于是在左、右图像中，空间点与图像点间的关系如下：

$$Z_{C1}\begin{bmatrix} u_1 \\ v_1 \\ 1 \end{bmatrix} = \boldsymbol{M}_1 \begin{bmatrix} X \\ Y \\ Z \\ 1 \end{bmatrix} = \begin{bmatrix} m_{11}^1 & m_{12}^1 & m_{13}^1 & m_{14}^1 \\ m_{21}^1 & m_{22}^1 & m_{23}^1 & m_{24}^1 \\ m_{31}^1 & m_{32}^1 & m_{33}^1 & m_{34}^1 \end{bmatrix} \begin{bmatrix} X \\ Y \\ Z \\ 1 \end{bmatrix} \qquad (2.8.2)$$

$$Z_{C2}\begin{bmatrix} u_2 \\ v_2 \\ 1 \end{bmatrix} = \boldsymbol{M}_2 \begin{bmatrix} X \\ Y \\ Z \\ 1 \end{bmatrix} = \begin{bmatrix} m_{11}^2 & m_{12}^2 & m_{13}^2 & m_{14}^2 \\ m_{21}^2 & m_{22}^2 & m_{23}^2 & m_{24}^2 \\ m_{31}^2 & m_{32}^2 & m_{33}^2 & m_{34}^2 \end{bmatrix} \begin{bmatrix} X \\ Y \\ Z \\ 1 \end{bmatrix} \tag{2.8.3}$$

式中：$[u_1,v_1,1]$ 与 $[u_2,v_2,1]$ 分别为 p_1 与 p_2 点在图像物理坐标系中的齐次坐标；$[X,Y,Z,1]$ 为 P 点在世界坐标系下的齐次坐标；$m_{ij}^k(k=1,2;i=1,2,3;j=1,2,3,4)$ 为 $\boldsymbol{M}_k$ 的第 i 行 j 列元素。根据第 2.7 节中介绍的线性模型公式（2.7.1），可在式（2.8.2）、式（2.8.3）中消去 Z_{C1} 和 Z_{C2}，得到式（2.8.4）和式（2.8.5）关于 X、Y、Z 的四个线性方程。

$$\begin{cases} (u_1 m_{31}^1 - m_{11}^1)X + (u_1 m_{32}^1 - m_{12}^1)Y + (u_1 m_{33}^1 - m_{13}^1)Z = m_{14}^1 - u_1 m_{34}^1 \\ (v_1 m_{31}^1 - m_{21}^1)X + (v_1 m_{32}^1 - m_{22}^1)Y + (v_1 m_{33}^1 - m_{23}^1)Z = m_{24}^1 - v_1 m_{34}^1 \end{cases} \tag{2.8.4}$$

$$\begin{cases} (u_2 m_{31}^2 - m_{11}^2)X + (u_2 m_{32}^2 - m_{12}^2)Y + (u_2 m_{33}^2 - m_{13}^2)Z = m_{14}^2 - u_{21} m_{34}^2 \\ (v_2 m_{31}^2 - m_{21}^2)X + (v_2 m_{32}^2 - m_{22}^2)Y + (v_2 m_{33}^2 - m_{23}^2)Z = m_{24}^2 - v_2 m_{34}^2 \end{cases} \tag{2.8.5}$$

式（2.8.4）和式（2.8.5）的几何意义是过 $O_1 p_1$ 和 $O_2 p_2$ 的直线。由于空间点 $P(X,Y,Z)$ 是 $O_1 p_1$ 和 $O_2 p_2$ 的交点，它必然同时满足上面两个方程组。因此，可以将上面两个方程组联立求出空间点 P 的坐标 (X,Y,Z)。但在实际应用中，为减小误差，通常利用最小二乘法求出空间点的三维坐标。

会聚式立体视觉模型能够通过调整摄像机光轴的角度，使得双目视觉系统获得最大的视野范围，并且能够不影响结果的精度，因此一般采用会聚式立体视觉模型。

2.8.3　直接线性变换标定法

直接线性变换（direct linear transformation，DLT）标定法是一种基于线性成像模型的标定方法，其忽略摄像机畸变引起的误差，直接利用线性成像模型，通过求解线性方程组得到摄像机的参数。DLT 标定法的优点是计算速度快、操作简单、易实现；但由于没有考虑摄像机镜头的畸变，因此不适合畸变系数很大的镜头，否则会带来较大误差。

以下介绍由立体标定参照物图像求取投影矩阵 $\boldsymbol{M}$ 的算法。第 2.7 节中的式（2.7.1）可以写成式（2.8.6）：

$$Z_C \begin{bmatrix} u_i \\ v_i \\ 1 \end{bmatrix} = \begin{bmatrix} m_{11} & m_{12} & m_{13} & m_{14} \\ m_{21} & m_{22} & m_{23} & m_{24} \\ m_{31} & m_{32} & m_{33} & m_{34} \end{bmatrix} \begin{bmatrix} X_{wi} \\ Y_{wi} \\ Z_{wi} \\ 1 \end{bmatrix} \tag{2.8.6}$$

其中:(X_{wi},Y_{wi},Z_{wi})为空间第 i 个点的世界坐标系坐标;(u_i,v_i)为第 i 个点的图像坐标;m_{ij} 为空间点投影矩阵 $\boldsymbol{M}$ 的第 i 行 j 列元素。从式(2.8.6)可以得到式(2.8.7)的三组线性方程:

$$\begin{cases} Z_C u_i = m_{11} X_{wi} + m_{12} Y_{wi} + m_{13} Z_{wi} + m_{14} \\ Z_C v_i = m_{21} X_{wi} + m_{22} Y_{wi} + m_{23} Z_{wi} + m_{24} \\ Z_C = m_{31} X_{wi} + m_{32} Y_{wi} + m_{33} Z_{wi} + m_{34} \end{cases} \quad (2.8.7)$$

将式(2.8.7)消去 Z_C 得到两个关于 m_{ij} 的线性方程:

$$\begin{cases} X_{wi} m_{11} + Y_{wi} m_{12} + Z_{wi} m_{13} + m_{14} - u_i X_{wi} m_{31} - u_i Y_{wi} m_{32} - u_i Z_{wi} m_{33} = u_i m_{34} \\ X_{wi} m_{21} + Y_{wi} m_{22} + Z_{wi} m_{23} + m_{24} - v_i X_{wi} m_{31} - v_i Y_{wi} m_{32} - v_i Z_{wi} m_{33} = v_i m_{34} \end{cases}$$
$$(2.8.8)$$

式(2.8.8)表明,如果在三维空间中,已知 n 个标定点,各标定点的空间坐标为(X_{wi},Y_{wi},Z_{wi}),图像坐标为$(u_i,v_i)(i=1,\cdots,n)$,则可得到 $2n$ 个关于 $\boldsymbol{M}$ 矩阵元素的线性方程,且该 $2n$ 个线性方程可以用式(2.8.9)的矩阵形式来表示。

$$\begin{bmatrix} X_{w1} & Y_{w1} & Z_{w1} & 1 & 0 & 0 & 0 & 0 & -u_1 X_{w1} & -u_1 Y_{w1} & -u_1 Z_{w1} \\ 0 & 0 & 0 & 0 & X_{w1} & Y_{w1} & Z_{w1} & 1 & -v_1 X_{w1} & -v_1 Y_{w1} & -v_1 Z_{w1} \\ \vdots & \vdots & \vdots & \vdots & \vdots & \vdots & \vdots & \vdots & \vdots & \vdots & \vdots \\ X_{wn} & Y_{wn} & Z_{wn} & 1 & 0 & 0 & 0 & 0 & -u_n X_{wn} & -u_n Y_{wn} & -u_n Z_{wn} \\ 0 & 0 & 0 & 0 & X_{wn} & Y_{wn} & Z_{wn} & 1 & -v_n X_{wn} & -v_n Y_{wn} & -v_n Z_{wn} \end{bmatrix} \begin{bmatrix} m_{11} \\ m_{12} \\ m_{13} \\ m_{14} \\ m_{21} \\ m_{22} \\ m_{23} \\ m_{24} \\ m_{31} \\ m_{32} \\ m_{33} \end{bmatrix}$$

$$= \begin{bmatrix} u_1 m_{34} \\ v_1 m_{34} \\ u_2 m_{34} \\ v_2 m_{34} \\ \vdots \\ u_n m_{34} \\ v_n m_{34} \end{bmatrix} \quad (2.8.9)$$

由式(2.8.9)可见,$\boldsymbol{M}$ 矩阵乘以任意不为零的常数并不影响标定点空间坐标与图像坐标之间的关系,因此,假设 $m_{34}=1$,从而得到关于 $\boldsymbol{M}$ 矩阵其他元素的 $2n$ 个线性方程,其中线性方程中包含 11 个未知量,并将未知量用向量表示,即 11 维向量 $\boldsymbol{m}$,将式(2.8.9)简写成式(2.8.10)。

$$Km=U \tag{2.8.10}$$

式中:$\boldsymbol{K}$ 为式(2.8.9)左边的 $2n\times11$ 矩阵;$\boldsymbol{U}$ 为式(2.8.9)右边的 $2n$ 维向量;$\boldsymbol{K}$、$\boldsymbol{U}$ 已知。当 $2n>11$ 时,利用最小二乘法对上述线性方程进行求解,得

$$\boldsymbol{m}=(\boldsymbol{K}^{\mathrm{T}}\boldsymbol{K})^{-1}\boldsymbol{K}^{\mathrm{T}}\boldsymbol{U} \tag{2.8.11}$$

$\boldsymbol{m}$ 向量与 $m_{34}=1$ 构成了所求解的 $\boldsymbol{M}$ 矩阵。由式(2.8.6)至式(2.8.11)可知,若已知空间中至少 6 个点和与之对应的图像点坐标,便可求得投影矩阵 $\boldsymbol{M}$。一般采用在标定的参照物上选取 6 个以上已知点,使方程的个数远远超过未知量的个数,从而降低用最小二乘法求解造成的误差。

2.8.4　棋盘标定法

微软研究院的张正友博士于 1998 年提出了一种介于传统标定方法和自标定方法之间的平面标定法,即棋盘标定法,又称张正友标定法。它既避免了传统标定方法设备要求高、操作烦琐等缺点,又比自标定方法的精度高、鲁棒性好。该方法主要步骤如下。

(1)打印一张黑白棋盘方格图案,并将其贴在一块刚性平面上作为标定板。

(2)移动标定板或者摄像机,从不同角度拍摄若干照片(理论上照片越多,误差越小)。

(3)对每张照片中的角点进行检测,从而确定角点的图像坐标与实际坐标。

(4)在不考虑径向畸变的前提下,采用摄像机的线性模型;根据旋转矩阵的正交性,通过求解线性方程,获得摄像机的内参和第一幅图的外参。

(5)利用最小二乘法估算摄像机的径向畸变系数。

(6)根据再投影误差最小准则,对内、外参数进行优化。

与 DLT 标定法通过求解线性方程组得到投影矩阵 $\boldsymbol{M}$ 作为标定结果不同,棋盘标定法得到的标定结果是摄像机的内参和外参:

$$\boldsymbol{A}=\begin{bmatrix} \alpha & \gamma & u_0 \\ 0 & \beta & v_0 \\ 0 & 0 & 1 \end{bmatrix}, \quad \boldsymbol{R}=\begin{bmatrix} r_{11} & r_{12} & r_{13} \\ r_{21} & r_{22} & r_{23} \\ r_{31} & r_{32} & r_{33} \end{bmatrix}, \quad \boldsymbol{T}=\begin{bmatrix} t_1 & t_2 & t_3 \end{bmatrix}^{\mathrm{T}} \tag{2.8.12}$$

式中:$\boldsymbol{A}$ 为摄像机的内参矩阵;$\alpha=f/\mathrm{d}x$,$\beta=f/\mathrm{d}y$,f 是焦距,$\mathrm{d}x$、$\mathrm{d}y$ 分别是像素的宽和高;γ 代表像素点在 X、Y 轴方向上尺度的偏差,如果不考虑该参数,可以

设 $\gamma=0$；(u_0,v_0) 为基准点坐标；$\boldsymbol{R}$ 为外参旋转矩阵；$\boldsymbol{T}$ 为平移向量。

以下介绍棋盘标定法的基本原理。

根据针孔成像原理，由世界坐标点到理想像素点的齐次变换，可表示为

$$s\begin{bmatrix} u \\ v \\ 1 \end{bmatrix}=\boldsymbol{A}\begin{bmatrix} \boldsymbol{R} & \boldsymbol{t} \end{bmatrix}\begin{bmatrix} X_{\mathrm{w}} \\ Y_{\mathrm{w}} \\ Z_{\mathrm{w}} \\ 1 \end{bmatrix}=\boldsymbol{A}\begin{bmatrix} \boldsymbol{r}_1 & \boldsymbol{r}_2 & \boldsymbol{r}_3 & \boldsymbol{t} \end{bmatrix}\begin{bmatrix} X_{\mathrm{w}} \\ Y_{\mathrm{w}} \\ Z_{\mathrm{w}} \\ 1 \end{bmatrix} \tag{2.8.13}$$

式中：$\boldsymbol{r}_1=\begin{bmatrix} r_{11} \\ r_{21} \\ r_{31} \end{bmatrix}$；$\boldsymbol{r}_2=\begin{bmatrix} r_{12} \\ r_{22} \\ r_{32} \end{bmatrix}$；$\boldsymbol{r}_3=\begin{bmatrix} r_{13} \\ r_{23} \\ r_{33} \end{bmatrix}$。

假设标定模板所在的平面为世界坐标系的 $Z_{\mathrm{w}}=0$ 平面，可得

$$s\begin{bmatrix} u \\ v \\ 1 \end{bmatrix}=\boldsymbol{A}\begin{bmatrix} \boldsymbol{r}_1 & \boldsymbol{r}_2 & \boldsymbol{r}_3 & \boldsymbol{t} \end{bmatrix}\begin{bmatrix} X_{\mathrm{w}} \\ Y_{\mathrm{w}} \\ 0 \\ 1 \end{bmatrix}=\boldsymbol{A}\begin{bmatrix} \boldsymbol{r}_1 & \boldsymbol{r}_2 & \boldsymbol{t} \end{bmatrix}\begin{bmatrix} X \\ Y \\ 1 \end{bmatrix} \tag{2.8.14}$$

令 $\overline{\boldsymbol{M}}=\begin{bmatrix} X & Y & 1 \end{bmatrix}^{\mathrm{T}}$，$\overline{\boldsymbol{m}}=\begin{bmatrix} u & v & 1 \end{bmatrix}^{\mathrm{T}}$，则有

$$s\overline{\boldsymbol{m}}=\boldsymbol{H}\overline{\boldsymbol{M}}$$

其中

$$\boldsymbol{H}=\boldsymbol{A}\begin{bmatrix} \boldsymbol{r}_1 & \boldsymbol{r}_2 & \boldsymbol{t} \end{bmatrix}=\begin{bmatrix} \boldsymbol{h}_1 & \boldsymbol{h}_2 & \boldsymbol{h}_3 \end{bmatrix}=\begin{bmatrix} h_{11} & h_{12} & h_{13} \\ h_{21} & h_{22} & h_{23} \\ h_{31} & h_{32} & h_{33} \end{bmatrix} \tag{2.8.15}$$

式中：$\boldsymbol{h}_1=\begin{bmatrix} h_{11} \\ h_{21} \\ h_{31} \end{bmatrix}$；$\boldsymbol{h}_2=\begin{bmatrix} h_{12} \\ h_{22} \\ h_{32} \end{bmatrix}$；$\boldsymbol{h}_3=\begin{bmatrix} h_{13} \\ h_{23} \\ h_{33} \end{bmatrix}$。

$\boldsymbol{H}$ 是单应性矩阵，其表示的是模板上的点与它的像点之间的映射关系。因此，若已知模板点在空间和图像上的坐标，可求得 $\overline{\boldsymbol{m}}$ 和 $\overline{\boldsymbol{M}}$，就可求解单应性矩阵，且每个模板对应一个单应性矩阵。接下来介绍求解单应性矩阵的方法。

消去 s 可以得到 u 和 v：

$$\begin{cases} u=\dfrac{h_{11}X+h_{12}Y+h_{13}}{h_{31}X+h_{32}Y+1} \\[3mm] v=\dfrac{h_{21}X+h_{22}Y+h_{23}}{h_{31}X+h_{32}Y+1} \end{cases} \tag{2.8.16}$$

也可将式(2.8.16)表示为

$$\begin{cases} su = h_{11}X + h_{12}Y + h_{13} \\ sv = h_{21}X + h_{22}Y + h_{23} \\ s = h_{31}X + h_{32}Y + 1 \end{cases} \qquad (2.8.17)$$

可以假设

$$\boldsymbol{h} = \begin{bmatrix} h_{11} & h_{12} & h_{13} & h_{21} & h_{22} & h_{23} & h_{31} & h_{32} \end{bmatrix}^{\mathrm{T}} \qquad (2.8.18)$$

联立式(2.8.16)、式(2.8.17)、式(2.8.18),则有

$$\begin{cases} \begin{bmatrix} x_i & y_i & 1 & 0 & 0 & 0 & -x_iX_i & -y_iX_i & -X_i \end{bmatrix} \boldsymbol{h} = 0 \\ \begin{bmatrix} 0 & 0 & 0 & x_i & y_i & 1 & -x_iY_i & -y_iY_i & -Y_i \end{bmatrix} \boldsymbol{h} = 0 \end{cases} \qquad (2.8.19)$$

利用 n 对模板点的图像坐标和空间坐标,可得到 $2n$ 个方程,当 $2n > 8$ 时,求解该方程的最小二乘解,即得到要求的 $\boldsymbol{h}$,进而得到 $\boldsymbol{H}$。通常,为优化求解,会应用式(2.8.19)中的任意一个等式构造评价函数,进一步求得更精确的计算结果。这样就求得了模板与图像之间的单应性矩阵。

接下来介绍通过单应性矩阵求解摄像机内、外参数的原理。将式(2.8.15)写成:

$$\begin{bmatrix} \boldsymbol{h}_1 & \boldsymbol{h}_2 & \boldsymbol{h}_3 \end{bmatrix} = \lambda \boldsymbol{A} \begin{bmatrix} \boldsymbol{h}_1 & \boldsymbol{h}_2 & \boldsymbol{t} \end{bmatrix} \qquad (2.8.20)$$

其中 λ 是比例因子。又因为 $\boldsymbol{r}_1$ 和 $\boldsymbol{r}_2$ 是单位正交向量,所以有

$$\boldsymbol{h}_1^{\mathrm{T}} \boldsymbol{A}^{-\mathrm{T}} \boldsymbol{A}^{-1} \boldsymbol{h}_2 = 0 \qquad (2.8.21)$$

$$\boldsymbol{h}_1^{\mathrm{T}} \boldsymbol{A}^{-\mathrm{T}} \boldsymbol{A}^{-1} \boldsymbol{h}_1 = \boldsymbol{h}_2^{\mathrm{T}} \boldsymbol{A}^{-\mathrm{T}} \boldsymbol{A}^{-1} \boldsymbol{h}_2 \qquad (2.8.22)$$

这样就得到了求解内参矩阵的两个约束条件。由于平面标定模板的单应性矩阵有 8 个自由度,而外参矩阵有 6 个(3 个平移矩阵和 3 个旋转矩阵),因此用剩下的两个约束条件。可令

$$\boldsymbol{B} = \boldsymbol{A}^{-\mathrm{T}} \boldsymbol{A}^{-1} = \begin{bmatrix} B_{11} & B_{12} & B_{13} \\ B_{12} & B_{22} & B_{23} \\ B_{13} & B_{23} & B_{33} \end{bmatrix}$$

$$= \begin{bmatrix} \dfrac{1}{\alpha^2} & -\dfrac{\gamma}{\alpha^2\beta} & \dfrac{v_0\gamma - u_0\beta}{\alpha^2\beta} \\[2ex] -\dfrac{\gamma}{\alpha^2\beta} & \dfrac{\gamma^2}{\alpha^2\beta^2} + \dfrac{1}{\beta^2} & -\dfrac{\gamma(v_0\gamma - u_0\beta)}{\alpha^2\beta^2} - \dfrac{v_0}{\beta^2} \\[2ex] \dfrac{v_0\gamma - u_0\beta}{\alpha^2\beta} & -\dfrac{\gamma(v_0\gamma - u_0\beta)}{\alpha^2\beta^2} - \dfrac{v_0}{\beta^2} & \dfrac{(v_0\gamma - u_0\beta)^2}{\alpha^2\beta^2} + \dfrac{v_0^2}{\beta^2} + 1 \end{bmatrix} \qquad (2.8.23)$$

$\boldsymbol{B}$ 是个对称矩阵,可由一个 6 维向量定义如下:

$$\boldsymbol{b} = \begin{bmatrix} B_{11} & B_{12} & B_{22} & B_{13} & B_{23} & B_{33} \end{bmatrix}^{\mathrm{T}} \qquad (2.8.24)$$

令 H 的第 i 列向量为 $h_i = \begin{bmatrix} h_{i1} & h_{i2} & h_{i3} \end{bmatrix}$，则

$$h_i^{\mathrm{T}} B h_i = V_{ij}^{\mathrm{T}} b \tag{2.8.25}$$

式中：

$$V_{ij} = \begin{bmatrix} h_{i1}h_{j1} & h_{i1}h_{j2}+h_{i2}h_{j1} & h_{i2}h_{j2} & h_{31}h_{j1}+h_{i1}h_{j3} & h_{31}h_{j1}+h_{i3}h_{j3} & h_{i3}h_{j3} \end{bmatrix}^{\mathrm{T}} \tag{2.8.26}$$

将上述内参的约束写成关于 b 的两个方程：

$$\begin{bmatrix} V_{12}^{\mathrm{T}} \\ V_{11}^{\mathrm{T}} - V_{22}^{\mathrm{T}} \end{bmatrix} b = 0 \tag{2.8.27}$$

假设有 n 幅图像，联立方程可得到线性方程：

$$Vb = 0$$

式中：V 是一个 $2n \times 6$ 矩阵。若 $n \geqslant 3$，则可以列出 6 个以上方程，从而求得摄像机内参，然后利用内参和单应性矩阵 H，计算每幅图像的外参：

$$\begin{cases} r_1 = \lambda A^{-1} h_1 \\ r_2 = \lambda A^{-1} h_2 \\ r_3 = r_1 \times r_2 \\ t = \lambda A^{-1} h_3 \end{cases} \tag{2.8.28}$$

式中：$\lambda = \dfrac{1}{\parallel A^{-1} h_1 \parallel} = \dfrac{1}{\parallel A^{-1} h_2 \parallel}$。

这样摄像机的内参和外参就都求解出来了。

2.8.5 三维重建

利用直线线性标定法得到的是投影矩阵 M，而通过棋盘标定法得到的是摄像机的内参和外参 M_1 和 M_2，它们的关系是 $M = M_1 \times M_2$。投影矩阵 M 中的参数并没有具体的物理意义，称为隐参数。

由双目视觉立体系统的原理可知，根据第 2.8.4 小节得到的标定结果，利用投影矩阵 M，如果已知某目标点在左、右图像上的像素点，就可以求得该点在世界坐标系中的坐标。

其原理如下：

$$Z_{C1} \begin{bmatrix} u_1 \\ v_1 \\ 1 \end{bmatrix} = \begin{bmatrix} m_{11} & m_{12} & m_{13} & m_{14} \\ m_{15} & m_{16} & m_{17} & m_{18} \\ m_{19} & m_{110} & m_{111} & m_{112} \end{bmatrix} \begin{bmatrix} X_{\mathrm{w}} \\ Y_{\mathrm{w}} \\ Z_{\mathrm{w}} \\ 1 \end{bmatrix} \tag{2.8.29}$$

$$Z_{Cr}\begin{bmatrix} u_r \\ v_r \\ 1 \end{bmatrix} = \begin{bmatrix} m_{r1} & m_{r2} & m_{r3} & m_{r4} \\ m_{r5} & m_{r6} & m_{r7} & m_{r8} \\ m_{r9} & m_{r10} & m_{r11} & m_{r12} \end{bmatrix}\begin{bmatrix} X_w \\ Y_w \\ Z_w \\ 1 \end{bmatrix} \tag{2.8.30}$$

式中：$[u_l,v_l,1]^T$ 和 $[u_r,v_r,1]^T$ 分别代表目标点在左、右图像坐标系的齐次坐标。消去式(2.8.29)、式(2.8.30)中的 Z_{Cl} 和 Z_{Cr}，可得

$$\begin{cases} (m_{l1}-m_{l9}u_l)X+(m_{l2}-m_{l10}u_l)Y+(m_{l3}-m_{l11}u_l)Z=m_{l12}u_l-m_{l4} \\ (m_{l5}-m_{l9}v_l)X+(m_{l6}-m_{l10}v_l)Y+(m_{l7}-m_{l11}v_l)Z=m_{l12}v_l-m_{l8} \\ (m_{r1}-m_{r9}u_r)X+(m_{r2}-m_{r10}u_r)Y+(m_{r3}-m_{r11}u_r)Z=m_{r12}u_r-m_{r4} \\ (m_{r5}-m_{r9}v_r)X+(m_{r6}-m_{r10}v_r)Y+(m_{r7}-m_{r11}v_r)Z=m_{r12}v_r-m_{r8} \end{cases}$$

$$\tag{2.8.31}$$

其中令

$$\boldsymbol{D}=\begin{bmatrix} m_{l12}u_l-m_{l4} \\ m_{l12}v_l-m_{l8} \\ m_{r12}u_r-m_{r4} \\ m_{r12}v_r-m_{r8} \end{bmatrix}, \quad \boldsymbol{C}=\begin{bmatrix} m_{l1}-m_{l9}u_l & m_{l2}-m_{l10}u_l & m_{l3}-m_{l11}u_l \\ m_{l5}-m_{l9}v_l & m_{l6}-m_{l10}v_l & m_{l7}-m_{l11}v_l \\ m_{r1}-m_{r9}u_r & m_{r2}-m_{r10}u_r & m_{r3}-m_{r11}u_r \\ m_{r5}-m_{r9}v_r & m_{r6}-m_{r10}v_r & m_{r7}-m_{r11}v_r \end{bmatrix}$$

$$\boldsymbol{W}_p=\begin{bmatrix} X \\ Y \\ Z \end{bmatrix}$$

则有 $\boldsymbol{CW}_p=\boldsymbol{D}$，可以看到，$\boldsymbol{C}$ 为超正定矩阵，通常使用最小二乘法提高精度，减小误差。由最小二乘法，得

$$\boldsymbol{W}_p=(\boldsymbol{C}^T\boldsymbol{C})^{-1}\boldsymbol{C}^T \tag{2.8.32}$$

$\boldsymbol{W}_p$ 即为最后待求解的目标点在世界坐标系下的坐标。

2.9　小波变换

小波分析(wavelet analysis)是 20 世纪 80 年代后期发展起来的一种新型分析方法，是继傅里叶分析之后纯粹数学和应用数学相结合的又一范例。小波变换具有多分辨率特性(也称作多尺度特性)，可以由粗到精地逐步展示信号特征，也可看成用一组带通滤波器对信号进行多尺度滤波分析。适当地选择尺度因子和平移因子，可得到一个伸缩窗，只要适当选择基本小波，就可以使小波变换在时域和频域都具有表征信号局部特征的能力。

小波的意思是"小的波"或者"细的波"，是平均值为 0 的有限持续区间的波。设 $\psi(t)$ 为基小波（basic wavelet），函数

$$\psi_{a,b}(t) = \frac{1}{\sqrt{a}} \psi\left(\frac{t-b}{a}\right) \tag{2.9.1}$$

为由基小波生成的依赖于参数（a，b）的连续小波函数（continuous wavelet transform，CWT），简称小波函数（wavelet function），其含义如图 2.9.1 所示，表示小波 $\psi(t)$ 在水平方向变为原来的 a 倍并平移 b 的距离。在式（2.9.1）中增加系数 $1/\sqrt{a}$，是为了归一化处理。a 为尺度参数，b 为平移参数。由于 a 表示小波的时间幅值，所以 $1/a$ 相当于频率。

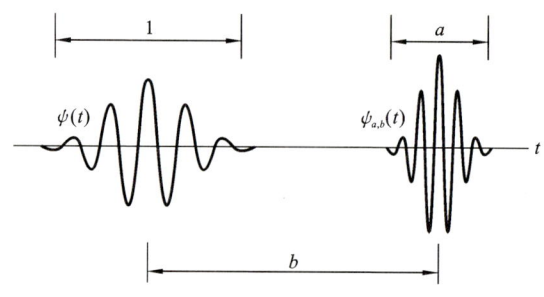

图 2.9.1　小波与小波函数

连续小波函数 $\psi_{a,b}(t)$ 能够表现信号 $f(t)$，这个表现在信号重构时需要进行基于 a、b 的无限积分，在进行基于数值信号的小波变换以及逆变换时，需要使用离散小波变换。

一般 a、b 按下式取二进分割（binary partition），即可对连续小波离散化：

$$\begin{cases} a = 2^j \\ b = k2^j \end{cases} \tag{2.9.2}$$

如 $j = 0, \pm 1, \pm 2, \cdots$ 离散化时，相当于小波函数的宽度按减少一半，进一步减少一半，或者增加一倍，进一步增加一倍等方式进行伸缩。另外，由 $k = 0$，$\pm 1, \pm 2, \cdots$ 能够覆盖所有的变量领域。

把式（2.9.2）代入式（2.9.1），得到的小波函数称为二进小波（dyadic wavelet），即

$$\psi_{j,k}(t) = \frac{1}{\sqrt{2^j}} \psi\left(\frac{t-k 2^j}{2^j}\right) = 2^{-\frac{j}{2}} \psi(2^{-j}t - k) \tag{2.9.3}$$

采用这个公式的小波变换称为 Daubechies 离散小波变换。t 前面的 2^{-j} 相

当于傅里叶变换的角频率,所以 j 值较小的时候为高频。这个 j 被称为级(level)或分辨率索引。

哈尔小波(Haar wavelet)是最早、最简单的小波,哈尔小波满足放大缩小的规范正交条件,任何小波的讨论都是从哈尔小波开始的。哈尔小波用公式表示为式(2.9.4),用图表示如图 2.9.2 所示。

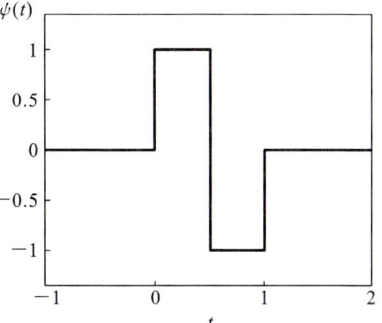

图 2.9.2 哈尔小波函数

$$\psi(t)=\begin{cases} 1 & 0\leqslant t<1/2 \\ -1 & 1/2\leqslant t<1 \\ 0 & \text{其他} \end{cases} \quad (2.9.4)$$

英格丽·多贝西(Ingrid Daubechies)是小波研究的开拓者之一,其发明了紧支撑正交小波,从而使离散小波分析实用化。Daubechies 族小波可写成 dbN,在此 N 为阶数(order),db 为小波名,而 db1 小波就等同于哈尔小波。图 2.9.3 是 Daubechies 族的其他 9 个小波函数的图像。

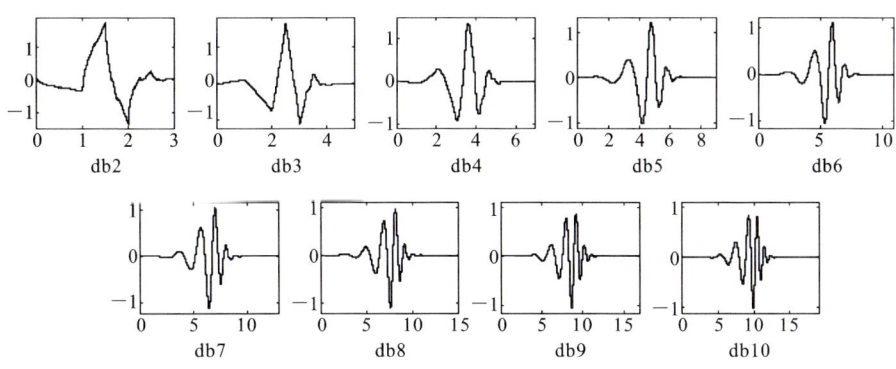

图 2.9.3 Daubechies 小波函数图像

另外还有双正交样条小波、Coiflets 小波、Symlets 小波、Morlet 小波、Mexican Hat 小波、Meyer 小波等。

第 0 级的近似函数可以分解为第 1 级的尺度函数的线性组合 $f_1(t)$ 与第 1 级小波的线性组合 $g_1(t)$:

$$f_0(t)=f_1(t)+g_1(t)=\sum_k s_k^{(1)}\varphi_{1,k}(t)+\sum_k w_k^{(1)}\psi_{1,k}(t) \quad (2.9.5)$$

把这个关系扩展到第 j 级的一般情况,即从第 j 级的近似函数 f_j 来生成精

度高一级的第 $j-1$ 级的近似函数 f_{j-1} 时，只需求第 j 级的近似函数 $f_j(t)$ 与小波成分 $g_j(t)$ 的和即可：

$$f_{j-1}(t) = f_j(t) + g_j(t) \tag{2.9.6}$$

其中

$$f_j(t) = \sum_k s_k^{(j)} \varphi_{j,k}(t)$$
$$g_j(t) = \sum_k w_k^{(j)} \psi_{j,k}(t) \tag{2.9.7}$$

下面考虑把第 0 级的近似函数 $f_0(t)$ 用精度一直降到第 J 级的近似函数来表示。在式(2.9.6)中代入 $j=1,2,\cdots,J$，得

$$f_0(t) = f_1(t) + g_1(t)$$
$$f_1(t) = f_2(t) + g_2(t)$$
$$\vdots \tag{2.9.8}$$
$$f_{J-1}(t) = f_J(t) + g_J(t)$$

在式(2.9.7)中把最下的 $f_{J-1}(t)$ 代入邻接的 $f_{J-2}(t) = f_{J-1}(t) + g_{(J-1)}(t)$ 中，不断重复迭代上述操作直到 $f_0(t)$ 为止，可见 $f_0(t)$ 可以用 $f_J(t)$ 和 $g_j(t)$ 集合的和表示：

$$f_0(t) = g_1(t) + g_2(t) + \cdots + g_J(t) + f_J(t) = \sum_{j=1}^{J} g_j(t) + f_J(t)$$

$$\tag{2.9.9}$$

这个公式的含义是，在把信号 $f_0(t)$ 用第 J 级的近似函数 $f_J(t)$ 来粗略近似地表示时，如果把粗略近似所失去的成分顺次附加上去的话，就可以恢复 $f_0(t)$。也就是，信号 $f_0(t)$ 能够表现为任意粗略级的近似函数 $f_J(t)$ 和第 0 级到第 J 级的小波成分的和。因此可以说，信号 $f_0(t)$ 能够用从第 1 级到第 J 级的 J 个分辨率即多分辨率的小波来表示。这种信号分析被称为多分辨率分析(multi-resolution analysis)。

下面对使用离散小波的二维图像数据的变换进行说明。图像数据作为二维的离散数据给出，用 $f(m,n)$ 表示。与二维离散傅里叶变换的情况相同，首先进行水平方向上的离散小波变换，对其系数再进行垂直方向上的小波变换。把图像数据 $f(m,n)$ 看作第 0 级的尺度系数 $s_{m,n}^{(0)}$。

水平方向上的离散小波变换：

$$\begin{cases} s_{m,n}^{(j+1,x)} = \sum_k p_{k-2m}^* s_{k,n}^{(j)} \\ w_{m,n}^{(j+1,x)} = \sum_k q_{k-2m}^* s_{k,n}^{(j)} \end{cases} \tag{2.9.10}$$

式中:$s_{m,n}^{(j+1,x)}$ 及 $w_{m,n}^{(j+1,x)}$ 分别表示水平方向的尺度系数及小波系数。当 $j=0$ 时，$s_{m,n}^{(0)}$ 的分解如图 2.9.4 所示。

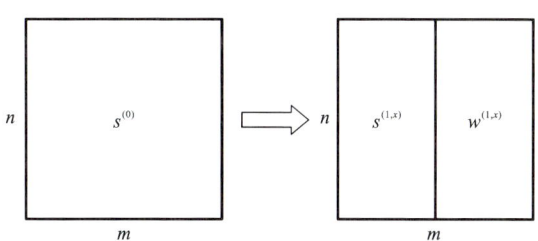

图 2.9.4　$s_{m,n}^{(0)}$ 的分解

接着，分别对系数进行竖直方向的离散小波变换。有

$$\begin{cases} s_{m,n}^{(j+1)} = \sum_l p_{l-2n}^* s_{m,l}^{(j+1,x)} \\ w_{m,n}^{(j+1,h)} = \sum_l q_{l-2n}^* s_{m,l}^{(j+1,x)} \\ w_{m,n}^{(j+1,v)} = \sum_l p_{l-2n}^* w_{m,l}^{(j+1,x)} \\ w_{m,n}^{(j+1,d)} = \sum_l q_{l-2n}^* w_{m,l}^{(j+1,x)} \end{cases} \tag{2.9.11}$$

式中:$w_{m,n}^{(j+1,h)}$ 表示在水平方向上使尺度函数起作用、竖直方向上使小波起作用的系数;$w_{m,n}^{(j+1,v)}$ 表示在水平方向上使小波起作用、在竖直方向上使尺度函数起作用的系数;$w_{m,n}^{(j+1,d)}$ 表示在水平和垂直方向上全都使小波起作用的系数。可以通过不断重复这一过程，进行多分辨率分解。$j=0$ 时，$s_{m,n}^{(1,x)}$ 及 $w_{m,n}^{(1,x)}$ 的分解如图 2.9.5 所示。

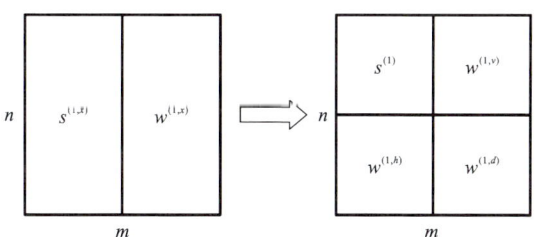

图 2.9.5　$s_{m,n}^{(1,x)}$ 及 $w_{m,n}^{(1,x)}$ 的分解

参考文献

［1］陈兵旗.机器视觉技术［M］.北京:化学工业出版社,2018.

［2］陈兵旗.实用数字图像处理与分析［M］.2 版.北京:中国农业大学出版社,2014.

第3章
种子籽粒图像检测

3.1 水稻种子分类与检测

本研究首先将籽粒从图像中提取出来，然后再进行参数测量、霉变和破损判断、数据库建立等。技术要点如下：

(1) 图像的有效采集；

(2) 种子籽粒的二值化提取；

(3) 二值图像的去噪声处理；

(4) 二值图像的几何参数测量；

(5) 数据库的建立；

(6) 霉变和破损籽粒的图像判断。

3.1.1 相关基础知识

本研究在图像处理知识之外还用到了与图像采集设备、光源和数据库等相关的基础知识，以下分别做简单介绍。

1. 图像采集设备

常用的图像采集设备有摄像机和相机，其分类方法很多，按输出图像信号格式，可以分为模拟摄像机（或相机，下同）和数字（数码）摄像机两大类。数字摄像机是现在的主流摄像机。感光芯片是摄像机的核心部件，目前摄像机常用的感光芯片有 CCD 和 CMOS（互补金属氧化物半导体）两种。CCD 摄像机的优点是图像质量优、灵敏度高、噪声小、信噪比大。CMOS 摄像机的优点是集成度高、功耗低（不到 CCD 的 1/3）。选择摄像机时，主要考虑的因素是拍摄速度（帧率）。对于运动图像的拍摄，如果摄像机的帧率过小，就会产生拖尾现象，拍摄的图像就会模糊。

一般民用摄像机的制式主要分为 PAL（phase alternating line，逐行倒相）

制式(简称 P 制式)和 NTSC(national television system committee,国家电视系统委员会)制式(简称 N 制式),不同制式的图像帧率和使用地区不同。P 制式主要用在新加坡、中国、澳大利亚、新西兰等国家和西欧地区,帧率为 25 帧/秒。N 制式主要应用于日本、韩国、朝鲜、美国、加拿大、墨西哥等国家,帧率为 30 帧/秒。

2. 光源

在室内生产线上进行图像检测,一般都需要配置一套光源。可以根据检测对象的状态选择适当的光源,这样不仅可以降低软件开发难度,还可以提高图像处理速度。图像处理时的光源一般需要直流电光源,特别是在高速图像采集时必须用直流电光源,使用交流电光源时会产生图像一会亮一会暗的现象。直流电光源一般采用发光二极管(light emitting diode,LED),根据具体使用情况做成圆环形、长方形、正方形、长条形等不同形状。市场上有专门用于图像处理的光源,这样的专业光源一般都很贵,价格从几千元到几万元不等。图 3.1.1 所示为部分专业光源。

点光源　　　　条形光源　　　　环形光源　　　　方形光源　　　　背光源

图 3.1.1　专业图像处理光源

3. 数据库

数据库是一个单位或一个应用领域的通用数据管理系统,其存储的是组织或个人的相关数据集合。数据库中的数据从全局角度出发,按照特定的数据模型进行组织、描述和存储。其结构基于数据间的逻辑关联,采用必要的存取方式,数据具有整体结构化特征,面向整个组织而非单一应用场景。

数据库数据以多用户共享为目标构建。不同用户可按各自业务需求访问数据;支持多用户并发访问,实现数据资源的高效利用。这种共享机制不仅满足用户的信息需求,更能支撑组织内部的信息协同。

数据库管理系统(database management system,DBMS)作为数据管理核心平台,具备数据存储、检索、更新、共享和安全控制功能。主流关系数据库产品包括 Microsoft Office Access、Oracle、SQL Server、MySQL、PostgreSQL 等,

Microsoft Office Access 因其易用性,仍是中小型机构数据库管理的常见选择。

Microsoft Office Access 是 Windows 平台桌面级关系数据库管理系统(relational database management system,RDBMS),是 Microsoft Office 系列应用软件之一。其系统提供六大核心对象,即表、查询、窗体、报表、宏及模块(注:早期版本包含数据访问页对象),通过可视化设计工具和预设模板,降低数据库开发门槛;支持 Access/Jet、SQL Server、Oracle 等 ODBC 兼容数据库,其"零代码"开发特性显著降低使用难度。

本研究采用 Access 数据库管理水稻种子类型参数,包括基因型数据、表型性状、环境响应等多维度参数。

3.1.2　系统方案

本小节主要内容为设计基于机器视觉的种子精选方案并搭建硬件系统,具体包括相机选型与安装、光源选型与布局、硬件空间关系配置、拍摄速度与传送带速比匹配等关键环节。

系统采用水平传送带结构,带面开设多排种子工位穴。当载有单排种子的传送带运动至拍摄工位时,光电传感器触发相机捕获工位图像,通过图像处理判定种子质量,记录不合格工位编号并在排除工位启动吹气装置将不合格种子剔除。

数据库构建阶段:相机连续采集工位图像序列,经图像分析提取单粒种子特征参数,最终建立结构化种子特征参数数据库。

种子精选阶段:根据精选的种子种类,选用数据库中相应的特征参数。开始精选作业时,系统进行实时拍摄,一次拍摄一排工位。每次拍摄后,首先提取种子区域,然后计算每粒种子的位置参数和几何特征参数,根据位置参数判断各个工位有没有种子,并将获得的特征参数与选定的数据库参数进行比较,确认其特征参数是否合格。如果特征参数合格,再判断是否有破损或霉变。对参数不合格、破损或霉变的种子,记录其工位序号,当传送带运行到排除工位时启动相应的吹气装置将其剔除。

图 3.1.2 是系统方案原理图,系统由计算机、相机、光源、光电传感器、传送带、步进电机、吹气装置等组成。

3.1.3　硬件设备、材料及样机

本研究采用德国 Basler A602fc 高速彩色工业相机,其感光芯片属于 CMOS 类型。最大分辨率为 651×496 像素,分辨率最大时的最大帧率为 100

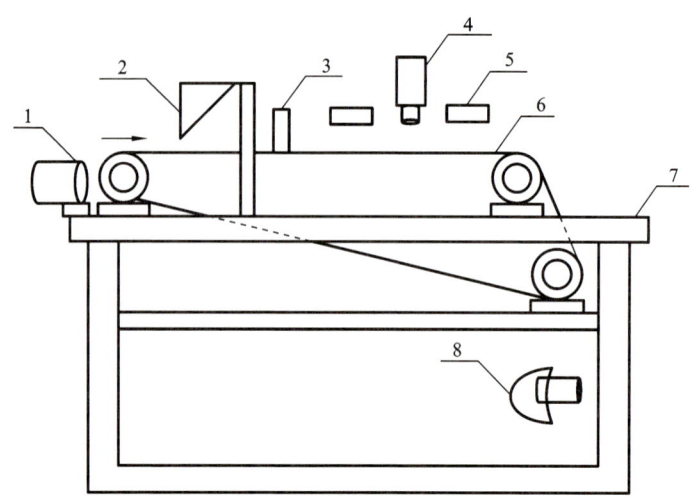

图 3.1.2　稻种精选系统方案原理图

1—步进电机;2—下料器;3—光电传感器;4—相机;5—光源;6—传送带;7—试验台;8—吹气装置

帧/秒,降低分辨率可以提高采集帧率。图像输出配有 IEEE 1394 标准接口及 RJ45 接口。其中,IEEE 1394 的标准接口为相机提供电源及图像数据传输;RJ45 接口为相机引出 4 路数字量输入和 4 路数字量输出,可以通过该接口来输入/输出控制信号。选用的镜头是日本 Computar M1214-MP,焦距 $f=12$ mm,光圈为 F1.4。另外,选用了标准 IEEE 1394 图像采集卡和欧姆龙、SUNX 的光电触发器。

相机安装在传送带宽度方向的中间正上方 150 mm 的位置,至其两侧光源的水平距离为 100 mm。经过反复试验验证,此安装位可获取最优图像质量。

光源采用自制 LED 光源。在 2 块长方形的铝板上,分别均匀镶嵌 8 个 1 W 的白光 LED 灯珠组成 2 个光源,对称安装在传送带上方的相机两侧。

传送带的宽度设计为 130 mm,其上每隔 20 mm 设置一排工位穴,每排 6 个圆形工位穴,每排工位的一侧设置一条宽 10 mm 的白色触发带,如图 3.1.3 所示。传送带的运行速度为 0.5 m/s。

试验所用的计算机为普通台式计算机,其基本配置如下:Intel Pentium 4 处理器,主频为 3.4 GHz,内存为 256 MB。

试验用的样本种子品种有:丰源优 299、金优 284、隆平 601、内 2 优 6 号、培杂泰丰、天优 998、先农 16 号、Y 两优 1 号、中 9 优 288、株两优 211。

软件开发工具是 Microsoft Visual C++ 6.0,在北京现代富博科技有限公司的二维运动测量分析系统 MIAS（参考第 10 章）的平台上完成程序开发。

图 3.1.3 是系统主要硬件（相机、光源和传送带）的安装图。

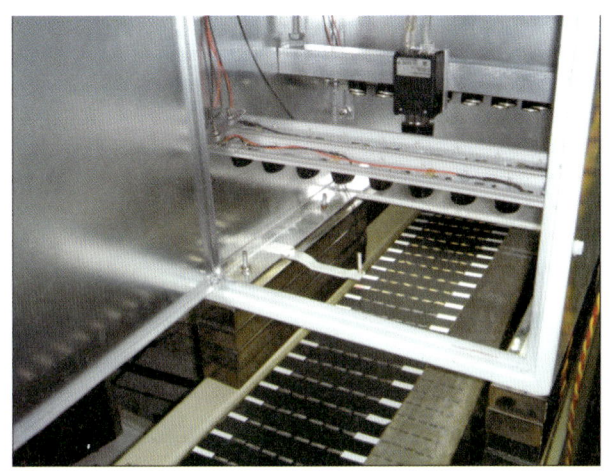

图 3.1.3　主要硬件安装图

图 3.1.4 是种子精选样机的整体图。

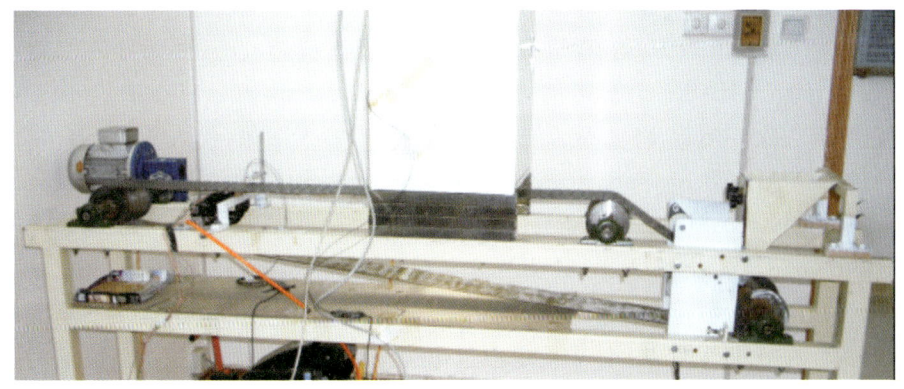

图 3.1.4　种子精选样机

3.1.4　图像采集与工位标定

设定的图像大小是 640×128 像素,相机的实际帧率是 380 帧/秒,由工位一侧的白色触发带触发采集。

调试好相机和照明系统之后,在进行图像拍摄和处理之前,首先需要进行种子工位的标定。在相机预览状态(实时处理)或者在视频文件的第一帧上(视频文件处理),用鼠标依次点击系统显示的当前工位穴的中心,获得 6 个工位的中心位置坐标$(x_{pi}, y_{pi})(0 \leqslant i \leqslant 5)$,点击其中一个工位穴的直径两端,获得工位的直径 D。由式(3.1.1)计算该排工位之间的平均距离 $\bar{d}$:

$$\bar{d} = \frac{1}{5} \sum_{i=1}^{5} (x_{pi} - x_{p(i-1)}) \tag{3.1.1}$$

图 3.1.5 表示一帧标定有工位号的种子彩色图像。数字表示工位号,圆心表示标定的工位中心,圆圈表示标定的工位范围。由图 3.1.5 可以看出,由于工位穴间距不均匀,各个籽粒之间的距离不统一。

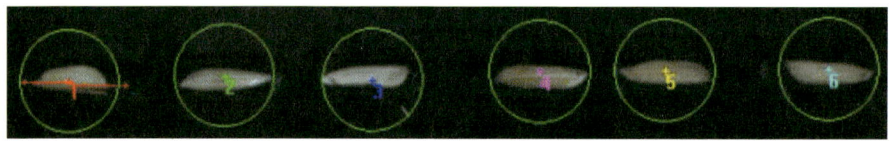

图 3.1.5　彩色图像的工位设定图

3.1.5　种子提取及几何参数的测量

对彩色图像的 G 分量图像,利用大津法进行二值化处理,将种子区域提取为白色(像素值为 255)、背景提取为黑色(像素值为 0)。对获得的二值图像,首先代入 MIAS 平台自带的去噪函数 Noise_remover(),将小于 50 像素的白色噪声去除。然后,将去噪后的二值图像作为输入图像,代入 MIAS 自带的几何参数测量函数 Measure_array(int inframe, int outframe, MACOND cond, int item[], MEASUREDATA *mData, int *count)。其中,inframe 为输入帧号,outframe 为输出帧号,cond 为测定条件结构体(包括测量目标、单位、序号表示等),item 为测量项目,mData 为测量结果的输出值,count 为输出的测量目标数量。在测量条件结构体中设定白色像素为测量目标,而测量项目设定为面积和宽长比。完成上述设定,执行函数后即可获得测量目标数量 $n(0 \leqslant n \leqslant 6)$、中心位置坐标$(x_j, y_j)(0 \leqslant j \leqslant n-1)$、面积、宽长比等参数。

图 3.1.6(a)展示了对图 3.1.5 所示的 G 分量灰度图像利用大津法进行自动二值化处理并且去除 50 像素以下噪声的图像,白色像素表示种子区域。针对该图像计算出的二值化阈值为 57。由图 3.1.6(a)可以看出,种子被很好地

从背景中提取出来了。图 3.1.6（b）是执行几何参数测量后的图像,外接矩形是测量获得的种子区域,后面的处理都在各个种子区域内进行。

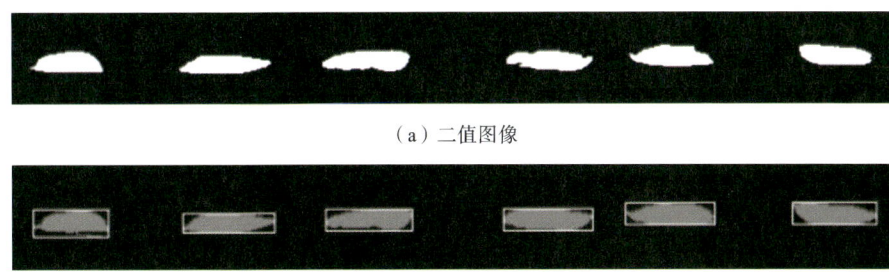

（a）二值图像

（b）几何参数测量结果图像

图 3.1.6　二值图像测量结果

3.1.6　种子所处工位的判断

计算测量获得的每个种子中心位置与各个工位中心位置之间的水平距离 d_i：

$$d_i = |x_j - x_{pi}| \tag{3.1.2}$$

如果 $d_i < \bar{d}/2$,判断该种子属于工位 i,将工位 i 的坐标修正为 (x_j, y_j),即

$$\begin{cases} x_{pi} = x_j \\ y_{pi} = y_j \end{cases} \tag{3.1.3}$$

坐标没有被修正确认的工位视为没有种了。

在图 3.1.6 中,将测量出的各个种子的中心位置与标定位置(见图 3.1.5)进行比较,判断出各个工位有没有种子,该方法将检测出的种子划归到最近的工位。

3.1.7　种子特征信息数据库的建立

对每类种子,拍摄和处理一段视频图像,测量其中每粒种子的面积和宽长比,然后利用这些参数计算出该类种子的平均面积、平均宽长比及其标准差,存入建立的种子特征参数数据库。数据库采用 Microsoft Office Access,存储信息包括序号、种子类型、平均面积、平均宽长比、面积标准差、宽长比标准差等。

对每类种子分别处理了 30 帧图像、180 粒种子,计算出的特征参数结果如表 3.1.1 所示。所有的测量和统计计算都由程序自动完成。

表 3.1.1　样本种子特征参数的计算结果

序号	种子类型	平均面积 (像素数)	面积标准差 (A_Std)	平均宽长比 ($\bar{k}$)	宽长比标准差 (k_Std)
1	丰源优 299	764	104.865	0.2591	0.0354
2	金优 284	726	104.889	0.2461	0.0325
3	隆平 601	779	112.859	0.2622	0.0302
4	内 2 优 6 号	840	158.100	0.2713	0.0461
5	培杂泰丰	638	116.648	0.2701	0.0456
6	天优 998	699	106.760	0.2614	0.0373
7	先农 16 号	728	125.860	0.2699	0.0417
8	Y 两优 1 号	681	125.181	0.2496	0.0393
9	中 9 优 288	718	109.300	0.2337	0.0273
10	株两优 211	756	103.058	0.2495	0.0273

3.1.8　种子精选

对于不知道类型的种子,首先需要判断其类型,然后进行精选。

1. 种子类型的判断

首先拍摄待测种子的视频图像,测量并计算种子的平均面积和平均宽长比,将其与库存的相应参数值进行比较,将最接近的库存参数所表示的种子类型作为待测种子的类型。

设待测种子的平均面积为 $\bar{A}$,平均宽长比为 $\bar{k}$,其等价矩形的长度为 a、宽度为 b,则式(3.1.4)和式(3.1.5)成立:

$$a \times b = \bar{A} \tag{3.1.4}$$

$$b \div a = \bar{k} \tag{3.1.5}$$

由式(3.1.4)和式(3.1.5)可得:

$$a = \sqrt{\frac{\bar{A}}{\bar{k}}} \tag{3.1.6}$$

$$b = \sqrt{\bar{A} \times \bar{k}} \tag{3.1.7}$$

用同样方法分别求出每种库存种子等价矩形的长 a_i 和宽 b_i,然后由式

(3.1.8)分别求出待测种子与每种库存种子之间的长和宽的差值之和 S_i：

$$S_i = |a_i - a| + |b_i - b| \qquad (3.1.8)$$

取最小 S_i 对应库存种子类型为待测种子的类型。

建立 10 种水稻种子的特征参数数据库以后，为了验证种子类型判断的正确性，在进行种子精选之前，笔者对待精选的种子视频图像样本都进行了种子类型的判断，结果全部正确，说明本研究中的水稻种子类型判断方法是可行的。

2. 检测种子的几何参数是否合格

该项检测的目的是去除面积和宽长比偏差较大的种子。将上述测量的每粒种子的面积 A_i 和宽长比 k_i 与库存中此类种子的平均面积 $\overline{A}$ 及其标准差 A_std、平均宽长比 $\overline{k}$ 及其标准差 k_std 进行比较。如果 $A_i \in (\overline{A} - 1.5A\_std, \overline{A} + 1.5A\_std)$，则该粒种子的面积参数合格；如果 $k_i \in (\overline{k} - 1.5k\_std, \overline{k} + 1.5k\_std)$，则该粒种子的宽长比参数合格。对面积和宽长比都合格的种子，进行后续的种子霉变或者破损判断。

图 3.1.7 为一帧原图像和几何参数检测结果的示例图像，用圆圈圈住的种子为几何参数检测不合格的种子。从图中可以看出第 4 个工位上是短粗状种子，而第 6 个工位上是细长状种子，这两个工位上种子的几何参数都被判断为不合格。

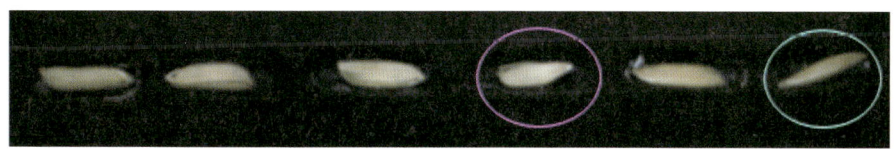

（a）原图像

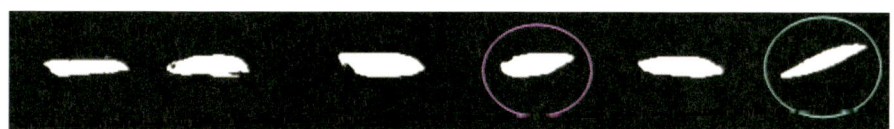

（b）检测结果图像

图 3.1.7　几何参数不合格种子检测

3. 霉变种子的判断

假设由大津法确定的图像二值化阈值为 Y_1，令 $Y_2 = 1.5Y_1$，利用新的阈值

Y_2,在每个确认工位的处理区域内对原图像进行二值化处理,然后计算区域中的白色像素数量,即面积 A_{ii}。将 A_{ii} 与大津法二值化图像上对应的种子面积 A_i 进行比较,如果 $A_{ii} < 0.6A_i$,则断定此粒种子为霉变种子,否则为好种子。对于好种子再进行后续的破损判断。

图 3.1.8 展示了一帧原图像和霉变种子检测结果的示例图像。图中,工位 2 上的种子具有霉变特征。本方案采用改进型阈值分割策略,试验表明,该方法能完整保留未霉变种子的区域特征(如图(b)所示),而霉变区域因灰度值异常(如图(a)工位 2 所示)未被有效提取。最后对比标准二值图像(大津法生成)与改进二值图像中对应种子区域的面积差异(ΔS),建立霉变判定准则:当 ΔS 超出预设容差范围时,判定为霉变种子。

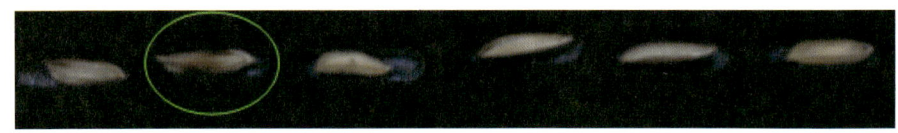

(a)原图像

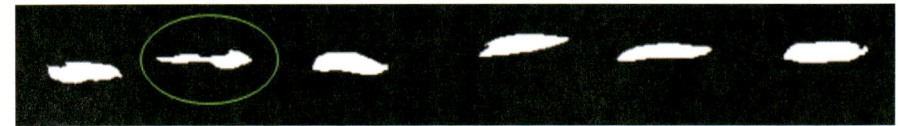

(b)检测结果图像

图 3.1.8 霉变种子检测

4. 破损种子的判断

对于上述判断合格的种子,在其工位处理区域分别在 X 轴方向和 Y 轴方向上进行破损种子的判断。首先设定变量 x_num,初始化为 0;然后对二值图像上的种子处理区域进行 X 轴方向遍历扫描(见图 3.1.9(a));当一条扫描线上的像素值出现由 0 变为 255 的情况大于或等于 2 次时,给变量 x_num 加 1;X 轴方向遍历扫描结束后,如果 x_num > 4,判定种子在 X 轴方向上有破损。如果 X 轴方向没有破损,再在 Y 轴方向上进行类似的操作和判断(见图 3.1.9(b))。

图 3.1.10 展示了破损种子原图像和检测结果的图像。本研究中的破损种子检测方法正确地将图中第 2 工位和第 4 工位的破损种子检测出来了。

图 3.1.11 为上述种子精选操作的流程图。

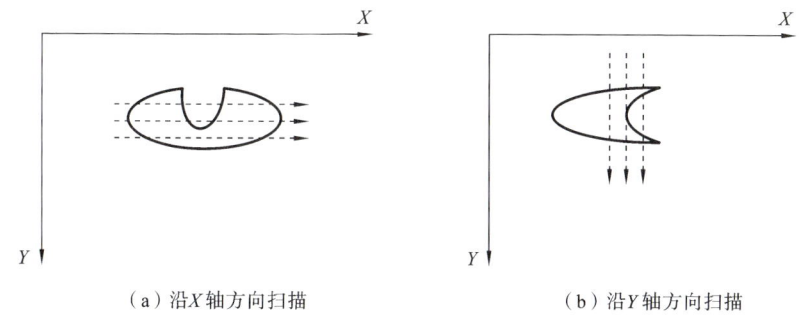

（a）沿*X*轴方向扫描　　　　　（b）沿*Y*轴方向扫描

图 3.1.9　破损种子判断方法

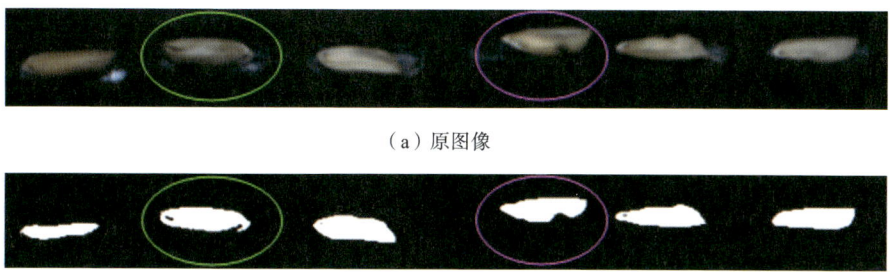

（a）原图像

（b）检测结果图像

图 3.1.10　破损种子检测

3.1.9　精选结果分析

本研究对 10 类种子的视频样本图像进行了精选试验,表 3.1.2 列出了所试验的这 10 类样本中工位没有种子情况发生次数,参数不合格种子和霉变或破损种子的目测个数、实际测量个数以及测量的正确率。

工位的判断错误主要是将工位没有种子的情况判断为有种子。产生判断错误的原因是空工位底部有时会产生强反光,在用大津法进行二值化处理时,反光部位被提取出来了,其中大于 50 像素的反光块噪声,在去噪声处理中没有被去除,结果被误判为种子。个别反光块噪声也引起了后续处理的误判。

几何参数检测的准确性与其设定标准相关联,也就是说在不同的设定标准下,种子几何参数的不合格率会产生波动。另外,目测的标准也不好把握,只能确定看上去特别细长和特别粗短的,对于那些模棱两可的情况,目测判断不可避免地存在误差。总之,以本研究所设定的标准差条件下,基本上去除了过于粗短和过于细长的籽粒。

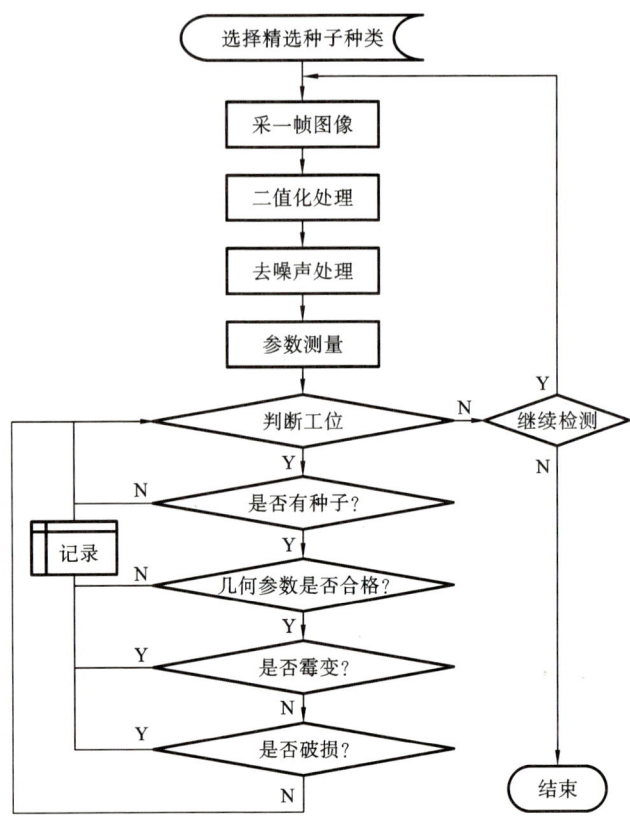

图 3.1.11　种子精选流程图

表 3.1.2　种子精选数据

种子类型	籽粒总数	工位无种子次数			参数不合格种子数			霉变或破损种子数		
		目测	实测	正确率/（%）	目测	实测	正确率/（%）	目测	实测	正确率/（%）
丰源优 299	153	3	3	100.0	7	6	85.7	17	13	76.5
金优 284	140	3	3	100.0	7	6	85.7	14	11	78.6
隆平 601	150	0	0	100.0	8	8	100.0	15	11	73.3
内 2 优 6 号	126	16	15	93.8	5	4	80.0	26	20	76.9
培杂泰丰	154	1	1	100.0	3	3	100.0	32	25	78.1
天优 998	65	1	1	100.0	2	2	100.0	4	3	75.0
先农 16 号	149	3	1	33.3	5	5	100.0	17	13	76.5

种子类型	籽粒总数	工位无种子次数			参数不合格种子数			霉变或破损种子数		
		目测	实测	正确率/（%）	目测	实测	正确率/（%）	目测	实测	正确率/（%）
Y 两优 1 号	139	4	4	100.0	4	3	75.0	17	13	76.5
中 9 优 288	143	2	2	100.0	2	1	50.0	15	12	80.0
株两优 211	142	2	2	100.0	2	2	100.0	7	5	71.4
平均值	136.1	3.5	3.2	92.7	4.5	4.0	87.6	16.4	12.6	76.3

影响霉变种子检测结果的主要因素为光源强度和种子霉变（发黑）的程度，如果光源强度较强或者霉变部位颜色不太深，都会形成误判。种子破损的检测结果受限于种子破损的形状和程度，如果破损较轻且破损部位处于种子图像的边缘，就不能被正确检测出来。从表 3.1.2 的检查结果可以看出，种子霉变或破损的检测正确率不到 80%，说明目前的检测方法还有较大的改进余地，将来可以考虑利用颜色信息来提高霉变和破损情况的检测正确率，但是在实际应用中需要综合考虑生产效率的问题。

3.1.10　小结

本研究主要完成了以下工作。

（1）设计了基于传送带的光电触发图像采集和图像处理与分析的水稻种子精选方案。

（2）用高速相机采集了种子的彩色图像，图像大小为 640×128 像素，图像采集帧率为 380 帧/秒，每帧图像上有 6 粒种子。

（3）以彩色图像的 G 分量灰度图像为原图像，通过大津法进行了二值化处理，将种子区域提取为白色像素，背景提取为黑色像素。对二值化图像进行了 50 像素以下的去噪声处理。

（4）选取 10 种类型的样本视频图像，测量每粒种子的面积和宽长比，计算每类种子的平均面积、平均宽长比和相应的标准差等特征参数并存入数据库，作为种子类型判断和种子精选的基准数据。

（5）对于不明类型的种子，通过计算其样本视频图像中种子的平均面积、平均宽长比，将获得的参数与库存参数进行比较，判断其类型。

（6）在种子精选过程中，通过比较测量的种子中心位置与工位的标定位置，判断工位有没有种子;通过将测量的种子面积、宽长比与库存参数进行比较,判断种子的几何参数是否合格;通过不同的二值化处理,将种子没有霉变部位与种子整体的面积进行比较,判断种子是否霉变;通过判断二值图像上扫描线的断裂次数,判断种子是否有破损。

试验结果:对于本研究的各类种子视频图像样本,种子类型检测正确率达到 100%,工位没有种子的平均检测正确率达 92.7%,几何参数的平均检测正确率达 87.6%,霉变和破损种子的平均检测正确率达 76.3%。

3.2 排种器试验台籽粒检测

本研究的目标是基于机器视觉技术,实现排种器性能检测中的种子粒数、行距、穴距等基本参数的自动化测量。

为了实现本研究的目标,需要将相机安装在传送带上排种器的后面,在排种器工作期间,连续采集传送带上籽粒的视频图像,在试验台停止工作后,通过图像处理与分析自动获得传送带上籽粒的分布数据,来代替人工检测工作。

为此,本研究的技术要点如下:

(1)高速传送带上籽粒图像的清晰采集;

(2)籽粒图像的无缝拼接;

(3)籽粒的二值化提取;

(4)重叠籽粒的准确计数;

(5)籽粒区域的正确划分。

3.2.1 系统硬件构成

试验台主要包括计算机、图像采集系统、信号检测与输出系统、电气控制柜和机械装置等部分,系统框图如图 3.2.1 所示。

计算机是图像采集与处理、试验台性能检测的控制器,选用研华 IPC-610MB 工控机,搭载 Intel Core 2 Duo E4300 处理器,主频为 1.8 GHz,内存为 1 GB。

信号检测与输出系统检测试验台上的各种传感器信号并传输给计算机,再接收计算机的控制信号传输给电气控制柜的控制元件。它是计算机与电气控制柜及试验台传感器之间的接口部分。

电气控制柜包括电气控制系统和变频器。电气控制系统实现对试验台上的电机等设备的启停等控制,变频器实现对试验台上的电机的调速控制。

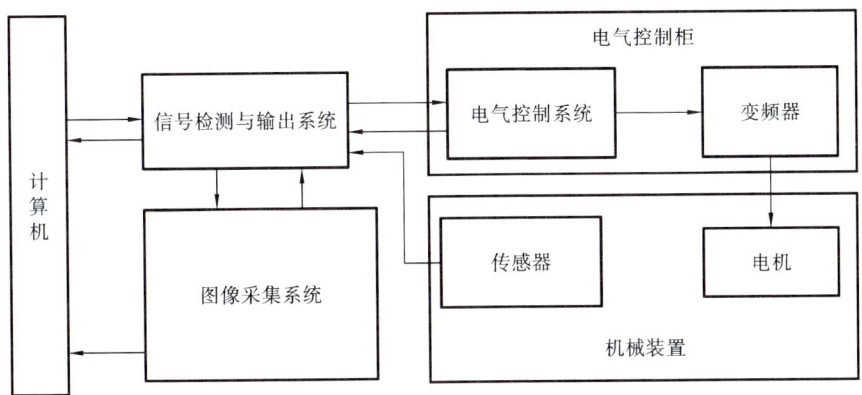

图 3.2.1　排种器性能检测试验台系统框图

图像采集系统负责按要求采集排种器排种后传送带上籽粒的分布图像。

3.2.2　机械装置

机械装置包括台架、排种装置、传送装置、喷油装置等。机械装置的结构如图 3.2.2 所示。

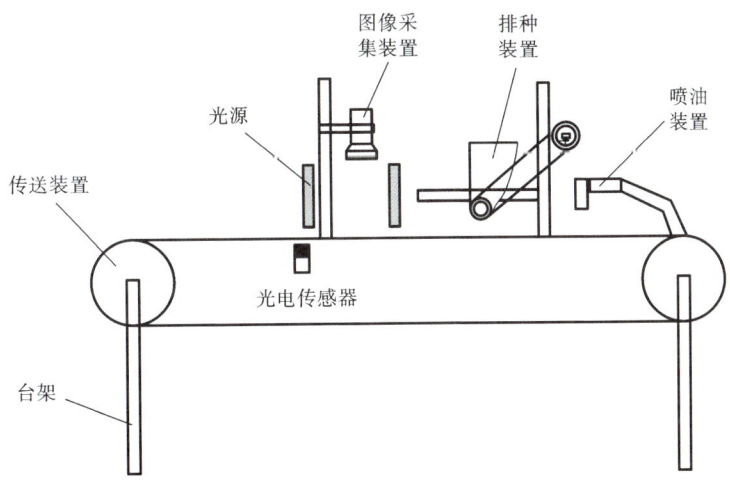

图 3.2.2　排种器试验台机械装置结构示意图

台架是试验台的机械主体,用于支撑试验台及安装其他机械装置。排种装置主要包括排种器、排种电机、气泵、风机、测速传感器、升降机械装置和升降电机等。传送装置由传送带和驱动电机组成。喷油装置包括喷油嘴、喷油管和油泵等。传送带相对排种器匀速运动,运输所排种子,用以模拟田间排种器播种。

在传送带一侧边缘上,每隔 20 cm 均匀分布直径为 5 mm 的触发孔。在台架上安装一个光电传感器,该传感器发射部分位于传送带下方,接收部分位于传送带上方,为图像采集系统提供触发信号。

3.2.3　图像采集系统

本研究使用光电触发方式采集图像,使用的图像采集系统包括:光源、高速工业相机、图像采集卡及光电传感器。使用一灯箱提供采集图像所需要的光源,灯箱包括外壁和幕布,在四面的灯箱外壁和幕布之间均匀镶嵌两排直流灯作为照明光源,而幕布将光线进行均匀化柔和,如图 3.2.3 所示。采用的相机、图像采集卡以及光电传感器,均与水稻种子分类与检测项目相同,具体参考第 3.1.3 节。

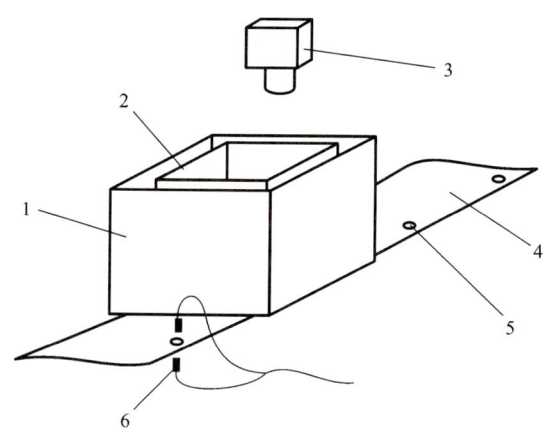

图 3.2.3　图像采集系统示意图

1—灯箱外壁;2—灯箱幕布;3—相机;4—传送带;5—触发孔;6—光电传感器

当传送带运行(传送带运行速度为 0~0.5 m/s)且排种器正常排种时,如果光电传感器遇到了传送带边缘的触发孔,就会触发相机拍摄,并将图像存储于计算机的内存中,等待下一步对图像进行处理。受相机拍摄宽度的限制,本研究仅讨论最多两行排种的情况。

3.2.4　图像标定

因为本研究需要测量排种籽粒间的实际距离,所以在测量前需要对距离进行标定。检测前,安装相机,使镜头光轴与传送带垂直,即镜头正对传送带。将一张 A4 纸(宽度裁剪为 20 cm)置于传送带上,并使之位于灯箱内部中心区域,白纸宽度方向与传送带传送方向一致。开启相机,并调节相机的水平位置及高度,使之采集的图像高度为白纸的宽度。此后,固定相机。由于相机采集的图像大小为 640×480 像素,则图像上宽度方向一个像素实际上为 0.417 mm。由于相邻触发孔间距为 20 cm,这样每采集一帧图像的间隔距离就是 20 cm。

3.2.5 图像采集与拼接

排种器安装在涂有黄油的黑色传送带上方,传送带在调速电机带动下相对排种器做水平运动,以此来模拟播种机的播种过程。排种器播出的籽粒掉落到传送带上并被粘着随传送带一起运动。传送带上的触发孔为相机提供图像采集触发信号,实现图像的无缝连续采集,将采集到的图像以视频文件方式保存于计算机硬盘。采集的图像为灰度图。

为了便于测量分析,在图像处理前,先将视频图像的连续帧拼接成一幅完整的测量图像。由于拍摄图像的前一帧的末尾部分与后一帧的起始部分相邻,需要采用从后向前的顺序进行拼接。设定要拼接的视频帧的起点和终点,依次拼接,如图 3.2.4 所示。拼接完成后的结果图像就是要进行分析的测量图像。测量图像的左上角为原点位置,水平向右和垂直向下分别为横坐标和纵坐标的正方向。

以穴播为例,图 3.2.5 是从玉米穴播试验合成图像中截取的片段灰度图像(总共 10 帧),最右侧为起始帧,最左侧为第 10 帧。从图 3.2.5 可以看出,图像

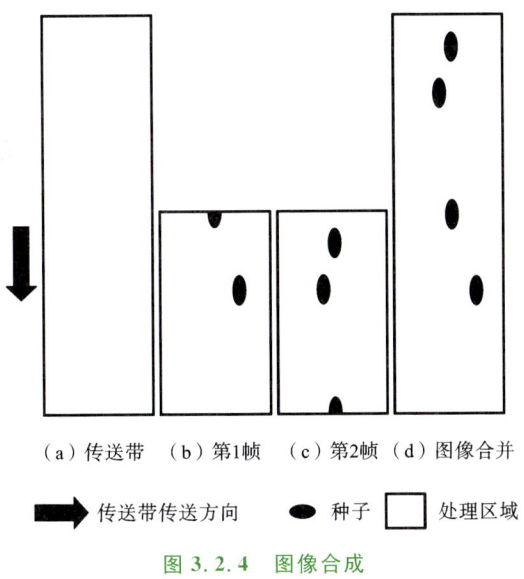

(a)传送带　(b)第1帧　(c)第2帧　(d)图像合并

➡ 传送带传送方向　● 种子　▢ 处理区域

图 3.2.4　图像合成

合成算法对试验的连续帧图像进行了有效合成；但由于涂有黄油的传送带的不同区域对光照的反射不同，因此各帧之间有较明显的拼接痕迹，并且传送带背景存在反光的白色区域。

图 3.2.5　合成图像中的片段

3.2.6　籽粒的二值化提取

本研究起初采用大津法来自动获取阈值 K，对于背景噪声比较少的排种图像，其效果比较好。但是，如果传送带上存在较多的杂质籽粒或油污（统称噪声），而图像中籽粒又比较少（如穴播或精播），则效果较差。由于籽粒和噪声在图像上只占很小的比例，在直方图上看不出双峰特性，所以传统的自动阈值确定方法均不适用。通过研究分析，将灰度平均值的 2 倍作为分割阈值，无论对哪种图像都获得了很好的分割效果。

图 3.2.6 是采用该方法对图 3.2.5 进行阈值分割的结果图像。从图 3.2.6 可以看出，经过二值化处理可以去除各帧之间的拼接痕迹，但合成图像中还存在少许背景反光引起的噪声。

图 3.2.6　合成图像二值化处理结果

在实际操作中，可设定处理窗口，仅保留中间排种区域，且将低于 50 像素的白色区域作为噪声去除。图 3.2.7 为设定处理窗口去除噪声的处理结果。

图 3.2.7　合成图像处理结果

图 3.2.8(a)、(b)分别为小麦的条播和两行精播片段的处理结果。

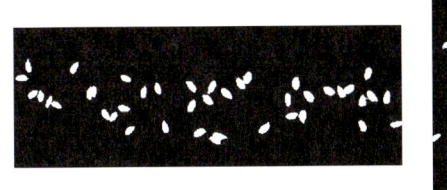
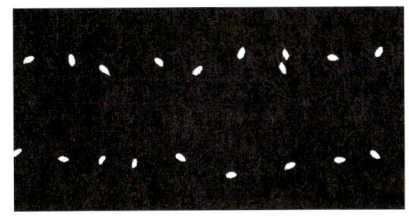

（a）条播 （b）精播

图 3.2.8　小麦排种的提取结果

3.2.7　籽粒计数

籽粒计数是测量其他参数的基础,对于如图 3.2.7 和图 3.2.8(b)所示的没有粘连的籽粒,通过区域标记(参考第 2.5.2 节),测量出图像上有几个区域,即可获得籽粒数。但是,如图 3.2.8 (a)所示有粘连的情况,只通过区域标记无法获得实际籽粒数。粘连物体的分离一直是图像处理的热门课题,根据不同的使用环境,研究者提出了各种各样的分离方法。本研究假设在图像上粘连的籽粒属于少数(这个假设在排种器上是成立的),测量出各个区域的面积,然后将面积从小到大进行排序,取面积的中间值作为单个籽粒的面积。最后再将每个区域的面积除以单个籽粒的面积,对小数点部分进行四舍五入处理,累计以后即为处理区域里籽粒的总数。在实际处理时,使用了北京现代富博科技有限公司 MIAS 系统的面积测量、去噪声等函数。

3.2.8　种子分布区间检测

1. 纵向分布检测

利用纵向投影累计的方法对图像进行分析,获取种子的纵向分布(播列)的坐标信息。从左到右、从上到下,纵向扫描二值图像,将各列的像素值相加求和,存入数组 array_x$[x]$($0 \leqslant x < x_{size}$,x_{size}为测量图像的宽度)。

然后,从 $x=1$ 开始,对数组 array_x 进行扫描,如果 array_x$[x-1]=0$,而 array_x$[x] \neq 0$,记此时的 $x=x_1$;如果 array_x$[x] \neq 0$,而 array_x$[x+1]=0$,记此时的 $x=x_2$,停止扫描。

按照上面的方法,从 $x=x_2+2$ 开始继续扫描数组 array_x,如果存在第 2

条种子列,可以获得第 2 个籽粒区间 $[x_3, x_4]$。如果扫描过程中不能获得 $[x_3, x_4]$,则表明第 2 条籽粒列不存在。

根据上面的结果,可以获得第 1 列、第 2 列籽粒的横坐标信息。第 1 列籽粒的区间为 $[x_1, x_2]$,幅宽 $L_1 = x_2 - x_1$,中心横坐标 $x_{11} = (x_1 + x_2)/2$。第 2 列籽粒的区间为 $[x_3, x_4]$,幅宽 $L_2 = x_4 - x_3$,中心横坐标 $x_{22} = (x_3 + x_4)/2$。两列籽粒之间的距离 $D = x_{22} - x_{11}$。两列籽粒的间隔区间为 $[x_2, x_3]$。如图 3.2.9 所示,其中,图 3.2.9(b)表示图 3.2.9(a)中的两列籽粒纵向投影累计后得到的曲线。

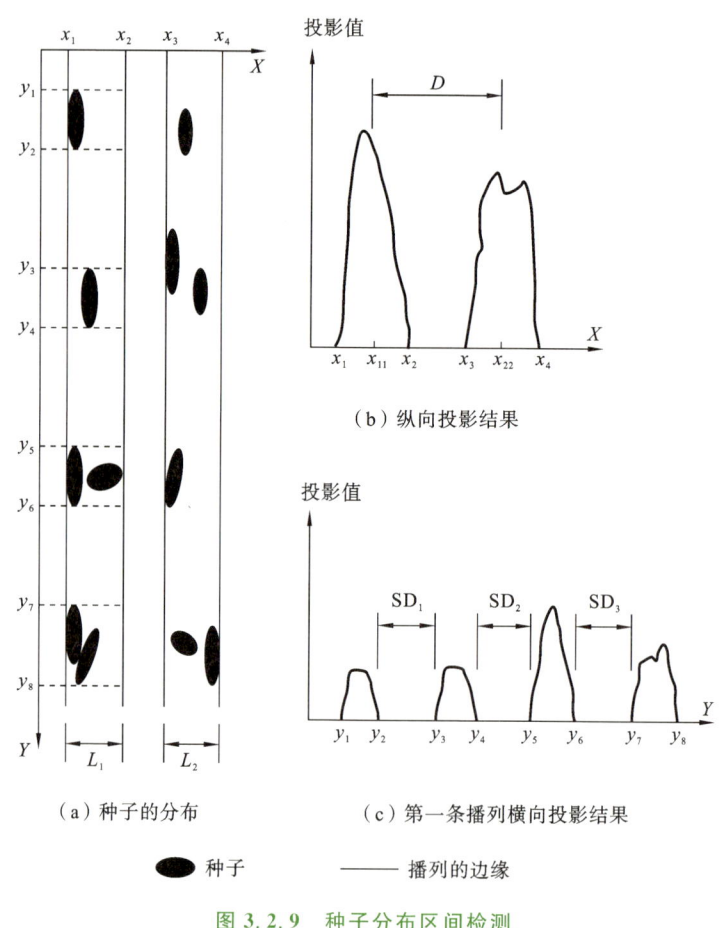

（b）纵向投影结果

（a）种子的分布　　　（c）第一条播列横向投影结果

● 种子　　　—— 播列的边缘

图 3.2.9　种子分布区间检测

2. 横向分布检测

得到各籽粒列的 X 坐标范围后,对每个籽粒列分别进行横向投影,获得各籽粒列上的区间信息。从左到右、从上到下,横向扫描二值图像,将各行的像素值相加求和,分别存入数组 array_y[y]($0 \leqslant y < y_{size}$,y_{size} 为测量图像的高度)。参照分析数组 array_x 的方法,扫描数组 array_y,分别得到每条籽粒列在纵坐标上的各籽粒区间和间隔区间。图 3.2.9(c)表示图 3.2.9(a)中第一条播列进行横向投影后得到的曲线。根据图 3.2.9(c)中的投影结果,可以得到籽粒区间 $[y_1,y_2]$,$[y_2,y_3]$,…,$[y_7,y_8]$,以及各间隔区间的长度 SD_1、SD_2、SD_3 等。

3.2.9　条播参数计算

条播时,需计算的核心参数包括目标区间的籽粒数量与间断区间的长度。关于这两个参数的具体计算方法,已分别在第 3.2.7 节和第 3.2.8 节中进行系统阐述。需特别说明的是,目标区间籽粒数量的计算需遵循分区独立核算原则:对处于多个区间交界位置的籽粒,应根据其空间分布的主要归属区间进行划分,即采用最大占比判定准则实施归类处理。

如图 3.2.10 是两列条播片段的图像检测结果。其中,白色为籽粒,竖线为检测出的籽粒列边界和中心线,横线为设定的检测条长(50 mm),数字为各个区间内检测出的籽粒数。可以看出,检测出的籽粒列边界和中心线完全正确,籽粒数只是在个别粘连且跨区间边界的区域有一点误差,绝大多数都是正确的。

3.2.10　穴播与精播参数计算

计算穴播参数的关键是要对籽粒进行正确的归类,将距离较近的籽粒归为同一穴。第 3.2.8 节中已经得到了各播列在 Y 轴方向上的籽粒区间以及间隔区间。按如下方法对其籽粒进行穴位归类。

第一步,进行初步分类。对于第一条籽粒列,计算其间隔区间长度的平均值 $\overline{SD_1}$ 和标准差 σ_1,将位于同一籽粒区间 $[y_{i-1},y_i]$ 的种子归为一穴。

第二步,进行精确归类。设第 i 个籽粒区间与第 $i+1$ 个籽粒区间之间的间断区间长度为 SD_i,如果 $SD_i < \overline{SD_1} - \sigma_1$,则将第 i 个籽粒区间和第 $i+1$ 个籽粒区间中的籽粒归为一穴。如果存在第二条籽粒列,按同样方法对其进行籽粒归类。

第三步,统计归类后各穴中目标区域内籽粒数量,得到各穴中的籽粒粒数。计算各穴中白色像素坐标的平均值,将其作为穴心坐标。相邻两穴在 Y 轴方向上的穴心坐标之差即为穴距。

在得到穴距、各穴中籽粒数的基础上,结合试验标准,可以进一步算出合格率、重播率、漏播率等参数。

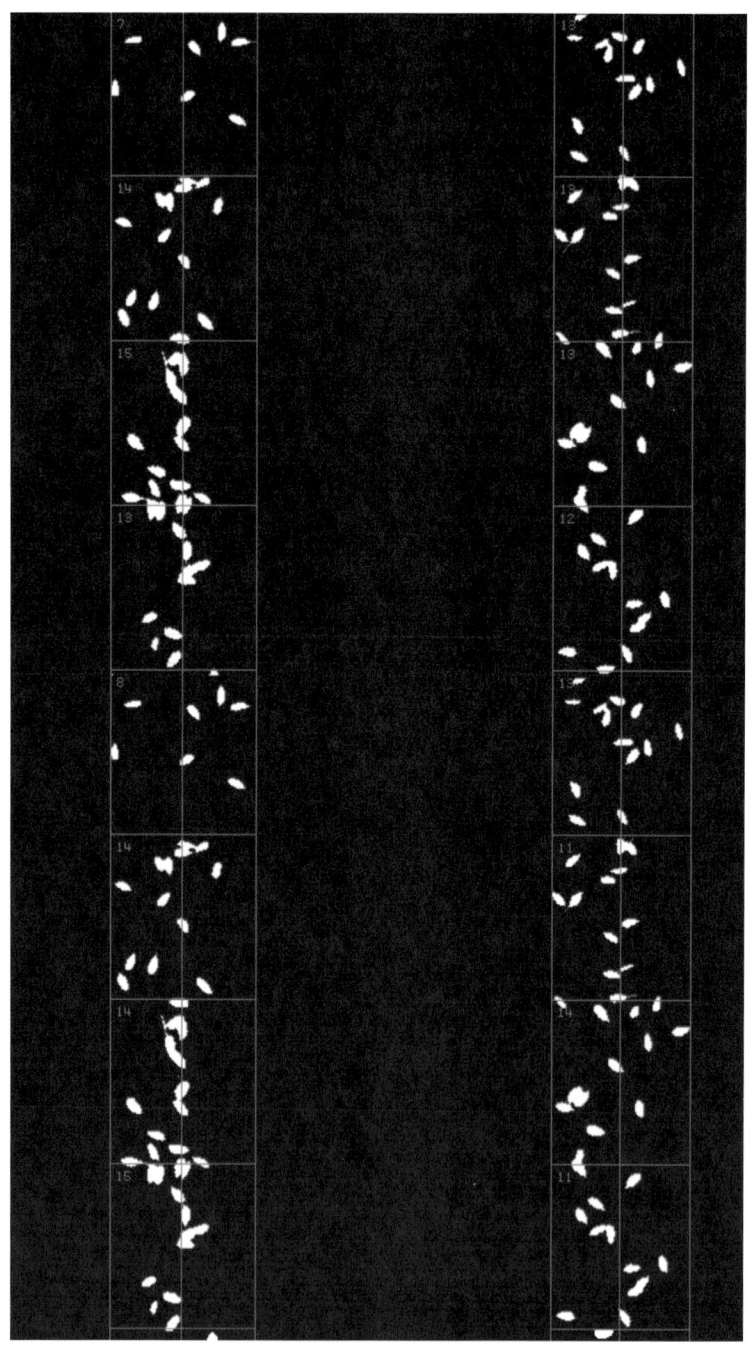

图 3.2.10　条播检测结果

精播可以看成一个穴内只有一个籽粒的穴播。首先要将籽粒归类到不同的穴中,然后计算出各穴中的籽粒个数、穴距等参数。计算方法与穴播相同。如果穴中的籽粒个数大于1,则表明穴内出现重播。将测量得到的穴距与理论穴距进行比较,可以判断是否有空穴(漏播)。

图 3.2.11 是一列穴播和两列精播片段的检测结果。本书主要介绍图像检测的相关知识,故对排种器的性能部分不做说明。

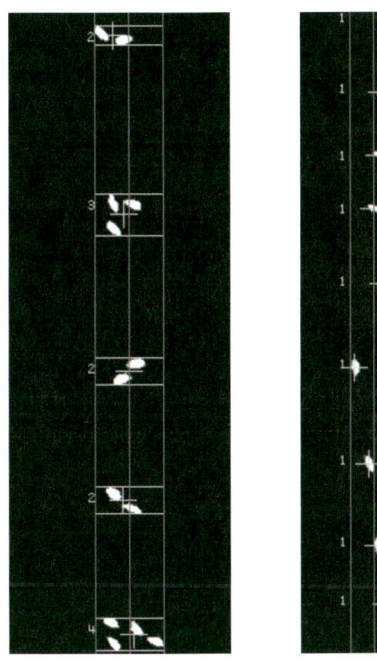 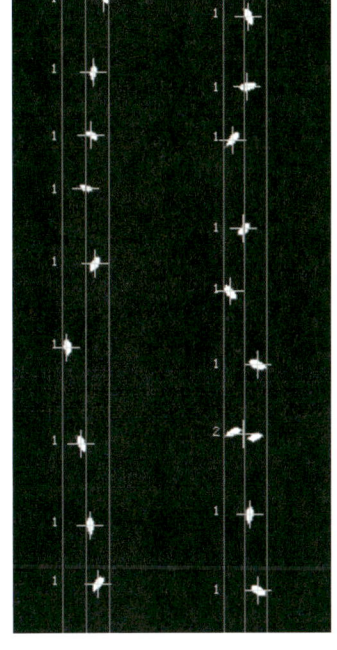

（a）一列穴播   （b）两列精播

图 3.2.11　穴播和精播检测结果

3.3　棉花种子精选

本研究需要剔除红色和破损棉花种子,而且需要考虑生产效率。其技术要点如下:

（1）红色种子的判断,需要分析棉种的颜色信息;

（2）破损种子的判断;

（3）红色和破损种子的实时剔除;

（4）尽量提高精选效率。

3.3.1　系统方案及构成

本研究设计了如图 3.3.1 所示的系统。种子从进料斗落入振动喂料器的料槽,振动喂料器的振动频率可以调节,以控制籽粒的下滑量,种子随着振动喂料器的振动,匀速地滑入溜槽(其上有 12 个槽),种子沿着溜槽向下滚动。溜槽底部安装一个背景板。相机与光源的安装位置如图 3.3.1 所示,镜头光轴垂直于溜槽,镜头与溜槽延长线的垂直距离为 500 mm,光源位于相机左前方与右前方。拍摄工位下方安装有坏种子排除喷射器和坏种子溜板。

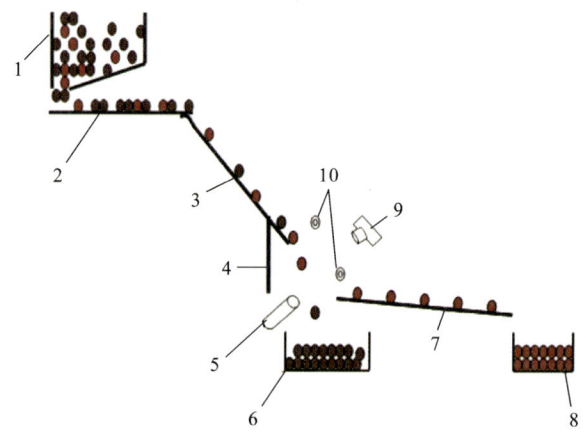

图 3.3.1　系统构成示意图

1—进料斗;2—振动喂料器;3—溜槽;4—背景板;5—喷射器;
6—好种子收集器;7—溜板;8—坏种子收集器;9—相机;10—光源

相机按照一定的时间间隔拍摄图像,采集到的图像通过数据接口传送到计算机中进行处理与分析,当判断出溜槽中有坏种子时,控制喷射器动作,将坏种子吹到溜板上,而好种子自然下落。

与图像采集和处理相关的硬件设备主要包括计算机、相机和照明系统等。试验用台式计算机配置如下:Intel Pentium 4 处理器,主频为 2.4 GHz,内存为256 MB。由于棉种在溜槽上向下滚落的速度很快,为了采集到清晰的棉种图像,采用的相机必须具有较高的拍摄速度。本研究选用了 Basler A602fc 高速彩色工业数字摄像机(参考第 3.1.3 节)。选用的镜头是 Computar M1214-MP,焦距为 12 mm,光圈为 F1.4。在两块长方形的铝板上,分别均匀镶嵌两排1 W 的 LED 灯珠(每排 8 个),作为照明光源。软件开发工具是 Microsoft Visual C++ 6.0,程序开发在北京现代富博科技有限公司的二维运动测量分析系统 MIAS 的平台上完成。

3.3.2 图像采集及工位设定

相机按一定的时间间隔拍摄棉种图像,调节相机的光圈和曝光率到合适的大小,以保证采集到的图像清晰。采集的图像为彩色图像,大小为 640×240 像素,实际采集帧率为 220 帧/秒,实际拍摄溜槽的长度范围为 50 mm。将采集到的图像以视频文件格式(AVI)保存到计算机硬盘中,利用保存的视频图像进行棉种检测算法的研究。

图像采集时间间隔通过如下试验进行设定。在溜槽末端与背景板末端间距 50 mm 处,各安装一个光电传感器。设溜槽倾角为 $50°$,将种子放在溜槽上端自由滑落,通过计算机程序记录种子经过两传感器的时间差。通过试验,发现不同大小和形状的种子经过拍摄工位的时间相差较大,从十几毫秒到五十几毫秒不等,考虑相机的曝光率和拍摄范围,为了尽量做到既不漏拍又不重拍籽粒,设定采集图像的时间间隔为 20 ms。

相机的架设应该保证能够采集到 12 个槽区域的影像,采集区域宽度要覆盖 12 个槽的总宽度。采集区域高度的设定直接影响着图像处理的速度和去除棉种的精度。如果采集区域高度过高,处理量大,处理速度降低,会重复拍摄种子;反之,采集区域高度过低,则处理量小,处理速度快,但容易漏拍种子,影响分离精度。在本研究中相机的安装位置和角度能够覆盖 12 个槽,采集区域高度基本能够满足在 20 ms 内完成处理的要求。

为了进行缺陷种子的排除,需要对种子下滑通道进行定位。在相机处于预览状态下,通过鼠标点击设定下滑通道工位。对于每帧图像,依次将每一工位设定为处理窗口,进行种子的提取和判断处理。图 3.3.2 所示为采集的原图像,图中红色竖线表示工位分界线,数字表示工位号。

3.3.3 种了提取与判断

为了对种子进行分析,首先需要将种子从背景中提取出来。本研究采用首帧差分的方式将种子从背景中提取出来。在采集视频图像时,先启动相机,后下落种子,这样可以保证视频图像的第一帧是背景图像。在图像处理时,将视频的第一帧设定为参考帧,将后续的其他帧与参考帧进行差分处理,提取种子。利用式(3.3.1)对彩色图像进行首帧差分处理,获取二值图像。

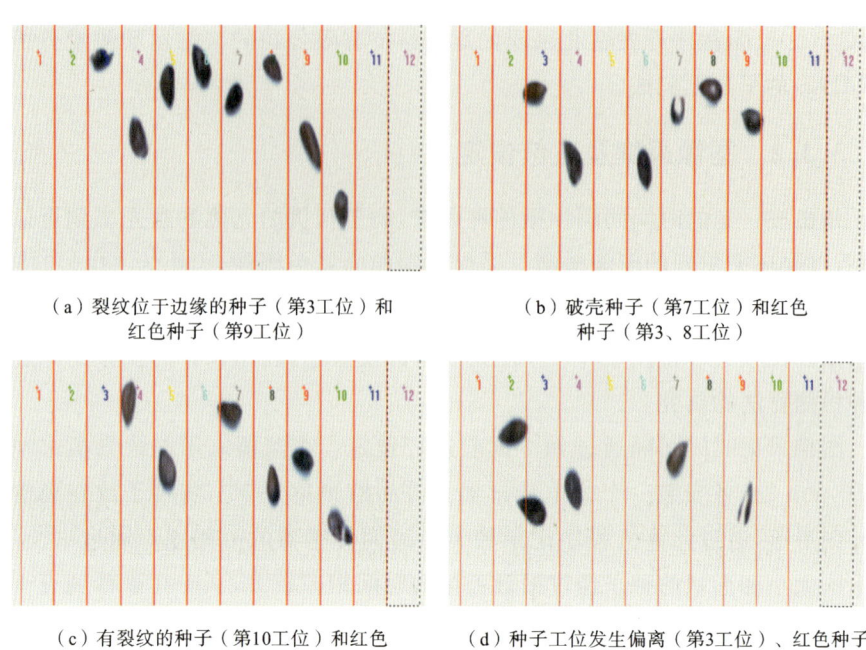

（a）裂纹位于边缘的种子（第3工位）和　　　　　（b）破壳种子（第7工位）和红色
　　　　红色种子（第9工位）　　　　　　　　　　　　　　种子（第3、8工位）

（c）有裂纹的种子（第10工位）和红色　　　　　（d）种子工位发生偏离（第3工位）、红色种子
　　　　种子（第4、8工位）　　　　　　　　　　　　（第7工位）和有裂纹的种子（第9工位）

图 3.3.2　原图像

$$G(x,y)=\begin{cases} 255, & |f(x,y,n)-f(x,y,1)|>K \\ 0, & |f(x,y,n)-f(x,y,1)|\leqslant K \end{cases} \tag{3.3.1}$$

式中：$G(x,y)$表示二值图像上(x,y)点处的像素值；$f(x,y,1)$表示第 1 帧图像上(x,y)点处像素的 R 分量值；$f(x,y,n)$表示第 n 帧图像上(x,y)点处像素的 R 分量值；K 表示阈值。

　　二值图像上白色像素表示提取的种子像素，黑色表示背景像素。在提取白色像素的同时，累加其个数 N，并且获得白色像素的区域分布范围（以下简称"种子区域"），当 $N>200$ 时，表明该通道工位上有种子。

　　在采集图像时，由于光照和相机参数设定的不同，种子的像素值会发生变化，因此在不同的光照和相机参数条件下，种子的分割阈值会有所不同，但是当光源和相机设定好以后，就可以设定固定的分割阈值。本研究在采集图像时，图像背景基本上不会发生变化，因此采用首帧差分和固定阈值分割的方式进行种子提取。在本研究设定的光照条件和相机条件下，对差分结果图像以 20 为阈值，完整地提取了种子区域。图 3.3.3(a)～(d)为图 3.3.2(a)～(d)经差分运算与阈值分割处理后的二值图像，可以看出种子被完整地提取出来了。

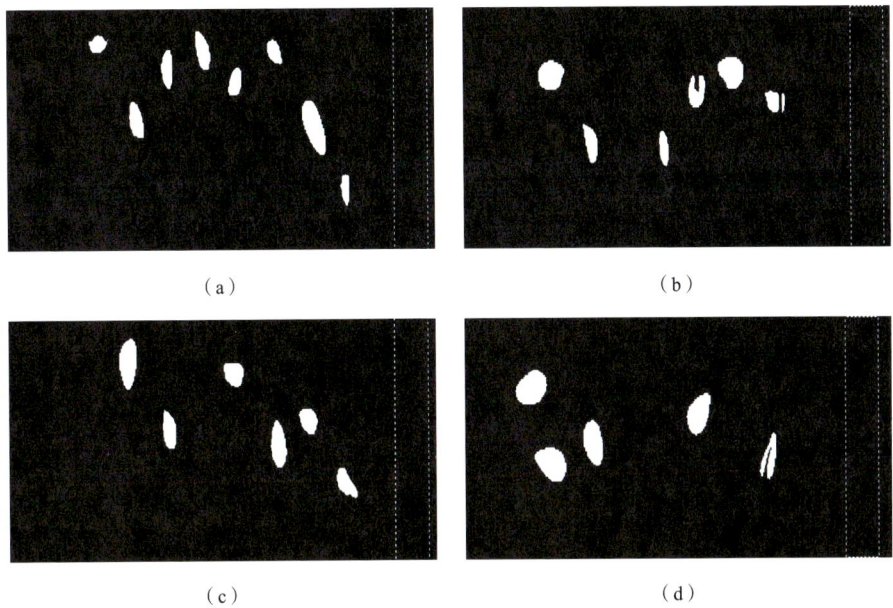

（a） （b）

（c） （d）

图 3.3.3 图 3.3.2 经差分运算与阈值分割处理后的二值图像

3.3.4 红色种子判断

在判断出有种子时，对二值图像上的种子区域进行逐像素扫描，遇到白色像素时，对原图像上对应位置的像素值用式（3.3.2）进行判断，获得新的二值图像 g，称其为红色种子区域二值图像。

$$g(x,y)=\begin{cases}255, & R(x,y)-(G(x,y)+B(x,y))/2>T \\ 0, & R(x,y)-(G(x,y)+B(x,y))/2\leqslant T\end{cases} \quad (3.3.2)$$

式中：$g(x,y)$ 表示图像 g 上 (x,y) 点处的像素值；$R(x,y)$ 表示原图像上 (x,y) 点处像素的 R 分量值；$G(x,y)$ 表示原图像上 (x,y) 点处像素的 G 分量值；$B(x,y)$ 表示原图像上 (x,y) 点处像素的 B 分量值；T 表示阈值。

扫描完二值图像的种子区域后获得 $g(r,y)=255$ 像素的数量 n，通过 n 与像素总数 N 之间的关系来判断是否为红色种子。若 $n/N>0.2$，认为该种子为红色，进行排除；否则进行后续的破损种子判断。

红色种子的阈值在不同的光照和相机参数下也会有所不同，在本试验条件下红色种子阈值设为 5。利用式 $R-(G+B)/2>5$ 可以很好地判断出红色种子颜色区域。本研究通过统计红色区域像素点个数占整个棉种面积的比例来判断红色种子，处理方法简单而精确。图 3.3.4(a)～(d) 为图 3.3.2(a)～(d) 的处理结果图像,图 3.3.4(a)中第 9 工位、图(b)中第 3 和第 8 工位、图(c)中第 4 和第 8 工位、图(d)中第 7 工位的红色种子颜色区域被较好地提取出来了。

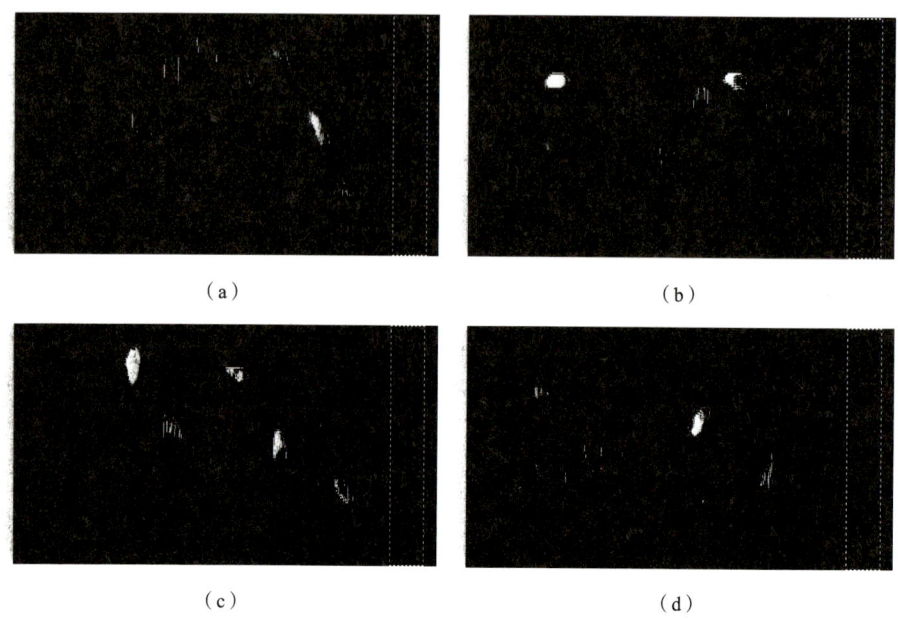

(a)　　　　　　　　　　　　(b)

(c)　　　　　　　　　　　　(d)

图 3.3.4　图 3.3.2 中红色种子的提取结果图像

3.3.5　破损种子的判断

破损种子分为两种:一种是外壳大面积脱落,露出白色内部的破壳种子;另一种是外壳没有脱落,表皮上有裂纹的种子。

对于不满足红色种子判断条件的种子,接着判断其是否为破壳种子。判断方法如下:设定一个参数 $q=0$,然后对二值图像 $G(x,y)$ 上的种子区域沿 Y 轴方向进行逐列扫描,如果某条扫描线上的像素由白变黑的次数大于 1 时,q 值加 1,当扫描完种子区域后,如果 $q \geqslant 4$,则可判定此种子是破壳种子;接着对种子区域进行 X 轴方向上的扫描和判断,判断原理和方法同 Y 轴方向。

对于不满足上述条件的棉种,还需要判断它是否为带有裂纹的种子。对种子区域原图像的 R 分量利用 Prewitt 算子(参考第 2.4.2 节)进行微分处理,然后对微分处理后的结果图像逐层去除边缘。方法如下:以二值图像 $G(x,y)$ 上的种子区域(白色像素)为目标,进行逐层标记处理(参考第 2.5.2 节),一共标记 5 层,然后以标记像素为参考,将微分图像上对应位置的像素值设为零。在去除边缘后的输出结果图像中,对种子区域范围内的像素进行扫描,计算像素值大于 200 的像素个数 m,若 $m \geqslant 5$,则可判定该种子为裂纹种子。

对于外壳脱落露出白色棉仁的种子(如图 3.3.2(b) 中第 7 工位的种子、图 3.3.2(d) 中第 9 工位的种子),由于白色棉仁的像素值和外壳像素值相差较大,在提取种子时,棉仁区域无法被提取(见图 3.3.3(b) 中的第 7 工位种子、图 3.3.2(d) 中第 9 工位种子),在差分结果图像上棉仁区域是黑色像素点,对二值图像上种子区域进行扫描,棉仁区域的扫描线上像素值必然会发生一次以上由白色像素跳跃到黑色像素的情况(考虑到拍摄的种子有可能紧靠采集区域的最下端或紧靠工位边缘,此时种子区域的边缘像素是白色像素,将这种情况也算作一次跳跃)。本研究中进行破壳棉种的判断时,带有白色绒毛的棉种也满足判断条件,被当作破壳棉种处理了。因此,在进行棉种精选前,需要进行脱绒处理。

图 3.3.5(a)、(b) 分别为图 3.3.2(a)、(c) 中有裂纹的种子判断结果图像。图 3.3.2(a) 中第 3 工位上的是裂纹种子,但是由于裂纹正好处于种子的边缘,微分处理后去除边缘像素时将裂纹像素点也去除掉了,所以没有被判断出来。图 3.3.2(c) 中第 10 工位上的裂纹种子,被正确地判断了出来,如图 3.3.5(b) 所示。

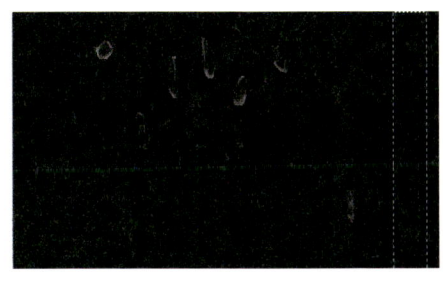 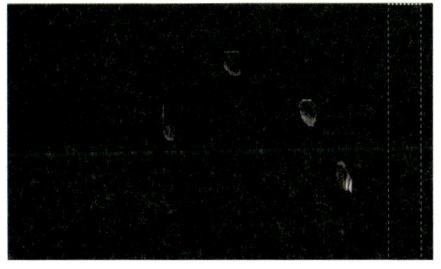

(a) 图3.3.2 (a) 中种子结果　　　　　　(b) 图3.3.2 (c) 中种子结果

图 3.3.5　通过微分去除边缘像素后的图像

对已判断出是红色种子和破损种子的种子区域不需要进行微分去除边缘处理,图 3.3.5 中显示的是剩余种子的处理结果。

拍摄时,如果破损处正好处于背面,由于是单面检测,也会产生判断误差。

选取具有代表性的一段视频图像(总计 1640 帧)进行分析,该段视频图像中的种子包括好种子、红色种子、破壳种子、裂纹种子、带有白色绒毛的种子,并且存在种子偏离工位、破损处在背面或边缘处等多种情况。在该段视频中,种子判断正确率达 94.2%,产生判断误差的主要原因是带有白色绒毛的种子被当作破壳种子处理了,另外种子偏离工位也带来了判断误差。因此本系统在应用中要将种子的绒毛尽可能地去除干净,同时需要进一步提高算法的鲁棒性。

每隔 20 ms 自动采集一帧图像,对每帧图像上的 12 个工位依次进行上述处理和判断。棉种精选流程如图 3.3.6 所示。

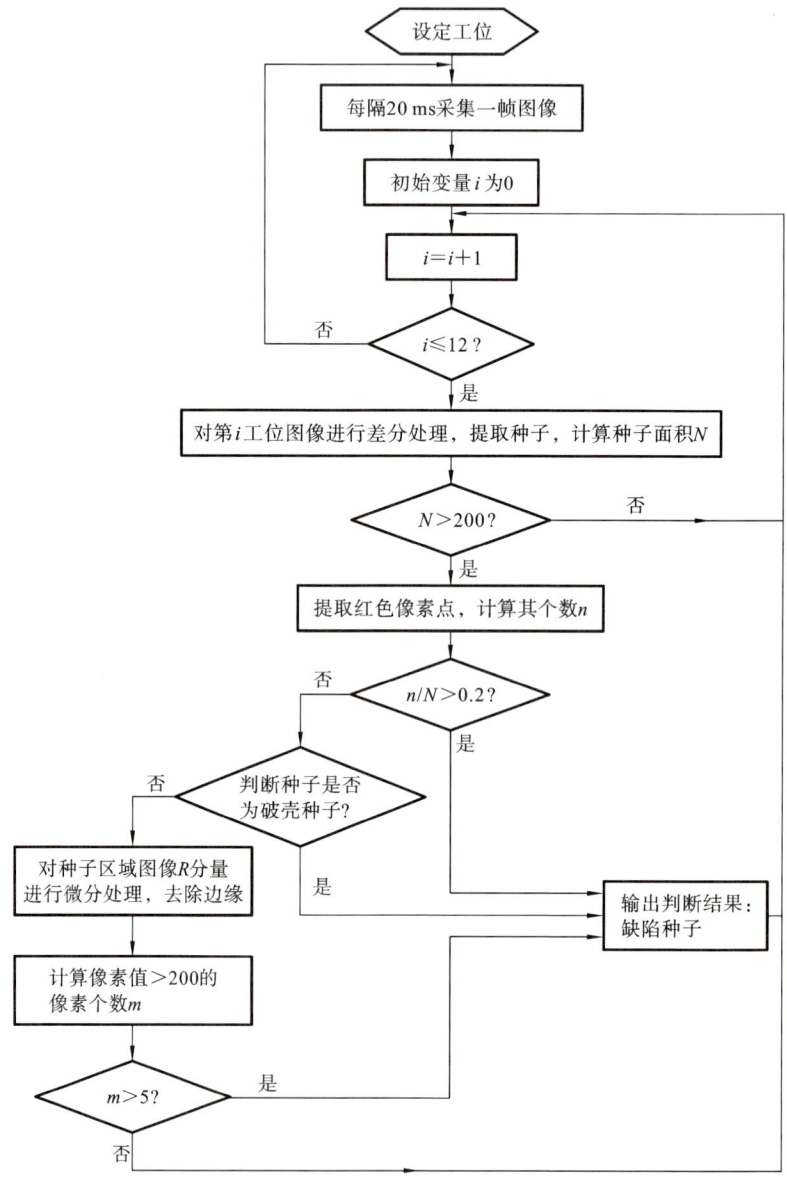

图 3.3.6　棉种精选流程图

3.3.6 小结

本研究首先对种子溜槽进行工位标定,得到种子所处工位。在该工位上根据背景不变的特点,将背景图像作为参考帧,将当前帧与参考帧进行差分运算,对差分图像进行阈值处理,提取出种子的二值图像,并获取种子区域和面积。若判断出该工位有种子,则采用经验公式 $R-(G+B)/2$ 计算原图像种子区域像素值,统计大于阈值5的像素点个数,作为红色像素区域提取,并根据红色像素区域占整个种子区域的比例来判断红色种子。若该种子不符合红色种子判断条件,则利用破壳种子的破损处在提取种子二值图像时无法提出的特点,分析种子二值图像扫描线上像素点分布情况来判断破壳种子。对于以上条件均不满足的种子,对原图像种子区域的 R 分量进行微分处理并对结果图像去除边缘像素,通过统计剩余像素值大于200的像素点个数来判断裂纹种子。对上述算法进行试验验证,结果表明该算法能够较好地判断出缺陷种子,判断正确率达到90%以上。

3.4 玉米粒在穗计数

利用图像处理技术进行玉米粒的在穗计数时,首先需要一个旋转的图像采集平台,将穗上各行玉米粒完整地采集到图像上;然后对每行籽粒分别计数,需要做到既不漏计又不重计;最后统计总数。该研究包括以下技术要点:

(1) 图像上玉米果穗区域的提取;
(2) 玉米果穗穗行的分割与提取;
(3) 单行上玉米粒的计数;
(4) 玉米果穗穗行提取完成的确定。

3.4.1 设备及软件环境

如图 3.4.1 所示,试验设备包括:计算机、数据采集与控制模块、玉米果穗旋转装置和图像采集装置。其中,计算机的配置如下:Intel Pentium U5400 CPU,主频为 1.2 GHz,内存为 2 GB。数据采集与控制模块采用北京中泰研创科技有限公司生产的 USB7503。图像采集装置包括 PC 摄像头和可调节支架,PC 摄像头使用 Intel 公司生产的 CS630。玉米果穗旋转装置由步进电机、电机驱动器、DC 24 V 电源和机械部分组成。选用北京精工成机电设备销售有限公司的两相混合式 57BYG250 型步进电机和 SD-225M 型驱动器,步距角为 1.8°,

有 8 种细分方式,输出驱动电流为 $0.6 \sim 1.7$ A。机械部分包括底座、果穗连接件和其他固定安装部件。其中,底座用于固定步进电机、电机驱动器和电源,底座下方装有 4 个橡胶垫,用于减振;果穗连接件将玉米果穗与步进电机的转轴连接起来,并且使果穗轴心线和步进电动机转轴尽量一致。

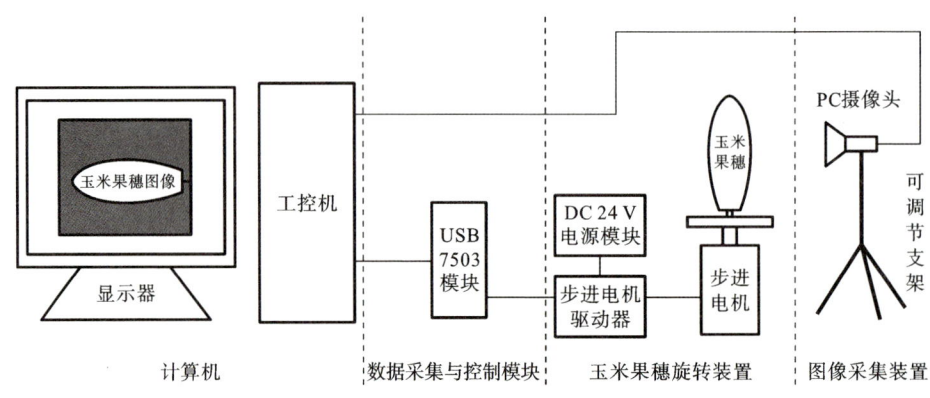

图 3.4.1 试验装置示意图

试验中,USB7503 模块和 PC 摄像头通过 USB 接口与计算机相连,PC 摄像头固定在可调节支架上,可进行高度和角度调节。步进电机以 $4.5°/s$ 的速度驱动旋转台带动果穗旋转,PC 摄像头在需要的时候采集果穗图像。图像背景使用黑色,通过调整 PC 摄像头的距离和方位,使玉米果穗完整、清晰且在水平方向上最大化地呈现在图像中央。图像分辨率设定为 640×480 像素。

软件开发利用 Microsoft Visual C++ 6.0,在北京现代富博科技有限公司的通用图像处理系统 ImageSys 的开发平台上完成。

粒数测量主要内容包括:确定玉米果穗区域、提取穗行、测量穗粒数、连续穗行提取及整穗粒数统计。

3.4.2 确定玉米果穗区域

将采集到的彩色图像转变成 R、G、B 三个分量灰度图像。由于 G 分量图像相对于背景比较清晰,因此对 G 分量图像采用大津法进行二值化处理,之后对二值图像进行去噪和补洞处理,得到用于后续处理的二值图像。使用 x_{size} 表示图像长度、y_{size} 表示图像高度,本研究中,$x_{size} = 640$ 像素,$y_{size} = 480$ 像素。

采用 ImageSys 图像处理开发平台提供的 Measure_outline 函数对二值图像进行轮廓追踪处理,获得最长轮廓线的外接矩形坐标。将该矩形区域作为玉米果穗图像处理区域,记作 W_1,其中 W_1 的长度记为 d_x,高度记为 d_y。如

图 3.4.2 所示,矩形左上角坐标为 (x_s, y_s),右下角坐标为 (x_e, y_e)。有的玉米穗存在秃尖,为了去除秃尖部分对籽粒统计的影响,可将高度小于 $d_y/2$ 的部分(如图 3.4.2 中线 1 左侧部分)从处理区域去除;剩余区域作为 W_1 的修正区域,记作 W_1'。本研究利用秃尖处果穗直径较小的特点,将玉米轮廓在 Y 轴方向上的距离为 $d_y/2$ 处的横坐标设为 x_s',若 $|x_s' - x_s| > d_y/4$,则认为玉米果穗存在秃尖。

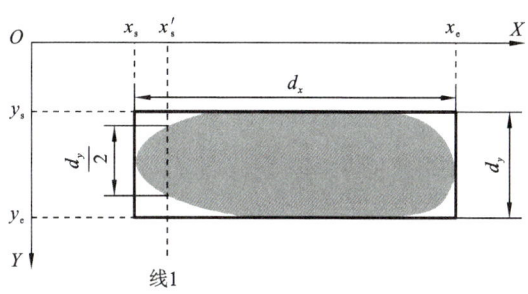

图 3.4.2　玉米果穗处理区域

图 3.4.3 和图 3.4.4 分别为试验的两个示例图像及玉米轮廓的提取结果。其中,图 3.4.3(a)为无秃尖玉米图像,图 3.4.4(a)为有秃尖玉米图像,图 3.4.3(b)、图 3.4.4(b)为使用大津法进行二值化以及去噪和补洞处理后的结果,图

 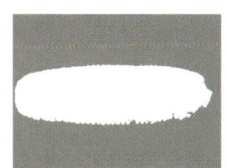 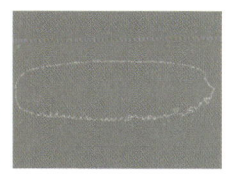 

（a）原图像　　　　（b）二值化、去噪及补洞　　　（c）轮廓线　　　　（d）处理区域 W_1

图 3.4.3　无秃尖玉米处理结果

（a）原图像　　　　（b）二值化、去噪及补洞　　　（c）轮廓线　　　　（d）处理区域 W_1'

图 3.4.4　有秃尖玉米处理结果

3.4.3(c)、图 3.4.4(c)为经过轮廓追踪后的结果,图 3.4.3(d)、图 3.4.4(d)为自动判断秃尖并获取玉米穗修正区域后的结果。从图 3.4.3 和图 3.4.4 中可以看出,玉米穗轮廓被有效地提取出来了,并且系统可以自动判断秃尖,从而获取有效的玉米穗处理区域。

3.4.3　提取玉米果穗穗行

对玉米果穗图像直接进行籽粒测量存在两方面显著问题:其一,果穗边缘区域的籽粒因顶端未正对摄像设备,在图像中呈现的有效识别区域过小,导致难以准确提取;其二,当单幅图像未能完整包含籽粒信息而进行提取操作时,会因信息缺失导致籽粒总数统计失准。

通过形态特征分析发现,玉米果穗的穗行间存在明显凹陷缝隙,对应图像区域的像素灰度值显著偏低。同时,位于果穗中轴区域的中心穗行在图像中具有更大的表征面积和更清晰的籽粒纹理特征。基于此,本研究提出迭代式穗行提取策略:首先锁定中心穗行进行提取,随后通过坐标系平移将相邻穗行移至中轴区域,依序完成全部穗行提取,最终对各独立穗行实施籽粒检测。

根据穗行间隙低灰度、籽粒区域高灰度的特征差异,对果穗籽粒分布区域进行 X 轴方向灰度投影分析。研究表明,穗行边界在投影曲线上呈现为相邻波峰间的显著波谷。据此,本研究建立基于 X 轴方向灰度累计分布图特征的穗行边缘追踪算法,实现精准的穗行分割与提取。

1. 确定提取起始点和处理区域 W_2

由于玉米穗的几何形态不规则及装夹误差,其轴线与旋转轴线并不十分吻合,但靠近根部的轴线与旋转轴线的误差较小,因此默认选取玉米穗轴线距离根部 $d_x/4$ 处为提取的起始点 C,图像坐标为 (x_C, y_C)。以点 C 为中心,取一处理区域 W_2(如图 3.4.5 灰色区域所示),其 X 轴方向宽度记为 s_x,Y 轴方向宽度记为 s_y。

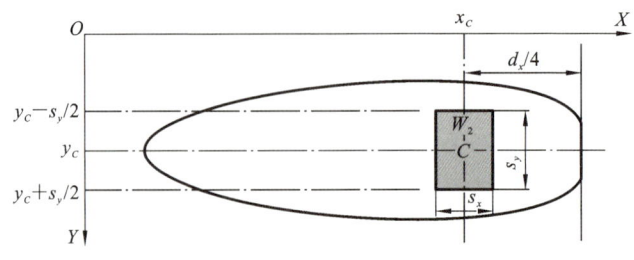

图 3.4.5　玉米果穗穗行提取起始点和设定区域 W_2

本研究设 $s_x = x_{size}/16, s_y = 0.8d_y$。其中，$x_{size}$ 表示图像屏幕 X 轴方向长度。

2. 获取 C 点处的玉米穗行边缘点 A 和 B

过玉米果穗图像上的 C 点作 $x = x_C$ 的直线，与 C 点所在穗行的上、下边缘相交，设上、下交点分别为 A 点和 B 点。这两点均位于 C 点所在穗行与上、下相邻穗行相连的缝隙上。A 点和 B 点图像坐标分别记为 (x_C, y_A) 和 (x_C, y_B)，如图 3.4.6 所示（椭圆区域代表玉米籽粒）。

获取 A 点和 B 点的步骤如下。

(1) 对玉米的 G 分量图像，在以 C 点为中心的 W_2 区域沿 X 轴方向进行像素值累加，获得 W_2 区域的 X 累计分布图，存于数组 H_1 中。

(2) 对数组 H_1 进行平滑处理，然后将所得值存于数组 H_2 中，平滑窗口宽度取 3 个像素。使用移动平均法，将 H_1 的第 i 个元素在 $[i - s_y/5, i + s_y/5]$ 内（即区域宽度为 $0.4s_y$）的平均值作为第 i 点的区域平均值，存于数组 H_3 中。H_2 和 H_3 的曲线表示如图 3.4.7 所示，其中 Y 轴方向表示曲线上各点的 Y 坐标值，total 方向表示像素累加值。

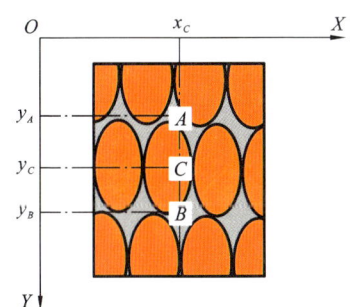
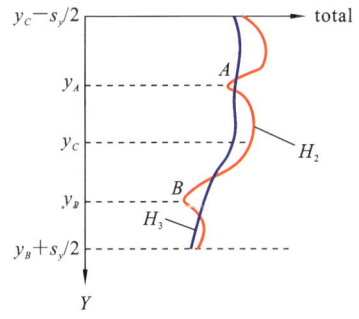

图 3.4.6　玉米穗行缝隙 A 点和 B 点　　　图 3.4.7　H_2 和 H_3 曲线

(3) 对平滑后的曲线 H_2 进行凹点判断。设数组 H_4 用于记录 H_2 的升降趋势，上升用 1 表示，下降用 -1 表示。初始化 $H_4[0] = 1$，若 $H_2[i] < H_2[i-1]$，则记 $H_4[i] = -1$；若 $H_2[i] > H_2[i-1]$，则记 $H_4[i] = 1$；若 $H_2[i] = H_2[i-1]$，则记 $H_4[i] = H_4[i-1]$。若 $H_4[i-1] = -1$，而 $H_4[i] = 1$，并且 $H_2[i] < H_3[i]$，则判断 H_2 第 i 个元素对应的点为凹点。

(4) 设获得的凹点个数为 n_1，将 s_y/n_1 作为相邻凹点的平均距离，记为 d_1。为提高判断的准确率，将相邻距离小于 $d_1/2$ 的凹点剔除，剩余的凹点为对应玉米穗行边缘的点。

（5）在剩余凹点中，将 Y 轴方向上距离 C 点最近的上、下两个凹点分别作为 A 点和 B 点。设这两个凹点在 H_2 中的元素编号分别为 m 和 n，则 A 点和 B 点的 Y 坐标分别为 $y_A = y_C - s_y/2 + m, y_B = y_C - s_y/2 + n$。设当前穗行宽度为 d_r，则 $d_r = y_B - y_A = n - m$。

（6）如果在剩余凹点中找不到满足要求的凹点，则将 C 点上移 2 个像素，重新执行步骤（1）～（5）；如果连续 5 次未获取到凹点，则认为 C 点所处位置穗行不整齐或有缺陷（如霉变等），可将 C 点向玉米果穗中心移动 10 个像素，重新执行步骤（1）～（5），直到成功获取 A 点和 B 点。

图 3.4.8 为不同干燥程度的玉米果穗连续提取穗行时获取 A、B 点的两种情况。其中，各图的右侧为玉米图像，左侧细实线 H_2 为 Y 轴方向累计像素值平滑曲线，粗实线 H_3 为趋势曲线，脉冲 R 表示检测到的凹点位置。图 3.4.8 中两例均有效判断出 A 点和 B 点，尽管图 3.4.8(a) 中的曲线是倾斜的，也没有影响判断结果。

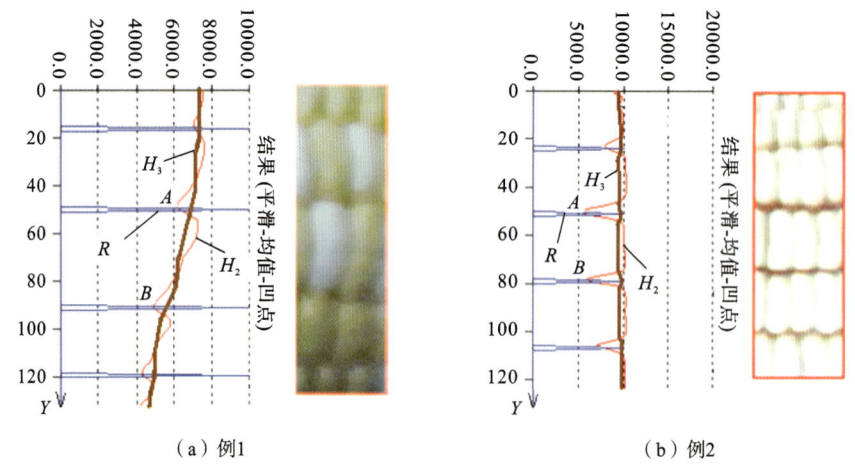

（a）例1　　　　　　　　　　（b）例2

图 3.4.8　A 点和 B 点的获取

3. 确定玉米穗行

获取到玉米穗行上、下边缘中的 A 点和 B 点后，就可以分别以这两点作为起始点，利用玉米边缘灰度值较小的特点进行穗行边缘追踪，从而将该玉米穗行完整地提取出来。所使用的方法仍基于 X 轴方向累计分布图，具体提取玉米穗行的步骤如下。

（1）将 A 点 (x_C, y_A) 作为中心穗行上边缘提取起始点，设前一个已追踪到

的边缘点的坐标为 (x_i, y_i)。若向左追踪,则左边相邻的待追踪的边缘点的坐标为 (x_{i-1}, y_{i-1});若向右追踪,则右边相邻的待追踪的边缘点的坐标为 (x_{i+1}, y_{i+1})。这里 $x_{i-1} = x_i - 1$,$x_{i+1} = x_i + 1$。

(2) 设处理区域为 W_3,其 Y 轴方向宽度记为 s_y,X 轴方向宽度记为 s_x。本研究取 $s_y = 2d_t$(即两个穗行宽度)。

(3) 从点 A 处向左追踪。将点 (x_{i-1}, y_i) 即 $(x_i - 1, y_i)$ 作为 W_3 的中心,在 W_3 区域(如图 3.4.9 所示)内进行 X 轴方向累计分布图统计。

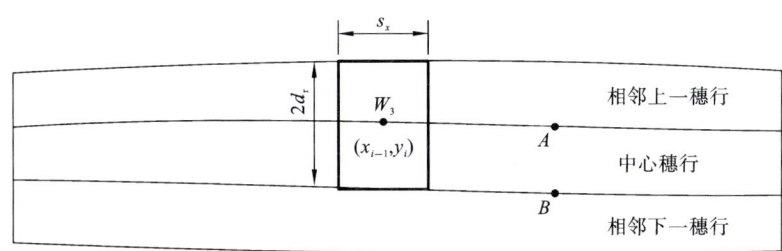

图 3.4.9　W_3 处理区域

对 W_3 区域内的 X 轴方向累计分布曲线进行宽度为 3 个像素的平滑处理,检测低于平均值 V_a 的局部极小值(凹点),确定距离当前区域中心点 y_i 最近的凹点坐标 y_t。具体流程如下:① 对累计分布曲线施加滑动窗口为 3 像素的高斯平滑;② 计算曲线全局平均值 V_a;③ 提取所有低于 V_a 的局部极小值点作为候选凹点;④ 以当前穗行中心坐标 y_i 为基准,沿垂直方向搜索距离最近的凹点 y_t;⑤ 将该凹点纵坐标 y_t 作为相邻位置 x_{i-1} 处的玉米穗行上边缘坐标 y_{i-1}。如图 3.4.10 所示,平滑后的累计曲线在 W_3 区域内呈现出明显波动,当检测到距中心点 y_i 最近的凹点 y_t 时,即可建立位置 x_{i-1} 对应的上边缘坐标参数。

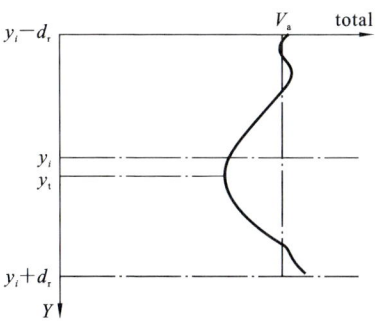

图 3.4.10　追踪穗行边缘上的点

玉米穗顶部和根部籽粒稀疏或不整齐,造成穗行不明显或严重歪斜。在追踪过程中,当追踪到的穗行边缘点比前一边缘点在 Y 轴方向上的距离超过穗行宽度的 1/4,即 $|y_t - y_i| > d_t/4$ 时,则放弃该点,取 $y_{i-1} = y_i$。

将追踪到的点 (x_{i-1}, y_{i-1}) 看作已知,即令 $x_i = x_{i-1}$,$y_i = y_{i-1}$,重新执行步

骤(3)追踪左边相邻的下一边缘点,直到 X 坐标值等于 x_s,可获取玉米穗行左侧上边缘。

(4)同理,将从 A 点向左追踪改成向右追踪,直到 X 坐标值等于 x_e,从而获取玉米穗行右侧上边缘。

以 B 点(x_C,y_B)为中心穗行下边缘提取起始点,使用相同的方法可获取当前玉米穗行的下边缘。

最后,根据玉米穗行上、下边缘信息可提取出上、下边缘所限定范围的当前图像的玉米中心穗行范围。

3.4.4 测量穗行粒数

由于玉米穗行上相邻籽粒间缝隙也存在灰度值相对籽粒图像较小的特点,因此本研究以提取的玉米穗行为处理目标,使用 Y 轴方向累计分布图,获得玉米粒之间的缝隙,进而测量出该穗行上的玉米粒数量。具体测量步骤如下:

(1)对提取的玉米穗行图像在 W_1 区域内沿 Y 轴方向作累计分布图。如图 3.4.11 所示,上方图形表示玉米穗行,下方曲线表示该玉米穗行的 Y 轴方向累计分布图。在 Y 轴方向累计分布图中,籽粒间的缝隙存在明显的凹点,同时由于部分玉米籽粒顶端存在凹坑(如马齿型玉米)或其他原因,非玉米籽粒缝隙处也存在较小凹点。

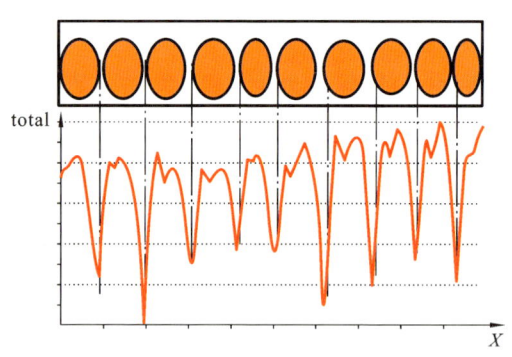

图 3.4.11 玉米穗行的 Y 轴方向累计分布图

(2)对 Y 轴方向累计分布图进行 3 个像素宽度平滑(去除毛刺干扰),然后将平滑曲线上的点与其区域平均值曲线(平均宽度为 $d_r/3$)上对应点相比较(为了避免光照干扰),使用 3.4.3 节所介绍的方法来获得凹点。

(3)统计凹点的个数,将其作为该穗行玉米籽粒间隙的个数 num。根据籽粒间隙个数,可求得该穗行籽粒个数为 num+1,以及该穗行籽粒的平均宽度 d_d $=d_x/(\text{num}+1)$,其中 $d_x=x_e-x_s$。

(4) 由于穗行两端不如中间段整齐,因此,采取从处理区域 W_1 的宽度中心处开始分别向左和向右对籽粒间隙进行判断的方式。在向左和向右扫描过程中,若当前凹点与前一个凹点的距离小于 $2d_d/3$,则剔除该凹点,并于扫描结束后更新籽粒间隙个数 num 和籽粒平均宽度 d_d。

3.4.5 穗行的连续提取

本研究在采集首帧图像并提取出第一个中心穗行后,逆时针旋转玉米果穗半个穗行对应的角度 β,然后一边旋转一边采集图像,同时判断是否到达下一穗行。如果已旋转至下一穗行,则使用前述方法提取该穗行并统计其籽粒数。具体步骤如下。

(1) 将首穗行下边缘上的点 $B(x_C, y_B)$ 作为连续提取穗行时的固定参考中心点 D,其坐标记作 (x_D, y_D),其中 $x_D=x_C$。

(2) 逆时针旋转玉米果穗,等待玉米果穗旋转半个穗行所对应的角度 β,在开始连续采集图像时,需保证 D 点已离开上一穗行的下边缘。

如图 3.4.12 所示,过 C 点的玉米横截面可近似为圆,PQ 为果穗直径,记作 d_e,其值可在玉米果穗轮廓追踪过程中获得,当前的穗行宽度 d_r 可以根据最近提取的穗行上、下边缘点 A 和 B 的距离获得,同时,若记 α 角为玉米穗旋转整个穗行所对应的角度,则 β 角可由式(3.4.1)获得。

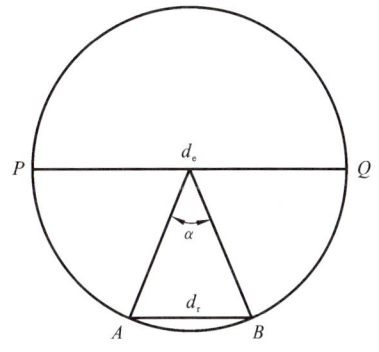

图 3.4.12 单粒行所对应的角度

$$\beta=\frac{\alpha}{2}=\arcsin\left(\frac{d_r}{d_e}\right) \quad (3.4.1)$$

(3) 对连续采集的每一帧图像,在以 D 点为中心的 W_3 区域内作 X 轴方向累计分布图,以判断最近已提取穗行的相邻下一穗行的下边缘是否到达 D 点附近。

由于本研究中玉米果穗旋转方向为逆时针,所采集的果穗图像的中间穗行自下向上移动,因此在连续采集图像时,D 点位置的图像总是从相邻下一穗行的中心向该穗行的下边缘方向变化,且在连续的 X 轴方向累计分布图中,该值会先逐帧增大后逐帧减小,如图 3.4.13 所示。

图 3.4.13(a)为当前穗行在 D 点 (x_D, y_D) 处的 X 轴方向累计分布图,图中

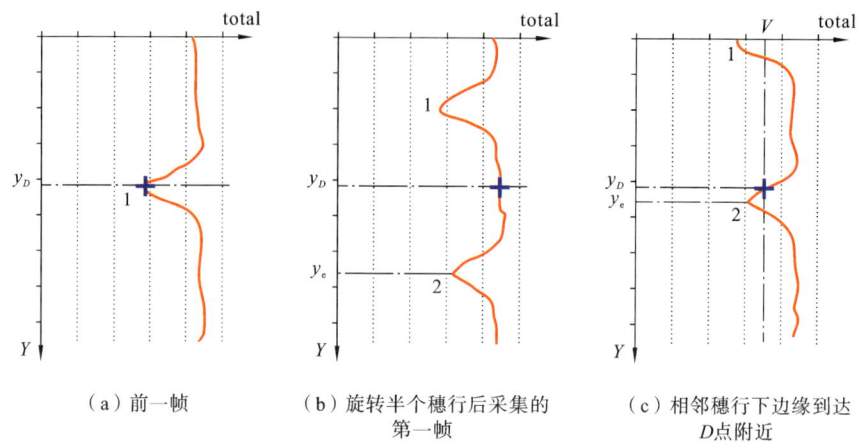

（a）前一帧　　　　　（b）旋转半个穗行后采集的　　　（c）相邻穗行下边缘到达
　　　　　　　　　　　　　　　第一帧　　　　　　　　　　　　D点附近

图 3.4.13　D 点在连续 X 轴方向累计分布图上的数值变化

凹点 1 对应当前玉米穗行的下边缘 B 点；图 3.4.13(b)为后续连续采集的第一帧图像，此时 D 点位置的图像在 X 轴方向累计分布图中的值较大，图中凹点 2 对应相邻下一穗行的下边缘 B 点(该点的 Y 坐标用 y_e 表示)；在后续连续采集的其他帧图像中，D 点位置的图像在 X 轴方向累计分布图中的值会逐渐减小，直到其相邻下一穗行的下边缘 B 点接近 D 点，如图 3.4.13(c)所示。

如果相邻下一穗行的下边缘 B 点接近 D 点，则执行步骤(4)；否则，重复执行步骤(3)。

其中，判断相邻下一穗行的下边缘 B 点是否接近 D 点，可以使用如下两种方法。

① 阈值比较法。

本研究选取一阈值 V，当 D 点位置的图像在 X 轴方向累计分布图中的值下降到 V 值以下时，如图 3.4.14 所示，则认为下一个凹点即将到达 D 点，即相邻下一穗行的下边缘到达 D 点附近。

阈值 V 按照式(3.4.2)选取：

$$V = T_{min} + \frac{T_{max} - T_{min}}{4} \tag{3.4.2}$$

式中：T_{max} 和 T_{min} 分别为 X 轴方向累计分布图曲线在横坐标中间区域内 1 个穗行宽度的最大值和最小值。

② 采集间隔判断法。

本研究中步进电机转速用 v_p(脉冲/秒)表示，采集速率用 f_p(脉冲/帧)表示，细分数使用 m_p 表示。已知步进电机步距角为 1.8°，设采集当前帧与相邻下一帧所间隔的角度为 γ,所间隔的时间为 $t_p(\mathrm{s})$,则 γ 和 t_p 可分别根据式(3.4.3)和式(3.4.4)进行计算:

$$\gamma = \frac{1.8° \times f_p}{m_p} \tag{3.4.3}$$

$$t_p = \frac{f_p}{v_p} \tag{3.4.4}$$

设当前帧的点 N 在相邻下一帧中到达固定点 D,由于玉米果穗的横截面近似为一个圆,其圆心用 O 来表示,则点 N、点 D 及点 O 之间的关系如图 3.4.15 所示,图中线段 ND' 垂直于线段 OD。这里相邻帧间的图像距离使用 ND'(单位为像素)来估计,其值可根据式(3.4.5)计算获得:

$$ND' = \frac{d_e}{2} \sin\gamma \tag{3.4.5}$$

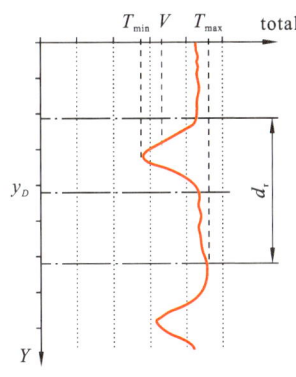

图 3.4.14　阈值 V 的选取

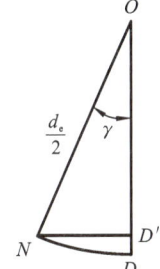

图 3.4.15　相邻采集图像的间隔角度

如果当前帧上距离 D 点最近的下方凹点与 D 点间的距离小于 $2ND'$,则认为相邻下一穗行的下边缘到达 D 点附近。

在试验中发现,使用阈值比较法偶尔会出现漏判,而使用采集间隔判断法的判断结果则比较准确,因此,本研究最终使用采集间隔判断法来判断相邻下一穗行下边缘是否到达 D 点附近。

(4) 以 D 点上移半个穗行位置处的点 $(x_c, y_d - d_r/2)$ 为中心,在 W_4 区域(在 Y 轴方向上取 4 个穗行宽度,在 X 轴方向上的宽度与 W_2 取值相同)内,通过使用 X 轴方向累计分布图的方法来获取当前帧中心穗行的上、下边缘点 A 和 B,然后将当前穗行提取出来,并统计当前穗行的籽粒数。

(5) 重复执行步骤(2)~(4),直到所有穗行提取完毕。

3.4.6 穗行提取结束的判断及整穗粒数统计

1. 穗行提取结束的判断

在穗行连续提取过程中,需通过终止条件判断是否所有穗行均已提取完毕。若当前提取的穗行与首次提取的穗行重合,则剔除该行并判定提取完成,同时确定该玉米果穗的穗行总数。本研究通过评估连续提取穗行与首次提取穗行的上边缘拟合程度,动态控制提取终止条件,具体流程如下。

1) 数据截取与存储

将首次提取的穗行上边缘坐标数据(记为 D_1)与当前提取的穗行上边缘坐标数据(记为 D_2)进行比较。因穗行两端提取精度较低,仅保留 D_1 和 D_2 中 X 坐标范围在 $[x_s+0.1d_x, x_e-0.1d_x]$ 内的 Y 坐标数据,分别存储至数组 R_1 和 R_2 中,数组长度为 $0.8d_x+1$。

2) 中心区域相对距离计算

计算首次提取穗行与当前穗行在图像中心区域的相对距离,记为 d_c。设两穗行在 X 坐标为 $x_{size}/2$ 处的 Y 坐标分别为 y_{r1} 和 y_{r2};针对穗行边缘的噪声干扰,取两穗行中心区域(X 坐标范围 $[x_{size}/2-0.05d_x, x_{size}/2+0.05d_x]$)的 Y 坐标平均值 y_{a1} 和 y_{a2},计算 $d_c=y_{a2}-y_{a1}$。

3) 坐标修正

将当前穗行上边缘在 X 坐标范围 $[x_s+0.1d_x, x_e-0.1d_x]$ 内的点沿 Y 轴方向平移 d_c 个像素,更新数组 R_2 中的数据:

$$R_2[i]=R_2[i]-d_c \quad (i\in[0, 0.8d_x]) \tag{3.4.6}$$

4) 差值和计算

计算当前穗行与首次提取穗行在相同 X 坐标点上 Y 坐标差值绝对值的累加和(简称差值和),存储至数组 s_d。数组元素定义为

$$s_d[j] = \sum_{i=0}^{0.8d_x}(|R_2[i]-R_1[i]|) \tag{3.4.7}$$

式中:j 为当前穗行序号(首次提取为 0,后续提取依次递增)。

5) 终止条件判定

玉米果穗穗行数通常为 12~24 行,本研究取前 n_a 行(设 $n_a=8$)的差值和均值作为基准量 s_a:

$$s_a = (1/n_a)\times\sum_{j=1}^{n_a}(s_d[j]) \tag{3.4.8}$$

设定阈值 $s_c=2s_a/3$,若从第 n_a+1 行开始,存在 $s_d[j]<s_c$(j 为当前穗行序号),则判定该行与首行重合,终止果穗旋转及图像采集,并将当前行号 j 记为穗行总数。

2. 整穗粒数统计

剔除与首行重合的穗行后,统计剩余所有穗行的籽粒数量并累加,即可获得玉米果穗的总粒数。

3.4.7 籽粒测量结果分析

图 3.4.16(a)~(d)为几种不同的玉米果穗图像,玉米颜色有黄白混色、白色和黄色三种。其中,图 3.4.16(a)和(b)为新鲜的玉米果穗,图 3.4.16(c)和(d)为干燥的玉米果穗。图 3.4.17 为从图 3.4.16 中提取的穗行及籽粒分割结果,图中短竖线表示各个玉米籽粒间的缝隙。其中,图 3.4.17(a)中籽粒分割线有个别偏移,但没有影响籽粒计数;图 3.4.17(b)中,由于玉米根部穗行不整齐,局部未完全沿缝隙提取;图 3.4.17(c)中提取和分割效果较好;图 3.4.17(d)中,由于籽粒表面反光,靠近根部的籽粒间隙不明显,造成个别籽粒未被有效分割,对粒数统计产生了一定的影响。总体来说,本研究可以有效提取玉米穗行和分割籽粒,且穗行越整齐,籽粒分割效果越好。

(a)果穗1　　　　　　　　　　　(b)果穗2

(c)果穗3　　　　　　　　　　　(d)果穗4

图 3.4.16　玉米果穗图像

图 3.4.18 是在连续提取穗行过程中,依次将各相邻穗行与首行进行比较所得到的差值和的变化趋势。图中横坐标表示依次提取的穗行序号(首次提取的穗行序号为 0),水平直线表示前 8 个相邻穗行与首行的平均差值和的2/3(即差值阈值)的位置。从该实例可以看出,第 16 个穗行的差值和远低于

（a）果穗1

（b）果穗2

（c）果穗3

（d）果穗4

图 3.4.17　图 3.4.16 中穗行提取及籽粒分割

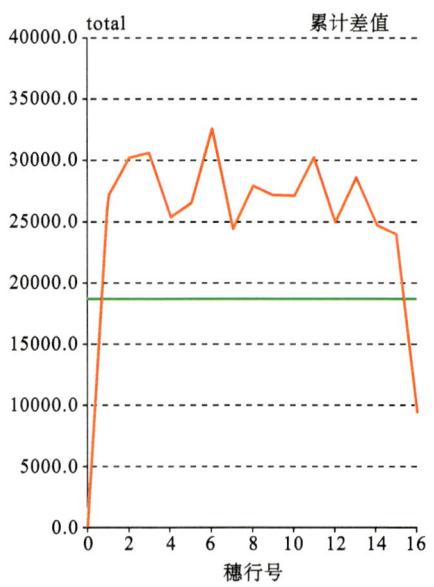

图 3.4.18　相邻穗行与首行的差值和的变化趋势

差值阈值,而前 15 个穗行的差值和均显著高于差值阈值,因此,可判断第 16 个穗行与首次提取的穗行为同一穗行,该果穗穗行总数为 16。

试验中发现,当所提取的中间穗行与首行边缘非常接近时,穗行提取会提前结束,从而影响检测结果的准确性。为避免这种情况的发生,在穗行提取结束的判断中增加了约束条件,通过比较实际输出的脉冲数与步进电机理论上旋转一周应输出的脉冲数(允许相差旋转半个穗行所应输出的脉冲数)来提高检测结果的准确性。

以图 3.4.16(d)中的果穗 4 为例,对该玉米穗进行穗行提取和籽粒分割,结果如图 3.4.19 所示。

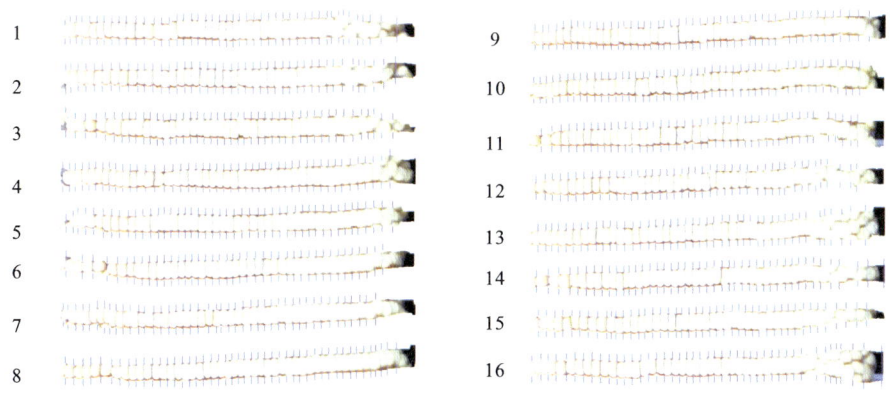

图 3.4.19　穗行提取和籽粒分割结果

图 3.4.16(d)中的玉米果穗共有 16 个穗行,在图 3.4.19 中,第 9 穗行和第 10 穗行靠近根部处存在未分辨出的籽粒缝隙,第 13 穗行和第 16 穗行由于玉米果穗根部籽粒排列不整齐,穗行提取存在一定偏差,其余穗行提取和分割的效果均比较理想。

试验中,随机选取不同的玉米果穗共 12 个,颜色包括黄色、白色和黄白混色,秃尖长短不一,无严重霉变及大面积缺粒,进行穗粒数统计。试验结果如表 3.4.1 所示。

表 3.4.1 中,实际穗行数、秃尖长、穗腰部直径及实际籽粒数量由人工测量,其中秃尖长度按照各截面圆直径等于果穗直径一半的果穗部分的长度来测量,实际籽粒数量为剔除秃尖部分的果穗籽粒数量;穗颜色与干燥度为目测,如果籽粒可挤压出汁,则判为新鲜,否则判为干燥;穗行整齐度也为目测,如果果穗中大部分区域穗行明显且无缺粒,则认为果穗穗行整齐,否则认为果穗穗行稀疏。

表 3.4.1 玉米果穗穗粒数测量的试验结果

样本序号	秃尖长/cm	穗腰部直径/cm	穗行整齐度	穗颜色	干燥度	实际穗行数	检测穗行数	实际籽粒数量	检测籽粒数量	检测时间/s	籽粒数量误差率/(%)
1	0	5.1	整齐	白	新鲜	14	14	669	614	102	8.22
2	2	5.6	稀疏	白	新鲜	14	14	518	471	100	9.07
3	1.6	4.9	整齐	白	新鲜	12	12	571	524	100	8.23
4	0	5.0	整齐	白	新鲜	14	14	497	471	101	5.23
5	3.2	4.8	整齐	黄白	新鲜	14	14	510	501	100	1.76
6	2.0	4.7	整齐	黄白	新鲜	16	16	520	549	103	5.58
7	3.5	4.8	稀疏	黄白	新鲜	16	16	539	584	102	8.35
8	6.0	4.8	稀疏	黄白	新鲜	16	16	411	447	102	8.76
9	4.3	5.1	整齐	黄	干燥	16	16	670	671	105	0.15
10	3.1	5.0	整齐	黄	干燥	16	16	625	654	102	4.64
11	0.7	5.5	整齐	黄	干燥	20	20	806	794	104	1.49
12	0.7	5.1	整齐	黄	干燥	20	20	765	766	105	0.13

根据试验数据可以看出,该算法适用于黄色、白色和黄白色的新鲜或干燥玉米果穗籽粒在穗数量检测。其中,穗行数的检测准确,籽粒数量测量的平均准确率为 95%,果穗籽粒数量的平均检测时间为 102 秒/穗。此外,穗行整齐的果穗检测准确率比穗行稀疏的要高 5% 左右。分析果穗样本及试验数据,发现误差主要存在于籽粒稀疏的玉米果穗顶端和籽粒排列不整齐的玉米果穗根部。另外,光照环境对试验结果也存在一定的影响。

3.5 玉米种粒图像精选及定向定位装置

3.5.1 项目目标

依照理论分析获得的装置结构参数,试制玉米种粒图像精选及定向定位试验装置,搭载控制系统,进行种粒精选以及定向定位摆放试验,检测各部件及整机的作业性能,并提出优化改进建议。

3.5.2 种粒动态图像精选装置结构与工作原理

为了实现定向播种,一方面需要在播种前对种子实施精选,在保障种子发芽率的同时,挑选出适合定向播种且形状规则的籽粒;另一方面需要在播种时按照定向播种的方位要求将种子定向、有序地排列在备播沟中。本项目以胚面平行于地面(朝上)且种子长轴垂直于垄向的播种姿态作为种粒的定向播种方位。据此,基于机器视觉技术以及种带式播种模式,设计定向播种用的玉米种粒图像精选及定向定位摆放装置,在精选出适合定向播种的玉米种粒的同时完成种粒的定向定位摆放,为实现种带式定向播种模式提供前期技术基础,为实现玉米种子机械化、自动化定向播种提供有效的解决途径。

1. 装置结构

本装置按功能主要分为喂料装置、传送装置、图像采集处理装置以及吹除装置,其结构如图 3.5.1(a)所示。喂料装置由储种箱、输种管、排种器、滚轮、导向定位管、排种电机及台架等组成。排种部件如图 3.5.1(b)所示。排种器采用较成熟的强制夹持式玉米精量排种器。滚轮固定于排种器一侧下方,排种器旋转时滚轮打开鸭嘴,喂出种粒。导向定位管主要由梯形导引斜槽、扇形罩、塑料定位圆管、缓冲定位舌片、U 形导向板和安装架组成,如图 3.5.1(c)所示。导向定位管固定于滚轮和排种器下方,种粒从鸭嘴中喂出,顺着梯形导引斜槽滑入塑料定位圆管,落至内部缓冲定位舌片之上后,再沿缓冲定位舌片方向滑入塑料定位圆管后侧壁底部的传送带上。传送装置采用黑色传送带,由传送步进电机驱动,将种粒传送至各工位。图像处理采用台式计算机,图像采集系统由相机、光源、光源箱、升降调节架等组成。升降调节架上设置有两根竖直导轨柱和一根横向导轨梁,横向导轨梁可沿竖直导轨上下移动。光源箱固定于横向导轨梁上,底部开口,以下方黑色传送带为图像采集背景。相机位于光源箱上部中央,镜头光轴与传送带垂直,两组光源对称分布于相机两侧。吹除装置安装于图像采集系统之后,由气吹嘴、挡向曲滑槽、回收箱等组成,吹除和回收不合格种粒。集种箱位于传送带另一端,用于收集合格种粒。

2. 工作原理

装置启动后,储种箱内的玉米种粒在重力作用下源源不断地填充到排种器内部的种子室,排种器匀速旋转,滚轮顺次打开各个鸭嘴,种粒依次滑出,落入导向定位管,经导向定位后,被送至传送带的同一传送起点。传送装置匀速运行,传送带上的种粒每经过一次排种周期,就会随同传送带前行固定距离,由此等间隔地均匀分布于传送带上,并进入后续工作区。当种粒经过固定个排种周期传送至图像采集区域时,相机定时采集并传送种粒图像,计算机处理并判断图中种粒是否合格。若判断为不合格种粒,则当其抵达吹除工位时,启动吹除

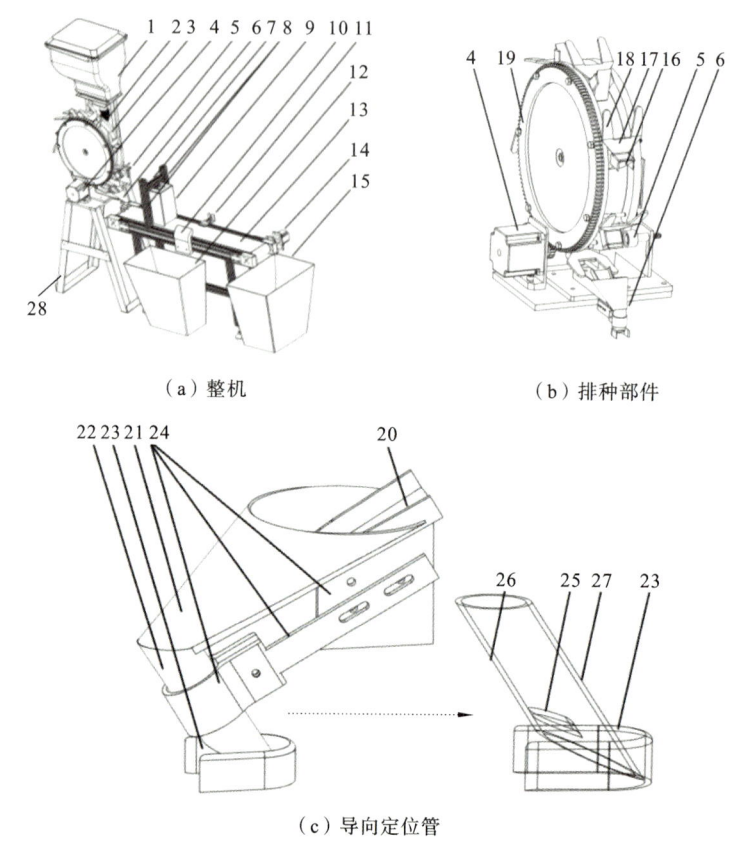

（a）整机　　　　　　　　　　（b）排种部件

（c）导向定位管

图 3.5.1　玉米种粒图像精选装置结构简图

1—储种箱；2—输种管；3—排种器；4—排种电机；5—滚轮；6—导向定位管；7—横向导轨梁；
8—竖直导轨柱；9—光源箱；10—挡向曲滑槽；11—气吹嘴；12—回收箱；13—传送带；
14—传送步进电机；15—集种箱；16—鸭嘴定嘴板；17—鸭嘴动嘴板；18—动嘴单侧翼板；
19—齿轮；20—梯形导引斜槽；21—扇形罩；22—定位圆管；23—U形导向板；24—安装架；
25—缓冲定位舌片；26—定位管前侧壁；27—定位管后侧壁；28—台架

装置，将其吹除并回收；若判断为合格种粒，则继续随同传送带前行，直至落入末端的集种箱中。

另外，排种器在单次喂种过程中可能出现多粒喂出情况，设喂出种粒经过导向定位管喂入传送带的位置范围为 $L_x \times L_y$，其中 L_y 为沿传送方向的长度范围，L_x 为垂直于传送方向的长度范围，排种试验测得 L_x 为 44 mm，L_y 为 54 mm。

3. 图像采集处理部件

本系统所用计算机配置如下：Intel Core i3-3240 CPU，主频为 3.40 GHz，

内存为 8 GB。相机选用 Basler A602fc 型高速彩色相机,镜头型号为 Computar M1214-MP,焦距为 12 mm,光圈为 F1.4,安装时镜头光轴距传送带高度为 93 mm,定时进行图像采集,图像尺寸为 640×480 像素,设实际采集范围为 $L_{cx}×L_{cy}$,测得 L_{cx} 为 83 mm,L_{cy} 为 62 mm。光源选用 2 个 1 W 的组合光源,每组光源由 3 个白光 LED 灯珠均匀排成一行,2 组光源对称分布于相机两侧。利用 Microsoft Visual Studio 2010 软件开发工具,基于北京现代富博科技有限公司的 ImageSys 平台完成种粒合格性图像检测算法的开发。

3.5.3　吹除装置设计

1. 结构设计

吹除装置主要由气吹嘴、挡向曲滑槽、回收箱、固定座等组成。气吹嘴和挡向曲滑槽相对固定于传送装置的两侧,回收箱位于挡向曲滑槽的正下方,如图 3.5.2(a)所示。气吹嘴选用多孔并排直线形吹风喷嘴,气路的通断通过控制电磁阀的开关来实现。挡向曲滑槽由挡向曲面板和固定板组成,且两者围成一落槽,如图 3.5.2(b)所示。工作时,开启电磁阀,压缩空气经气吹嘴喷出,将不合格种粒从传送带侧向吹出,经过对侧挡向曲面板反弹导向后,沿落槽滑落至下方的回收箱中。

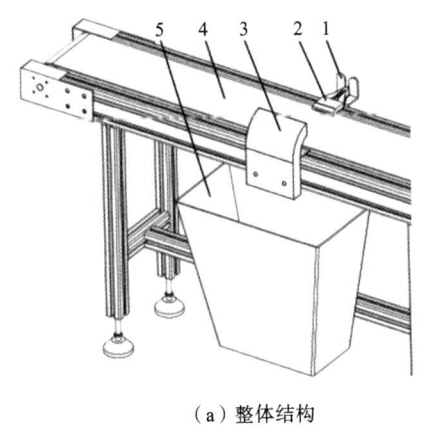
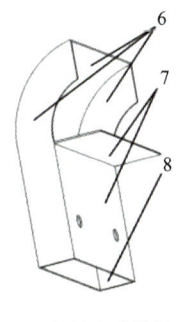

（a）整体结构　　　　　　　　　　（b）挡向曲滑槽

图 3.5.2　吹除装置结构简图

1—固定座;2—气吹嘴;3—挡向曲滑槽;4—传送带;5—回收箱;6—挡向曲面板;7—固定板;8—落槽

2. 吹除方案

如图 3.5.3 所示,种粒喂入传送带的位置范围为 $L_x×L_y$,v_s 为传送速度,图像采集区域尺寸为 $L_{cx} \times L_{cy}$，设其中心为 O_c，单次图像采集获得单次喂出的所有种粒的单帧图像，吹除工位有效吹除长度为 L_1，O_c 至吹除工位距离为 L_2，图中种粒分别用浅色和深色代表合格与不合格。若种粒间仅沿传送方向的距离为零，则认为种粒重叠，若所有种粒均重叠，则认为全重叠，否则为部分重叠，若重叠种粒垂直于传送方向的距离也为零，则认为种粒粘连。根据排种器单次喂种情况，设置如下吹除方案：

（1）单次喂出单粒或单次喂出全重叠种粒，且至少有 1 粒不合格时，如图 3.5.3 中喂出区域① 所示，设种粒区间长度为 L_3，O_1 为种粒区间垂直中线上一点，O_1 与 O_c 沿传送方向距离为 L_4（若 O_1 位于 O_c 右侧，则 L_4 取正值，否则取负值，下同），图像采集时刻为 T_1，若 $L_3 \leqslant L_1$，则在 $T_3 = T_1 + (L_2 - L_4 + L_1/2)/v_s$ 时刻启动电磁阀，吹除装置吹除单粒或全重叠种粒。若 $L_3 > L_1$（多粒时），则将

图 3.5.3 吹除过程示意图

L_3 分割为小于 L_1 的几个区间,逐个区间进行吹除。若喂出种粒部分重叠,则可分割为单粒、全重叠的组合形式,再按照上述方式依次处理。若喂出粘连种粒,则视为不合格,全部吹除。

(2)单次喂出多粒不重叠种粒,且全部不合格时,如图 3.5.3 中喂出区域②所示,设 O_2 为种粒区间垂直中线上一点,O_2 与 O_c 沿传送方向距离为 L_5,图像采集时刻为 T_2,则当 $L_3 \leqslant L_1$ 时,在 $T_5 = T_2 + (L_2 - L_5 + L_1/2)/v_s$ 时刻,吹除全部种粒,当 $L_3 > L_1$ 时,则按照方案(1)中方式分割后逐步吹除。

(3)单次喂出多粒不重叠种粒,且相邻两粒合格性不一致时,如图 3.5.3 中喂出区域③ 所示,设 O_3 为相邻种粒(前粒不合格,后粒合格)之间垂直中线上一点,O_4 为另一相邻种粒(前粒合格,后粒不合格)之间垂直中线上一点,O_3、O_4 与 O_c 沿传送方向的距离分别为 L_6、L_7,图像采集时刻为 T_4,则在 $T_6 = T_4 + (L_2 - L_6)/v_s$ 时刻,吹除前粒不合格种子,在 $T_7 = T_4 + (L_2 - L_7 + L_1)/v_s$ 时刻,吹除后粒不合格种子。

(4)单粒合格或重叠全合格种粒则保留,在图 3.5.3 中 T_8 时刻,区域①、②、③均完成了吹除工作。

3.5.4 种粒合格性动态检测方法

1. 动态检测方案

如图 3.5.4 所示,v_s 为传送速度,种粒被喂至传送带的位置范围为 $L_x \times L_y$,设其中心为 O_f,图像采集区域大小为 $L_{cx} \times L_{cy}$,图像采集区域中心为 O_c,排种器喂种速率为 n 次/秒,传送带匀速运行,O_f 与 O_c 沿传送方向的距离为 L_{fc},图像定时采集时间间隔为 t_c,图像处理时间为 t_0,若设置 $v_s/n > L_y$,$t_c = 1/n > t_0$,$L_{fc} = m \times (v_s/n)$($m$ 为正整数),则单次图像采集可获得单次喂入传送带的所有种粒的单帧图像,且可保证下一帧采集前上一帧已处理完毕。由此排种器匀

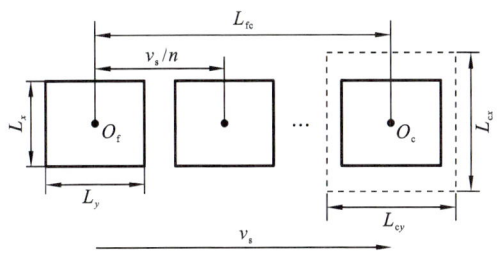

图 3.5.4 图像动态检测方案

速转动,逐次喂出种粒,传送带匀速前行,等间距地接收各次喂入的种粒,并依次传送至图像采集区域,最后通过定时图像采集和处理,实现各次喂入种粒的动态图像检测。

2. 种粒样本外观特征

观察金博士郑单 958 种粒样本,如图 3.5.5 所示,主要包括常见型,尖端附着深色红衣的合格种粒,以及尖端露黑色胚部、小型、圆形、尖端轻度虫蚀、破损或重度虫蚀、轻度(暗黄色)霉变、中度(红色)霉变和深度(灰黑色)霉变的不合格种粒,还包括粘连种粒,一旦判断发生粘连,不进行后续检测,将粘连种粒全

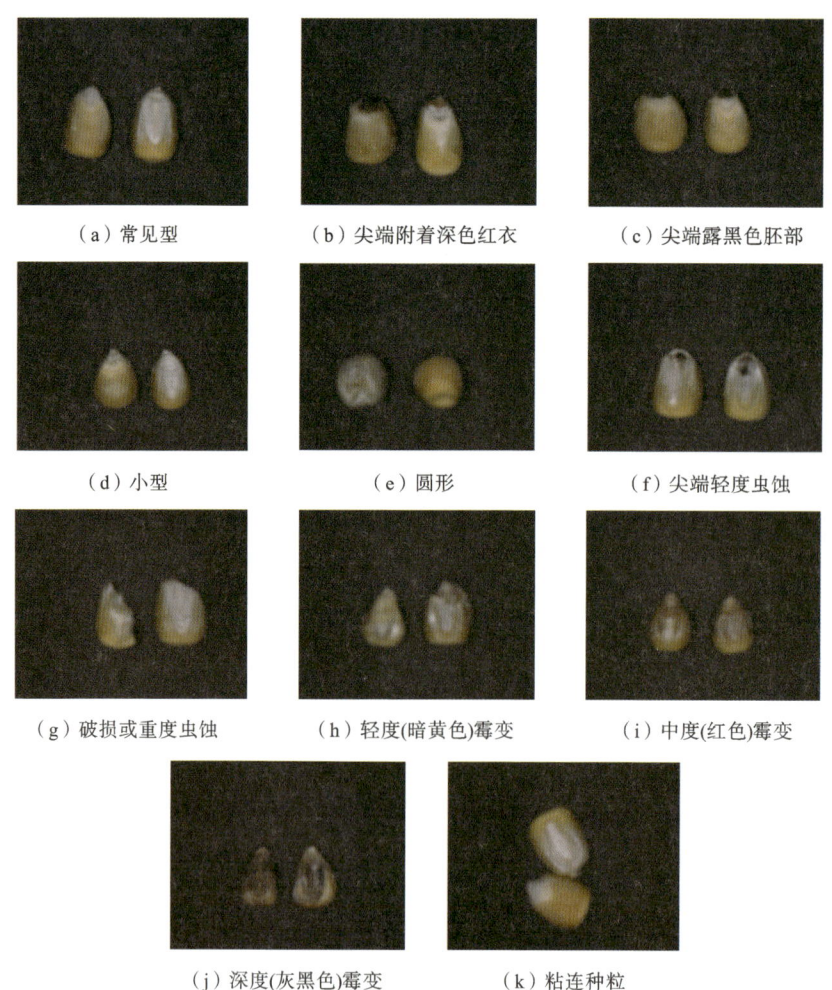

　　(a)常见型　　　　　　　　(b)尖端附着深色红衣　　　　(c)尖端露黑色胚部

　　(d)小型　　　　　　　　　　(e)圆形　　　　　　　　(f)尖端轻度虫蚀

　　(g)破损或重度虫蚀　　　　(h)轻度(暗黄色)霉变　　　(i)中度(红色)霉变

　　(j)深度(灰黑色)霉变　　　　(k)粘连种粒

图 3.5.5　种粒样本图

部吹除。

如图 3.5.6 所示,分析种粒形态特征,P_a 为尖端顶点,P_o 为形心,P_aP_b 为长轴,P_cP_d 为短轴,$P_aP_cP_bP_d$ 为轮廓曲线,$R_aR_bR_cR_d$ 为长轴方向外接矩形(记其面积为 S_T),长、短轴及其延长线将种粒区域和矩形 $R_aR_bR_cR_d$ 均划分为 4 个子区域,种粒子区域分别为尖端左侧和右侧以及宽端左侧和右侧,记其面积为 S_1、S_2、S_3、S_4,矩形子区域分别为 $R_aP_aP_oP_c'$、$P_aR_bP_d'P_o$、$P_c'P_oP_b'R_d$、$P_oP_d'R_cP_b'$,记其面积依次为 S_{T1}、S_{T2}、S_{T3}、S_{T4}。此外,矩形 $P_c'P_d'R_cR_d$ 内除去种粒区域之外部分称为底部间隙区(图 3.5.6 中深色阴影部分),其面积为

$$S_g = S_{T3} + S_{T4} - S_3 - S_4 \qquad (3.5.1)$$

式中:S_g 为底部间隙区面积。

分析常见型种粒颜色特征,可将种粒分为黄色和白色胚区域,记其面积和形心分别为 S_y 和 S_w 以及 P_{oy} 和 P_{ow},长轴又将其划分为 4 个区域,即黄色区域

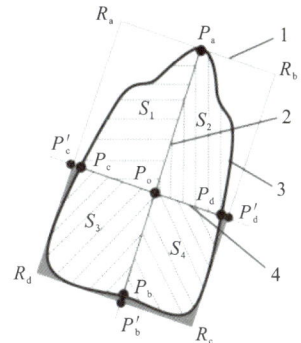

(a)种粒形态特征

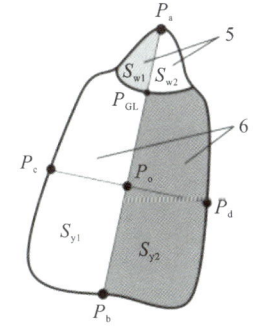

(b)胚面朝上时颜色特征

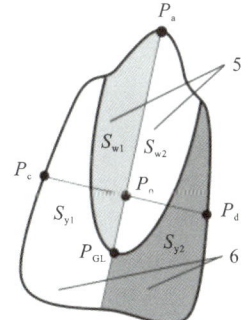

(c)胚面朝下时颜色特征

图 3.5.6　正常种粒外观特征示意图

1—长轴方向外接矩形;2—长轴;3—轮廓;4—短轴;5—白色胚区域;6—黄色区域

左、右侧和白色胚区域左、右侧,记其面积依次为 S_{y1}、S_{y2}、S_{w1}、S_{w2},$|P_aP_{GL}|$ 为长轴上白色胚区域像素数,若种粒发生霉变、虫蚀等,则导致外观颜色发生改变,但还存在变色区域。

3.5.5　图像检测算法

1. 基于 RGB 特征的种粒各颜色区域分割

在 ImageSys 平台(参考第 9 章)上分析不同种粒图像的颜色特征,如图 3.5.7(a)～(h)所示,左侧为种粒彩色图像,各图像上均标有一段通过不同颜色特征区域的剖线轨迹,右侧为原彩色图像在剖线位置处的 R、G、B 分量像素值分布情况,纵坐标表示像素数,横坐标表示剖线上的坐标位置,其中剖线上部端点为坐标原点。

观察图 3.5.7(a)、(c)、(e)～(h)可知,背景区域的 R、G、B 分量分布较平坦,取值均较小,相对背景区域,种粒区域 R 值变化最明显,故选取 R 分量灰度图像获取种粒区域,另外,相对种粒其他区域,深色红衣区域、霉变区域 R 分量像素数偏小,但略大于背景区域,而轻度虫蚀破孔区域的 R 分量像素数虽也偏小,但由于位于种粒内部,并不影响种粒区域的边缘提取。由此,若设背景区域的 R 分量像素最大值为 R_{am},则以阈值 R_{am} 分割种粒 R 分量灰度图像,补洞填充虫蚀破孔区域后再进行腐蚀膨胀、200 像素去噪等处理,可获得种粒区域二值图像(记为 M_a)。对于 R_{am} 的取值,采集若干帧背景样本图像,针对 R 分量灰度图像,利用 ImageSys 平台分析并计算背景区域的 R 分量像素最大值,测得 $R_{am}=30$。

观察图 3.5.7(b)～(h)可知,种粒黄色区域和尖端深色红衣区域的 R 值大于 B、G 值,且黄色区域 G 值远大于 50,而深色红衣区域 G 值趋近 50;种粒其他区域的 R 值、B 值较接近,略大于 G 值,而背景区域的 R 值、G 值较接近,均小于 B 值。由此,针对原彩色图像的每个像素点,进行如下计算:若 $R>B$ 且 $G>50$,则计算 $2R-G-B$;若 $R>B$ 且 $G\leqslant50$ 或 $R\leqslant B$,则计算 $R+G-2B$。若计算值大于 255,则令其为 255;若计算值小于 0,则令其为 0。用此方法增强黄色区域后,对灰度图像依次进行大津法二值化、100 像素去噪、膨胀腐蚀、补洞等处理后,获得黄色区域的二值图像(记为 M_y)。此外,分别针对 R、G、B 分量灰度图像,分析并计算黄色区域的像素平均值(依次记为 R_{ym}、G_{ym}、B_{ym})和标准差(依次记为 R_{yd}、G_{yd}、B_{yd})。

观察图 3.5.7(b)、(e)～(h)可知:种粒白色区域相对黄色区域,B 分量值和 G 分量值偏大,B 分量值尤为明显,R 分量值变化不明显;相对变色区域,R、G、

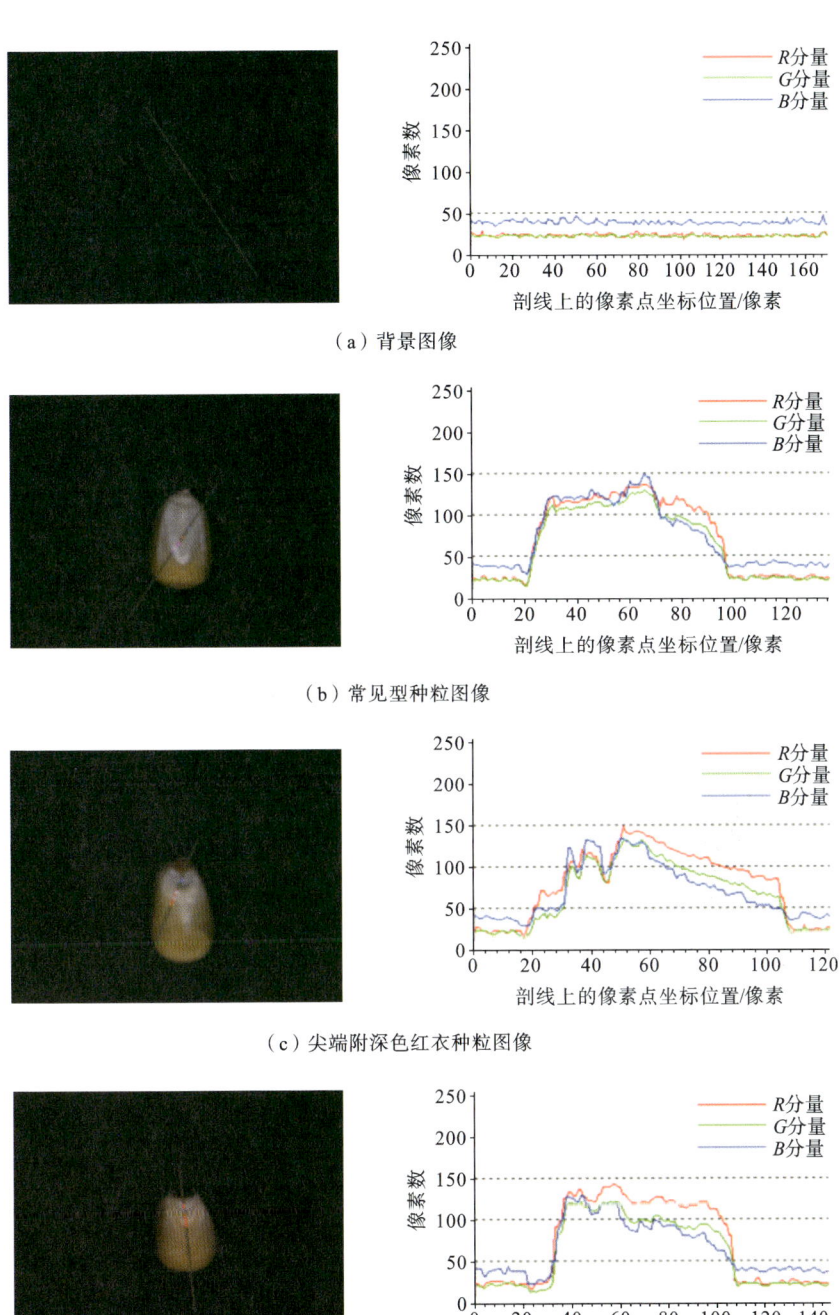

（a）背景图像

（b）常见型种粒图像

（c）尖端附深色红衣种粒图像

（d）尖端露黑色胚部种粒图像

图 3.5.7　不同种粒颜色特征区域在剖线上的 R、G、B 分量像素分布图

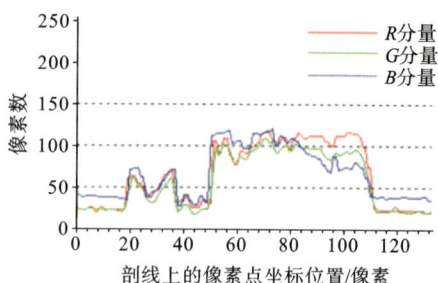

（e）尖端轻度虫蚀种粒图像

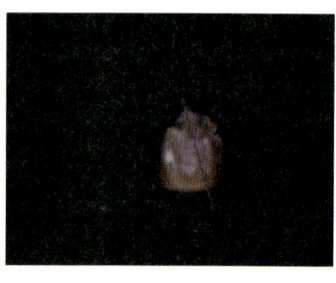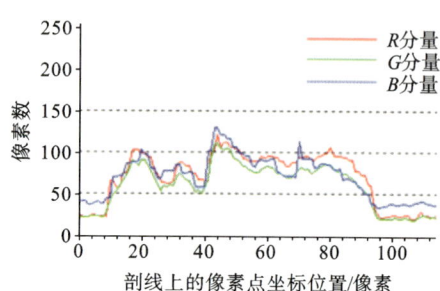

（f）轻度霉变种粒图像

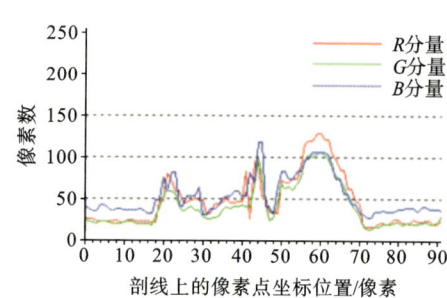

（g）中度霉变种粒图像

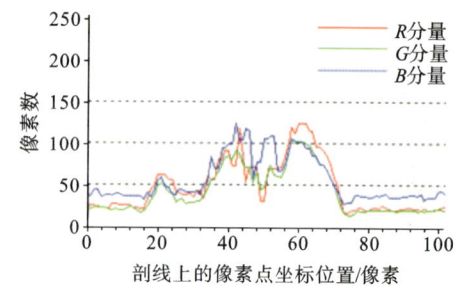

（h）深度霉变种粒图像

续图 3.5.7

B 分量值均偏大,且白色区域的 R、G、B 分量均值大于或接近 100,而变色区域小于 100。此外,将尖端深色红衣区域列入白色区域,观察图 3.5.7(c)、(e)~(h)可知,深色红衣区域 $R>B$,$G\leqslant 50$ 且 $2R-G-B$ 差值较明显,而其他变色区域 $2R-G-B$ 值较小,接近 0。对图像 M_a 补洞后与 M_y 差分,再经 100 像素去噪和补洞等处理,获得种粒非黄色区域(称为准白色区域)的二值图像(记为 M_q)。设 $T_m=(R+G+B)/3$,$T_d=2R_{ym}-G_{ym}-B_{ym}$,基于上述分析,若原彩色图像上准白色区域中像素点满足 $R\geqslant R_{ym}$,$G>G_{ym}+G_{yd}$ 且 $B>B_{ym}+B_{yd}$,或者满足 $T_m\geqslant100$,或者满足 $R>B$,$G\leqslant 50$ 且 $2R-G-B>T_d/2$,则保持图像 M_q 中对应像素点处的值不变,否则将其值置为背景像素值。由此找到种粒正常白色区域,经腐蚀膨胀、50 像素去噪后获得其二值图像(记为 M_w)。将图像 M_q 与 M_w 差分,获得种粒变色区域的二值图像(记为 M_m)。

2. 检测指标及不合格种粒判断

1)主要检测指标

基于本项目前期研究方法以及上述处理所获得的种粒各颜色区域的二值图像 M_a、M_y、M_w、M_m,针对单个种粒区域,结合前述种粒外观特征,按序检测如表 3.5.1 所示指标参数。

表 3.5.1　主要检测指标

编号	检测指标	参数	编号	检测指标	参数
1	周长	L_a	11	宽端对称度	S_3/S_4
2	面积	S_a	12	长轴两侧白色区域面积对称度	S_{w1}/S_{w2}
3	周长面积比	L_a/S_a	13	长轴两侧黄色区域面积对称度	S_{y1}/S_{y2}
4	圆形度	$4\pi S_a/(L_a)^2$	14	总矩形度	S_a/S_T
5	黄色区域占比	S_y/S_a	15	尖端左侧矩形度	S_1/S_{T1}
6	准白色区域正常白色占比	$S_w/(S_a-S_y)$	16	尖端右侧矩形度	S_2/S_{T2}
7	长轴长	$|P_aP_b|$	17	宽度左侧矩形度	S_3/S_{T3}
8	短轴长	$|P_cP_d|$	18	宽端右侧矩形度	S_4/S_{T4}
9	伸长度	$|P_aP_b|/|P_cP_d|$	19	底部间隙区域面积	S_g
10	尖端对称度	S_1/S_2	20	长轴上准白色胚像素占比	$|P_aP_{GL}|/|P_aP_b|$

2）不合格种粒的判断

针对尖端露黑色胚部、小型、圆形、虫蚀、破损、霉变等不合格种粒,分析其特征,获得判断各自合格性的检测指标,如表 3.5.2 所示。

表 3.5.2　不合格种粒特征分析及其判断指标

不合格 种粒类型	特征	所依据的判断指标编号
尖端露 黑色胚部	尖端丢失,露出黑色胚部 尖端点偏移至一侧,导致长、短轴和外接矩形产生明显偏移,如图 3.5.8(a)所示	10、11、12、13、14、 15、16、17、18、19 等
小型	形态尺寸较小	1、2、7 等
圆形	形态发生圆形畸变 平放时往往呈尖端朝上或朝下姿态,如图 3.5.5(e)所示,导致图像中种粒区域几乎为全黄或全白区域	3、4、5、6、9、 14、15、16、17、18
虫蚀	往往始于胚芽正面尖端 轻度虫蚀:通常尖端中部破损,尖端内部呈现黑色孔洞,导致变色区域增加 重度虫蚀:破损严重,特征同严重破损种粒	6
破损	往往始于种粒尖端,其中微小破损不影响发芽率 稍明显的破损,尖端点偏移至一侧残留的白色区域上,导致长、短轴和外接矩形产生偏移,如图 3.5.8(b)所示 破损程度不同,面积、对称度等指标参数值会发生不同程度的非正常变化	2、3、5、10、11、12、13、 14、15、16、17、18、19
霉变	往往始于种粒尖端 轻度(暗黄色)霉变:正常白色区域变得暗黄,导致变色区域增加,如图 3.5.5(h)所示 中度(红色)霉变:暗黄色区域变为深红色,且霉变区域扩大,导致变色区域增加,如图 3.5.5(i)所示 深度(灰黑色)霉变:深红色加深至灰黑色,霉变蔓延至整个种粒区域,导致变色区域进一步增加,如图 3.5.5(j)所示	6、5

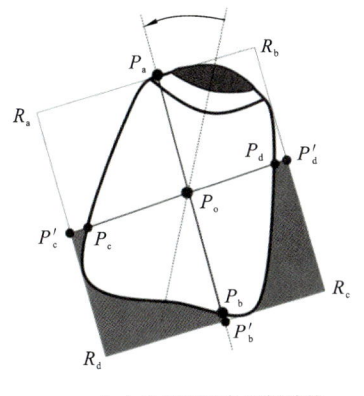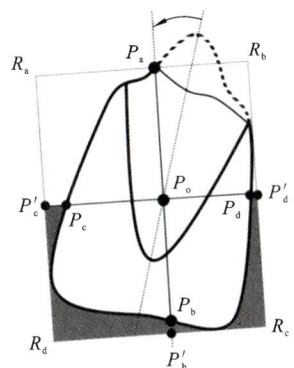

（a）尖端露黑色胚部种粒　　　　　　（b）尖端破损种粒

图 3.5.8　种粒形态特征偏移示意图

3）粘连种粒的判断

图 3.5.9 中轮廓线 1 为图 3.5.5(k)中粘连种粒的轮廓。如图 3.5.9(a)所示，P_i、P_j 为轮廓线上任意两点，P_a、P_b 分别为粘连处附近的两分界点，设 P_i、P_j 的直线距离为 L_{i-j}，顺时针和逆时针沿轮廓线的距离分别为 L_{ijc}、L_{ijac}，且设 $L_{ij} = \min(L_{ijc}, L_{ijac})$，$R_{ij} = L_{ij}/L_{i-j}$，记 R_{ij} 为粘连性判断参数，设其编号为 21。通过观察可知，若为粘连种粒，则在粘连处附近 R_{ab} 值较大，若为单个种粒，则轮廓线上任意两点的 R_{ij} 值均较小。由此，先确定轮廓形心 P_o，再找到离 P_o 最近的点 P_{m1}（若为粘连种粒，则该点为粘连处附近的点），然后以点 P_{m1} 为基准点，寻找轮廓线上满足 $R_{m1m2} > R_0$（R_0 为判断阈值）的另一点 P_{m2}，若存在满足条件的点，则可判断为粘连种粒，否则为单个种粒，如图 3.5.9(b)所示。

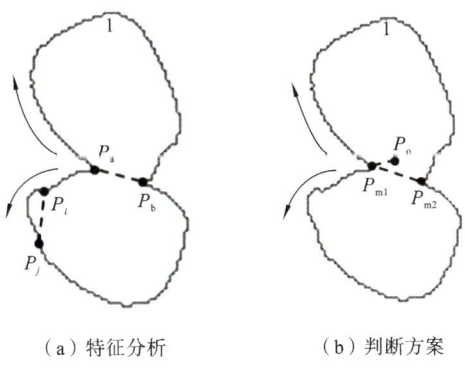

（a）特征分析　　　　　　　　（b）判断方案

图 3.5.9　粘连种粒判断示意图

3.5.6 试验结果分析

1. 种粒颜色区域分割及形态特征检测结果

针对图 3.5.5(a)~(j)中右侧各种粒,获得各自对应的 M_a、M_y、M_w 图像,如图 3.5.10~图 3.5.12 所示,并将尖端点、长/短轴、长轴方向外接矩形等关键形态特征检测区域、种粒黄色区域、种粒正常白色区域很好地提取出来。同时,图 3.5.12(b)显示尖端深色红衣区域也被有效地提取并列入正常白色区域之内。图 3.5.13(a)、(b)、(d)、(f)、(h)~(j)中尖端点、长/短轴、长轴方向外接矩形均

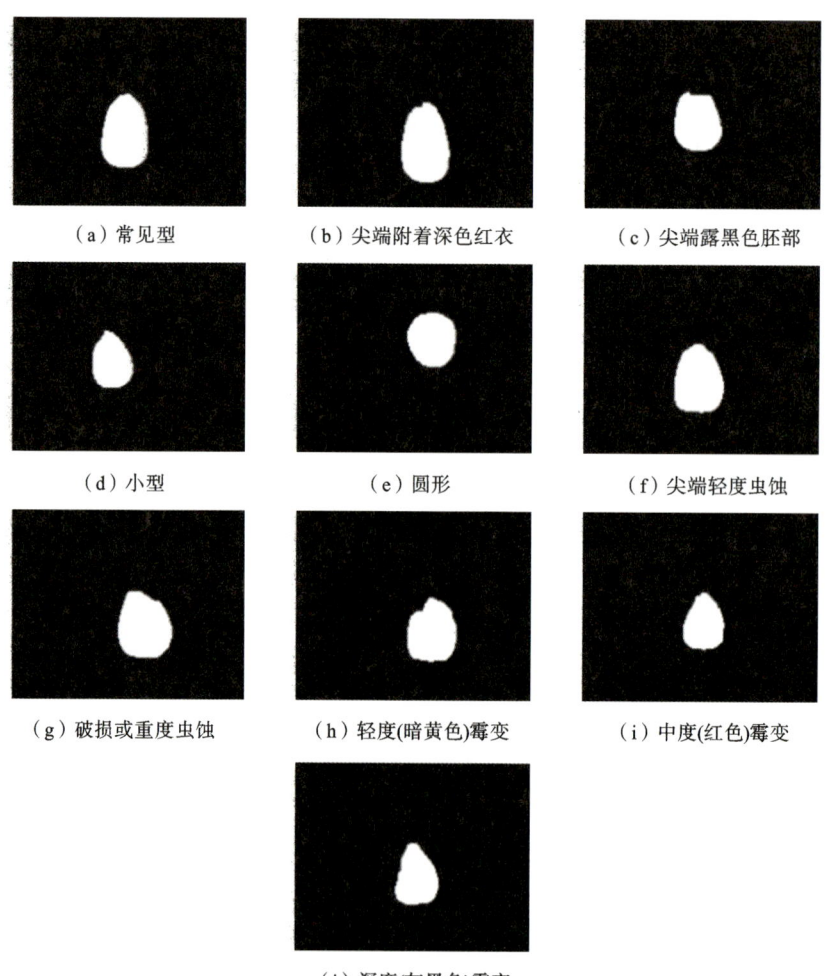

(a) 常见型 (b) 尖端附着深色红衣 (c) 尖端露黑色胚部

(d) 小型 (e) 圆形 (f) 尖端轻度虫蚀

(g) 破损或重度虫蚀 (h) 轻度(暗黄色)霉变 (i) 中度(红色)霉变

(j) 深度(灰黑色)霉变

图 3.5.10 图 3.5.5(a)~(j)中右侧各种粒 M_a 图像

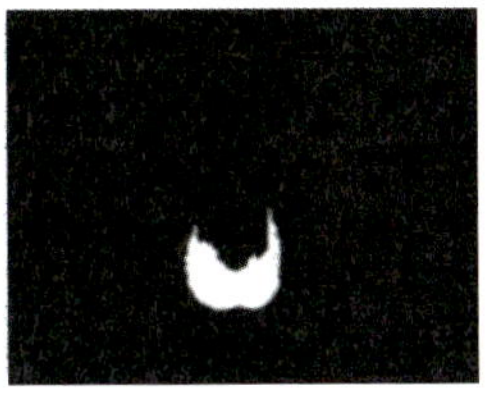

（a）常见型 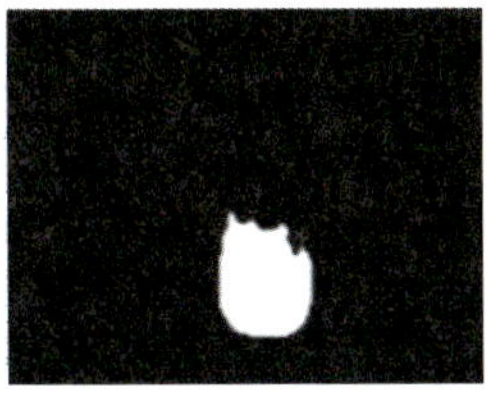　　　　　（b）尖端附着深色红衣 　　　　　（c）尖端露黑色胚部

（d）小型　　　　　　（e）圆形 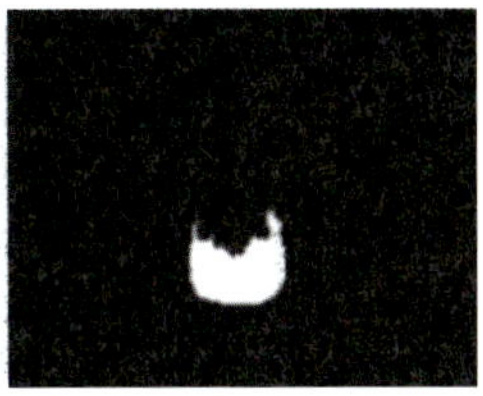　　　　　　（f）尖端轻度虫蚀

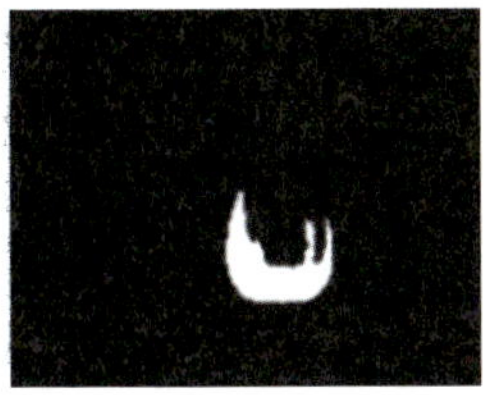

（g）破损或重度虫蚀 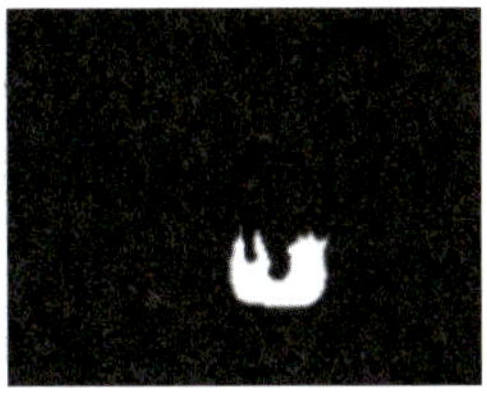　　　（h）轻度(暗黄色)霉变 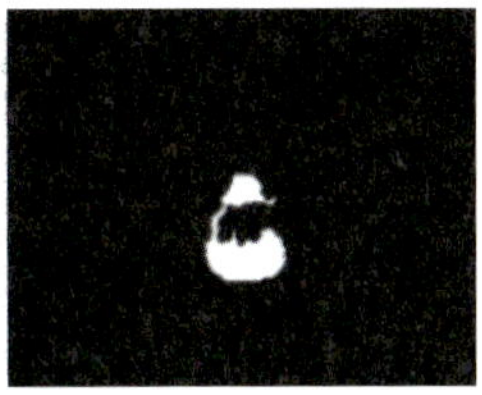　　　（i）中度(红色)霉变

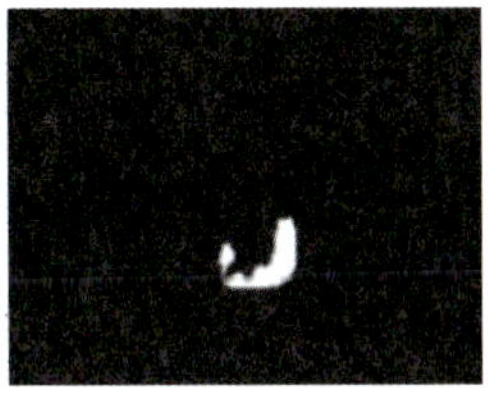

（j）深度(灰黑色)霉变

图 3.5.11　图 3.5.5(a)～(j)中右侧各种粒 M_y 图像

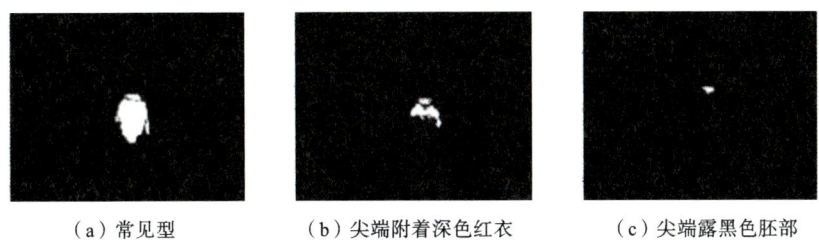

（a）常见型　　　　　（b）尖端附着深色红衣　　　　　（c）尖端露黑色胚部

图 3.5.12　图 3.5.5(a)～(j)中右侧各种粒 M_w 图像

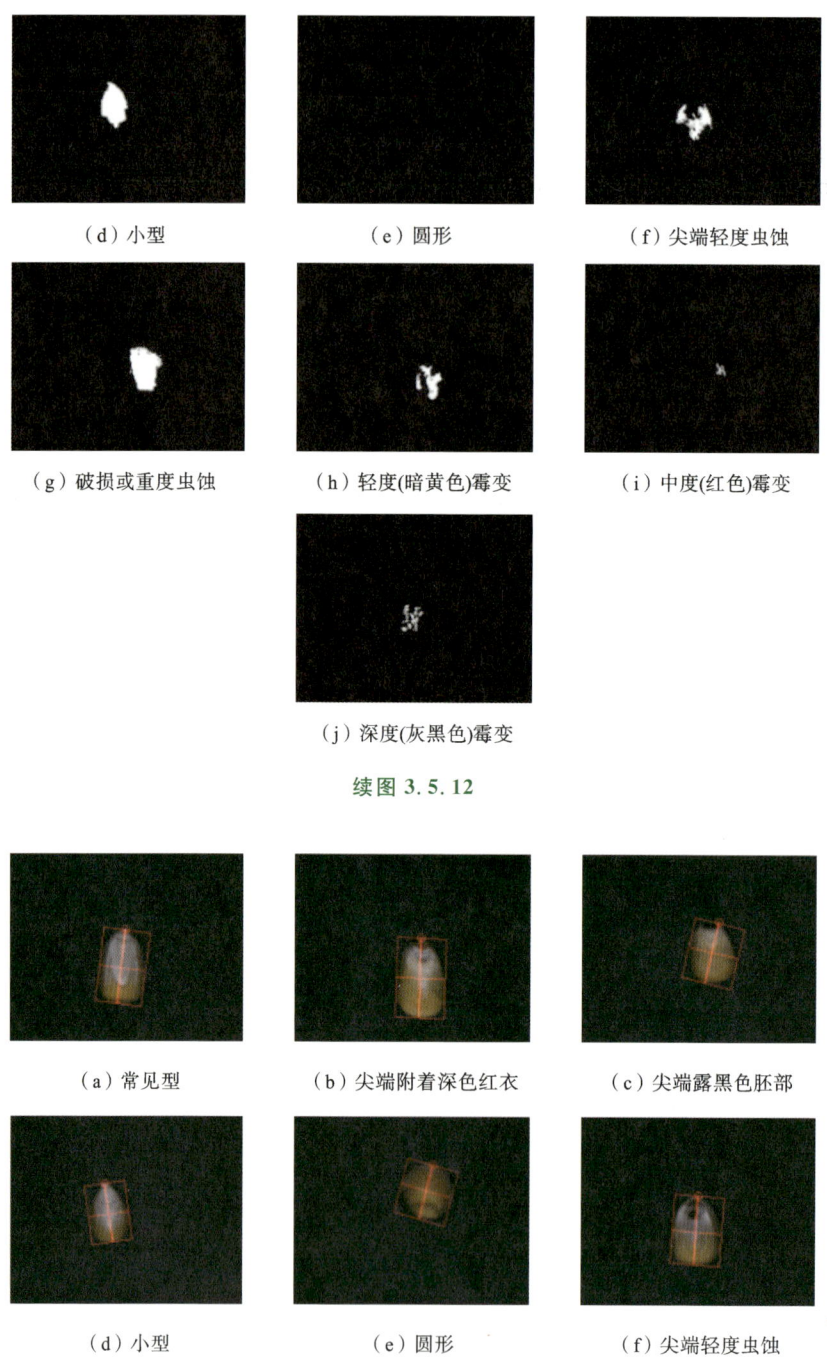

（d）小型　　　　　　　　（e）圆形　　　　　　（f）尖端轻度虫蚀

（g）破损或重度虫蚀　　　（h）轻度(暗黄色)霉变　　（i）中度(红色)霉变

（j）深度(灰黑色)霉变

续图 3.5.12

（a）常见型　　　　　（b）尖端附着深色红衣　　　（c）尖端露黑色胚部

（d）小型　　　　　　　（e）圆形　　　　　　（f）尖端轻度虫蚀

图 3.5.13　图 3.5.5(a)～(j)中右侧各种粒形态特征检测结果

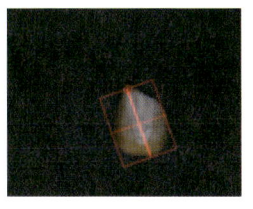 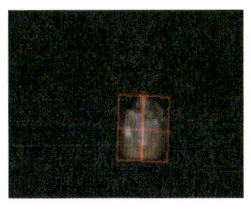 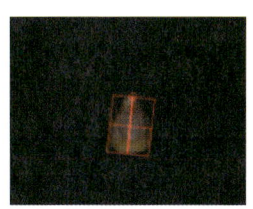

（g）破损或重度虫蚀　　　（h）轻度(暗黄色)霉变　　　（i）中度(红色)霉变

（j）深度(灰黑色)霉变

续图 3.5.13

检测准确,图 3.5.13(c)、(g)显示尖端露黑色胚部和尖端破损种粒的形态特征发生了偏移,图 3.5.13(e)中检测到的圆形种粒的尖端点等形态特征随机无规律。

2. 指标参数合格范围确定

观察金博士郑单 958 合格种粒样本,根据形态尺寸,可将其分为较长较宽种粒、中等尺寸种粒、较短较宽种粒和较窄种粒 4 类,从中选取合格种粒 200粒,各类 50 粒,测量各种粒的各指标参数,分别确定其最大、最小值,初步统计其范围,再随机选取大量合格种粒,反复测试和微调该统计范围,最终获得表 3.5.3 所示指标 1~20 的合格范围。

确定粘连性判断参数 R_{ij} 时,先单独测量 200 粒所选合格种粒,获得其中R_{ij} 最大值,记为 R_{1max},测得 R_{1max} 为 2.62,然后 4 类种粒各取 20 粒,各类内部随机组合为 10 对粘连籽粒,随后将每类剩余 30 粒随机平分为 3 组,共计 12组,并以组为单位,类间两两组合,分成 6 组,然后每组类间随机组合为 10 对粘连种粒,测量以上 10 组共 100 对粘连种粒,并获得 R_{ij} 最小值,记为 R_{2min},测得 R_{2min} 为 3.58,由此设置

$$R_0 = (R_{2min} + R_{1max})/2 = 3.10 \tag{3.5.2}$$

式中:R_0 为粘连性判断阈值。

随机选取若干合格种粒进行验证,结果表明设置合理。

表 3.5.3　合格种粒指标参数范围

指标编号	参数取值范围	指标编号	参数取值范围	指标编号	参数取值范围
1	249~329	8	50~82	15	0.51~0.84
2	4 055~6 671	9	1.14~1.95	16	0.51~0.84
3	0.048~0.065	10	0.66~1.51(L_{ts}>1.64) 0.72~1.39(L_{ts}≤1.64)	17	0.73~0.94
4	0.69~0.84	11	0.81~1.23	18	0.73~0.94
5	0.35~0.70(胚面朝上) 0.62~0.90(胚面朝下)	12	0.28~3.51	19	<500
6	0.55~0.85(胚面朝上) 0.15~0.69(胚面朝下)	13	0.46~3.17(胚面朝上) 0.72~1.39(胚面朝下)	20	≥0.5(胚面朝上) 0~0.5(胚面朝下)
7	84~110	14	0.69~0.81	21	≥3.10(粘连种粒) 0~3.10(非粘连种粒)

注:L_{ts}表示长宽比;编号 1、2、7、8、19 的指标单位为像素数。

测得图 3.5.5(a)、(b)中右侧种粒的各指标参数值依次为:290,5 372,0.054,0.80,0.45,0.74,101,63,1.60,1.14,0.92,1.14,1.01,0.76,0.77,0.67,0.81,0.88,335,0.73,3.21 和 308,5 784,0.053,0.77,0.72,0.53,109,64,1.70,1.24,0.93,1.13,0.92,0.75,0.76,0.65,0.83,0.89,387,0.32,3.44,均在表 3.5.3 所示范围内。

3. 不合格种粒检测结果

1)尖端露黑色胚部种粒检测

测得图 3.5.5(c)中右侧种粒的各指标参数值依次为:251,4 092,0.061,0.82,0.89,0.35,81,67,1.21,1.43,0.88,0,0.99,0.68,0.77,0.57,0.67,0.83,585,0,2.03。

结合表 3.5.3 判定不合格项目:

① 长轴长偏短;

② 尖端对称度异常;

③ 总矩形度偏低;

④ 底部间隙区域超标。

2)小型、圆形种粒检测

测得图 3.5.5(d)(小型种粒)参数值:233,3 476,0.067,0.80,0.49,0.84,

79,55,1.44,1.03,0.98,0.99,1.17,0.74,0.72,0.65,0.84,0.86,316,0.77，3.11。

不合格项目：

① 周长、面积、长轴长不足；

② 周长面积比偏高。

测得图 3.5.5(e)(圆形种粒)参数值：247,4 176,0.059,0.86,0.86,0,75,68,1.10,1.08,0.94,0,1.01,0.74,0.76,0.70,0.79,0.84,567,0,1.84。

不合格项目：

① 周长不足；

② 圆形度超标；

③ 准白色区域正常白色占比异常。

④ 长轴长偏短；

⑤ 伸长度不足；

⑥ 长轴两侧白色区域面积对称度异常；

⑦ 底部区域间隙面积偏大。

3）虫蚀、破损种粒检测

测得图 3.5.5(f)(虫蚀种粒)参数值：282,5 088,0.056,0.80,0.50,0.44,93,67,1.39,1.21,0.97,1.48,0.83,0.77,0.80,0.66,0.84,0.86,226,0.67，3.14。

不合格项目：

准白色区域正常白色占比偏低。

测得图 3.5.5(g)(破损种粒)参数值：289,5 472,0.053,0.82,0.49,0.70,95,73,1.30,1.00,1.06,0.55,2.02,0.71,0.66,0.66,0.82,0.78,572,0.72，1.95。

不合格项目：

底部间隙区域超标。

4）霉变种粒检测

测得图 3.5.5(h)(轻度霉变)参数值：276,4 824,0.057,0.80,0.50,0.31,89,69,1.29,0.94,1.08,1.11,0.96,0.76,0.71,0.75,0.88,0.82,93,0.74，1.88。

测得图 3.5.5(i)(中度霉变)参数值：233,3 404,0.068,0.79,0.59,0.13,77,55,1.40,1.10,1.03,0.71,1.26,0.74,0.73,0.67,0.86,0.83,145,0.39，

3.14。

不合格项目：

① 周长、面积、长轴长偏小；

② 准白色区域正常白色占比偏小；

③ 周长面积比偏大。

测得图 3.5.5(j)(深度霉变)参数值：254,3 844,0.066,0.75,0.34,0.15,85,55,1.55,1.02,1.06,1.54,0.59,0.71,0.63,0.61,0.87,0.82,76,0.85,3.24。

不合格项目：

① 黄色区域占比异常；

② 准白色区域正常白色占比不足；

③ 周长面积比异常。

图 3.5.14 装置样机

5）粘连种粒检测

针对图 3.5.5(k)中粘连种粒，测得 R_{ij} ＝6.55，结合表 3.5.3 可判断为粘连种粒，符合实际情况。

4. 整机试验结果与分析

所研制的装置样机如图 3.5.14 所示。使用台州市奥突斯工贸有限公司的 OTS-750 型无油空气压缩系统，压力可手动调节，试验中设置气吹压力为 10^5 Pa，气流量为 10 m³/h。试验中使用足量无包衣的金博士郑单 958 成品种子。

测得单次图像处理时间满足 $t_0 \leqslant 250$ ms，设置如下系统运行参数：排种器喂种速率为 1 次/秒，传送速度为 70 mm/s，种粒喂入中心与图像采集中心间距为 280 mm，图像采集中心与吹除工位间距为 140 mm，图像采集间隔时间为 1 s。

启动系统运行 1800 个周期，即排种器排种 1800 次，其中 1513 次喂出单粒，204 次喂出多粒不重叠或重叠合格种粒，15 次喂出重叠不合格种粒，68 次喂出粘连种粒。其中重叠不合格种粒和粘连种粒直接吹除，剩余喂至传送带，共计 1982 粒种子（符合定向播种要求的有 1385 粒）。测试得：1982 粒种子合格性检测准确率为 96％，68 次粘连性检测准确率为 99％，装置吹除有效率为 98％。

装置运行产生误差的主要原因及后期改进方法如下。

（1）合格性检测误差。主要原因：本算法只检测种粒单面，通常小型、圆形、霉变、破损和重度虫蚀种粒两面情况一致，但是少数尖端轻度虫蚀种粒，仅在胚芽正面尖端存在微小孔洞，且少数露黑色胚部种粒仅在胚芽反面能观察到黑色胚部，因此当其正常面朝上时，会造成检测误差。该装置适用于与金博士郑单 958 具有相似形态尺寸和颜色特征的种粒精选，且仅适用于种粒单面不合格较少的情况，若种粒单面不合格情况较多，可增设翻面装置，进行双面检测。

（2）粘连性判断误差。主要原因：部分种粒破损严重，仅残留一小块，或者种粒本身异常微小，黏附于其他种粒周围，粘连性判断参数值偏小，导致粘连种粒被误判为单个种粒。后期可考虑优化喂料装置，保证单次只喂出单粒，则种粒粘连性、重叠性检测可省去，吹除方案也将大大简化。

（3）吹除有效率误差。主要原因：少数圆形种粒从图像采集区域被传送至吹除工位的过程中，相对传送带产生了滞后滚动位移，导致吹除时刻到来时种粒未到位，造成吹除失败。可考虑将吹除装置前移，使吹除工位位于图像采集区域，图像检测为不合格种粒后，立马启动吹除装置吹除。

3.6 基于倾斜摄影的玉米种粒三维参数测量

本研究设计了一种以倾斜摄影配合旋转试验台的自动玉米种粒考种装置，并基于装置的标定数据，试验了用机器视觉技术获取玉米种粒三维参数的测量方法，以期解决玉米考种作业中同步获取种粒长度、宽度和厚度参数的问题。

3.6.1 试验装置

试验装置的整体设计原理是通过倾斜摄影得到玉米种粒的图像，基于装置的标定数据，用图像处理的方法获取玉米种粒的长度、宽度和厚度数值。测量方法是：通过透视变换，从倾斜图像分别得到水平正摄和竖直正摄的图像；玉米种粒轮廓的长轴和短轴以旋转盘的直径为参考进行计算；玉米种粒的厚度以竖直方向棋盘格为参考进行计算。根据设计原理，试验装置主要由高清相机、两块相互垂直的标定板、电子衡器及计算机等设备构成，如图3.6.1所示。

（1）将待测玉米种粒放置于步进电机驱动的旋转圆盘上。圆盘采用黑色

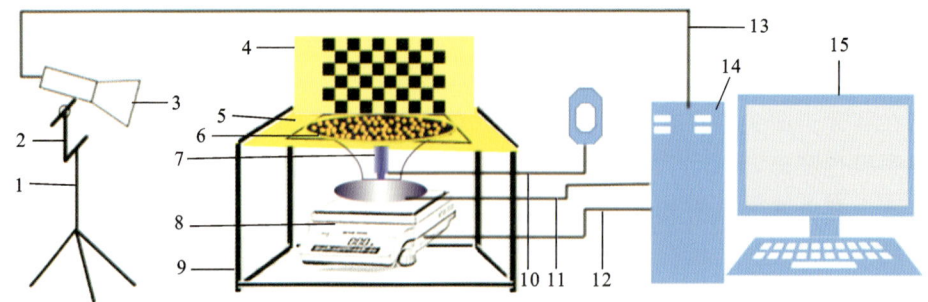

图 3.6.1　试验装置及其工作原理

1—三脚架;2—相机云台;3—相机;4—竖直标定板;5—水平标定板;6—黑色衬底旋转圆盘;

7—步进电机;8—RS232 接口电子衡器;9—铝型材框架;10—24 V 步进电机直流电源;

11—步进电机控制线;12—重量数据传输线;13—图像数据传输线;14—计算机;15—显示和操作设备

衬底以方便图像处理过程中种粒区域的提取。水平标定板中间有一个圆孔,圆盘置于圆孔中间。在水平标定板上用线明确标示出圆盘的外切正方形。该正方形与圆盘的切点及正方形的 4 个顶点用红色点标出。这些点在图像系统中的坐标作为标定数据提供给测量系统,为后续的透视变换提供支持;圆盘的直径作为已知参数亦提供给测量系统,为玉米种粒的长度和宽度测量提供定标数据。均衡考虑玉米种粒的尺寸和考种效率,将圆盘的直径设定为 200 mm。

（2）竖直标定板由 10×6 的黑白棋盘格为主体构成。棋盘格与旋转圆盘的外切正方形对齐,故该棋盘格的每个小方格的边长为 20 mm。竖直标定板用于为玉米种粒的厚度测量提供定标数据。

（3）相机的视角为俯视 45°;调节相机与云台的位置,使相机的视场恰好容纳标定板;用 1280×720 像素的分辨率和 10 帧/秒的帧率采集图像。

3.6.2　测量图像的预处理

1. 计算竖直正摄和水平正摄图像

当相机光轴垂直于拍摄平面时,物体投影到图像传感器上的图像和物体的真实形状是一致的;如果倾斜拍摄,则形成的图像会发生变形,需要通过透视变换来校正。通常使用齐次坐标的方法表示透视变换。设原图像像素坐标为 (X, Y),用齐次坐标表示为 $(X, Y, 1)$,对应得到变换后该点的坐标为 (x, y),用齐次坐标表示为 (x, y, w),则透视变换可以表示为

$$[x,y,w]=[X,Y,1]\begin{bmatrix} a_{11} & a_{12} & a_{13} \\ a_{21} & a_{22} & a_{23} \\ a_{31} & a_{32} & a_{33} \end{bmatrix} \tag{3.6.1}$$

其中：$\boldsymbol{H}=\begin{bmatrix} a_{11} & a_{12} & a_{13} \\ a_{21} & a_{22} & a_{23} \\ a_{31} & a_{32} & a_{33} \end{bmatrix}$ 为透视变换矩阵。

在计算完透视矩阵之后，一般将 $\boldsymbol{H}$ 矩阵的所有元素都除以 a_{33}，得到矩阵 $\boldsymbol{H}'$：

$$\boldsymbol{H}'=\begin{bmatrix} a_{11}/a_{33} & a_{12}/a_{33} & a_{13}/a_{33} \\ a_{21}/a_{33} & a_{22}/a_{33} & a_{23}/a_{33} \\ a_{31}/a_{33} & a_{32}/a_{33} & 1 \end{bmatrix} \tag{3.6.2}$$

为了计算简便，设 $x'=\dfrac{x}{w}$，$y'=\dfrac{y}{w}$，则变换后的图像坐标可表示为

$$x'=\frac{a_{11}x+a_{21}y+a_{31}}{a_{13}x+a_{23}y+1} \tag{3.6.3}$$

$$y'=\frac{a_{12}x+a_{22}y+a_{32}}{a_{13}x+a_{23}y+1} \tag{3.6.4}$$

式中：x,y 分别为变换前的像素点的横坐标和纵坐标。

由以上推导可见，要求透视变换后的图像坐标，只需要求出透视变换矩阵，有了该矩阵就能依据某像素变换前的坐标获得该像素在透视图中的坐标。

式(3.6.3)和式(3.6.4)共有 8 个参数，要确定这 8 个参数的值，需要有 8 个方程，因此需要 4 对变换前、后图像坐标点。依据此原理，本试验用一次倾斜摄影得到的图像，根据相应的标定获取测量装置的水平正摄图像和竖直正摄图像，然后依据得到的图像获得玉米种粒的三维数据。

试验中根据测量设备的标定获取透视图像的步骤如下。

(1) 从倾斜摄影图像转化为竖直正摄图像，以旋转圆盘的外切正方形标定位置为基准来确定透视图的新坐标点。其步骤如下：

① 标定转盘的外切正方形 4 个顶点分别是 $A(a_1,a_2)$、$B(b_1,b_2)$、$C(c_1,c_2)$、$D(d_1,d_2)$，转盘与该正方形相切且与摄像头中轴方向一致的 2 个切点分别是 $E(e_1,e_2)$、$F(f_1,f_2)$，分别取得这些标定点的坐标且存入不同的变量；新视图中的坐标点分别是 $A'(a_1',a_2')$、$B'(b_1',b_2')$、$C'(c_1',c_2')$、$D'(d_1',d_2')$，设置相应的变量来存储后续的计算结果，如图 3.6.2 所示。

② 通过比较标定点的坐标，确保 $a_2=b_2$，$e_2=f_2$，$c_2=d_2$，以保证测量装置

图 3.6.2　获取竖直正摄图的透视变换坐标方法

与相机的正确位置。

③ 以 E 点和 F 点间的距离作为新的正方形的边长，设边长变量名为 s，由于 E、F 点的纵坐标一致，故 $s=f_1-e_1$。

④ 以 E 点为标准计算 A' 点和 D' 点坐标，其坐标分别是 $A'(e_1,e_2-s/2)$，$D'(e_1,e_2+s/2)$。

⑤ 以 F 点为标准计算 B' 点和 C' 点坐标，其坐标分别是 $B'(f_1,f_2-s/2)$，$C'(f_1,f_2+s/2)$。

（2）将倾斜摄影图像转化为水平正摄图像，基本原理与竖直正摄图像获取方法类似。先取得倾斜摄影图像上的 4 个特征点，然后计算水平正摄图像对应的 4 个点的坐标值，再结合 4 对点的坐标值，利用透视变换来获取水平正摄图像。根据装置的构造特点，取竖直标定板中的第一个黑色正方形的 4 个顶点为特征点能完成标定。

2. 粘连种粒的分割

为了使玉米种粒的厚度信息能尽可能地被相机采集到，本系统要求在测量前对待测种粒进行离散化操作，消除上下重叠的种粒。尽管如此，也不能排除采集到的图像中有粘连的玉米种粒，故预处理图像时需要对种粒进行分割。本研究引入像素距离测量方法,结合分水岭算法进行种粒分割,取得了较好的效果。首先在转盘标定的基础上确定种粒区域作为图像处理的感兴趣区域(region of interest,ROI),然后对该区域进行二值化操作。由于本研究使用的转盘采用黑色衬底,故获取的处理区域灰度图像的直方图会有明显的双峰,使用全局阈值法能获取适于后续处理的二值图像。对二值图像进行去噪、消除毛刺、补洞等预处理操作后,再对像素点进行距离测量,然后结合分水岭算法对图像进行分割。

基于距离计算的分水岭算法的原理是:首先计算输入二值图像的所有非零元素与其最近零元素的距离;然后计算测距图像的梯度;最后根据梯度标识区域,直至没有新的极小区域。当阈值扩展到某一个灰度值时,对应的区域合并结束,终止合并的像素位置对应分水岭的分割线。基于距离计算的分水岭算法的流程如图 3.6.3 所示。

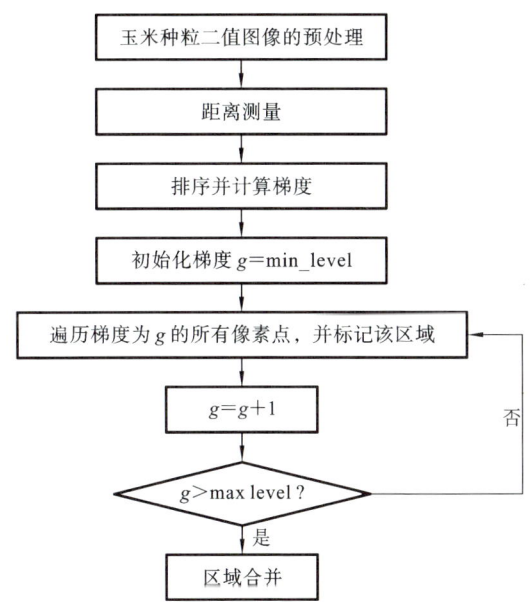

图 3.6.3 基于距离计算的分水岭算法流程图

从该算法的实现过程可知,分水岭算法的关键在于找出分割区域的标识,有多少个标识最终就会分割出多少个封闭区域。对玉米种粒的二值图像的像素点进行距离测量,能保证每个种粒都有一个标识区域。算法的该特性为准确分割多个粘连种粒提供了保证。图 3.6.4 以 2 个粘连种粒的分割为例,展示了

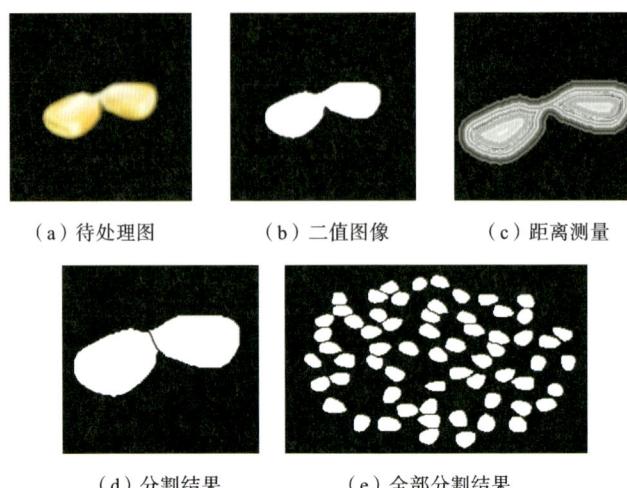

（a）待处理图　　　　（b）二值图像　　　　（c）距离测量

（d）分割结果　　　　　（e）全部分割结果

图 3.6.4　基于距离计算的分水岭算法处理过程及结果

基于距离计算的分水岭算法处理过程和结果。

3.6.3　种粒尺寸的计算

1. 种粒方向的判断和长宽的计算

本系统需要用正确的种粒方向来确定计算种粒厚度所用的图像帧,本研究设计了一种简单的种粒方向判断方法:计算玉米种粒轮廓的 0 阶矩和 1 阶矩,先计算出轮廓的形心;然后以距离形心最远的点作为种粒的尖端点;最后形心与尖端点连线的方向确定为种粒的方向。

使用透视变换获得的竖直正摄图像来计算种粒的长和宽,具体测量方法如下。

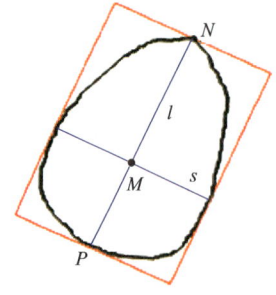

图 3.6.5　玉米种粒的长和宽的计算

（1）连接轮廓的尖端点 N 和形心 M,然后计算通过这两点的直线与轮廓的另一个交点 P,将 NP 作为长轴 l;

（2）求过形心且垂直于长轴的直线,并计算该直线与玉米种粒轮廓的交点,以这两个交点连成的线段作为短轴 s;

（3）以长轴 l 的长度数据作为玉米种粒的长,短轴 s 的长度数据作为玉米种粒的宽,如图 3.6.5 所示。

2. 提取 ROI 区域所有种粒背面图像

以第一帧图像为基础,按照前述方法对图像进行二值化分割,再为这一帧的每个种粒编号,同时通过种粒方向计算该种粒相对于镜头中轴的角度,并记录该种粒在这一帧中的位置坐标。由于转盘的转速已知,相机采集图像的帧率已知,故可以根据这些参数计算每个种粒旋转到背部正对相机的时间,进而获取该时间所对应的帧。从视频流中提取出该帧,根据第一帧每一粒种粒的位置坐标计算旋转到该帧后这个种粒的位置坐标。对目标帧同样进行二值化分割,提取上一步计算得到的位置坐标的分割对象,即该种粒背面正对相机的图像。上述操作方法如图 3.6.6 所示。

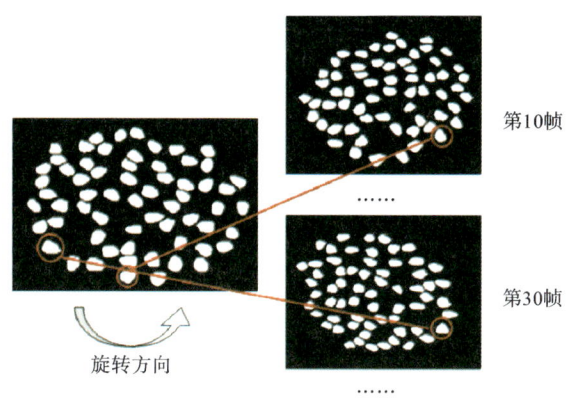

图 3.6.6 提取 ROI 区域所有种粒背面图像

3. 种粒厚度的计算

种粒厚度是在其长、宽数值计算完毕后,通过提取该种粒的水平正摄图像来计算的。在前述的计算中,已经记录了第一帧每个种粒的角度,以此为依据,结合旋转转盘的转速参数,即可以找到该种粒背部种皮正对镜头中轴的那一帧,设其帧号为 g。提取该种粒在第 g 帧的分割图像,即待求厚度的目标图像。

由于种粒表面比较光滑,使用图像分割的方法得到其厚度区域是困难的。由于大部分种粒宽度最大处在其背部种皮与胚乳部的交界处,如图 3.6.7(a)所示,使用水平方向上的累计分布图来获取种粒厚度上下边界,具体步骤如下:

(1) 在前述种粒分割结果图的基础上,提取被测种粒的二值图像,如图 3.6.7(b)所示;

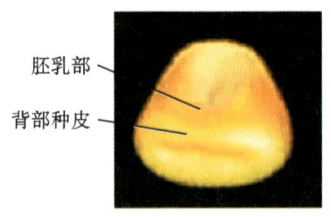

胚乳部

背部种皮

（a）水平正摄分割得到的彩图

（b）二值图像

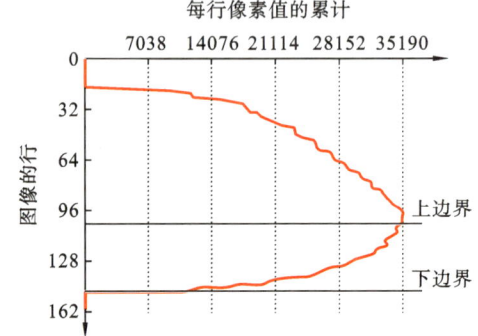

（c）由水平方向像素值的累计分布图得到的厚度上、下边界

图 3.6.7　种粒厚度边界的提取和计算

（2）计算该二值图像的水平方向像素值的累计分布数据；

（3）以种粒的下边界作为其背部的下边界，取累计分布中最大值所在的位置作为其背部上边界，如图 3.6.7（c）所示。

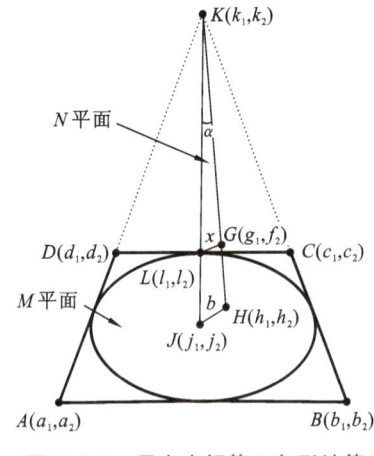

图 3.6.8　用空中解算三角形计算种粒背部厚度数据

由于采用了透视方法，该数据还不是种粒真正的厚度数据，故下一步要根据种粒所在的位置，建立空中解析和计算三角形，把上一步测得的数据映射到用于标定的标定板平面，以获得准确的测量结果。其步骤如下。

（1）如图 3.6.8 所示，设转盘的四条切线组成 M 平面。AD 和 BC 的连线交于 $K(k_1,k_2)$ 点；由于 A、B、C、D 四点的坐标已经标定，故能计算 AD 直线和 BC 直线的方程，根据两直线方程计算 K 点的坐标。

（2）设待计算种粒形心点为 $J(j_1,j_2)$，

可获得 JK 两点确定的直线方程；计算直线 JK 和 CD 的交点，设此点为 $L(l_1, l_2)$。经 J 点作垂直于直线 JK 的线段 JH，其长度为上一步获取的玉米厚度，由此可以确定 H 的坐标 (h_1, h_2)。将 J、K、H 三点确定的平面命名为 N。

（3）获得平面 N 中的 J、K、H 三点后，即可确定空中解算三角形的夹角 α，设前一步计算得到的玉米图像背部数值为 b，则映射到标定板平面的数值 x 即可通过解三角形的方法获得。

3.6.4　试验结果与分析

以 Microsoft Visual Studio 2010 为软件开发工具，结合北京现代富博科技有限公司的 ImageSys 图像处理平台（参考第 9 章），并使用 OpenCV 机器视觉算法库完成试验程序的开发。

试验中使用的转盘直径为 200 mm，标定板中每一个正方形边长为 20 mm。步进电机带动转盘以 $10°/s$ 的速度旋转。按照 10 帧/秒的帧率和 1280×720 像素的分辨率启动图像记录系统。选取鲁单 981、农大 108、郑单 958 等 3 个检测品种，每种玉米 60 粒，共 180 粒玉米进行试验。

1. 变换矩阵计算结果

按照图 3.6.2 所示进行标定，可以得到计算竖直正摄透视变换矩阵需要的源点坐标：$A(62,578)$，$B(749,578)$，$C(115,225)$，$D(685,225)$，以及目标点坐标 $A'(92,697)$，$B'(715,697)$，$C'(92,73)$，$D'(715,73)$。设计算得到的透视变换矩阵为 $\boldsymbol{H}_1'$，矩阵内的元素精确到小数点后两位后，该矩阵结果为

$$\boldsymbol{H}_1' = \begin{bmatrix} 1.26 & 0.25 & -95.09 \\ 0.00 & 2.50 & -478.53 \\ 0.00 & 0.00 & 1.00 \end{bmatrix} \tag{3.6.5}$$

采用类似的方法，获取水平正摄透视变换矩阵需要的源点和目标点坐标。计算得到新的透视变换矩阵为 $\boldsymbol{H}_2'$，矩阵内的元素精确到小数点后两位后，该矩阵结果为

$$\boldsymbol{H}_2' = \begin{bmatrix} 1.00 & 0.00 & 0.00 \\ 0.00 & 1.21 & -45.31 \\ 0.00 & 0.00 & 1.00 \end{bmatrix} \tag{3.6.6}$$

以图 3.6.2 所示的图像为例，经过透视变换后，得到图 3.6.9(a) 所示的竖直正摄图和图 3.6.9(b) 所示的水平正摄图。

2. 不同玉米品种测量的标准差

基于透视变换得到的竖直正摄图和水平正摄图，用前述方法进行计算，计

（a）竖直正摄图　　　　　　　　　（b）水平正摄图

图 3.6.9　透视变换后获取的竖直和水平正摄图

算结果精确到小数点后两位，计量单位根据标定数据转化为毫米。对鲁单 981、农大 108 和郑单 958 等 3 个品种，每个品种 60 个样本进行测量。表 3.6.1 是不同品种的玉米种粒测量的标准差统计结果。

表 3.6.1　不同品种玉米种粒测量的标准差　　　　　（单位：mm）

品种	长轴标准差	短轴标准差	厚度标准差
鲁单 981	1.65	1.18	0.77
农大 108	2.11	1.99	0.89
郑单 958	2.16	1.39	0.51

3. 测量误差分析

本研究采用人工测量数据与图像测量数据进行对比的方式来进行测量误差分析。使用游标卡尺分别对试验样本的粒长、粒宽及其粒厚进行测量。为了保证人工测量数据的准确性，试验中采用 3 个不同的试验人员对同一样本进行测量，然后取其平均值作为该份样本的人工测量结果。

把 3 个品种的 180 个样本的图像测量结果和人工测量结果进行统计对比，结果如图 3.6.10 所示。图 3.6.10(a) 是长轴测量结果，由图可知均方根误差为 1.86 mm，系统测量值与人工测量值的决定系数 (R^2) 为 0.8496；玉米种粒短轴测量结果如图 3.6.10(b) 所示，系统测量值与人工测量值的决定系数 (R^2) 是 0.8693，均方根误差为 1.28 mm；种粒厚度的测量结果如图 3.6.10(c) 所示，图像测量值与人工测量值的决定系数 (R^2) 为 0.8462，均方根误差为 0.741 mm。测量数据表明，本系统对玉米种粒长度、宽度和厚度的测量与人工测量相比具有较高的一致性。

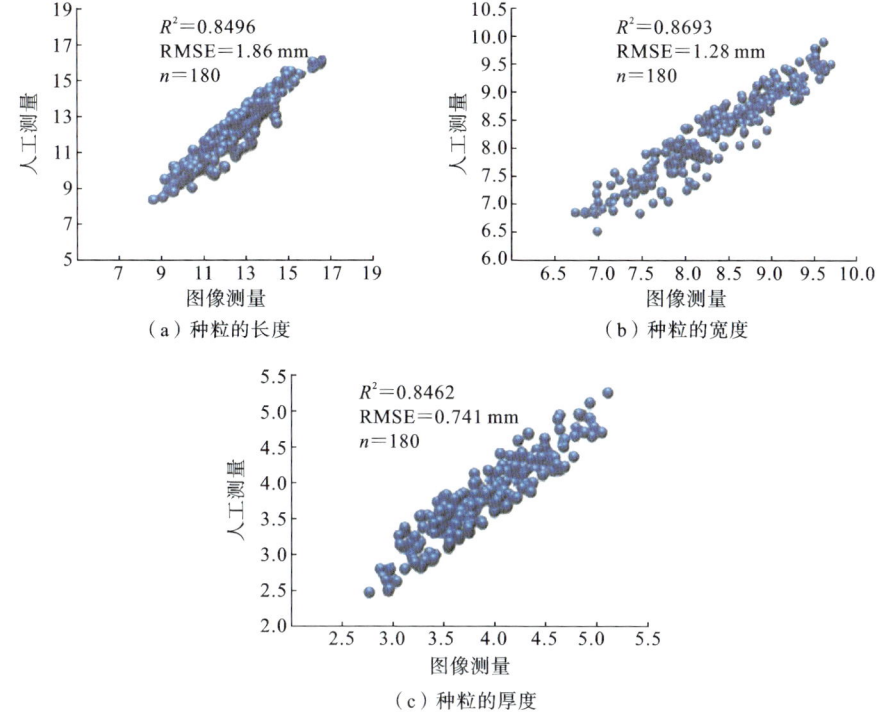

（a）种粒的长度

（b）种粒的宽度

（c）种粒的厚度

图 3.6.10　测量误差分析图

参考文献

[1] 陈兵旗,孙旭东,韩旭,等.基于机器视觉的水稻种子精选技术[J].农业机械学报,2010,41(7):168-173,180.

[2] 陈兵旗.机器视觉技术及应用实例详解[M].北京:化学工业出版社,2014.

[3] 陈兵旗,高振江,宋同珍,等.棉种图像精选方案与算法研究[J].农业机械学报,2010,41(1):167-171,187.

[4] 刘长青,陈兵旗.基于机器视觉的玉米果穗参数的图像测量方法[J].农业工程学报,2014,30(6):131-138.

[5] 王侨,陈兵旗,朱德利,等.基于机器视觉的定向播种用玉米种粒精选装置研究[J].农业机械学报,2017,48(2):27-37.

[6] 朱德利,陈兵旗,梁习卉子,等.基于倾斜摄影的玉米种粒三维参数同步测量装置[J].农业工程学报,2018,34(4):201-208.

第 4 章
农作物提取与生长量三维图像监测

4.1　插秧环境的水稻秧苗提取

本研究为本书第一作者于 1994 年至 1999 年在日本留学期间完成。受当时技术条件限制,静态图像和视频图像均通过模拟设备采集,然后在研究室通过图像采集卡输入计算机,转换成数字图像和视频后用于研究开发。

这里只介绍插秧环境的秧苗图像检测,导航线提取、田埂检测等内容放在第 8 章的农田导航线图像检测里介绍。

4.1.1　插秧环境图像采集

在本研究中,算法开发用的静态图像用相机采集,相机置于目标苗列线上方 0.8 m 高度处,镜头以 15°俯仰角朝向苗列线,此时镜头视野覆盖苗列线的长度是 10 m 左右。现场模拟用的动态视频用摄像机采集,摄像机安装在插秧机的前方一侧,与目标苗列的方位与采集静态图像时相机的相同,在驾驶插秧机作业的同时,录制水田视频,在实验室对这些视频进行动态检测。

图 4.1.1 是采集的水稻秧苗列的示例图像。其中,图(a)是在插秧一周后的晴天拍摄的图像,图(b)、(c)和(d)是在插秧现场的阴天拍摄的图像。

本研究探讨了亮度分割法、微分处理(边缘检测)法、线亮度解析法和线颜色解析法等提取水田秧苗的方法,以下分别介绍这些方法和提取效果。

4.1.2　亮度分割法提取秧苗

该方法的基本思想是:在一定的亮度范围内(例如白天环境),图像上各个物体之间的亮度关系是一定的。由此,首先将图像的直方图(参考第 2.2.2 节)绘制出来,然后找出直方图上的最大值和最小值,也就是图像上最亮处的像素值和最暗处的像素值,将直方图由暗到亮分成 4 等份。通过研究发现,苗的亮

（a）晴天（插秧一周后）　　　　　　（b）阴天（插秧现场）

（c）阴天（插秧现场）　　　　　　（d）阴天（插秧现场）

图 4.1.1　水稻秧苗列的示例图像

度处在从暗侧起的第 2 等份中，将该区域的像素提取出来，即可把苗从图像上提取出来。图 4.1.2 是将图 4.1.1(a)、(b)用公式(2.1.1)转换成灰度图像后的直方图，无论晴天还是阴天，苗的像素值范围都在暗处一侧起的第 2 等份区域。当然，对于不同的检测环境，检测目标亮部所处的区域不同，需要具体分析确定。

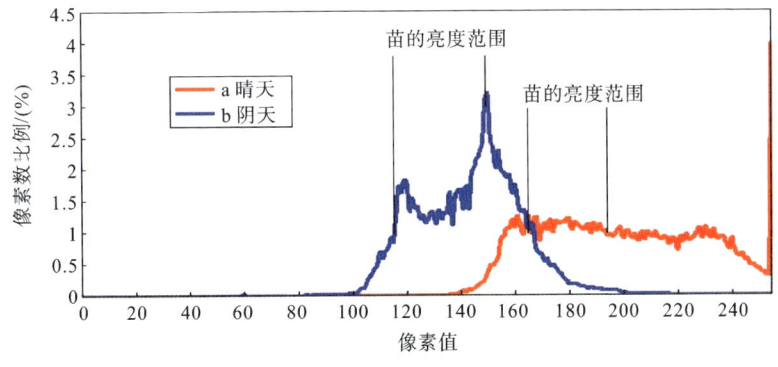

图 4.1.2　图 4.1.1(a)和(b)的灰度直方图

图 4.1.3 是图 4.1.1 中各图像对应的灰度图像基于亮度分割法的处理结果。从图中可以看出,苗被提取出来的同时,水的大面积反光噪声也被提取出来,而且反光噪声的位置不定。该方法是基于图像整体亮度关系的提取方法,由于反光的存在,图像整体的亮度并不均匀,因此提取效果并不理想。

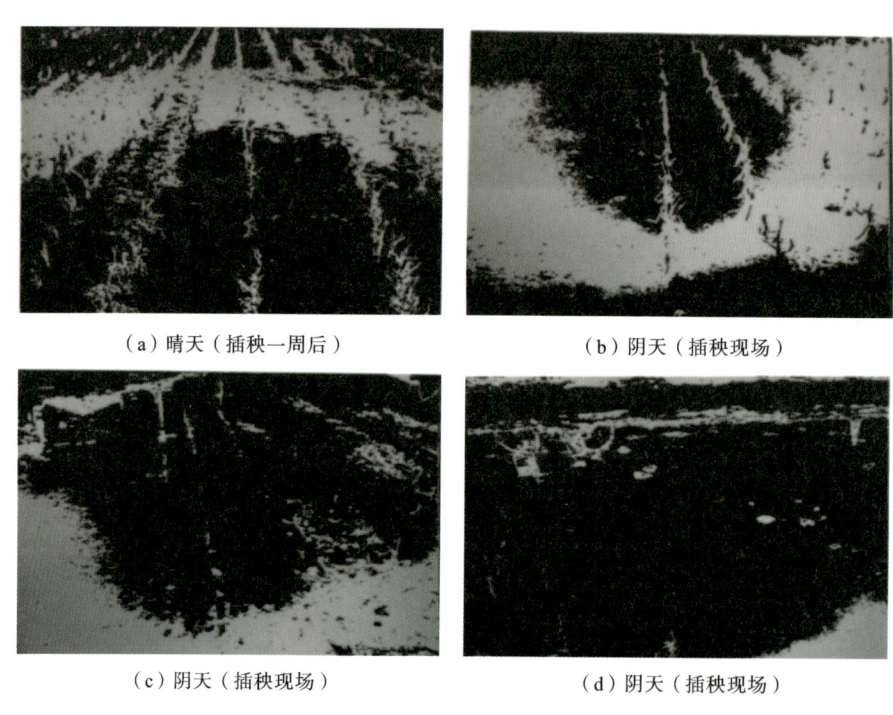

（a）晴天（插秧一周后）　　　　　　（b）阴天（插秧现场）

（c）阴天（插秧现场）　　　　　　　（d）阴天（插秧现场）

图 4.1.3　图 4.1.1 对应的灰度图像基于亮度分割法的处理结果

4.1.3　微分处理法提取秧苗

水田图像虽然在整体上亮度并不均匀,但是在局部,苗与背景的水面和泥块还是存在亮度差别的。微分处理法基于目标像素与其周围像素亮度关系实现特征提取。由于在图像上苗列是竖直向上的,这里选用 Kirsch 算子(参考图 2.4.4)中用于检测左、右边缘的 M3 和 M7 模板进行微分运算,对微分图像再用以直方图上位 5% 作为阈值的 p 参数法(参考第 2.2.2 节)进行二值化处理。

图 4.1.4 是两幅水田的灰度图像。其中,图(a)为晴天图像,图(b)为阴天图像。图 4.1.5 是将图 4.1.4 经微分处理及二值化处理后的结果,可以看出苗和泥块被很好地提取出来了,并且不受天气影响。

（a）晴天 （b）阴天

图 4.1.4 水田灰度图像

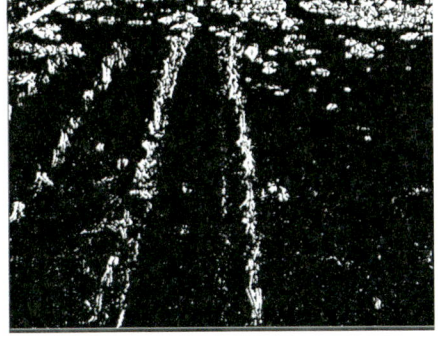

（a）晴天 （b）阴天

图 4.1.5 图 4.1.4 的微分处理及二值化处理结果

4.1.4 线亮度解析法提取秧苗

本方法通过分析扫描线上苗与环境的亮度关系，基于目标像素与局部区域像素的对比实现秧苗特征提取。图 4.1.6 展示了图 4.1.4(a)灰度图像从上到下 4 条线剖面图，对应图像纵坐标分别为 $y_1 = 29$、$y_2 = 172$、$y_3 = 304$ 和 $y_4 = 415$，覆盖从远景至镜头中心的四个线性区域。

分析表明：在远景区域，苗亮度低于环境；在近景区域，苗亮度高于环境。但是，两类区域的苗亮度均显著偏离扫描线平均亮度±标准差。

基于此规律，通过计算各扫描线亮度平均值及标准差，提取偏离阈值范围的像素即可实现目标识别。

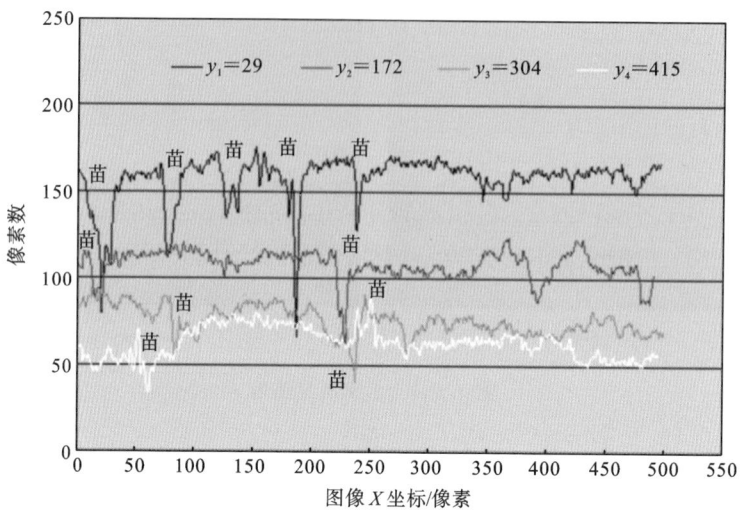

图 4.1.6　图 4.1.4(a)的灰度线剖面图

　　图 4.1.7 是图 4.1.4 对应的灰度图像使用线亮度解析法的处理结果,可以看出突出水面的苗和泥块被很好地提取出来了。

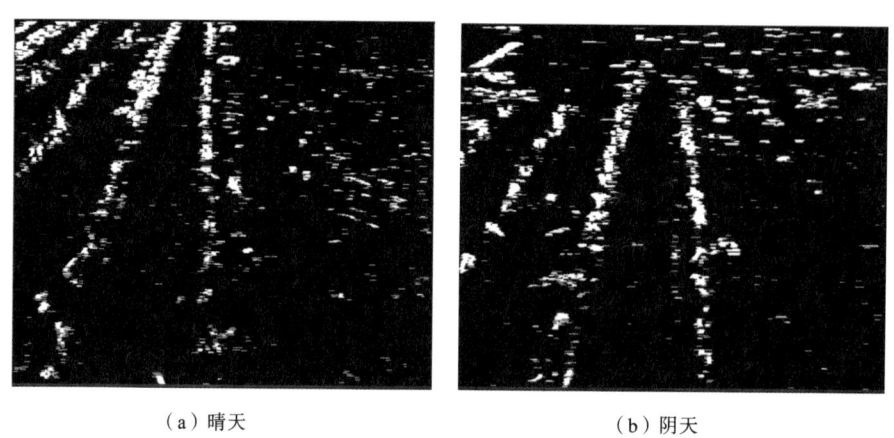

（a）晴天　　　　　　　　　　　　　　　（b）阴天

图 4.1.7　图 4.1.4 对应的灰度图像基于线亮度解析法的处理结果

4.1.5　线颜色解析法提取秧苗

　　本方法通过分析扫描线上苗与环境的颜色关系,然后将苗的像素提取出来,是一种目标像素与局部区域像素的比较。图 4.1.8 展示了图 4.1.4(a)从上到下随机选出的 4 条线剖面图,对应图像的纵坐标分别是 $y_1=48$,$y_2=153$,$y_3=257$ 和 $y_4=391$,每条线剖面图分别表示了 R、G、B 三个分量值曲线。从图上可以看出,在苗的位置,$G-B$ 较大,而且 $R+B$ 较小。因此,计算每条线剖面图上 $G-B$ 以及 $R+B$ 的平均值和平均偏差,提取出超出 $\mu\pm\sigma$ 范围的像素即可

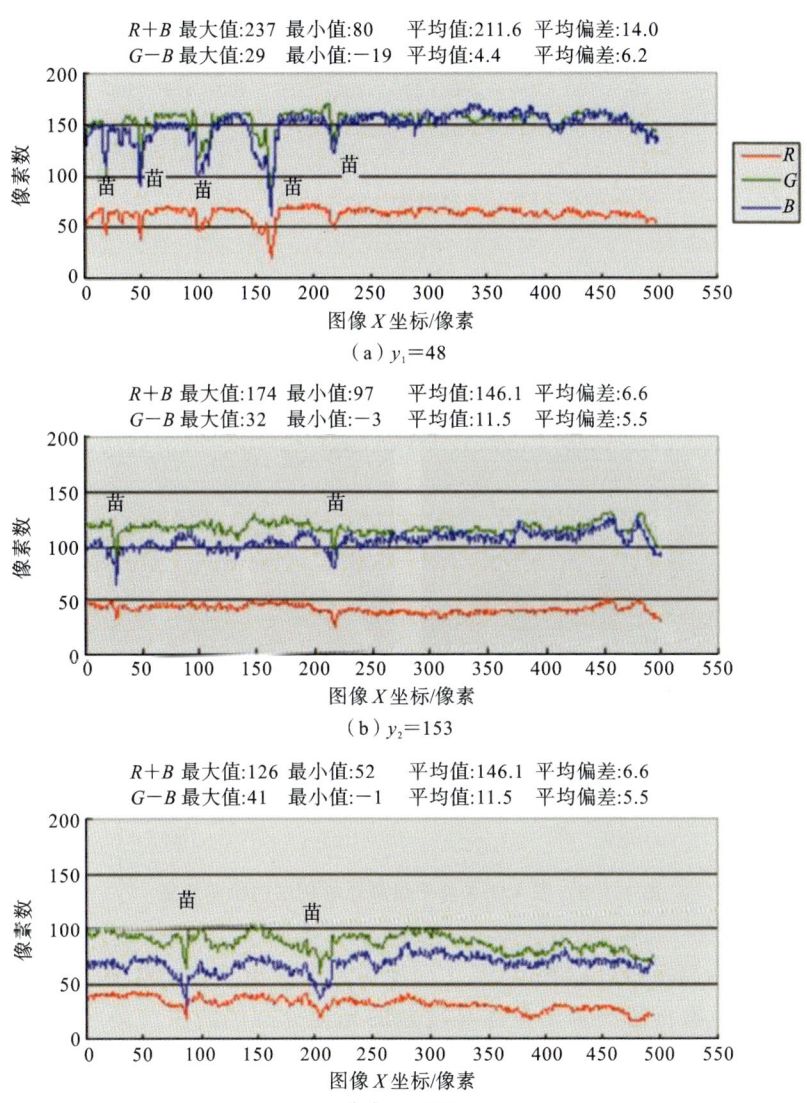

图 4.1.8　图 4.1.4(a)对应的彩色线剖面图

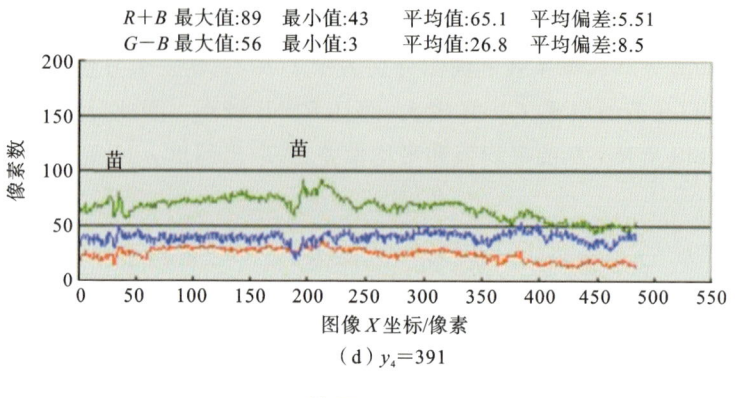

$R+B$ 最大值:89　最小值:43　平均值:65.1　平均偏差:5.51
$G-B$ 最大值:56　最小值:3　平均值:26.8　平均偏差:8.5

（d）y_4=391

续图 4.1.8

实现目标识别。

　　图 4.1.9 是图 4.1.4 使用线颜色解析法的处理结果,可以看出苗被很好地提取出来了,而突出水面的泥块没有被提取出来。

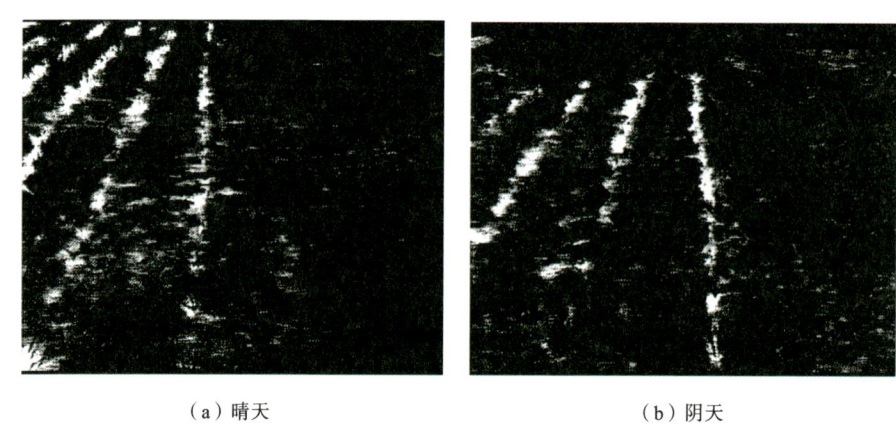

（a）晴天　　　　　　　　　　　　　（b）阴天

图 4.1.9　图 4.1.4 基于线颜色解析法的检测结果

　　从上述检测结果可以看出,基于局部像素值差别的微分处理法、线亮度解析法和线颜色解析法比基于整体亮度差的亮度分割法的秧苗提取效果要好。其中,线颜色解析法的检测效果又好于微分处理法和线亮度解析法,但是线颜色解析法相当于同时处理了 3 个灰度图像,处理时间比其他两种方法长,因此,对于实时处理,微分处理法和线亮度解析法更为实用。

4.2　旱田绿色农作物检测

本节介绍绿色农作物的颜色特征和图像分割方法。

4.2.1　试验设备及图像采集

本研究的图像利用 Canon PowerShot A610 相机采集,该数码相机的参数如下:CCD 尺寸为 1/1.8 in,光圈范围为 F2.8～F4.1,焦距为 35～140 mm,具备自动调节焦距和白平衡的功能。图像处理算法由计算机完成,计算机配置如下:主频为 2.4 GHz,内存为 512 MB。编程工具为 Microsoft Visual C++6.0。本检测算法在通用图像处理系统 ImageSys 的平台上完成开发。

试验用农作物图像采集于北京市区的中国农业科学院试验田。冬小麦的采集时间为 2005 年 11 月 20 日至 2006 年 5 月 2 日,每周采集一次。采集过程中的小麦苗高为 8～50 cm,列距为 20～30 cm。相机设置高度为距离地面120～150 cm,镜头以 25°俯仰角朝向苗列,在田里的不同位置采集图像。2006 年 6 月 20 日至 7 月 2 日,利用相同的相机和设置,采集了玉米作物图像,玉米行距为 40～60 cm。

采集的图像为彩色 JPEG 格式,大小为 640×480 像素,图像像素坐标系设置为:图像左上角为图像坐标系的原点,向右和向下分别为横坐标和纵坐标的正方向。

4.2.2　绿色农作物的颜色特征

彩色图像的 R、G、B 分量分别对应一个灰度图像。常用的变换颜色的色彩空间有 HSI 和 YUV(YCbCr)(参考第 2.1.3 节),每个颜色分量也对应一个灰度图像。

图 4.2.1 为采集到的原图像及 R、G、B 分量图,由图可知,原图像给人的视觉效果比较好,而由 R、G、B 分量图我们并不能很好地获得所需的信息。

图 4.2.2 为原图像及由原图像转化得到的 H、S、I 分量图,由图可知,H 分量图像比较好地突出了农作物区域,同时土壤背景部分几乎变成了黑色;S 分量图像虽然也突出了农作物区域,但是背景和农作物区域的差异小;I 分量图像只显示了原图像的亮度信息,并没有突出农作物区域。虽然 H 分量图像效果较好,但是 HSI 模型有一个比较明显的缺点,就是计算量大。

图 4.2.3 为原图像及由原图像转化得到的 Y、Cb、Cr 分量图像,由图可知,Cb、Cr 分量图像同样没有较好地突出农作物区域,因此,从 YCbCr 色彩空间并

（a）原图像 （b）R分量图像

（c）G分量图像 （d）B分量图像

图 4.2.1 原图像及 R、G、B 分量图像

（a）原图像 （b）H分量图像

图 4.2.2 原图像及 H、S、I 分量图像

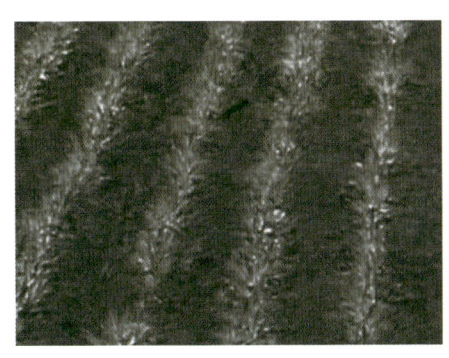

（c）S分量图像

（d）I分量图像

续图 4.2.2

（a）原图像

（b）Y分量图像

（c）Cb 分量图像

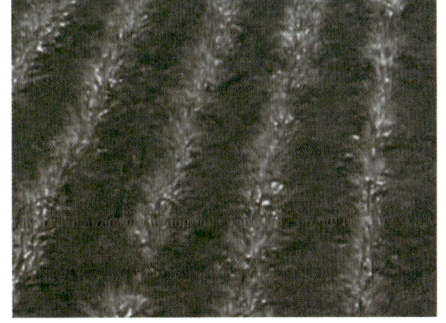

（d）Cr 分量图像

图 4.2.3　原图像及 Y、Cb、Cr 分量图像

不能获得有用的信息。

4.2.3 绿色农作物的提取

1. 灰度化处理

由第 4.2.2 节对 RGB、HSI、YCbCr 三种色彩空间的比较可以看出,RGB 空间颜色信息最为丰富,但是也最为杂乱,不能很好地区分农作物和非农作物区域;HSI 空间中 H、S 分量图像虽然能够使农作物区域得到加强,可是计算量比较大;YCbCr 空间虽然计算量小,但是各个分量图的显示效果并不好。因此,为了达到在获取完善信息的同时使计算量尽可能小这样一个目标,就必须选择其他的优化方式来对农作物区域进行加强。考虑到 HSI 空间计算量大,因此本研究立足于 RGB 空间,利用 R、G、B 三个分量的组合分析,最终获取合适的颜色因子。

研究对象是中耕管理阶段的小麦和玉米,作为有机生物体,它们有着自身独特的性质。图 4.2.4 是中耕管理期间的小麦图像,其中图 4.2.4(a)中的黑色水平线代表图像第 300 个水平扫描行所在位置,图 4.2.4(b)是该水平扫描行上 R、G、B 三个分量总的分布情况,图 4.2.4(c)、(d)和(e)分别是该水平扫描行上 R、G、B 各个分量的分布情况。

图 4.2.5 是中耕管理期间玉米图像,其中图 4.2.5(a)中的黑色图像代表第 300 个水平扫描行所在位置,图 4.2.5(b)表示该扫描上 R、G、B 三个分量总的分布情况,图 4.2.5(c)、(d)和(e)分别是该水平扫描行上 R、G、B 各个分量的分布情况。

从图 4.2.4 和图 4.2.5 可以看出,农作物的绿色成分大于其他两个颜色成分,为了提取绿色作物,可以通过强调绿色成分、抑制其他成分的方法把农田彩

(a)原图像

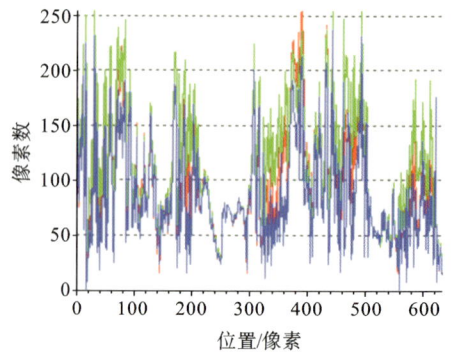

(b)第300个水平扫描行 R、G、B 分量分布

图 4.2.4 小麦原图像及在第 300 个水平扫描行 R、G、B 分量分布曲线

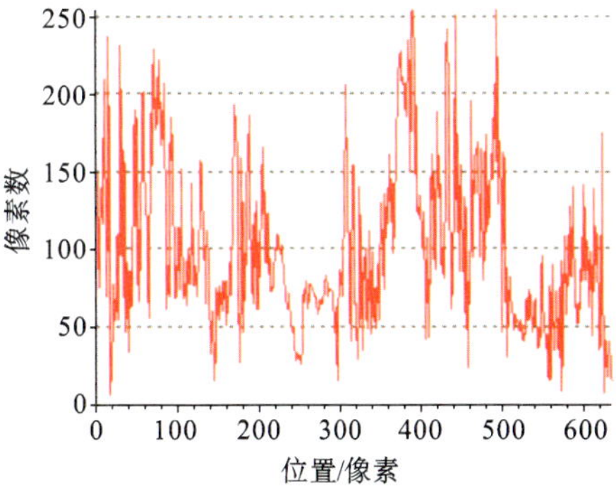

（c）第300个水平扫描行R分量

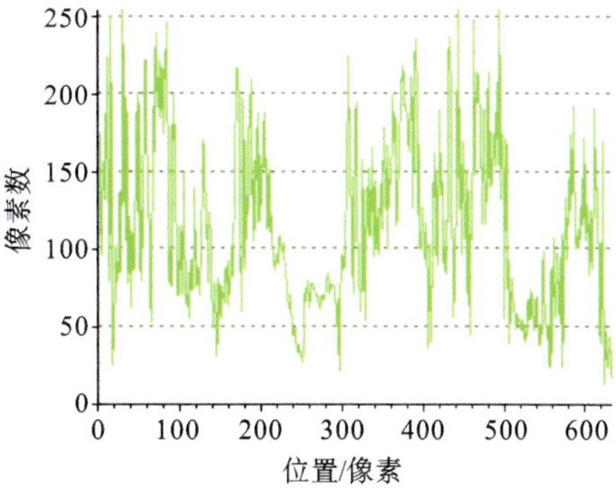

（d）第300个水平扫描行G分量

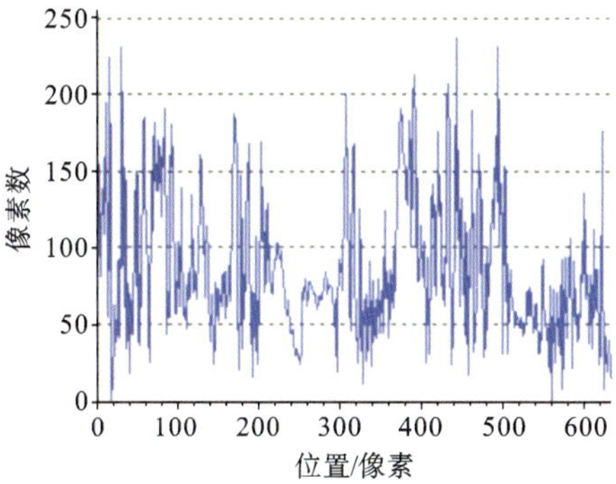

（e）第300个水平扫描行B分量

续图 4.2.4

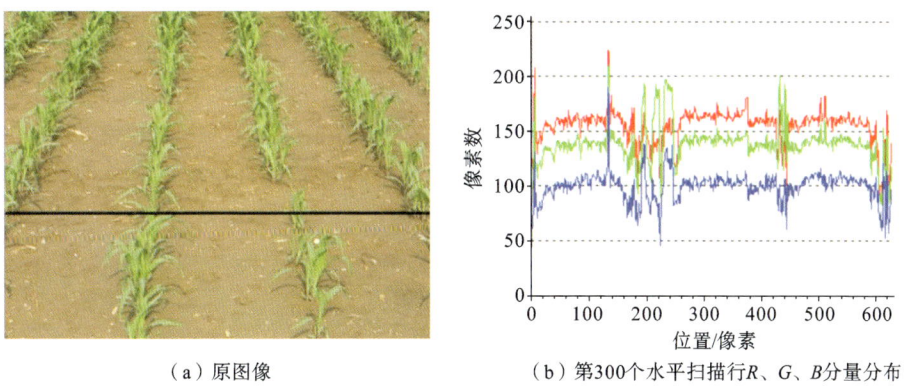

（a）原图像

（b）第300个水平扫描行R、G、B分量分布

图 4.2.5　玉米原图像及在第 300 个水平扫描行 R、G、B 分量分布曲线

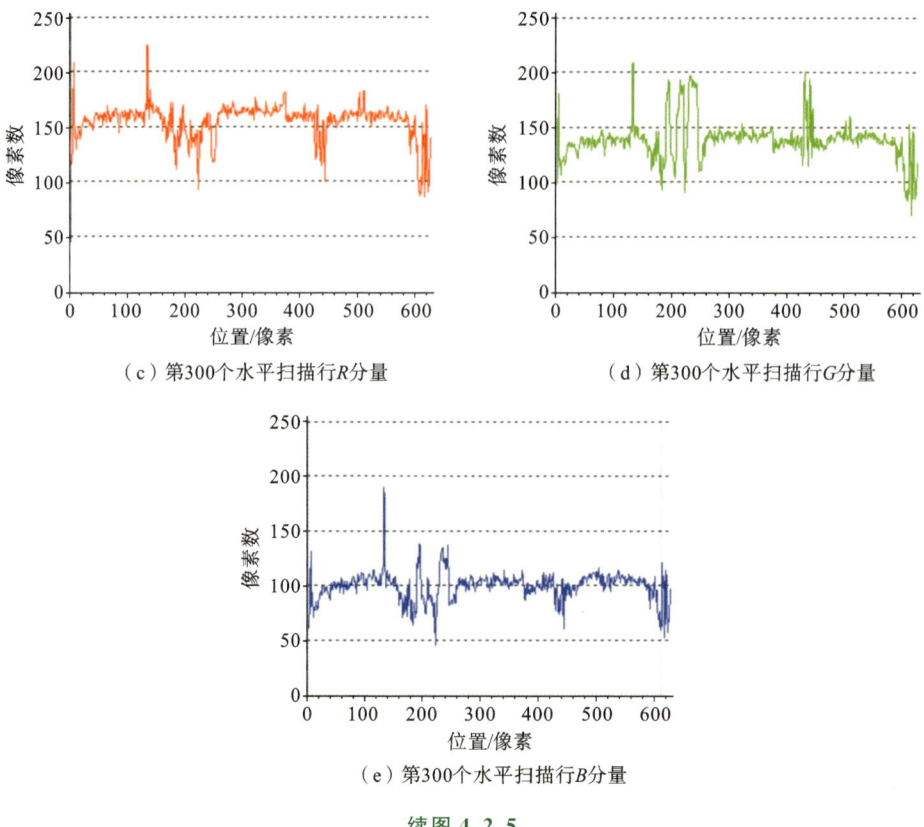

（c）第300个水平扫描行R分量

（d）第300个水平扫描行G分量

（e）第300个水平扫描行B分量

续图 4.2.5

色图像变化为灰度图像。具体方法如式（4.2.1）所示。

$$\text{pixel}(x,y)=\begin{cases}0 & 2G-R-B\leqslant 0\\ 2G-R-B & \text{其他}\end{cases} \qquad (4.2.1)$$

图 4.2.6(a)为 2005 年 11 月（秋季）小麦生长初期阴天采集的图像，土壤比较湿润；图 4.2.6(b)为 2006 年 2 月（冬季）晴天采集的图像，土壤干旱开裂；图4.2.6(c)为 2006 年 3 月（春季）小麦返青时节阴天采集的图像，土壤比较松软；图 4.2.6(d)、(e)、(f)分别为以后不同生长阶段不同天气状况下采集的图像。在图 4.2.6(f)中，麦苗顶部已经开始交叉重叠。这 6 幅图分别展示了小麦在不同生长阶段和不同天气状况下的状态。

利用式(4.2.1)对图 4.2.6 中的图像进行绿色强调处理后的结果如图4.2.7所示，可以看到苗列被强调的同时列间几乎变成了纯黑色。由图 4.2.7 可知，绿色强调算法用在麦苗处于不同生长阶段、不同天气状况下的麦田图像都能获得良好的处理效果。

（a）秋季阴天　　　　　　　（b）冬季晴天　　　　　　　（c）春季阴天 1

（d）春季阴天 2　　　　　　（e）春季晴天　　　　　　　（f）夏季晴天

图 4.2.6　不同生长期麦田原图像示例

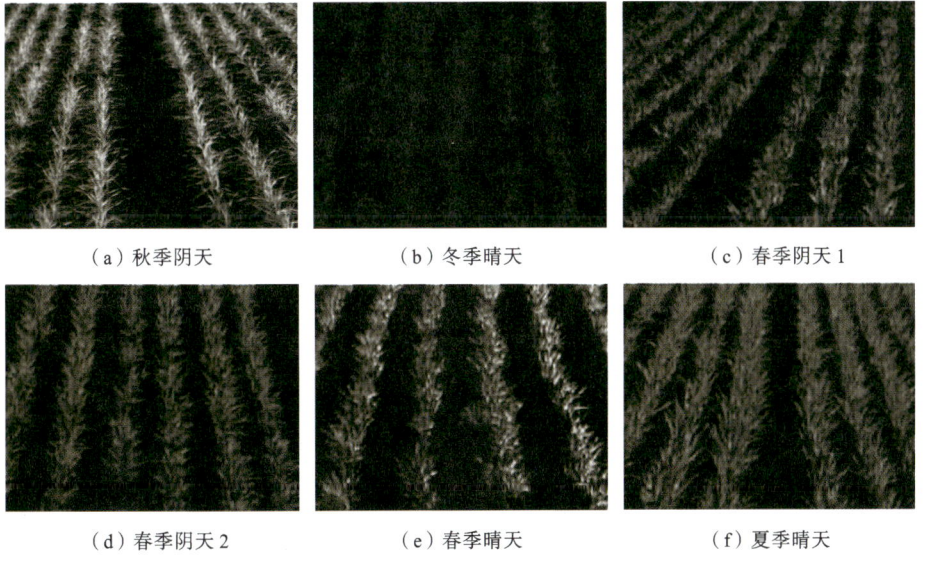

（a）秋季阴天　　　　　　　（b）冬季晴天　　　　　　　（c）春季阴天 1

（d）春季阴天 2　　　　　　（e）春季晴天　　　　　　　（f）夏季晴天

图 4.2.7　图 4.2.6 的绿色强调处理结果

2. 自动二值化处理

从图 4.2.7 可以看出，彩色农田图像经灰度化处理后，农作物亮度被加强、土地背景亮度被抑制，直方图应该呈现明显的双峰特征。可以采用大津法获得分割阈值,并进行自动二值化处理。图 4.2.8 是图 4.2.7 经灰度化处理和大津法处理后形成的二值图像。

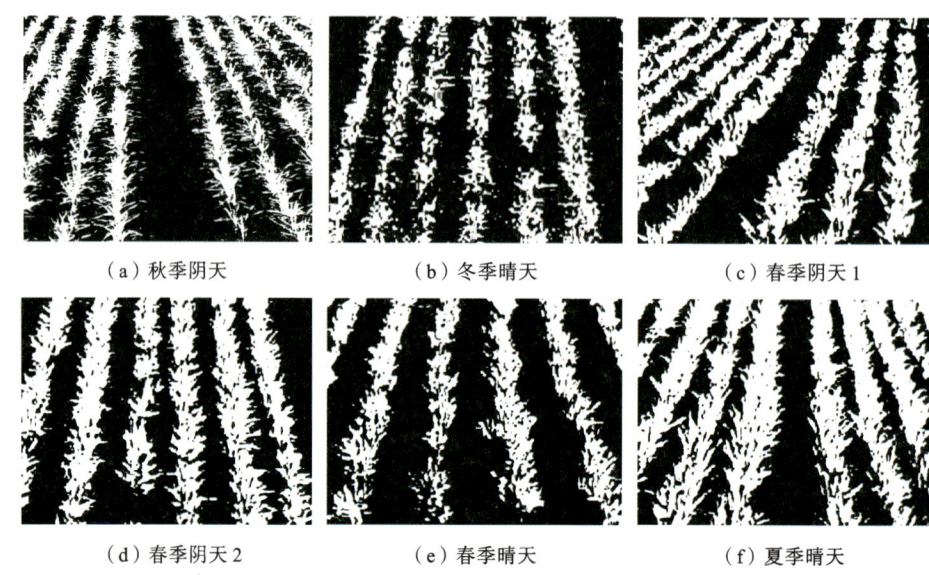

　（a）秋季阴天　　　　　　　（b）冬季晴天　　　　　　　（c）春季阴天 1

　（d）春季阴天 2　　　　　　（e）春季晴天　　　　　　　（f）夏季晴天

图 4.2.8　图 4.2.7 的二值图像

3. 玉米作物提取

　　虽然玉米田图像有残茬、杂草等存在,信息比较复杂,但是其灰度化和二值化处理与麦田图像的处理方法完全一样。图 4.2.9 是玉米田原图像、灰度图像和二值图像。

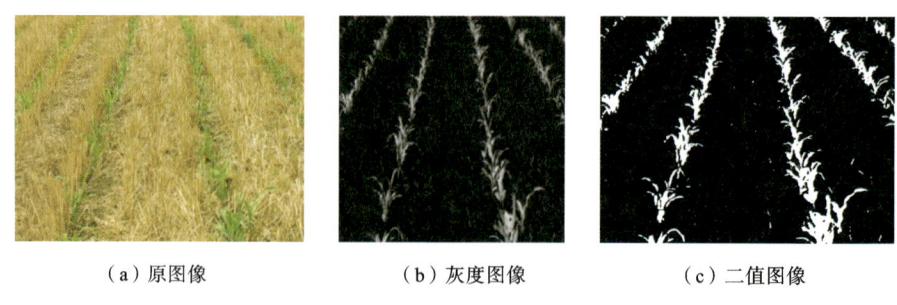

　（a）原图像　　　　　　　（b）灰度图像　　　　　　　（c）二值图像

图 4.2.9　玉米图像提取

4.3　大田农作物生长量三维图像监测

本研究的技术要点如下：

（1）测量范围的确定及三维标定；

（2）农作物的二值化处理；

（3）左、右视觉相机所拍摄图像的匹配；

（4）三维数据合成；

（5）农作物生长量参数测量；

（6）农作物三维建模。

4.3.1　系统硬件构成

本试验地点设置在河北省廊坊市中国农业科学院国家测土施肥试验基地。如图 4.3.1 所示，在监测区内设置 4 根区域标定杆和 1 根高度标定杆，其高度均为 2.5 m。4 根区域标定杆分别安置在待测区域（面积为 1 m²）的 4 个角处，高度标定杆安置在相机对面区域边界的中间位置，a、b、c 分别表示高度标定杆的顶端、底端和玉米遮挡部位。采用 2 个相同型号的相机同时对农作物进行监控。由于无线传输图像的硬件限制，试验采用彩色模拟相机，其输出图像大小为 704×576 像素。从 2009 年 6 月 19 日至 8 月 16 日，每天上午 10：00 和下午 3：00，

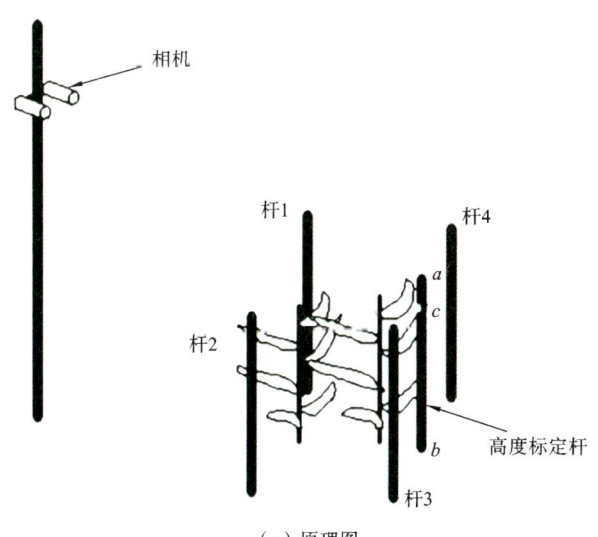

（a）原理图

图 4.3.1　试验装置图

（b）实物图

续图 4.3.1

左、右视觉相机同时各采集一幅图像并以 JPEG 格式保存,然后通过码分多址（code division multiple access,CDMA）无线传输技术传送到实验室计算机。

基于北京现代富博科技有限公司的三维测量系统平台 MIAS 3D,利用 Visual C++ 2010 编程工具,进行软件系统的研制开发。利用 OpenGL 来实现玉米作物的三维建模。

采用直接线性法进行相机的三维标定（参考第 2.7.3 节）。安装调试好设备后,在左、右视觉图像上分别用鼠标点击 4 根区域标定杆上的上、下共 8 个顶点,获得其左、右视觉图像的坐标;以图 4.3.1(a)所示标定杆 1 下端作为世界坐标系的原点,获得 4 根标定杆上、下 8 个顶点的世界坐标。利用上述 8 个顶点的图像坐标和世界坐标,推导出相机的标定参数。

该硬件系统适用于玉米田、小麦田以及其他农作物种植田地,对应不同株高的农作物,可以调节相机安装高度和标定杆高度。

4.3.2 覆盖面积测量

1. 测量区域确定

如图 4.3.2 所示,假设农作物平均高度平面与高度标定杆的交点为 c,过 c 点作直线平行于直线 b_1b_4,分别交 a_1b_1 和 a_4b_4 于 c_1、c_4;然后,作直线 c_1c_2 和

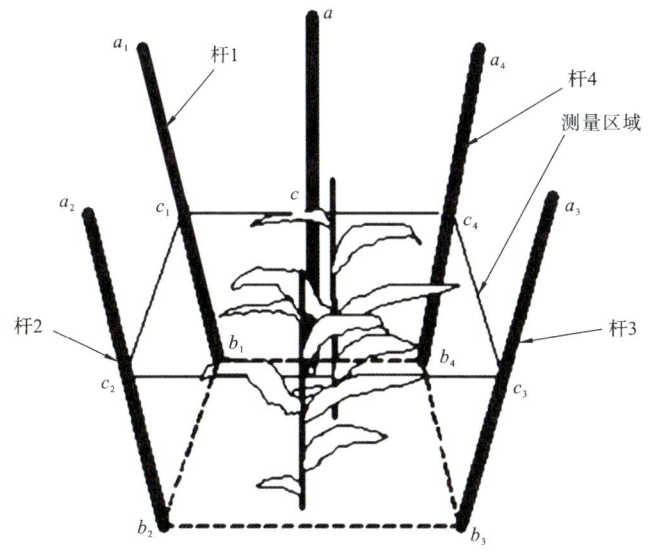

图 4.3.2 确定测量区域

$c_4 c_3$，分别平行于直线 $b_1 b_2$ 和 $b_4 b_3$；c_1、c_2、c_3、c_4 的连接区域即为测量区域。

2. 覆盖面积及颜色计算

由于玉米植株颜色呈绿色，而测量区域中的背景颜色较暗，因此将 G 分量图像作为处理图像。采用大津法对 G 分量图像进行自动二值化处理，得到二值图像，其中白色像素(255)代表植株，黑色像素(0)代表背景。

通过对左、右视觉二值图像进行网格化匹配处理，判断农作物区域，根据农作物区域的网格个数来获得农作物的覆盖面积。图 4.3.3 为测量区域网格化示意图，为方便显示，将农作物颜色设为黑色，背景区域设为白色。首先对四边形的各边分别进行 $k(k=64)$ 等分，然后将两组对边上的对应等分点分别相连，

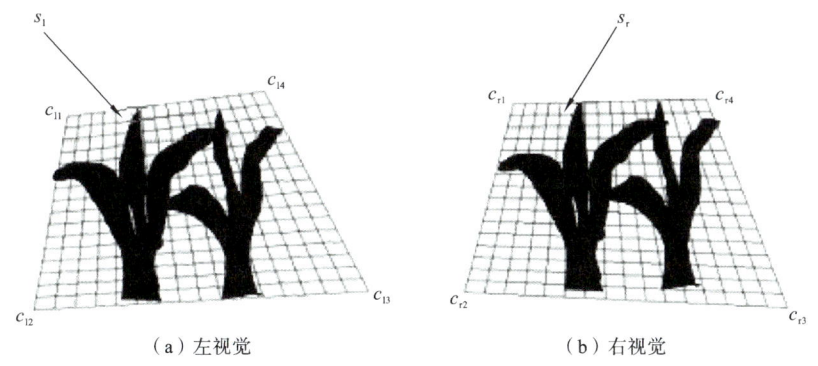

（a）左视觉   （b）右视觉

图 4.3.3 测量区域网格化示意图

形成 $k \times k$ 的网格。可以认为左、右视觉图像中相对应的网格在空间上对应着同一区域。例如,图 4.3.3(a)中的网格 s_l 与图 4.3.3(b)中的网格 s_r 对应于空间上的同一区域。然后,顺序扫描左、右视觉图像上的网格,计算各个网格中白色像素数占其网格区域总像素数的比例,如果左、右视觉图像上网格中的白色像素比例都大于设定值(在本研究中设定为 0.5),则判定该网格为植物区域,否则判断其为背景。最后,统计农作物的网格数 N_c,利用比例关系计算农作物的覆盖面积。如果设实际测量面积为 S(在本研究中为 1 m^2),则农作物实际覆盖面积为 $N_c \times S/k^2 (m^2)$。

对上述左、右视觉二值图像中的白色像素所对应的原图像中的像素的三个颜色分量分别求平均值,作为农作物的平均颜色值。

利用从 2009 年 7 月 19 日至 8 月 16 日的 29 帧图像(每天一帧)进行试验,试验结果表明:测量区域网格数的设定会影响运算速度和测量结果,网格数越少,形心点云的数量越少,株高测量的精确度越低;网格数越多,运算时间越长,测量结果越精确。本研究采用了 64×64 的网格。

图 4.3.4(a)、(b)分别是左、右视觉原图像(2009 年 7 月 28 日图像),标定杆间的四边形连线区域为测量区域。图 4.3.5(a)、(b)分别是对图4.3.4(a)、(b)所示测量区域中的农作物进行 G 分量提取的结果图像,白色区域为提取的农作物区域,黑色区域为背景区域。结果显示,本研究所采用的提取方法能够正确提取出农作物。

(a)左视觉　　　　　　　　　　　　　　(b)右视觉

图 4.3.4　原图像

图 4.3.6 为对图 4.3.5 中测量区域网格形心进行三维重建的结果,白色点云的形状与测量区域内农作物的形状基本吻合,验证了采用网格形心进行三维

（a）左视觉   （b）右视觉

图 4.3.5 农作物提取结果

图 4.3.6 测量区域农作物三维合成结果图

重建的合理性。

  图 4.3.7 为覆盖面积测量结果分布图，横坐标为时间序号，纵坐标为覆盖

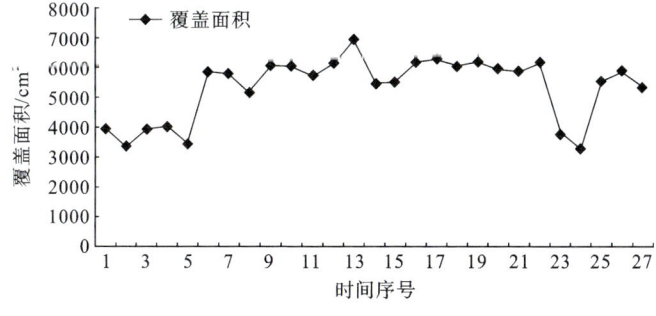

图 4.3.7 覆盖面积测量结果

面积(cm^2)。结果显示,在生长阶段,农作物的覆盖面积总体呈现增长趋势,到最后的抽穗阶段,覆盖面积有一定的波动。

4.3.3 株高测量

1. 基于双目视觉的株高测量

在上述覆盖面积测量中,经过匹配获取了左、右视觉图像中代表农作物的网格位置及其数量。首先,由式(4.3.1)求出各个网格的形心坐标(x_c, y_c):

$$\begin{cases} x_c = \dfrac{\sum\limits_{i=0}^{N_w-1} x_i}{N_w} \\[4mm] y_c = \dfrac{\sum\limits_{i=0}^{N_w-1} y_i}{N_w} \end{cases} \tag{4.3.1}$$

式中:N_w 为目标网格中白色像素的个数;x_i、y_i 为白色像素的图像坐标(像素)。

然后,分别对每个农作物网格形心进行上述的三维重建,得到其三维坐标。最后,求取重建后各个网格形心的高度 Y 坐标平均值,作为平均株高 h_t。

2. 基于标定杆的株高测量

如图 4.3.1 所示,为了便于区分高度标定杆 ab 与农作物,将高度标定杆染成红色。安装并调试好设备后,首先用鼠标点击高度标定杆的上端点 a 和下端点 b,获得 a、b 的图像坐标。设 ab 连线上的像素点数为 N_g,计算各个像素点的横、纵坐标值,依次存储于数组 A。利用式(4.3.2)和式(4.3.3)计算数组 A 中从起点(标定杆上端点 a)到上次测量株高 q(q 的初始值为 N_g)的像素点的颜色平均值及其标准差:

$$\begin{cases} R_e = \dfrac{\sum\limits_{j=0}^{q-1} R_j}{q} \\[4mm] G_e = \dfrac{\sum\limits_{j=0}^{q-1} G_j}{q} \\[4mm] B_e = \dfrac{\sum\limits_{j=0}^{q-1} B_j}{q} \end{cases} \tag{4.3.2}$$

$$\begin{cases} R_{\mathrm{s}} = \sqrt{\dfrac{\displaystyle\sum_{j=0}^{q-1}(R_j - R_{\mathrm{e}})^2}{q}} \\[3ex] G_{\mathrm{s}} = \sqrt{\dfrac{\displaystyle\sum_{j=0}^{q-1}(G_j - G_{\mathrm{e}})^2}{q}} \\[3ex] B_{\mathrm{s}} = \sqrt{\dfrac{\displaystyle\sum_{j=0}^{q-1}(B_j - B_{\mathrm{e}})^2}{q}} \end{cases} \qquad (4.3.3)$$

式中：R_j、G_j、B_j 为数组 A 中第 j 个点（$j=0,1,\cdots,q-1$）在原图像上对应位置像素的 R、G、B 分量值；R_{e}、G_{e}、B_{e} 为对应颜色的平均值；R_{s}、G_{s}、B_{s} 为对应颜色的标准差。

然后，从起点开始逐个判断数组 A 中各点是否为交点 c。逐点计算数组 A 中各点在原图像相应位置的颜色值与平均颜色值的差值 $D(|R_i - R_{\mathrm{e}}|,|G_i - G_{\mathrm{e}}|,|B_i - B_{\mathrm{e}}|)(0 \leqslant i < q)$，并将该差值的 3 个分量分别与颜色标准差的三个分量 R_{s}、G_{s}、B_{s} 进行比较，只要有一个分量大于对应颜色的标准差分量，即可判定该点为交点 c。设高度标定杆实际高度为 h，用 cb、ab 分别表示标定杆上对应点间的距离，则测得的植株平均高度为 $(cb \div ab) \times h$。分别求出左、右视图的株高 h_l、h_r，然后取平均值即可得到基于标定杆方法的株高 h_{b}。

图 4.3.8 为株高测量结果，横坐标为测量时间序号，纵坐标为高度（cm）。结果显示，基于高度标定杆测量的农作物高度总是低于二维测量高度 20 cm 左右，两者之间具有很大的相关性，可以用式 $y=0.9418x+27.507$ 进行拟合，相关系数达到 0.9744。相机向下倾斜拍摄标定杆，导致拍到的农作物遮挡部位向

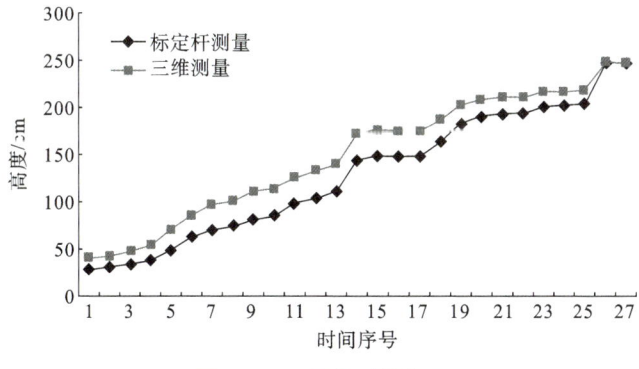

图 4.3.8　株高测量结果

下偏移,从而引起了上述测量误差,这也佐证了三维测量高度值的正确性。

4.3.4　玉米植株的三维建模

玉米植株的建模需要利用株高、叶片颜色、茎长、茎粗、叶片数、叶宽、叶长等参数。玉米植株建模分两个步骤:首先构建出植株各器官的拓扑结构形态,然后利用 OpenGL 实现玉米植株的可视化。上述测量的株高、覆盖面积、平均颜色可以作为该模型的输入参数,而其他输入参数(例如茎粗、叶片数、叶片参数等),可由人工测量或者根据生长规律自动生成。

玉米植株包括叶片、叶鞘、主茎、雄穗、雌穗等器官,本研究仅对作为玉米植株主要器官的玉米叶片和主茎进行三维建模。

1. 玉米叶片建模

NURBS(non-uniform rational B-spline)即非均匀有理 B 样条,它为描述自由型曲线(曲面)、初等解析曲线(曲面)提供了统一的算法公式,具有操纵灵活、计算稳定、运行速度快以及几何解释明显等优点。国际标准化组织 ISO 于 1991年正式颁布了工业产品几何定义的 STEP 国际标准,把 NURBS 方法确定为定义产品形状的唯一数学方法。本研究采用 NURBS 曲面对玉米叶片曲面进行建模。

一张 $k \times 1$ 次 NURBS 曲面可以表示如下:

$$p(u,v) = \frac{n\sum\limits_{j=0}^{n}\sum\limits_{i=0}^{m}\omega_{i,j}d_{i,j}B_{i,f}(u)B_{j,g}(v)}{\sum\limits_{j=0}^{n}\sum\limits_{i=0}^{m}\omega_{i,j}B_{i,f}(u)B_{j,g}(v)} \tag{4.3.4}$$

式中:u、v 为参数平面上的坐标变量;$d_{i,j}$、$\omega_{i,j}(i=0,1,\cdots,m;j=0,1,\cdots,n)$ 为控制顶点及与控制顶点相联系的权因子;$B_{i,f}(u)$、$B_{j,g}(v)$ 为 u 方向 f 次和 v 方向的 g 次 B 样条基函数,分别由 u 方向和 v 方向的节点矢量 $\boldsymbol{U}=[u_0,u_1,\cdots,u_{m+f+1}]$ 与 $\boldsymbol{V}=[v_0,v_1,\cdots,v_{n+g+1}]$ 按德布尔(De Boor)递推公式决定。

2. 叶脉曲线数学模型

玉米叶片的叶脉形状决定了叶片的形状。主脉随着叶片的生长逐渐下垂。叶脉曲线通常采用抛物线、样条曲线、圆弧进行描述。其中,圆弧曲线计算简单,不用进行积分等复杂运算。如图 4.3.9 所示,本研究采用圆弧对玉米叶脉进行描述,将玉米叶脉曲线表示在 OXZ 平面上。

图 4.3.9 中:$O_r(x_0,y_0,x_0)$ 为圆弧的圆心;$O(0,0,0)$ 为坐标系的原点,也是

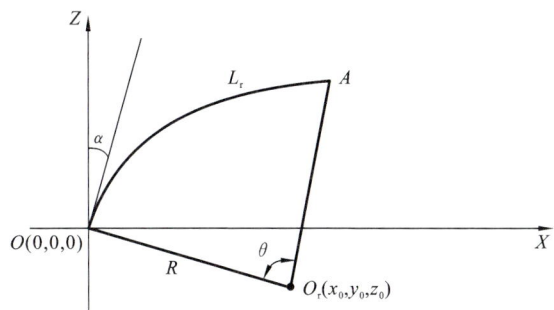

图 4.3.9 叶脉曲线示意图

圆弧的起点,代表叶片基部与主茎的交点;R 为圆弧的半径;A 为圆弧的终点,代表叶尖点;L_r 为圆弧的弧长;α 为圆弧的切线与 Z 轴间的夹角,代表叶片的倾角;θ 为圆弧的弧度角。由弧长公式可得:

$$L_r = R\theta\pi/180 \tag{4.3.5}$$

圆弧的信息包括圆心位置(x_0,y_0,z_0)、半径、弧长、弧度角。通常圆弧弧长也就是叶片的长度,可以通过实际测量获得,弧度角可进行粗略估计。利用这两个已知量,通过式(4.3.5)可求得圆弧半径 R。根据 R 与叶倾角 α,通过式(4.3.6)就可求出圆心坐标:

$$\begin{cases} x_0 = R\cos(\alpha\pi/180) \\ y_0 = -R\sin(\alpha\pi/180) \\ z_0 = 0 \end{cases} \tag{4.3.6}$$

3. 玉米叶片控制点选取

如图 4.3.10 所示,为了使玉米叶片曲面光滑,选取 25×7 个控制点构造叶片曲面,其中 v 方向(长度方向)取 25 排,u 方向(宽度方向)取 7 列。控制点 $CP_{u,v}(x_{u,v}, y_{u,v}, z_{u,v})$ 各坐标值可按式(4.3.7)选取。

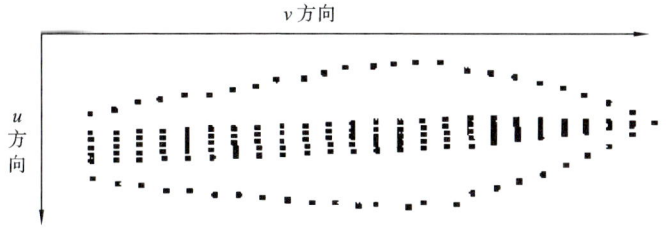

图 4.3.10 玉米叶片控制点示意图

$$
\begin{cases}
x_{u,v} = x_{max}/25.0 \times v + x_0 \\
y_{u,v} = \sqrt{R^2 - x_{u,v}^2} + y_0 \\
z_{u,v} = (u - 3.0) \times W_r/20.0 + z_0
\end{cases}
\tag{4.3.7}
$$

式中：x_{max} 为叶脉曲线在 X 轴方向上的投影长度（像素），$x_{max} = x_0 + R\cos(\pi - (\theta - \alpha)\pi/180)$（像素）；$v = 0,1,2,\cdots,16, u = 1,2,\cdots,5$；$W_r$ 为叶宽（像素）。

叶片在顶端 1/3 部分逐渐收缩，控制点的 Z 坐标按式(4.3.8)逐渐缩小：

$$
z_{u,v} = (24.0 - v)/8.0 \times (u - 3.0) \times W_r/20.0 + z_0
\tag{4.3.8}
$$

玉米叶片边缘的褶皱主要由 u 值为 0 和 6 的控制点确定。根据观察，褶皱呈现高低交错状态，可以通过修改式(4.3.7)中的 R 值来实现。设修改后的 R 值为 R'，如式(4.3.9)所示。

$$
\begin{cases}
y_{u,v} = \sqrt{(R')^2 - x_{u,v}^2} + y_0 \\
R' = R + g[v] \times H_d
\end{cases}
\tag{4.3.9}
$$

式中：H_d 为设定的褶皱高度（像素）；$g[v]$ 为 -1，0，1 交替出现的数组，用来实现褶皱的高低交错；$u = 0,6$；$v = 0,1,2,\cdots,16$。

由上述可知，生成叶片控制点需要的参数包括：叶长、叶宽、叶片上的最大褶皱高度和叶倾角。

4. 玉米叶片节点矢量选取

对于 NURBS 曲面，除了确定 u、v 方向的控制点外，节点矢量 U、V 的选取也非常关键。对于 u 方向基函数次数为 f、v 方向基函数次数为 g 的 NURBS 曲面，u、v 方向节点的个数分别为各方向控制点数加基函数次数，再加 1，即 $U = [u_0, u_1, u_2, \cdots, u_{m+f+1}]$，$V = [v_0, v_1, \cdots, v_{n+g+1}]$。本研究中，$u$、$v$ 方向均采用三次 B 样条函数作为基函数，即 $f = g = 3$，且 u、v 方向的控制点个数分别为 7 和 25，因此 u、v 方向的节点数分别为 11 和 29，即 $U = [u_0, u_1, \cdots, u_{10}]$，$V = [v_0, v_1, \cdots, v_{28}]$。对于一般的开曲面，$u$、$v$ 方向两端节点的重复度取 $f+1$ 和 $g+1$。为规范参数域，即将所有节点值控制在 0 和 1 之间，通常将节点矢量的前 $f+1$ 和 $g+1$ 个节点值取成 0，后 $f+1$ 和 $g+1$ 个节点值取成 1。本研究设定：$u_0 = u_1 = u_2 = u_3 = 0$，$v_0 = v_1 = v_2 = v_3 = 0$，$u_7 = u_8 = u_9 = u_{10} = 1$，$v_{25} = v_{26} = v_{27} = v_{28} = 1$。剩下的就是中间部分节点的选取，选取方法主要有里森费尔德方法和哈特利-贾德方法，但这两种方法计算量均较大，本研究按式(4.3.10)在 0 和 1 之间进行了取值：

$$
\begin{cases}
u_i = 1.0/4.0 \times (i - 3) \\
v_j = 1.0/22.0 \times (j - 3)
\end{cases}
\tag{4.3.10}
$$

式中:$j=4,5,\cdots,24;i=4,5,6$。

5. 玉米植株建模与可视化

利用圆柱体的二次曲面来构建主茎的形态模型,圆柱体的长度和半径代表主茎茎长和茎粗,上述测量的株高作为主茎的长度参数代入。

由叶片和主茎构建出玉米植株的形态模型,并采用 OpenGL 实现植株的可视化。参考玉米叶片生长的一般规律,根据上述测量参数,随机生成叶片数与叶片形状。其中,株高决定叶片数和茎粗,覆盖面积决定叶片的最大长度,平均颜色决定叶片颜色等。

采用 OpenGL 库中的函数 gluNurbsSurface()实现玉米叶片的显示。用 NURBS 对象生成函数 GLUnurbsObj * gluNewNurbsRenderer()生成 Nurbs 对象。控制点数组和节点数组根据上述方法生成。叶片颜色采用函数 glColor3ub(),代入上述测量的平均颜色值。

采用 OpenGL 库中的圆柱体显示函数 gluCylinder()实现主茎的显示。其中二次曲面对象由二次曲面对象生成函数 GLUquadricObj * gluNewQuadric()生成。上、下底面半径均由主茎半径代入。上述测量的株高 h_b 作为圆柱体高度参数代入。另外,利用 OpenGL 的相关库函数对场景进行光照和材质的渲染。

6. 建模结果与分析

本研究对每一组测量结果均进行了实时三维建模,实现了玉米生长过程的三维模拟演示。图 4.3.11(a)、(b)、(c)分别表示 3 个不同生长时期玉米的二维

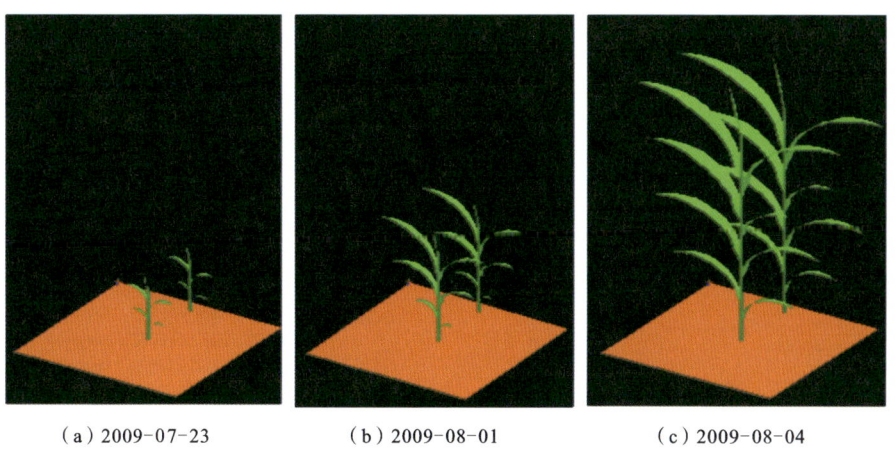

(a) 2009-07-23   (b) 2009-08-01   (c) 2009-08-04

图 4.3.11　不同时期玉米植株三维建模结果

建模结果。三维测量的株高设定为模型主茎的高度,叶片数、叶片参数、主茎直径等参数根据其生长规律自动生成。受光照与相机成像质量的影响,图像中的玉米植株颜色偏白,与实际颜色有较大的偏差,导致最终测得的平均颜色失真。因此,本研究将植株颜色设为绿色,利用 OpenGL 中光照和材质渲染函数对大田间的光照环境进行了模拟。如果选用质量较好的相机,并且能够有效避免强反射光影响,就可以使用测量的叶片平均颜色参数。目前,本研究仅对玉米的叶片和主茎进行了建模。在以后的研究中,还需要对玉米穗等其他植株器官进行建模,以模拟玉米抽穗之后的生长过程。进一步,如果针对测量参数与农作物实际生长状态建立模型,就有望实现农作物生长过程的自动检测。

4.3.5　系统软件界面

图 4.3.12 和图 4.3.13 分别是用于玉米和小麦农作物生长量三维检测的系统软件界面,两图对应的界面区域含义相同。第 4.3.4 节已介绍玉米植株的三维建模,小麦植株的三维建模对应有不同的建模函数,这里不做介绍。对于不同的大田农作物,只要采用相应的三维建模函数,本系统都适用。

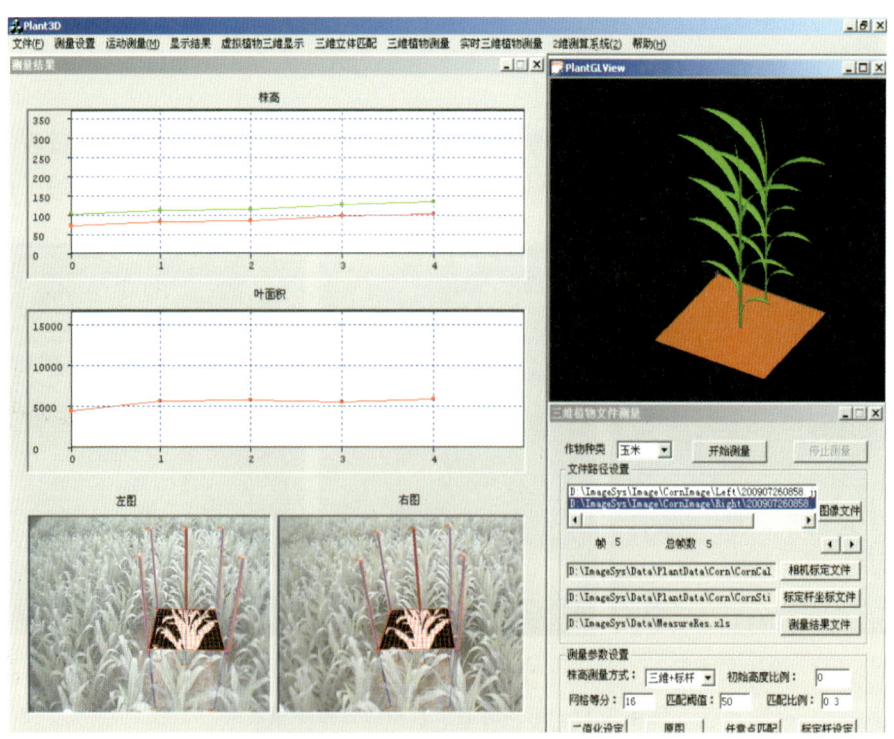

图 4.3.12　玉米生长参数监测界面

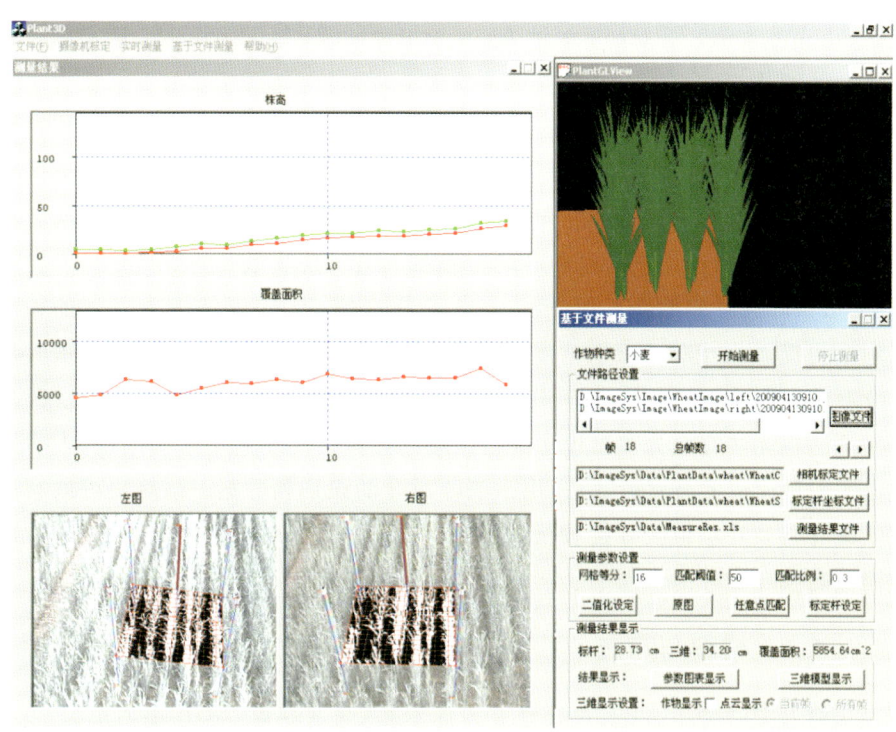

图 4.3.13　小麦生长参数监测界面

如图 4.3.12 所示，系统界面左上角区域显示农作物株高，上面的黄色斜线为三维检测的株高变化曲线，下面的红色曲线为基于农作物遮挡杆测量的株高的变化曲线，二者相关性很强，佐证了两种测量方法都有较高的正确率。由于相机是斜向下拍摄的，农作物遮挡杆测量株高稍微低于三维测量高度；左侧中间栏显示监测的叶面积变化情况；左侧下方两个区域分别显示左相机和右相机的序列图像。

系统界面右侧上方区域实时显示三维建模图像；右侧下方区域显示选择的农作物种类、图像文件、测量参数设置，并布置了各种功能执行键。

本界面功能是对保存的序列图像文件进行处理，执行"实时三维植物测量"命令，可以打开对应功能的实时处理界面。

4.4　基于改进分水岭算法的名优茶嫩叶识别分割方法

本研究由浙江理工大学机械与自动控制学院的张雷等完成，研究论文刊登在《Computers and Electronics in Agriculture》(2021 年 184 卷)上,论文题目是《Method of famous tea sprout identification and segmentation based on improved watershed algorithm》,这里只介绍图像检测核心内容,全部内容请参考原文。

对名优茶嫩叶采摘的研究大多是在理想光照等外部条件下进行的,或者在遮光的条件下进行,而在强光和不均匀光照下进行茶叶嫩叶的研究很少。在强光照下,茶叶嫩叶表面会反射光线,形成高亮区域,因而,强光照条件下的嫩叶识别成为提高茶叶嫩叶识别精度的技术瓶颈。分水岭分割算法在茶叶嫩叶和老叶颜色区分度较低的情况下识别出茶叶嫩叶的准确率和完整性较低。阈值分割算法也无法完全分割出包含高亮区域的嫩叶。为了解决这些问题,本研究提出了一种改进的分水岭算法,用于茶叶嫩叶的识别和分割。该算法可以解决茶叶嫩叶与老叶颜色区分度较低的问题,并能识别出茶叶嫩叶表面高亮区域,从而提高茶叶嫩叶的识别率。

4.4.1　材料与方法

在研究中,研究人员主要进行了图像采集、高斯滤波、RGB 单通道分离、B分量阈值处理、分量获取、分段线性变换增强、分量二值化处理、形态学运算、分水岭函数分割等工作。

1. 图像滤波

由于外部环境的干扰,直接从茶园采集的茶叶嫩叶样本图像会包含各种噪声,从而导致后续分割出现误差,因此,必须对茶叶嫩叶的原图像进行图像滤波以去除噪声。对图像进行滤波去噪后,可以提高后续处理对茶叶嫩叶的分割精度。常用的滤波方法有均值滤波、中值滤波和高斯滤波。通过试验比较,结合图像失真程度、去噪效果和响应时间,研究人员采用了带有 3×3 卷积核的高斯滤波器对茶叶嫩叶图像进行去噪。

2. 分离 RGB 模型图像通道

本研究利用 RGB 模型对茶叶表面的高亮区域进行分析,以呈现出不同的视觉效果,并对茶叶图像进行通道分离及过滤。对于 R、G、B 三个分量,分析某一分量中的高亮区域分布及其灰度直方图特征。图 4.4.1(a)所示为茶叶样品的原图像、图 4.4.1(b)为灰度图像,图 4.4.1(c)~(e)分别为采集图像的 R、G、B 分量图像;图 4.4.2(a)~(c)分别为 R、G、B 分量的灰度直方图。

（a）原图像

（b）灰度图像

（c）R分量图像

（d）G分量图像

（e）B分量图像

图 4.4.1　茶叶嫩叶图像

3. 对 B 分量进行超阈值零处理

茶叶嫩叶上的高亮区主要体现在 B 分量上，即 B 分量上出现的"死黑"区，导致后期茶叶嫩叶分割不完全。本研究采用超阈值零处理的方法对 B 分量上的高亮区进行"补偿"，即选取一个最优阈值，将茶叶嫩叶 B 分量上所有像素点的像素值均与该阈值进行对比，将超过该阈值的像素点的像素值置为 0。然而，在工业应用中，需要处理的图像数量过多，如果采用人工调试和自定义的方式设定阈值，则工作量大、流程烦琐、效率低、精度低，不能满足现代化工业的要求。为了获得一种能够满足行业需求的阈值确定方法，本研究基于自适应阈值的思想，采用最小误差法获取最佳阈值 T'。

最小误差法确定阈值 T' 的算法为：设图像大小为 $M \times N$ 像素，灰度值为 L，n_i 表示灰度值为 i 的像素点个数，$n = \sum_{i=0}^{L-1} n_i$ 表示全部像素点个数，p_i 表示灰度值为 i 的像素点概率。设灰度分布模型满足混合正态分布：

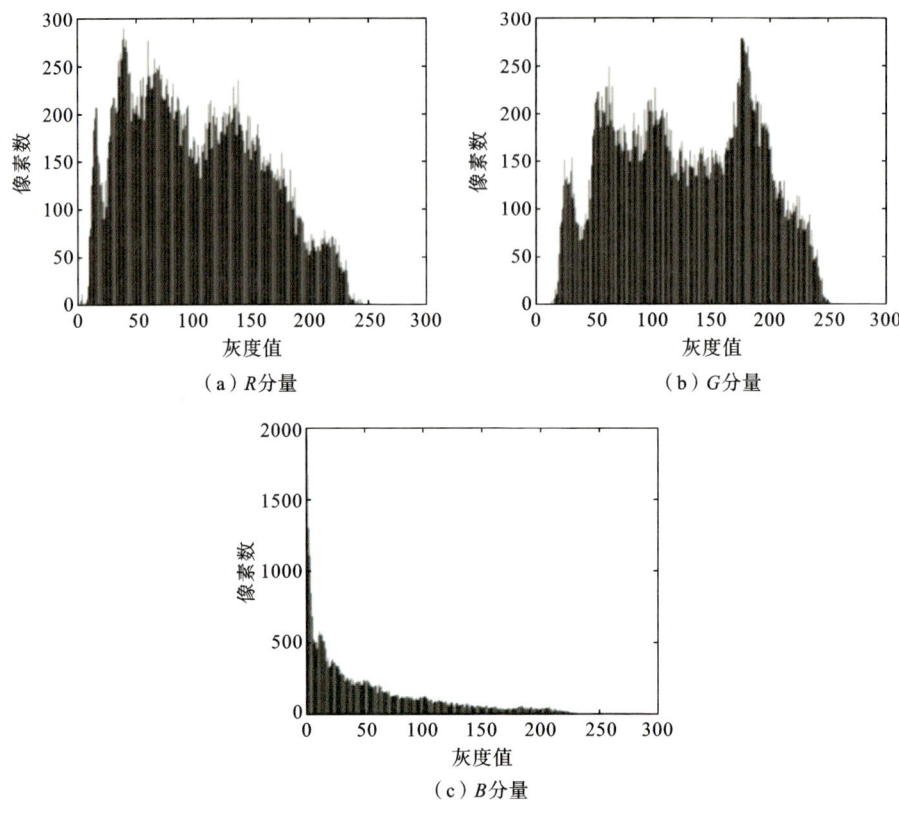

（a）R分量 （b）G分量

（c）B分量

图 4.4.2 灰度直方图

$$p(i) = \sum_{j=0}^{1} p_j \cdot p(i \mid j) \qquad (4.4.1)$$

式中：p_0 表示背景 C_0 分布的先验概率；p_1 表示前景 C_1 分布的先验概率。C_0 和 C_1 分布 $p(i|j)$ 均服从均值为 μ_j、方差为 σ_j^2 的正态分布：

$$p(i|j) = \frac{1}{\sqrt{2\pi}\sigma_j} \exp\left[-\frac{(i-\mu_j)^2}{2\sigma_j^2}\right] \qquad (4.4.2)$$

设 t 为 C_0 和 C_1 的分割阈值，则 C_0 和 C_1 分布的均值分别为

$$\mu_0(t) = \frac{\mu(t)}{p_0(t)} \qquad (4.4.3)$$

$$\mu_1(t) = \frac{\mu_T - \mu(t)}{p_1(t)} \qquad (4.4.4)$$

式中：$\mu(t) = \sum_{i=0}^{t} i \cdot p_i$，$\mu_T = \sum_{i=0}^{L-1} i \cdot p_i$。

C_0 和 C_1 分布的方差分别为

$$\sigma_0^2(t) = \sum_{i=0}^{t} p_i i^2 - (\mu_0(t))^2 \qquad (4.4.5)$$

$$\sigma_1^2(t) = \sum_{i=0}^{L-1} p_i i^2 - (\mu_1(t))^2 \qquad (4.4.6)$$

构造目标函数:

$$J(t) = 1 + 2[p_0(t)\ln\sigma_0(t) + p_1(t)\ln\sigma_1(t)] - 2[p_0(t)\ln p_0(t) + p_1(t)\ln p_1(t)] \qquad (4.4.7)$$

$$T' = \arg\{\min_{0 \leqslant t \leqslant L-1} J(t)\} \qquad (4.4.8)$$

式中:T' 表示最佳阈值。

超阈值零处理方法处理高亮区域的算法思路:遍历图像中像素点 src(x,y),将灰度值大于阈值的像素点的灰度值处理为 0,小于或等于阈值的像素点保持不变,用公式表示为

$$\mathrm{dst}(x,y) = \begin{cases} 0 & \mathrm{src}(x,y) > T' \\ \mathrm{src}(x,y) & \mathrm{src}(x,y) \leqslant T' \end{cases} \qquad (4.4.9)$$

式中:dst(x,y) 表示处理后图像像素;src(x,y) 表示待处理图像像素。在对 B 分量进行超阈值零处理后,即可得到处理过后的 B' 分量。

在图 4.4.1(a)中,红圈中的区域表示"死黑"区域对应的高亮区域。在图 4.4.1(e)中,茶叶嫩叶的高亮区域和非高亮区域对应的灰度值存在显著差异。在对 B 分量进行超阈值零处理时,根据最小误差法得到的最佳阈值 T' 为170,处理后的效果如图 4.4.3 所示。

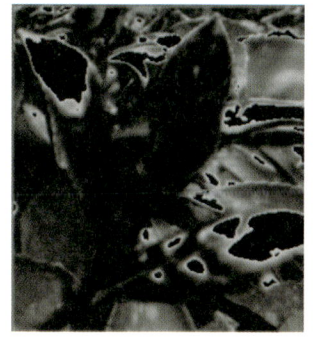

图 4.4.3　B 分量经超阈值零
处理后的效果

4. 获取 $G-B'$ 分量

对比图 4.4.1 和图 4.4.2 可以看出,茶叶嫩叶和背景的颜色区分度仍然较低,且茶叶图像中的 R 分量和 G 分量均有多个波峰和波谷,而 B 分量没有明显的波谷。因此,直接利用 R 分量、G 分量和 B 分量对茶叶进行嫩叶分割,其难度较大。本研究使用 $G-B'$ 分量来对茶叶嫩叶进行分割。

从 $G-B'$ 分量图(见图 4.4.4(a))中可以看出,茶叶嫩叶和老叶之间存在着较高的区分度。然而,在茶叶嫩叶的高亮区域出现了"死黑"区。"死黑"区

内的茶叶嫩叶的灰度值接近老叶以及背景的灰色值,难以对茶叶嫩叶进行分割。图 4.4.4(b)～(d)分别为经过零处理的 $G-B'$ 分量图、未经超阈值零处理的二值图像和经过超阈值零处理的二值图像。相比之下,本研究提出的方法,能大大地提高茶叶嫩叶表面高亮区域内分割的完整度和精度。

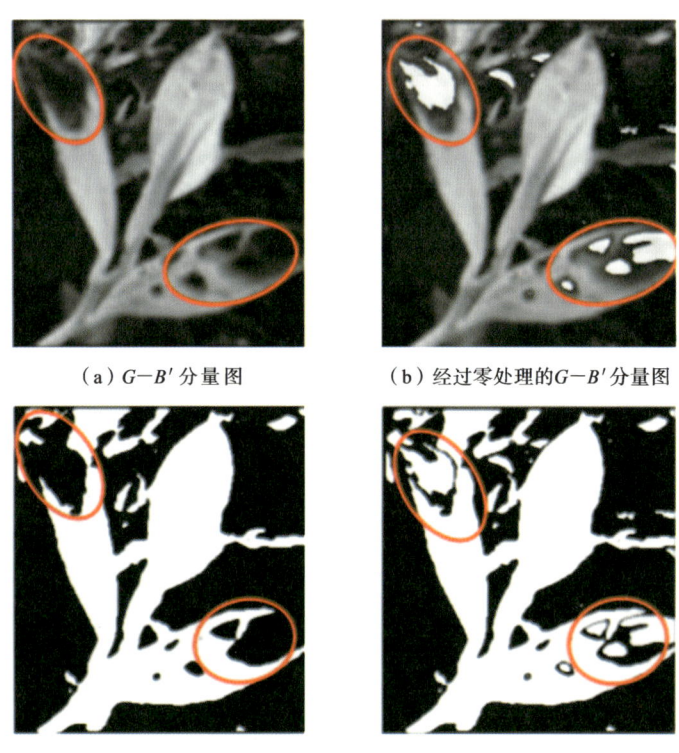

(a) $G-B'$ 分量图　　　　(b) 经过零处理的 $G-B'$ 分量图

(c) 未经超阈值零处理的二值图像　　　(d) 经过超阈值零处理的二值图像

图 4.4.4　高亮区域处理

5. 分段线性变换增强

利用分段线性变换对上一步得到的 $G-B'$ 分量进行图像增强处理。常用的图像增强方法有直方图均衡化、小波变换、偏微分方程方法和 Retinex 增强方法,通过比较各种方法,研究人员采用了分段线性变换函数来增强原始图像各部分的对比度。假设图像 $f(x,y)$ 的灰度范围为 $[a,b]$,图像 $g(x,y)$ 变换后的灰度范围为 $[c,d]$,则有

$$g(x,y)=\begin{cases} \dfrac{a'-c'}{a-c}[f(x,y)-c]+c' & c<f(x,y)<a \\[3mm] \dfrac{b'-a'}{b-a}[f(x,y)-a]+a' & a<f(x,y)<b \\[3mm] \dfrac{d'-b'}{d-b}[f(x,y)-b]+b' & b<f(x,y)<d \end{cases} \quad (4.4.10)$$

采用分段线性变换抑制背景像素,拉伸嫩叶像素,增大老、嫩叶像素在灰度轴上的距离。采用最小误差法来获取最佳自适应值 T_1、$T_2(T_1<T_2)$,$[0,T_1]$ 为背景区像素值区间,$[T_2,255]$ 为嫩叶区像素值区间。

$G-B'$ 分量图对应的灰度直方图如图 4.4.5(a)所示。$G-B'$ 分量的灰度连续分布在 $[0,250]$ 以内。茶叶嫩叶与背景之间存在多个波峰和波谷,且没有明显的分割边界,不利于嫩叶的完整分割。利用最小误差法,得到最佳阈值 T_1 和 T_2 的值分别为 30 和 228,利用其对 $G-B'$ 分量图进行分段线性变换增强。增强后的 $G-B'$ 分量图和对应的灰度直方图如图 4.4.5(b)所示。增强后茶叶嫩叶和背景的区分度明显提高,边缘轮廓更加清晰。增强后的图像中,背景灰度值被压缩至 $[0,30]$,茶叶嫩叶的灰度值被拉伸到 $[228,254]$。增强前、后的二值图像分别如图 4.4.5(c)、(d)所示,增强后的二值图像避免了对老叶的误分割。

6. 二值化处理

利用大津法对 $G-B'$ 分量进行二值化处理,利用形态学腐蚀处理去除图像中的小区域。

7. 对二值化的茶叶嫩叶图像进行边缘检测

对于前景内容相对简单的图像,可以使用形态学运算来获得图像的边缘。本研究中茶芽对象的生长环境复杂,嫩叶相互交错、相互联系,因此形态学运算不能用于茶叶图像的边缘检测。本研究使用 Canny 算子检测前景图像的边缘,并使用高斯滤波器进一步去除噪声。

8. 利用分水岭算法完成后续分割

为了验证所提算法能够有效解决阈值分割和分水岭分割的问题,本研究基于 Python-OpenCV 4.1.1.26 在 Python3.6.4 中实现算法开发。硬件包括:处理器为 Intel(R) Core(TM) i5-4210U,主频为 1.7 GHz,内存为 4 GB 的笔记本电脑;FLIR 工业相机(BFS-U3-16S2C-BD2);深圳华北工控股份有限公司的 BIS-6670 工控机。

研究人员搭建了图 4.4.6 所示的试验平台,以中国农业科学院茶叶研究所

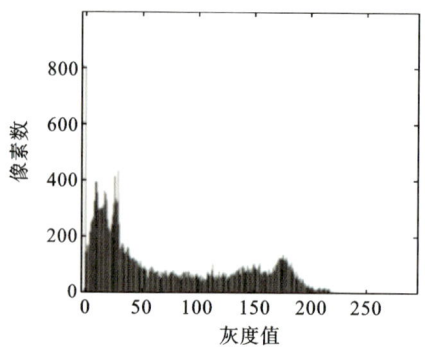

（a）$G-B'$ 分量的灰度直方图

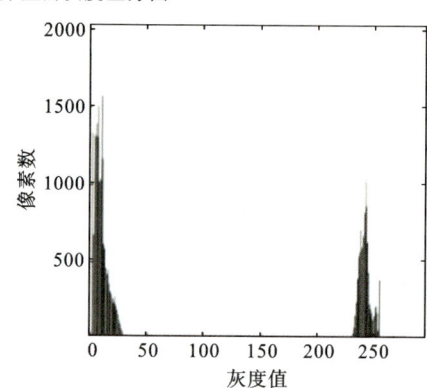

（b）增强后的 $G-B'$ 分量图和对应的灰度直方图

（c）增强前的二值图像　　　　　　　　（d）增强后的二值图像

图 4.4.5　基于分段线性变换的对比度增强

图 4.4.6　试验平台
1—控制箱；2—计算机；3—行走架；4—相机

杭州基地种植的茶叶为研究对象，进行了茶叶图像采集试验。选取 100 个不同的样品来分析测试结果，且对于同一样本，分别采用阈值分割算法、分水岭算法和本研究提出的算法进行比较。每个样本进行 5 次试验，以减少试验过程中主观因素对试验结果的影响。

4.4.2　结果与讨论

部分试验结果如图 4.4.7 所示。图中红色的圆圈代表了茶叶嫩叶表面高亮区域的部分，黄色的圆圈代表了与茶叶嫩叶区分度较低的老叶部分。以图 4.4.7 为例进行具体分析。对比图 4.4.7(b) 和 (a) 可以看出，使用普通阈值分割算法分割茶叶嫩叶时，虽然对茶叶的老叶分割较少，但茶叶嫩叶表面的高亮区域并没有被完整分割；对比图 4.4.7(c) 和 (a) 可以看出，利用分水岭算法分割茶叶嫩叶时，虽然茶叶嫩叶表面的高亮区域分割得较为完整，但却误分割了许多老叶；对比图 4.4.7(d) 和 (a) 可以看出，在本研究中，茶叶表面的高亮区域分割更加完整，且只误分割了少量的老叶。这一结果反映了研究人员所提出的改进算法的有效性。图 4.4.8 和图 4.4.9 的分析与图 4.4.7 相同。

从图 4.4.7 中可以看出，三种算法对茶叶嫩叶都有很好的分割和识别效果。阈值分割算法对高亮区域的嫩叶分割完整度较低；分水岭分割算法对老叶的误分割率较高；本研究算法能很好地将高亮区域较完整分割，对老叶误分割率也相对较低，有效地解决了老、嫩叶区分度低和高亮区域分割困难的问题，提升了茶叶嫩叶分割的完整度和精确度。

（a）茶叶原图片　　（b）阈值分割算法效果　（c）分水岭分割算法效果　　（d）本研究算法效果

图 4.4.7　对比试验分割结果（样本 1）

（a）茶叶原图片　　（b）阈值分割算法效果　（c）分水岭分割算法效果　　（d）本研究算法效果

图 4.4.8　对比试验分割结果（样本 2）

（a）茶叶原图片　　（b）阈值分割算法效果　（c）分水岭分割算法效果　　（d）本研究算法效果

图 4.4.9　对比试验分割结果（样本 3）

参考文献

[1] 陈兵旗. 机器视觉技术及应用实例详解[M]. 北京:化学工业出版社,2014.

［2］陈兵旗,何醇,马彦平,等.大田玉米长势的三维图像监测与建模［J］.农业工程学报,2011,27(S1):366-372.

［3］ZHANG L,ZOU L,WU C Y,et al. Method of famous tea sprout identification and segmentation based on improved watershed algorithm［J］. Computers and Electronics in Agriculture,2021,184:106108.

第 5 章
农作物病害图像监测

5.1　图像纹理分析基础知识

纹理是指图像中细小特征的分布状态,可用于区分图像中不同区域。纹理可分为统计纹理和结构纹理两种类型。从图像解析角度分析,结构纹理较易解析,而自然界中绝大多数纹理属于统计纹理。目前尚不存在能够解析所有纹理差异的通用方法。纹理特征提取方法主要分为四类:① 统计特征提取;② 局部几何特征解析;③ 模型选择与解析;④ 结构解析。

由于光照条件对纹理特征提取影响显著,在特征提取前通常需要进行灰度归一化预处理。常用方法包括直方图均衡化和基于均值、标准差调整的对比度变换等。

本节重点介绍常用的统计纹理特征提取方法。

统计纹理特征的代表性算法包括灰度直方图、共生矩阵(co-occurrence matrix)、差分统计量、拉格朗日矩阵和幂矩阵等。根据空间关系可将统计量分为不同阶次:基于灰度直方图的为一阶统计量,基于共生矩阵、差分统计量等的为二阶统计量,基于拉格朗日矩阵的为高阶统计量。

5.1.1　灰度直方图纹理特征

设归一化灰度直方图为 $P(i)(i=0,1,\cdots,n-1)$,其特征可通过以下统计量表征:平均值 μ、方差 σ、偏斜度 S 和峭度 K。其中偏斜度与峭度分别定义为三阶和四阶中心矩:

$$S = \left[\sum_{i=0}^{n-1} (i-\mu)^3 P(i) \right] \Big/ \sigma^3 \tag{5.1.1}$$

$$K = \left[\sum_{i=0}^{n-1} (i-\mu)^4 P(i) \right] \Big/ \sigma^4 \tag{5.1.2}$$

式中：
$$\mu = \sum_{i=0}^{n-1} iP(i) \tag{5.1.3}$$

$$\sigma^2 = \sum_{i=0}^{n-1} (i-\mu)^2 P(i) \tag{5.1.4}$$

偏斜度表征直方图分布的非对称性，峭度反映数据分布的尖峰程度。此外，灰度累积直方图也可用于纹理分析，其中 Kolmogorov-Smirnov 检验法是常用的相似性判别方法。对两个累积分布函数 $F_1(x)$ 和 $F_2(x)$，当满足：

$$\max |F_1(x) - F_2(x)| < P \tag{5.1.5}$$

时，可判定为同分布，否则视为不同分布。该方法在限定条件下可实现有效纹理识别。

5.1.2 共生矩阵纹理特征

以图像的灰度值 i 点，在角度为 θ 的方向上，离开 r 距离的某变位点 $\delta = (r, \theta)$（图 5.1.1）的灰度值是 j 的概率 $P_\delta(i,j)$（$i,j = 0,1,\cdots,n-1$）作为要素，求出共生矩阵，并从矩阵中求出下面的 14 种特征量，然后通过这些值确定纹理的特征。

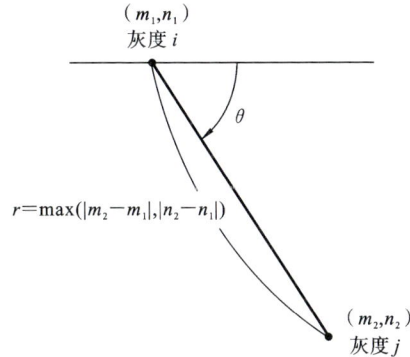

图 5.1.1 变位点 $\delta = (r, \theta)$

设

$$P_x(i) = \sum_{j=0}^{n-1} P_\delta(i,j), \quad i = 0,1,\cdots,n-1 \tag{5.1.6}$$

$$P_y(j) = \sum_{i=0}^{n-1} P_\delta(i,j), \quad j = 0,1,\cdots,n-1 \tag{5.1.7}$$

$$P_{x+y}(k) = \sum_{\substack{i=0 \\ i+j=k}}^{n-1} \sum_{j=0}^{n-1} P_\delta(i,j), \quad k = 0,1,\cdots,2n-2 \tag{5.1.8}$$

$$P_{x-y}(k) = \sum_{\substack{i=0 \\ |i-j|=k}}^{n-1} \sum_{\substack{j=0 \\ }}^{n-1} P_\delta(i,j), \quad k = 0,1,\cdots,n-1 \qquad (5.1.9)$$

则有：

（1）角二阶矩（angular second moment, ASM）为

$$\text{ASM} = \sum_{i=0}^{n-1} \sum_{j=0}^{n-1} \{P_\delta(i,j)\}^2 \qquad (5.1.10)$$

（2）对比度（contrast, CON）为

$$\text{CON} = \sum_{k=0}^{n-1} k^2 P_{x-y}(k) \qquad (5.1.11)$$

（3）相关性（correlation, COR）为

$$\text{COR} = \frac{\sum_{i=0}^{n-1} \sum_{j=0}^{n-1} ij P_\delta(i,j) - \mu_x \mu_y}{\sigma_x \sigma_y} \qquad (5.1.12)$$

其中：

$$\mu_x = \sum_{i=0}^{n-1} i P_x(i), \quad \mu_y = \sum_{j=0}^{n-1} j P_x(j)$$

$$\sigma_x^2 = \sum_{i=0}^{n-1} (i - \mu_x)^2 P_x(i), \quad \sigma_y^2 = \sum_{j=0}^{n-1} (j - \mu_y)^2 P_y(j)$$

（4）平方和（sum of square）与方差（variance）之比为

$$\text{DAR} = \sum_{i=0}^{n-1} \sum_{j=0}^{n-1} (i - \mu_x)^2 P_\delta(i,j) \qquad (5.1.13)$$

（5）逆差矩（inverse difference moment, IDM）为

$$\text{IDM} = \sum_{i=0}^{n-1} \sum_{j=0}^{n-1} \frac{1}{1 + (i-j)^2} P_\delta(i,j) \qquad (5.1.14)$$

（6）平方和（sum of squares, SS）为

$$\text{SS} = \sum_{k=0}^{2n-2} k P_{x+y}(k) \qquad (5.1.15)$$

（7）和方差（variance of sum）为

$$\text{VS} = \sum_{k=0}^{2n-2} (k - \text{SS})^2 P_{x+y}(k) \qquad (5.1.16)$$

（8）和熵（sum entropy, SENT）为

$$\text{SENT} = -\sum_{k=0}^{2n-2} P_{x+y}(k) \lg\{P_{x+y}(k)\} \qquad (5.1.17)$$

（9）熵（entropy, ENT）为

$$\text{ENT} = -\sum_{i=0}^{n-1}\sum_{j=0}^{n-1} P_{\delta}(i,j)\lg\{P_{\delta}(i,j)\} \tag{5.1.18}$$

（10）差方差（difference variance，DVAR）为

$$\text{DVAR} = \sum_{k=0}^{n-1}\left\{k-\sum_{k=0}^{n-1}kP_{x-y}(k)\right\}^{2} P_{x-y}(k) \tag{5.1.19}$$

（11）差熵（difference entropy，DENT）为

$$\text{DENT} = -\sum_{k=0}^{n-1} P_{x-y}(k)\lg P_{x-y}(k) \tag{5.1.20}$$

（12）信息相关测度 1（information measure of correlation 1，IMC1）为

$$\text{IMC1} = \frac{\text{HXY} - \text{HXY}_1}{\max\{\text{HX},\text{HY}\}} \tag{5.1.21}$$

（13）相关信息测度 2（IMC2）为

$$\text{IMC2} = \left[1-\exp(-2.0(\text{HXY}_2-\text{HXY}))\right]^{1/2} \tag{5.1.22}$$

其中：
$$\text{HXY} = -\sum_{i=0}^{n-1}\sum_{j=0}^{n-1} P_{\delta}(i,j)\lg\{P_{\delta}(i,j)\}$$

$$\text{HX} = -\sum_{i=0}^{n-1} P_{x}(i)\lg\{P_{x}(i)\}$$

$$\text{HY} = -\sum_{j=0}^{n-1} P_{y}(j)\lg\{P_{y}(j)\}$$

$$\text{HXY}_1 = -\sum_{i=0}^{n-1}\sum_{j=0}^{n-1} P_{\delta}(i,j)\lg\{P_{x}(i)P_{y}(j)\}$$

$$\text{HXY}_2 = -\sum_{i=0}^{n-1}\sum_{j=0}^{n-1} P_{x}(i)P_{y}(j)\lg\{P_{x}(i)P_{y}(j)\}$$

（14）（Q 的第二大的固有值）$^{1/2}$ 最大相关系数（maximal correlation coefficient，MCC）

$$\text{MCC} = \sqrt{\lambda_2} \tag{5.1.23}$$

式中，λ_2 为矩阵 Q 的第二大特征值。

$$Q(i,j) = \sum_{k=0}^{n-1} \frac{\Gamma_{\delta}(i,k)P_{\delta}(k,j)}{P_{x}(i)P_{y}(j)}$$

关键概念说明。① 方向：常规取 0°、45°、90°、135°四个方向。② 偏移量：表示像素间距，常取 $d=1$ 进行邻域分析。③ 矩阵阶数：与量化后的灰度级数一致，通常将 256 级压缩至 16 级。

图 5.1.2 示例说明：(a)原图像；(b)水平方向（$\theta=0°$）共生矩阵；(c)45°方向共生矩阵；(d)90°方向共生矩阵；(e)135°方向共生矩阵。

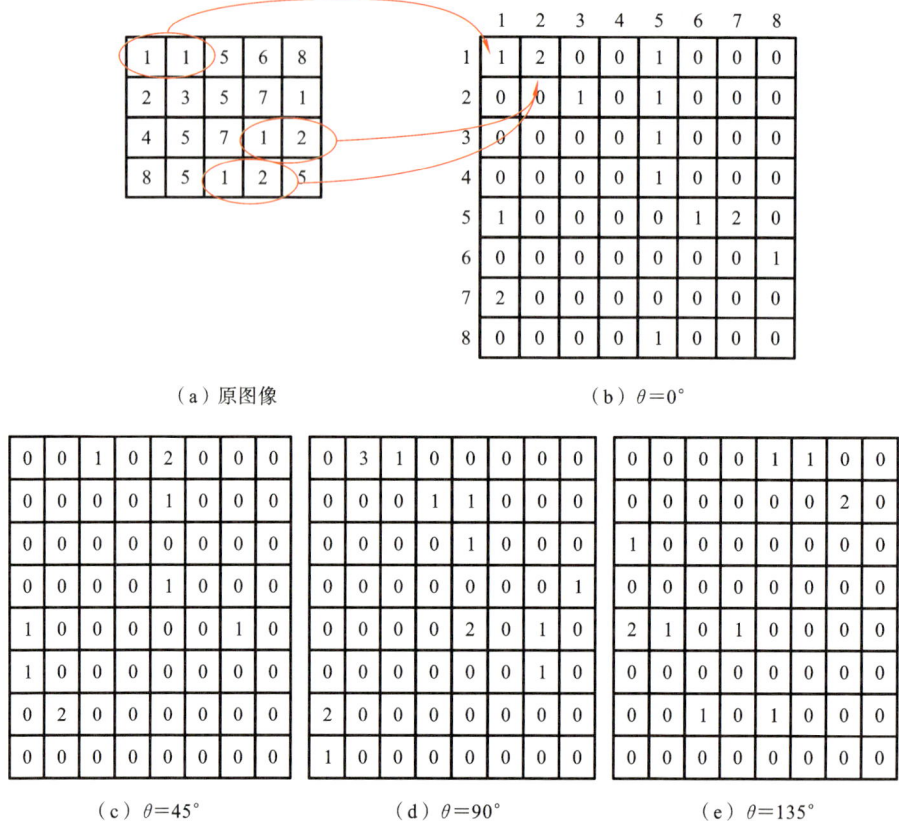

（a）原图像　　　　　　　　　（b）θ＝0°

（c）θ＝45°　　　　　（d）θ＝90°　　　　　（e）θ＝135°

图 5.1.2　共生矩阵计算示例

常用特征解析：

（1）角二阶矩（ASM）：反映纹理均匀性，计算公式为共生矩阵元素的平方和。

（2）对比度（CON）：量化局部灰度变化，计算公式为加权灰度差平方和。

（3）相关性（COR）：表征线性依赖关系，计算涉及协方差与标准差。

（4）熵（ENT）：度量纹理随机性，值越大表示纹理越复杂。

5.1.3　差分统计量纹理特征

在图像内，统计位移 $\delta = (r, q)$ 的像素对灰度差是 k 的概率分布 $P_\delta(k)$（$k=0,1,\cdots,n-1$），然后计算下面的 4 种特征量，通过这些特征量来提供纹理的特征。

(1) 对比度(contrast,CON)为

$$\mathrm{CON}=\sum_{k=0}^{n-1}k^2P_\delta(k) \tag{5.1.24}$$

(2) 角二阶矩(angular second moment,ASM)为

$$\mathrm{ASM}=\sum_{k=0}^{n-1}\{P_\delta(k)\}^2 \tag{5.1.25}$$

(3) 熵(entropy,ENT)为

$$\mathrm{ENT}=-\sum_{k=0}^{n-1}P_\delta(k)\lg\{P_\delta(k)\} \tag{5.1.26}$$

(4) 均值(mean,MEAN)为

$$\mathrm{MEAN}=\sum_{k=0}^{n-1}kP_\delta(k) \tag{5.1.27}$$

5.1.4 拉格朗日矩阵纹理特征

统计 θ 方向上灰度值为 i 的连续 j 个像素出现的频率 $P_\theta(i,j)$,($i=0,1,\cdots,n-1$, $j=0,1,\cdots,n$),基于拉格朗日矩阵计算 5 种特征量(见图 5.1.3):

0	1	2	3
0	2	3	3
2	1	1	1
3	0	3	0

(a) 图像

灰度↓ \ 拉格朗日→	1	2	3	4
0	4	0	0	0
1	1	0	1	0
2	3	0	0	0
3	3	1	0	0

(b) $\theta=0°$

灰度↓ \ 拉格朗日→	1	2	3	4
0	4	0	0	0
1	4	0	1	0
2	3	0	0	0
3	3	1	0	0

(c) $\theta=45°$

灰度↓ \ 拉格朗日→	1	2	3	4
0	2	1	0	0
1	1	0	1	0
2	3	0	0	0
3	3	1	0	0

(d) $\theta=90°$

灰度↓ \ 拉格朗日→	1	2	3	4
0	4	0	0	0
1	4	0	0	0
2	0	0	1	0
3	3	1	0	0

(e) $\theta=135°$

图 5.1.3 拉格朗日矩阵实例

（1）短程强调（short runs emphasis，SRE）为

$$\mathrm{SRE} = \sum_{i=0}^{n-1}\sum_{j=1}^{l}\frac{P_{\theta}(i,j)}{j^2}\bigg/\sum_{i=0}^{n-1}\sum_{j=1}^{l}P_{\theta}(i,j) \qquad (5.1.28)$$

（2）远程强调（long runs emphasis，LRE）为

$$\mathrm{LRE} = \sum_{i=0}^{n-1}\sum_{j=1}^{l}j^2 P_{\theta}(i,j)\bigg/\sum_{i=0}^{n-1}\sum_{j=1}^{l}P_{\theta}(i,j) \qquad (5.1.29)$$

（3）灰度不均匀性（gray level nonuniformity，GLN）为

$$\mathrm{GLN} = \sum_{i=0}^{n-1}\left\{\sum_{j=1}^{l}\frac{P_{\theta}(i,j)}{j^2}\right\}^2\bigg/\sum_{i=0}^{n-1}\sum_{j=1}^{l}P_{\theta}(i,j) \qquad (5.1.30)$$

（4）行程长度不均匀性（run length nonuniformity，RLN）为

$$\mathrm{RLN} = \sum_{j=1}^{l}\left\{\sum_{i=0}^{n-1}\frac{P_{\theta}(i,j)}{j^2}\right\}^2\bigg/\sum_{i=0}^{n-1}\sum_{j=1}^{l}P_{\theta}(i,j) \qquad (5.1.31)$$

（5）行程百分比（run percentage，RP）为

$$\mathrm{RP} = \sum_{i=0}^{n-1}\sum_{j=1}^{l}P_{\theta}(i,j)\bigg/A_1 \qquad (5.1.32)$$

这里，A_1 是图像总像素数。

5.1.5　功率谱纹理特征

对图像 $f(x,y)$ 进行傅里叶变换得到 $F(\xi,\eta)$，其功率谱为

$$P(\xi,\eta) = |F(\xi,\eta)|^2 \qquad (5.1.33)$$

将功率谱转换为极坐标形式 $P(r,\theta)$ 后，分别沿径向和角向积分：径向积分 $P(r)$ 反映纹理粗糙度，角向积分 $P(\theta)$ 表征方向性特征。

需要说明的是，在各类纹理分析方法中，灰度共生矩阵在多数应用场景下表现出较好的综合性能。但需注意，纹理解析具有多维特性，需根据具体任务选择特征组合。

5.2　小麦叶片病害监测

本研究所设计的系统能够根据农作物实际染病情况，对病害成因进行准确判别，为农业生产者提供防治建议，在控制治理成本的同时减少农药化肥对环境和农产品的污染。研究主要围绕以下三个技术要点展开：病害区域的形态学分割方法、多维特征参数体系构建及数据库匹配算法。

5.2.1　病害图像采集与数据库构建

本研究采用 Microsoft Visual C++ 6.0 作为开发工具，基于 SQL Server 构建

小麦病害数据库。图像样本采集历时三年(2005 年 5 月至 2008 年 5 月),覆盖北京郊区及河北、河南、山东等省份主要小麦产区。通过两种途径获取样本数据:

田间采集使用三星 Digimax S500 数码相机(510 万像素,1/2.5 in CCD),在自然光照条件下以 1024×768 像素分辨率拍摄病害局部特征;印刷品扫描则用于补充典型病斑样本。所有图像经 ImageSys 图像处理系统统一预处理,包括尺寸标准化(裁剪为 512×512 像素以满足小波变换要求)和格式转换(保存为 JPEG 格式)。

在数据库中,对每一种小麦病害存入一帧病害例图像,以便直观显示小麦病害情况,实际用于病害图像判断的依据是通过多个样本计算出的特征数据(标准颜色特征值)。从计算标准颜色特征值时所利用的各种小麦病害图像中,各随机选取一帧图像作为例子(见图 5.2.1),对试验结果进行分析说明。

(a)患白粉病的小麦叶片,
有白粉状斑点

(b)患条锈病的小麦叶片,
有明显的黄色条带状病害

(c)患叶锈病的小麦叶片,
有团块状红色病斑

(d)患纹枯病的小麦叶鞘,
有灰白色椭圆病斑

(e)患叶枯病的小麦叶片,
有椭圆状深红病斑

(f)患赤霉病的小麦病穗,
病穗微微泛红

图 5.2.1　小麦病害原图像

由图 5.2.1 可以看出,所采用的都是病害高峰期的样本图像。由于本研究是利用病害部位的颜色特征进行病害种类的判断,在病害发生初期,如果病害部位的颜色特征和高峰期相同,病害判断方法在理论上也可以适用。当然,如果病害区域过小,会影响到病害部位的图像提取精度,从而也会影响到病害种类的判断精度。拍摄对象的大小范围以能看清楚病害的纹理特征为基准,研究中采集的实际范围大致为 50 mm×50 mm。

5.2.2　病害图像纹理特征增强

本研究基于 Daubechies 小波进行图像的小波变换(参看第 2.8 节),利用 Daubechies 小波的尺度函数序列($N=2$)进行一级小波变换。经小波变换后,图像被分割成低频部分 $S^{(1)}$ 和高频部分 $W^{(1,h)}$、$W^{(1,v)}$、$W^{(1,d)}$,病害部位具有不连续性、不稳定性、不均匀性等特点,它往往包含在高频成分内。通过滤除低频部分,保留高频部分,然后进行小波逆变换,得到高频部分的恢复图像。

以图 5.2.1(b)所示的原图像为例子,来说明小波变换的过程。图 5.2.2(a)表示对图 5.2.1(b)进行小波变换后的 4 个成分。其中,右上角表现垂直方向上的高频成分,左下角表现水平方向上的高频成分,右下角表现对角线方向上的高频成分,左上角表现原图像的低频成分。将低频成分置零,高频成分保持不变,得到图 5.2.2(b)。对图 5.2.2(b)所示图像进行小波逆变换,得到高频部分的恢复图像,如图 5.2.2(c)所示,明域为高频成分,暗域为低频成分。

  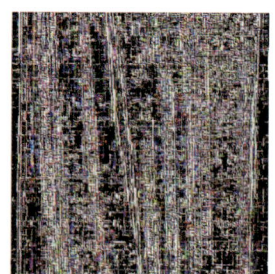

　　（a）小波分解　　　　　　　　（b）低频置零　　　　　　　（c）高频恢复图像

图 5.2.2　小波高通滤波过程

从图 5.2.2(c)可以看出,经过一次小波变换后,图像的高频部位(主要是叶片上的病害部位)被增强,而低频部位(主要是背景和正常部位)被过滤掉了。其他图像也有相似的效果。本研究对一次、二次和三次小波变换的试验结果进行了比较,多次小波变换对病害部位的高频增强没有明显改善,并且在时间消耗上远远大于一次小波变换。综合考虑以上因素,本研究采用一次小波变换。

5.2.3 病害部位分割

对小麦病害原图像进行小波高通滤波以及小波逆变换能得到病害图像高频部分的恢复图像,但是病害部位还不够明显。鉴于病害部位具有与其他部位差异很大的纹理特征,先将高频部分的恢复图像转换为灰度图像,再将该灰度图像转化为纹理矩阵图像,达到增强病害部位的目的。彩色图像转灰度图像使用式(2.1.1)。

纹理由一组基本单位按一定规律排列来表达,这个基本单位称为局部二值模式(local binary pattern,LBP)。如图 5.2.3(a)所示的 8 邻域正方形区域,对目标点"5"的周围像素点进行编号,为了叙述方便,假设各个序号也同时代表其像素值。相对于目标点像素的灰度值,每个像素点都有 3 种可能的取值,即大于、等于或小于目标点像素值。将大于、等于或小于分别用不同的数值来表示,例如 1、2、3,这样每个像素点就被赋予了表示其与目标点像素之间大小关系的状态值,这些值的排列就构成了该目标点像素的一种纹理元模式。在实际应用中一般只设定大于或等于(标记为 1)、小于(标记为 0)两种状态值。

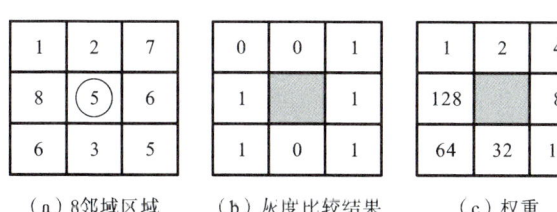

（a）8邻域区域　　　（b）灰度比较结果　　　（c）权重

图 5.2.3　计算纹理元模式的示意图

图 5.2.3(b)为图 5.2.3(a)中目标点周围像素点与目标点进行灰度比较后的结果,其值大于或等于目标点像素值时取 1,其值小于目标点像素值时取 0;图 5.2.3(c)为各个方向的权重,从中心像素的左上角开始,沿顺时针方向分别为 2^0、2^1、$\cdots$、2^7。将图 5.2.3(b)、(c)的对应位置数值相乘的积相加来计算目标像素点的 LBP 值 a_{LBP},即 $a_{LBP} = 4 + 8 + 16 + 64 + 128 = 220$。

将图像的每一个像素点作为目标像素点,按照上述方法计算其 LBP 值,得到纹理矩阵图像。对得到的纹理矩阵图像进行大津法自动阈值分割,病害部位被提取为黑色像素(0),其他为白色像素(255)。然后,以白色像素(255)为对象,执行 4 次 8 邻域的膨胀与腐蚀处理,将断续的病害部位连接起来。

通过计算高频恢复图像的灰度图像的 LBP 值,得到纹理矩阵图像。图

5.2.4(a)是对图5.2.2(c)所示高频恢复图像的灰度图像进行LBP值计算后得到的结果图像。从图5.2.4(a)可以看出,纹理矩阵图像上的病害部位(小波恢复图像的高频部分)变暗了,而其他部位(小波恢复图像的低频部分)变亮了,但是二者的灰度差被增强了。

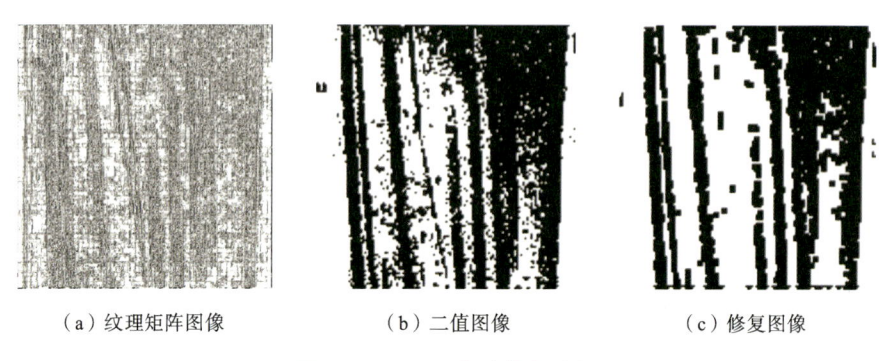

（a）纹理矩阵图像　　　　　（b）二值图像　　　　　（c）修复图像

图 5.2.4　LBP 值计算与分割

对图5.2.4(a)进行模态法自动阈值分割,获得图5.2.4(b)所示的二值图像,计算出的分割阈值是63。从图5.2.4(b)可以看出,病害部位有些部分是不连续的。以白色像素(255)为对象,执行4次8邻域的膨胀与腐蚀处理后得到如图5.2.4(c)所示病害部位较完整的修复图像。

将图5.2.4(c)所示的病害部位的修复图像与图5.2.1(b)所示的原图像进行匹配,输出黑色像素对应的像素点,结果如图5.2.5(b)所示。图5.2.5中的其他图像分别是由图5.2.1中的其他各个原图像利用上述处理方法提取出的病害结果图像。

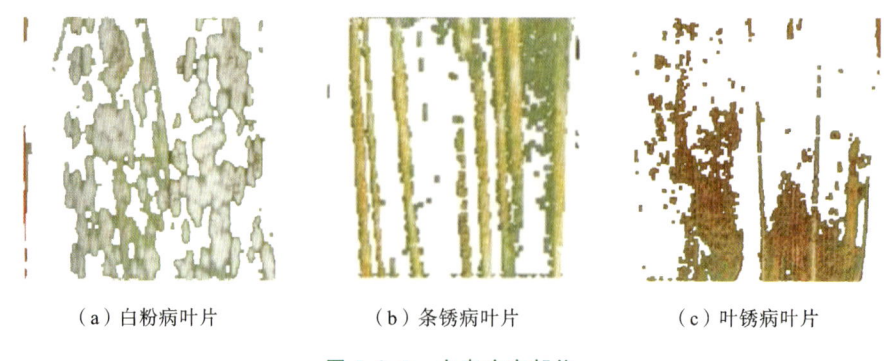

（a）白粉病叶片　　　　　（b）条锈病叶片　　　　　（c）叶锈病叶片

图 5.2.5　小麦病害部位

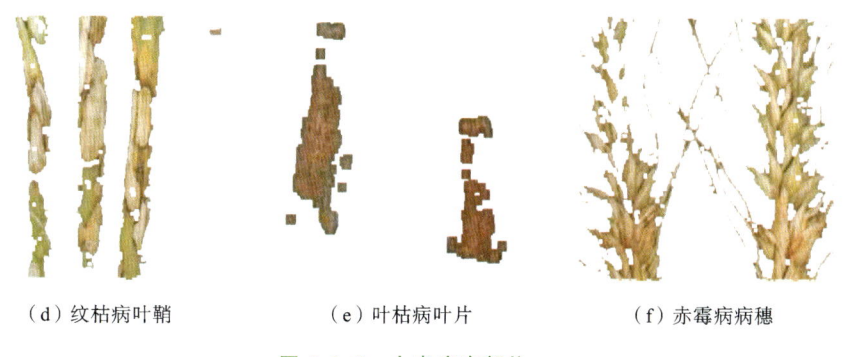

（d）纹枯病叶鞘　　　　　（e）叶枯病叶片　　　　　（f）赤霉病病穗

图 5.2.5　小麦病害部位

从图 5.2.5 可以看到,无论是叶片、叶鞘还是麦穗发生病害,也无论病害的颜色和形状如何,病害部位都被比较有效、完整地提取出来了。由于不受病害部位、颜色、形状等因素的影响,所以本研究中提出的小麦病害提取方法也适用于其他作物。

5.2.4　病害特征数据计算

用上述方法提取出病害部位的图像后,计算病害部位的图像特征数据。相对于几何特征,颜色具有一定的稳定性,其对大小、方向都不敏感,表现出较强的鲁棒性。同时,在许多情况下,颜色是描述一幅图像最简便而有效的特征。本研究利用 R、G、B 分量的平均值作为图像特征数据(颜色特征值),计算过程如下:

（1）在二值图像上统计病害部位的面积 A(黑色像素)。

（2）在原图像上分别统计病害部位(与二值图像上黑色像素对应的位置)像素点 R、G、B 分量的灰度值总和 S_R、S_G 和 S_B。

（3）计算病害部位 R、G、B 分量的平均值 $\overline{R}$、$\overline{G}$ 和 $\overline{B}$:

$$\begin{cases} \overline{R} = S_R/A \\ \overline{G} = S_G/A \\ \overline{B} = S_B/A \end{cases} \tag{5.2.1}$$

对 120 个样本图像分别按上述方法计算出病害部位的图像特征数据,对每种病害的 20 个样本,计算出图像特征数据的平均值,存储于数据库中的颜色特征信息表中,作为标准颜色特征值。

图 5.2.5 所示的小麦病害部位颜色特征值的计算结果如表 5.2.1 所示。

表 5.2.1 小麦病害部位颜色特征值

特征	白粉病叶片	条锈病叶片	叶锈病叶片	纹枯病叶鞘	叶枯病叶片	赤霉病病穗
$\bar{R}$	164	172	126	158	101	131
$\bar{G}$	173	167	95	137	67	109
$\bar{B}$	152	99	61	108	64	86

白粉病叶片图像 $\bar{R}$、$\bar{G}$、$\bar{B}$ 值都很大,并且三者很接近,这与它的白色症状吻合。条锈病叶片图像 $\bar{R}$、$\bar{G}$ 值很大,远远超过 $\bar{B}$ 值,并且 $\bar{R}$、$\bar{G}$ 二者很接近,这与它的黄色症状相吻合。纹枯病叶鞘图像的 $\bar{R}$、$\bar{G}$、$\bar{B}$ 值比较接近,这与它的灰白色症状相吻合。叶锈病叶片图像、叶枯病叶片图像和赤霉病病穗图像都是 $\bar{R}$ 值最大,$\bar{G}$ 值次之,$\bar{B}$ 值最小,这与它们的泛红症状相吻合,而三个值之间的差异也体现出不同病症图像红色的深浅程度。在试验过程中,其他病症的颜色特征值也各有其自身的特点。

试验证明,不同小麦病害图像的颜色特征值具有很大的差异性,同类小麦病害图像的颜色特征值又具有一定的规律性。因此,提取小麦病害图像的颜色特征值进行诊断是合理可行的。

5.2.5 病害诊断

利用图像距离计算公式,计算出待识别图像病害部位的颜色特征值与数据库中的标准颜色特征值之差。图像距离越小,待识别图像的病害与具有该特征的病害越相似。图像距离 D 的计算公式为

$$D = a_1 \Delta \bar{R} + a_2 \Delta \bar{G} + a_3 \Delta \bar{B} \tag{5.2.2}$$

式中:a_1、a_2、a_3 为权重系数;$\Delta \bar{R}$、$\Delta \bar{G}$、$\Delta \bar{B}$ 为待识别图像的病害部位的颜色特征值与数据库中的标准颜色特征值的差值。试验发现,小麦病害部位的颜色差异主要体现在 $\bar{R}$、$\bar{G}$ 分量上,试验证明最佳权重值为 $a_1 = 0.45$,$a_2 = 0.45$,$a_3 = 0.1$。

根据式(5.2.2)所定义的图像距离公式,逐一计算图 5.2.5 所示图像的颜色特征值与数据库中标准颜色特征值之差,图像距离最小的标准值所对应的图像病害类型即为诊断结果。

利用上述方法,对所收集的 6 种病害图像的 20 个样本分别进行诊断试验,其结果如表 5.2.2 所示。其中,白粉病(叶片)和纹枯病(叶鞘)分别错误诊断一次,叶枯病(叶片)诊断错误两次。造成错误的原因是:拍摄图像的病害区域过小,背景区域过大,引起了较大的计算误差。这说明拍摄图像的好坏会影响判断结果。由于病害图像的标准颜色特征值是多个样本颜色特征值的统计结果,不

表 5.2.2　小麦病害的图像诊断试验结果

病害	图像总数	拍摄图像数	资料图像数	正确诊断数	诊断准确率
白粉病(叶片)	20	12	8	19	95%
条锈病(叶片)	20	10	10	20	100%
叶锈病(叶片)	20	8	12	20	100%
纹枯病(叶鞘)	20	15	5	19	95%
叶枯病(叶片)	20	12	8	18	90%
赤霉病(病穗)	20	10	10	20	100%

同于单个样本颜色特征值,因此本试验方法对算法的验证有一定的参考价值。在实际应用中,计算病害图像的标准颜色特征值时,应该尽量多地选择病害图像标本,而诊断样本图像需要尽量少地采集背景部分,这样有利于提高病害图像的诊断准确率。

本研究利用病害部位的颜色特征对小麦病害种类进行了有效的识别。从图 5.2.5 可以看出,不同病害的形貌差异也很大,将来也可以考虑利用形貌特征来探讨小麦病害的图像识别方法。

5.3　基于图文协同表示学习的小样本蔬菜病害识别模型

本研究由河北农业大学王春山等完成,刊登在《Computers and Electronics in Agriculture》(2021 年第 184 期)上,论文题目是《Few-shot vegetable disease recognition model based on image text collaborative representation learning》,这里只介绍核心内容,全部内容请参考原文。

本研究参考人类专家的疾病识别过程,将疾病图像与疾病特征的文本描述相结合,作为疾病识别的先验知识,提出了一种基于图文协同表示学习的小样本蔬菜病害识别模型。

5.3.1　数据采集

本研究使用的数据集均来自小汤山国家精准农业研究示范基地。自收集的数据集共包含 1516 张图像,包括 5 种病叶(番茄白粉病(0 类)、番茄早疫病(1 类)、黄瓜白粉病(2 类)、黄瓜病毒病(3 类)和黄瓜霜霉病(4 类))。每幅图像都附有一个文本描述,以形成图像-文本组合。数据集的大小如表 5.3.1 所示。考虑到实际应用场景,所有图像都是在温室的三个不同时间段拍摄,即上

表 5.3.1　数据集的大小

疾病等级	训练图像数量		验证图像数量		测试图像数量	
	叶面	叶背	叶面	叶背	叶面	叶背
番茄白粉病	160	0	54	0	24	0
番茄早疫病	163	35	46	14	22	5
黄瓜白粉病	153	56	44	16	21	9
黄瓜病毒病	252	0	75	0	36	0
黄瓜霜霉病	139	87	33	36	19	17

午(7:00—8:00)、中午(11:00—12:00)和下午(17:00—18:00)。为了避免单一文本描述带来的潜在偏差,本研究数据集由 5 位专家在原始图像的基础上创建。图像-文本组合的示例如表 5.3.2 所示。最后,将原始数据集大致按 7:2:1 的比例划分为训练集、验证集和测试集。

表 5.3.2　图像-文本组合的示例

疾病类别	文本描述	疾病图像	疾病类别	文本描述	疾病图像
番茄白粉病(叶面)	番茄叶片正面有几个白色斑点		黄瓜白粉病(叶背)	黄瓜叶片背面有几个小白点	
番茄早疫病(叶面)	番茄叶片正面有几个环形斑点		黄瓜霜霉病(叶面)	黄瓜叶片正面有一些黄绿色的斑点	
番茄早疫病(叶背)	番茄叶片的背面有几个黄棕色的斑点		黄瓜病毒病(叶面)	黄瓜叶片正面起皱,并伴有黄绿色斑点	

续表

疾病类别	文本描述	疾病图像	疾病类别	文本描述	疾病图像
黄瓜白粉病（叶面）	黄瓜叶正面有几个圆形的白色斑点	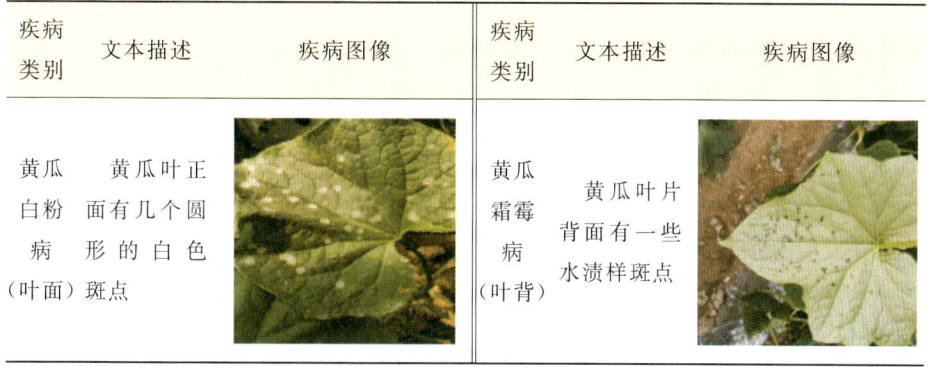	黄瓜霜霉病（叶背）	黄瓜叶片背面有一些水渍样斑点	

5.3.2 数据预处理

由于数据集中的图像是由不同的设备捕获的,因此必须将原始图像裁剪成标准格式(所有图像的大小都调整为 224×224 像素)。疾病图像的文字描述为中文。在将数据上传到网络之前,中文文本需要通过以下操作进行处理:规范化、分词、词表构建和文本矢量化。分词使用 Jieba 分词工具实现,矢量化文本的长度为 20 个字符,如果超过此长度,原始文本将被截断,如果长度不足,将用 0 进行补充。文本矢量化方法如图 5.3.1 所示。文本规范化规则如表 5.3.3 所示。

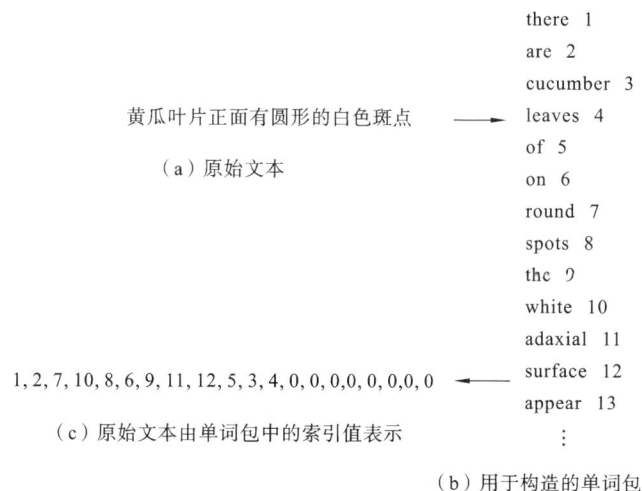

图 5.3.1 文本矢量化方法

表 5.3.3　文本规范化规则

规范词	原词
损伤	斑点,小斑点,斑块,污点
黄绿色	黄绿色,黄色,浅绿色,淡绿色
隆起	凸出,结节,疣粒,突起,粗糙,涌出
白色	灰白,浅白,亮白
黄棕色	棕色,深棕色,黑色,巧克力色
圆形	圆形,环形,近似圆形,大致圆形
许多	大量,密集,丰富
干	干涸,死亡,枯萎
皱纹	折叠,卷曲,拳缩
卷叶	向上卷起,卷起
多边形	正方形,长方形,四边形

5.3.3　双模态疾病识别模型的构建

在分类任务中,图像分类器用于提取图像数据的形状、颜色和纹理特征,而文本分类器用于提取文本数据的语义特征和上下文关联信息。设计双模态疾病识别模型的目的是将图像模态和文本模态的疾病特征相结合来进行疾病识别。通过两种模态的优势互补实现优于单一模态的识别效果。双模态疾病识别模型由图像分支和文本分支两部分组成。其网络结构如图 5.3.2 所示。

1. 图像分支

不同结构的图像特征提取网络在识别任务中具有不同的优势。大多数网络由卷积层、池化层和全连接(FC)层组成。本研究综合考虑模型性能和计算效率,选择 ResNet18 作为图像分支的特征提取网络(图像网络)。

2. 文本分支

与图像特征提取网络不同,文本特征提取网络主要由递归神经网络层组成,以更好地提取文本之间的上下文信息。然而,对于农作物病害描述文本,特征提取网络不仅需要提取文本之间的上下文信息(如病斑的位置、叶片的正面和背面信息等),还需要提取病害特征的信息。鉴于卷积层在提取特定特征方面优于递归神经网络层,选择 TextRCNN 作为网络结构中文本分支的特征提

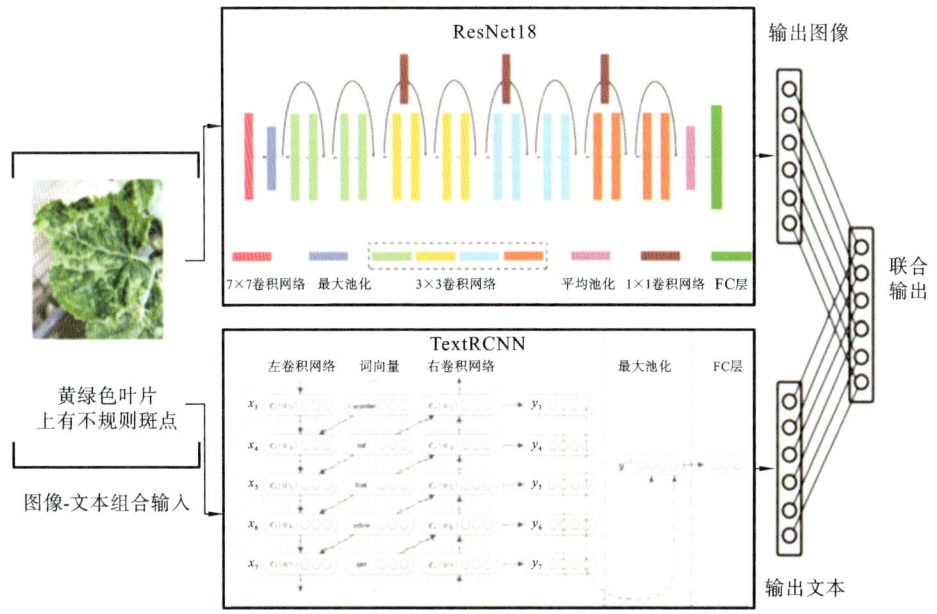

图 5.3.2　双模态疾病识别模型的网络结构

取网络(文本网络)。

3. 特征组合

图像网络与文本网络分别从视觉空间和语义空间提取多模态特征。通过跨模态特征融合,可增强高置信度与低置信度分类结果的可区分性,从而显著提升组合分类器的决策置信度。

5.3.4　试验结果

本研究试验在 Ubuntu 18.04 操作系统环境下进行,硬件配置为:Intel Core i9-9820X 处理器、64 GB 内存、Nvidia Geforce RTX 2080 TI 显卡(11 GB 显存)。采用 Pytorch 深度学习框架结合 Cuda 10.1 加速库进行模型训练。试验设计中,训练集与验证集的批尺寸(batch size)分别设定为 16 和 32,所有模型的训练周期(epoch)均设置为 50。

研究人员从准确率、精确率、灵敏度和特异度四个维度对模型性能进行对比评估。

1. 图像分支独立对比

选取 VGG16、ResNet18、ResNet50、DenseNet121、DenseNet169、MobileNet

及 AlexNet 作为基线模型,未使用预训练权重时的试验结果如表 5.3.4 所示。

表 5.3.4 图像分支模型性能对比(无预训练)

模型	准确率/(%)	精确率/(%)	灵敏度/(%)	特异度/(%)
VGG16	92.42	80.31	79.74	95.30
ResNet18	93.99	86.12	85.22	96.22
ResNet50	91.63	79.29	78.33	94.78
DenseNet121	94.51	87.01	86.17	96.64
DenseNet169	92.94	83.41	81.63	95.66
MobileNet	88.24	69.43	69.61	92.58
AlexNet	91.37	77.54	77.96	94.64

为了进一步观察所有网络中的图像分支在训练过程中是否会因数据集较小而出现过拟合现象,在 ImageNet 数据集预训练的基础上对网络进行再训练。经过预训练的图像分支结果如表 5.3.5 所示。

表 5.3.5 经过预训练的图像分支结果

模型	准确率/(%)	精确率/(%)	灵敏度/(%)	特异度/(%)
VGG16	95.56	89.90	89.41	97.23
ResNet18	96.86	92.70	92.39	98.05
ResNet50	96.86	93.38	92.50	98.06
DenseNet121	96.86	93.62	92.78	98.06
DenseNet169	98.17	95.76	95.83	98.87
MobileNet	97.39	94.67	94.44	98.38
AlexNet	94.51	86.15	86.65	96.57

如表 5.3.4 所示,DenseNet121 在准确率、精确率、灵敏度和特异度方面取得了最好的结果。在 DenseNet121 中,0 类(番茄白粉病)和 4 类(黄瓜霜霉病)的分类错误率最高,在其他基线模型中也存在相同的情况。通过分析测试集中的原图像,发现被错误分类的图像的疾病特征没有完全表现出来,疾病通常处于早期阶段。同时,大多数这些错误分类的图像都是叶子背面的照片。因此,可以得出结论,单独使用图像分类器识别疾病特征不明显的图像效果较差。通过在 ImageNet 预训练的基础上重新训练小样本数据集,可以在很大程度上优化精确率和损失值。从表 5.3.5 可以进一步发现,测试精确率也有了很大提高。

2. 文本分支独立对比

选取 TextCNN、TextRNN 和 TextRCNN 作为基线模型。输入文本向量的长度设置为 20。文本数据分别采用标准化数据和非标准化数据。性能对比结果如表 5.3.6 和表 5.3.7 所示。

表 5.3.6 文本分支性能对比(标准化数据)

模型	准确率/(%)	精确率/(%)	灵敏度/(%)	特异度/(%)
TextCNN	97.91	95.67	95.33	98.63
TextRNN	98.17	96.09	95.72	98.81
TextRCNN	98.43	96.77	96.56	98.97

表 5.3.7 文本分支性能对比(非标准化数据)

模型	准确率/(%)	精确率/(%)	灵敏度/(%)	特异度/(%)
TextCNN	96.08	93.15	91.22	97.44
TextRNN	96.86	93.85	92.78	97.97
TextRCNN	95.29	89.32	89.59	96.99

在标准化数据结果的比较中,TextRCNN 比其他两种网络具有更高的准确率、精确率、灵敏度和特异度。在比较非标准化数据的结果时,TextRNN 取得了最好的结果。值得注意的是,文本数据规范化后,三个模型的所有指标都得到了改善,这表明文本数据规范化是一个不可或缺的过程。可以得出结论,对疾病特征的不准确描述将导致错误的诊断。

3. 双模态组合对比

对于疾病特征不明显的区域,单独使用图像进行疾病识别无法达到令人满意的效果,而在文本描述不当的情况下,单独使用文本的效果较差。相比之下,将这两种疾病识别模式相结合可能会取得意想不到的结果。分别使用 ResNet18＋TextRCNN、ResNet18＋TextRNN、DenseNet121＋TextCNN 和 DenseNet121＋TextRCNN 作为基线模型,进行疾病识别的双模态训练。最后,将两种模型的结果相加,得到组合分类结果,识别结果如表 5.3.8 所示。

表 5.3.8 双模态训练识别结果的比较

组合模型	准确率/(%)	精确率/(%)	灵敏度/(%)	特异度/(%)
ResNet18＋TextRCNN	99.48	98.90	98.78	99.66
ResNet18＋TextRNN	98.69	97.12	96.72	99.16
DenseNet121＋TextCNN	98.95	97.88	97.44	99.32
DenseNet121＋TextRCNN	99.48	98.95	98.89	99.66

5.3.5 小结

为了利用病害图像特征与文本描述之间的相关性和互补性进行病害识别，本研究提出了基于图文协同表示学习的蔬菜病害识别模型。与单独的图像模态训练或文本模态训练相比，该模型在复杂环境下的蔬菜病害小样本数据集上取得了更好的效果。本研究为实际农业场景下基于图文协同表征学习的小样本疾病识别提供了一种可行的解决方案。在本研究中，图像和文本的特征空间是独立的，在未来的研究中，从模型中学习到的图像和文本特征可以映射到一个统一的特征空间中。在统一的特征空间中，可以对来自图像和文本的相同疾病特征进行语义分析，以提高疾病识别的可解释性。

参考文献

[1] 陈兵旗,郭学梅,李晓华.基于图像处理的小麦病害诊断算法[J].农业机械学报,2009,40(12):190-195.

[2] WANG C S, ZHOU J, ZHAO C J, et al. Few-shot vegetable disease recognition model based on image text collaborative representation learning [J]. Computers and Electronics in Agriculture,2021,184：106098.

第6章
农副产品图像检测

6.1　果园图像去雾处理

本研究针对重度雾霾环境下拍摄的苹果园图像,提出了基于暗通道先验(dark channel prior,DCP)理论的去雾方法。通过与多尺度 Retinex(multiscale Retinex,MSR)方法、自适应直方图均衡化(adaptive histogram equalization,AHE)等常规方法进行对比试验,验证改进算法的有效性。针对苹果采摘机器人对定位精度与实时性的需求,优化了大气光系数 A 与去雾强度 ω 的求解方法,并采用引导滤波提升透射率图计算效率。通过对去雾效果的评价和分析,验证了改进算法及参数优化策略在农业机器人视觉系统中的工程适用性。

6.1.1　试验设备及材料

图像采集使用 Nikon D7100 单反相机(CMOS 传感器,2410 万有效像素,6000×4000 分辨率),配备 Nikkor 18-105 mm f/3.5-5.6G ED VR 防抖镜头。为消除运动模糊,采用三脚架固定与外接线控快门。试验平台为 ThinkPad X230 笔记本电脑(Intel Core i5-3210 四核 2.50 GHz 处理器,8 GB 内存,256 GB 硬盘)。软件开发基于 Windows 7 系统,依托 Microsoft Visual Studio 2010 与 OpenCV 库,集成 ImageSys 图像处理系统。

6.1.2　图像去雾原理

雾霾环境导致图像质量退化的物理机制源于悬浮粒子引发的大气散射效应。现有去雾技术可分为两类。

(1)图像增强法:基于图像处理直接提升可视性,如本研究对比的 AHE 方法,以及自适应色阶调整、对比度拉伸技术等。

(2)物理反演法:建立大气散射模型逆向求解清晰图像。本研究采用的

MSR 与 DCP 方法均属此类。

1. 雾化图像的退化模型

在雾霾环境下获取数字图像时,进入图像传感器的信号包含两部分,一部分是物体本身的辐射经过大气的散射作用后的光强信号,另一部分是太阳光经大气反射和折射作用后的光强信号。图 6.1.1 表达了这两部分信号共同形成雾化图像的作用原理。

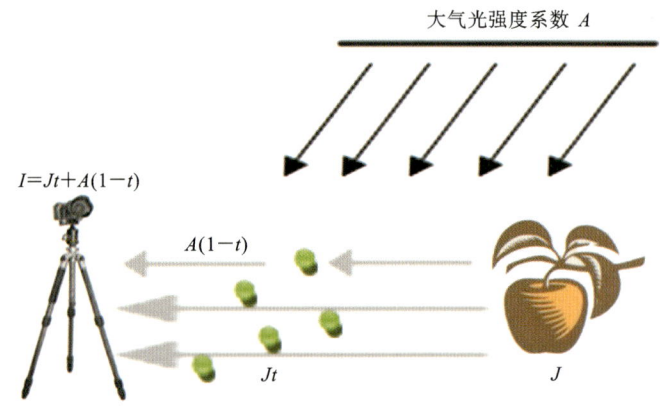

图 6.1.1　雾化图像的产生原理图

用 I 表示在雾霾的天气下视觉系统获得的图像,J 表示期望的图像,即没有雾霾的清晰图像。根据图 6.1.1 所示的原理,雾化图像与大气光以及空气(或者直接可以理解为雾霾)的透射率有关。记大气光强度系数为 A、空气的透射率系数为 t,则可以得到如下的数学模型:

$$I = Jt + A(1-t) \tag{6.1.1}$$

式中:Jt 是期望图像乘以透射率系数,是图像的直接衰减;$A(1-t)$ 属于图像中的大气光成分。去雾的目标就是从 I 中复原 J。

2. 图像暗通道先验去雾方法

暗通道先验理论基于大量无雾霾图像的一种统计规律,即除去天空等持续高亮度区域外,绝大多数局部的图像区域,都能找到一个具有很小的像素值的颜色通道,这个最小的像素值就是暗像素的值,拥有这个暗像素的通道称为暗通道。大多数的无雾图像,其暗通道的强度值都非常小,甚至趋近于零。

像素值代表传感器的感光强度,若定义这个最小值为 $J(x)$,x 表示这个小方块区域的中心,则

$$J(x) = \min_{y \in \Omega(x)} \left(\min_{c \in (R,G,B)} J^c(y) \right) \to 0 \tag{6.1.2}$$

式中：$\Omega(x)$ 表示以 x 为中心的一块方形区域；c 为 R、G、B 3 个通道中的任意一个；$J^c(y)$ 表示遍历 $\Omega(x)$ 3 个通道的所有像素值。

在式(6.1.1)的基础上进行变换，得：

$$J = \frac{I - A(1-t)}{t} = \frac{I - A + At}{t} = \frac{I - A}{t} + A \tag{6.1.3}$$

这个方程有 t 和 A 共 2 个未知量，如果没有进一步的信息输入，此方程无法解出。但是，如果把暗通道先验知识加入进来就可以把其演变为可解的方程。先假定 A 为已知的，在式(6.1.1)的基础上分别除以 A，得到：

$$\frac{I}{A} = \frac{J}{A}t + 1 - t \tag{6.1.4}$$

考虑颜色通道，则式(6.1.4)可以改写为

$$\frac{I^c(x)}{A^c} = \frac{J^c(x)}{A^c}t(x) + 1 - t(x) \tag{6.1.5}$$

$t(x)$ 为每一个窗口内的透射率系数。对式(6.1.5)两边求两次最小值，得：

$$\min_{y \in \Omega(x)} \left(\min_c \frac{I^c(x)}{A^c} \right) = t(x)\min_{y \in \Omega(x)} \left(\min_c \frac{J^c(x)}{A^c} \right) + 1 - t(x) \tag{6.1.6}$$

式(6.1.6)是式(6.1.4)加上通道和区块后的特例，其中 $\Omega(x)$ 表示的小区块大小是 15×15 像素。由于有式(6.1.2)的作用，可得：

$$\min_{y \in \Omega(x)} \left(\min_c \frac{J^c(x)}{A^c} \right) = 0 \tag{6.1.7}$$

把式(6.1.7)代入式(6.1.6)，得：

$$t(x) = 1 - \min_{y \in \Omega(x)} \left(\min_c \frac{I^c(x)}{A^c} \right) \tag{6.1.8}$$

以上推导假定设大气光系数 A 是 $200 \sim 255$ 的一个已知值。由 A 值用式(6.1.8)得到 t 值，再由式(6.1.3)得到期望图像 $J(x)$。

6.1.3 算法调参和改进

本研究拟从以下三个方面对算法参数获取和透射率计算进行改进，以便该算法在去雾效果方面能满足苹果采摘机器人视觉系统的分割和定位等工程应用需求，在时间复杂度方面能基本满足苹果采摘工程图像处理的实时性要求。

1. 大气光系数 A 的确定

原算法假定大气光系数 A 值是已知的，A 值获得方法是：从暗通道图中按照亮度的大小取前 0.1% 的像素点位置，在原始有雾图像 I 中寻找这些位置对

应的最大像素值作为 A 值。

试验中发现 A 值对去雾效果影响较大。根据工程实践的需求,本研究获取 A 的方法如下。

(1)用滑动窗口(15×15 像素)计算暗通道图,计算结果存入矩阵 $\mathbf{D}_{cp}$;

(2)求 $\mathbf{D}_{cp}$ 中的前 $(M×N)/1000$ 个最大元素所在位置,其中 M 代表矩阵的行数,N 代表矩阵的列数;

(3)定义 1 个和 $\mathbf{D}_{cp}$ 相同规格的矩阵 $\mathbf{D}_{cp0}$,用来存储上一步得到的结果,其中最大值位置为 1,其他位置为 0;

(4)提取雾图的 R 通道矩阵 $\mathbf{Imager}$;对应于 $\mathbf{D}_{cp0}$ 中值为 1 的位置,获得矩阵 $\mathbf{Imager}$ 相应位置的值;

(5)求取位置 1 像素的平均值作为 A 的取值。

上述获取 A 值方法的主要优势有:

(1)单通道计算,减少了计算量;

(2)优先保留红光波段(620~750 nm)信息,契合果园环境光谱特性对 R 通道影响的数据能有所保留;

(3)均值法使 A 值偏差降低(对比原算法极值法),解决偏色问题。

2. 去雾强度的设定

在现实生活中,即使是晴天,空气中也存在着一些颗粒,看远处的物体还是能感觉到雾的影响,因此,有必要在去雾时保留一定程度的雾,通过在计算 $t(x)$ 时引入一个在 $[0,1]$ 范围内的因子 ω,修正公式(6.1.8)为

$$t(x) = 1 - \omega \min_{y \in \Omega(x)} \left(\min_c \frac{I^c(x)}{A^c} \right) \tag{6.1.9}$$

式中:ω 为去雾因子,用于调节去雾的程度。这个参数的值是不确定的,而苹果采摘机器人视觉系统是工程应用,为了能使去雾图像获得更强的对比度,这里取最强的去雾强度,即直接设 ω 为确定值 1。

3. 基于引导滤波的透射率优化方法

在完成暗通道图计算后,根据公式(6.1.8)可初步获得透射率分布矩阵。该矩阵经栅格化处理形成透射率图后,即可通过大气散射模型直接求解去雾图像。但需注意,暗通道计算过程中采用的 15×15 像素滑动窗口最小值滤波操作,将导致透射率图在相同尺度的空间区域内呈现均匀值分布。这种粗粒度估计产生的块效应伪影会显著降低去雾图像的边缘清晰度,导致机器人视觉系统在后续图像分割与目标定位任务中出现特征提取偏差。为此,本研究引入引导

滤波算法实现透射率的精细化重建。具体实现依托 OpenCV 开源图像处理库，通过调用 ximgproc 模块的 createGuidedFilter 函数执行边缘保持平滑处理。该算法在保持透射率突变区域（如物体轮廓）的同时，可有效消除块效应伪影。试验验证表明，得益于 OpenCV 对 Intel 处理器架构的深度优化，在配备 Intel Core i5-3210 处理器的试验平台上，算法仍可满足机器人视觉系统的实时性要求。

6.1.4　去雾算法效果对比试验

使用 C++编写代码，开发苹果采摘机器人视觉系统去雾试验软件，该软件实现了读取图像、对比算法、计算暗通道值、基于 R 通道计算大气光系数 A 值、计算透射率、复原无雾图像等功能。所开发软件的界面如图 6.1.2 所示。

图 6.1.2　苹果采摘机器人视觉系统去雾试验软件界面

1. 透射率计算试验

在前述理论分析的基础上，精选有代表性的有雾苹果图像 12 幅进行试验。图 6.1.3 选择了其中 4 幅图像进行效果展示（原始图左上角的数字是为了给图像做标记而设，实际试验中没有这些数字）。将带雾图像统一处理成 640×480 像素的大小，不同算法及参数分别代入编写的程序进行试验。图（a）是 4 张带雾图像的原图像；图（b）是用 15×15 像素滑动窗口在图像上滑动后，得到的 R、

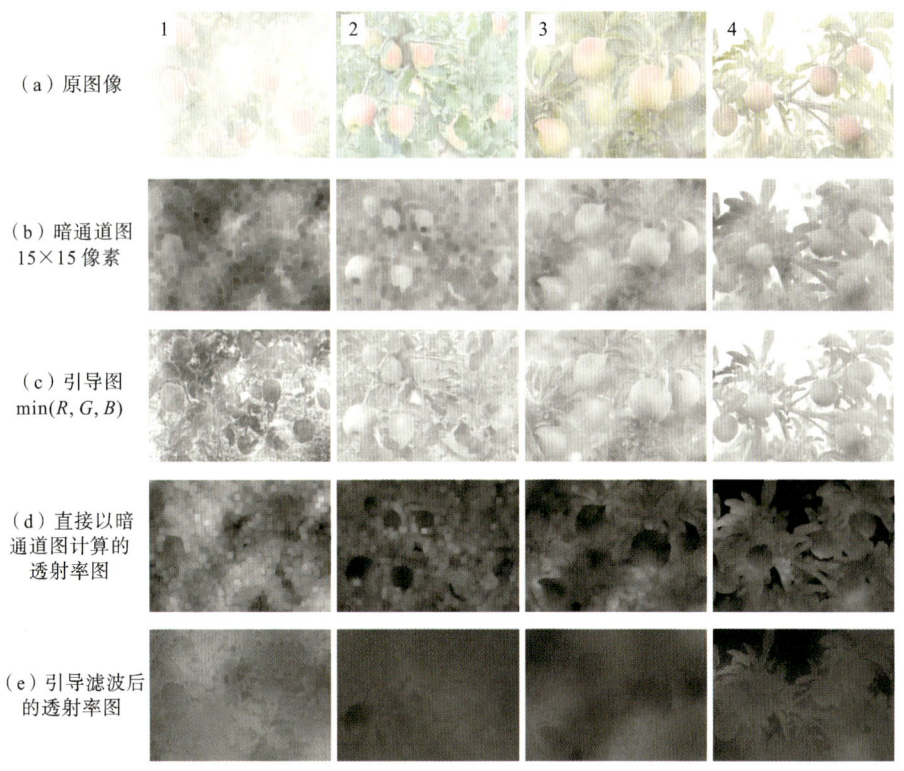

（a）原图像

（b）暗通道图
15×15 像素

（c）引导图
$\min(R, G, B)$

（d）直接以暗
通道图计算的
透射率图

（e）引导滤波后
的透射率图

图 6.1.3　透射率计算对比试验结果

G、B 通道的暗通道图；图（c）是取每个彩图中的 $\min(R, G, B)$ 后的值，用该行的结果图像来做引导滤波的引导图；图（d）是把暗通道图数据代入式（6.1.9）后得到的透射率图；图（e）是以图（c）做引导图进行引导滤波后得到的透射率图。从图中可以看到，由于暗通道图是窗口滑动计算出来的结果，故以此为基础计算的透射率图也有小方块。计算的 $\min(R, G, B)$ 图像与原图像比较，在较好地保留边缘和细节的同时，没有增加整个系统的计算复杂度，可以用来引导滤波的输入参数图像。从引导滤波后的透射率图可以看到，其透射率计算结果更加精细。

2. 去雾算法效果对比试验

选择前述的 4 幅图像做去雾算法效果对比试验，结果如图 6.1.4 所示。图（b）所示为 MSR 算法去雾结果，尺度数 m 为 3；图（c）所示为 AHE 算法去雾结果，分块数 b 为 8；图（d）为设定参数 $A = 200$，$\omega = 0.9$ 去雾结果；图（e）中参数是随机选取的，其中 ω 为 0.5～1，A 为 200～255；图（f）是采用本研究前述算法

图 6.1.4　去雾算法效果对比

获得的去雾结果。从直观上可以发现,原图像受雾的影响,对比度低,色彩失真。而各种去雾方法都能在图像清晰度方面有一定的提升。对比几种去雾方法的效果可以发现。用 MSR 算法去雾后图像饱和度比较高;AHE 算法得到的图像较为自然;DCP 算法则由于三种不同参数的作用而使去雾效果有较为明显的差异,其中以采用由本研究算法获取的参数所得到的图像对比度为最高。

从图(e)和图(f)的效果图对比可知,本研究规定去雾因子取 1,并用特定策略取得 A 值,图像清晰效果明显要好于随机参数。这表明参数选取如果不根据苹果采摘工程要求而有所限定,将得不到供后期处理的最优去雾图像。

6.2 果树上红色水果的提取与检测

本研究以自然环境下生长的桃子为对象,提出一种针对成熟红色水果的图像识别算法,实现果实圆心定位与半径测量,为机器人采摘提供技术支持。

本研究的技术要点如下。

(1)从复杂的环境中提取出成熟桃子;

(2)将图像上重叠的桃子分割开来,并确定其中心位置和半径。

6.2.1 试验设备与材料

试验用桃子图像样本是用数码相机在北京市通州区西集镇桃园实地采集获得的。数码相机的型号为 Digimax S500,拍摄图像的分辨率为 640×480 像素。图像处理的计算机配置为:Intel Pentium 4 处理器,主频为 2.4 GHz,内存256 MB。利用 Microsoft Visual Studio 2010 进行算法的研究开发。

图 6.2.1 为采集的果树上桃子彩色原图像示例,分别代表了单个果实、多个果实成簇、果实相互分离或相互接触等生长状态以及不同光照条件和不同背景下的图像样本。图 6.2.1(a)为顺光拍摄图像,光照强,果实单个生长,有树叶

(a)单个果实,有树叶遮挡　　(b)多个果实,有树叶遮挡　　(c)直射光,多个果实接触

(d)弱光,多个果实接触　　(e)顺光,单个或多个果实,　　(f)单个或多个果实,多个
　　　　　　　　　　　　　　　枝干干扰　　　　　　　　　果实接触或枝干干扰

图 6.2.1　彩色原图像

遮挡,背景主要为树叶。图 6.2.1(b)为强光照拍摄图像,果实相互接触,有树叶遮挡,背景主要为枝叶。图 6.2.1(c)为逆光拍摄图像,图像中既有单个果实又存在相互接触的多个果实,且果实被树叶部分遮挡,背景主要为枝叶和直射阳光。图 6.2.1(d)为弱光照、相机自动补光拍摄的图像,果实相互接触,无遮挡,背景主要为树叶。图 6.2.1(e)为顺光拍摄图像,既有单个果实,又有相互接触且受枝干干扰的果实。图6.2.1(f)为强光照拍摄图像,既有单个果实,又有相互遮挡的果实,并且有果实受到枝干干扰及树叶遮挡的情况。

6.2.2　桃子提取

由于成熟桃子一般带红色,因此对原彩色图像,首先利用红、绿色差信息提取图像中桃子的红色区域,然后采用与原图进行匹配膨胀的方法来获得桃子的完整区域。

对图像中的像素点(x_i,y_i)(x_i、y_i 分别为像素点 i 的 X 坐标和 Y 坐标,$0 \leqslant i < n$,n 为图像中像素点的总数),设其 R 分量和 G 分量的像素值分别为 $R(x_i,y_i)$ 和 $G(x_i,y_i)$,其差值为 $\beta_i = R(x_i,y_i) - G(x_i,y_i)$,由此获得一个灰度图像,若 $\beta_i > 0$,设灰度图像上该点的像素值为 β_i,否则为 0(黑色)。之后计算灰度图像中所有非零像素点的均值 α。逐像素扫描灰度图像,若 $\beta_i > \alpha$,将该点像素值设为 255(白色),否则设为 0(黑色),获得二值图像 f_b,并对其进行补洞和面积小于 200 像素的去噪处理。均值 α 的计算式为

$$\alpha = \frac{1}{k} \sum_{i=0}^{k-1} \beta_i \qquad (6.2.1)$$

式中:k 为灰度图像中非零像素点的个数。

图 6.2.2(a)~(f)依次为以 $R-G$ 色差均值为阈值从图 6.2.1(a)~(f)中提取桃子红色区域而获得的二值图像。从图 6.2.2 所示的提取结果可以看出,该方法在各种光照条件和不同背景情况下,都能较好地提取出桃子的红色区域。

 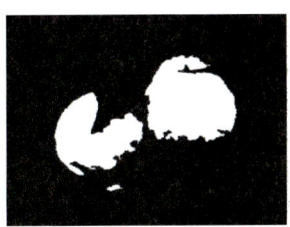 

(a) 图6.2.1(a)　　　　(b) 图6.2.1(b)　　　　(c) 图6.2.1(c)

图 6.2.2　提取图 6.2.1 桃子红色区域的二值图像

  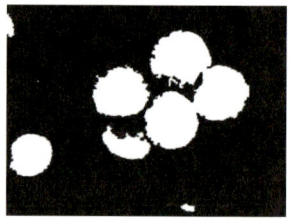

(d) 图6.2.1(d)　　　　　(e) 图6.2.1(e)　　　　　(f) 图6.2.1(f)

续图 6.2.2

6.2.3　匹配膨胀处理

设区域序号为 $j(0 \leqslant j < m)$，膨胀后边界点总数为 n_2，存放膨胀后边界点个数的数组为 length2[]，存放膨胀后边界点坐标（x、y 结构体）的数组为 lst2[]，然后按以下步骤进行匹配膨胀处理。

（1）初始化：设 $j = 0, n_2 = 0$。

（2）设 length2[j]=0。

（3）从 lst[]中依次读取区域 j 的边界坐标点 $P_i(0 \leqslant i < length[j])$，分别对其进行后续处理。

（4）顺时针扫描图像 f_c 和原图像 f 上点 P_i 的 24 邻域 $N_k(k = 1, 2, \cdots, 24$，见图 6.2.3），计算 f_c 上 N_k 为白色所对应原图像 f 上 R 分量值的最大值 R_{max} 和最小值 R_{min}。

N_1	N_2	N_3	N_4	N_5
N_{16}	N_{17}	N_{18}	N_{19}	N_6
N_{15}	N_{24}	P_i	N_{20}	N_7
N_{14}	N_{23}	N_{22}	N_{21}	N_8
N_{13}	N_{12}	N_{11}	N_{10}	N_9

图 6.2.3　目标像素的 24 邻域

（5）在图像 f_c 上顺时针扫描 P_i 的 8 个邻域 $N_k(k = 17, 18, \cdots, 24$，见图 6.2.3），若遇到黑色像素，则读取原图像 f 上相同位置的 R 分量值和 G 分量值，如果 $R > G$，且 $R_{min} \leqslant R \leqslant R_{max}$，则认为该黑色像素点属于桃子上的点，将图像 f_c 上该点变为白色（值为 255），并将该点坐标存入 lst2[n_2]，n_2 值加 1，

length2[j]值加 1,当区域 j 的所有边界坐标点 P_i 完成上述处理后,j 值加 1。

(6) 循环执行步骤(2)至(5),直到 $j=m$,一次匹配膨胀结束。

(7) 复制 lst2[]到 lst[],复制 length2[]到 length[],令 $n=n_2$,重复步骤(1)至(6),进行下一次匹配膨胀处理。

在某次匹配膨胀处理中,如果在步骤(5)中没有满足条件的黑色像素出现,则表示匹配膨胀完毕,退出匹配膨胀处理。之后对图像 f_c 做补洞、3 次膨胀和腐蚀的修复处理。

图 6.2.4 为对图 6.2.2 与彩色原图像图 6.2.1 进行匹配膨胀处理后得到的二值图像。因为同一个桃子上相邻像素的 R 分量值不会发生剧烈变化,而桃子边缘相邻像素的 R 分量值会出现较大变化,所以将目标像素 24 邻域内桃子像素点的 R 分量值的最大、最小值作为不发生剧烈变化的阈值范围。该方法可以自动确定阈值,能够准确、快速地将本属于桃子的像素重新找回。从图 6.2.4 所示的结果可以看出,图 6.2.1 所示图像中没有被枝叶遮挡的桃子部分,都被很好地匹配膨胀成了白色像素。

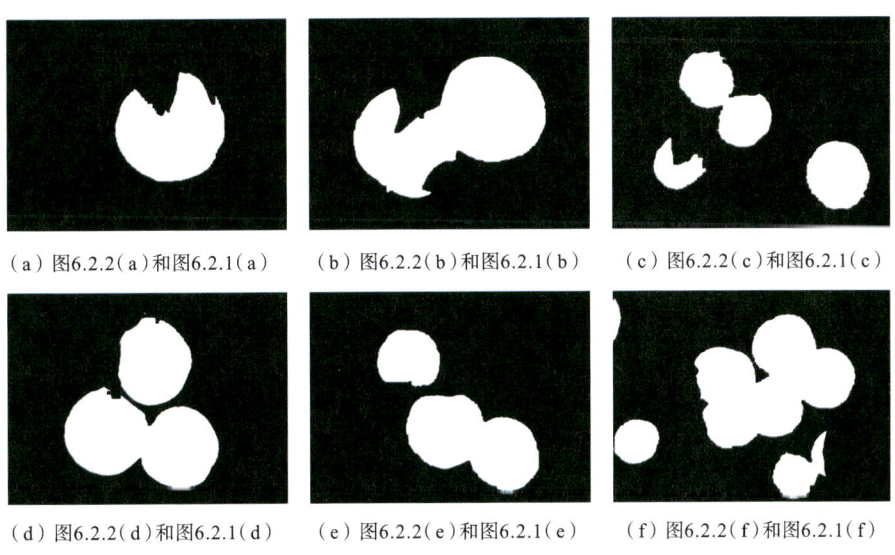

(a) 图6.2.2(a)和图6.2.1(a)　　(b) 图6.2.2(b)和图6.2.1(b)　　(c) 图6.2.2(c)和图6.2.1(c)

(d) 图6.2.2(d)和图6.2.1(d)　　(e) 图6.2.2(e)和图6.2.1(e)　　(f) 图6.2.2(f)和图6.2.1(f)

图 6.2.4　图 6.2.2 与图 6.2.1 匹配膨胀结果图像

图 6.2.2、图 6.2.4 表明,本研究中所提出的分割提取算法能够适应桃子颜色的非均一性和图像光照的复杂性,很好地去除了天空、枝叶等复杂背景,而且几乎完好地保存了未被枝叶遮挡的桃子区域,并且对光线的强弱、顺光、逆光、

直射光等都有很好的适应性,取得了较好的分割效果。从读入图像到处理出结果,一帧图像的平均处理时间为 635 ms。

6.2.4　边界追踪处理

复制二值图像 f_b 并另存为 f_c,设图像中白色区域的个数为 m,白色区域的边界点总数为 n,存放各白色区域边界点个数的数组为 length[ ],存放边界点坐标的数组为 lst[ ]。令 $m=0$,$n=0$,以 f_b 上的白色区域为目标进行边界追踪处理。

(1) 设 length[m]$=0$,从上到下、从左到右逐像素扫描 f_b,遇到没有标记的白色像素(值为 255)时,检查其左侧像素,若为黑色,则停止扫描(主扫描)。

(2) 将遇到的白色像素设为边界初始点(设其像素值为 $b=254$),将其作为目标像素,坐标存入 lst[n],n 值加 1,length[m] 值加 1。

(3) 设标记值 $p=1$,从目标像素的右侧开始,顺时针扫描目标像素的 8 邻域像素,遇到白色像素时,将其值设定为 p,并将其作为目标像素,坐标存入 lst[n],n 值加 1,length[m] 值加 1。

(4) 以上一个边界点为起始点,在当前目标像素的 8 邻域中按顺时针方向搜索,遇到白色像素时,将其设定为 p,并将其作为目标像素,坐标存入 lst[n],n 值加 1,length[m] 值加 1。

(5) 反复执行步骤(4),当遇到边界初始点 b 时,表示当前的白色区域边界追踪完毕,m 值加 1。

(6) 从步骤(1)的主扫描停止位置开始重新执行步骤(1)到步骤(5),对图像中其他白色区域进行边界追踪处理,直到扫描完整幅图像为止,然后进行后续的匹配膨胀处理。

6.2.5　可能圆心点群计算

对上述处理后的二值图像,首先通过上述边界追踪的方法获得目标轮廓上各个像素点的 X 坐标和 Y 坐标,并保存到数组 $W[i]$ 中,其中,$i=0,1,\cdots,n-1$(n 为目标区域轮廓上像素点的个数)。从轮廓线的起点 $W[0]$ 到终点 $W[n-1]$,以 A_1 个像素为连线起点步长,以 A_2 个像素为连线点间间隔,依次做连线,将相邻两条连线中垂线的交点作为可能圆心点。当轮廓线长度小于 500 像素时,将 A_1 设为 2,A_2 为 A_1 的 20 倍即 40;当轮廓线长度大于或等于 500 像素时,将 A_1 设为 4,A_2 为 80。具体计算步骤如下。

(1) 设起点为 $P_{s0}=W[0]$,终点为 $P_{e0}=W[A_2]$。

（2）求 P_{s0} 和 P_{e0} 的连线 L_0。

（3）求 L_0 的中垂线 V_0。

（4）设下一条连线的起点为 $P_{s1} = W[A_1]$、终点为 $P_{e1} = W[A_1 + A_2]$，重复步骤（2）和步骤（3），得到 P_{s1} 和 P_{e1} 连线 L_1 的中垂线 V_1。中垂线 V_0 和中垂线 V_1 的交点即可能圆心点 O_1。

起点依次设为 $P_{s0} = W[0]$，$P_{s1} = W[A_1]$，$P_{s2} = W[2A_1]$，…，$P_{sm} = W[m \times A_1]$，终点依次为 $P_{e0} = W[A_2]$，$P_{e1} = W[A_1 + A_2]$，$P_{e2} = W[2A_1 + A_2]$，…，$P_{em} = W[m \times A_1 + A_2]$，按上述方法得到点群 O_i（$i = 1, 2, \cdots, m$，这里 m 为可能圆心点的总数），如图 6.2.5 所示。

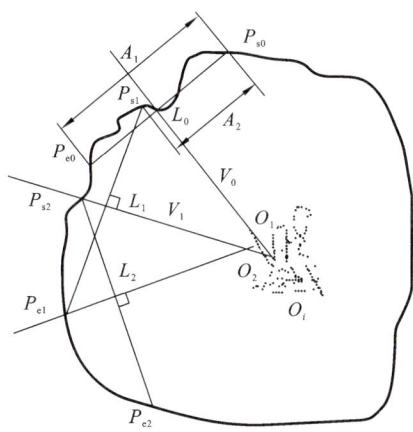

图 6.2.5　相邻两连线中垂线的交点群

6.2.6　可能圆心点群分组

在实际场景中，一幅图像中往往存在多个桃子，且这些桃子可能相互接触或重叠，在二值图像上会出现多个桃子连成一个轮廓的情形。因此，在对一个轮廓线求出可能圆心点群后，需要对圆心点群进行分组处理。具体步骤如下。

（1）设有数组 $Z[w]$、$L[w]$（w 表示图像宽度），初始值为 0。

（2）将该轮廓线内的可能圆心点群的横坐标向数组 Z 投票，即 $Z[x_{O_i}] + 1$（x_{O_i} 表示第 i 个可能圆心点的横坐标，$i = 1, 2, \cdots, m$，其中 m 为可能圆心点的总数）。

（3）将数组 Z 中 $Z[j] \neq 0$（$j = 0, 1, 2, \cdots, w-1$）的横坐标 j 分别记为 x_1，

$x_2, x_3, \cdots, x_n$(n 表示数组 Z 中数据不等于 0 的个数);令 $L[a] = x_{a+1} - x_a$($a = 1, 2, \cdots, n-1$),计算 $L[a]$ 的平均值 A_L 及标准差 D_L。

(4) 扫描数组 L,若 $L[a] > A_L + 0.5 \times D_L$,则以 $L[a]$ 为界将可能圆心点群进行分组,如图 6.2.6 中 $L[5]$、$L[7]$ 所示;将所有符合条件 $x_1 \leqslant x_{O_i} \leqslant x_5$ 的可能圆心点归为一组,记为 X_1 组,$x_6 \leqslant x_{O_i} \leqslant x_7$ 的可能圆心点归为一组,记为 X_2 组,等等。

(5) 设 X_k 组($k \geqslant 1$,表示可能圆心点群的横坐标分组个数)中可能圆心点的个数为 N_k,计算所有 N_k 的平均值 A_N 和标准差 D_N。以 $T_N = A_N + 0.5 \times D_N$ 作为阈值,圆心点数目小于阈值 T_N 的 X_k 分组作为噪声干扰进行去除(如图 6.2.6 中的 X_2 组)。

(6) 对符合步骤(5)中条件的各剩余 X_k 组的可能圆心点群,分别进行类似上述步骤(1)~(5)的纵坐标投票,去除噪声干扰,获得纵向分组信息。

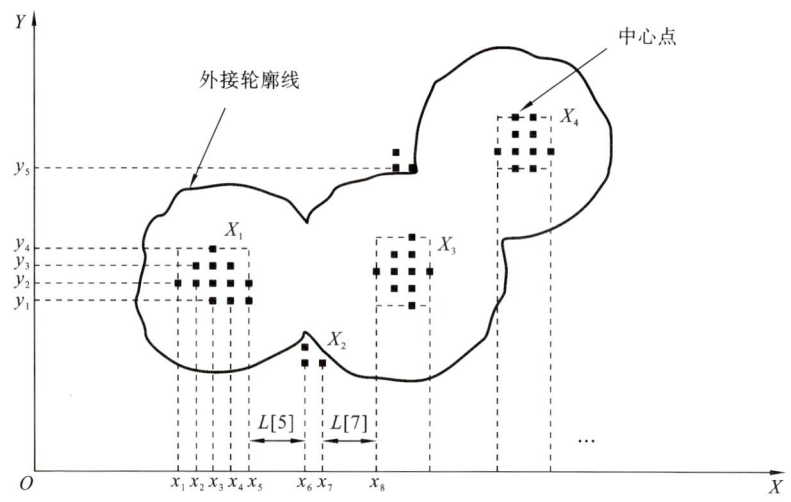

图 6.2.6　可能圆心点群分组示意图

6.2.7　圆心与半径计算

对分组区间(例如 $x_1 \sim x_5$,$y_1 \sim y_4$)内的可能圆心点群,分别计算可能圆心点的 X 和 Y 坐标平均值和标准差。

可能圆心点的 X 坐标平均值和标准差分别为

$$\overline{x}_O = \sum_{i=0}^{m-1} x_{O_i} \Big/ m \tag{6.2.2}$$

$$D_x = \sqrt{\sum_{i=0}^{m-1} (x_{O_i} - \bar{x}_O)^2 \Big/ m} \qquad (6.2.3)$$

式中：$\bar{x}_O$ 为可能圆心点 X 坐标的平均值；D_x 为可能圆心点 X 坐标的标准差；x_{O_i} 为第 i 个可能圆心点的 X 坐标。

可能圆心点的 Y 坐标平均值和标准差分别为

$$\bar{y}_O = \sum_{i=0}^{m-1} y_{O_i} \Big/ m \qquad (6.2.4)$$

$$D_y = \sqrt{\sum_{i=0}^{m-1} (y_{O_i} - \bar{y}_O)^2 \Big/ m} \qquad (6.2.5)$$

式中：$\bar{y}_O$ 为可能圆心点 Y 坐标的平均值；D_y 为可能圆心点 Y 坐标的标准差；y_{O_i} 为第 i 个可能圆心点的 Y 坐标。

按照式（6.2.6）逐个判断每个可能圆心点：

$$\bar{x}_O - D_x < x_{O_i} < \bar{x}_O + D_x, \quad \bar{y}_O - D_y < y_{O_i} < \bar{y}_O + D_y \qquad (6.2.6)$$

将满足式（6.2.6）的所有可能圆心点坐标存入数组 S 中，之后对 S 中的所有点重新求平均值，将其作为拟合圆的圆心点，记为 O。

计算数组 S 中所有可能圆心点与圆心点 O 的距离，找出距离最小的可能圆心点的坐标。如图 6.2.7 所示，假设与圆心 O 距离最小的可能圆心点有两个，分别为 O_1、O_2，其中 O_1 为弦 P_1P_2 中垂线与弦 P_3P_4 中垂线的交点，O_2 为弦 P_5P_6 中垂线与弦 P_7P_8 中垂线的交点，分别计算 O_1 到点 P_1、P_2、P_3、P_4 的距离，O_2 到点 P_5、P_6、P_7、P_8 的距离。求出这些距离的平均值作为最终拟合圆的半径。

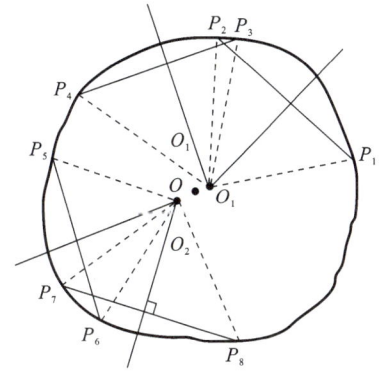

图 6.2.7　拟合圆半径示意图

图 6.2.8 是上述桃子检测分离算法的流程图。

图 6.2.9 分别为对图 6.2.4 所示图像进行区域轮廓提取及拟合的结果图。对于图 6.2.4(a) 所示单个果实的情况，拟合过程中一个轮廓内所有的可能圆心点都被分为一组。其余多个果实相接触的情况下，一个轮廓内的可能圆心点被分成了多组。图 6.2.4(d)、(e) 中桃子的果实轮廓比较完整，而其他几个图中均存在果实轮廓被树叶等遮挡的情况。拟合过程中获得的可能圆心点的个数与轮廓线长度、步长 A_1 及截取间隔 A_2 有关，可以通过调节 A_1 和 A_2 来控制可能

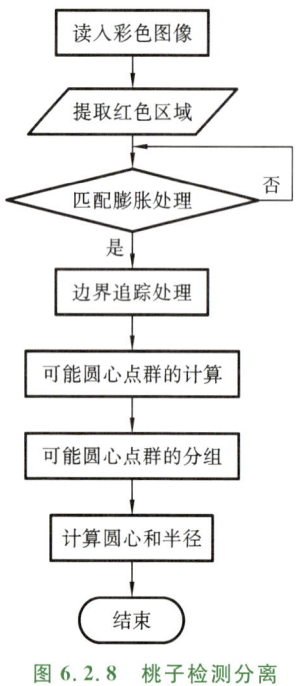

读入彩色图像

提取红色区域

匹配膨胀处理 —— 否

是

边界追踪处理

可能圆心点群的计算

可能圆心点群的分组

计算圆心和半径

结束

**图 6.2.8　桃子检测分离
算法流程图**

圆心点的个数。当 A_1、A_2 很小时,计算量增加,可能的圆心点数目会增加,拟合圆的圆心和半径的准确度会提高,但运行速度会降低。在满足准确度的前提下,可以通过适当增大 A_1、A_2 的值来提高处理速度。与传统的最小二乘法和 Hough 变换相比,本研究中所提出的圆拟合方法具有计算量少、速度快等特点,其平均处理时间为 18.1 ms。此外,由于采用了统计的方法,即使对于图 6.2.4(b) 所示果实大部分被遮挡的情况,圆拟合的结果也十分准确。但是,对于图 6.2.4(f) 中左上角和右下角的两个被严重遮挡的桃子,由于其可见的果实面积十分狭小,故拟合结果与实际不符。

图 6.2.10 是将图 6.2.9 与原图像合并的结果图,表明该拟合算法能够适应桃子单个果实、多个果实相互分离以及多个果实相互接触等多种生长状态,并且对于部分被遮挡(遮挡部分小于 1/2 轮廓)的果实也能够实现很好的拟合。

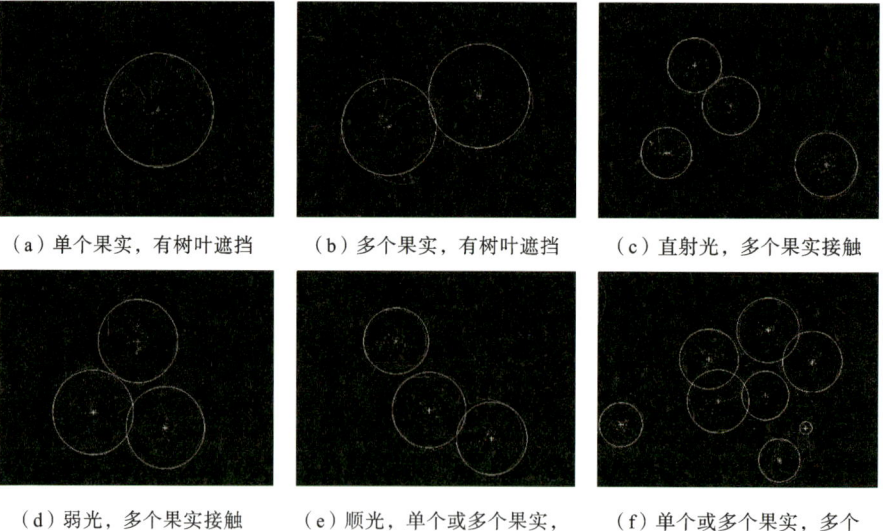

（a）单个果实,有树叶遮挡　　（b）多个果实,有树叶遮挡　　（c）直射光,多个果实接触

（d）弱光,多个果实接触　　（e）顺光,单个或多个果实,　　（f）单个或多个果实,多个
　　　　　　　　　　　　　　　　　　枝干干扰　　　　　　　　　　　果实接触或枝干干扰

图 6.2.9　轮廓提取及拟合结果

（a）单个果实，有树叶遮挡

（b）多个果实，有树叶遮挡

（c）直射光，多个果实接触

（d）弱光，多个果实接触

（e）顺光，单个或多个果实，枝干干扰

（f）单个或多个果实，多个果实接触或枝干干扰

图 6.2.10　拟合结果显示在原图像上

6.3　茯苓自动去皮作业的表皮视觉定位

在本研究中，依据茯苓的加工方式与外形特点，设计了一套融合图像处理技术与钻式铣床结构的茯苓自动去皮机，并基于该去皮机设计了一种定位茯苓表皮位置的视觉检测方法，以便控制钻头完成茯苓自动去皮作业。

6.3.1　茯苓自动去皮机

图 6.3.1 为茯苓自动去皮机三维结构图，其作业原理如下：夹持装置移动端 1 与固定端 3 上分别设有去皮作业开始标志与结束标志，中央控制台 5 控制钻头左右匀速移动，钻头初始位置为导轨 6 最右端。去皮时，首先用夹持装置移动端夹紧茯苓，然后通过中央控制台启动设备，当检测到开始标志的 X 坐标与钻头的 X 坐标相同时，程序开始检测茯苓边缘位置（1 次检测），并根据茯苓边缘位置控制钻头进刀、退刀，进行去皮作业。当检测到结束标志的 X 坐标与钻头 X 坐标相同时，钻头退刀至安全位置并移动到开始标志位置，完成一个作业单元，在这个过程中茯苓顺时针旋转 $10°$。重复操作，完成茯苓去皮。完成去皮作业后钻头回到初始位置。

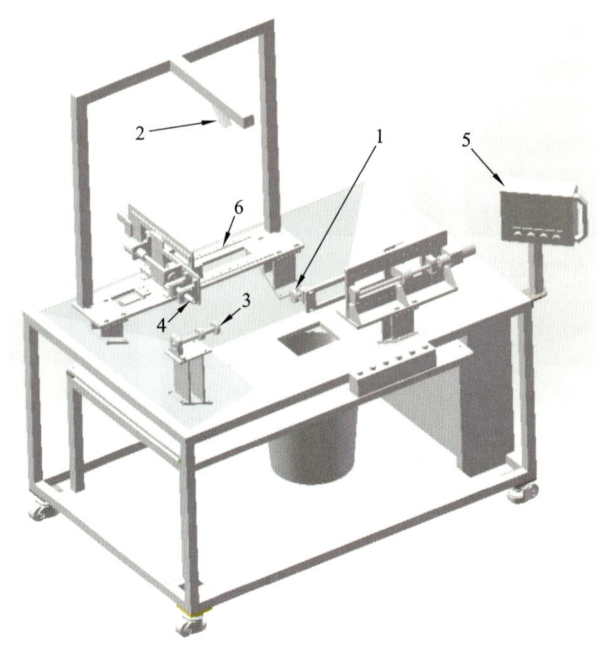

图 6.3.1　茯苓自动去皮机三维结构图

1—夹持装置移动端;2—摄像机;3—夹持装置固定端;4—钻头;5—中央控制台;6—导轨

6.3.2　茯苓的视频图像采集

本研究中所用视频图像在河北涿州某公司厂房内采集,采集时间为 2019 年 10 月 8 日下午 3:00 和 10 月 17 日上午 10:30,厂房内使用固定光源。在实际试验中,茯苓表皮破损情况是影响定位准确性的关键因素,所以本研究以茯苓表皮是否破损为图像分类标准,主要类型包括表皮无破损、表皮破损较轻以及表皮破损严重。

如图 6.3.1 所示,摄像机 2 在钻头 4 的上方,垂直高度为 1 m,其光轴与水平面夹角为 60°,钻头切削茯苓表皮位置在图像的下半部分,夹持装置固定端位于图像的上方四分之一部分。摄像机为定制的 USB 2.0 接口彩色高清摄像机,自带 LED 光源,分辨率为 300 万像素,最高帧率为 60 帧/秒。

具体操作如下:钻头在轨道上自动左右移动(匀速且速度较慢),手动控制钻头进退完成茯苓去皮作业并退回到初始位置,完成视频图像采集。图像大小为 640×480 像素,帧率为 30 帧/秒,图像存储为 AVI 格式。基于 Microsoft Visual Studio 2010 系统,在 ImageSys 平台上进行算法开发。计算机的配置为:

处理器为 Intel Core i5-4590,主频为 3.3 GHz,内存为 8 GB。

6.3.3 表皮位置检测

如图 6.3.2 所示,左上角为坐标原点,向右为 X 轴正方向,向下为 Y 轴正方向。x_{size}、y_{size} 分别表示图像宽度与高度,以像素为单位。图像颜色分量分别为 R、G、B。图 6.3.2 中虚线框为初始窗口,虚线框内水平实线与茯苓上水平虚线构成的矩形区域为处理窗口。具体检测方法如下。

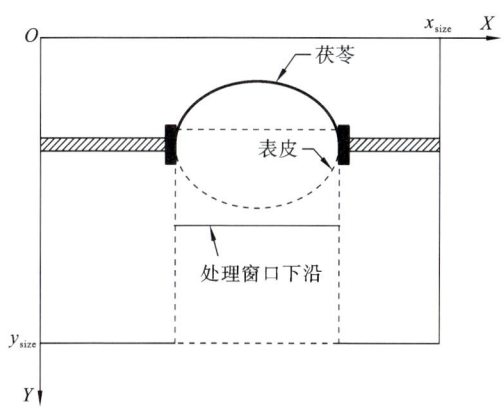

图 6.3.2 茯苓表皮位置示意图

1. 初始窗口的确定

基于摄像机的安装角度与高度,夹持装置移动端位于图像的左半部分,所以将图像的左半部分作为处理区域,然后在处理区域内由上至下逐行由右向左扫描,第 i 行像素上,若存在连续 n 个以上点(本研究中 $n=10$)的像素值同时满足 $B-G>p$ 与 $B-R>p$(本研究中 $p=30$),则设该像素段的起点为初始窗口的左上角。同理,以图像右半部分为处理区域,在处理区域内由上至下逐行由左向右扫描,以相同的方法确定初始窗口右上角,将左上角与右上角的 Y 坐标统一为二者的最大值。左上角与右上角水平连线以下区域设为初始窗口。

2. 处理窗口的确定

定义数组 s,大小为 y_{size},在初始窗口内,从下向上逐行扫描,对每个像素进行 $|2R-G-B|$ 处理,将各行像素处理后的累加值存入数组 s 中。使用 ImageSys 平台中的 Smooth_graph 函数对数组 s 进行步长为 10 像素的平滑处理,并计算平滑后的平均值 mean 与标准差 s_d,最后使用 Detect_graph_concave 函数

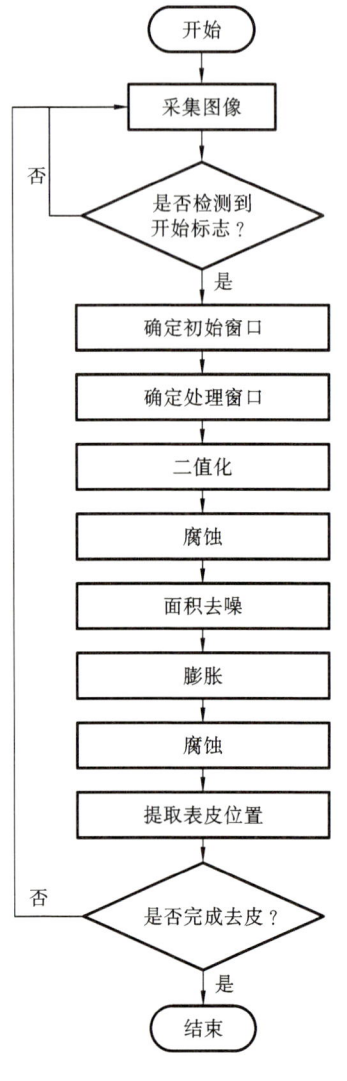

图 6.3.3　茯苓去皮流程

（主要参数设定:波谷基数为 mean,波谷阈值为 $s_d/5$,起始位置为 0,终点位置为 $y_{size}-1$),检测出第一个波谷位置,作为处理窗口的下沿。

3. 图像二值化及修复处理

基于 ImageSys 平台对处理窗口内图像进行如下二值化及修复处理:大津法进行自动二值化→黑色像素腐蚀 2 次→黑色像素去噪处理→黑色像素膨胀 2 次→黑色像素腐蚀 2 次。

4. 确定茯苓表皮位置坐标

在处理窗口内,从左向右逐列由下向上扫描,将每列像素上第 1 个像素值为 0 的像素点坐标设为该列像素表皮位置坐标。

茯苓去皮流程如图 6.3.3 所示。

6.3.4　试验结果与分析

研究用的茯苓视频于 2019 年 10 月 8 日下午 3:00 和 10 月 17 日上午 10:30 在河北涿州某公司采集。试验现场如图 6.3.4 所示。

图 6.3.5 是其中的 4 组图像:前 3 组使用白色背景板采集,第 4 组未采用白色背景板采集,视频的长度分别为 3740 帧、2239 帧、3622 帧和 2156 帧,图中矩形框为确定的处理窗口。完成算法开发后,进行实际去皮试验。

1. 初始窗口的确定

确定初始窗口左上角与右上角就是确定夹持装置移动端与固定端蓝色标识位置。图 6.3.6(a)为图 6.3.5(a)左侧蓝色标识所在行像素(起点坐标为(80,130),终点坐标为(170,130))的 R、G、B 分量线剖面图。在图 6.3.6(a)中,蓝色标识所在区间(第 110 列到第 145 列之间)R,G,B 分量的大小关系为 $B>G>R$。图 6.3.6(b)为图 6.3.5(a)右侧蓝色标识所在行像素(起点坐标为(470,120),终点坐标为(590,120))的 R、G、B 分量线剖面图。在图 6.3.6(b)中,蓝色标识所在区间(第 515 列到第 550 列之间)R,G,B 分量的大小关系同样为 $B>G>R$。对采集的图像重复上述的观察与分

图 6.3.4　茯苓自动去皮试验现场

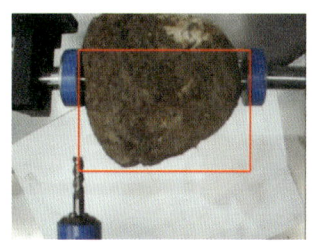

（a）表面未破损

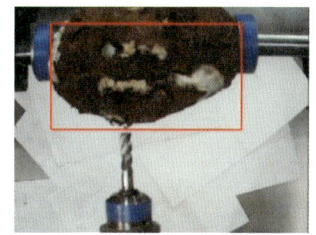

（b）表面破损较轻

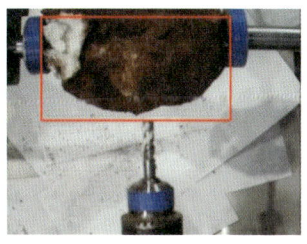

（c）表面破损较严重

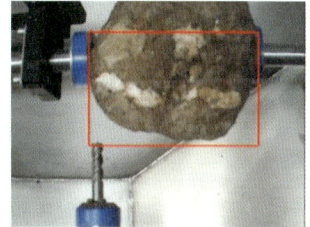

（d）焊痕干扰

图 6.3.5　采集的原图像

析，R、G、B 分量线剖面图分布变化不大。进一步分析 R、G、B 分量的具体关系并反复验证，最终确定 $B-G>30$ 且 $B-R>30$ 的限定条件。使用该条件提取的初始窗口上边如图 6.3.5 所示。可以看出，定位的初始窗口上边都正确地定位在了夹持装置蓝色区域的上边缘。

2. 处理窗口下边缘的确定

茯苓表皮呈红色，使用采集的图像进行多次分析试验，结果表明 $R>G>B$

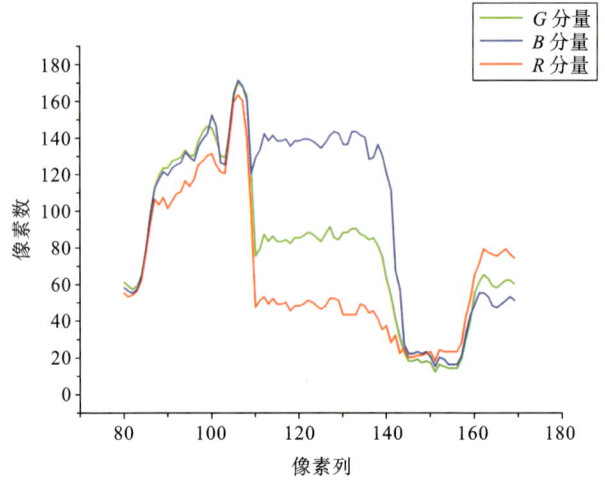

（a）左侧蓝色标识所在行像素的 R、G、B 分量线剖面图

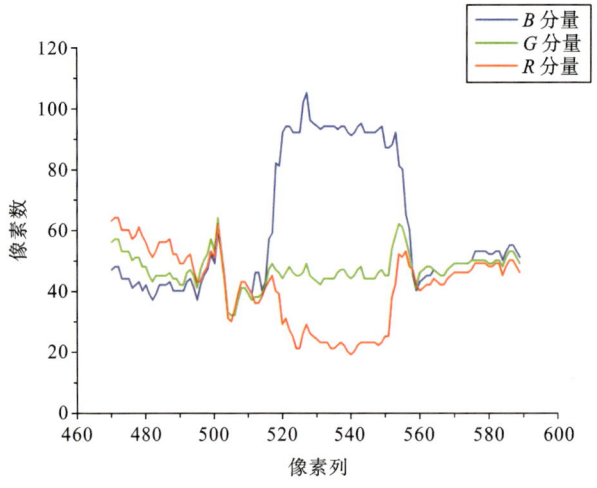

（b）右侧蓝色标识所在行像素的 R、G、B 分量线剖面图

图 6.3.6　图像随机行像素的 R、G、B 分量线剖面图

分量关系稳定。基于色差法能够突出颜色分量值较大的颜色分量继而增大目标区域与背景区域的区分度，最终使用 $|2R-G-B|$ 进行色差处理。图 6.3.7（a）～（d）的左图分别为图 6.3.5(a)～(d)初始窗口经过色差处理后的图像，右图为其灰度累计分布图（横轴等同于图像纵轴，纵轴是处理区域每行的像素灰度累计值）。从图 6.3.7 可以看出，茯苓区域的亮度明显高于背景区域。

　　为了剔除噪声以及进一步分析线剖面图的总体趋势，采用步长为 10 像素的移动平滑方法（Smooth_graph 函数）对原始数据进行平滑。平滑后的线剖面图去掉了一些细节并保留了数据的整体趋势，为后面确定处理窗口下边缘奠定了基础。用函数 Detect_graph_concave 求由起点到终点第一次下穿基数（设为平均值 mean）深度大于阈值（设为 $s_d/5$）的凹点，图 6.3.7 所示各个灰度累计分布图的拐点分别位于第 300 行到第 350 行之间、第 200 行到第 300 行之间、第 200 行到第 250 行之间以及第 300 行到第 350 行之间，都被正确地检测出来。

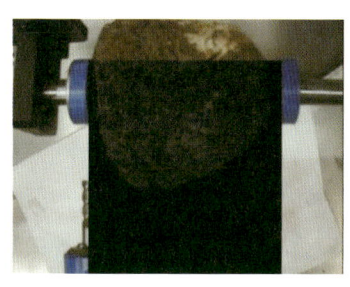
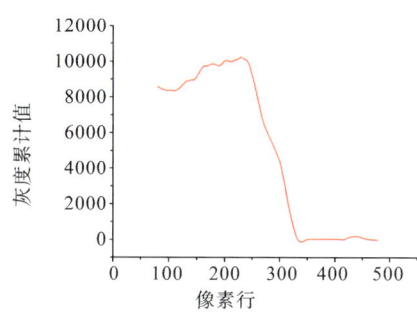

（a）图6.3.5（a）初始窗口灰度化及灰度累计分布图

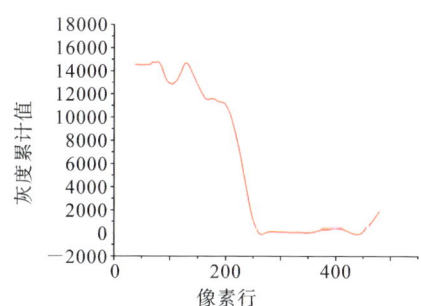

（b）图6.3.5（b）初始窗口灰度化及灰度累计分布图

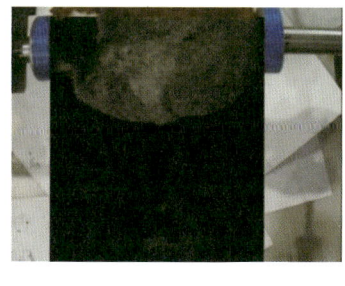
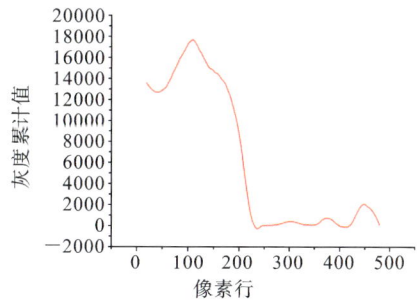

（c）图6.3.5（c）初始窗口灰度化及灰度累计分布图

图 6.3.7　初始窗口灰度化及灰度累计分布图

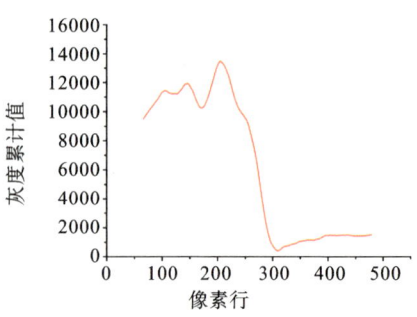

（d）图6.3.5（d）初始窗口灰度化及灰度累计分布图

续图 6.3.7

图 6.3.5 中的实线矩形框为确定的处理窗口，从该图中可以看出，针对不同背景与不同茯苓，该算法都能准确地确定茯苓位置，即处理窗口的上边缘、下边缘定位准确。使用采集的图像进行多次验证，结果表明所设定的条件满足茯苓实际定位的要求。

3. 自动二值化及修复处理

1）自动二值化

图 6.3.8 是对图 6.3.7 确定的处理窗口（图 6.3.5 实线矩形框）区域进行自动二值化处理的结果图像，白色表示背景、黑色表示茯苓。自动二值化处理获得的阈值分别为 131、121、102 和 118。从图 6.3.8 可以看出，经过大津法自动二值化处理后，茯苓轮廓清晰准确，背景与目标区域能够较好地分割出来。图 6.3.8(a)的左下角、图 6.3.8(d)的左下角与表皮中间位置的背景区域中存在黑色目标像素，同时图 6.3.8(b)中表皮下边缘中间位置因为表皮毛刺同样在背景区域中存在黑色目标像素，影响表皮的定位精度。图 6.3.8(c)中茯苓左端表皮破坏较为严重，导致该位置目标区域中存在背景像素，且茯苓表皮上方与下方的背景像素形成连通区域，影响检测精度。为提高表皮位置定位精度，需要进一步处理。

2）修复处理

为了去除茯苓下方白色背景中的黑色像素，采取了以黑色像素为对象的腐蚀、面积去噪、膨胀等修复处理，图 6.3.9 为进行修复处理后的图像。图 6.3.8(a)、图 6.3.8(d)中表皮下方白色像素群左下角位置的黑色像素与图 6.3.8(b)中表皮下边缘中间位置白色像素群中的黑色像素经过上述处理后被剔除，使得修复后的茯苓表皮位置清晰准确，有利于提高检测精度。由于图 6.3.5(c)所示

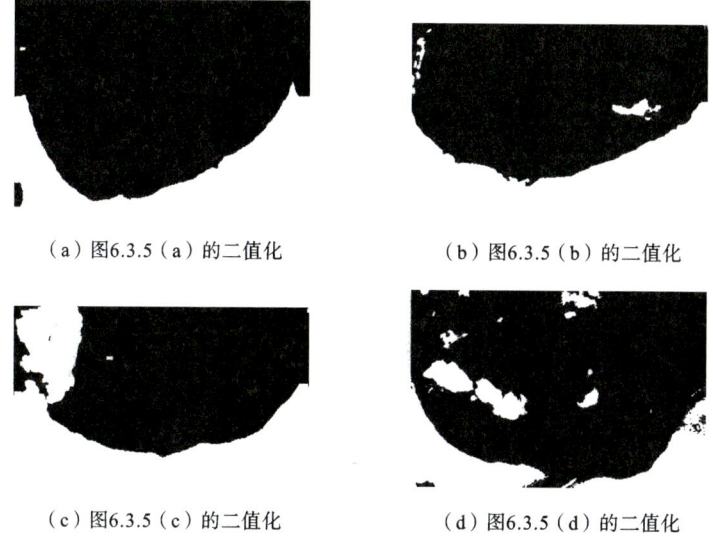

（a）图6.3.5（a）的二值化　　　　（b）图6.3.5（b）的二值化

（c）图6.3.5（c）的二值化　　　　（d）图6.3.5（d）的二值化

图 6.3.8　茯苓二值图像

的茯苓表皮破损严重,经过自动二值化和修复处理后,茯苓左端表皮上下形成白色像素连通区域(如图 6.3.9(c)所示),最终导致该位置表皮误检。最后的腐蚀处理(2 次)主要是还原膨胀处理后茯苓的外移边缘,以进一步提高检测精度。

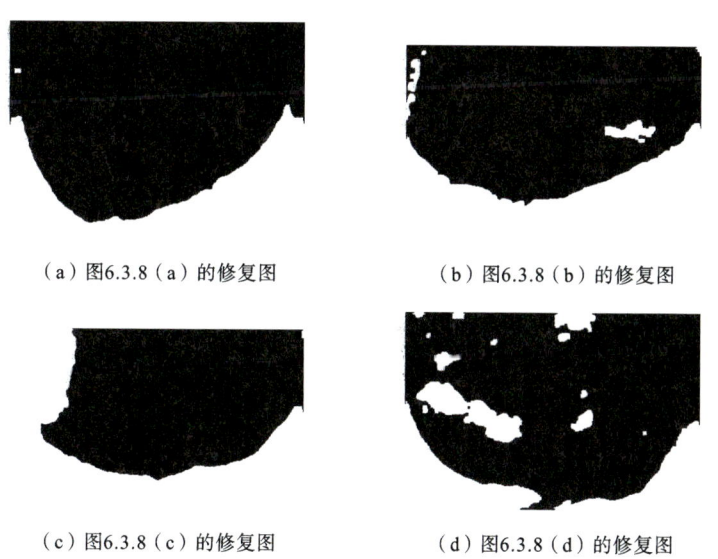

（a）图6.3.8（a）的修复图　　　　（b）图6.3.8（b）的修复图

（c）图6.3.8（c）的修复图　　　　（d）图6.3.8（d）的修复图

图 6.3.9　茯苓的修复图像

3）白色背景板的使用

图 6.3.10 为图 6.3.5 所示茯苓的表皮位置检测结果，图中实曲线为确定的茯苓表皮。图 6.3.10(d)所示矩形框中工作台上的焊痕出现在图像背景中，使得该区域图像表皮位置出现较大缺口，在图 6.3.9(d)所示修复图中表皮下方中间部分依然存在缺口，最终导致该位置茯苓表皮误检。图 6.3.10(a)、(b)、(c)中使用白色背景板遮挡焊痕，增强了茯苓与背景的对比度，使得二值图像中表皮位置清晰，提高了边缘检测的准确性与稳定性。本研究采用了在工作台上加入白色背景板的方案，在实际工作中，应该保持底板光滑，不能出现焊痕、边角等，同时需要及时清理剥掉的茯苓表皮碎屑。

4）误检分析

图 6.3.11(b)为图 6.3.11(a)表面破坏严重区域内随机行像素（图 6.3.11(a)中水平实线）的 R、G、B 分量线剖面图，横坐标表示线上像素的横坐标，纵坐标表示像素值。从图 6.3.11(b)中可以看出第 170 像素之前为破坏区域线剖面图，该区域的 R、G、B 分量关系不确定，有时为 $G>R>B$，有时为 $G>B>R$，而第 170 像素列之后为未破坏区域，该区域的 R、G、B 分量关系始终满足 $R>G>B$。因此，使用 $|2R-G-B|$ 处理后，破坏区域与茯苓表皮下方背景图像融为一体（见图 6.3.8(c)），经过二值图像修复处理后像素粘连部分更为明显（见图 6.3.9

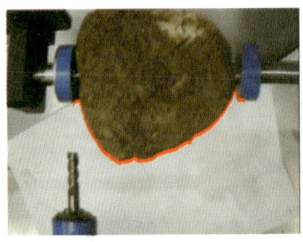

（a）图6.3.5（a）中茯苓表皮

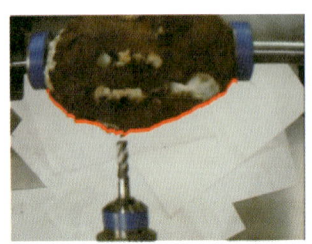

（b）图6.3.5（b）中茯苓表皮

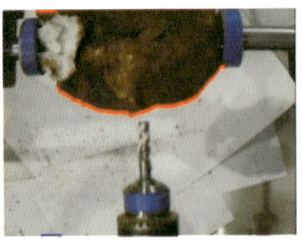

（c）图6.3.5（c）中茯苓表皮

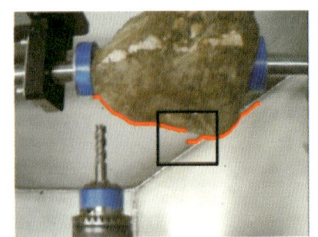

（d）图6.3.5（d）中茯苓表皮

图 6.3.10　茯苓表皮检测结果

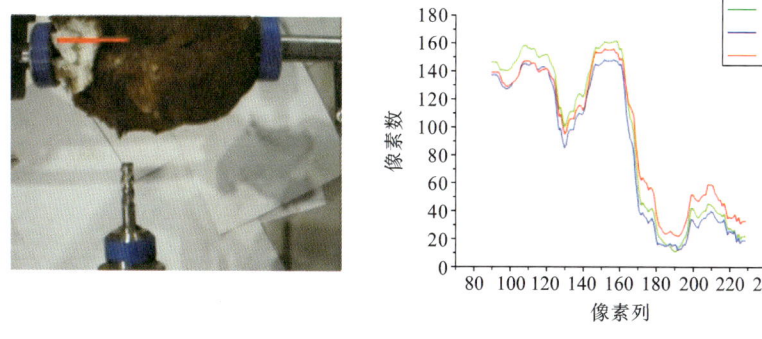

（a）图6.3.5（c） 　　　　　　　（b）红色行像素的*R*、*G*、*B*分量线剖面图

图 6.3.11　茯苓表皮破坏严重区域随机行像素 R、G、B 分量线剖面图

（c）），最终造成茯苓表皮位置误检，如图 6.3.10（c）所示。图 6.3.5（b）中茯苓表皮破坏程度较轻，破坏区域与茯苓表皮下方未发生像素粘连情况，从而表皮位置检测准确，如图 6.3.10（b）所示。因此在去皮作业前应该尽量避免损坏茯苓，尤其是在收获、储藏以及运输过程中。

6.4　基于 Mask R-CNN 的番茄植株整枝操作点检测方法

本研究由北京市农林科学院智能装备技术研究中心的冯青春等完成，刊登在《农业工程学报》（2022 年第 38 卷第 3 期）上，这里只介绍图像检测方面内容，图像检测后的精确定位部分请参考原文。

本研究以工厂化番茄植株为研究对象，以不同生长阶段、不同远近视场尺度和拍摄视角的植株图像为样本，建立基于 Mask R-CNN 的茎秆分割模型，研究以离散主茎和侧枝位置关系为约束的整枝操作点定位方法，并通过试验评估算法对不同场景下目标的识别定位效果，从而为整枝机器人研发提供技术依据。

6.4.1　番茄植株整枝原埋

1. 工厂化温室番茄整枝规范

我国工厂化温室番茄普遍采用单杆整枝栽培方式，即只保留植株主茎，植株底部枝叶全部摘除。单次整枝打叶需要摘除植株成熟变色果实上方的 2～3 片侧枝（见图 6.4.1）。在植株结果期间，果实沿主茎自下而上依次生长和成熟，需要定期对植株不同区域进行整枝打叶。

（a）番茄植株　　　　　　　（b）整枝作业目标

图 6.4.1　番茄植株整枝打叶

1—成熟果实区；2—变色果实区；3—整枝打叶区；4—待摘除侧枝

2. 整枝操作点

整枝操作需要在植株侧枝和主茎的结合点处，通过折拧或者切割的方式将二者分离，以摘掉侧枝。因此，侧枝与主茎的结合点即为整枝操作点。如图6.4.2所示，该目标点为主茎和侧枝中心线交点沿侧枝中心线偏移等于主茎半径的距离后得到的点。识别分割主茎和侧枝像素区域，是对整枝操作点进行定位的必要前提。

图 6.4.2　整枝操作点定位原理

6.4.2　基于 Mask R-CNN 算法的番茄茎秆图像分割

1. Mask R-CNN 算法原理

在番茄植株图像中，茎秆、叶片和果实背景颜色相近、姿态各异、丛生交错，应用传统的阈值分割和色差分割算法难以对其进行准确识别和分割。鉴于深度卷积模型具备特征提取和识别的独特优势,本研究选用 Mask R-CNN 算法对番茄主茎和侧枝两类茎秆目标进行识别和分割。Mask R-CNN 算法流程如图 6.4.3 所示,主要包括以下步骤。

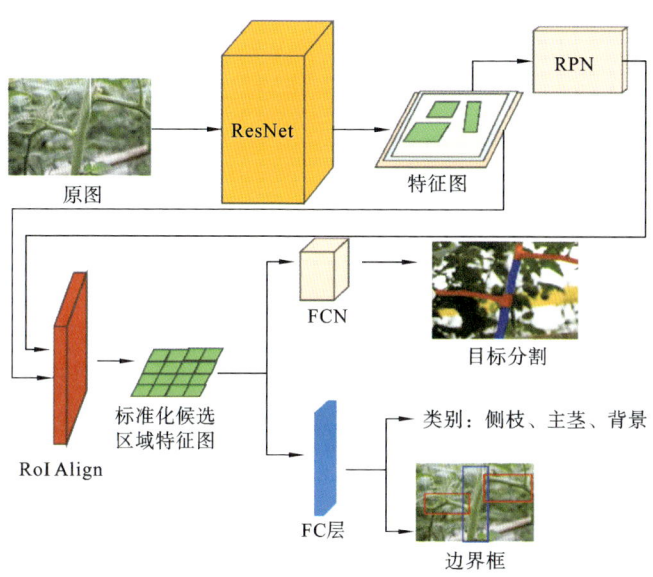

图 6.4.3　Mask R-CNN 算法流程

(1) 通过特征提取网络 ResNet50＋FPN 对输入图像数据进行多尺度信息的提取和融合,并生成一系列特征图。

(2) 根据特征图与输入图像的映射关系,设置各种尺度比例和形态的矩形锚点框,使用区域建议网络(region proposal network,RPN)对特征图进行滑窗扫描,对框内目标和轮廓进行初步判断,形成候选目标区域。

(3) 为了匹配后端全连接层固定数量的输入节点,应用 RoI Align(region of interest align,感兴趣区域对齐)算法对各个候选区域的特征图规格进行标准化变换,将 RPN 网络获得的目标候选区域与特征图进行匹配对齐。

(4) 标准化候选区域特征图,分别输入目标检测和分割两个分支网络。前者通过全连接层识别主茎和侧枝目标类别,并确定其各自边界框位置;后者通过全卷积网络(fully convolutional network,FCN)对主茎和侧枝目标像素区域进行分割。

2. 图像样本采集和标注

除了自身外观特征,目标的成像特征还取决于拍摄角度和成像距离。鉴于番茄整枝几乎贯穿整个生长周期,自然生长的主茎和侧枝个体之间位置和形态各不相同,本研究选用的植株样本包括生长期植株(侧枝目标主要生长于主茎底部区域,如图 6.4.4(a)所示)和生产期植株(主茎底部侧枝已经被去除,侧枝主要生长于植株中部区域,如图 6.4.4(b)所示);样本图像视场尺度分为远景视场(包含 3 个以上侧枝)和近景视场(包含 1~2 个侧枝);样本图像的拍摄视角分为仰视(从侧枝下方采集图像)和正视(从水平正视方向采集图像)。如图 6.4.4所示,番茄植株图像数据集可分为 8 组图像样本。

DU   DF   CU   CF

(a)生长期

DU   DF   CU   CF

(b)生产期

图 6.4.4　图像样本举例

注:DU、DF、CU、CF 分别为远景仰视、远景正视、近景仰视、近景正视拍摄图像。

由茎秆图像观察可知,主茎与侧枝相间生长,主茎呈竖直倾斜姿态,侧枝在其两侧生长,呈横向倾斜姿态。为了使模型能够充分解析二者的特征,将侧枝之间的离散主茎标注为一类目标,侧枝及其与主茎的连接区域标注为另一类目标。采用 Labelme 标注工具,通过沿主茎和侧枝轮廓多边形描点,对图像内的目标区域分别进行标注,并生成 JSON 文件保存标注信息。

3. Mask R-CNN 模型迁移训练

本研究选用的 Mask R-CNN 预训练模型来自于香港中文大学多媒体实验室

开发的基于 PyTorch 的开源对象检测工具箱 MMDetection。深度学习工作站主要硬件配置包括 Intel i7-10700K CPU、Nvidia 1080Ti GPU、16 GB 内存。

模型迁移训练采用微调迁移训练方法,具体步骤包括:① 以预训练模型的特征提取网络权值对 Mask R-CNN 网络进行初始化,而对后端目标分类、边框回归和全卷积网络参数进行随机初始化;② 冻结特征提取网络权值参数,设置学习率为 0.02,对后端网络进行训练;③ 设置学习率为 0.002,对整个网络权值参数进行微调训练。

对 2400 个训练集图像样本进行 200 次重复训练,模型更新迭代 12 万次(单次迭代样本批量为 4)。当迭代 5 万次时,将学习率调整至 0.1,10 万次迭代以后,模型各项损失下降趋于平稳。模型各项损失函数值和平均精度((mean average precision,MAP))随模型迭代次数变化如图 6.4.5 所示,最终总体损失

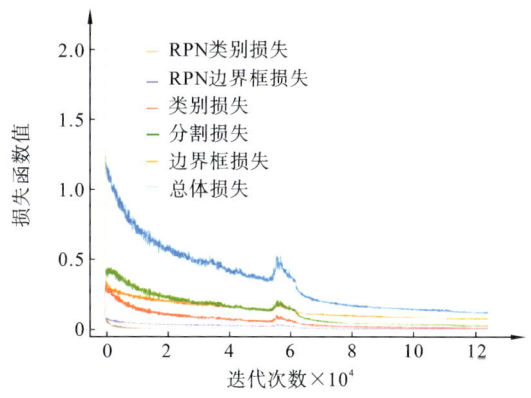

（a）损失函数值随模型迭代次数变化曲线

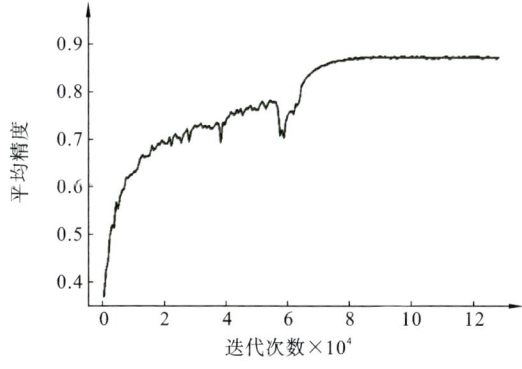

（b）平均精度随模型迭代次数变化曲线

图 6.4.5　损失函数值与平均精度变化曲线

函数值为 0.126、平均精度为 0.866。

模型对茎秆的目标类别识别和区域分割结果如图 6.4.6 所示,主茎区域被标注为蓝色掩模,侧枝区域被标注为红色掩模。

（a）原图　　　　　　　（b）目标分割结果

图 6.4.6　Mask R-CNN 对目标类识别和区域分割结果

6.4.3　主茎和侧枝目标识别精度评估

结合不同场景样本图像分组,分别记录人工标注和模型自动识别的番茄植株离散主茎和侧枝数量,采用错误率、精确率和召回率 3 个指标,评价 Mask R-CNN 模型对目标的识别效果。设测试集中目标(主茎或侧枝)正确识别、错误识别和未识别的数量分别为 N_T、N_F 和 N_U,人工识别标注数量为 N,则识别错误率 $E_{rr}=(N_U+N_F)/N$、精确率 $P_{re}=N_T/(N_T+N_F)$、召回率 $R_{ec}=N_T/N$。

对测试集中 80 幅图像进行人工检测,其中每个场景 10 幅。测试集茎秆目标分布涉及 94 株番茄植株,其中 14 幅图像包含 2 株番茄植株。测试集共包含离散主茎数量 224 个、侧枝数量 163 个、标定整枝操作点 163 个。每幅图像平均包含主茎区域 2.80 个、侧枝 2.03 个。具体统计如表 6.4.1 所示。

表 6.4.1　测试集茎秆目标人工标注统计

结果	生长期				生产期				合计
	DU	DF	CU	CF	DU	DF	CU	CF	
主茎数量	35	55	22	28	21	26	12	25	224
侧枝数量	26	46	14	18	15	16	15	13	163

将测试集图像分别输入自动识别模型,根据图像场景特征对识别结果进

行分组统计。模型对测试集图像样本内的主茎和侧枝目标识别分类结果如表 6.4.2 所示。

表 6.4.2　测试集中主茎和侧枝目标识别分类结果

结果		生长期				生产期				合计
		DU	DF	CU	CF	DU	DF	CU	CF	
主茎数量	N_T^M	29	53	22	28	19	23	12	25	211
	N_F^M	0	0	0	2	0	0	0	4	6
	N_U^M	6	2	0	0	2	3	0	0	13
侧枝数量	N_T^L	26	41	14	18	14	13	15	13	154
	N_F^L	0	8	0	3	0	4	0	4	19
	N_U^L	0	5	0	0	1	3	0	0	9

注：N_T^M、N_F^M 和 N_U^M 分别为正确识别、错误识别和未识别的主茎数量；N_T^L、N_F^L 和 N_U^L 分别为正确识别、错误识别和未识别的侧枝数量。

以人工检测结果为对照，正确识别的主茎和侧枝数量分别为 211 和 154，错误识别的数量分别为 6 和 19，未被识别的数量为 13 和 9。

对于全体测试集样本，主茎识别错误率（0.08）低于侧枝（0.17）。生长期植株的远景仰视图像和生产期植株的近景正视图像中主茎识别错误率较大，分别为 0.17 和 0.16，主要原因为：① 生长期植株底部叶片较多，主茎受到叶片遮挡（见图 6.4.7(a)），识别难度增大，从而导致未识别的主茎较多（35 个主茎中 6 个未被识别）；② 侧枝枝叶普遍相对较粗（见图 6.4.7(b)），4 个侧枝或叶柄被错判为主茎。生产期远近景的正视图像中侧枝识别错误率均较大，分别为 0.43 和 0.31，主要原因为：正视条件下果柄被误判为侧枝（见图 6.4.7(c)），随着生产

（a）主茎受叶片遮挡　　　　　　　（b）侧枝被误判为主茎

图 6.4.7　目标错误和未被识别结果

（c）果柄被误判为侧枝　　　　　　　（d）侧枝因遮挡而被漏判

续图 6.4.7

期植株果实数量增加,识别错误率更高。此外,生长期植株的远景正视图像中,受其他枝叶遮挡(见图 6.4.7(d)),8 个侧枝未被识别,导致错误率较高,为 0.28。

　　如表 6.4.3 所示,模型对于主茎和侧枝的总体识别错误率、精确率和召回率分别为 0.12、0.93 和 0.94,并且对于生长期和生产期的近景仰视图像样本均具有最好的识别效果,即模型对于近景仰视的番茄植株场景具有较好的适用性。该场景下主茎和侧枝受到遮挡较少,同时仰视条件下果柄被果实遮挡,在图像中出现较少,从而避免了被误判为侧枝。

表 6.4.3　目标识别精度统计

指标	生长期				生产期				总体
	DU	DF	CU	CF	DU	DF	CU	CF	
错误率	0.10	0.15	0	0.11	0.08	0.23	0	0.21	0.12
精确率	1.00	0.92	1.00	0.90	1.00	0.90	1.00	0.83	0.93
召回率	0.90	0.93	1.00	1.00	0.92	0.86	1.00	1.00	0.94

　　试验结果表明,对于不同场景的图像样本,Mask R-CNN 模型在对主茎和侧枝识别的错误率、准确率和召回率方面均表现较好,并且对于近景仰视视场具有更好识别效果。

6.5　一种基于深度分类模型的茭白品质自动分级方法

　　本研究由中国农业科学院农业信息研究所的曹景军等完成,发表于《Computers and Electronics in Agriculture》(2021 年第 183 卷)上,原文题目是《An automated zizania quality grading method based on deep classification model》,

这里只介绍核心内容,全文请参考原文。

目前,茭白的品质分级都是由人工完成的,人工分级耗时、费力、成本高,甚至由于劳动强度大,分级结果不够稳定。此问题已成为精细化营销以实现经济效益最大化的瓶颈。探索一种高效、准确的茭白品质自动分级方法来确保产品质量是十分有意义的工作。

6.5.1 数据采集

图像采集采用 CMOS 相机(迈德威视 MV-GE200GC/M-T),相机放置在拍摄目标上方 400 mm 处,采集 1600×1200 像素的图像。通过减少曝光时间,并使用照明系统补充进光量,获取茭白在传输过程中的清晰图像。照明系统由两个白色 LED 荧光灯管(每个 24 W)组成,为减少场景的亮点,在每个荧光灯管前设置了漫反射延迟。所有元件都安装在检测箱内。图 6.5.1 给出了数据集中的一些茭白样本图像示例。

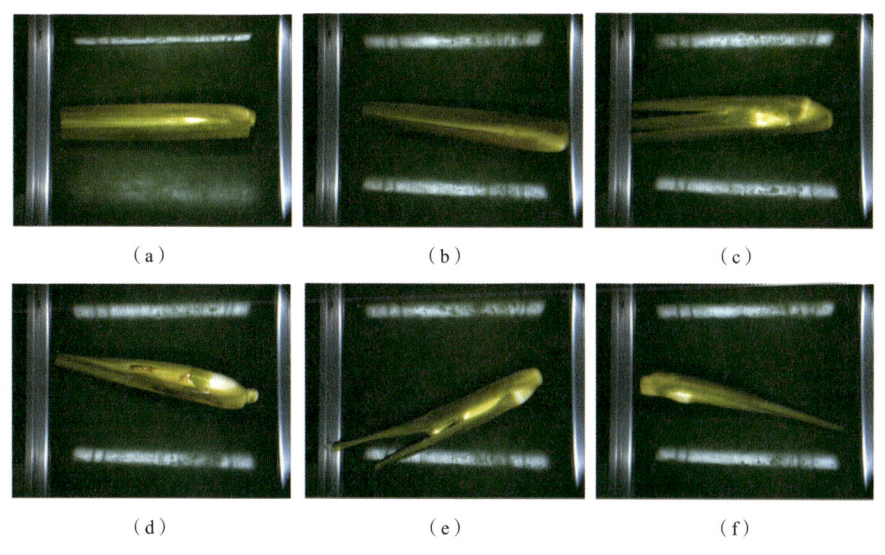

（a）　　　　　　　　　（b）　　　　　　　　　（c）

（d）　　　　　　　　　（e）　　　　　　　　　（f）

图 6.5.1　茭白品质分级数据集中的图像示例

如图 6.5.1(a)、(b)所示的茭白为优质茭白。劣质茭白涉及多种现象,包括老化、形状不规则、体积小、发生过病害等,如图 6.5.1(c)~(f)所示。每个劣质茭白都包含上述一种或多种现象。从图 6.5.1 可以看出,茭白的品质主要以外观来区分,具有大小、颜色、形状、质地等特征。然而,上述类别之间的差异并不显著,这使得茭白品质分级任务具有很大的挑战性。

6.5.2　准备数据集

卷积神经网络需要输入的图像大小固定,最简单的方法是将原始图像直接缩放到指定的图像大小。但是,此种方式会导致图像形状和比例信息丢失。在本试验中,没有采用直接缩放的方式,而是先将像素平铺在长边的边界上,以创建额外的图像上下文,再将图像压缩到指定的大小,通过这种方法保持了物体的形状和比例信息。

充足的数据集有助于训练出有效的机器学习算法。只要模型可以从原始数据集中提取出有用的信息,即使数据质量不够理想,机器学习算法也会有不错的表现。在样本图像的采集过程中,发现茭白在传输过程中会产生角度随机的旋转。采用添加噪声和水平翻转等几种方式扩充训练数据,来提高模型的鲁棒性。同时增加了训练集中的图像数量,来缓解过拟合问题。

由具有丰富分拣经验的工作人员严格按照分级标准进行茭白品质分级。然后,从已经完成分级的茭白中按类别随机抽样。本试验的样本包括 4900 个茭白。其中,优质样品 2648 个,劣质样品 2252 个。按照 8∶2 的比例,将茭白图像分为训练集和测试集,将处理后的数据输入 LightNet 模型中进行训练和推理,整体流程如图 6.5.2 所示。

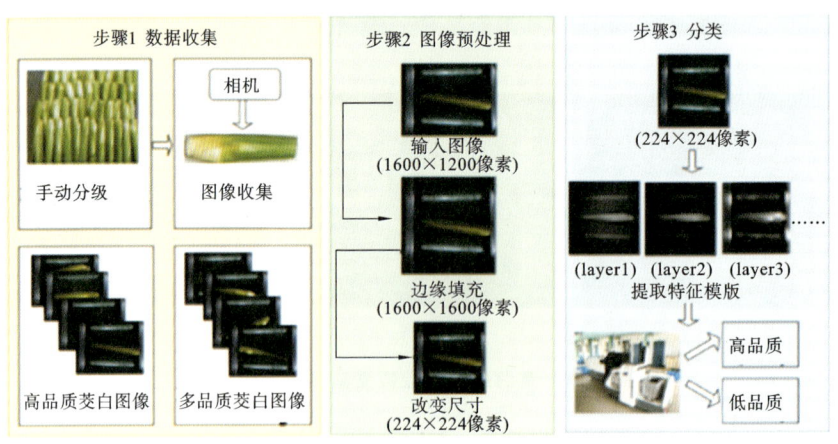

图 6.5.2　茭白品质分级整体流程图

6.5.3　深度分类模型搭建与训练

深度学习算法的时间复杂度影响着模型训练与预测时间,通常来讲算法的时间复杂度越高,在训练和预测过程中就越耗时。深度学习算法的参数量影响着模型的空间复杂度。算法的参数越多,训练模型所需的数据量就越大。然而,农产品品质分级图像数据集通常不会太大,否则会导致过拟合等问题。压缩模块旨在通过将串行的池化操作和标准卷积运算替换为并行结构来降低算法的时间复杂度和空间复杂度,从而提高预测速度并有助于在更小的数据集上训练模型。

通常来讲,卷积神经网络中的池化操作可以通过对特征图进行下采样来减少参数量与计算量,池化操作具有平移不变、旋转不变、尺度不变等特点,并且可以扩大感知场。但是,池化操作会导致一定的特征损失。因此,许多研究人员在池化操作后将特征图的通道数加倍以减少特征损失程度。

深度卷积是一种分解卷积,它将标准卷积分解为深度卷积和称为点卷积的 1×1 卷积。标准卷积在一个步骤中对输入特征进行过滤并将这些特征组合成一组新的输出。深度卷积将单个过滤器应用于每个输入通道,此种分解卷积可有效地降低计算量和参数量。本研究主要使用并行结构的最大池化操作和深度可分离卷积构成压缩模块,并且遵循高效神经网络的设计准则(即相同的通道数可以最小化内存访问成本)。将池化操作和深度卷积在并行结构中结合,以减少计算量。该压缩模块通过使用压缩和激励(squeeze-and-excitation,SE)显式建模深度卷积通道之间的相互依赖性,自适应地重新校准深度卷积的通道特征。

图 6.5.3 所示为压缩模块的主要结构。该压缩模块可以将特征图的尺寸减小一半,而使得特征通道数增加一倍,以减少特征的损失。

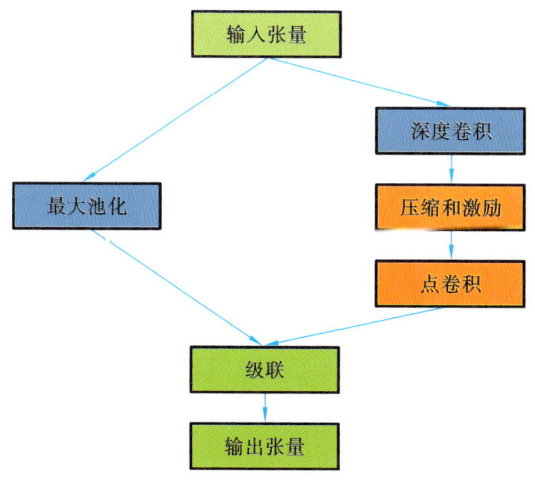

图 6.5.3　压缩模块的主要结构

　　本研究中的茭白品质分级装置控制系统选用的是工业控制计算机,没有用GPU。为了提高分级效率,需要提高推断茭白品质等级的速度。经过在运行速度与准确性等方面的权衡,本研究提出了一种小型高效的神经网络 LightNet。LightNet 的设计基于"网络中的网络"的思想,使网络架构简单有效。LightNet 的核心组成部分压缩模块使用并行结构代替了串行的标准卷积和池化操作,并且使用注意力机制来进行深度卷积产生的特征图关系建模,再使用点卷积在同一空间位置整合不同通道的特征,使网络可以更加精确地关注重要特征,提高了表达能力。本研究提出的网络架构降低了算法的时间复杂度和空间复杂度,具备更轻、更快等特点。

　　除了网络中的第一个全卷积层,LightNet 主要由前面提到的压缩模块组成,通过这种简单的方式定义网络,探索网络拓扑来找到好的网络。所有卷积操作之后都有批归一化和 ReLU 非线性运算。如图 6.5.4 所示,该架构主要由1 个全卷积层和 5 个压缩块组成,网络结构中最后的平均池化在全连接层之前将空间维度降低到 1。

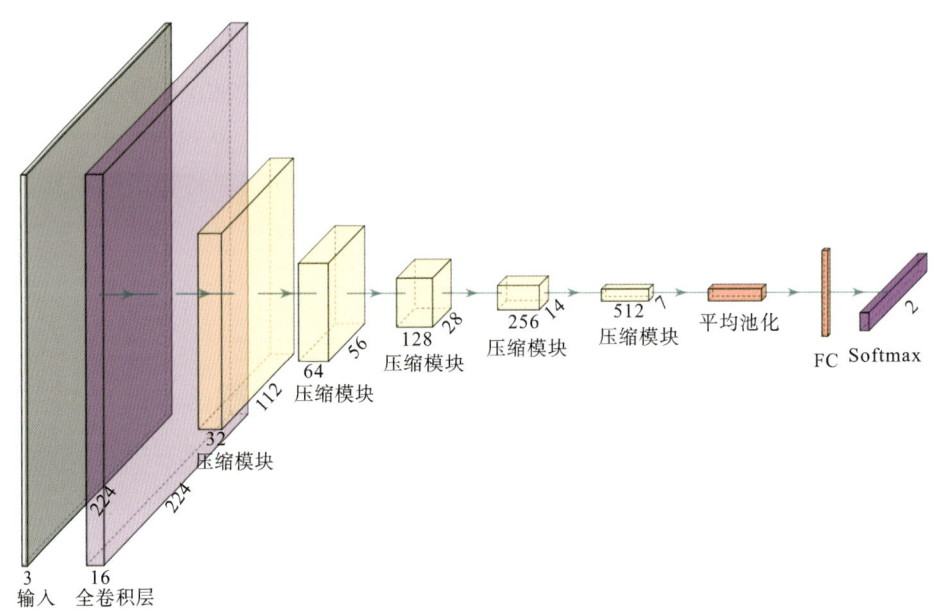

图 6.5.4　LightNet 网络架构

　　在训练神经网络参数的过程中,所有层都使用相同的学习率,批大小设置为 8,训练在 70 次迭代后停止,压缩和激励时的缩小比例设置为 4。网络训练的具体参数见表 6.5.1 与表 6.5.2。

表 6.5.1 不同的批大小与不同的优化器下得到的茭白品质分级结果

批大小	随机梯度下降（SGD）	Adadelta	Adam
8	94.72%	94.92%	95.31%
16	94.32%	94.52%	95.62%
32	92.52%	95.31%	95.31%

表 6.5.2 茭白品质分级试验参数

参数	参数值	参数说明
优化器	Adam	优化神经网络模型参数的算法
初始学习率	0.001	训练网络模型的初始学习率
训练次数	70	训练所有样本的次数
批大小	16	更新网络模型参数所选择的样本数量
缩小比例	4	压缩和激励时的缩小比例

6.5.4 对比试验

首先基于构建的茭白品质分级图像数据集合，评估 AlexNet、VGG11、ResNet18、MobileNet、MobileNet V2 和 ShuffleNet V2、LightNet 等算法的计算复杂度、准确性和运行速度。通过对结果的分析，可确定 LightNet 算法的计算复杂度降低了，计算速度提高了，准确性有显著提升。对本研究提出的 LightNet 算法可以在相同的数据集上进行评估，使用 10 倍交叉验证。

在测试阶段，本研究所提出的 LightNet 算法在茭白品质分级试验中达到了 95.62% 的准确率，分析每幅茭白图像品质等级的时间约为 47 ms。如表 6.5.3 所

表 6.5.3 与其他算法在茭白品质分级任务中的结果对比

算法	参数量	FLOPS	准确率	每幅图像处理时间/ms
AlexNet	61.10	720	92.53%	62
VGG11	132.87	7640	95.02%	421
ResNet18	11.69	1820	95.31%	156
MobileNet	3.2	580	92.73%	296
MobileNet V2	2.22	320	95.53%	374
ShuffleNet V2	1.25	150	95.31%	140
LightNet	0.10	50	95.62%	47

示,本研究提出的 LightNet 网络架构具备更少的参数量和更低的计算复杂度,运行速度更快,与其他算法相比具有更高的性能,并且保持了相当的精度。试验结果验证了所提出 LightNet 算法的有效性。

将本研究所提出的 LightNet 算法与硬件装置集成。如图 6.5.5 所示,茭白品质分级硬件装置主要由送料模块、传输模块、机械臂和机器视觉模块等组成。基于 PyTorch C++ 前端和 OpenCV 等应用程序编程接口,将模型加载、获取图像、推断品质等相关接口封装在动态链接库中以供硬件装置的控制系统调用。为了避免机器视觉程序和装置控制程序抢占系统资源而导致硬件系统中的某些组件响应缓慢等问题的发生,本研究将茭白品质分级算法和硬件装置的控制程序部署于多线程中,通过此种方式,系统中的所有组件都可以顺利运行。硬件装置中的送料模块将茭白逐根分离,调整每根茭白的方向和位置。机器视觉模块在传输过程中捕获茭白图像并推断出茭白的品质等级。根据推断出来的品质,机械臂将茭白放置到对应的包装箱中,实现茭白品质自动分级与自动包装。在实际场景中的操作验证,LightNet 算法的准确率约为 95.62%。

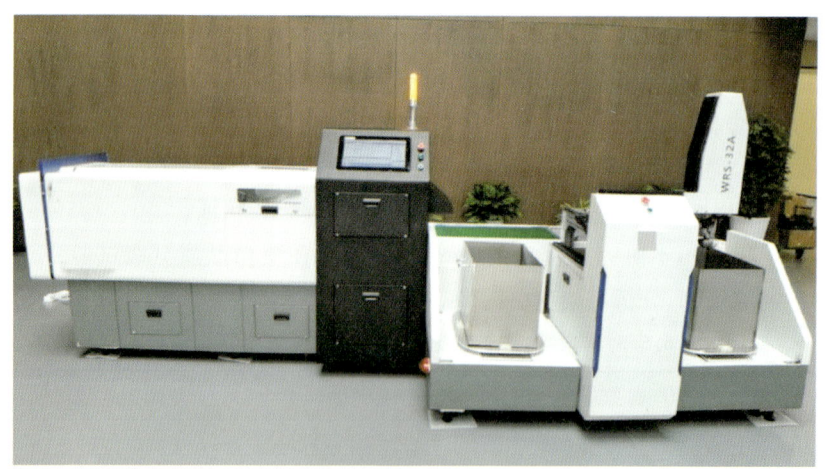

图 6.5.5　茭白品质分级硬件装置

6.5.5　深度分类模型泛化能力测试

卷积神经网络的泛化能力是指对新数据集的适应性,具有良好泛化能力的卷积神经网络还可以在未见过的样本上实现输入和输出之间的正确映射。为

了评估算法的泛化能力,本研究在苹果品质分级图像数据集上测试了所提出的
LightNet 模型。苹果和茭白虽然在形态上有差异,但它们的品质均主要是通过
大小、颜色、形状、质地等外观特征来区分的。本试验旨在验证该方法在不同种
类农产品上的有效性。

试验中使用的苹果品种是红富士,苹果图像数据集合是在辽宁省兴城市中国
农业科学院果树研究所中采集的。数据集合中的苹果有四个等级,如图 6.5.6 所
示,分别为直径大于 90 mm、直径介于 80~90 mm 之间、直径小于 80 mm 的苹
果,以及发生过病虫害的苹果,以上类别图像的数量分别为 3647(51.19%)、
2464(34.59%)、558(7.83%)、455(6.39%)。

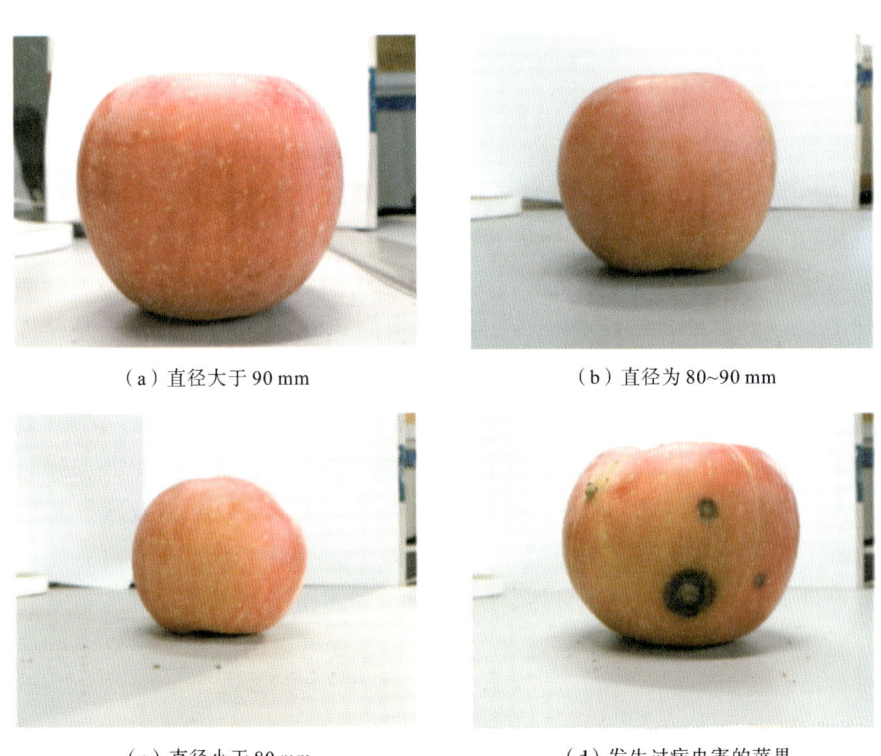

（a）直径大于 90 mm　　　　　　　　　　（b）直径为 80~90 mm

（c）直径小于 80 mm　　　　　　　　　　（d）发生过病虫害的苹果

图 6.5.6　苹果品质分级数据集合图像示例

LightNet 算法在该数据集合上的分类准确率为 99.31%,对比结果如表
6.5.4 所示。在苹果品质分级图像数据集合上得到了同样好的结果,很好地验
证了所提出算法的泛化能力。

表 6.5.4　与其他算法在苹果品质分级任务中的结果对比

算法	准确率	每幅图像处理时间/ms
AlexNet	98.32%	62
VGG11	98.46%	406
ResNet18	99.04%	140
MobileNet	99.02%	312
MobileNet V2	98.04%	362
ShuffleNet V2	98.32%	138
LightNet	99.31%	47

6.5.6　小结

本研究阐述了一种新的茭白品质自动分级方法,所提出的用于自动分级的 LightNet 算法具有更低的参数量与计算复杂度。该算法比其他的经典算法运行更快,在茭白品质分级任务中获得了较高的准确率,并且还可以扩展应用到其他品质分级任务中。试验结果表明,该算法在茭白品质分级任务中的准确率达到了 95.62%,推测每幅茭白图像品质的时间约为 47 ms,该算法满足硬件装置运转的实时性要求。这种基于机器视觉的品质分级方法对茭白没有任何损害,此种方法既可以确保农产品质量可靠,又可以实现精细化营销。

未来,为提高此品质分级装置的运行效率,会使在传输过程中获取到的茭白图像中有多个茭白,因此,检测出图像中的每个茭白对象并高效地推断出图像中每个茭白的品质是两个重要的工作方向。这些研究为实现茭白品质自动分级提供了一种新的策略。另外,可收集更多的茭白图像来扩充训练集以取得更好的分级效果。也可从不同品种的茭白中采集更多的图像来提升茭白品质分级模型的适用性。

参考文献

[1] 朱德利,陈兵旗,杨雨浓,等.苹果采摘机器人视觉系统的暗通道先验去雾方法[J].农业工程学报,2016,32(16):151-158.
[2] LIU Y, CHEN B Q, QIAO J. Development of a machine vision algorithm for recognition of peach fruit in natural scene[J]. Transaction of the ASA-

BE，2011，54(2):695-702.

[3] CAO J J，SUN T，ZHANG W R，et al. An automated zizania quality grading method based on deep classification model[J]. Computers and Electronics in Agriculture,2021,183：106004.

[4] 冯青春,成伟,李业军,等. 基于 Mask R-CNN 的番茄植株整枝操作点定位方法[J].农业工程学报,2022,38(3):128-134.

[5] ZHANG X C，CHEN B Q，ZHENG Z A，et al. A novel method of automatic peeling for Poria cocos based on image processing[J]. International Journal of Agricultural and Biological Engineering,2023,16(2)：267-274.

第 7 章
动物行为二维与三维检测

7.1 模板匹配基础知识

模板是一幅已知的小图像,模板匹配就是在一幅大图像中搜寻该小图像的过程。

以灰度图像为例,模板 $T(M \times N$ 像素$)$ 叠放在被搜索图 $S(W \times H$ 像素$)$ 上平移,模板覆盖的被搜索图区域称为子图 $S_{i,j}$,i,j 为子图左上角在被搜索图 S 上的坐标。搜索范围是:$1 \leqslant i \leqslant W - M, 1 \leqslant j \leqslant H - N$。

通过比较模板 T 和子图 $S_{i,j}$ 的相似性,完成模板匹配过程。匹配程度可用式(7.1.1)或式(7.1.2)来衡量:

$$D(i,j) = \sum_{m=1}^{M} \sum_{n=1}^{N} \left[S_{i,j}(m,n) - T(m,n) \right]^2 \qquad (7.1.1)$$

$$D(i,j) = \sum_{m=1}^{M} \sum_{n=1}^{N} \left| S_{i,j}(m,n) - T(m,n) \right| \qquad (7.1.2)$$

相较于式(7.1.1),式(7.1.2)的计算量小一些,匹配速度较快。当计算的 D 值小于设定阈值时,就认为匹配成功。

上述匹配方法仅限于没有旋转的情况,如果模板图像在被匹配的图像上有方向变化,则需要对每个匹配点进行逐个角度的旋转计算。例如,如果以 5°为间隔进行旋转匹配计算,旋转一圈就需要对每个点进行 72 次匹配计算,将非常花费时间。

7.2 蜜蜂舞蹈行为检测

社会性昆虫(如蚂蚁、白蚁及部分胡蜂、蜜蜂等)在自然界有很重要的生物学意义。其中,蜜蜂的摇摆舞是所有社会性昆虫行为中被研究得最深入、知名

度最高的动作。研究表明,蜜蜂跳摇摆舞的时间长短与蜜源的距离有如下比例关系:

$$S = K \times T \tag{7.2.1}$$

式中:S 表示蜜源与蜂巢的距离;K 为比例系数(每秒跳舞时间对应的距离),常因外界因素的不同取值不同,一般取 500;T 表示蜜蜂的平均摇摆时间。

蜜蜂通过跳摇摆舞不仅能报告蜜源远近信息,还能指示蜜源的方向。在竖直平面上跳摇摆舞时,如果蜜蜂头朝上,表示朝太阳的方向飞去,能找到花粉;反之,则表示在背向太阳的地方可以找到食物。

蜜蜂摇摆舞角度与蜜源方向的关系为

$$\theta = \alpha + \beta \tag{7.2.2}$$

式中:θ、α、β 分别表示蜜源角度、蜜蜂摇摆舞角度和太阳方位角。

目前,研究人员主要通过手动标记的方法来获得蜜蜂摇摆舞数据。然而,手动标记方法的缺点是工作量大、效率低、可靠性差、精度低。因此,应用现代计算机图像处理技术,开发蜜蜂摇摆舞的自动跟踪与分析方法是十分必要的。

对于蜜蜂轨迹的图像跟踪,以往的研究主要采用标识方法:给观测目标涂上有对比色的反光材料,以提高昆虫与背景的对比度,并通过反光标识与背景的反差进行检测与跟踪。但采用标识方法对目标进行检测与跟踪往往会给试验带来不便,尤其在微小的昆虫身上进行标识,无疑是一件不太容易的事情,而且可能会影响昆虫的行为。

本研究旨在对无标识的多目标蜜蜂进行检测与跟踪,通过对其运动轨迹进行统计分析,确定蜜蜂摇摆舞的摇摆区间,从而获得蜜蜂摇摆时间以及摇摆角度等信息,为解析蜜蜂摇摆舞所传递的信息提供原始数据。

本研究的技术要点如下:

(1)跟踪目标的选定方法;

(2)目标的无标识图像跟踪方法;

(3)蜜蜂摇摆舞的判断方法;

(4)蜜蜂摇摆舞时间的计算方法;

(5)蜜蜂摇摆舞方向的计算方法。

7.2.1　试验装置及视频图像采集

试验用视频样本由数码摄像机拍摄获得。拍摄图像的分辨率为 640×480 像素,帧率为 30 帧/秒,视频以 AVI 格式保存。蜜蜂在竖直平面上爬行,摄像机镜头光轴垂直于竖直平面进行拍摄。图像处理采用的计算机配置:Pentium Dual-

Core E5200 处理器，主频为 2.5 GHz，内存为 2.00 GB。利用 Microsoft Visual Studio 2010 进行算法的研究开发。试验装置及视频图像采集如图 7.2.1 所示。

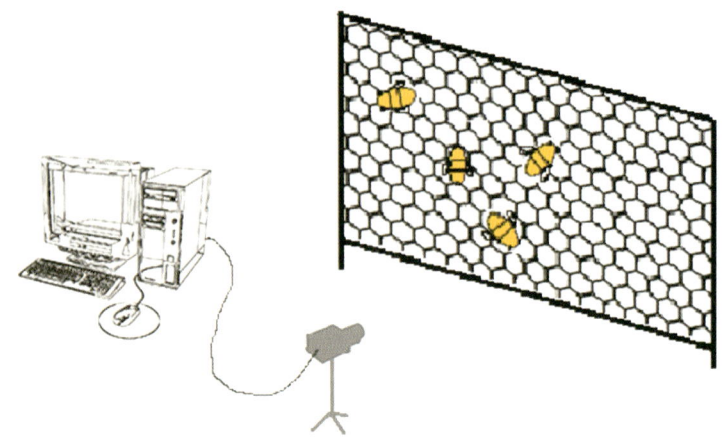

图 7.2.1　试验装置及视频图像采集

7.2.2　蜜蜂运行轨迹跟踪

1. 目标蜜蜂的选定

图像的左上角为原点，水平向右为 X 轴的正方向，竖直向下为 Y 轴的正方向。在视频的首帧上，通过鼠标手动点击目标蜜蜂的头部点 P_s 与尾部点 P_e，将这两点连线 P_sP_e 的长度记为 d，并以 d 的 1.5 倍为边长设定蜜蜂的正方形处理区域。扫描 P_sP_e 上各点，查找离点 P_s 最近且 M 值最大的点，定义该点为蜜蜂目标点 P。M 值的计算式为

$$M=2R-B \tag{7.2.3}$$

式中：R 和 B 分别为目标像素的红色和蓝色分量值。

图 7.2.2 为处理视频的初始帧图像，从图中可以看出，蜂巢背景颜色与蜜蜂颜色十分接近。图 7.2.3 表示利用公式（7.2.3）对原图像的 R、B 分量进行运算后得到的灰度图像。由图 7.2.3 可以看出，经过对 R、B 分量的运算后，增强了目标蜜蜂的显示效果。

图 7.2.4 为图 7.2.3 中矩形框内目标蜜蜂上直线的线剖面图。尽管目标物与背景亮度值无特定规律波动，但整体来说，背景的亮度值小于目标的亮度值，且亮度值最大的点 A 一定在目标蜜蜂上，所以将离蜜蜂头部最近且亮度值最大的点作为蜜蜂目标点 P 是有效的。图 7.2.2 上的"＋"表示目标蜜蜂在初

图 7.2.2　原图像

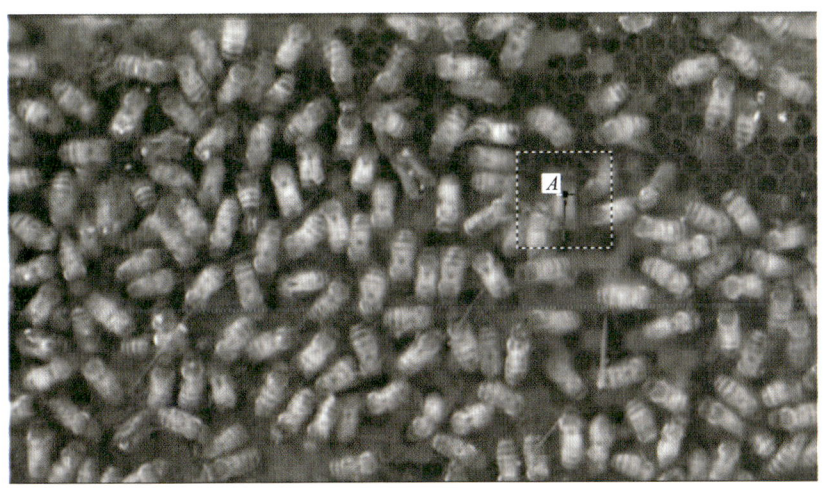

图 7.2.3　$2R-B$ 图像

始帧上的目标点。

2. 目标点跟踪

从第 2 帧图像开始,通过与前帧图像的模板匹配,实现目标点的跟踪检测。以前帧图像上的目标点为中心点,建立 9×9 像素区域的模板。对当前帧进行模板匹配,将匹配区域称为子图 $P(n)$(n 为子图序号,$0\leqslant n\leqslant8$)。具体步骤如下。

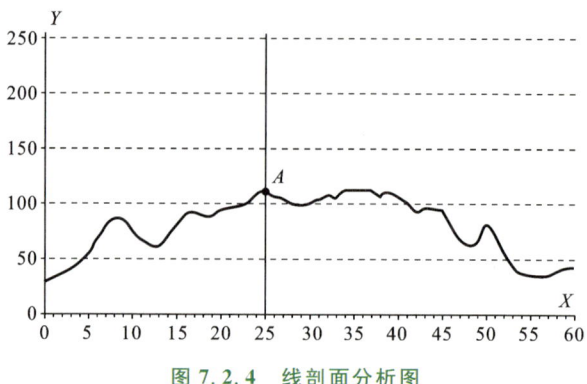

图 7.2.4 线剖面分析图

注:X 轴表示的是像素序号;Y 轴表示的是像素值。

(1) 建立模板。以前一帧图像上的目标点 P 为中心,以图 7.2.5 所示的螺旋方式,顺时针依次读取其自身及周围 80 个像素点的 R、B 分量值,并分别存放至数组 R[k]、B[k](0≤k≤80)中。对 R[]、B[]中的值进行如下排序:找到最外层(即 49≤k≤80,共 32 个点)中 R 分量的最大值,并以该像素点为起点,其前一像素点为终点,重新按顺序排列像素。将新排列像素点的 R、B 分量值分别依次存入数组 SR[]、SB[]中,作为匹配用的模板。

(2) 在当前帧上进行模板匹配。如图 7.2.6 所示,0 表示模板目标点 P 在当前帧上的对应位置。在当前帧上,将模板中心依次置于 0~8,获得相应的子图 $P(n)$,用步骤(1)的方法得到子图 $P(n)$ 各像素点的 R、B 分量值数组 $R'[]$、$B'[]$,以及重排后的数组 $SR'[]$,$SB'[]$。用式(7.2.4)计算每个子图的匹配度 DF:

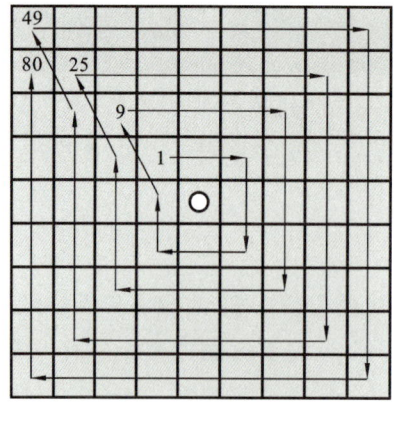

8	1	2
7	0	3
6	5	4

图 7.2.5 像素读取顺序   图 7.2.6 模板移动顺序

$$DF = \sum_{k=0}^{80} | SR[k] - SR'[k] | + \sum_{k=0}^{80} | SB[k] - SB'[k] | \qquad (7.2.4)$$

该值越小,说明匹配程度越高。

找到匹配度最高也就是 DF 最小(DF_{min})的位置 N。

① 若 $N=0$,则停止查找,点 0 即为准目标点;记录该子图和模板的匹配度 DF_{min}。

② 若 $N \neq 0$,则将模板中心移至点 N 处,以此点为模板中心新的初始位置 0,继续查找准目标点。

(3) 确定目标点。根据式(7.2.5)来判断准目标点是否为所跟踪的目标点:
$$DF_{min} < 5AR \qquad (7.2.5)$$
式中:AR 为模板面积,即 $AR=81$。若式(7.2.5)成立,则认为该准目标点为所跟踪的目标点;否则,认为该准目标点不是所跟踪的目标点,需进行下一步的目标查找。

(4) 目标查找。重复步骤(2)和(3),直到在处理区域内找到满足式(7.2.5)的点或者将区域内 DF 最小的点作为目标点。

在目标点跟踪过程中,每帧中目标点的位置都被记录下来,将目标点的横、纵坐标分别依次存入数组 $X[]$、$Y[]$。

图 7.2.7 所示为模板颜色特征参数 $R[]$、$B[]$、$SR[]$、$SB[]$ 的一组实例。图 7.2.7(a)、(b)分别表示原模板各像素的 R 分量数组 $R[]$、B 分量数组 $B[]$,图中点 b 为模板最外层(即 $49 \leqslant k \leqslant 80$,共 32 个点)$R$ 分量最大的点,点 a 和 c 分别

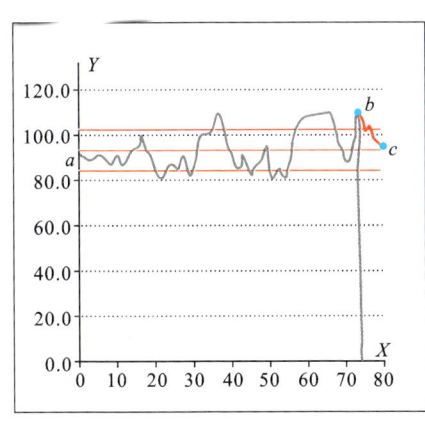

(a) 数组$R[]$

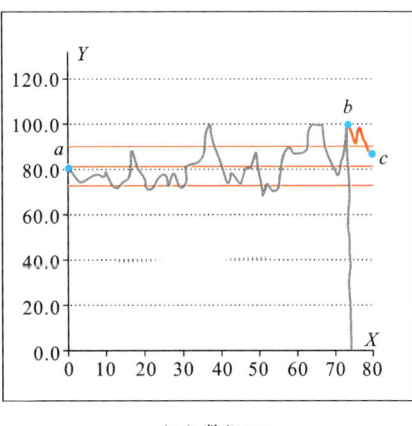

(b) 数组$B[]$

图 7.2.7　模板颜色特征参数波形图

注:X 轴表示的是像素序号;Y 轴表示的是像素值。

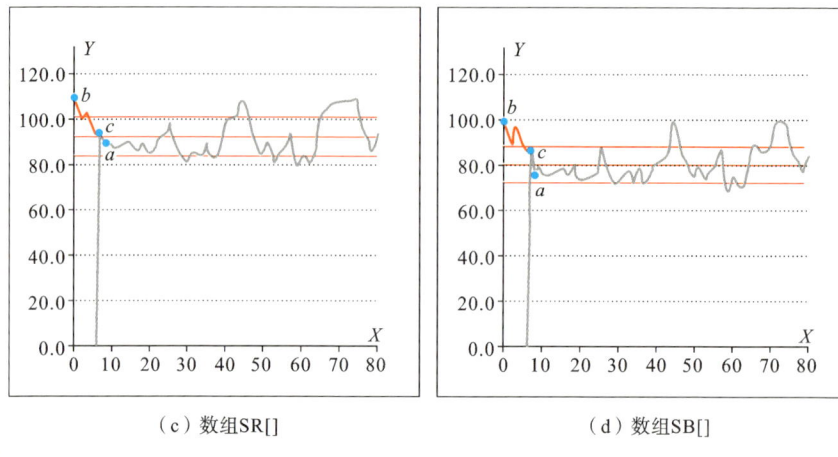

（c）数组SR[]   （d）数组SB[]

续图 7.2.7

为原模板的起点与终点。图 7.2.7(c)、(d)分别表示重排后模板各像素的 R 分量数组 SR[]、B 分量数组 SB[]，以点 b 为起点按顺序重排模板，点 a 拼接在点 c 后面。

本研究以模板最外层中 R 分量的最大值点为起点重新对模板像素排序，之后进行一次匹配运算，达到了传统方法中多次旋转模板进行匹配计算的效果，减少了模板旋转和匹配的计算量，不仅大大缩短了处理时间，而且匹配结果精准。

图 7.2.8 为图 7.2.2 上目标蜜蜂（虚线方框内）在第 2 帧、第 31 帧、第 56 帧、第 125 帧的跟踪结果图像。结果表明上述方法可正确地跟踪目标蜜蜂的运动轨迹。

（a）第2帧   （b）第31帧

图 7.2.8　目标蜜蜂跟踪结果图像

（c）第56帧　　　　　　　　　　　（d）第125帧

续图 7.2.8

7.2.3　蜜蜂舞蹈判断

如图 7.2.9 所示，蜜蜂摇摆舞的运动轨迹是 8 字形。点 F 为摇摆起始点，点 E 为摇摆终止点，FE 方向为蜜蜂摇摆舞爬行直线方向（简称爬行方向），FE 的垂直方向为摇摆方向，摇摆方向的坐标拐点称为摇摆特征点。蜜蜂在同一地点附近反复跳几次同样的摇摆舞。

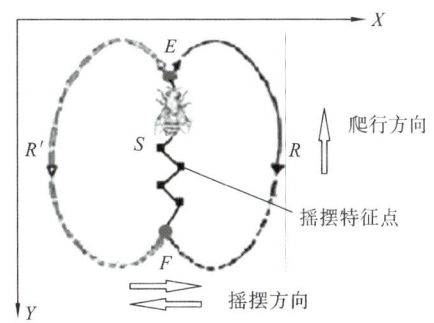

将上述蜜蜂目标点在各帧上的 X、Y 坐标与其在首帧上的 X、Y 坐标之差的绝对值，分别依次存入数组 $D_x[\ ]$ 和 $D_y[\ ]$ 中，即数组 $D_x[\ ]$ 和 $D_y[\ ]$ 分别为蜜蜂

图 7.2.9　蜜蜂摇摆舞运动轨迹

运动轨迹上各点与起始点在 X 和 Y 方向上的距离。图 7.2.10(a)、(b) 分别为数组 $D_x[\ ]$、$D_y[\ ]$ 的波形示意图，横坐标表示帧号，纵坐标表示距离值（像素数量）。通过分析数组 $D_x[\ ]$ 和 $D_y[\ ]$ 的波形，判断出蜜蜂摇摆舞区间，从而获得蜜蜂摇摆时间以及摇摆角度等信息。

以 $D_x[\ ]$ 为例，分析过程如下：

设数组 $D_x[\ ]$ 的大小为 M，设定波峰点位置 I_t、波峰值 t、波谷点位置 I_b、波谷值 b 的初值均为 0。

从起始处对数组 $D_x[\ ]$ 进行扫描，比较 $D_x[k]$（$1 \leqslant k \leqslant M$）与 $D_x[k-1]$ 的大小，直至扫描完整个数组。

1. 查找波峰

若当前点满足 $D_x[k] > D_x[k-1]$，则比较 $D_x[k]$ 与 t 的大小，如果 $D_x[k] >$

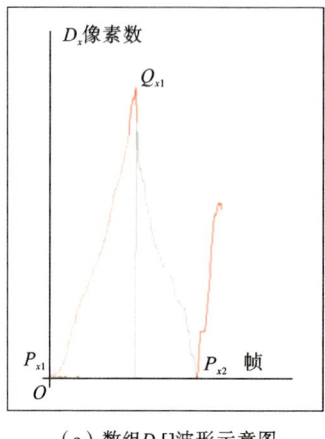
（a）数组D_x[]波形示意图

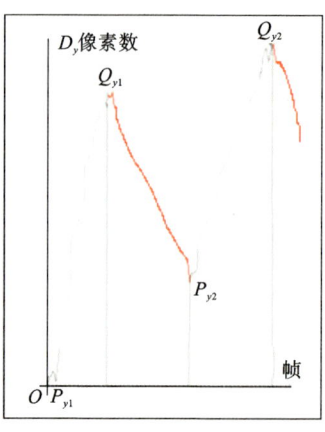
（b）数组D_y[]波形示意图

图 7.2.10　数组 D_x[]、D_y[]波形示意图

t,则记 $I_t = k$, $t = D_x[k]$。

否则,利用式(7.2.6)进行判断,若满足条件,则将当前的 I_t 作为波峰点位置,当前的 t 作为波峰值,并令 $b=t$。之后进行波谷查找,否则继续重复查找波峰,直至找到。

$$t - D_x[k] > D \quad \text{且} \quad t - b > D \tag{7.2.6}$$

式中:$D = d/5$,d 为蜜蜂的长度。

2. 查找波谷

若当前点满足 $D_x[k] < D_x[k-1]$,则比较 $D_x[k]$ 与 b 的大小,若 $D_x[k] < b$,则记 $I_b = k$,$b = D_x[k]$。

否则,利用式(7.2.7)进行判断:

$$D_x[k] - b > D \quad \text{且} \quad t - b > D \tag{7.2.7}$$

若满足条件,则将当前的 I_b 作为波谷点位置,当前的 b 作为波谷值,并令 $t=b$。之后进行波峰查找,否则继续重复查找波谷,直至找到。

当完成对 D_x 的扫描后,数组中各个波峰点、波谷点位置均被找到。如图 7.2.10(a)所示,确定了 D_x 中的波谷为 P_{x1}、P_{x2},波峰为 Q_{x1}。

之后,判断各个区间(相邻波峰与波谷之间的区域)的爬行方向。记区间的起点(左端)为 I_s,终点(右端)为 I_e。若 $X[I_e] > X[I_s]$,则将此区间方向归为向右;反之将其归为向左。据此,$P_{x1}Q_{x1}$ 区间被归为向右,$Q_{x1}P_{x2}$ 区间被归为向左。

对区间内的各点 k 分别与其相邻点的 Y 坐标值进行比较。若其满足式(7.2.8)或式(7.2.9),则将 k 视为摇摆特征点,记录其个数 N(定义为摇摆特征数）。N 值越大,说明摇摆特征越明显。

$$Y[k]<Y[k+1], \quad Y[k]<Y[k-1] \tag{7.2.8}$$

$$Y[k]>Y[k+1], \quad Y[k]>Y[k-1] \tag{7.2.9}$$

其中,$I_s \leqslant k < I_e$。

据此,获得向右区间 $P_{x1}Q_{x1}$ 的摇摆特征数 N_{R1},向左区间 $Q_{x1}P_{x2}$ 的摇摆特征数 N_{L1}。

同理,对数组 $D_y[\ ]$ 进行分析:如图 7.2.10(b)所示,确定数组 $D_y[\ ]$ 的波谷 P_{y1}、P_{y2} 和波峰 Q_{y1}、Q_{y2},得到向上区间 $P_{y1}Q_{y1}$、$P_{y2}Q_{y2}$ 的摇摆特征数 N_{U1}、N_{U2} 和向下区间 $Q_{y1}P_{y2}$ 的摇摆特征数 N_{D1}。

计算向上、向下、向左、向右各区间的摇摆特征数的平均值 N_U、N_D、N_L、N_R,找出其中的最大值,其方向即为蜜蜂摇摆舞爬行方向,摇摆方向为爬行方向的垂直方向。

如果摇摆特征数大于 20,则认为该段是摇摆区间;否则,视为非摇摆区间。对于摇摆区间,设起始帧和终止帧分别为 DS_s 和 DS_e。

摇摆时间 T 可以由式(7.2.10)求得:

$$T=(DS_e-DS_s)/R_f \tag{7.2.10}$$

式中:R_f 表示采集的帧率。

摇摆角度由下述方法求得。分别计算摇摆区间内各点的横坐标和纵坐标的平均值 x_a 和 y_a,以点 (x_a, y_a) 为已知点,采用过已知点的 Hough 变换(参看2.6.2节)对摇摆区间中的点进行直线拟合,得到的直线记为 L。定义蜜蜂爬行方向为 L 的方向,直线 L 与竖直方向之间的夹角为摇摆角度 θ,并规定顺时针由竖直向上至竖直向下为 $0 \sim 180°$,逆时针由竖直向上至竖直向下为 $0 \sim -180°$,如图 7.2.11 所示。

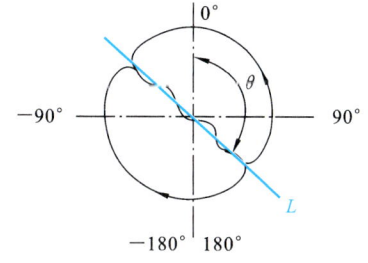

图 7.2.11 摇摆角度

对于多次摇摆的蜜蜂,计算每次的摇摆时间和角度,并求得其平均值作为最终参数。

一次可以同时选择多个目标,分别进行上述处理,实现对多目标蜜蜂运动轨迹的跟踪与分析。

图 7.2.12 为图 7.2.2 上目标蜜蜂的各帧与初始帧距离 $D_y[\ ]$ 和 $D_x[\ ]$ 的波形图,横坐标 X 表示帧号,纵坐标 Y 表示各帧上目标点到初始帧目标点的距离

（像素数）。

图 7.2.12(a)检测出了 $P_{y1}Q_{y1}$、$P_{y2}Q_{y2}$、$P_{y3}Q_{y3}$、$P_{y4}Q_{y4}$、$P_{y5}Q_{y5}$、$P_{y6}Q_{y6}$ 等 6 个向上区间和 $Q_{y1}P_{y2}$、$Q_{y2}P_{y3}$、$Q_{y3}P_{y4}$、$Q_{y4}P_{y5}$、$Q_{y5}P_{y6}$、$Q_{y6}P_{y7}$ 等 6 个向下区间。图 7.2.12(b)检测出了 $P_{x1}Q_{x1}$、$P_{x2}Q_{x2}$、$P_{x3}Q_{x3}$、$P_{x4}Q_{x4}$、$P_{x5}Q_{x5}$、$P_{x6}Q_{x6}$ 等 6 个向左区间和 $Q_{x1}P_{x2}$、$Q_{x2}P_{x3}$、$Q_{x3}P_{x4}$、$Q_{x4}P_{x5}$、$Q_{x5}P_{x6}$ 等 5 个向右区间。可以看出，本算法能有效检测距离变化曲线的波峰和波谷。

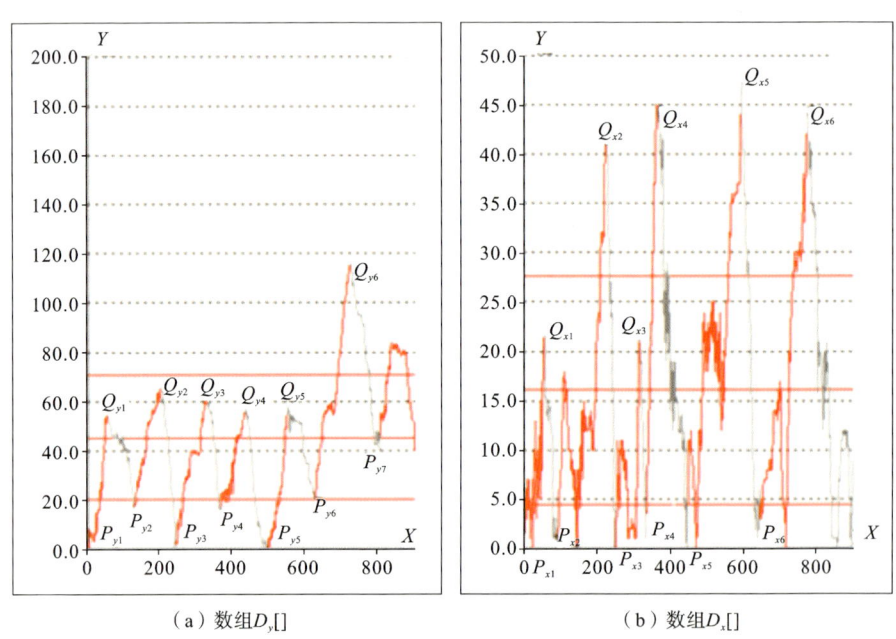

（a）数组 $D_y[]$　　　　（b）数组 $D_x[]$

图 7.2.12　图 7.2.2 目标蜜蜂的各帧与初始帧距离的波形图

从图 7.2.12 可以判断蜜蜂的运动方向。例如，$P_{y1}Q_{y1}$ 表示蜜蜂在 Y 方向上离开初始位置，$Q_{y1}P_{y2}$ 表示返回初始位置。蜜蜂是否跳舞，需要通过检测与运行方向垂直的摇摆特征数来判断，也就是判断蜜蜂在 Y 方向的 $P_{y1}Q_{y1}$ 和 $Q_{y1}P_{y2}$ 区间是否跳舞，需要用与此垂直的 X 方向的摇摆特征数来判断。图 7.2.13 表示了在 $P_{y1}Q_{y1}$ 区间蜜蜂 X 坐标的变化曲线，横坐标表示帧号，纵坐标表示目标蜜蜂在图像上的 X 坐标值。可以看出摇摆特征数（曲线转折点）为 32。同理，其他离开起始点（向上）方向区间 $P_{y2}Q_{y2}$、$P_{y3}Q_{y3}$、$P_{y4}Q_{y4}$、$P_{y5}Q_{y5}$、$P_{y6}Q_{y6}$ 的摇摆特征数分别为 28、26、30、19、12，6 个特征数的平均值为 25，即向上方向的摇摆特征数 $N_U = 25$。

同理，测得向下区间 $Q_{y1}P_{y2}$、$Q_{y2}P_{y3}$、$Q_{y3}P_{y4}$、$Q_{y4}P_{y5}$、$Q_{y5}P_{y6}$、$Q_{y6}P_{y7}$ 的摇摆

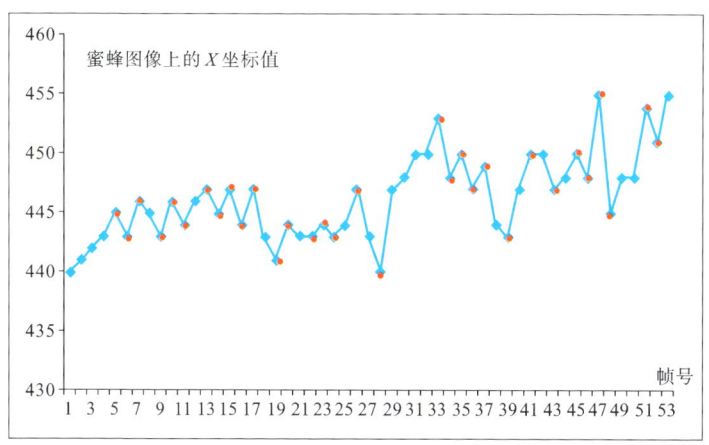

图 7.2.13　$P_{y1}Q_{y1}$ 区间 $X[]$ 波形图

特征数数分别为 10、15、2、10、8、20，最终的摇摆特征数的平均数为 11，即向下方向的摇摆特征数 $N_D = 11$。

对于图 7.2.12(b)，测得其向左和向右摇摆特征数分别为 $N_L = 15$ 和 $N_R = 6$。

N_U、N_D、N_L、N_R 中最大的是 $N_U = 25$，表明该蜜蜂是在 Y 方向爬行跳舞，在 Y 方向上有 $P_{y1}Q_{y1}$、$P_{y2}Q_{y2}$、$P_{y3}Q_{y3}$、$P_{y4}Q_{y4}$ 等 4 个区间的摇摆特征数大于阈值 20，所以这 4 个区间为蜜蜂摇摆舞区间。具体的爬行角度由对轨迹坐标的 Hough 变换来获得。

图 7.2.14 展示了对 5 个目标蜜蜂同时进行跟踪分析的结果图像，总共处

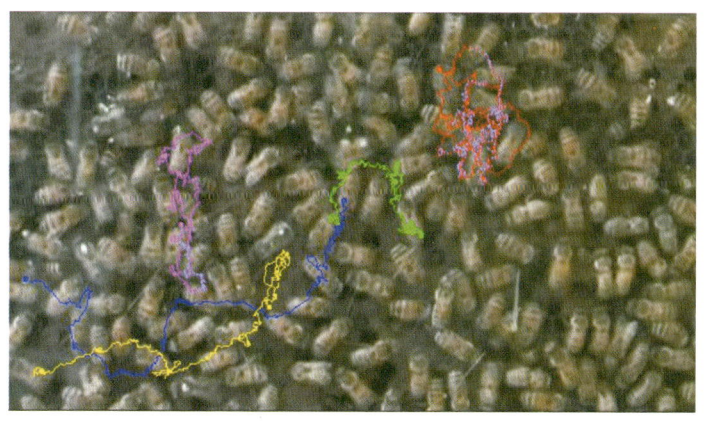

图 7.2.14　目标蜜蜂的运动轨迹及摇摆舞信息

理了1000帧图像。5个目标蜜蜂的行为都被正确地跟踪和解析了,只有图 7.2.2所示的目标蜜蜂(图7.2.14最右侧的轨迹)有摇摆舞行为,其摇摆舞轨迹的颜色不同于爬行轨迹的颜色。

表7.2.1列出了图7.2.2所示的目标蜜蜂在4个摇摆舞区间的摇摆时间和角度的测量结果以及利用这些信息计算的蜜源方位。

表7.2.1 目标蜜蜂摇摆舞测量结果及计算的食物源方位信息

摇摆舞序号	摇摆时间/s	摇摆角度/(°)	摇摆时间均值/s	摇摆角度均值/(°)	太阳方位角/(°)	蜜源方向/(°)	蜜源与蜂巢距离/m
1	1.8	14.18					
2	2.4	33.69	2.30	26.30	173.81	200.11	2300
3	2.6	26.19					
4	2.3	31.07					

试验中,对61个蜜蜂进行了运动轨迹跟踪,跟踪错误目标数为2,算法的正确率约为96.7%,并且利用本研究方法检测得到的摇摆舞测量结果与人眼观测到的基本相同。

由于蜜蜂摇摆舞行为需通过对每帧上的目标点坐标统计分析获得,因此数据越多越准确。对摇摆时间过短的摇摆舞行为(即摇摆特征数小于20)不予检测。此外,当目标蜜蜂被其他蜜蜂遮挡时可能会出现跟踪错误。

7.2.4 小结

本研究提出了一种无标识、多目标蜜蜂摇摆舞的图像跟踪与分析方法。

(1)基于中心点8邻域模板移动扫描的方法,将当前帧子图的颜色特征与前一帧模板的颜色特征进行匹配。

(2)以区域外侧R值最大的像素点为起点,重排模板像素,避免了传统模板匹配方法中的模板旋转匹配,减少了计算量,提高了匹配速度和精度。

(3)通过对蜜蜂在X轴方向和Y轴方向上移动距离波形图的分析,分别计算向上、向下、向左、向右四个方向的平均摇摆特征数,以平均摇摆特征数最大的方向为蜜蜂的爬行方向;如果某个区间的摇摆特征数大于设定的阈值,则认为该目标蜜蜂在该区间存在摇摆舞行为。

利用该方法可以同时对多个无标识的目标蜜蜂进行跟踪分析,正确率达到96.7%。

7.3　田间害鼠的图像捕获与形状特征检测

本研究提出了一种基于机器视觉的害鼠特征提取方案。该方案采用专用设备采集和传输图像。通过应用各种机器视觉算法分别获取害鼠的精确轮廓，并基于轮廓图的分析把害鼠的尾巴和身体部分分割开来，同时计算害鼠尾巴的长度（尾长）、身体的长度（体长）、身体的高度（体高）、尾巴和身体的比例以及背部皮毛图像特征。

7.3.1　试验装置及处理流程

1. 试验装置

试验采用专业厂商提供的媒介生物信息智能采集设备获取田间害鼠图像序列。该设备设计有一个箱体通道，其内放置诱饵，用以引诱在田间觅食的害鼠通过。当害鼠在箱体内的时候，即触发位于箱体上方的摄像头采集图像序列，并用 4G 图传设备将图像序列传到图像处理端进行处理。

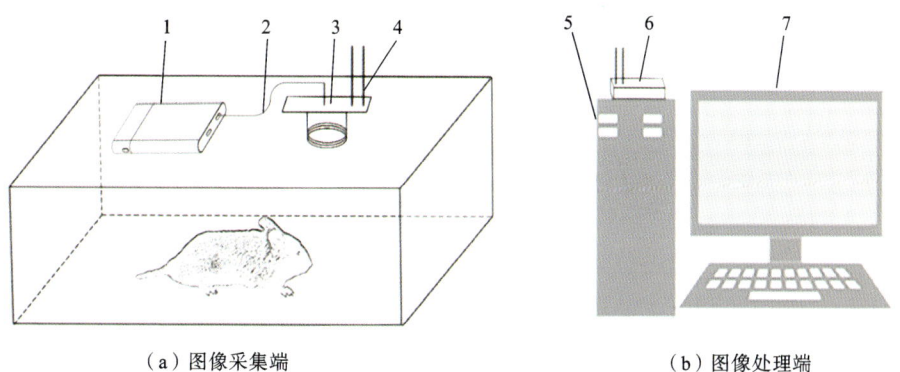

（a）图像采集端　　　　　　　　　　（b）图像处理端

图 7.3.1　田间害鼠检测试验装置

1—大容量移动电源；2—图像采集设备和 4G 图传设备的电源线；3—摄像头；4—4G 图传设备；
5—图像处理主机；6—接收回传图像的网络设备；7—图像处理结果显示设备

图像采集端的主要构成如图 7.3.1(a) 所示，采用大容量移动电源为图像采集摄像头和 4G 图传设备供电。将该设备放置于害鼠频繁出没的田间地头，在获取害鼠图像序列后，通过 4G 网络传到如图 7.3.1(b) 所示的图像处理端，利用相应的图像处理算法获取害鼠外形特征数据，按照约定的规范存储在数据库中。

2. 处理流程

图像采集端将害鼠图像回传到图像处理端后,经 3 个阶段完成特征提取工作,分别是背景建模与害鼠目标提取、特征提取与参数计算、数据评判与存储。整个流程如图 7.3.2 所示。

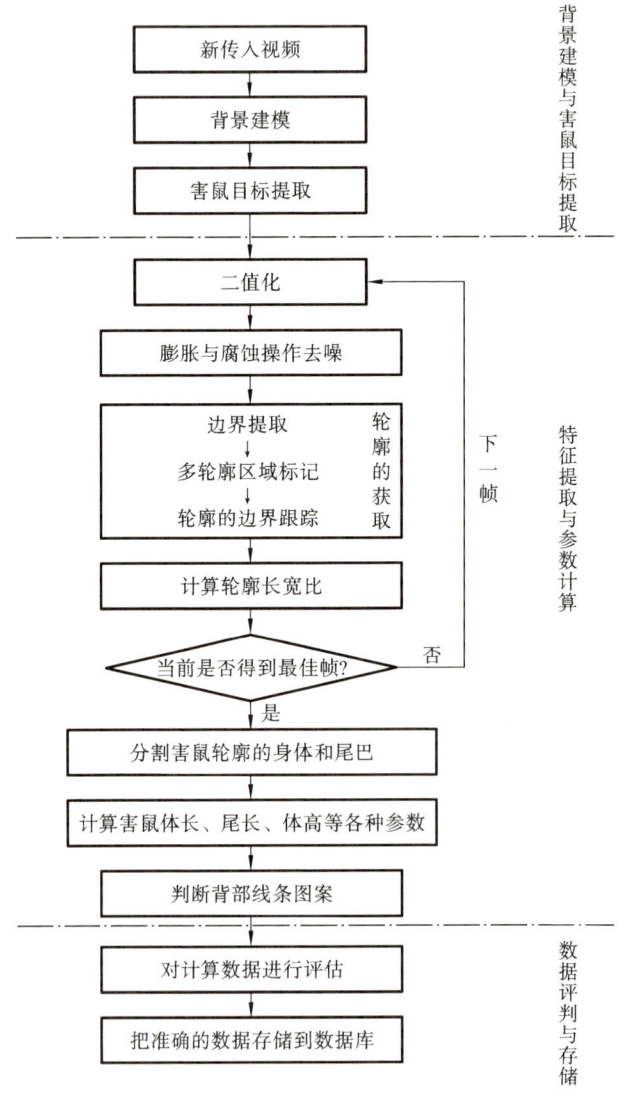

图 7.3.2　特征提取流程

图像处理端监测到图像采集端有新图像序列传入后,先用基于目标权重衰减的背景建模方法获得图像序列的背景模型,用背景差分法提取害鼠目标;然后用大津法获得目标的二值图像,分别进行膨胀和腐蚀操作以去除噪点;再经过边界提取、多轮廓区域标记和轮廓边界跟踪,得到害鼠的准确轮廓;接下来通过计算轮廓的长宽比获取整个图像序列的最佳帧,在最佳帧的害鼠轮廓上获取其尾巴和身体部分,并计算相关参数;最后对计算数据进行评估,将准确的数据存储到数据库。

7.3.2 基于目标权重衰减的背景建模和目标提取

完整准确的害鼠目标提取是整个应用中至关重要的部分。在本研究的应用中,害鼠进入摄像头视野的时间不确定,因为是在野外使用,试验容器中容易混进害鼠粪便等杂物,而且害鼠移动速度毫无规律,故传统的背景建模法无法取得好的效果。本研究使用基于目标权重衰减的背景建模方法,较好地解决了这一问题。

1. 基于目标权重衰减的背景建模原理

背景建模的主要目的是根据当前的背景估计,将图像序列中运动目标的检测问题转化为一个二分类问题,将所有像素划分为背景和运动前景两类,进而对分类结果进行后处理,得到最终检测结果。背景建模问题的解决分成两个关键步骤。其一是背景的建立,即如何选择背景;其二是背景的更新,即什么时候更新背景和采用什么策略更新背景。

基于目标权重衰减的背景建模的基本思路是:根据本应用中目标对象的颜色具有较大一致性的特点,先使用帧差法获取部分目标采样,取采样中心点所在的 3×3 区域的均值为目标像素参照值,然后对该点在时间轴上进行像素值对比。每个像素点与目标对象像素值作差,然后取绝对值。绝对值越大,该像素点为背景的可能性就越大,在背景建模中其权值就越高。具体步骤如下。

(1)读取处于时间轴中点的图像序列帧作为初始背景 B_p。

(2)读取第一帧 F_1,计算 $|B_p - F_1|$,将其作为含目标的前景图像,用大津法获取前景图像区域并进行二值化处理,然后取该二值图像中目标区域对应的灰度图像进行分析,计算目标对象中心点所在的 3×3 区域的均值 A,将其作为目标像素参照值。

(3)从当前帧 F_1 中去除目标对象后得到修改帧 F'_1,目标对象对应的像素不参与下一步的计算。

（4）读取修改帧 F_1' 的每一像素点的值 $F_p(x,y)$，计算权值系数 s：

$$s = \frac{|F_p(x,y) - A|}{255 - A} \tag{7.3.1}$$

（5）由于 s 越大，当前帧中位于 (x,y) 处的这一个像素点为背景的可能性就越大，需要将当前帧的当前像素以较大权值加入背景。所以，使用式（7.3.2）更新背景：

$$B_p'(x,y) = (1-s)B_p(x,y) + sF_p(x,y) \tag{7.3.2}$$

（6）更新背景模型，用 B_p' 作为新的背景，读取下一帧，重复步骤（2）至（5）。

由上述步骤可以发现，随着时间的流动，对于背景模型中的每一个像素点，其像素值与目标像素参照值差值越大，其作为背景的权值就会越高，而该点的背景不断地按图像序列的每一帧中该点处的像素值进行动态更新，最终得到随场景变化而变化的背景模型。

2. 基于背景模型的目标提取

获得图像序列的背景模型后，用大津法计算和提取每一帧的目标对象。其方法是提取当前处理的图像序列帧，对该帧的每一个像素点与背景模型的对应像素点值作差，然后用大津法对差值图像进行二值化处理，获取结果图像。基于背景模型的目标提取原理如图 7.3.3 所示。

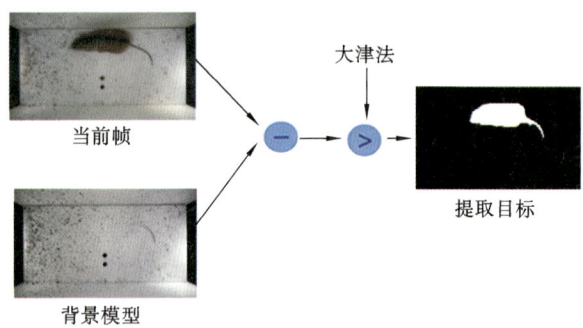

图 7.3.3　基于背景模型的目标提取原理

7.3.3　害鼠身体部分和尾巴部分的特征提取

1. 害鼠方向的判断

在害鼠轮廓的计算中，把每个轮廓的点都以链码形式存储在链表中，所以在这里可以直接把拥有最长链表的轮廓视为最大的轮廓。此轮廓即为试验中害鼠的轮廓。再将此轮廓的点对应到二值图像中，即可以得到以害鼠为唯一前景的二值图像，并且前景的像素值为 255。设该图像为 M。

基于此二值图像即可判断害鼠在图像中的方向，并把害鼠的尾巴和身体部分分开。判断害鼠方向的算法如图 7.3.4 所示，其步骤如下。

（1）从图像 M 的最左边第一列开始，设 $n=10$，计算 n 列像素的和，设计算结果为 L_1；计算左边第 n 到 $2n$ 列的像素和，为其赋值 L_2。

（2）从图像 M 的右边第一列开始，计算 n 列像素的和，设计算结果为 R_1；计算右边第 n 到 $2n$ 列的像素和，为其赋值 R_2。

（3）如果 $L_1>R_1$ 并且 $L_2>R_2$，则判断害鼠方向是尾巴在左边，头在右边；反之，如果 $L_1<R_1$ 并且 $L_2<R_2$，则判断害鼠方向是尾巴在右边，头在左边；

（4）若 L_1、R_1 的大小关系与 L_2、R_2 不一致，则设 $n=n-1$，返回第（1）步重新计算。

以上算法能解决尾巴较短的害鼠方向的判断问题，也能对尾巴弯曲等复杂情况下的害鼠方向做出正确判断。

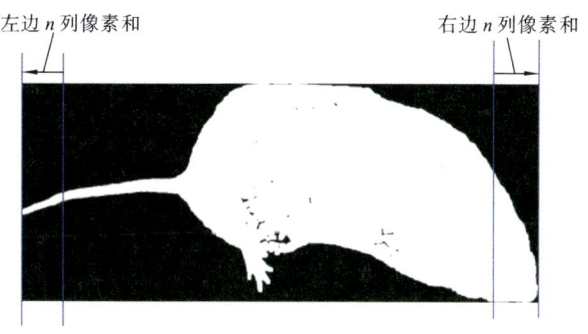

图 7.3.4　基于像素统计的方向判断

2. 害鼠尾巴和身体部分的分割

图 7.3.5 是害鼠二值图像的累计直方图及分割线从图中可以看到，害鼠的尾巴部分和身体部分的分割点在像素的投影图中的低值和高值之间，利用这个规律可以将其分割开。相应分割算法基本思路是，统计尾巴部分每列的平均像素值，如果该像素值与后一列相比，小于某个设置的阈值，则认为该列是尾巴和身体的分割线。在本研究中，设该阈值为尾巴部分前 n 列平均像素值的 2 倍。以害鼠头在右边，尾巴在左边为例，分割算法如下。

（1）设 i 为左边的列数，从第 1 列开始累加前 i 列的像素值，并且求平均值

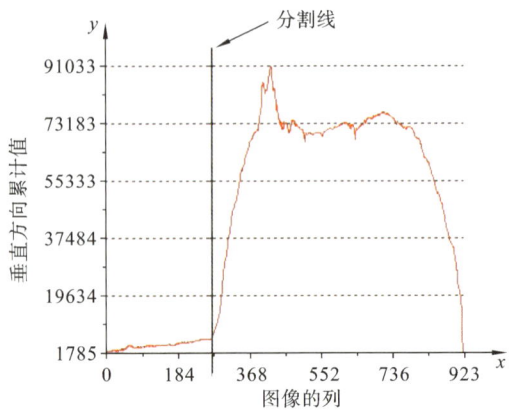

图 7.3.5　害鼠二值图像的累计直方图及分割线

m，其计算公式为

$$m = \sum_{i=1}^{i} X_i/i \qquad (7.3.3)$$

式中：X_i 为二值图像 M 的第 i 列的像素值的和。

（2）计算 $i+1$ 列的像素值的和 X_{i+1}，并且与 $2m$ 进行比较，如果 $X_{i+1} > 2m$，则判定第 $i+1$ 列为分割线，结束计算；否则把 $i+1$ 的值赋予 i，返回第（1）步继续进行计算。

图 7.3.6 为把基于图像 M 的分割结果表示到彩色图上的效果。

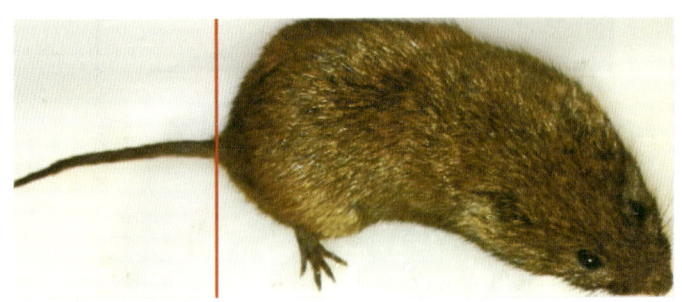

图 7.3.6　彩色图上表示的分割结果

3. 关键外形特征参数的计算

1）尾巴长度计算

考虑到身形弯曲等情况的存在，尾巴长度的计算不能直接用求分割出来的尾巴部分的列数来代替。本研究的计算方法是以轮廓图为基础,对尾巴轮廓链码中像素点的数量求和,设其和为 T_a,则尾巴长度 T_1 为

$$T_1 = T_a/2 \tag{7.3.4}$$

2)身体面积特征提取

害鼠身体的面积描述了害鼠身体轮廓区域的大小。设正方形像素的边长为单位长 1,则身体面积 S 可通过对属于该区域的像素个数进行统计求和得到。

前述计算得到的害鼠二值图像 M 中还有一些噪声点,需要经过膨胀和腐蚀处理,使害鼠身体的二值图像的点充满身体轮廓,从而使面积的计算尽可能准确。

膨胀是给图像中的对象边界添加像素的操作。用 3×3 的结构元素扫描图像的每一个像素,用结构元素与其覆盖的二值图像做"与"运算,如果都为 0,结果图像的该像素为 0,否则为 255。这样操作的结果是使二值图像扩展一圈,对于有孔洞的部分,此操作能把孔洞填补完整。

腐蚀是删除对象边界某些像素的操作。用 3×3 的结构元素扫描图像的每一个像素,用结构元素与其覆盖的二值图像做"与"运算,如果都为 255,结果图像的该像素为 255,否则为 0。这样操作的结果是使二值图像收缩一圈,二值图像边界变得平滑,但并不会明显改变原来物体的面积。

3)身体长轴和短轴提取

将通过害鼠二值图像的累计直方图得到的害鼠尾巴和身体的分割点映射到害鼠轮廓图,即可得到轮廓图中身体部分的分界线。以此为基础计算身体长轴和短轴。基本思路是:先找到身体部分轮廓的最小包围矩形,然后以矩形的中心点为基础,分别作平行于最小包围矩形的长边和短边的两条直线,这两条直线与轮廓相交会产生两条线段,这就是害鼠身体部分的长轴和短轴。实现算法如下。

(1)将轮廓点集作为参数,输入 OpenCV 的函数 minAreaRect 中,返回一个 RotatedRect 类型的对象,设该对象为 R。

(2)获取 R 对象的 center 属性(数据类型为 Point2f)、size 属性(数据类型为 Size2f)和 angle 属性(数据类型为 float),它们分别代表该矩形的中心、大小和角度。

(3)设置一个 Point2f 类型的数组 vertices,用 R. points(vertices)方法获取矩形的 4 个顶点,分别存储在数组中;设这 4 个顶点分别为 $A(x_a,y_a)$、

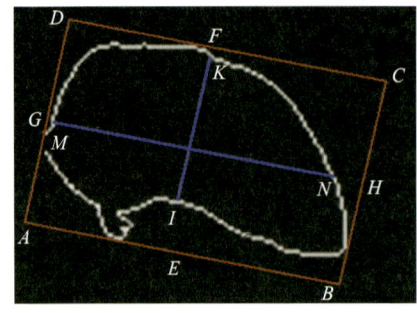

图 7.3.7　害鼠轮廓的最小包络
矩形和长短轴

$B(x_b, y_b)$、$C(x_c, y_c)$、$D(x_d, y_d)$，如图 7.3.7 所示。

（4）由 AB 的中点 $E(x_e, y_e)$ 和 CD 的中点 $F(x_f, y_f)$ 确定一条直线。其中 E 点的坐标计算方法是：

$$x_e = 1/2 \times (x_a + x_b) \quad (7.3.5)$$

$$y_e = 1/2 \times (y_a + y_b) \quad (7.3.6)$$

F 点的坐标计算方法是：

$$x_f = 1/2 \times (x_c + x_d) \quad (7.3.7)$$

$$y_f = 1/2 \times (y_c + y_d) \quad (7.3.8)$$

（5）由 AD 的中点 $G(x_g, y_g)$ 和 BC 的中点 $H(x_h, y_h)$ 确定一条直线。其中 G 点的坐标计算方法是：

$$x_g = 1/2 \times (x_a + x_d) \quad (7.3.9)$$

$$y_g = 1/2 \times (y_a + y_d) \quad (7.3.10)$$

H 点的坐标计算方法是：

$$x_h = 1/2 \times (x_b + x_c) \quad (7.3.11)$$

$$y_h = 1/2 \times (y_b + y_c) \quad (7.3.12)$$

（6）遍历轮廓链码中所有点，找出与两直线相交的点，分别设为 $M(x_m, y_m)$、$N(x_n, y_n)$、$I(x_i, y_i)$、$K(x_k, y_k)$。

（7）计算 M、N 两点的距离 D_{mn} 和 I、K 两点的距离 D_{ik}，若 $D_{mn} > D_{ik}$，则 MN 为长轴，IK 为短轴；反之，若 $D_{mn} < D_{ik}$，则 MN 为短轴，IK 为长轴。距离计算公式为

$$D_{mn} = \sqrt{(x_m - x_n)^2 + (y_m - y_n)^2} \quad (7.3.13)$$

$$D_{ik} = \sqrt{(x_i - x_k)^2 + (y_i - y_k)^2} \quad (7.3.14)$$

4）身体占空比

害鼠身体的面积 A 与其最小包络矩形的面积 S_r 之比定义为身体占空比。

参考前述求 D_{mn} 和 D_{ik} 的方法，求 A、B 两点的距离 D_{ab} 和 A、D 两点的距离 D_{ad}，可以得到该矩形的面积 $S_r = D_{ab} \times D_{ad}$。则害鼠身体占空比 K 为

$$K = \frac{A}{D_{ab} \times D_{ad}} \quad (7.3.15)$$

4. 背部皮毛线条评价

背部是否有线条是某些类型害鼠的强特征，例如黑线姬鼠，不管是幼鼠还

是成年鼠,其背部都有一条黑线,故把害鼠背部皮毛的线条特征作为一个分类指标输入分类器,将会对提高分类准确率有较大的帮助。

本研究采用轮廓分析方法,通过对害鼠背部皮毛的二值图像的处理,获取害鼠背部皮毛最大轮廓,然后计算这个轮廓的圆形度,作为该害鼠背部皮毛线条的评价指标。

设害鼠背部皮毛轮廓围成的面积为 A,轮廓周长为 P,面积的计算用前述的方法,周长定义为轮廓链码的数量之和。圆形度定义为面积与周长平方的比:

$$R = \frac{4\pi A}{P^2} \tag{7.3.16}$$

圆形度反映了物体接近圆形的程度,是区域紧凑性的表征。在面积相同的情况下,具有光滑边界的外形边界较短,圆形度较大,表明外形较紧凑;反之随着边界凹凸变化程度的增加,周长 P 相应增大,圆形度随之减小。该值对于圆形外形取最大值 1;物体外形越细长,其取值越小。

图 7.3.8 展示了害鼠背部二值图像及其最大轮廓。从图中可以看到,不同类型的害鼠背部皮毛的轮廓状态差异较大,如果背部有黑线,其圆形度会较小,反之会较大。

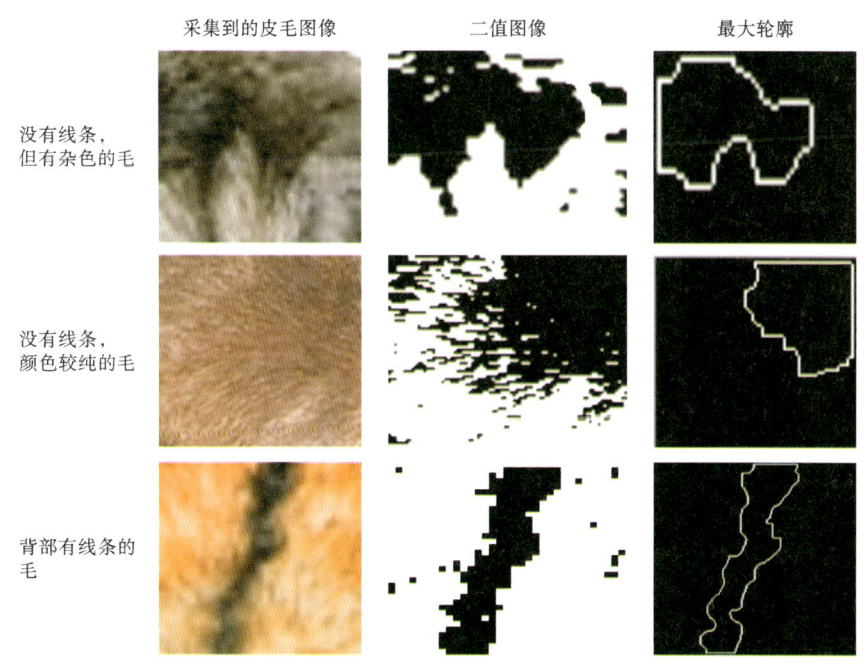

图 7.3.8　不同种类害鼠背部皮毛的线条特征

7.3.4 试验结果与分析

基于 ImageSys 图像处理开发平台，使用 OpenCV 机器视觉 API，以 VC＋＋为开发工具实现上述的试验方法。开发的害鼠外形处理系统界面如图 7.3.9 所示。系统分成 3 个部分，分别是用于控制测量过程和选择测量模式的窗口，用于显示帧处理和测量数据显示的窗口以及显示原始图像序列帧播放的窗口。

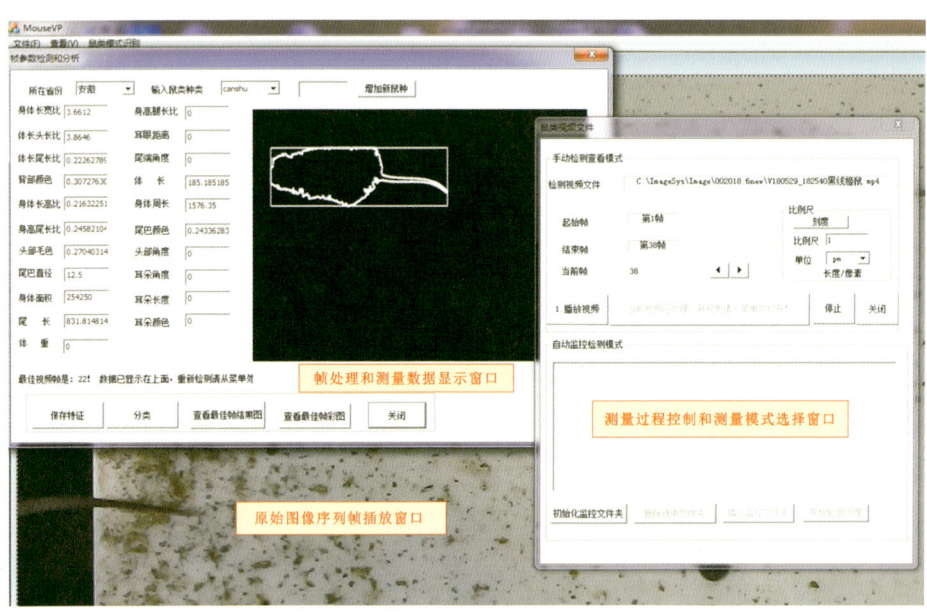

图 7.3.9 害鼠外形处理系统界面

1. 基于目标权重衰减的背景建模分析

图 7.3.10 是使用基于目标权重衰减的背景建模方法得到的图像序列的背景。非主观效果可以看到，该方法较为准确地获取了复杂背景。

图 7.3.10 使用基于目标权重衰减的背景建模方法提取的背景

以目标提取准确性来客观衡量针对不同环境下的图像序列背景进行建模的准确性。针对每一帧图像,手动提取害鼠目标,设该目标图像为 S;使用背景建模的成果自动提取目标,设该图像为 Z。通过计算两个目标图像像素的匹配度来衡量自动目标提取的准确率 m。计算公式为

$$m = \left(1 - \frac{|Z-S|}{Z}\right) \times 100\% \qquad (7.3.17)$$

表 7.3.1 所示为不同种类田鼠的目标提取准确率。

表 7.3.1　自动目标提取的准确率

目标类型	准确率
黑线姬鼠	95.1%
东方田鼠	98.6%
褐家鼠	96.5%
小家鼠	98.3%

2. 最佳帧提取效果分析

为了准确提取害鼠外形数据,需要从图像序列中寻求适于计算的最佳帧。通过背景建模后,提取害鼠的轮廓进行分析。首先去除不能识别尾巴的图像帧,然后在余下的帧中选择轮廓长宽比最大的作为最佳帧。图 7.3.11 是从图像序列中获取的最佳帧示例。

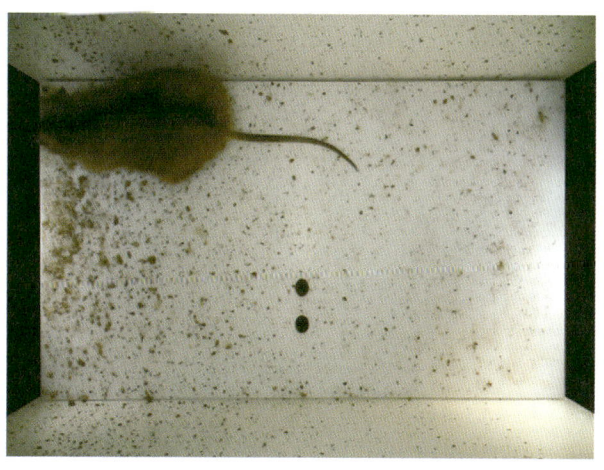

图 7.3.11　从图像序列中获取的最佳帧

对每一个图像序列的最佳帧进行人工选择,然后和程序选择的最佳帧进行对比,结果如表 7.3.2 所示。

表 7.3.2　最佳帧获取的人工选择和程序选择结果对比

图像序列类型	人工选择帧序号	程序选择帧序号	是否一致
黑线姬鼠	22	22	是
东方田鼠	35	35	是
褐家鼠	68	68	是
小家鼠	20	20	是

从已经采集的图像序列的最佳帧选择效果来看,本研究所提出的算法获取最佳帧的准确率为 100%。

3. 参数计算效果评价

试验中采集到了 4 种典型的害鼠,分别是黑线姬鼠、东方田鼠、褐家鼠和小家鼠,如图 7.3.12 所示。根据研究人员的观察,它们的外形特征分别表现如下。

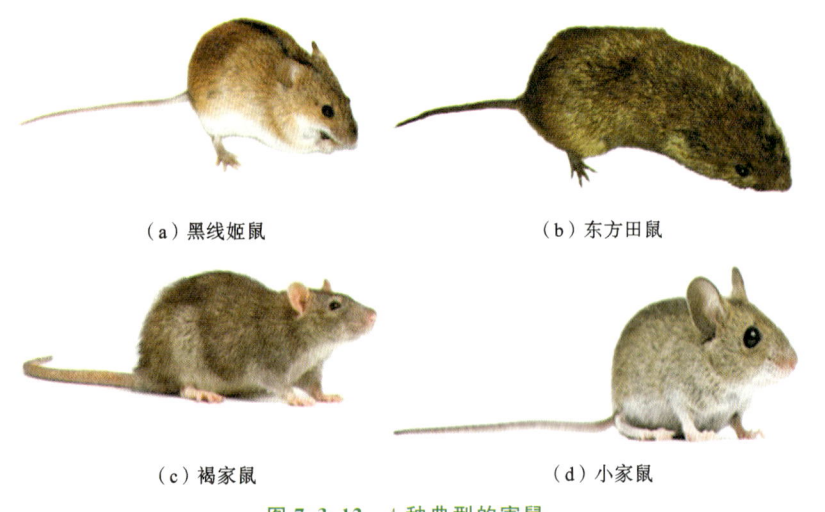

（a）黑线姬鼠　　　　　　　　（b）东方田鼠

（c）褐家鼠　　　　　　　　（d）小家鼠

图 7.3.12　4 种典型的害鼠

黑线姬鼠,体长 65～117 mm,尾长 50～107 mm。体背呈淡灰棕黄色,背部中央具有明显的纵向黑色条纹。

东方田鼠,体长 125～148 mm,尾长为体长的 1/3～1/2。体躯呈圆筒形,短尾、短肢。体背毛呈褐棕色。

褐家鼠,体长 150～250 mm,尾长明显短于体长,一般为 100～150 mm。多数体背毛色呈棕褐色或灰褐色。

小家鼠,体长 60～90 mm,尾长与体长相当或略短于体长,一般为 55～85 mm。体背呈棕灰色、灰褐色或暗褐色,毛基部为黑色。

表 7.3.3 是对采集到的害鼠的部分外形特征参数,根据像素与尺寸的对应关系进行转换后进行统计的结果。

表 7.3.3　部分害鼠外形特征测量结果

特征参数	黑线姬鼠	东方田鼠	褐家鼠	小家鼠
尾长/mm	65.5	52.2	112.1	61.5
身体长轴长/mm	72.7	112.56	179.36	77.49
身体短轴长/mm	38.2	56.0	97.47	42.81
长轴尾长比	1.10	2.15	1.6	1.26
长轴短轴比	1.90	2.01	1.84	1.81
背部皮毛线条圆形度	0.31	0.72	0.63	0.822

从表 7.3.3 中可以发现,4 种害鼠的测量数据和该鼠种本身具备的外形特点是比较吻合的。

把被模型误判的害鼠图像抽取出来,发现造成误判的主要原因是害鼠姿态不确定。基于轮廓进行分析的前提条件是轮廓中要包含害鼠的身体信息,害鼠本身是活动的,如果不可控因素导致采集到的图像不合格,则会导致误分。图 7.3.13 是误分的典型图像,从图中看到,由于害鼠隐藏尾巴,导致分类不准确。由此可见,本研究的方法鲁棒性尚需增强,如何改善算法的效果和图像采集的

图 7.3.13　误分的图像

质量是下一步要研究的内容。

7.3.5 小结

本研究提出了一种基于机器视觉的害鼠特征提取方案,具体做法是:在一个箱体通道内放置诱饵,当田间害鼠通过时用箱体上方的摄像头采集图像,用4G图传设备将图像序列传到图像处理端。通过各种机器视觉的算法分别获取害鼠的精确轮廓,基于轮廓图进行分析,把害鼠外形特征提取出来。研究结论如下。

(1)利用基于目标权重衰减的背景建模方法提取处理目标,能较好地针对本研究的应用场景获取精确的对象,其目标提取准确率平均达到95%以上。该方法适用于部分可控的环境下对连续多帧图像及其相互关系进行处理以完成信息提取,对于其他有类似需求的农业工程应用领域的目标提取和特征检测具有一定参考价值。

(2)大津法比较适合用于害鼠目标的提取,采用8连通链码分析方法来跟踪轮廓,能获取精确的害鼠轮廓。

(3)本研究的试验方案具有数据采集的空间位置多组化、实时性好、节省人力物力的优点,能大幅度提高工作效率,避免人工观察出现的主观误差和对检测结果的干扰,增强测量结果的真实性和客观性。该方法可以为分析田间害鼠的生活习性、种群的演变规律等大数据应用提供基础数据。在农业植保应用中,此方法对于了解害鼠的生活习性、掌握害鼠种群的演变规律和根据害鼠种类来制定灭鼠方案、保护好农作物有重要意义,同时也可为害鼠的生态规律研究和害鼠防治工作提供一定的参考。

7.4 奶牛乳头的三维图像检测与定位

本研究最终的目标是:在双目相机拍摄的奶牛乳头图像中自动识别乳头,并将检测到的乳头三维坐标信息实时反馈给机械臂,完成后续的挤奶工作。为了实现该目标,本研究主要开展了以下研究工作:

(1)模拟真实的挤奶环境,配置硬件和软件设备。

(2)在单目相机拍摄的图像上,研究奶牛乳头图像识别算法。

(3)在双目相机拍摄的图像上,研究奶牛乳头位置的三维重建方法。

(4)通过试验验证研究的算法,并提出进一步改进和优化的方向。

7.4.1 试验硬件和软件设备配置

1. 试制奶牛模型

为了模拟挤奶环境,便于后续图像的采集和算法的优化,制作了奶牛模型,如图 7.4.1 所示。该奶牛模型形象逼真,其乳房乳头与真实奶牛的乳房乳头相似度高。该模型可以在空间平面内做任意方向随机抖动、起伏、晃动等多种复杂运动,可用于模拟真实挤奶过程,从而代替真实奶牛用于乳头识别算法研究和试验。

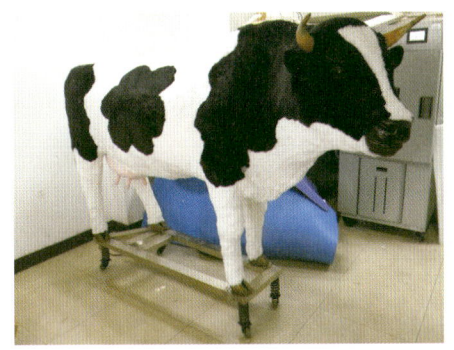

图 7.4.1　奶牛模型

2. 双目视觉系统硬件构成

本研究的图像采集硬件选用武汉莱娜机器视觉科技有限公司的 HNY-CV-002 双目相机,如图 7.4.2 所示。该相机由两个高清单目相机组成,由 PCB 固定,可以根据测量距离调整基线间距的大小,保证光轴相对平行。其主要参数如表 7.4.1 所示。

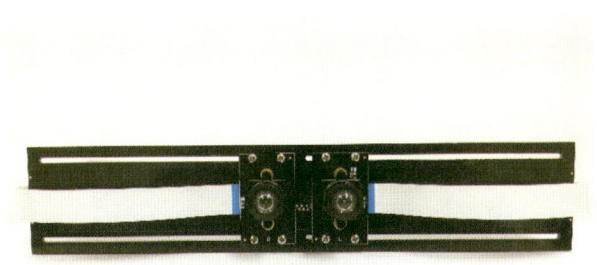

图 7.4.2　HNY-CV-002 双目相机

调整两个相机之间的距离可改变双目系统的精度:在目标较近时可以将基线调小,反之调大,根据适用的场景选择基线的距离可以有效地提高测量精度。双目图像获取之后,由内部芯片将两图像调制整合成一幅图像输出,调制后的双

表 7.4.1　HNY-CV-002 相机主要参数

名称	参数
图像传感器	OV9714
像素尺寸	3.0 μm×3.0 μm
双目基线	2.5～20.5 cm
接口协议	UVC 协议,免驱动
双目分辨率及帧率	2560×720 像素,30 帧/秒
	1280×720 像素,30 帧/秒

目图像时序同步,不存在普通双目相机时间差的问题。图像输出采用 USB 3.0 通信接口,满足一般的传输需求,适用范围更广。相机输出的是彩色的双目高清图像,由于采用高速接口,其视频流传输速度大于 100 MB/s,帧率较高,适用于高精度实时三维重建。

　　双目视觉系统的整体硬件构成如图 7.4.3 所示。双目相机内部采用 CMOS 传感器获取图像,经相机内部图像数字化模块调制后由 USB 3.0 接口传入计算机,通过图像处理系统对采集到的双目图像进行处理。

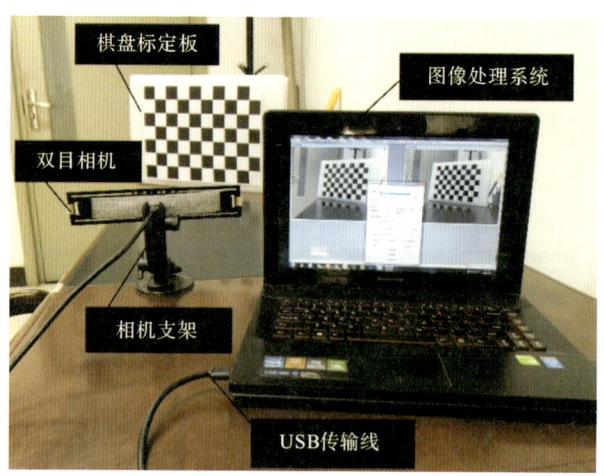

图 7.4.3　双目视觉系统的整体硬件

　　笔记本电脑的配置为:Intel Core i5 双核 CPU,内存为 8 GB,显卡型号为 Nvidia GeForce GT 755M,操作系统为 Windows 7。

　　获得图像中目标的精准三维坐标后,可以进行三维显示及模拟,也可以通过软件实现信号的传递及输出。本研究的重点内容是图像的实时三维重建技术,该技术可以为机器视觉系统的控制执行模块提供精准的信息,操作被测物体或者对机器人自身进行控制。

用于三维标定的棋盘,是由本研究开发的标定工具自动生成图片,打印到 A3 打印纸上后贴在平整的刚性平面上形成的,棋盘方格大小为 42 mm × 42 mm。

3. 软件开发平台搭建

本研究中的双目立体视觉目标点实时三维重建系统是在 Visual Studio 2010 开发环境下,基于北京现代富博科技有限公司的 RTTS 图像处理平台而开发的。其主要包含以下模块:

(1) 图像采集模块。图像采集的目的是获得实时的目标图像,为目标定位及三维重建提供基础。本研究采用 DirectShow 进行图像的实时采集。Direct-Show 是一种用于流媒体处理的开发包,可以快速地在各种集成开发环境上进行配置。DirectShow 提供了快速且高质量的流媒体采集接口,并且包含视频编解码及渲染功能,适用于多种硬件驱动,支持将文件以常见的音视频文件格式,包括 AVI、WAV、MP3 等保存,并且支持用户创建新的文件格式,只需要对底层框架进行修改即可。与此同时,DirectShow 支持自动硬件加速功能,可加快图像采集数字化速度。相比于其他的图像采集方式,如 OpenCV 的图像采集接口,DirectShow 采集的视频帧率稳定、图像质量可控,且输出大小及数据格式均可调节,在实际工程应用中可以有效地保证稳定性和效率。

(2) 图像标定和图像处理模块。该模块的功能主要包含图像的预处理、相机标定、目标检测与跟踪、立体匹配和三维重建。本研究基于 OpenCV 开发了自动化的相机标定工具,用于编写双目图像处理及三维重建算法。OpenCV 是一个开源的图像处理类库,包含与图像处理相关的多个模块,提供了 C++和其他语言的接口,配置简单。可以基于该函数库设计完成图像识别、图像分割、三维重建等主流视觉任务。OpenCV 包含的跨平台的函数在图像及矩阵运算中效率很高,并且具有 GPU 加速模块。

(3) 3D 显示模块。该模块主要用于三维重建目标的显示。本模块选择显示效果较好的 OpenGL 进行开发。OpenGL 是一种跨平台的应用编程接口,可以应用于 Linux、Android、Windows 等平台。OpenGL 可以实现包括建模变换等一系列三维操作,除了绘制简单的几何图形的函数接口外,还提供绘制复杂曲面的函数接口。在显示画面质量方面,OpenGL 提供了很多光照环境和颜色模式,结合抗锯齿等特殊效果,可以进行复杂环境图形的绘制,画质较为细腻,显示效果好。同时，OpenGL 提供双缓冲动画技术，在程序运行时，可以在后台进行预画图，提高画面流畅度。本研究在 Windows 下通过调用 OpenGL 提供的接口进行双目三维重建结果的显示。

7.4.2 双目相机三维标定

1. 标定方法

本研究采用棋盘标定法(参考 2.7.4 节)计算相机参数。目前三维重建的双目标定多采用 OpenCV 自带的棋盘标定示例程序，该示例程序可以直接对双目相机进行标定，输出相机的内参和外参矩阵。但是利用这种标定方法获得的参数存在一定误差，对三维重建效果影响较大。MATLAB 也提供了双目视觉的标定工具箱，但操作比较烦琐，需要较多的人工干预，而主观因素会导致误差；排除此类误差后，其精度较高。本研究利用该方法进行对比试验。

本研究优化了 OpenCV 的相机标定流程。首先对每一个相机单独进行标定，然后对单目的标定数据进行优化，得到双目的标定数据，具体步骤如下。

(1)打印用于标定的棋盘图像(由本研究开发的标定工具自动生成，打印的棋盘方格大小为 42 mm×42 mm)，将其贴在平整的刚性平面上。

(2)移动棋盘标定板，连续拍摄不同方向的棋盘图像，要求棋盘占据图像的大部分区域，以保证获得相机各位置的畸变系数。本研究根据标定精度的需要，采集了 16 幅双目图像用于标定。

(3)采用 Harris 算法检测黑白方格之间的角点，并且进一步对图像进行亚像素角点提取，优化检测精度。检测结果如图 7.4.4 所示。

（a）左目图像检测结果　　　　　　　　（b）右目图像检测结果

图 7.4.4　双目图像角点检测结果

（4）分别进行单目标定，以棋盘的第一个角点作为世界坐标系原点，利用已知的棋盘长度数据和图像中的像素数据求解每幅图像的单应性矩阵，即表征物体在世界坐标系和像素坐标系之间的位置映射矩阵，以此计算相机内参和外参。

（5）利用获得的相机内外参数，对空间的三维点进行反向投影。设标定板所在的平面为世界坐标系的 OXY 平面，以图像中检测到的第一个角点作为原点，在棋盘上建立直角坐标系。由输入的棋盘格参数可以得到每一个棋盘角点的实际坐标，将每一个角点反向投影，获得其在图像上的二维坐标。将获得的所有数据与原角点数据进行比对，获取距离误差，即投影误差。

（6）对左右单目标定获得的相机内参和畸变系数进行迭代，以左相机光心作为世界坐标系原点重新建立世界坐标系，获得优化后的双目参数。

本研究利用 C＋＋语言结合 OpenCV 图像处理库，通过优化方法实现了双目相机的棋盘标定。直接输入图像并且设置参数即可获得标定结果，从而简化了标定流程。相对于直接进行双目标定，该方法提高了精度，在三维重建时可以获得更加精确的数据。

2. 标定结果与分析

本研究根据以上方法对双目相机进行标定，设计了自动棋盘标定工具。该工具可以设置世界坐标系原点，并能自动生成棋盘格图像，用 A4 或者 A3 打印纸打印之后贴在模板上即可使用。"棋盘标定"对话框如图 7.4.5 所示。

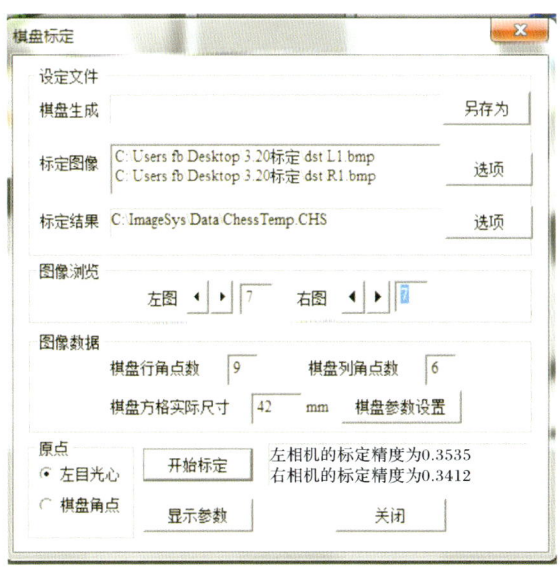

图 7.4.5 "棋盘标定"对话框

在读入左相机和右相机获取的标定图像之后,选择棋盘的角点数量以及棋盘方格的尺寸,点击"开始标定"按钮即可进行相机标定;标定完成后,可以进行标定参数的保存及显示。保存的参数文件可以方便地用于下一步的三维重建。本研究将原点设置于左相机光心。标定结束后,系统会显示标定的平均误差,用于精度评价。

利用该标定工具获得的双目相机的内参如表 7.4.2 和表 7.4.3 所示。

表 7.4.2　左相机内参

参数名称	数值
有效焦距	$[f_x, f_y] = [737.15, 735.23]$
光学中心	$[u_0, v_0] = [328.10, 230.86]$
畸变系数	$[0.02110, 0.24330, 0.00102, -0.16401, 0.0]$

表 7.4.3　右相机内参

参数名称	数值
有效焦距	$[f_x, f_y] = [737.17, 736.24]$
光学中心	$[u_0, v_0] = [343.73, 223.82]$
畸变系数	$[0.06431, 0.52785, 0.00342, -0.01641, 0.0]$

其中,标定之后获得的左右相机畸变系数分别为$(k_1, k_2, p_1, p_2, k_3)$,$k$ 表示相机的径向畸变系数,p 表示相机的切向畸变系数。相机的感光元件一般来说是正方形的,但也有一些为长方形的,其水平方向和垂直方向的像素尺寸不同,因此,用有效焦距描述这一特性。设相机的实际焦距为 f,则相机的水平方向有效焦距 $f_x = f s_x$,s_x 是关于像素尺寸的物理量,单位是像素/毫米,同理 $f_y = f s_y$。由表 7.4.2 和表 7.4.3 可知,两个相机的参数近似相等,适合构建双目视觉系统。

另外,通过标定还获得了相机外参。本研究以左相机坐标系作为世界坐标系,因此外参即为右相机相对于世界坐标系的变换矩阵,其值为

$$R = \begin{bmatrix} 0.999767 & 0.019989 & -0.008191 \\ -0.019955 & 0.999792 & 0.004180 \\ 0.008273 & -0.004015 & 0.999958 \end{bmatrix}$$

$$T = \begin{bmatrix} -82.042863 & 1.071915 & 1.943758 \end{bmatrix}$$

旋转矩阵 R 可以通过 Rodrigues 变换转化为旋转向量。平移矩阵 T 中各分量的物理含义为:右相机可以通过在 X 轴的负方向上移动 82.042863 mm,在

Y 轴正方向上移动 1.071915 mm，在 Z 轴正方向上移动 1.943758 mm 后与左相机完全重合。由平移矩阵 $\boldsymbol{T}$ 也可以得出：两相机几乎在同一平面，基线大约为 82 mm。

最后利用本研究所述方法进行标定结果的精度评价，对空间的三维点进行反向投影，获得棋盘标定误差。由图 7.4.5 可知，左相机标定误差为 0.3535 个像素，右相机标定误差为 0.3412 个像素，均在允许范围之内。标定误差主要取决于标定板的精度，为减小标定误差，可以考虑购买精度更高的标定板，但相应地成本会增加。

3. MATLAB 标定工具箱的对比试验

本研究利用 MATLAB 的标定工具箱进行标定参数的对比验证。标定工具箱可以提供坐标系的可视化效果以及较高的精度，但是需要手动进行角点的选择，存在主观误差，并且操作比较烦琐，因此本研究只将其用于标定精度的对比。图 7.4.6 为输入的左右相机拍摄的棋盘图像，表 7.4.4 和表 7.4.5 分别为 MATLAB 标定工具箱获得的左相机和右相机的标定参数。

（a）左相机拍摄的棋盘图像

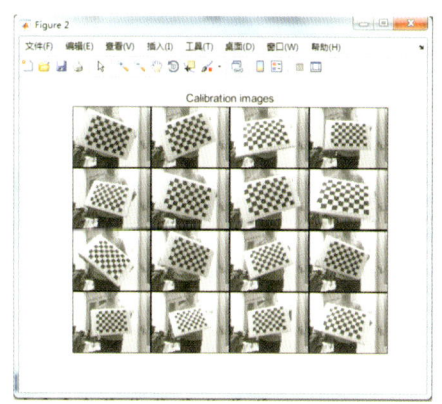
（b）右相机拍摄的棋盘图像

图 7.4.6　双目相机拍摄的棋盘图像

表 7.4.4　MATLAB 左相机内参

参数名称	数值
有效焦距	$[f_x, f_y] = [735.36, 732.71]$
光学中心	$[u_0, v_0] = [302.44, 232.33]$
畸变系数	$[0.01994, 0.13403, 0.00087, -0.1481, 0.0]$

表 7.4.5　MATLAB 右相机内参

参数名称	数值
有效焦距	$[f_x, f_y] = [733.42, 731.53]$
光学中心	$[u_0, v_0] = [317.22, 228.75]$
畸变系数	$[0.05906, -0.52786, 0.00255, -0.01636, 0.0]$

MATLAB 提供了可视化的坐标系,可以显示双目相机以及棋盘图像在双目坐标系中的位置。图 7.4.7 是棋盘标定世界坐标系及其中的棋盘图像。

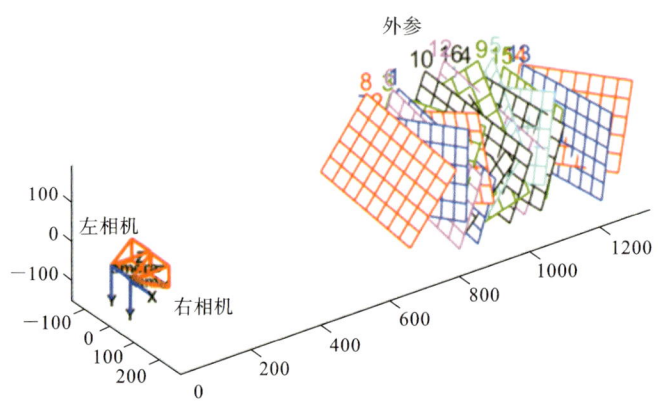

图 7.4.7　棋盘标定世界坐标系及其中的棋盘图像

标定获得的外参为
$$o_m = [-0.00012, -0.00694, -0.01975]$$
$$T = [-81.98203, 1.01020, 2.64482]$$

式中:o_m 和 T 分别表示右相机相对于左相机的旋转向量和平移向量。

MATLAB 标定工具箱同样提供了标定精度评价,如图 7.4.8 所示为双目相机标定误差,同种颜色的点表示一幅棋盘上的每一个角点 X 轴方向和 Y 轴方向的重投影误差。由图可知,误差大部分集中在 $-0.5 \sim 0.5$ 之间,在可接受的范围之内。

MATLAB 标定工具箱和本研究提出的标定方法的误差来源基本相同,但前者存在手工选点造成的误差。在利用工具箱标定时需要对每幅图像选取棋盘上的四个点,以保证精确提取棋盘角点,这种误差属于主观误差。而本研究开发的自动标定工具避免了这种误差,可以达到较高的精度。

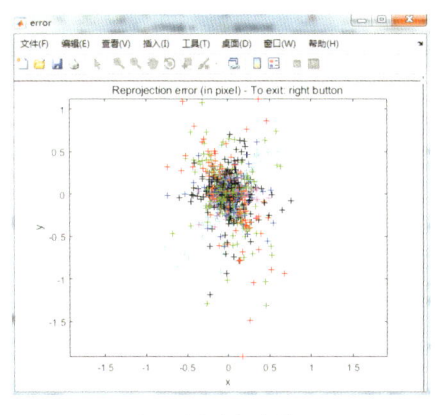

（a）左相机标定误差

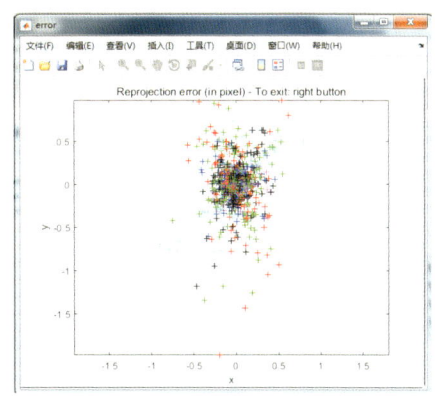

（b）右相机标定误差

图 7.4.8　MATLAB 双目标定误差

7.4.3　奶牛乳头图像采集

采集奶牛乳头图像时，双目相机斜向上拍摄，与水平面成 $30°\sim45°$ 的夹角，

相机在奶牛的正下方，朝向奶牛尾巴，如图 7.4.9 所示，采集到的模拟奶牛乳头图像如图 7.4.10 所示。真实奶牛乳头图像采集方式与模拟奶牛乳头一致：奶牛自然站立在挤奶室中的挤奶机上，双目相机拍摄位置与拍摄模拟奶牛乳头时相同；挤奶室中背景较暗，没有物体的干扰。采集到的真实奶牛乳头图像如图 7.4.11 所示。

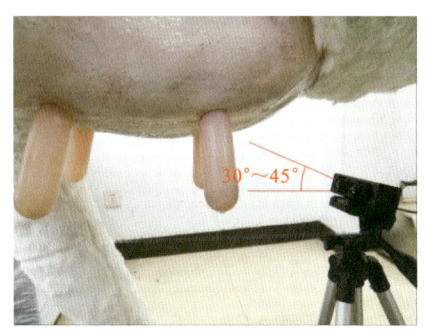

图 7.4.9　奶牛乳头采集示意图

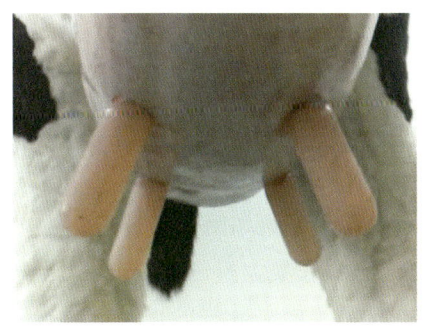

图 7.4.10　模拟奶牛乳头

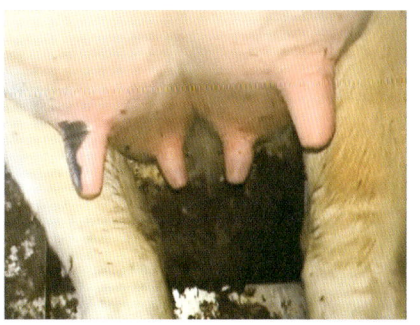

图 7.4.11　真实奶牛乳头

可以看出,真实奶牛乳头与模拟奶牛乳头之间既有相似性也有差异性。为了试验测试方便,本研究首先利用模拟奶牛乳头图像开发识别算法,然后在真实奶牛乳头图像上进行算法测试和优化,最终开发出针对真实奶牛乳头的图像处理算法。

7.4.4 奶牛乳头提取

1. 模拟奶牛乳头图像提取

由于模拟奶牛乳头图像呈现微红色,所以对模拟奶牛乳头用 RGB 空间的 $2R-G-B$ 的颜色变换,对彩色原图像进行灰度化处理,然后利用大津法(参考 2.2.2 节)进行二值化处理。对模拟奶牛乳头图像(见图 7.4.10)进行上述灰度化和二值化处理的结果如图 7.4.12 所示。采用模拟乳头图像的目的在于开发和调试双目视觉目标的三维匹配系统,这也是本研究的主要目的。

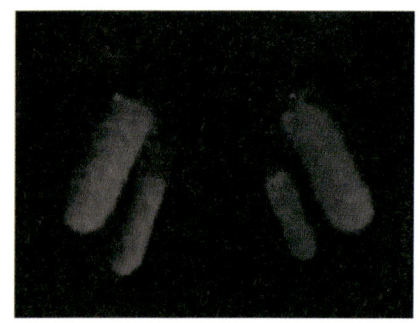
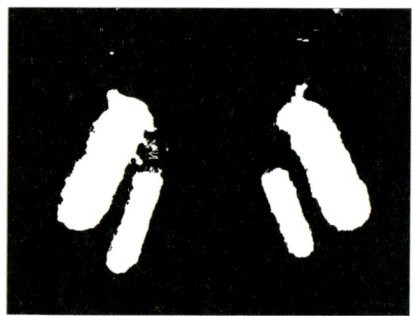

(a) $2R-G-B$ 灰度图像　　　　　　　(b) 大津法二值图像

图 7.4.12　图 7.4.10 模拟乳头图像的灰度化和二值化处理结果

2. 真实奶牛乳头图像提取

对于模拟奶牛乳头图像,使用颜色变换的预处理方法能够较好地提取出乳头。但因为奶牛品种以及个体的差异,某些奶牛乳头红色特征不明显,仅仅利用颜色变换的方法提取效果较差。通过分析真实奶牛乳头特征,提出了基于边缘检测的预处理方法。对真实奶牛乳头图像(见图 7.4.11)通过 $2R-G-B$ 取颜色变换后的灰度图像和进行 Kirsch 算子微分运算后的结果如图 7.4.13 所示。

真实奶牛乳头的形状和颜色都比较复杂,需要采集大量图像,探讨切实可靠的乳头提取算法。因试验条件所限,这里不对真实奶牛乳头的提取进行深入研究。

（a）2R−G−B灰度图像　　　　　　（b）Kirsch算子微分运算结果

图 7.4.13　图 7.4.11 真实奶牛乳头图像的灰度化和微分运算结果

7.4.5　模拟乳头目标的判断

首先，对图 7.4.12(b)所示的二值图像进行 2 次腐蚀和 2 次膨胀处理；然后将处理后的二值图像作为输入，代入 ImageSys 平台自带的几何参数测量函数 Measure_array（int inframe，int outframe，MACOND cond，int item[]，MEASUREDATA ∗mData，int ∗count）。其中，inframe 为输入帧号，outframe 为输出帧号，cond 为测定条件结构体（包括测量目标、单位、序号表示等），item 为测量项目，mData 为测量结果的输出值，count 为输出的测量目标物数量。在测量条件结构体中，设定白色像素为测量对象，而测量项目设定为重心、水平投影径、竖直投影径、长短径以及长径角。通过上述设定，执行函数后即可获得目标对象的数量 n 和设定参数。执行处理后，白色像素变为灰色像素，测量后的图像如图 7.4.14 所示。

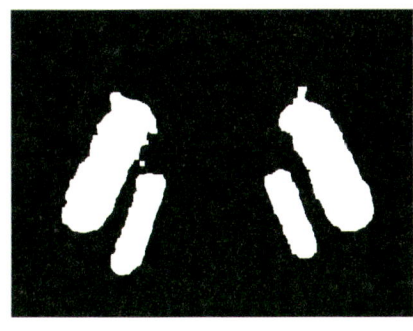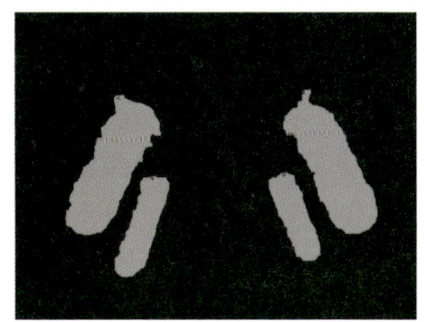

（a）去噪后图像　　　　　　　　　（b）测量后图像

图 7.4.14　几何参数测量

在测量的同时，以横向扫描线首次碰触目标的先后顺序，给每个乳头进行标号。图 7.4.14 中，右侧上方乳头标号为 1，左侧上方乳头标号为 2，右侧下方乳头标号为 3，左侧下方乳头标号为 4。经过测量，每个乳头的重心坐标、水平投影径、竖直投影径、长短径以及长径角如表 7.4.6 所示。

表 7.4.6　奶牛乳头几何参数

序号	重心 X 坐标	重心 Y 坐标	水平投影径 /像素	竖直投影径 /像素	长径/像素	短径 /像素	长径角 /(°)
1	503.73	240.28	152.00	226.00	244.25	85.99	−1.09
2	151.72	239.68	152.00	220.00	229.90	93.37	1.11
3	443.76	317.75	83.00	139.00	147.52	50.28	−1.22
4	200.40	333.84	87.00	159.00	170.99	51.09	1.25

7.4.6　模拟奶牛乳头挤奶位置的判断

奶牛乳头挤奶位置是乳头的最下部位置，也是自动挤奶机器人套杯的目标位置，奶牛乳头下部位置识别的精确程度决定了自动挤奶机器人系统能否快捷高效地套杯挤奶。

1. 左右乳头及乳头下端的判断

图 7.4.15 是模拟奶牛乳头解析图，为了更清楚地表示目标对象，将目标对象表示为黑色像素，白色像素则为背景。x_1 与 x_2 分别为目标对象水平投影径的起始和终止坐标，y_1 与 y_2 为目标对象竖直投影径的起始和终止坐标。

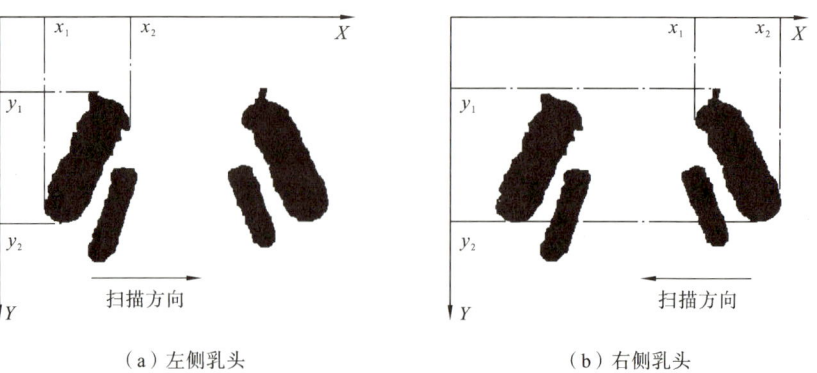

（a）左侧乳头　　　　　　　　　　（b）右侧乳头

图 7.4.15　模拟奶牛乳头解析图

首先,根据目标对象水平投影径的起始坐标 x_1 判断目标对象为右侧乳头还是左侧乳头,当目标对象 x_1 坐标小于帧横坐标的大小的 1/2 时为左侧乳头,否则为右侧乳头。

对于左侧乳头,可以看出乳头的下部对应在直线 $y=y_2$ 上。在直线 $y=y_2$ 上从水平投影径起点向终点扫描,第一个黑白像素的边界点即为左侧乳头的下端。右侧乳头的扫描方向与左侧乳头正好相反,在直线 $y=y_2$ 上由水平投影径终点向起点扫描,第一个黑白像素的边界点即为右侧乳头的下端。至此,乳头下部坐标检测完成。

2. 乳头上部位置的判断

一些奶牛乳头存在倾斜程度较为严重的情况,需要判别乳头的上部位置以便自动挤奶机器人套杯。为了更加清楚地表达图像,对乳头二值图像进行轮廓提取,得到用于判断乳头上部位置的图像,如图 7.4.16 所示。

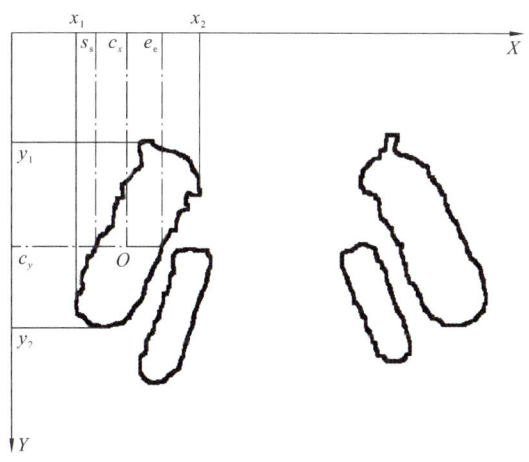

图 7.4.16　乳头上部位置参数

其中,x_1 与 x_2 分别为目标对象水平投影径的起始和终止坐标,y_1 与 y_2 为目标对象竖直投影径的起始和终止坐标,c_x 与 c_y 分别为目标对象重心的横坐标与纵坐标,这些参数在前面的处理中已经获得。在重心所在的 $y=c_y$ 行,在水平投影径的范围内(坐标 x_1 与坐标 x_2 之间),由坐标 c_x 处分别向左和向右扫描,当扫描到黑白像素边界时,有

$$d_0 = e_e - s_s \tag{7.4.1}$$

式中:d_0 表示乳头重心位置的宽度;e_e、s_s 为乳头边缘的横坐标值。

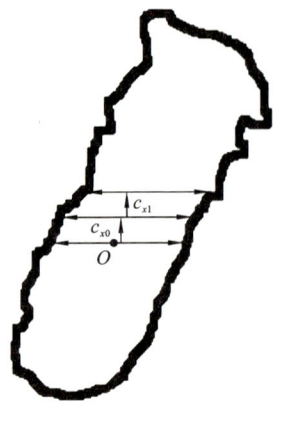

图 7.4.17　像素扫描方向

像素扫描方向示意图如图 7.4.17 所示,图中箭头表示扫描方向,其中上移箭头表示向上移动一行,即向上移动一个像素。

首先,根据 e_e 与 s_s 的大小求出重心处宽度横坐标的中点 c_{x0} 作为下次扫描的起点,其中:

$$c_{x0} = (e_e - s_s)/2 \qquad (7.4.2)$$

接着,在重心行数的上一行($y = c_y - 1$ 行),以 c_{x0} 为起点继续左右扫描,找到黑白像素的临界点,得出 $y = c_y - 1$ 行乳头的宽度 d_1 和中点横坐标,即

$$d_1 = e_{e1} - s_{s1} \qquad (7.4.3)$$

$$c_{x1} = (e_{e1} - s_{s1})/2 \qquad (7.4.4)$$

式中:d_1 表示乳头重心位置上一行 $y = c_y - 1$ 行的宽度;c_{x1} 表示该行宽度的中点横坐标值;e_{e1}、s_{s1} 为该行乳头边缘的横坐标值。

根据多次试验,当乳头的倾斜度并不是很大时,允许有一定的误差。若 d_i 满足式(7.4.5),可以近似地将坐标(c_{xi}, $c_y - i$)作为乳头上部的坐标值:

$$d_i < d_0/2 \qquad (7.4.5)$$

式中:d_i 表示乳头在 i 行的宽度。

举例来说,若 d_1 满足:

$$d_1 < d_0/2 \qquad (7.4.6)$$

可以近似地将坐标 $y = (c_{x1}, c_y - 1)$ 作为乳头上部的坐标值。若 d_1 不满足式(7.4.6),则继续扫描上一行,在 $y = c_y - 2$ 行以 c_{x1} 为起点继续左右扫描,找到 $c_y - 2$ 行乳头的宽度 d_2 和中心点横坐标 c_{x2},其中:

$$d_2 = e_{e2} - s_{s2} \qquad (7.4.7)$$

$$c_{x2} = (e_{e2} - s_{s2})/2 \qquad (7.4.8)$$

式中:e_{e2}、s_{s2} 分别为 $y = c_y - 2$ 行乳头左右边缘的横坐标值。

判断 d_2 与 d_1 之间的关系,若满足:

$$d_2 < d_0/2 \qquad (7.4.9)$$

则将 $y = c_y - 2$ 行乳头宽度的中点坐标(c_{x2}, $c_y - 2$)作为乳头上部的坐标。若不满足式(7.4.9),则继续向上检测 $y = c_y - 3$ 行,直至 $y = c_y - i$ 行乳头的宽度 d_i 满足式(7.4.5),则乳头上部位置检测完成。

7.4.7　目标点实时三维重建

目标点实时三维重建系统主要功能模块包括图像实时采集模块、目标实时

跟踪模块、三维坐标计算及显示模块。

（1）图像实时采集模块。该模块用于获取左右视图及实时显示，采用 DirectShow 进行开发，可以进行图像分辨率选择、图像色彩调整、帧率调节，如图 7.4.18 所示。利用图像色彩调整功能可以调节图像亮度及白平衡等参数，方便在光线较暗的环境下使用；利用采集分辨率及帧率设置功能可以进行图像的初始采集设置。本研究所用的双目相机可选的分辨率包括 2560×720 像素和 1280×480 像素，双目图像输出为同一幅图像。从三维重建的实时性考虑，本研究所用图像分辨率均为 1280×480 像素，采集速率为 30 帧/秒。本研究利用程序实现了双目图像的分割及显示，单幅图像分辨率为 640×480 像素。

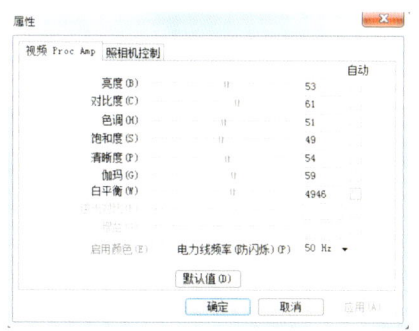 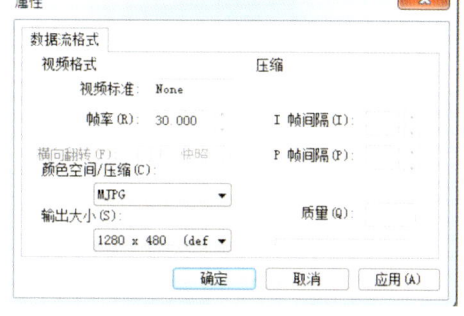

（a）图像色彩调整　　　　　　　（b）采集分辨率及帧率设置

图 7.4.18　图像采集设置

（2）目标实时跟踪模块。该模块主要用于左右视图中目标的跟踪，利用 RTTS 图像处理框架提供的跟踪算法进行实时跟踪。

（3）三维坐标计算及显示模块。该模块首先读取相机标定的数据，然后利用第 7.4.6 节所述方法，分别计算出左右视觉图像中乳头的位置坐标，最后按欧氏距离最小的原则进行匹配，计算出乳头各个位置的三维坐标并输出。采用 OpenGL 编程进行目标位置及轨迹的 3D 显示。

图 7.4.19 为模拟奶牛乳头三维重建系统运行界面。图中左右图像中的黄色十字表示识别到的乳头上下两端点的位置，白色窗口中为重建的 8 个识别点。

连接每个乳头的上下点，可以得到三维空间中乳头的实时模拟形态，其各角度三维视图如图 7.4.20 所示。

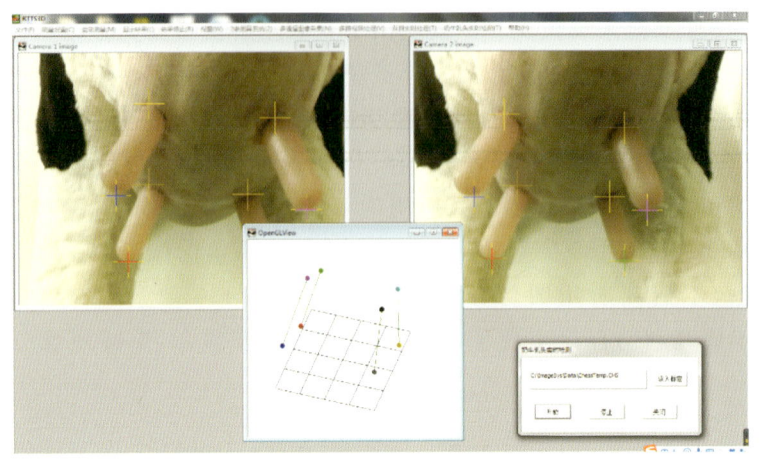

图 7.4.19　模拟奶牛乳头三维重建系统运行界面

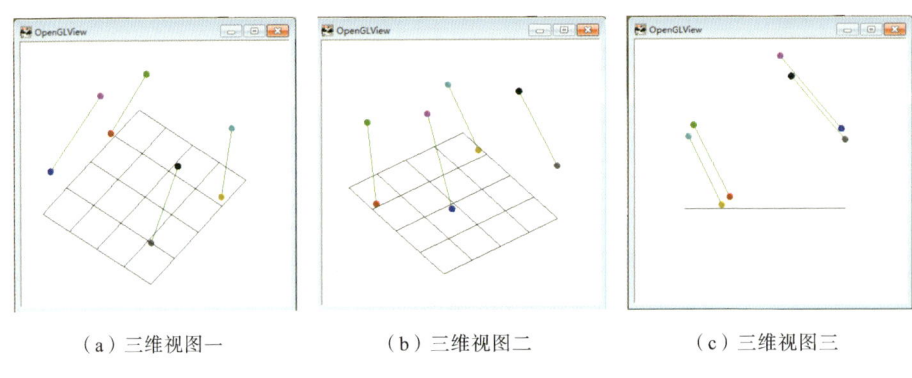

（a）三维视图一　　　　　　（b）三维视图二　　　　　　（c）三维视图三

图 7.4.20　模拟奶牛乳头空间形态

实时输出奶牛乳头的三维坐标及角度到控制系统,通过坐标变换控制机械臂进行运动,并将套杯准确套上奶牛的乳头。

7.4.8　试验结果与分析

在模拟奶牛乳头三维重建系统运行过程中随机选择一帧检测图像,输出计算出的三维坐标,并将该计算坐标与实际测量坐标进行对比,计算误差。其中,左相机图像检测结果如图 7.4.21 所示。

由图可知,基于奶牛乳头检测算法,系统在左相机图像中检测到 8 个目标点。同理,在右相机图像中同样检测到 8 个点,根据两点欧氏距离最小的原则

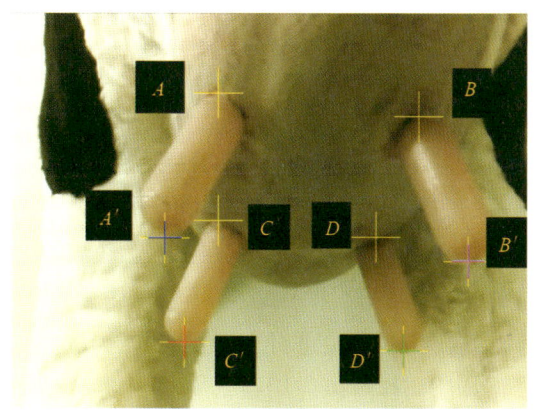

图 7.4.21　左相机图像检测结果

进行匹配,得到计算后的三维坐标(x_c,y_c,z_c)。利用卷尺进行实际距离的测量,卷尺精度为 1 mm。以左相机坐标系作为世界坐标系,实际测量的坐标为(x,y,z),其结果及误差如表 7.4.7 所示。

表 7.4.7　目标点重建结果与实际结果

检测点	x_c/mm	y_c/mm	z_c/mm	x/mm	y/mm	z/mm	平均误差
A	−47.69	64.01	−383.73	−45	61	−387	3.9%
A'	−69.42	−8.62	−350.69	−67	−8	−359	4.6%
B	70.56	37.99	−380.11	74	39	−376	2.7%
B'	78.57	−24.78	−349.73	76	−23	−345	4.1%
C	−51.24	−18.93	−512.43	−53	−18	−512	2.8%
C'	−67.31	−95.92	−497.84	−64	−96	−500	1.8%
D	−61.34	−3.81	−485.688	−57	−4	−486	4.1%
D'	−88.02	−83.95	−481.375	−88	−82	−484	0.9%

　　表中,平均误差为 X、Y、Z 轴三个方向的误差平均值。从表 7.4.7 中可以看出,X 轴方向最大误差为 4.34 mm,Y 轴方向的最大误差为 3.01 mm,Z 轴方向的最大误差为 8.31 mm,整体误差较小,平均误差均小于 5%。误差产生的原因如下:

　　(1) 测量工具精度比计算精度低,并且测量过程无法保证测量点与检测点完全重合,因此而造成了测量误差。

　　(2) 由于图像噪声及相机畸变等影响,只能通过算法求取最优的三维坐标,其与真实坐标可能存在差距,同时目标检测算法可能存在检测误差,导致三维重建精度下降。

（3）双目测量的精度与双目相机的基线有关,测量距离较远的目标时,基线长度应相应增加。由于相机基线在测量中需要固定,因此对于不同距离的物体,测量精度不同。

从模拟奶牛乳头的三维重建试验结果中可以看出,本研究所用的三维重建算法具有较高的精度。在处理过程中只对关键的检测点进行三维重建,可以保证三维重建的实时性。

由于利用卷尺对真实奶牛乳头进行坐标测量较为困难,本研究仅以模拟奶牛进行精度试验。该算法同样可以应用在真实奶牛乳头三维重建中,在保证目标检测正确的前提下,由相同的计算方法获得的坐标精度偏差较小。将本研究获取的奶牛乳头三维坐标实时传输到挤奶机器人控制系统中,利用世界坐标系与机械臂坐标系的齐次变换关系获取目标与机械臂的相对位置,发送信号控制机械臂递送套杯,即可完成机器人的自动挤奶操作。

7.5　基于边界脊线识别的群养猪粘连图像分割方法

本研究由中国农业科学院农业信息研究所韩书庆等人完成,刊登于《农业工程学报》(2019 年第 35 卷第 18 期)上,这里只介绍核心内容,其他内容请参考原文。

规模化养殖场景中群养猪的粘连分离面临着边界灰度梯度小、粘连情况复杂、存在重叠遮挡情况等诸多挑战。为实现群养猪粘连图像的自动分割和盘点,本研究利用决策树分割模型(decision-tree-based segmentation model, DTSM)算法分割猪体图像,结合标记分水岭算法提取待选粘连分割线,分析边界脊线形状特征,探索基于边界脊线识别的群养猪粘连图像自动分割方法,以期为生猪存栏数量的自动盘点和猪只个体行为的智能识别提供技术支撑。

7.5.1　材料与方法

1. 图像采集

研究人员于 2018 年 8 月 16 日在睿畜电子科技有限公司合作养殖场录制了 6 min 的监控视频。视频帧率为 25 帧/秒,共计 9000 帧图像。栏内饲养了 13 头育肥猪,品种为外三元。采用安装在猪栏正上方的海康威视摄像头进行整个猪栏区域的拍摄,摄像头安装高度为 3 m。主要利用 512×288 像素的彩色图像开展生猪图像前景分割和粘连猪体分离研究,相关算法基于 MATLAB R2017a 编程实现,计算机处理器为 Intel Core i7-4790,主频为 3.6 GHz。

2. 决策树分割模型算法

随机选定 5 幅图像作为训练样本,用于建立决策树分割模型。在训练样本图片中,人工标注感兴趣区域和背景区域,并提取 RGB、HSV、L*a*b* 共 3 种颜色空间的 9 个色彩分量,如图 7.5.1 所示。

图 7.5.1 人工采集训练数据集
注:感兴趣区域用红色标注,背景区域用绿色标注。

利用分类回归树(classification and regression tree,CART)算法,建立基于颜色特征的决策树图像分割模型,如图 7.5.2 所示。利用建立好的模型进行图像分割,分别判断测试图像中每个像素的颜色特征属于感兴趣区域还是背景区域,从而实现图像的分割。

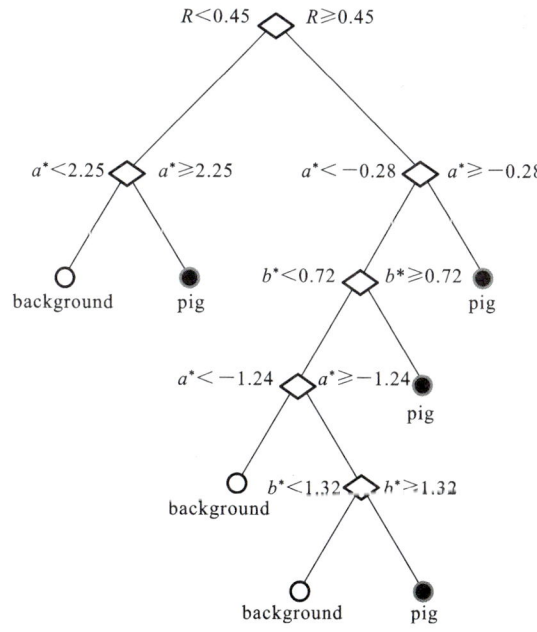

图 7.5.2 基于 CART 算法的图像分割决策树
注:R 为 RGB 颜色空间红色彩分量;a^* 为 L*a*b* 颜色空间的 a^* 色彩分量;b^* 为 L*a*b* 颜色空间的 b^* 色彩分量;pig 为感兴趣区域;background 为背景区域。

为了比较不同图像分割算法的分割效果,分别利用大津法、最大熵阈值法和 DTSM 算法处理所拍摄的视频图像,分割效果如图 7.5.3 所示。由图可见,与大津法(见图 7.5.3(b))、最大熵阈值(见图 7.5.3(c))法相比,DTSM 算法(见图 7.5.3(d))较完整地保留了猪体前景区域,但图中 PVC 管颜色与猪体颜色接近,DTSM 算法未能将 PVC 管判定为背景。PVC 管会将不同猪体区域连通,影响后期粘连图像分割效果。进一步利用形态学开运算和中值滤波对 DTSM 算法分割结果进行处理(见图 7.5.3(e)),去除 PVC 管等图像噪声,得到最终分割结果(见图 7.5.3(f))。

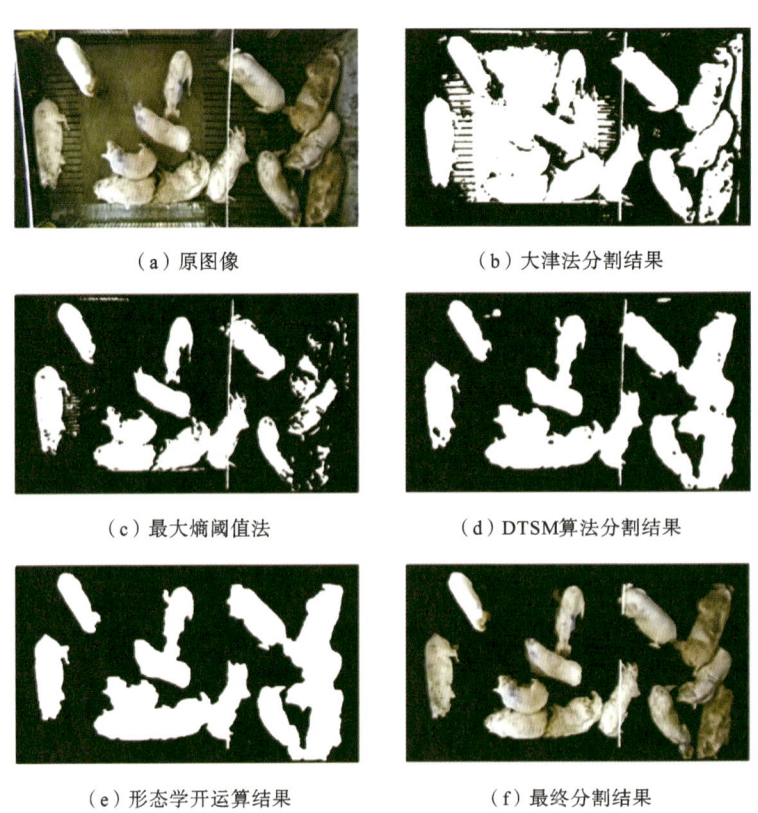

(a)原图像 　　　　　　　　(b)大津法分割结果

(c)最大熵阈值法 　　　　　　　(d)DTSM算法分割结果

(e)形态学开运算结果 　　　　　　(f)最终分割结果

图 7.5.3 利用不同分割算法进行图像分割结果的对比

7.5.2 粘连猪体分割

在猪体图像前景分割的基础上,通过复杂度公式提取粘连猪体连通区域,利用标记符控制的分水岭算法检测待选的粘连分割线,最后根据粘连分割线的形状特性选定分割线。

1. 粘连猪体连通区域的识别

鉴于粘连猪体连通区域的边界比单只猪体的边界复杂,因此通过分别计算二值图像中各连通区域的复杂度,判断其是否属于粘连区域,并对粘连部分进行进一步的分割。复杂度 C 的定义为

$$C = \frac{P^2}{S} \tag{7.5.1}$$

式中:P 为连通区域的周长;S 为连通区域的面积。复杂度 $C_0 = 40$ 时,可以将粘连猪体连通区域与单只猪体区域分开。两只或多只猪体粘连形成连通区域的面积应大于单只猪体的面积,将连通区域面积大于单只猪体的最大面积 $A_{\max}$ 作为粘连区域的辅助判断依据。经测试,单只猪体最大面积为 4500 像素。分别计算图像中各连通区域的复杂度和面积。当第 i 个连通区域满足 $C_i > C_0$ 且 $A_i > A_{\max}$ 时,判断该区域属于粘连连通猪体区域,需要进行分割。粘连猪体和单只猪体区域的复杂度数值存在显著差异,比较容易区分,如图 7.5.4 所示。

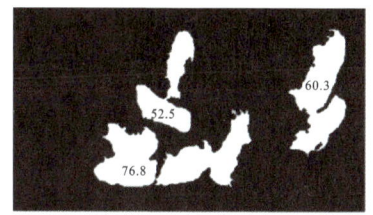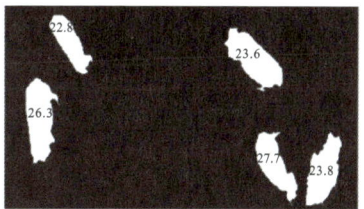

(a)粘连猪体连通区域的复杂度　　　　　(b)单只猪体的复杂度

图 7.5.4　粘连猪体和单只猪体区域的复杂度对比

2. 粘连猪体连通区域待选分割线的检测

为实现粘连猪体的准确分割,研究人员利用标记符控制的分水岭算法定位粘连猪体连通区域内部的脊线作为待选分割线。标记符控制的分水岭算法是指根据先验知识寻找猪体前景和背景的标记符,标记符控制的分水岭分割能够显著改善分水岭算法的过分割现象。具体步骤如下:

(1)相对于灰暗的漏缝地板,猪体区域较明亮。通过计算灰度图像的局部极大值,选定猪体内部区域作为前景标记。

(2)对灰度图像进行二值化、腐蚀、膨胀等预处理操作,得到二值图像。

(3)对二值图像进行欧氏距离变换,得到距离图像。对距离图像进行分水岭分割,将分水岭变换脊线作为背景标记。

（4）进行前景标记和背景标记控制的分水岭分割,得到粘连区域的分水岭变换脊线。

（5）对粘连猪体连通区域的分水岭变换脊线图像与粘连区域的外轮廓线的补充图像进行"与"运算,得到粘连猪体连通区域待选分割线,如图7.5.5所示。

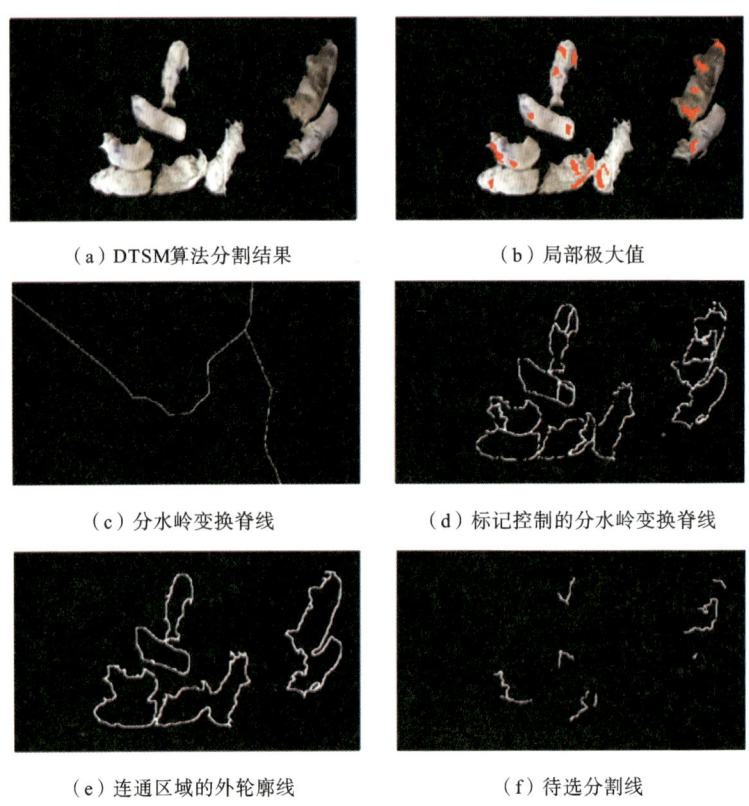

（a）DTSM算法分割结果 　　　　　　　（b）局部极大值

（c）分水岭变换脊线 　　　　　　（d）标记控制的分水岭变换脊线

（e）连通区域的外轮廓线 　　　　　　（f）待选分割线

图7.5.5　待选分割线的检测过程

由于猪舍光照条件复杂,以及猪体沾染污渍的影响,部分猪体内部有多个前景标记,导致单一猪体内部出现过分割现象,需要对待选分割线进行进一步的筛选。

3. 基于形状特征的粘连猪体分割线筛选

猪只挤在一起,粘连分割线大多为光滑曲线,不会出现过多的拐点及折线。利用这一特性,通过计算分割线的拐点数,排除折线等分割线,保留待选分割线。分别计算每条分割线的线性度 L 和 Harris 角点数 N。线性度 L 的计算公式为

$$L=\frac{D}{K} \tag{7.5.2}$$

式中:D 为分割线两端点的直线距离;K 为分割线的实际长度。通过多次试验,选定线性度阈值 $L_0=0.85$。结合分割线的最大角点数 N_{max} 作为判断依据,本试验条件下 $N_{max}=9$。当分割线满足 $L<L_0$ 或 $N_i>N_{max}$ 时,判断该分割线不属于粘连分割线。部分分割线的线性度和角点数如图 7.5.6 所示。

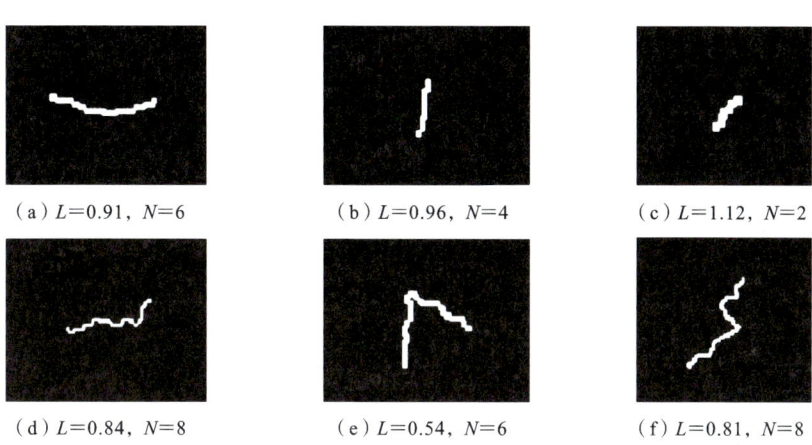

(a) $L=0.91$, $N=6$ (b) $L=0.96$, $N=4$ (c) $L=1.12$, $N=2$

(d) $L=0.84$, $N=8$ (e) $L=0.54$, $N=6$ (f) $L=0.81$, $N=8$

图 7.5.6　待选分割线的线性度及角点数

通过以上筛选,排除线性度小于 0.85 或角点数大于 9 的分割线图。图 7.5.6(d)～(f)被排除,图 7.5.6(a)～(c)保留。对保留的分割线图像求反,然后与待分割的粘连猪体二值图像进行"与"运算,实现粘连猪体连通区域的分割。若分割线筛选结果正确,则分割后连通区域的面积应该与单只猪体的面积相近。根据这一规则,对筛选出的分割线逐一进行检验。利用筛选出来的分割线进行猪体区域的分割,判断分割后新生成的两部分面积是否均大于 $k×A_{max}$(k 为面积系数,本试验条件下 $k=0.6$)。如果是,则保留;否则排除。为防止部分猪只存在弱粘连,继续对分割结果进行腐蚀。将分割结果与单只猪体区域合并。为了直观展示分割后猪只的数目及其在栏内分布,利用德洛内剖分算法对猪群所在区域进行三角剖分。

4. 粘连猪体分离结果

为了较好地验证粘连猪体分离的效果,从 9000 帧图像中人工筛选出 25 帧具有明显粘连特征的图像进行粘连猪体分离。利用边界脊线识别方法筛选粘连猪体的分割线。统计 25 帧图像的粘连猪体分割效果,人工认定分割线为 60

条,本研究算法自动识别分割线 47 条,其中正确识别粘连分割线 42 条,准确分割率(S_R)为 89.4%,误分割率(S_{ER})为 10.6%。未识别的粘连分割线为 18 条,漏分割率(S_{MR})较高,为 30%。漏分割率较高是由于有 3 帧图像存在猪只上下堆叠在一起的现象,无法检测到边界。若排除存在猪只上下堆叠情况的图像,则漏分割率为 5.3%。

猪只粘连程度可以分为接触但不重叠(Ⅰ)、轻度重叠(Ⅱ)以及重度重叠(Ⅲ)3 种等级。图 7.5.7(a)~(c)为利用 DTSM 算法对粘连等级为Ⅰ~Ⅲ级的图像进行分割的结果,图 7.5.7(d)~(f)为利用本研究算法检测到的粘连分割线,图 7.5.7(g)~(i)为利用粘连分割线对图 7.5.7(a)~(c)进行分割的结果。其中,红色标记为德洛内三角剖分的结果,每个节点代表分割后单只猪体的中心点。由图 7.5.7(g)~(i)可见,本研究算法能够处理Ⅰ、Ⅱ两种粘连程度等级图像的分割,同时实现了猪只的初步定位。通过连续处理监控图像可以记录猪只在栏内的运动轨迹,辅助进行猪只的饮食、休息、活动量等情况的分析。但是本研究算法对重度重叠(Ⅲ)猪只的分割效果不好,欠分割和过分割的现象同时存在。当猪只堆叠在一起并存在遮挡的情况下,相邻猪体区域连通,边界的灰

(a)DTSM算法分割结果Ⅰ

(b)DTSM算法分割结果Ⅱ

(c)DTSM算法分割结果Ⅲ

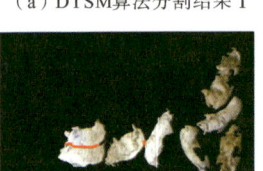

(d)粘连分割线检测结果Ⅰ

(e)粘连分割线检测结果Ⅱ

(f)粘连分割线检测结果Ⅲ

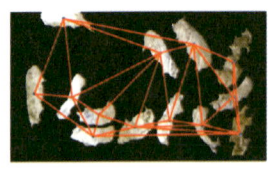

(g)最终分割结果Ⅰ

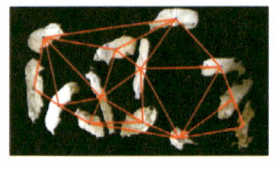

(h)最终分割结果Ⅱ

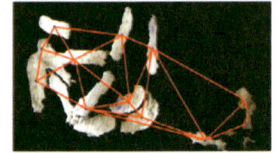

(i)最终分割结果Ⅲ

图 7.5.7 不同粘连程度等级图像的分割结果

注:Ⅰ、Ⅱ、Ⅲ分别表示接触但不重叠、轻度重叠、重度重叠 3 种猪体粘连程度等级。

度梯度较小而难以识别。本研究算法可用于处理浅色猪图像,黑猪或花色猪的边界灰度梯度小,边界提取难度较大。研究人员需要通过深度相机提取深度信息,增加边界灰度梯度,提高本研究中所提算法对重度重叠猪体图像和其他颜色猪的分割能力。

7.5.3 小结

本研究基于决策树模型分割算法和标记符控制的分水岭分割算法,提出了一种基于边界脊线识别的群养猪粘连图像分割方法,实现了猪体图像的前景分割和粘连猪体的分离。主要结论如下。

(1)决策树模型分割算法能够在复杂的背景条件下对猪体图像进行有效分割,本试验条件下分割效果优于大津法、最大熵阈值法。

(2)对于在实际生产环境下采集的猪舍俯拍视频图像,基于边界脊线识别粘连分离方法的准确分割率达到了 89.4%,较好地保留了猪体的轮廓,实现了粘连猪体的良好分割。

(3)本研究中所提算法平均耗时 0.39 s,能够实现猪只数量的实时自动计数。

由于猪群存在挤压、堆叠等现象,利用标记符控制的分水岭算法进行前景提取时,存在将相邻猪体认定为同一猪体的情况,导致欠分割率、漏分割率较高。针对以上情况,可通过改善猪舍光照条件,增加图像增强预处理,获取图像深度信息等方法,进一步优化本研究算法,以提高盘点的准确率和缩短自动盘点时间。

7.6　基于深度学习的绵羊面部表情自动分类

本研究由哈尔滨工业大学信息与通信工程学院的 Alam Noor 等人完成,发表在《Computers and Electronics in Agriculture》2020 年第 175 卷上,原文题目是《Automated sheep facial expression classification using deep transfer learning》,这里只介绍核心内容,全文请参考原文。

通过数字图像识别对农场动物进行检查和评估有助于建立动物产品的福利标准、保护动物和监测它们的生活。本研究将迁移学习方法用于正常(无疼痛)和异常(有疼痛)绵羊的面部表情分类。迁移学习方法提高了绵羊面部分类的准确性、效率和一致性。这项技术已广泛应用于人类面部情绪分级,本研究将其用于绵羊面部的二元分类器。

7.6.1 准备工作

1. 绵羊脸数据集

本研究从 ImageNet、NADIS、Pixabay、Flickr 和 Getty Images 等不同网站收集绵羊面部图像,组成了一个绵羊面部数据集。该数据集符合 SPFES(绵羊疼痛面部表情度量表)标准规则,具有高分辨率,由 1650 幅训练图像、350 幅验证图像和 350 幅测试图像组成。

数据集中包含 1407 幅正常绵羊图像和 943 幅异常绵羊图像。其中,验证集和测试集各包含 224 幅正常图像和 126 幅异常图像。

SPFES 定义的绵羊疼痛特征与耳朵、鼻子和眼睛相关:

耳朵:耳廓可见(无疼痛)、耳廓部分可见(低疼痛)、耳廓不可见(高疼痛);

鼻子:浅 U 形(无疼痛)、浅 V 形(低疼痛)、延伸 V 形(高疼痛);

眼睛:完全睁开(无疼痛)、部分闭合(疼痛)、完全闭合(高疼痛)。

数据集根据上述特征分为正常和异常两类。图 7.6.1 展示了部分样本图像。

(a)正常

(b)异常

图 7.6.1 正常和异常绵羊面部图像

2. 预训练模型

在本研究中,不同的预训练架构被用于迁移学习。例如研究人员利用 AlexNet、VGG16、GoogLeNet、DenseNet201、InceptionV3、ResNet50 和 Dark-

Net 来对绵羊的脸进行了分类。在此之前，这些模型已经在 ImageNet、CIFAR-10 和 CIFAR-100 的百万幅图像上进行了训练，并在相关分类任务中取得了良好的表现。

3. 迁移学习

在生物医学图像分析和机器人视觉等计算机视觉应用场景中，若采用从零开始训练的模型，通常需要高性能计算设备（如 GPU）和大规模标注数据集的支持。为提升模型训练效率，可采用迁移学习技术。该方法能够将在大规模数据集上预训练获得的知识迁移至小规模目标数据集，即使使用 CPU 等常规计算设备也能在有限数据条件下实现模型的快速迭代。

本研究系统比较了卷积神经网络（CNN）的多种典型架构，包括普通网络（Plain Network）、残差网络（ResNet）、Inception 网络和密集连接网络（DenseNet）等具有代表性的设计范式。尽管这些架构遵循不同的设计理念（如残差连接、并行卷积核、密集跨层连接等技术路径），但均包含三个基础组件：输入层、特征提取层（卷积基）和输出层。值得注意的是，本研究未直接采用原始架构的全连接层设计，而是通过调整各架构末端三层的权重参数及偏置项学习率系数，实现针对绵羊图像异常检测任务的二元分类器微调。

具体而言，经改进的全连接层输出对应正常/异常绵羊图像的二元分类向量，并采用 Softmax 激活函数完成最终预测。绵羊数据集的详细参数表 7.6.1。需要说明的是，当前主流预训练模型在隐藏层普遍采用 ReLU 及其改进型 Leaky ReLU 作为激活函数。图 7.6.2 通过可视化形式呈现了本研究的迁移学习实施方案。由于不同架构在隐藏层和全连接层的结构差异，各模型具有显著不同的参数规模。

表 7.6.1　绵羊数据集的统计方法

类别	训练集	验证集	测试集	总计
图像数量	1650	350	350	2350
百分比	70.21%	14.89%	14.89%	100%
正常绵羊脸数量	959	224	224	1407
异常绵羊脸数量	691	126	126	943

为优化预训练模型的迁移性能，本研究综合应用了以下关键技术：① 层冻结策略；② 数据增强技术；③ 正则化方法；④ 精细化微调；⑤ 特征可视化分析；⑥ 特殊格式数据集的自适应读取方法。这些技术原理将在第 7.6.2 节详细

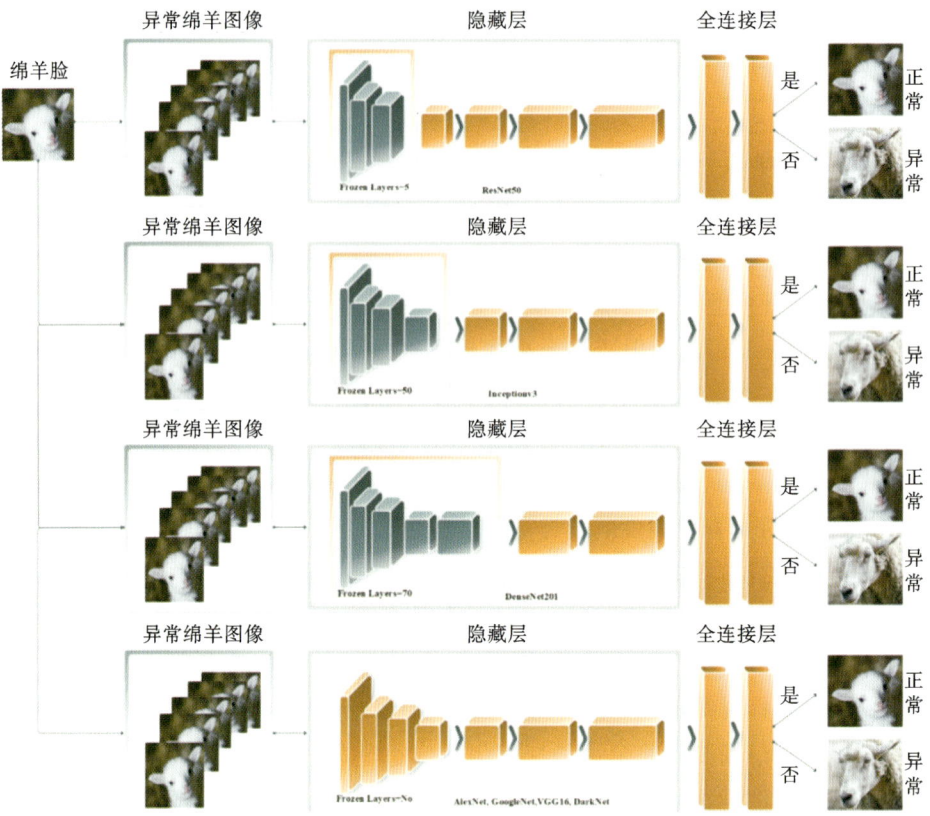

图 7.6.2　所有架构的展示

阐述。

7.6.2　深度学习方法

1. 层冻结

层冻结是一种用于加速训练过程、提升效率并防止初始层权重被修改的技术。具体实现时,首先需在无层冻结条件下完成模型初步训练,随后逐步冻结各层级参数。试验表明,AlexNet、GoogLeNet、VGG16 和 DarkNet 在未采用层冻结策略时即可在较短时间内达到较高精度;而 ResNet50、InceptionV3 和 DenseNet201 分别通过冻结 5 层、50 层和 70 层的方式,显著提升了训练效率。

2. 数据预处理

训练卷积神经网络的首步为数据集准备。数据集可分为标准化与非标准化两类。标准化数据可通过自定义读取函数直接加载;非标准化数据需通过含填充数组的自定义函数进行处理。若缺少填充数组,图像在预处理阶段的形变(如缩放、锐化)将导致输入维度失配,进而影响分类性能。本研究采用多架构对比方案,各架构对应特定维度的输入图像以适配不同模型需求。

3. 数据增强

数据规模对深度学习模型性能至关重要。大型数据集获取成本高昂,而小型数据集易引发过拟合。本研究通过缩放、随机旋转、平移及镜像等数据增强技术,从原始训练集生成多样化虚拟图像。图 7.6.3 展示了数据增强的具体示例。

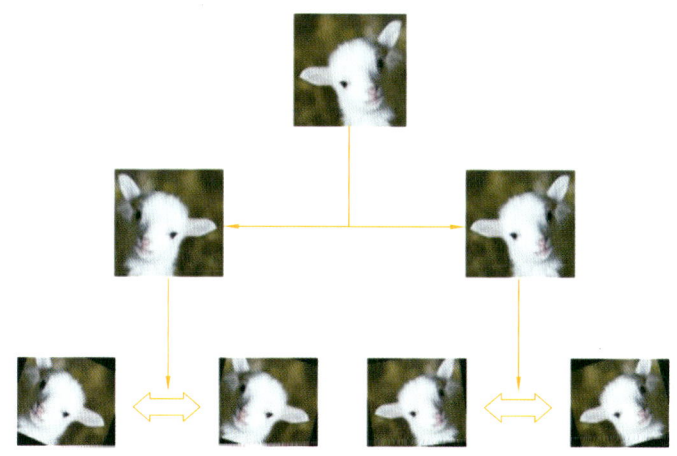

图 7.6.3 通过翻转和旋转得到增强图像
注:顶部图像为原图像,底部图像为增强图像。

4. 正则化

为防止模型过度拟合训练数据中的噪声(即不具备数据本质特征的随机扰动),本研究采用岭回归进行正则化处理。其中,L2 正则化系数 λ 的取值范围设定为 $0.001 \sim 0.02$。优化器选择方面,动量随机梯度下降(stochastic gradient descent with momentum,SGDM)通过指数加权平均机制,相比传统随机梯度下降(SGD)具有更优的收敛速度;而 Adam 优化器在小规模数据集试验中表现欠佳,故未予采用。

5. 微调策略

预训练模型微调需重点优化超参数设置(hyper-parameter settings)。具体实施时：对部分架构的首层学习率保持默认值，部分架构需微调首层权重学习率，新增全连接层时，末层学习率应高于首层以加速参数更新。试验表明，结合小批量训练、动态层冻结策略可显著提升模型精度。

7.6.3　试验结果

1. 工具和设置

试验基于 Linux 服务器（内核版本 4.20.13）平台开展，运行环境配置为 MATLAB R2018b（版本 9.5.0）及 Nvidia GeForce GTX 1070 独立显卡。试验数据集采用绵羊面部图像，大致按 70% 训练集、15% 验证集与 15% 测试集的比例划分，用于不同卷积神经网络架构的性能评估。

2. 结论

通过对绵羊面部数据集实施数据增强、L2 正则化及模型微调策略，各预训练模型展现出差异化性能。如图 7.6.4 所示，VGG16 与 ResNet50 分别以 100%/98.40% 的训练准确率、99.69%/97.8% 的验证准确率成为最优模型，其训练-验证差异仅为 0.31% 与 0.37%。DenseNet201 以 98.03% 的训练精度位居第三，但训练-验证差异扩大至 1.02%。对比组中，GoogLeNet、DarkNet、InceptionV3 及 AlexNet 亦表现出良好分类能力。需特别说明的是，ResNet50、InceptionV3 与 DenseNet201 在初始非冻结训练阶段存在显著性能波动，而

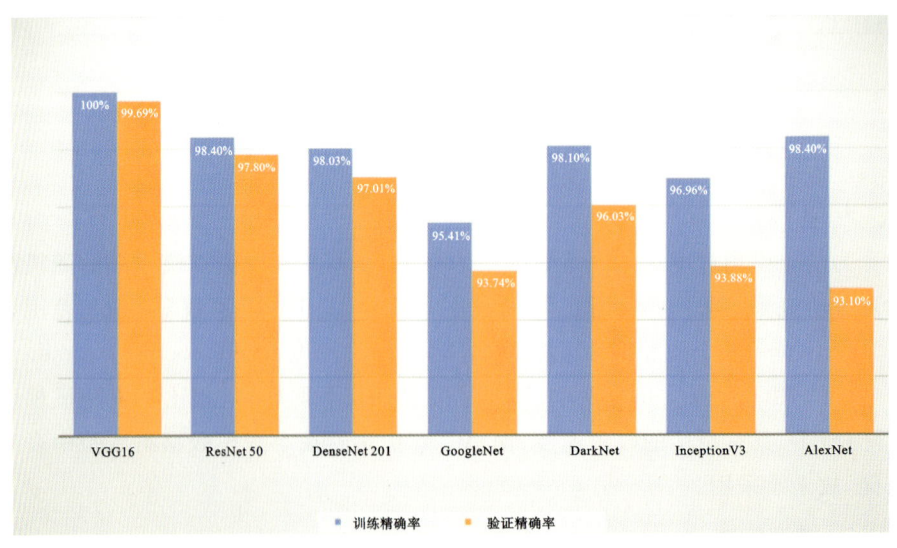

图 7.6.4　在现有不同 CNN 架构上对正常和异常绵羊脸进行分类的结果

VGG16、GoogLeNet 等经典架构则保持稳定。

层冻结策略的实验结果表明：对 VGG16 等经典架构冻结 1～10 层时，模型精度未获提升且出现过拟合现象；而针对 ResNet50、InceptionV3 及 DenseNet201 分别冻结 5 层、50 层与 70 层后，模型在维持高精度的同时有效降低了过拟合风险。进一步分析图 7.6.5 可见，VGG16 与 ResNet50 的损失曲线最逼近理论最优值。训练过程中，前 10 个时期（epoch）的验证损失普遍低于训练损失（见图 7.6.6），但随着训练时长增加，验证损失呈现典型先降后升的过拟合特征。

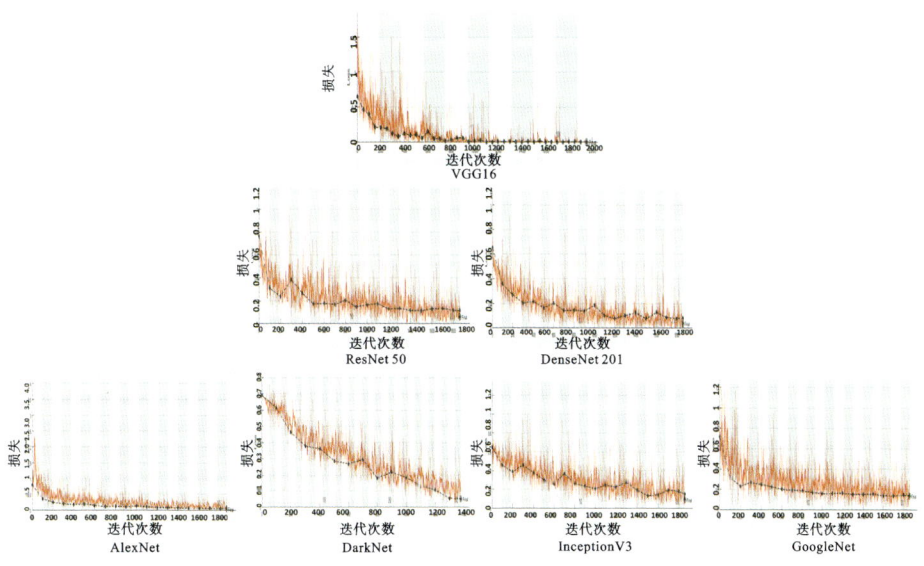

图 7.6.5　所有预训练模型的训练和验证损失

最终测试阶段使用包含 350 张图像的独立测试集（正常类 224 张，异常（有疼痛）类 126 张）进行验证。如图 7.6.6 混淆矩阵所示，VGG16 实现零误分类（TP＝224，TN－126），ResNet50 仅出现 5 例假阳性（FP＝5），其余模型的误分类率可通过矩阵非对角线区域量化评估。

7.6.4　小结

有效可靠的绵羊疼痛评估对于管理决策的制定至关重要。本研究基于绵羊脸数据集，提出了迁移学习和微调相结合的方法，利用最先进的预训练 CNN 结构对正常和异常绵羊图像进行分类。结果显示，VGG16 和 ResNet50 的准确

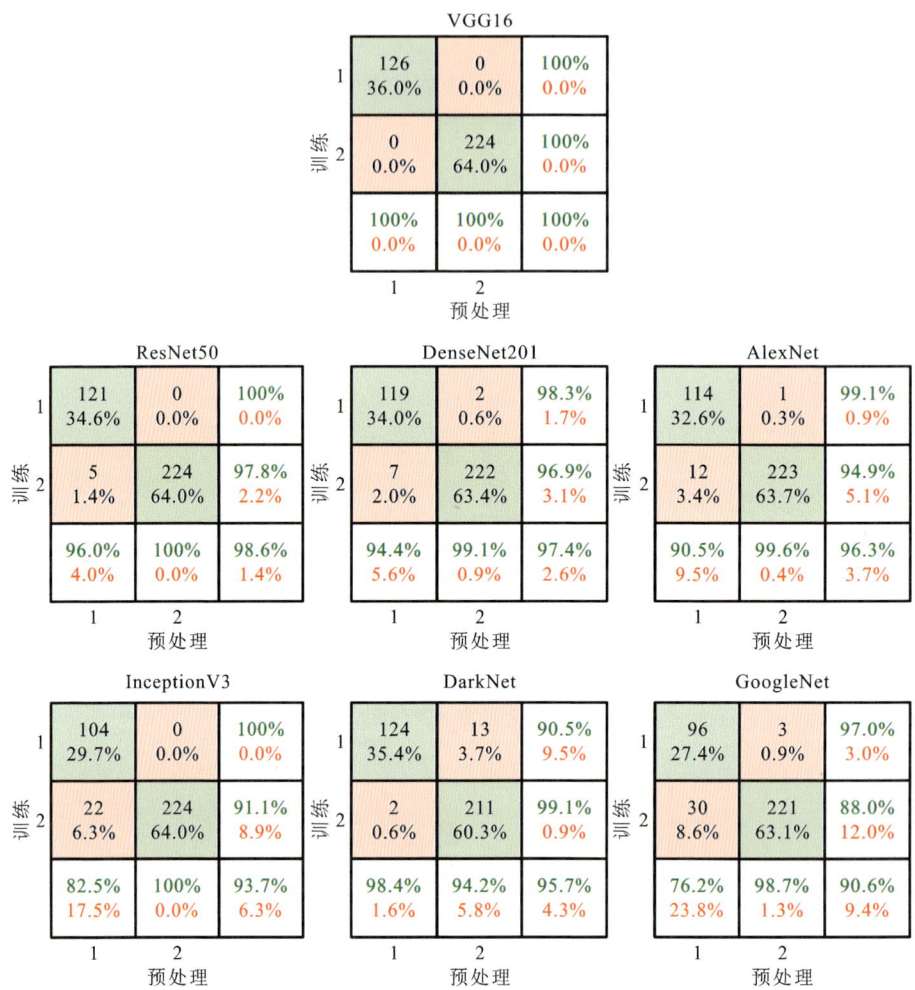

图 7.6.6　使用绵羊脸数据集获得的所有架构的测试混淆矩阵

率较高。研究采用了图像增强技术来虚拟增加绵羊图像的数量。本研究正在收集更多图像，以便在未来的工作中对绵羊面部的多类疼痛评分量表进行分类。

7.7　基于特征空间方法的猪脸识别

本研究由日本东京大学的 Naoki Wada 团队完成，相关成果发表于《ITE Transactions on Media Technology and Applications（MTA）》（2013 年第 1 卷

第 4 期）上，论文标题为《Pig Face Recognition using Eigenspace Method》。本节将概述该研究的核心方法，完整技术细节请参阅原文。

研究聚焦于猪面部身份识别问题，通过对比全脸图像、眼部区域图像及鼻部区域图像的识别性能，发现眼部区域识别率最高（达 97.9%），证明眼部特征在猪个体识别中具有最高稳定性。试验表明，约 20 个特征脸（eigenface）即可有效判别眼部图像，且训练样本量需至少 8 个方可实现可靠分类。

7.7.1　研究方案

基于特征空间方法在人脸识别领域的成功经验，本研究采用图 7.7.1 所示流程：首先从训练数据中提取特征向量，经主成分分析（principal component analysis，PCA）降维后生成表征猪脸特征的特征脸集合；随后构建基于降维特征向量的检索词典；最终通过将待测样本投影至特征空间，依据词典相似度完成分类。该方法的有效性源于特征脸对猪面部关键特征的压缩表达能力。

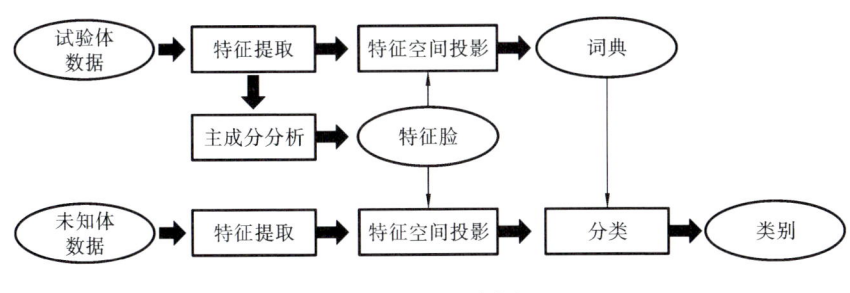

图 7.7.1　识别流程

7.7.2　数据样本

研究数据采集自日本富士农场、东京农业大学及千叶肉类公共公司。初步分析发现，猪面部识别与人脸识别存在显著差异：如图 7.7.2(a)所示，猪面部轮廓常与身体前侧重叠导致边界模糊；图 7.7.2(b)显示猪嘴开合状态难以标准化控制；而图 7.7.2(c)则表明耳部姿态（站立/睡眠）会引发显著类内差异。基于此，研究选定眼部、鼻部及全脸作为主要识别区域。

数据预处理阶段采用人工标注方式：针对全脸图像，通过定位耳部与鼻尖实现水平对齐后裁剪矩形区域；眼部及鼻部图像则以类似方法截取。所有图像经标准化处理（均值 0，标准差 1），最终构建包含 16 头猪的眼部/鼻部样本及 10 头猪全脸样本的数据集，部分示例如图 7.7.3 所示。

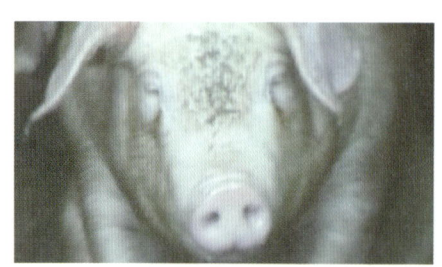

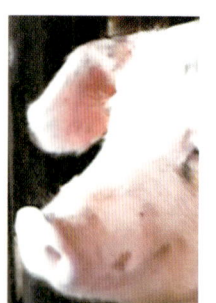

（a）面部轮廓通常不清晰　　　　　　　　　（b）猪嘴的张开与闭合

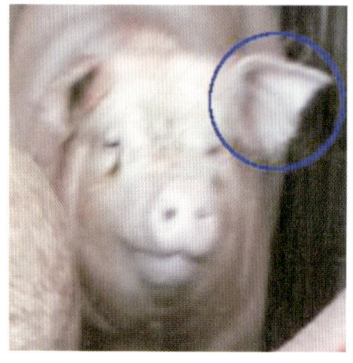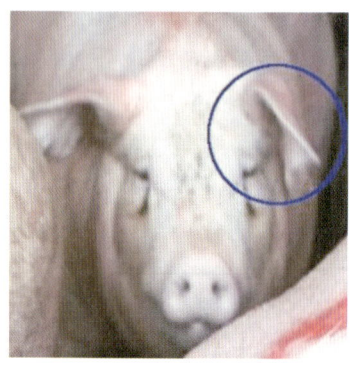

（c）耳朵显著移动

图 7.7.2　不稳定的面部区域

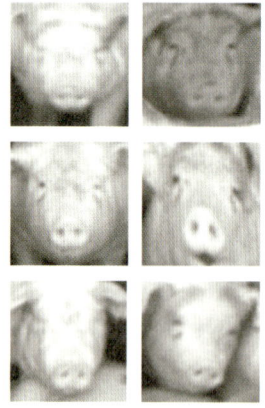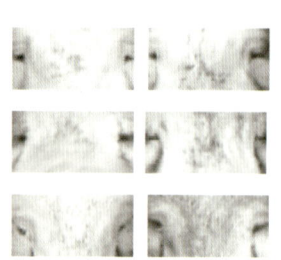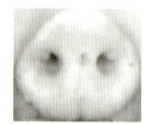

（a）全脸图像　　　　　　（b）眼睛图像　　　　　　（c）鼻子图像

图 7.7.3　示例图

7.7.3 特征脸

1. PCA 与特征脸理论

特征脸本质上是训练数据特征向量的主成分向量。通过选取这些向量的子集构建低维特征空间(维度远低于原图像像素空间),可实现高效模式匹配。具体数学过程如下:

设 $X_1, X_2, \cdots, X_n$ 是 n 个训练数据的特征向量,$\bar{X}$ 是它们的平均向量。从每个特征向量 X_i 中减去平均向量,并且定义:

$$Y_i = X_i - \bar{X} \tag{7.7.1}$$

构造矩阵

$$C = \begin{bmatrix} Y_1 & Y_2 & \cdots & Y_n \end{bmatrix} \tag{7.7.2}$$

令
$$D = CC^{\mathrm{T}} \tag{7.7.3}$$

特征脸 $\{u_j\}$ 定义为矩阵 D 的归一化特征向量,即

$$D_{u_j} = \lambda_j u_j \tag{7.7.4}$$

式中:$\lambda_j \leqslant \lambda_{j+1}$。

特征脸 $\{u_j\}$ 构成一组正交向量 Y_i,可以用线性和表示:

$$Y_i = \sum_{j=1}^{n} y_{ij} u_j \tag{7.7.5}$$

$$y_{ij} = Y_i \cdot u_j \tag{7.7.6}$$

通常,可以用少量的 u_j 近似获得 Y_i:

$$Y_i \approx \sum_{j=1}^{m} y_{ij} u_j \quad (m < n) \tag{7.7.7}$$

该近似通过保留前 m 个主成分实现数据压缩与高频噪声抑制。

2. 猪的特征脸

计算全脸图像、眼睛图像和鼻子图像中所有像素成分的主成分向量,如图 7.7.4 所示。

通过主成分特征值可以计算累积比 L_m,其定义为

$$L_m = \sum_{j=1}^{m} \lambda_j \Big/ \sum_{j=1}^{n} \lambda_j \tag{7.7.8}$$

由于 λ_i 是协方差矩阵 D 的特征值,特征值的累加通常用来评估以平方误差形式反映变化的程度。

因此,这种近似计算中的平方误差可以通过累加比 L_m 来估计。

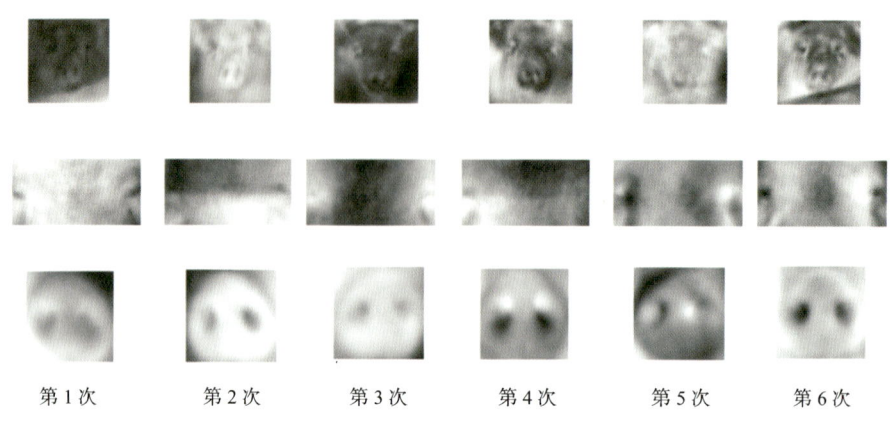

第1次　　　第2次　　　第3次　　　第4次　　　第5次　　　第6次

图 7.7.4　特征脸的例子

图 7.7.5 显示了全脸样本、眼睛样本和鼻子样本的累积比率。由图可知，输入图像可以达到 99％ 的准确率，全脸图像近似为 117 个特征脸，眼睛图像为 118 个特征脸，鼻子图像为 77 个特征脸。

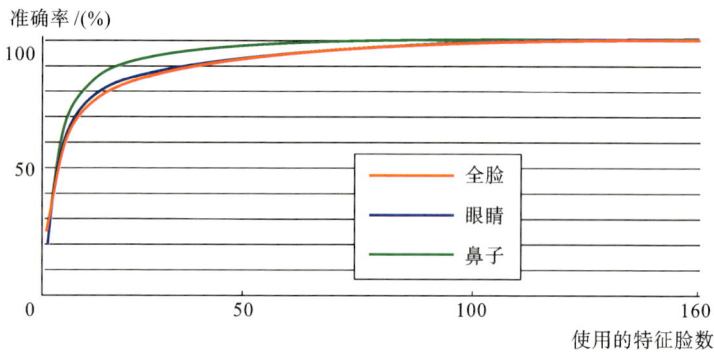

图 7.7.5　主成分的累积比率

7.7.4　识别试验

使用第 7.7.2 节中描述的猪脸数据，建立判别词典并测量了识别准确率。利用特征空间中的欧氏距离最近邻规则，评估了基于留一法（leave-one-out）方案的识别率，该方案选择一幅图像作为未知数据，其他图像用于构建词典。通过试验，明确了以下几个要点：要使用的面部区域、特征脸数量、每个类别的样本数量、特征向量。

1. 面部区域

将特征脸方法应用于全脸图像、眼睛图像和鼻子图像。每个数据集由 160 幅图像组成，分成 10 个类别，每个类别包含 16 幅图像，使用原始像素值作为特征向量。

如图 7.7.6 所示，结果依赖于使用的特征脸数量。三组数据的最大识别率如表 7.7.1 所示。当使用眼睛图像数据时，获得的识别率最高，并且发现双眼周围区域的特征是猪面部识别中有效且稳定的特征。尽管其中的原因较为复杂且很难定量分析，但可以从图 7.7.3 中想象，眼睛图像可能比鼻子图像涉及更多的个体特征。图 7.7.5 所示的累积比率也支持这一观点，其中鼻子图像的自由度最小。

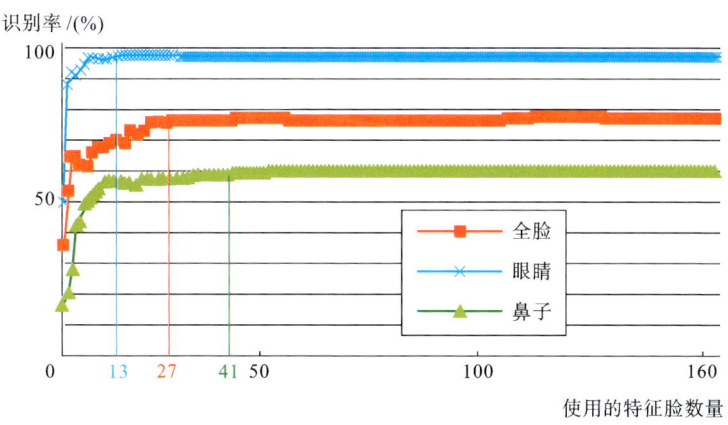

图 7.7.6 全脸数据（红色）、眼睛数据（蓝色）和鼻子数据（绿色）获得的识别率

注：横轴是使用的特征脸数量。所描述的数字（13、27、41）显示了获得 99% 最大识别率所需的特征脸数量。

表 7.7.1 面部区域的最大识别率

数据集	最大识别率/（%）
全脸	77.5
眼睛	97.9
鼻子	60.0

2. 特征脸数量

如图 7.7.6 所示，尽管最初随着特征脸数量的增加，识别率迅速增长，但识别率很快会进入饱和状态。利用这一特征,可以通过使用少量的特征脸有效地进行匹配。通过眼睛图像识别时需要 13 个特征脸,通过全脸图像识别时需要 27 个特征脸,通过鼻子图像识别时需要 41 个特征脸。

使用 256 幅 50×100 像素的眼睛图像(16 个类别×16 个样本),检验在计算机上的处理时间,计算机配置为:Intel Core i3-540 CPU,主频为 3.06 GHz,安装 Windows 7 操作系统。图 7.7.7 表示识别输入图像所需的处理时间,处理时间几乎随特征脸的数量成线性增加。表 7.7.2 显示了采用不同数量的特征脸时的处理时间和识别率,采用 20 个特征脸时的识别率已达到饱和,处理时间是采用 256 个特征脸时的 1/9。

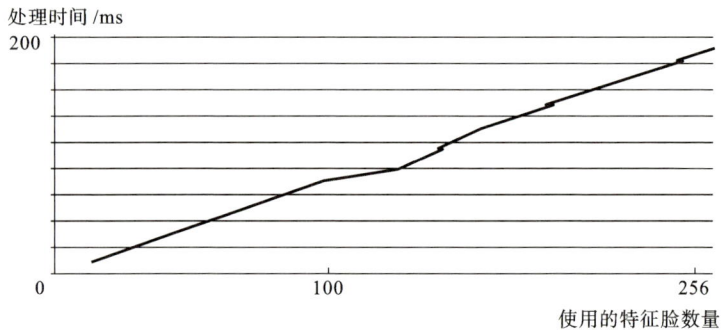

图 7.7.7　处理时间

表 7.7.2　处理时间和识别率

特征脸数量	处理时间/ms	识别率/(%)
10	10	96.8
20	20	97.9
43	40	97.9
256	180	97.9

3. 训练数据样本的数量

研究人员改变训练数据样本的数量,测量了识别率,其中使用了 16 个类别的眼睛图像数据集。表 7.7.3 显示了在每个类别中使用 4、8、16 个样本时的识别率。结果表明,使用 8 个和 16 个样本获得的识别率高于使用 4 个样本获得的识别率,这表明至少需要 8 个样本来学习眼睛的图像特征。

表 7.7.3　样本数量和识别率

样本数量	识别率/(%)
4	94.0
8	96.0
16	97.9

4. Gabor 特征对比

引入 Gabor 滤波提取特征,并将结果与原图像向量的结果进行比较。表 7.7.4 显示了使用眼睛图像数据集时的结果。如表所示,使用 Gabor 特征时的识别率略低于原图像的识别率,并且使用 Gabor 特征对结果的改善在本试验中未得到证实。这可能意味着眼睛图像中没有太多需要通过 Gabor 滤波才能捕获的边缘信息。

表 7.7.4　有/无 Gabor 特征提取的识别率

原图像	Gabor 特征
97.9%	97.2%

7.7.5　小结

本节研究了基于猪面部特征的识别技术,以实现低成本无标记的生猪个体识别管理系统。将人脸识别领域常用的特征脸方法应用于猪脸识别研究,构建了标准化试验流程。

通过手工构建的生猪面部图像数据集进行识别试验。试验结果表明,猪脸识别具有以下特征:

(1) 双眼周围区域包含有效生物特征信息;

(2) 使用 20 个特征脸主成分即可实现眼周区域的高效识别;

(3) 模型训练需确保每头猪不少于 8 个样本;

(4) Gabor 滤波器特征的优势尚未在本研究中得到验证。

试验对 16 头生猪的眼周特征识别率达到 97.9%,置信区间 $p < 0.05$,表明特征脸方法在猪脸识别领域具有应用潜力。需要指出的是,当前数据集基于视频截图构建,导致测试样本与训练样本存在较高相似性。后续研究需采用长时间跨度、多场景采集的视频数据,以提升评估结果的可靠性。

本方法建立在精准获取猪脸图像的基础上。实际应用中需解决以下技术难点:实时图像中的面部区域定位与提取;姿态旋转、尺度变化、光照补偿以及局部遮挡等干扰因素的校正。虽然生猪个体识别仍面临诸多挑战,但本研究已为该领域提供了可行的技术路径。

参考文献

[1] 陈兵旗. 机器视觉技术及应用实例详解[M]. 北京:化学工业出版社,2014.

[2] 朱德利. 图像处理技术的农业应用研究[D]. 北京:中国农业大学,2019.

[3] 吴召恒. 基于双目视觉的实时三维重建技术研究[D]. 北京:中国农业大学,2019.

[4] 王进. 奶牛乳头的图像识别算法研究[D]. 北京:中国农业大学,2019.

[5] 韩书庆,张建华,孔繁涛,等. 基于边界脊线识别的群猪黏连图像分割方法[J]. 农业工程学报,2019,35(18):161-168.

[6] WADA N,SHINYA M,SHIRAISHI M. Pig face recognition using eigenspace method[J]. ITE Transactions on Media Technology and Applications,2013,1(4):328-332.

[7] NOOR A,ZHAO Y Q,KOUBAA A,et al. Automated sheep facial expression classification using deep transfer learning[J]. Computers and Electronics in Agriculture,2020,175:105528.

第 8 章
农田导航线图像检测

8.1 水田插秧导航线检测

本研究针对插秧机的导航线开展图像检测。设想插秧机的工作流程如下：刚下田时，沿着田埂自动行走作业；到田端后回转，沿着已插过的秧苗列线直线行走；反复作业多次，当另一侧田埂进入视野时，检测插秧机到田埂的距离，判断本次作业后能否顺利回转，如果不能，则作业到田端后停止作业。图 8.1.1 是插秧机的工作示意图。

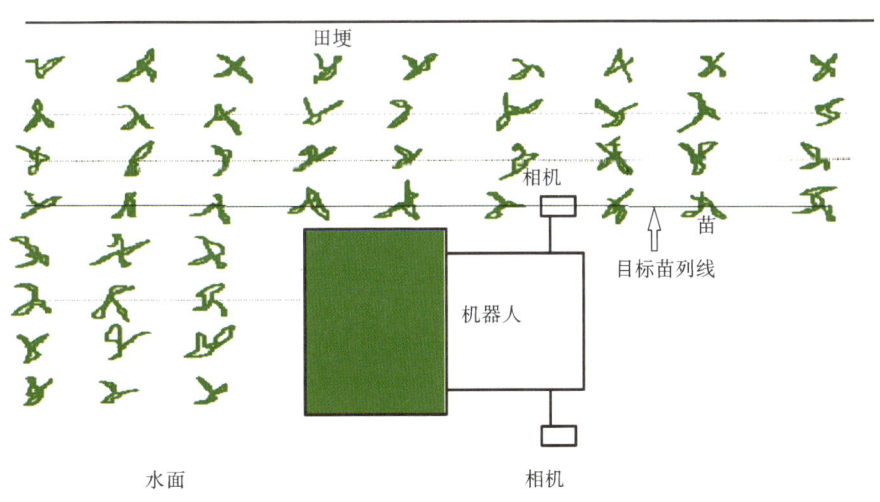

图 8.1.1　插秧机工作示意图

为此,本研究需要进行如下图像检测:刚下田时的行走目标田埂的检测、田端田埂的检测、侧面田埂的检测、目标苗列线的检测等。

以上检测内容的技术要点如下:

(1) 各种田埂图像的二值化处理;

(2) 田埂与水面分界处像素的提取;

(3) 利用田埂与水面分界处像素进行田埂线的检测;

(4) 水田内秧苗图像的像素提取;

(5) 目标苗列线的检测。

8.1.1　研究图像采集

在本研究中,算法开发用的静态图像,相机置于目标苗列线/田埂线(参考图8.1.1)的上方 0.8 m、镜头以 15°俯仰角向下倾斜,相机的成像视野可覆盖苗列线方向 10 m 左右。现场模拟用的动态视频图像,是将摄像机安装在插秧机的前方一侧,安装角度与拍摄静态图像的相机安装角度相同,在操作人员驾驶插秧机作业的同时进行录制的。

插秧环境秧苗的图像采集和提取的内容,请参看第 4.1 节,这里只展示采集的插秧环境田埂图像。图 8.1.2 和图 8.1.3 分别是土质的和水泥的目标田埂、田端田埂和侧面田埂的示例图像,这些图像在输入电脑时直接保存成灰度图像。

(a) 目标田埂　　　　　　　(b) 田端田埂　　　　　　　(c) 侧面田埂

图 8.1.2　土质田埂

8.1.2　目标苗列线检测

在检测目标苗列线之前,首先用第 4.1 节的方法,将秧苗从水田的图像中

（a）目标田埂　　　　　　　　（b）田端田埂　　　　　　　　（c）侧面田埂

图 8.1.3　水泥田埂

提取出来,然后确定目标苗列,再对目标苗列线进行检测。

1. 目标苗列的确定

在第 4.1 节提取的二值图像中,目标苗列是靠近图像中心的苗列,但并不是图像中最长的苗列,最长的苗列是图像中心的第 2 列。为了利用过已知点的 Hough 变换来检测目标苗列线,本研究设定图像中心 1/3 区域为处理窗口,如图 8.1.4 所示。

设定处理窗口后不仅可以保证目标苗列在处理窗口内属于最长线,而且可以大幅度减少处理时间,提高处理效率。但这样也会带来问题:在将来的实时处理过程中,需要保证处理窗口能够自动跟踪目标苗列的动态变化。这个问题留待实时处理时再解决。

2. 目标苗列线检测

本研究采用过已知点的 Hough 变换实现

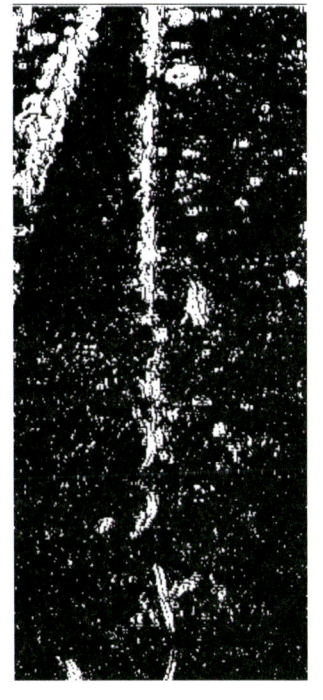

图 8.1.4　处理窗口

目标苗列线的检测,其核心问题是已知点的确定。如图 8.1.5 所示,在处理窗口内设定一条基准线,然后检测基准线周围白色像素区域的中心,将检测得到的中心点确定为已知点。首先,分别以每个已知点进行一次 Hough 变换;然后,找到其中投票数最多的区域及其对应的已知点;最后,以该区域和已知点为新的基准,重复执行 Hough 变换与投票过程,直至斜率计算精度达到 0.05。

图 8.1.6 是对第 4.1 节中图 4.1.3 进行目标苗列线检测的结果。在实际

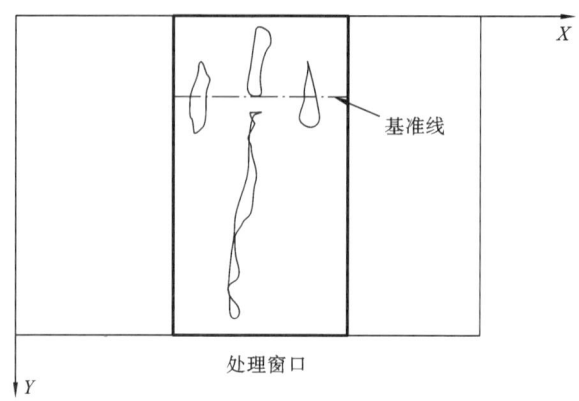

图 8.1.5 已知点的确定

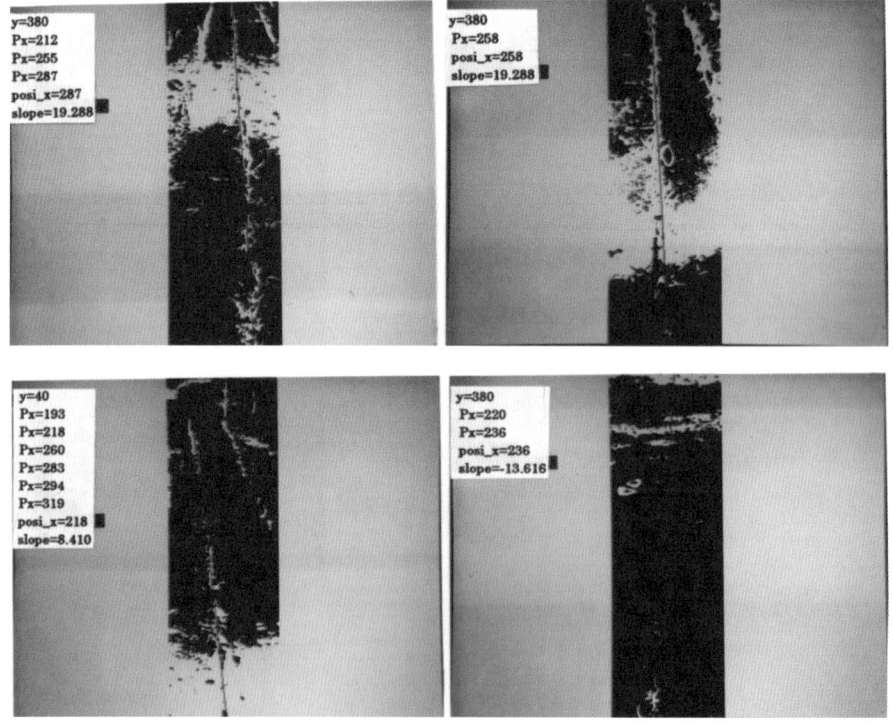

图 8.1.6 图 4.1.3 的目标苗列线检测结果

操作中,首先设基准线为 $y=40$,如果判断出区域过宽(例如大于处理窗口宽度的一半),即表明基准线设在了反光区域,这时改设 $y=380$,重新开始检测。可以看出,当 $y=380$ 时,虽然图像上噪声较多,但是目标苗列线仍被有效地检测出来。这种存在强反光噪声的图像都能检测出目标苗列线,没有反光噪声的图像,目标苗列线的检测就会更容易。

8.1.3 目标田埂线检测

1. 目标田埂的二值化处理

图 8.1.7 和图 8.1.8 分别是土质目标田埂和水泥目标田埂的示例图像。

（a）晴天有田端 　　　　　　　　　　　　　　　（b）阴天无田端

图 8.1.7　土质目标田埂

（a）晴天有田端 　　　　　　　　　　　　　　　（b）阴天无田端

图 8.1.8　水泥目标田埂

田埂线是导航的目标线,目标田埂线在图像上是竖直的,因此选用 Kirsch 算子(参考第 2.4.2 节中的图 2.4.4)中检测左右边缘的 M3 和 M7 模板进行微分运算,对微分图像再用直方图上位 5% 作为阈值的 p 参数法进行二值化处理。图 8.1.9 和图 8.1.10 分别是图 8.1.7 和图 8.1.8 中间 1/3 区域的二值化结果。可以看出,土质目标田埂的田埂线处没有长连接成分,而水泥目标田埂线处有长连接成分。根据这个特点,可以分别建立两种田埂线处像素的提取方法。

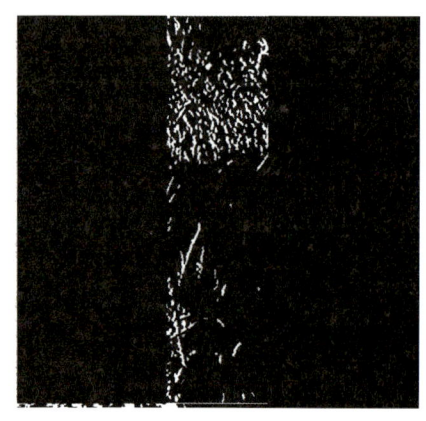 

(a)晴天有田端　　　　　　　　　　　　(b)阴天无田端

图 8.1.9　土质目标田埂二值图像

 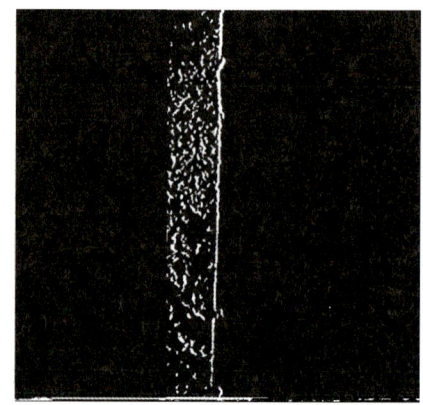

(a)晴天有田端　　　　　　　　　　　　(b)阴天无田端

图 8.1.10　水泥目标田埂二值图像

通过区域标记,测量二值图像上的最大长度目标,如果最大长度大于 50 像素,则认为该二值图像中的最大长度目标是水泥田埂,否则是土质田埂。

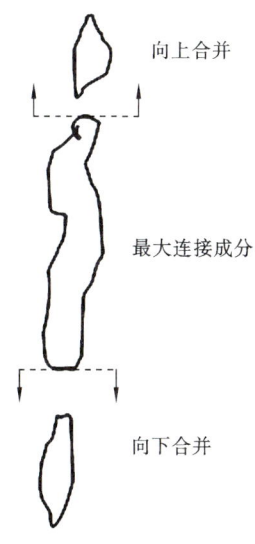

2. 水泥目标田埂线检测

1)目标田埂线处像素的提取

如果判断目标田埂是水泥田埂,如图 8.1.11 所示,将最大连接成分的上下端分别向左、向右扩展 5 个像素范围,再将上端扩展区域向上进行区域合并,下端扩展区域向下进行区域合并。所谓区域合并,就是将检测范围内的其他不为 0 的像素值设为最大连接成分的像素值。然后,将最大连接成分像素值提取出来,这样即可将田埂线处的目标像素提取出来。

图 8.1.11 水泥目标田埂线处像素的提取

图 8.1.12 是图 8.1.10 所示二值图像经过区域标记和区域合并,并提取最大连接成分像素后的结果,由图可知水泥田埂线处的像素被很好地提取出来了。

(a)晴天有田端   (b)阴天无田端

图 8.1.12 图 8.1.10 田埂线处像素提取结果

2)田端位置的判断

以二值图像为处理对象。如图 8.1.13 所示,在最大连接成分的上端水面

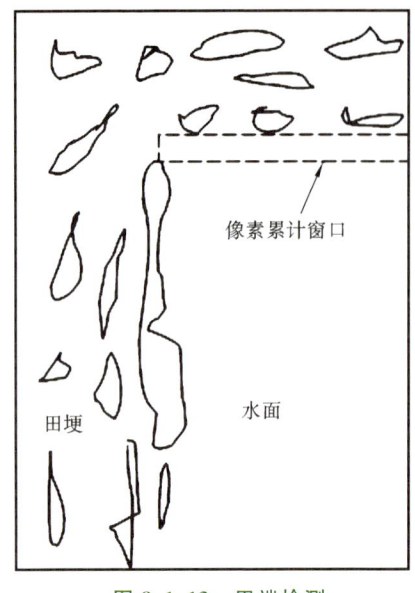

图 8.1.13　田端检测

一侧设定一个高为 9 像素,宽为水面一侧宽度的矩形区域,自下而上逐像素滑动,直至到达图像上端为止,累加各个区域中的目标(白色)像素数,获得处理区域的像素数分布图。由于水面的白色像素较少,而田端上白色像素较多,在田端与水面分界处一定有一个像素数突变的位置,检测出该位置,即为田端的位置。如果检测区域的像素数没有突变,则表示图像上没有田端。

3)目标田埂线检测

检测出田端后,对于提取出田埂线处像素的图像(见图 8.1.12),利用过已知点的 Hough 变换即可检测出田埂线。图 8.1.14 显示了水泥目标田埂线的最终检测结果,田端的横线是检测出的田端位置。可以看出,田埂上检出的白色细线与实际田埂线非常吻合。

（a）晴天有田端

（b）阴天无田端

图 8.1.14　水泥目标田埂线检测结果

3. 土质目标田埂线检测

如果判断目标田埂是土质田埂(其二值图像中没有长连接成分),利用下述方法提取田埂线处的像素:从上到下、从田埂到水面扫描图像,当遇到白色像素时,以该像素点为目标,在其右侧设定9×40像素的区域(见图8.1.15),搜索该区域内的其他白色像素。如果可以搜索到其他白色像素,将目标像素变为黑色像素;否则,保持目标像素不变。这样可以消除田埂上的白色像素,只留下田埂线处的白色像素。

图8.1.16是图8.1.9所示土质目标田埂的二值图像经过上述处理后的结果。可以看出,田埂上的白色像素被大量去除了,留下的白色像素多为田埂线处的像素。

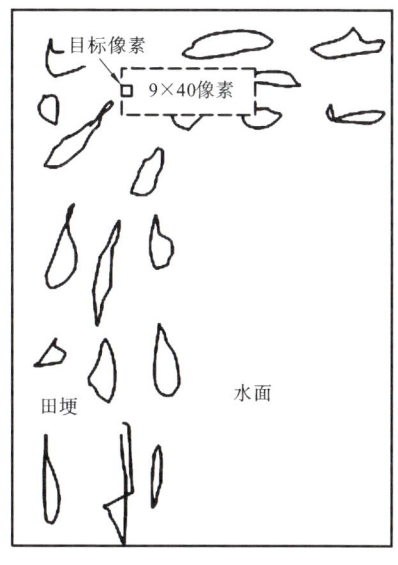

图 8.1.15　土质田埂目标像素提取

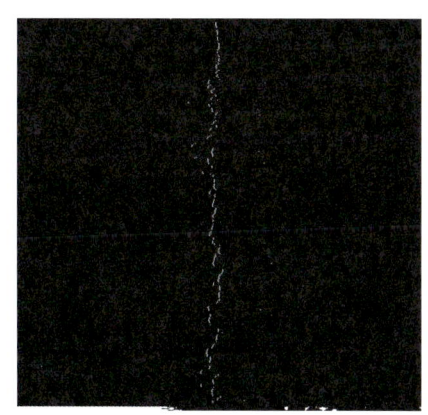

（a）晴天有田端　　　　　　　　　　（b）阴天无田端

图 8.1.16　土质田埂目标像素的提取结果

对于图8.1.16所示的图像,利用过已知点的 Hough 变换即可检测出田埂线。已知点的设定方法与检测目标苗列线的相同。

图8.1.17是土质目标田埂线的最终检测结果,目标田埂线被很好地检测出来了。

（a）有田端　　　　　　　　　　　　　　（b）无田端

图 8.1.17　土质目标田埂线的检测结果

8.1.4　田端田埂线检测

田端田埂线在图像上是水平的,因此选用 Kirsch 算子中检测水平边缘的 M1 和 M5 模板进行微分运算,对微分图像再用直方图上位 5％ 作为阈值的 p 参数法进行二值化处理。由于田端田埂处一般会有阴影,阴影的位置会随太阳的方位和田埂的高度不同而变化,因此在检测田端田埂线之前需要首先检测出阴影的位置,然后在阴影位置以上检测田端田埂线,以规避光照变化导致的误检。

1. 阴影检测

由于阴影的亮度比水面小,因此可以用检测下方亮、上方暗的 Kirsch 算子中的 M5 模板来检测阴影。图 8.1.18 是土质和水泥田端田埂在不同天气状况下的图像,图 8.1.19 是利用上述方法对图 8.1.18 中间 1/3 区域进行处理后得到的二值图像。可以看出,无论是土质的还是水泥的田端田埂,在阴影处的田埂线处都检测出了长连接成分。

为了检测阴影位置,本研究设定了一个高度为 4 像素、宽度为处理区域宽度的移动区域,自上而下遍历图像并统计移动区域中的白色像素数。然后,分析移动区域中的像素分布情况。图 8.1.20 是图 8.1.19 对应移动区域中的像素分布图,从图 8.1.20 可以看出,阴影处在像素数分布的突变处。这样,只要找到像素数分布图的突变处,提取该突变处的像素即可。提取方法与水泥目标田埂线处像素的提取方法相似,只是将提取方向由竖直方向改为水平方向。

图 8.1.21 是图 8.1.19 对应图像阴影处像素的提取结果,可以看出,阴影

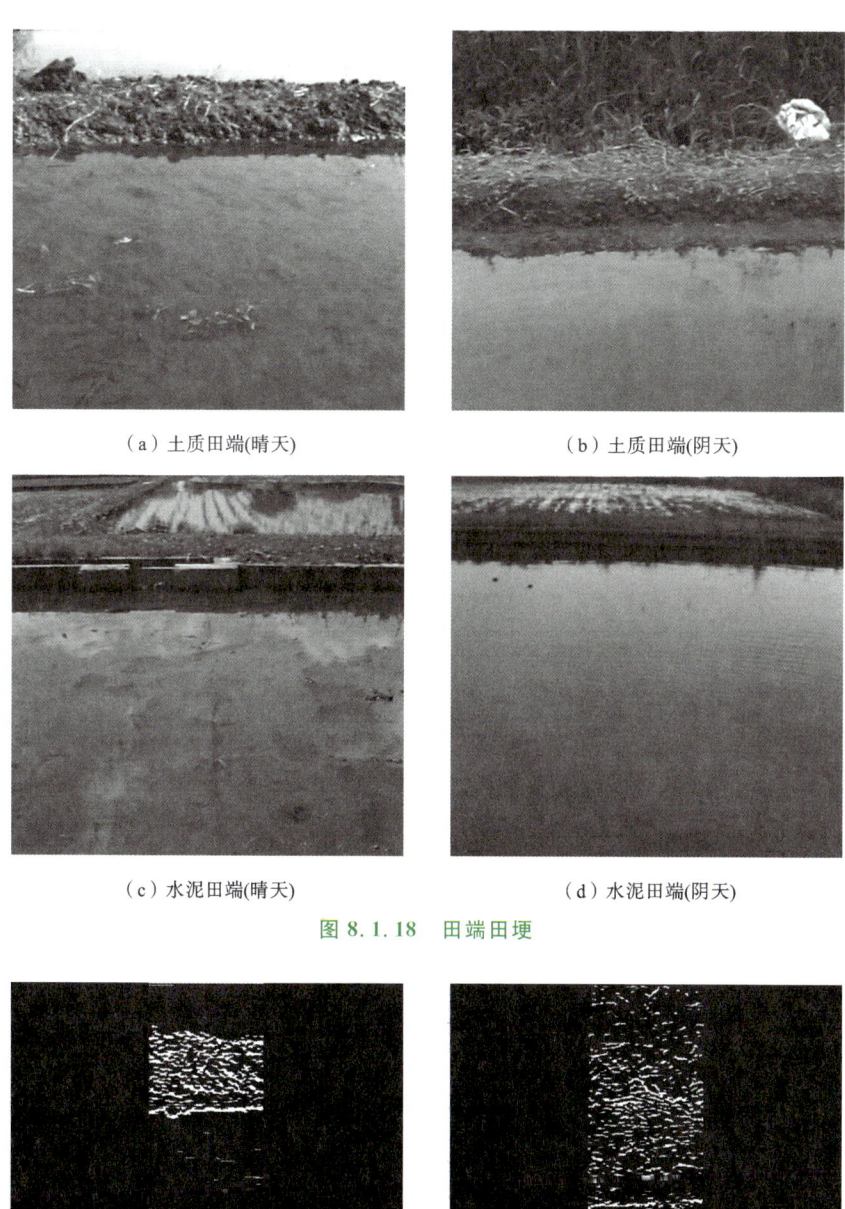

（a）土质田端(晴天)　　　　　　　　（b）土质田端(阴天)

（c）水泥田端(晴天)　　　　　　　　（d）水泥田端(阴天)

图 8.1.18　田端田埂

（a）土质田端(晴天)　　　　　　　　（b）土质田端(阴天)

图 8.1.19　图 8.1.18 中间 1/3 区域二值图像

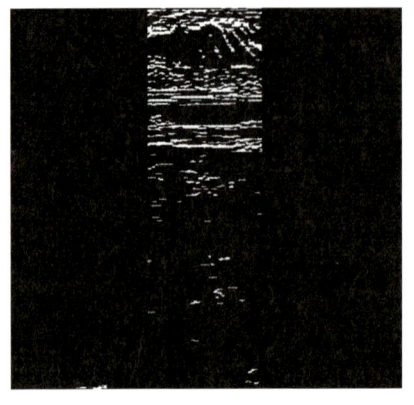

（c）水泥田端(晴天)   （d）水泥田端(阴天)

续图 8.1.19

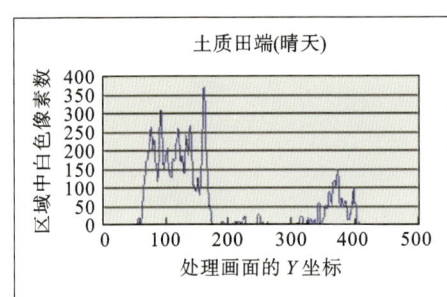

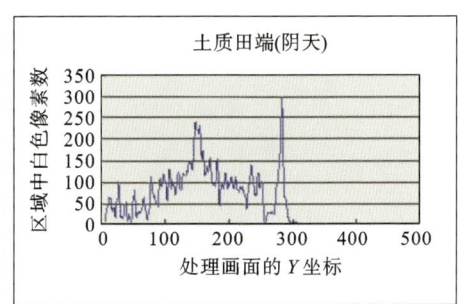

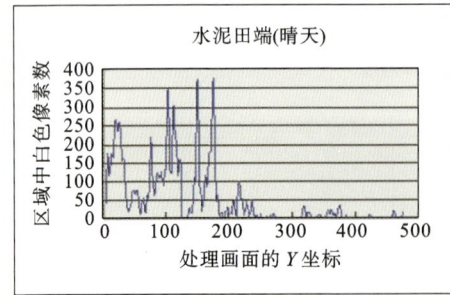

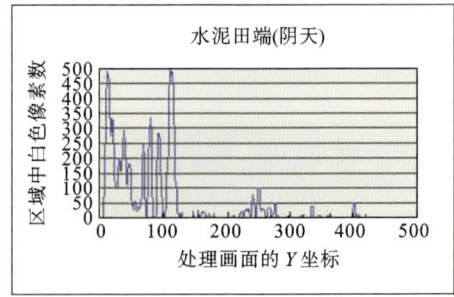

图 8.1.20   图 8.1.19 对应移动区域中的像素数分布图

处的像素被完整地提取出来。对于该图像,利用过已知点的 Hough 变换即可检测出阴影线,已知点设置在最大连接成分的中心位置。

2. 田端田埂线检测

由于在田端田埂与水面的交界处存在有水阴湿的部位,田埂上干燥部位的

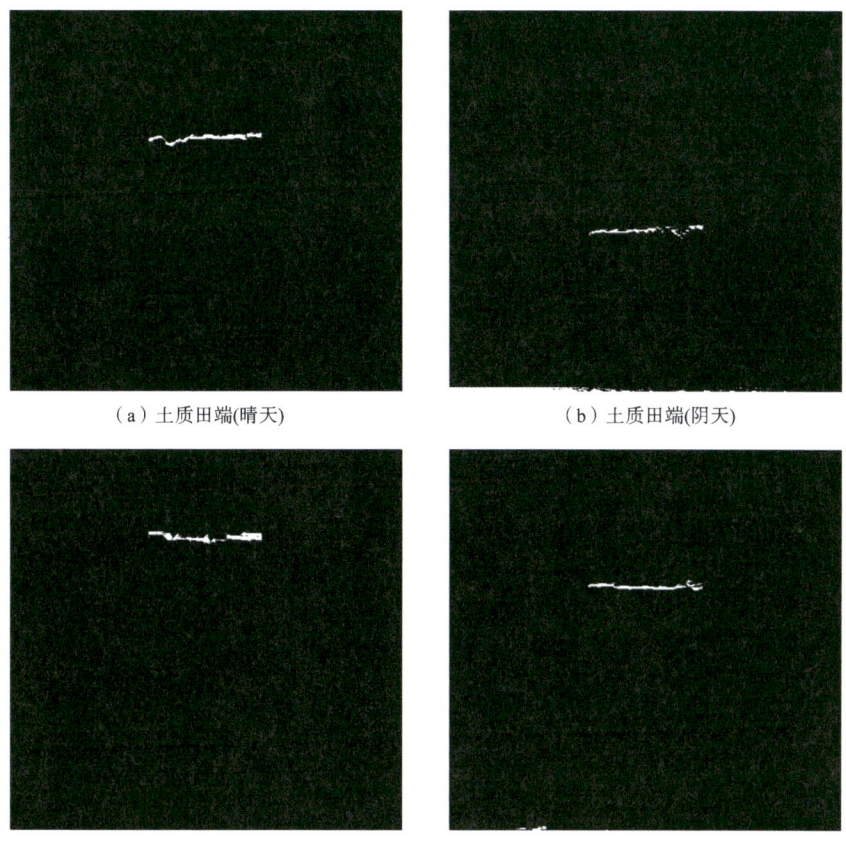

（a）土质田端(晴天)　　　　　　　　　（b）土质田端(阴天)

（c）水泥田端(晴天)　　　　　　　　　（d）水泥田端(阴天)

图 8.1.21　图 8.1.19 对应阴影处像素提取结果

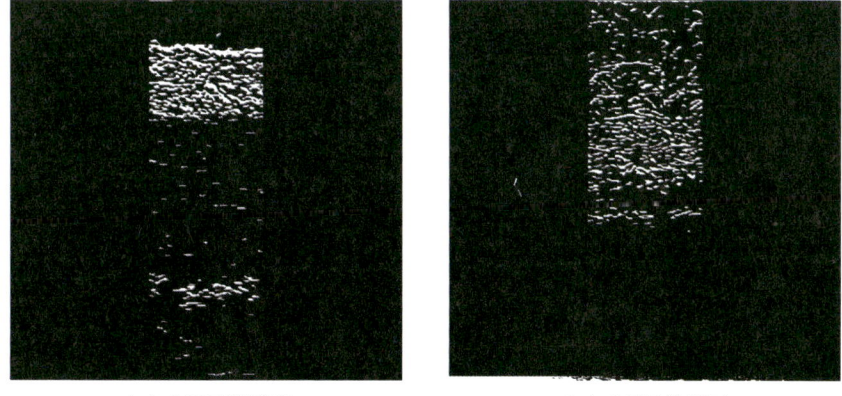

（a）土质田端(晴天)　　　　　　　　　（b）土质田端(阴天)

图 8.1.22　图 8.1.18 中间 1/3 区域田端田埂线检测二值图像

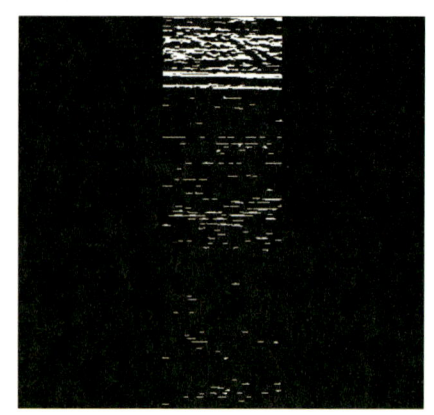

（c）水泥田端(晴天)　　　　　　　　　　（d）水泥田端(阴天)

续图 8.1.22

亮度比阴湿部位的高,因此可以用 Kirsch 算子中检测下方暗、上方亮情况的 M1 模板来检测田端田埂线。图 8.1.22 是利用上述方法对图 8.1.18 中间 1/3 区域进行处理后得到的二值图像。

与检测阴影位置的方法相同,设定一个高度为 4 像素、宽度为处理区域宽度的移动区域,自上而下遍历图像并统计移动区域中的白色像素数。图 8.1.23 是图 8.1.22 对应移动区域中的像素数分布图。从图 8.1.23 可以看出,对于土质田端,像素数最大值的位置不确定;对于水泥田端,像素数最大值的位置在水和田端分界处,最大值附近有像素数趋于零的区域。

利用图 8.1.23 所示的像素数分布图,通过如下步骤检测田端田埂处像素:

(1) 求出区域像素数的最大值 S_{max} 及其位置。

(2) 在最大值位置的周围(上下各扩展 10 像素范围),查找像素数小于 10

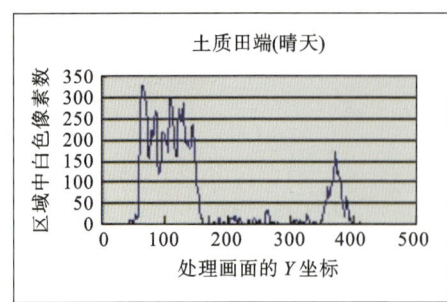
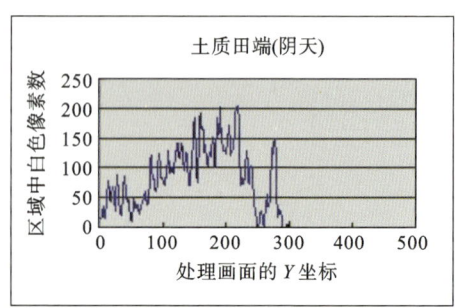

图 8.1.23　图 8.1.22 对应移动区域中的像素数分布图

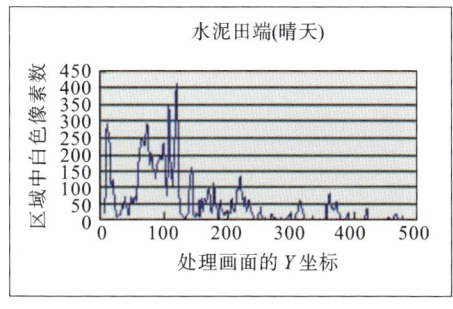
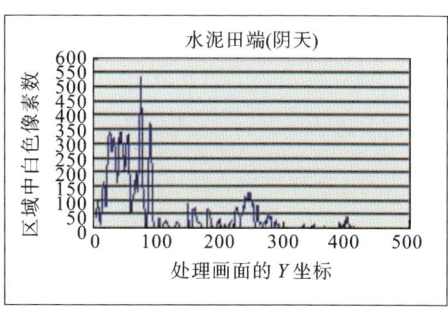

续图 8.1.23

的区域 p。

（3）如果区域 p 存在，判断田端为水泥田端。过区域 p 在 S_{max} 的相反方向寻找次大值 S_{smax}，取 S_{max} 和 S_{smax} 中位置较低者作为基准，在横方向上进行区域标记、区域合并处理，进而获得田端位置的像素。

（4）如果区域 p 不存在，判断田端为土质田端。在阴影位置以上区域的纵方向上进行与目标土质田埂相同的区域处理，获得田端位置的像素。

对图 8.1.24，利用过已知点的 Hough 变换即可检测出田端田埂线。对于土质田埂，已知点设置在白色像素分布中心位置。对于检测出连接成分的水泥田埂，已知点设置在最大连接成分的中心位置。结果如图 8.1.24 所示。

图 8.1.25 是利用上述方法检测出的阴影线和田埂线，可以看出检测结果与实际位置非常吻合。

（a）土质田端(晴天)　　　　　　（b）土质田端(阴天)

图 8.1.24　图 8.1.22 对应田端田埂处像素提取结果

（c）水泥田端(晴天)　　　　　　　　（d）水泥田端(阴天)

续图 8.1.24

（a）土质田端(晴天)　　　　　　　　（b）土质田端(阴天)

（c）水泥田端(晴天)　　　　　　　　（d）水泥田端(阴天)

图 8.1.25　田端田埂线及阴影线的检测结果

8.1.5　侧面田埂线检测

侧面田埂线检测沿用目标田埂线检测的核心流程。在二值化处理时，利用检测左上角或者右上角的 Kirsch 算子中的 M2 和 M8 模板，其他步骤与目标田埂线的检测方法完全一样。下面只给出原图像、各检测过程的结果图像以及最终检测结果图像，如图 8.1.26 至图 8.1.29 所示，具体检测过程不再赘述。

（a）土质田埂(晴天)　　　　　　　　（b）土质田埂(阴天)

（c）水泥田埂(晴天)　　　　　　　　（d）水泥田埂(阴天)

图 8.1.26　侧面田埂原图像

8.1.6　系统整合与试验

上述研究都是针对单个问题展开的，在实际应用时需要将上述研究内容进

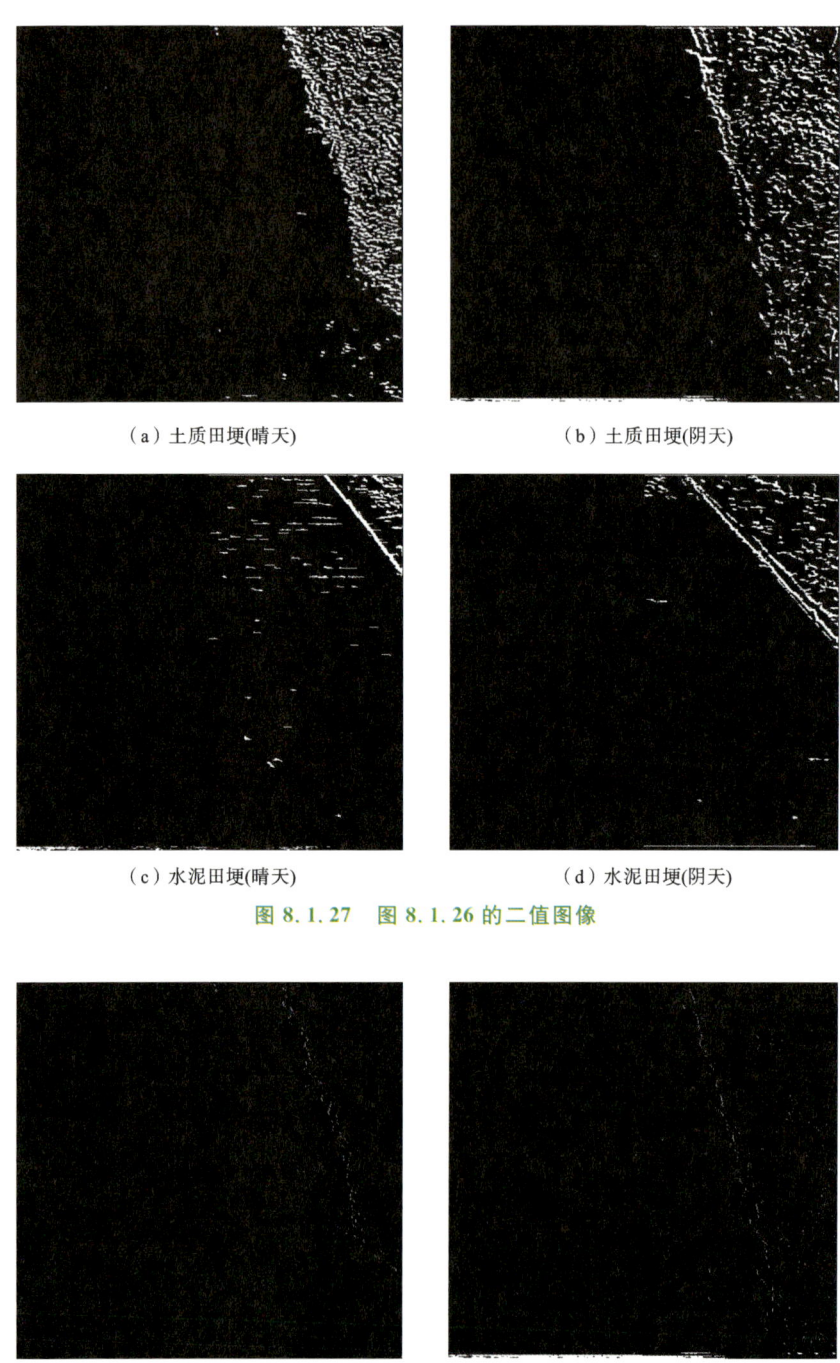

（a）土质田埂(晴天)　　　　　　　　（b）土质田埂(阴天)

（c）水泥田埂(晴天)　　　　　　　　（d）水泥田埂(阴天)

图 8.1.27　图 8.1.26 的二值图像

（a）土质田埂(晴天)　　　　　　　　（b）土质田埂(阴天)

图 8.1.28　图 8.1.27 田埂处像素提取结果

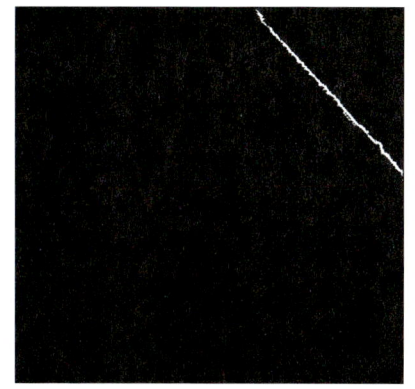

（c）水泥田埂(晴天)   （d）水泥田埂(阴天)

续图 8.1.28

（a）土质田埂(晴天)   （b）土质田埂(阴天)

（c）水泥田埂(晴天)   （d）水泥田埂(阴天)

图 8.1.29   侧面田埂线检测结果

行整合。需要整合的主要内容如下：

（1）苗列线检测。在进行苗列线检测的同时，需要进行苗列端点的判断和田端检测。

（2）田埂线检测。需要优化检测方法以适应各种类型的田埂。

（3）处理窗口需要能够自动跟踪检测目标。

（4）在试验阶段，对苗列和田埂的图像要用微分方法进行二值化处理。

1. 苗列端点的检测

由于插秧机在田端要进行回转，最后一行的苗列与田端会有一定的距离，在苗列线的检测过程中，需要判断是否到苗列线端点，判断出到苗列线端点后，就可以不再检测苗列线，只进行田端位置的判断。

田端位置往往有许多插秧机回转引起的泥块，可以利用这些泥块噪声来判断苗列线端点位置。具体步骤如下：

（1）设立 W（处理窗口宽度）$\times 4$ 像素区域，作为处理窗口。

（2）在二值图像上，从下而上逐像素移动处理窗口并计算处理窗口中的像素数 N。

（3）如果连续 10 次处理窗口内的像素数 $N > 2W$，以 $N > 2W$ 的最下方区域位置作为苗列端点，否则苗列端点在画面上方（即图像中没有苗列端点）。

图 8.1.30 是苗列端点位置的检测结果。其中，图 8.1.30(a)中有苗列端点，图 8.1.30(b)中没有苗列端点。

（a）有苗列端点   （b）没有苗列端点

图 8.1.30　苗列端点位置的检测结果

2. 目标田埂检测的优化

目标田埂检测优化的要点如下：

（1）间隔（5 像素）扫描；

（2）简化区域处理；

（3）省略区域合并；

（4）有长连接成分时，直接对长连接成分进行过已知点的 Hough 变换；

（5）无长连接成分时，用区域处理法获得边界像素，进行过已知点的 Hough 变换；

（6）进行端点检测时，水面一侧的处理范围扩展到图像边缘，以增强检测的可靠性。

3. 处理窗口的设定

假设插秧开始时，目标线在图像的中心位置，将处理窗口的中心设置在图像的中心位置；之后，再将处理窗口的中心设置在检测目标线的上端位置。这样就实现了处理窗口的自动跟踪。

4. 试验验证

将摄像机安装在插秧机的一侧，驾驶员驾驶插秧机在水田里边插秧边录制水泥田埂、土质田埂和苗列的视频图像。然后，在实验室将模拟视频图像转换为数字视频图像。利用转换的数字视频图像对上述检测算法进行试验验证。研究人员对上述各种算法进行了 5000 帧以上检测试验，正确率都在 98％以上，证明了本研究算法的可行性。

8.2　水田管理导航线检测

插秧之后，在水稻从幼苗到成熟期间，需要使用水田管理机械进行施肥、喷药、除草和生长调查等水田管理工作。在工作过程中，水田管理机械需要沿着苗列间行走，如图 8.2.1 所示。

本研究的具体目标如下：

（1）研究一种导航线的检测算法，可应用于农作物从幼苗期到成熟期的整个生长时期；

（2）研究一种稻田田端位置的检测方法。

基于过已知点的 Hough 变换，本研究的技术要点如下：

（1）研究适用于秧苗不同生长阶段的机器人行走路线方向候选点的检测

图 8.2.1　水田管理机械作业场景

方法；

（2）已知点的确定；

（3）田端的多模态检测。

8.2.1　研究图像采集

用索尼 DCR-PC10 数码摄像机来采集样本图像，该摄像机为 NTSC 制式，帧率为 30 帧/秒，具有 1/3 in CCD 感光器、12 mm 变焦镜头，焦距范围为 4.4～52.8 mm，光圈大小为 F1.8～F2.8。采用 Microsoft Visual C++ 6.0 进行软件开发。

2000 年 6 月 14 日，在日本东京农工大学实验田进行插秧。研究用图像采样时间段为从 2000 年 6 月 15 日到 2000 年 8 月 17 日，每周采样一次，共采样 10 次。采样期间，水稻秧苗大约高出水面（当稻田中无水时高出地面）10～90 cm。将摄像机放置于稻株顶上方 20 cm 处，俯仰角为 30°，此时，无论是天空背景还是稻田的周边环境都不在摄像机的拍摄范围内。将摄像机工作模式设置为自动对焦和自动白平衡模式。每一次采样均从不同地点和方向来获取视频图像样本。获得的图像大小为 512×480 像素。坐标系的原点位于图像的左上角顶点，横坐标和纵坐标的正方向分别为水平向右和竖直向下，如图 8.2.2 所示。

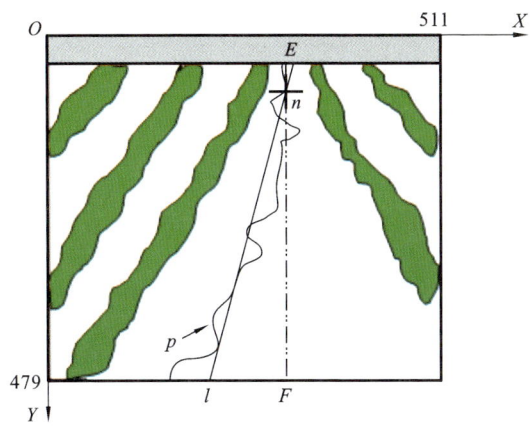

图 8.2.2　稻田图像

注: E 为稻田末端, l 为方向线, n 为已知点, p 为候选点, F 为目标空间位置的定位点。

8.2.2　目标苗列间定位

　　这里所提出的方法基于目标空间的宽度大于其他空间(即没有水稻苗的空间)的假设。对于彩色稻田图像,采用图像的 B 分量累计分布来判断目标空间的位置。将彩色图像中位于同一竖直线上的各个像素的 B 分量值相加,即可得到图像的 B 分量分布曲线 $b(x)$(x 为图像的横坐标)。其平均值 A 和标准差 D 分别由式(8.2.1)和式(8.2.2)来获得:

$$A = \frac{1}{512} \sum_{x=0}^{511} b(x) \tag{8.2.1}$$

$$D = \sqrt{\frac{1}{512} \sum_{x=0}^{511} (A - b(x))^2} \tag{8.2.2}$$

　　由 $b(x)$ 曲线与直线 $b=A$、$b=A+D/2$ 和 $b=A+D$ 的交点间的距离来确定目标空间的位置,如图 8.2.3 所示。首先,确定直线 $b=A$ 与 $b(x)$ 曲线波峰区间相邻两交点间的最大距离,并将该距离的起点和终点分别记为 x_1 和 x_2。然后,确定直线 $b=A+D/2$ 与 $b(x)$ 曲线波峰区间相邻两交点间的最大距离,该距离的起点和终点的横坐标分别为 x_{11} 和 x_{22}。同样的方法,直线 $b=A+D$ 与 $b(x)$ 曲线波峰区间相邻两交点间的最大距离的起点和终点的横坐标分别为 x_{111} 和 x_{222}。则点 $F=(x_{111}+x_{222})/2$ 可作为图像上目标空间位置的定位点,如图 8.2.3 所示。

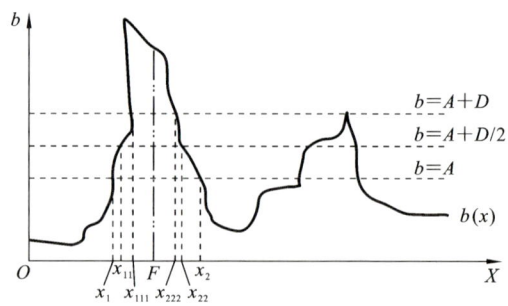

图 8.2.3　检测目标空间

注：X 轴表示图像像素数，b 轴表示总 B 分量值。

8.2.3　水平扫描线上方向候选点检测

在彩色图像中，利用扫描线颜色来检测行驶方向的候选点。从顶部到底部逐行扫描图像，计算出每个像素的 G 分量值和 B 分量值之差。如果一行中所有像素都满足 $G-B>0$，那么该行就被判定为大水稻苗行；否则，该行被判定为小水稻苗行或中等水稻苗行。

对于小水稻苗行或中等水稻苗行，首先计算出该中 B 分量的平均值（A_B）和标准差（D_B）。建立一个参数 A_D，如果 $A_B-D_B \geqslant 0$，那么令 $A_D=A_B-D_B$，如果 $A_B-D_B<0$，那么令 $A_D=A_B+D_B$。随后在每条水平扫描线的 B 分量分布图上，在点 X（即目标空间的位置）的两边分别找到 $B=A_D$ 的点，其横坐标分别为 x_{x1} 和 x_{x2}，则点 $X_x=(x_{x1}+x_{x2})/2$ 即为小水稻苗行或中水稻苗行的方向候选点 p 的位置。

对于大水稻苗行，首先，确定 B 分量值的最大值 M_B 对应的像素位置 X_{MB}。然后，以点 X_{MB} 为中心，在宽度为 170（即 512/3）像素的区域内，在点 X_{MB} 的两侧，分别找到一个 B 分量值为 $M_B/2$ 的点，其横坐标分别为 x_{xx1} 和 x_{xx2}，那么点 $X_{xx}=(x_{xx1}+x_{xx2})/2$ 即为大水稻苗行的方向候选点 p 的位置。

8.2.4　田端检测

利用直线 $x=X$ 上的亮度变化来判断稻田的末端。

1. 计算亮度线剖面

设定一个 50（宽度）×5（高度）像素的掩模，用来建立亮度直方图。每个像素的亮度值 Y 利用公式（2.1.1）进行计算。

亮度直方图如图 8.2.4 所示。

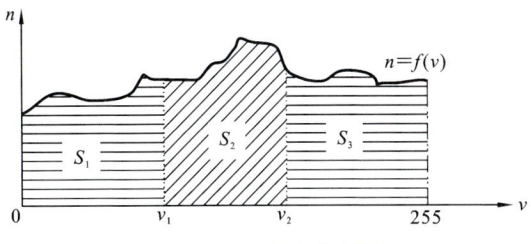

图 8.2.4　亮度直方图

注：v 为亮度（0～255），n 为频率（数量）。

将亮度直方图分为面积相等的 3 个区域，3 个区域的面积分别用式(8.2.3)、式(8.2.4)和式(8.2.5)表示：

$$S_1 = \sum_{v=0}^{v_1} f(v) \tag{8.2.3}$$

$$S_2 = \sum_{v=v_1}^{v_2} f(v) \tag{8.2.4}$$

$$S_3 = \sum_{v=v_2}^{255} f(v) \tag{8.2.5}$$

运用式(8.2.3)、式(8.2.4)、式(8.2.5)以及等式 $S_1 = S_2 = S_3$ 算出 v_1 和 v_2 的位置，如图 8.2.4 所示。掩模的平均亮度通过式(8.2.6)来计算：

$$\bar{v} = \frac{\displaystyle\sum_{v=v_1}^{v_2} v f(v)}{\displaystyle\sum_{v=v_1}^{v_2} f(v)} \tag{8.2.6}$$

使掩模沿着直线 $x = X$（固定为掩模的中垂线）逐像素地从图像的顶部至底部移动，计算出每个掩模的平均亮度，创建直线 $x = X$ 上的亮度线剖面图 $F(y)$。

2. 通过亮度-直线轮廓线判断稻田末端

找到亮度线剖面上最大值的位置 y_m，连接 $F(y_m)$ 和 $F(470)$ 两点，得到一条近似线 $F_1(y)$，如图 8.2.5 所示。直线 $F_1(y)$ 可表示为

$$F_1(y) = ky + a \tag{8.2.7a}$$

式中：

$$k = \frac{F(470) - F(y_m)}{470 - y_m} \tag{8.2.7b}$$

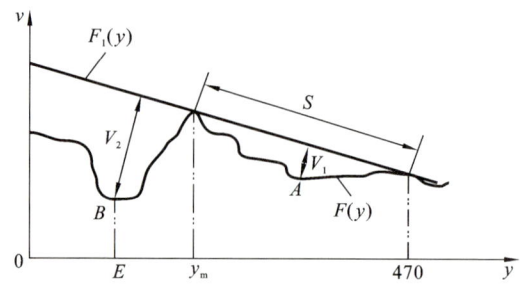

图 8.2.5　检测稻田末端

注:横坐标 y 为图像坐标(0~479 像素),纵坐标 v 为亮度(0~255)。

$$a = \frac{y_{\mathrm{m}} F(470) - 470 F(y_{\mathrm{m}})}{y_{\mathrm{m}} - 470} \qquad (8.2.7\mathrm{c})$$

通过式(8.2.8)计算出 $F_1(y)$ 与 $F(y)$ 的差值 $F_2(y)$;找到从直线 $F_1(y)$ 到 $F(y)$ 曲线波谷的距离 V_1 和 V_2,点 A,B 为 $F(y)$ 波谷点,如图 8.2.5 所示。

$$F_2(y) = \sum_{y=0}^{480} (F_1(y) - F(y)) \qquad (8.2.8)$$

如果 $V_1 > 50$,则计算出 V_1 两侧 $F_1(y)$ 与 $F(y)$ 的交点间的距离 S。如果 $V_1/S > 0.25$,那么将点 A 对应的横坐标轴上的点作为稻田末端点 E。否则,如果 $V_2 > 50$ 并且 $V_2 > V_1$,那么将点 B 对应的横坐标轴上的点作为稻田末端点 E。对于其他情况,如果图像中不存在稻田末端点,那么将 E 点横坐标设置为 0。

8.2.5　已知点的确定及方向线检测

在使用过已知点的 Hough 变换方法确定行驶方向时,首先须确定一个已知点 n(见图 8.2.2)。为了确定这个已知点 n,用式(8.2.9)与式(8.2.10)计算出从稻田末端点 E 到 $E+49$ 区域候选点的离散度 σ^2:

$$\bar{x} = \frac{1}{50} \sum_{y=E}^{E+49} x(y) \qquad (8.2.9)$$

$$\sigma^2 = \frac{1}{50} \sum_{y=E}^{E+49} (\bar{x} - x(y))^2 \qquad (8.2.10)$$

式中:$x(y)$ 为候选点的横坐标;$\bar{x}$ 为候选点横坐标的平均值。

如果 $\sigma^2 < 100$,那么将点 $(\bar{x}, E+25)$ 作为已知点;否则,将点 $(X, E+25)$ 作为已知点。

对上述从稻田末端点 E(靠近图像顶端)至图像底端的方向候选点群和已知点,执行过已知点的 Hough 变换,即可计算出导航方向线 l(见图 8.2.2)。

8.2.6　目标线检测结果与分析

利用以上检测算法对 94 个稻田样本图像进行测试,其中包括 32 个带有稻田末端的样本。从插秧后的第二天起每周都进行图像采集,共采集第 0~9 周共 10 组样本。方向线在每个样本中都能够被正确地检测出来。稻田末端在第 0~5 周的样本中能够被正确地检测出来,但在第 6~9 周(稻田末端明显地被水稻覆盖)的样本中未能被检测出来。

部分稻田样本图像及其检测结果如图 8.2.6 所示,从插秧后的第 2 天(第 0 周)到第 9 周,每周给出了一个检测实例。在这些图像中,分散的点代表方向候选点 p;实线表示检测出的方向线,从图像底端延伸到检测出来的稻田末端;"+"表示已知点。

1. 目标空间位置检测

图 8.2.6 中部分图像的 B 分量分布如图 8.2.7 所示。随着水稻不断生长,

（a）第 0 周　　　　　　　　　　　（b）第 1 周

（c）第 2 周　　　　　　　　　　　（d）第 3 周

图 8.2.6　稻田导航线检测实例

（e）第4周　　　　　　　　　　　　　（f）第5周

（g）第6周　　　　　　　　　　　　　（h）第7周

（i）第8周　　　　　　　　　　　　　（j）第9周

续图8.2.6

图像的 B 分量值逐渐减小。从该分布图来看，一般情况下， B 分量的最大值会出现在目标空间的位置，除非稻株特别小，如第0周的图像样本。即便如此，对于任何测试条件下的图像，分布曲线波峰分别与直线 $b=A$（ A 为平均值）、 $b=A+D/2$（ D 为标准差）以及直线 $b=A+D$ 之间的交点距离，在目标空间中均为最大。因此，本检测方法适用于整个水稻生长季。如果图像中存在水面部分（如第 0～6 周的图像样本),采用亮度方法而不是 B 分量也能得到相同的检测结果;如果图像中不存在水面部分,如第 8 周的图像样本,采用亮度技术方法则会得到不同的结果。

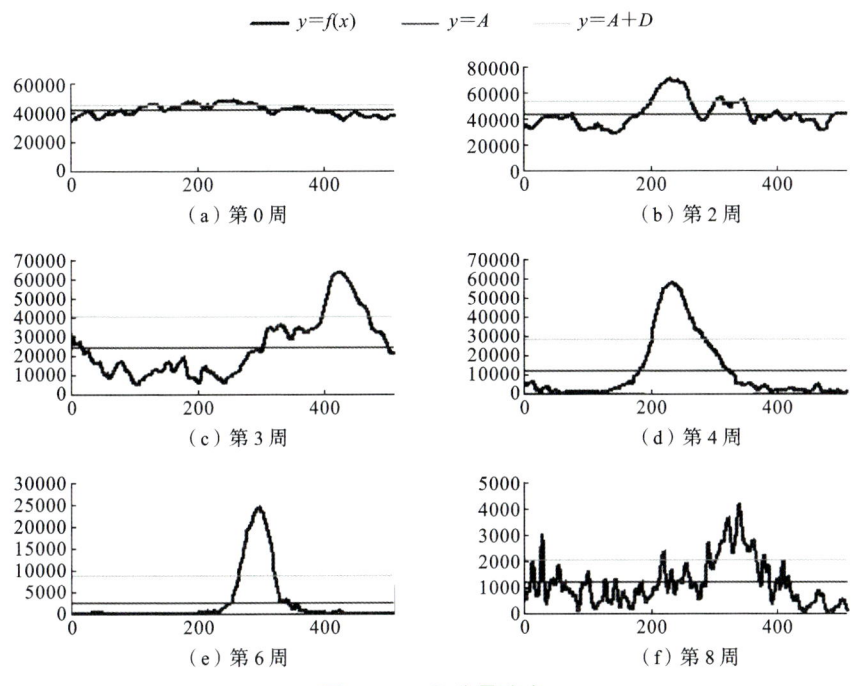

图 8.2.7　B 分量分布

注:横轴为图像宽度(像素),纵轴为总 B 分量值(亮度)。

2. 方向候选点检测

部分样本在直线 $y=300$ 上的颜色分量轮廓线如图 8.2.8 所示。由于在水稻的各个生长时期,图像颜色之间的关系有所不同,因此有必要根据水稻苗类型调整方向候选点的检测参数。对于小水稻苗行(第 0～3 周样本),通过 $A_D=A_B-D_B$ 和 $A_D>0$ 来判断,将 $A_D=A_B-D_B$ 作为检测候选点的阈值,因为水的 B 分量值与 $y=300$ 整条线的 B 分量平均值近似,而水稻的 B 分量值一般比平均值小。对于中等水稻苗行(第 4～6 周样本),通过 $A_D=A_B-D_B$ 和 $A_B<0$ 来判断,将 $A_D=A_B+D_B$ 作为检测候选点的阈值,因为水的 B 分量值一般比平均值大,而水稻的 B 分量值几乎为 0。对于大水稻苗行(第 8 周样本),由于 B 分量的平均值以及标准差几乎为 0,通过搜索最大的 B 分量值来检测候选点。这种检测候选点的调整方案在 94 个样本中均试验成功,甚至包括图像中丢失了部

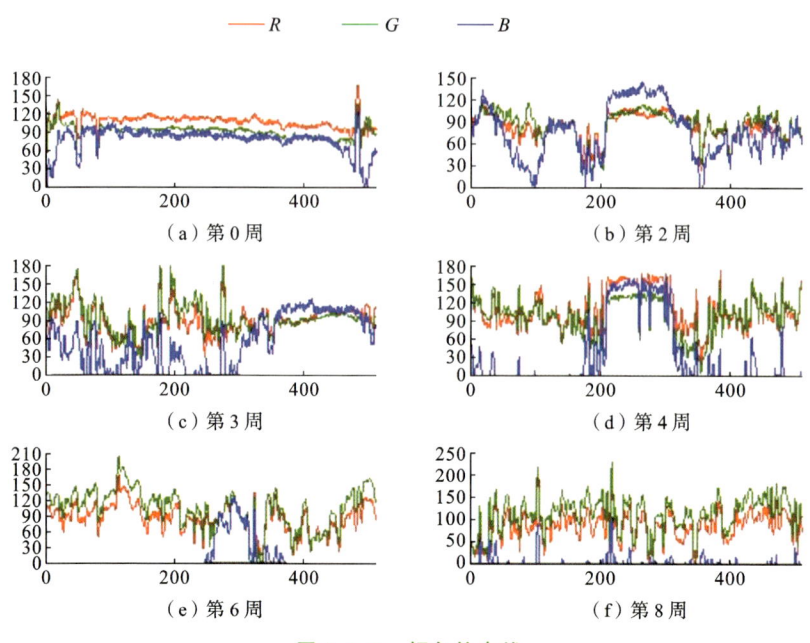

图 8.2.8 颜色轮廓线

注:横轴为图像横坐标(像素),纵轴为颜色值(0~255)。

分水稻苗行的样本,如第 3 周的样本。

3. 田端检测

在一个狭小的像素带里,利用穿过目标空间位置的垂线上的亮度分布能很快判断出田端位置。考虑到泥土或者水稻对水面的影响,采用掩模直方图中间区域的平均亮度分布情况进行田端判断。部分样本的亮度线剖面图如图 8.2.9 所示。从图像的底部到顶部,沿着穿过目标空间位置的垂线,亮度逐渐减小,并且在没有大范围的泥土或者阴影(第 0 周、第 3 周及第 4 周样本)干扰时,亮度值分布均匀,近似为一条直线。在田端的前方,由于摄像机倾斜的原因,一般都存在阴影,导致该区域处的亮度偏暗。因此,稻田的田端可通过近似直线和亮度线剖面的亮度差进行检测。如果存在很多泥土(第 2 周样本)或者水稻遮挡水面(第 6 周样本)的情况,或者图像中不存在水面部分,近似直线和亮度线剖面的亮度差仍然很大,并且田端处的近似直线和亮度线剖面对应点间的亮度差更大,也可采用上述方法检测稻田的田端。

上述方法能够很好地应用于水稻生长早期和中期的田端检测。然而,在水稻生长晚期,由于田端被水稻苗覆盖了,此时采用图像处理技术来检测田端会比较困难。

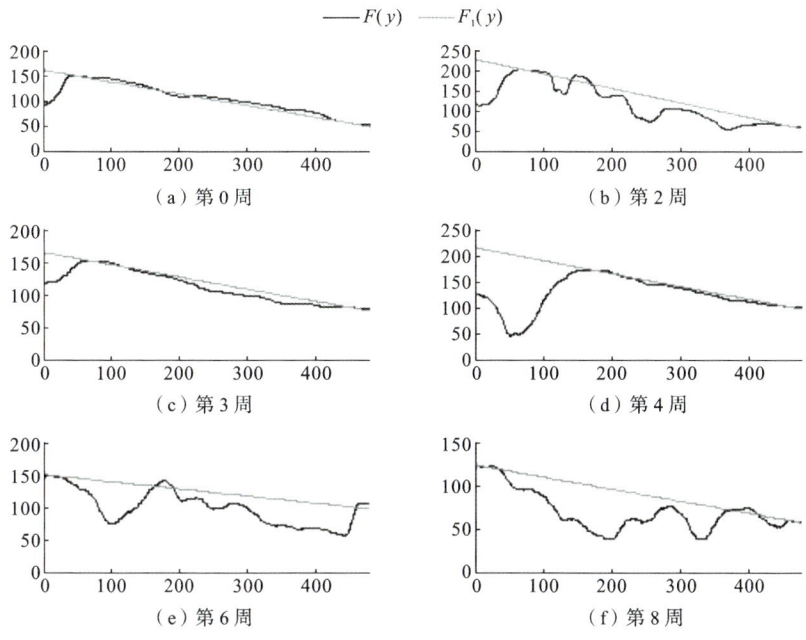

图 8.2.9　目标空间的亮度分布

注：横轴为图像横坐标（像素），纵轴为亮度（0～255），$F(y)$ 为亮度线剖面，$F_1(y)$ 近似线。

4. 已知点及方向线检测

过已知点的 Hough 变换首先需要确定方向线上的一个已知点，本研究中将目标空间线的顶点作为已知点的方法是普遍适用的。当存在田端时，该确定已知点的处理方法可以增强方向线的检测精度，特别是对处于生长中期的水稻田。因为处理的对象最多包括 480 个像素点，所以过已知点的 Hough 变换速度很快，读入彩色图像之后，检测并绘制出方向线的时间仅为 0.1 s 左右。

8.3　水田微型除草机器人导航线检测

本研究针对微型除草机器人在水田中行走的问题，提出一种图像处理检测算法，以确定行驶方向。由于在水稻从秧苗到收获的整个生长阶段，微型除草机器人均需在水田中作业，因此本算法必须能够适应水稻各个生长阶段的水田环境。

本研究的技术要点如下：

（1）图像的采集方法；

（2）视野中目标图像的确定；

（3）适应各种生长阶段的导航线检测方法；

（4）田端的判断方法。

8.3.1 试验设备

研究中采用低成本硬件方案搭建水田导航检测系统。具体方法如下：选用一个型号为 TR-89C 的微型无线监控摄像机和一个 TR-801C 接收器，使用这些设备采集水田的视频图像，并将这些图像存入录像带中。使用电视机显示由接收器传送过来的信号。摄像机的长、宽、高分别为 68 mm、32 mm 和 27 mm，镜头焦距为 3.7 mm，光圈设置为 F2.0，发送图像的频率为 2.4 GHz。利用 Photron 公司提供的 FDM-PCI Ⅱ 图像采集卡，将录制的录像带转化为处理用的数字图像。在带有奔腾 400 MHz 中央处理器的计算机上进行图像处理。处理软件为 Microsoft Visual C＋＋ 6.0。

8.3.2 图像采集

水稻幼苗在 2001 年 6 月 13 日被移栽到东京农工大学的试验田中。样本图像采集的时间段为 2001 年 6 月 16 日到 2001 年 8 月 4 日，每周采集一次，共采样 8 次。分别将摄像机放置于水面上方大约 10 cm、20 cm 和 30 cm 处，且在每一个高度处使摄像机光轴依次置于水平、水平向下倾斜 10°和 20°位置，如图 8.3.1 所示，并通过 360°旋转获得每个高度、每个角度的录像带样本。在采样期间，稻株的高度大约高出水面 10~65 cm。

图 8.3.1　水田和摄像机

试验中共采集了 69 个处理样本。每个处理样本均包含 24 幅图像,这些图像以均匀间隔从录像带中获取,并保存为视频文件格式。图像输入板的亮度和对比度两个参数在采集图像时均设置为中间值。图像大小为 512×480 像素。每个处理样本都给定了一个识别码:Smn(S 代表样本;m 为周数($0 \sim 7$);n 为录像带编号($1 \sim 9$))(见表 8.3.1)。

表 8.3.1　采样情况记录表

| 周 | 时间
(2001 年) | 水稻
高度/cm | 天气 | 摄像机高
度/cm | 图像组 | | |
| | | | | | 摄像角度/(°) | | |
					0	10	20
0	6 月 16 日	10	阴	10	S01	S02	—
				20	—	S05	S06
				30	—	S08	S09
1	6 月 22 日	12	阴	10	S11	S12	S13
				20	S14	S15	S16
				30	S17	S18	S19
2	6 月 29 日	20	晴	10	S21	S22	S23
				20	S24	S25	S26
				30	S27	S28	S29
3	7 月 6 日	25	阴	10	S31	S32	S33
				20	S34	S35	S36
				30	S37	S38	S39
4	7 月 13 日	30	晴	10	S41	S42	S43
				20	S44	S45	S46
				30	S47	S48	S49
5	7 月 19 日	40	晴	10	S51	S52	S53
				20	S54	S55	S56
				30	S57	S58	S59
6	7 月 27 日	55	晴	10	S61	S62	S63
				20	S64	S65	S66
				30	S67	S68	S69
7	8 月 4 日	65	阴	10	S71	S72	S73
				20	S74	S75	S76
				30	S77	S78	S79

注:插秧时间是 2001 年 4 月 13 日。

图像组中,"—"表示没有样本。

8.3.3 检测算法

检测流程图如图 8.3.2 所示。将包含 24 帧图像的视频文件读入计算机内存，准备检测处理。检测要处理的参数：处理帧 F，B 分量参数最大值 $B_{pm,\max}$，最大对象数 $N_{O,\max}$，最大面积率 1($R_{A1,\max}$)，最大面积率 2($R_{A2,\max}$)，判断帧 F_J 和候

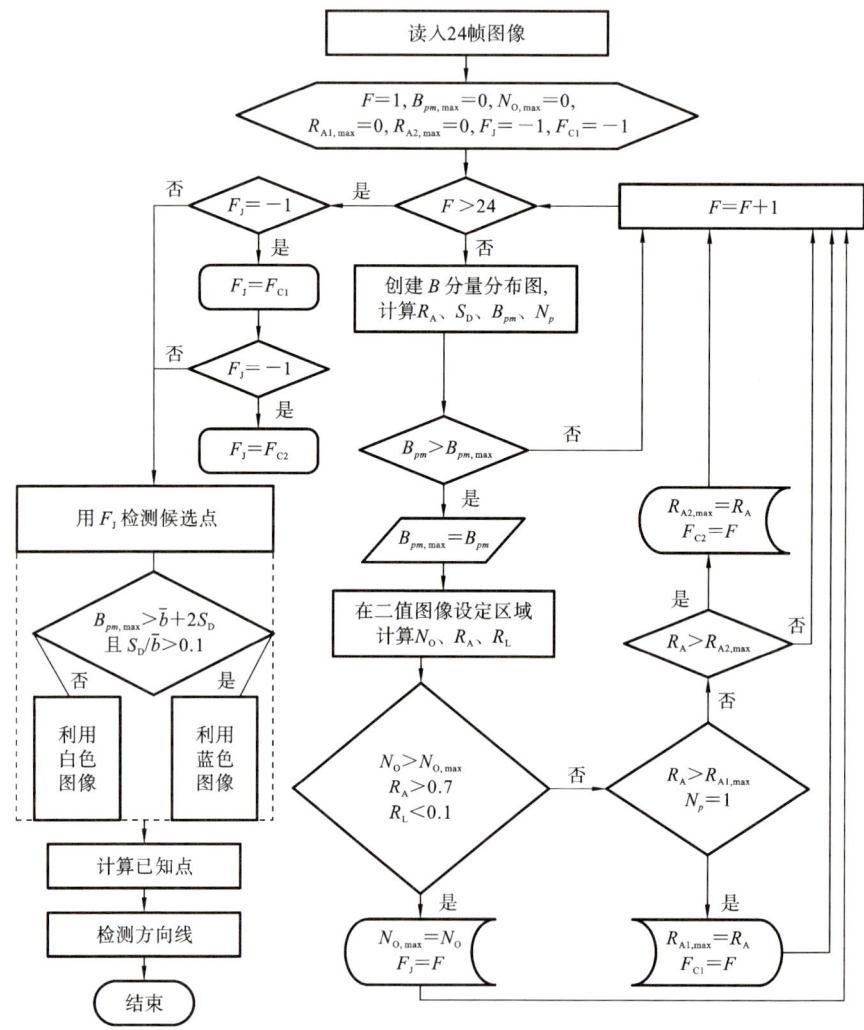

图 8.3.2 检测流程图

R_A—面积率；$R_{A1,\max}$，$R_{A2,\max}$—最大面积率 1 和 2；$\bar{b}$—B 分量平均值；B_{pm}—B 分量参数；

$B_{pm,\max}$—B 分量参数最大值；F—处理帧；F_{C1}，F_{C2}—候选帧 1，2；F_J—判断帧；

R_L—直线率；$N_{O,\max}$—最大对象数；N_O—对象数；N_p—峰值数；S_D—B 分量分布的标准差

选帧 1（F_{C1}）。首先，将以上参数分别初始化为：$F=1,B_{pm,\max}=0,N_{O,\max}=0$，$R_{A1,\max}=0,R_{A2,\max}=0,F_J=-1,F_{C1}=-1$。然后从第 1 帧到第 24 帧，逐帧处理，确定水稻行之间的区域离图像中心最近的图像，称为目标图像。确定了目标图像后，接着检测出目标图像中每条水平线上的行驶方向候选点。最后确定一个已知点，利用过已知点的 Hough 变换来检测导航线。

1. 目标图像的确定

1）创建 B 分量分布图及计算 B 分量参数

目标图像为摄像机旋转所获取的所有图像中，水稻行之间的区域离图像中心最近的图像。而在所有图像中，目标图像 B 分量分布图的中心离图像中心最近。因此，可通过设立 B 分量参数来判定目标图像。

首先，将图像中每条垂直线上的每个像素的 B 分量值相加，得到 B 分量分布曲线 $b(x)$。其中，x 为图像横坐标。利用式（8.3.1）、式（8.3.2）分别计算出 $b(x)$ 的平均值 $\bar{b}$、标准差 S_D：

$$\bar{b}=\frac{1}{512}\sum_{x=0}^{511}b(x) \tag{8.3.1}$$

$$S_D=\sqrt{\frac{1}{512}\sum_{x=0}^{511}(\bar{b}-b(x))^2} \tag{8.3.2}$$

为了得到 B 分量参数 B_{pm}，对原始数据进行 20 个像素宽度的移动平滑，得到平滑后的 B 分量分布曲线 $b(x)$（见图 8.3.3）。在分布曲线 $b(x)$ 上，最高点 p 的横坐标为 x_p。如果 $b(x_p)>b_u$（b_u 为总 B 分量值的上限，大小为 $\bar{b}+S_D$），在点 p 的两边，值 b_u 的上方，找到分布曲线 $b(x)$ 的波谷点。这些波谷点中，将 B 分量值最大的点命名为 p_1，其横坐标值为 x_{p1}。在分布曲线 $b(x)$ 上，于点 p 的另一边找到与点 p_1 处的 B 分量值相等的点 p_2，其横坐标值为 x_{p2}。如果点 p 两边不存在波谷点，就将点 p 两边分布曲线 $b(x)$ 与直线 b_u 的两个交点设为点 p_1 和 p_2。当 $512/2-x_p\neq0$ 时，B 分量参数 B_{pm} 采用式（8.3.3）进行计算；当 $256-x_p=0$ 时，B_{pm} 采用式（8.3.4）进行计算。否则，如果 $b(x_p)\leqslant b_u$，B_{pm} 为 0。在寻找 B 分量强度最高点 p 的同时，也获得了 b_u 上方波峰点的个数 N_p。

$$B_{pm}=\frac{\sum_{x_{p1}}^{x_{p2}}(b(x)-b(x_{p1}))^2}{|256-x_p|},\quad 256-x_p\neq0 \tag{8.3.3}$$

$$B_{pm}=\sum_{x_{p1}}^{x_{p2}}(b(x)-b(x_{p1}))^2,\quad 256-x_p=0 \tag{8.3.4}$$

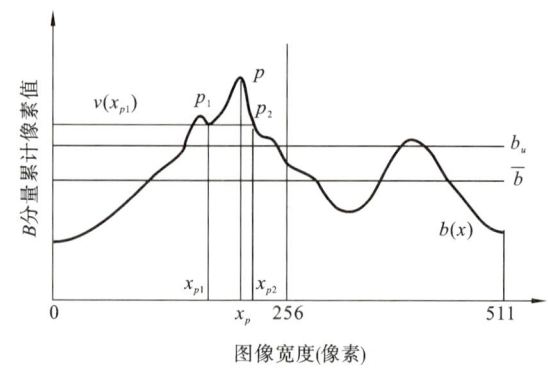

图 8.3.3　计算 B 分量参数

$b(x)$—分布曲线；$\bar{b}$—总 B 分量累计值的平均值；b_u—B 分量累计值上限；

p— B 分量强度峰值；p_1— p 点周围较高点；

p_2—点 p_1 另一端镜像位置；x_p、x_{p1}、x_{p2}—点 p、p_1 和 p_2 的横坐标

如果计算出来的 B 分量参数值 B_{pm} 超过当前的最大值 $B_{pm,\max}$，那么令 $B_{pm,\max}=B_{pm}$，接着进行下一步，如图 8.3.3 所示。

2）对二值图像进行判断

由于反射光的影响，最大值 $B_{pm,\max}$ 可能并不会出现在目标图像中。因此，最大值 $B_{pm,\max}$ 出现的图像还必须通过其他条件检查出来，以确定其就是目标图像。

通过以上步骤处理之后，还需要进行二值图像的判断。二值图像通过比较每个像素的 B 分量和 G 分量来获得。如果 $G>B$，则将像素值设置为 255（白，代表稻株）；否则，将像素值设置为 0（黑，代表水）。首先以 x_p 为中心，创建一个顶部大小为 64（即 512/8）像素，底部大小为 256（即 512/2）像素的梯形，计算出黑色像素的个数，即对象数 N_O。然后在梯形区域中计算面积率 R_A 和直线率 R_L。其中，R_A 值为梯形区域的总像素除以对象数 N_O；R_L 值为 480（图像高度）除以 h（图像中梯形区域顶部包含黑色像素数＜5％的扫描线个数）。对象数 N_O、面积率 R_A 和直线率 R_L 均用于后续处理。如果满足条件 $N_O>N_{O,\max}$，$R_A>0.7$，$R_L<0.1$，那么最大对象数则用计算出来的对象数替换（即 $N_{O,\max}=N_O$），判断帧用待处理的另一幅图像替换（即 $F_J=F$），对下一幅图像从"创建 B 分量分布图"这一步骤重新开始处理（见图 8.3.2）。否则，对当前图像通过以下方法进行下一步判断，看其能否作为候选帧 F_{C1}、F_{C2}。

如果面积率大于最大面积率 1（即 $R_A>R_{A1,\max}$），并且峰值数为 1（即 $N_p=$ 1），则将该处理帧用作候选帧 1（即 $F_{C1}=F$），最大面积率 1 用当前面积率来替

换(即 $R_{A1,max}=R_A$)。对下一幅图像从"创建 B 分量分布图"这一步骤重新开始处理(见图 8.3.2)。

如果面积率不大于最大面积率 1(即 $R_A \leqslant R_{A1,max}$),或者峰值数不为 1(即 $N_p \neq 1$),则将面积率与最大面积率 2 进行比较。如果面积率大于最大面积率 2(即 $R_A > R_{A2,max}$),则将该处理帧用作候选帧 2(即 $F_{C2}=F$),最大面积率 2 用当前面积率来替换(即 $R_{A2,max}=R_A$)。完成上述比较操作后,对下一幅图像从"创建 B 分量分布图"这一步骤重新开始处理。

对 24 幅图像均通过以上两个步骤(建立 B 分量分布图和对二值图像进行判断)进行处理。所有图像处理完毕后,进行下一步处理——确定目标图像。

3) 确定目标图像

当 24 幅图像都处理完毕之后,检查各个参数的最终值,完成目标图像的确定。如果判断帧不为 -1(即 $F_J \neq -1$),则表明目标图像已经被确定下来,F_J 所对应的图像即为目标图像。如果判断帧仍为初始状态的 -1,则表明 24 幅图像的 B 分量分布图 $b(x)$(图 8.3.3)上,最大 B 分量值都小于 B 分量累计值上限 b_u,此时目标图像只能通过候选目标帧 F_{C1} 或者 F_{C2} 来确定。如果候选帧 1 不为 -1($F_{C1} \neq -1$),则 F_{C1} 所对应的图像即为目标图像;如果 $F_{C1}=-1$,则 F_{C2} 所对应的图像即为目标图像。

目标图像确定之后,进行下一步处理——方向线检测。

2. 方向线的检测

1) 选择检测方法

目标图像确定下来之后,接下来的处理主要是针对目标图像。在如图 8.3.2 所示的"创建 B 分量分布图"步骤中,通过 B 分量分布曲线 $b(x)$ 获得的或者计算出的最大 B 分量值 b_{max}($b_{max}=b(x_p)$)、平均值 $\bar{b}$ 以及标准差 S_D,用来确定检测方法。如果 $b_{max} > \bar{b}+2S_D$,并且 $S_D/\bar{b} > 0.1$,则表明稻株大小在中等以上,导航线的候选点利用图像的 B 分量来检测;否则,对二值图像进行判断和检测。

2) 利用二值图像检测方向候选点

对二值图像从顶部到底部逐行进行水平扫描,确定每条扫描线上的候选点。对于每条水平扫描线,首先,计算出坐标 x_p 位置的像素值,该 x_p 与 B 分量分布曲线 $b(x)$(见图 8.3.3)中的 x_p 相对应。如果 x_p 位置的像素值为 0(黑),则分别从 x_p 向左边和右边逐像素进行扫描,确定 x_p 周围黑色区域的左边缘值 x_1 和右边缘值 x_2。当遇到 5 个连续的白色像素时,停止水平扫描,并以停止的像素为中心进行 10 像素竖直扫描。如果竖直线上白色像素的个数大于 3,向左边扫描时,那么将最后一个位置作为坐标 x_1;向右边扫描时,那么将最后一个位置作为坐标 x_2。两侧边缘确定后,停止水平扫描。将 x_1 与 x_2 的中值作为水平行上的候选点坐标 $x_{1,2}$,即 $x_{1,2}=(x_1+x_2)/2$。

如果 x_p 位置的像素值为 255(白),在对二值图像进行判断时建立的梯形区域中,找到最近的黑色像素位置坐标 X_{LP}。如果 X_{LP} 能确定下来,则用 X_{LP} 代替上述处理中的 x_p 作为候选点的位置。如果梯形区域中不存在黑色像素,则将候选点确定为 x_p,即 $x_{1,2}=x_p$。

水田田端 E 通过下述方法来确定。从顶部到底部逐行水平扫描二值图像,数出梯形区域中水扫描线的白色像素数。在一条水平扫描线上,如果梯形区域的白色像素率大于 0.85,该行就可作为候选的水田田端。当连续 5 次水平扫描线被确定为水田田端时,那么第一次确定的水平扫描线就可作为水田田端。否则,认为图像中不存在水田田端,即 $E=0$。

3)利用 B 分量图像检测候选点

对图像从顶部到底部逐行进行水平扫描,得到 B 分量分布曲线,确定每条水平线上的候选点。首先,计算出水平线 B 分量值分布的平均值 $\bar{b}_1$ 以及标准差 S_{D1},确定一个基准点坐标 x_{DL}。如果坐标 x_p(该 x_p 与 B 分量分布曲线 $b(x)$(见图 8.3.3)中的 x_p 相对应)位置的像素值大于 $\bar{b}_1+S_{D1}$,则直接将 x_p 作为 x_{DL}。如果坐标 x_p 位置的像素值小于或者等于 $\bar{b}_1+S_{D1}$,则在以 x_p 为中心的 128(即 512/4)像素区域内找到一个离 x_p 最近的像素值大于 $\bar{b}_1+S_{D1}$ 的点 x_{pp},并将该点作为 x_{DL}。接下来,在每条水平扫描线的 B 分量分布图里,找到 x_{DL} 两边 B 分量值为 $(\bar{b}_1+S_{D1})/2$ 的点,并令这两个点的坐标分别为 x_{x1} 和 x_{x2},其中值 $x_{x1,x2}=(x_{x1}+x_{x2})/2$ 对应的点可作为候选点位置。如果上述方法没有确定 x_{DL} 点,则将 x_p 作为候选点。

在确定候选点的处理期间,水田田端 E 可通过下述方法来确定。如果 $S_{D1}<10$,或者当坐标为 x_p 的位置的像素值小于或等于 $\bar{b}_1+S_{D1}$ 时,坐标为 x_{pp} 的点不存在,那么将该水平扫描线作为 N_{L1}。否则,将该水平扫描线作为 N_{L2}。如果 $N_{L2}>5$,则 N_{L1} 行可看作水田末端,即 $E=N_{L1}$。

4)已知点的选取

在使用过已知点的 Hough 变换方法确定行驶方向线之前,需要创建一个已知点。为了创建该已知点,利用式(8.3.5)和式(8.3.6)计算出竖直跨越 Y(离图像顶端的高度)到 $Y+29$ 范围内的候选点的离散度 σ^2:

$$\bar{x}=\frac{1}{30}\sum_{y=Y}^{Y+29}x(y) \tag{8.3.5}$$

$$\sigma^2 = \frac{1}{30} \sum_{y=Y}^{Y+29} (\bar{x} - x(y))^2 \qquad (8.3.6)$$

式中：$x(y)$ 为候选点的横坐标，$\bar{x}$ 为候选点横坐标的平均值。

将直线 $y=Y$ 从水田田端 E 到图像底部上方 30 像素位置逐像素移动，在此处理过程中，确定出离散度最小的位置 Y_N 及其横坐标平均值 $\bar{x}_n$。如果 $y=Y_N$ 位置处的离散度比较小（$\sigma^2 < 100$），则将点 $(\bar{x}, Y+15)$ 设为已知点；否则，将离散度最小的位置 Y_N（即点 $(\bar{x}_n, Y_N+15)$）设为已知点。

5）计算行驶方向线

对从水田田端 E（靠近图像顶端）到图像底端的候选点进行过已知点的 Hough 变换计算，便可在图像中获得行驶方向线。

8.3.4　检测结果与分析

1. 目标图像的确定

一些图像样本及其 B 分量分布图分别如图 8.3.4、图 8.3.5 所示。在每幅 B 分量分布图中，较低的水平实线代表平均值 $\bar{b}$ 线，较高的水平实线代表平均值加上标准差 $\bar{b}+S_D$ 线。如果水稻行之间的区域（假定为行驶方向线）出现在图像上（见图 8.3.4(c)、(e)），则在峰值亮度点 P 周围，分布曲线与 $\bar{b}+S_D$ 线的交点之间的部分（将其命名为 PGBS）会比较大（见图 8.3.5(c)、(e)）。如果水稻行之间的区域没有出现在图像上（见图 8.3.4(b)），则 PGBS 一般会比较小，如图 8.3.5(b) 所示。如果存在水面反光（见图 8.3.4(a)）或者稻株大（见图 8.3.4(d)、(f)），则 PGBS 也会很大（见图 8.3.5(a)、(d)、(f)）。然而，当图像中存在水稻行之间的区域时，PGBS 的形状为窄高型，而在图像中存在水面反光的条件下，其形状为宽低型。因此，采用亮度偏差除以距离来计算 B 分量参数 B_{pm}（见式(8.3.3)和式(8.3.4)）的方法可增强前者的图像参数，抑制后者的图像参数。虽然分布曲线经过了平滑处理，但对于一些存在反光的图像，其 B 分量分布曲线在 $b_u = \bar{b} + S_D$ 上方依然很不平坦，如图 8.3.5(d) 所示。上述情况可采用以上提到的通过 $\bar{b}+S_D$ 上方最小点计算 B_{mp} 方法抑制 B 分量参数 B_{mp}。当目标图像中水稻行之间的区域靠近整幅图像的中心时，用亮度偏差除以分布图上点 P 与图像中心之间的距离，可抑制非目标图像的 B 分量参数，即增强目标图像的 B 分量参数。

以上过程并不能绝对保证目标图像的 B 分量参数 B_{pm} 在所有采集图像中是最大的。比如，图 8.3.5(a) 所示图像的 B 分量参数值 B_{pm} 可能在所有图像中

（a）开阔水面（S05的图18）

（b）没有明显通路（S17的图18）

（c）正常行走方向图（S34的图1）

（d）遮挡的大稻株（S43的图16）

（e）通路的近景（S59的图1）

（f）遮挡的大稻株（S57的图9）

图 8.3.4　机器人旋转视野中的水田图像

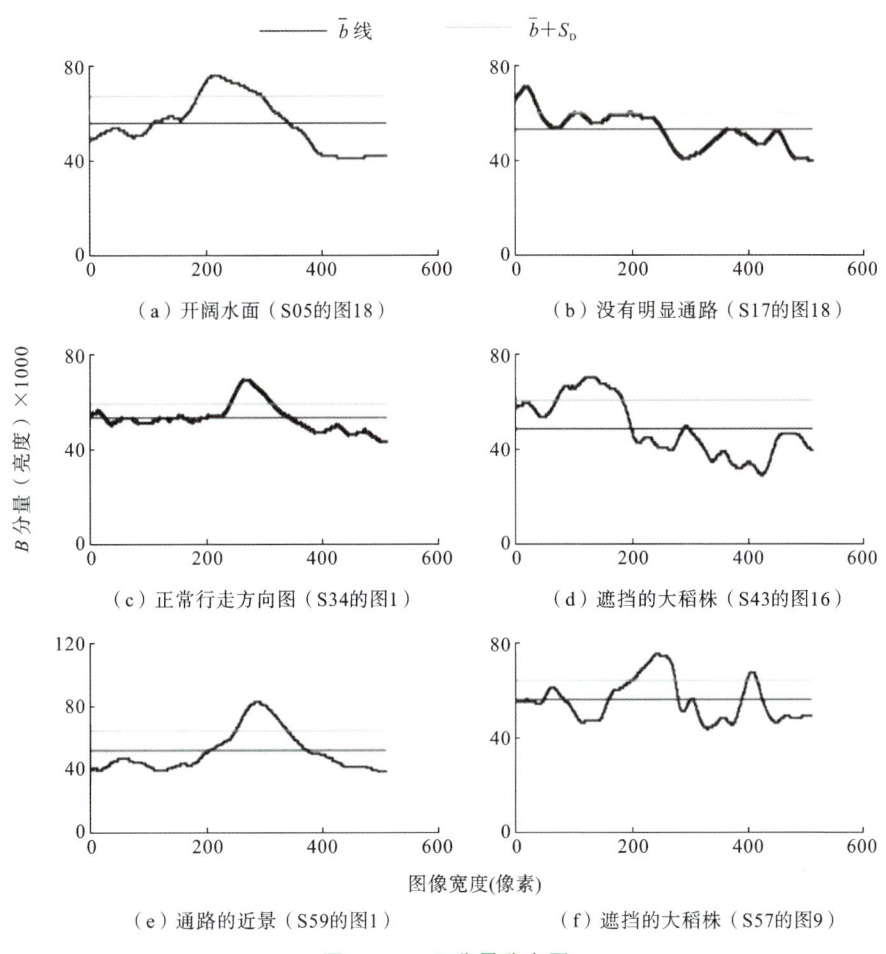

图 8.3.5　B 分量分布图

最大。若对二值图像进行处理，那么以上大部分情况都可能排除在外。图 8.3.4 中部分图像的二值图像如图 8.3.6 所示。比较 G 分量和 B 分量的二值化方法通常提取水稻为白色像素，水和阴影为黑色像素（见图 8.3.6(a)~(c)）。在稻株较大、反射光较强时，水稻的部分被提取成了黑色像素，如图 8.3.6(d) 所示。然而，反射光较强的图像通常在建立 B 分量分布图时就被剔除了。在目标图像中，水稻行之间区域的形状是一个梯形，如图 8.3.6(b) 和 (c) 所示，因此，在一定程度上，梯形的创建是适应于该空间的。在创建的梯形区域中，目标图像（见图 8.3.6(b)、(c)）的白色像素很少，而其他图像（见图 8.3.6(a)）中的白色像素较多。因此，某些非目标图像可通过判断面积率 R_A 和直线率 R_L 来剔除。在摄像机水平放置所拍摄的部分样本（如样本 S21、S27、S34、S37、S47、S64、S67

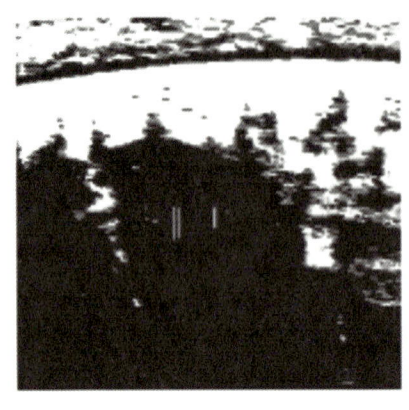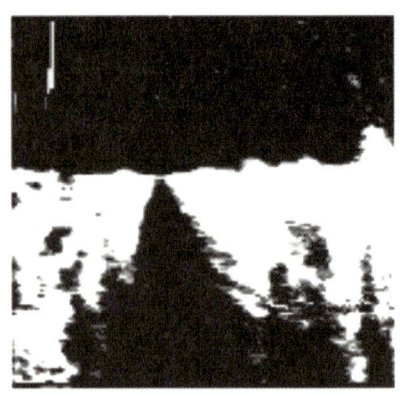

（a）开阔水面（S05的图18）　　　　　　（b）正常行走方向图（S34的图1）

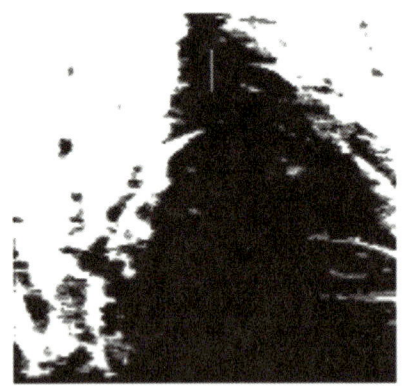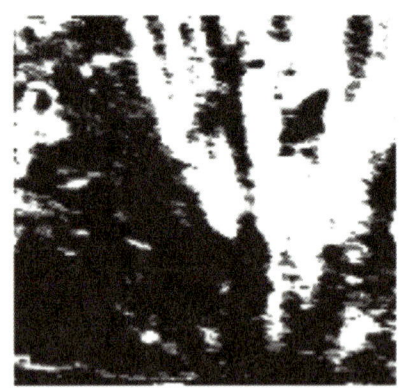

（c）通路的近景（S59的图1）　　　　　　（d）遮挡的大稻株（S43的图16）

图 8.3.6　部分二值图像

和 S77，见表 8.3.1）中，目标图像梯形区域的黑色像素个数比其他图像的要多，但是目标图像的面积率 R_A 和直线率 R_L 不满足条件 $R_A > 0.7$，$R_L < 0.1$，所以这些目标图像最后通过候选帧 F_{C1} 或 F_{C2} 来判断（见图 8.3.2）。

　　本研究中，在摄像机旋转 360° 采集样本时，每个样本都有前后两条行驶方向线（水稻行之间的区域）。如果确定了其中的一条方向线，那么就认为判断是正确的。根据此标准，表 8.3.1 所列 69 个样本的目标图像都通过以上算法正确地判断出来了。在实际应用中，为了判断一条固定的方向线，摄像机绕该方向线旋转的角度可适当调小一点（如 180°）。

　　2. 方向线的检测

　　部分样本的检测结果如图 8.3.7 所示。每幅图像重叠表示了二值图像、G

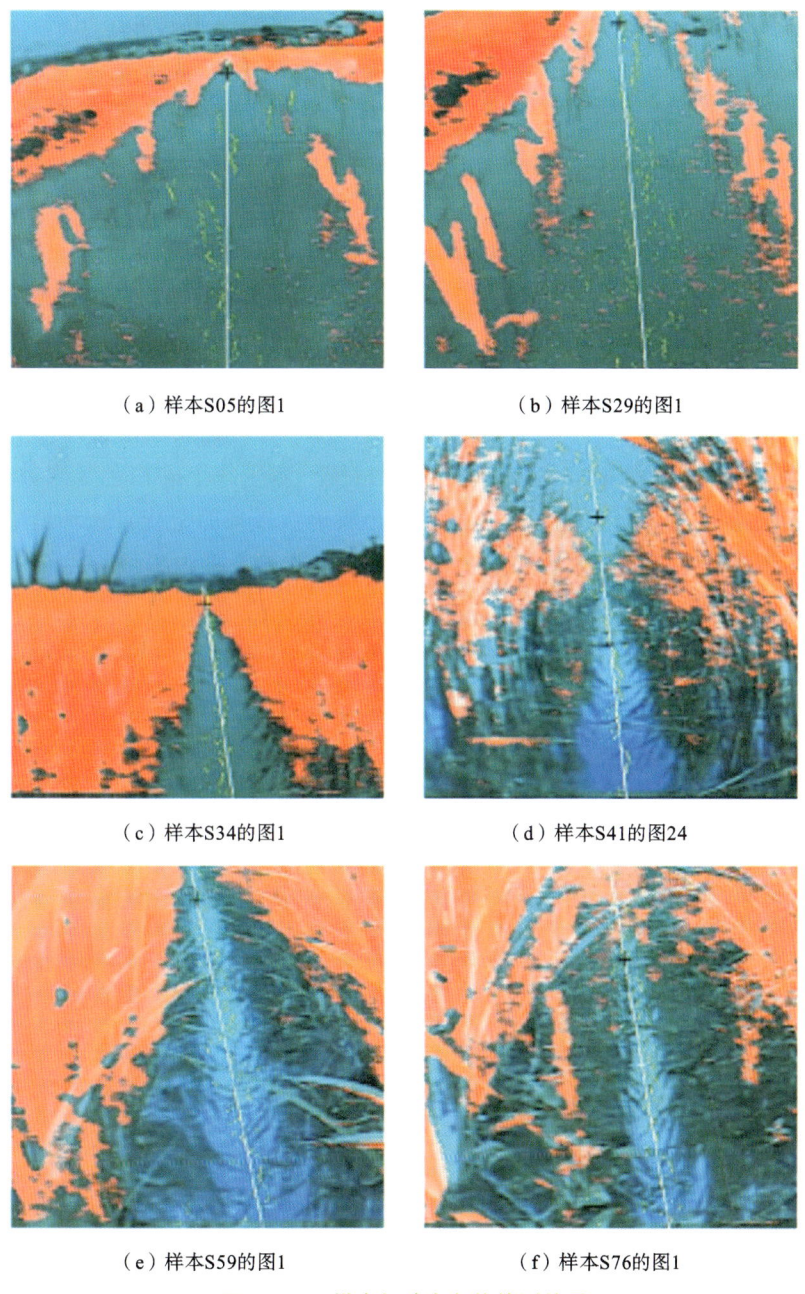

（a）样本S05的图1 （b）样本S29的图1

（c）样本S34的图1 （d）样本S41的图24

（e）样本S59的图1 （f）样本S76的图1

图 8.3.7　样本行驶方向线检测结果

分量图像和 B 分量图像。在图 8.3.7 中，红色区域表示二值图像的白色像素，
其他部分为二值图像的黑色像素；实线周围的分散点为检测获得的候选点；实

线为检测获得的行驶方向线,沿图像底部延伸至检测出来的水田田端;已知点用"+"表示。

检测候选点的方法依据稻株的生长情况而定。当水稻较小(见图 8.3.7(a)、(b))时,采用二值图像的方法;当水稻长到中等大小以上(见图 8.3.7(c)~(f))时,采用 B 分量图像的方法。如果检测的目的在于确定水稻行之间的中心线,而不是水区的中心线,那么二值图像方法也可用于中等以上大小的水稻。而 B 分量图像方法适用于检测水区的中心线,如图 8.3.7(c)~(f)所示。当稻株较小时,在通过比较每个像素的 G 分量和 B 分量所获取的二值图像中,白色像素较少。对 B 分量图像进行差分处理之后重新获取二值图像,可增加小稻株条件下的白色像素数。但是,重新获取二值图像将会降低处理速度。

在二值图像中判断黑色区域的边缘时,统计水平线上的白色像素数,并建立一个垂直扫描区域,以避免白色像素的小噪声所带来的干扰。这种消除噪声方法的处理速度比传统方法快。水田田端采用计算水平扫描线上白色像素率的方法来判断。该水田田端的判断方法适用于远视角条件,即水稻行在图像中看似靠拢的情况(见图 8.3.7(a)、(c)),而在近视角条件下效果不佳。因此,提出一种能应用于任何条件下的水田田端检测方法是有必要的。

对于中等稻株和大稻株(见图 8.3.7(c)~(f)),水的 B 分量一般大于稻株,因此 B 分量图像方法就应用于这些情况。当水和水稻在 B 分量图像上的差异比较大时,水平扫描线的标准差 S_{D1} 也会比较大,因此若一条水平扫描线的标准差较小,则该行可被判定为处于水田之外。换言之,可利用水平线 B 分量值的标准差 S_{D1} 来判断水田田端。在寻找坐标为 x_{pp} 的点时,限制处理区域可避免水田外部环境的影响。图 8.3.7(c)为采用 B 分量图像的方法来判断水田田端的样本。在大稻株条件下,若图像中出现天空,天空部分会被当做水面来处理(见图 8.3.7(d)),这可能会影响检测结果。因此,需要提出一种能避免天空背景影响的 B 分量图像方法。

在使用过已知点的 Hough 变换方法确定行驶方向线之前,需要创建一个已知点。由于水稻行间的区域在远视野处较小,理论上,最好在检测出来的水田田端处创建这个已知点,若未检出水田田端,则在图像顶端创建。然而,在采用二值图像方法时,由于检出的白色像素太少(见图 8.3.7(a))或者在采用 B 分量图像方法时,候选点的检测受到水田外部环境的影响(见图 8.3.7(d)),检出的候选点会很分散,这将影响已知点的确定,并最终影响方向线的检测结果。为避免上述问题,可在水田田端(未检出图像田端时从图像顶部)到图像底部之间确定较窄的位置,以降低噪声对检测结果的影响。

试验结果表明,表 8.3.1 所列的 69 个样本的方向线都被正确地检测出来了。对于一个样本的 24 幅图像,检测并绘制其方向线的时间在 0.4～0.8 s 之间。然而,由于水田的复杂性,在实际应用中,还需基于更多的样本对检测算法进行进一步的测试和完善。

8.3.5　小结

本研究提出了一种基于图像检测的水田微型作业机器人行驶路线的确定方法,得到了以下结论:

(1) 在水田机器人导航方面,图像处理是一种有效的方法。

(2) 廉价的摄像机就可满足水田机器视觉的需求。

(3) 水稻行之间的区域可通过比较图像中每个像素的 B 分量和 G 分量来确定,与水稻的生长阶段无关。

(4) 水稻的生长阶段可以通过 B 分量像素的分布来确定。

(5) 根据水稻的生长阶段,选用分析每条水平扫描线的二值图像或 B 分量图像的方法来检测行驶方向线的候选点。在分析水平线的同时,可以判断水田田端。

(6) 方向线可基于检出的候选点来进行计算。

8.4　小麦播种行走路线检测

8.4.1　试验设备

试验用小麦播种视频是在自然环境下利用数码摄像机在天津、河南等地实地拍摄得到的。播种用拖拉机功率为 25 马力(1 马力＝735 W),作业速度为 10 km/h。摄像机的型号为 Sony DCR-PC10,其参数参考第 8.2.1 节。图像处理用计算机的配置为:Intel Pentium Dual-Core E5200 CPU,主频为 2.5 GHz,内存为 2.0 GB。利用 Microsoft Visual Studio 2010 进行算法的研究开发。

8.4.2　目标直线检测

1. 第一帧田埂图像的检测

针对摄像机采集到的彩色田埂视频的第一帧图像,首先在图像中心确定处理窗口,获得主颜色发生变化的位置。然后,找出图像中的最大颜色分量并对该分量图像进行 Daubechies 小波平滑处理。最后,针对平滑后的分量图像,从主颜色发生变化的位置开始,自下而上逐行分析线形特征,寻找候选点,完成导航直线的检测。具体步骤如下。

(1) 以图像 X 轴方向上中心 $x_{size}/4$ 宽和 Y 轴方向上 y_{size} 高的区域作为处理窗口,其中 x_{size}、y_{size} 分别表示图像的宽度和高度,如图 8.4.1 所示。定义用于存放累计直方图数据的数组 A_R、A_G、A_B,其中数组的大小均为处理窗口的宽度 $(x_{size}/4)$。分别计算处理窗口内 R、G、B 三个分量图像的垂直累计直方图数据,并依次存入数组 A_R、A_G、A_B。

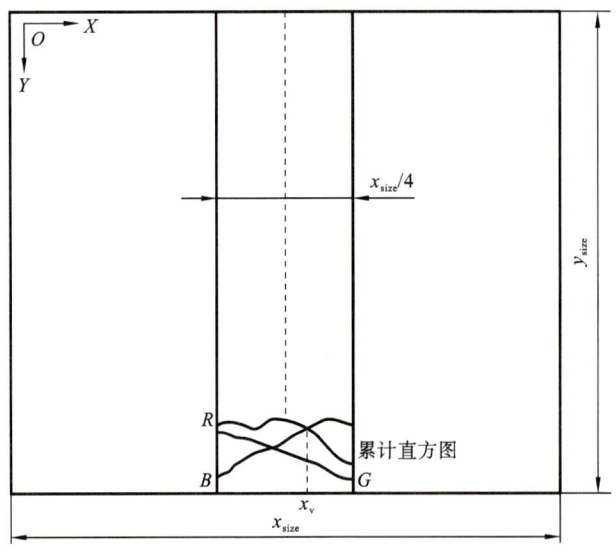

图 8.4.1　处理窗口及主颜色为 R 分量时变化位置示意图

(2) 利用小波系数 $N=8$ 的 Daubechies 小波分别对数组 A_R、A_G、A_B 进行一维 Daubechies 小波变换,去除高频分量后进行反变换,如此进行 3 次,得到平滑后的数组,记为 A'_R、A'_G、A'_B。

(3) 遍历数组 A'_R、A'_G、A'_B,分别找出符合式(8.4.1)至式(8.4.3)的元素个数并记为 N_R、N_G、N_B;比较 N_R、N_G、N_B 的大小,并将其中最大数组所对应的颜色分量作为主颜色。然后,重新扫描三个数组,若主颜色为红色,则先寻找符合式(8.4.1)的点,找到之后便开始寻找第一个符合 $A'_R[i]<A'_G[i]$ 或 $A'_R[i]<A'_B[i]$ 的点,并将此点作为主颜色发生变化的位置,记为 x_v;如果扫

描完整个数组后仍未找到符合条件的点,则找出数组 A'_R 中的最小值并将最小值所对应的元素位置作为 x_v。对于主颜色为绿色及蓝色的情况也进行类似处理。

$$A'_R[i] > A'_G[i] \quad 且 \quad A'_R[i] > A'_B[i] \tag{8.4.1}$$

$$A'_G[i] > A'_R[i] \quad 且 \quad A'_G[i] > A'_B[i] \tag{8.4.2}$$

$$A'_B[i] > A'_R[i] \quad 且 \quad A'_B[i] > A'_G[i] \tag{8.4.3}$$

其中,i 表示数组的第 i 个元素。

（4）统计原彩色图像中各个像素点的彩色信息,分别找出 R、G、B 分量为最大时像素点的个数。将个数最多的那个分量对应的颜色作为图像的主颜色,记为 X（其中 X 表示 R、G 或者 B）。之后对处理窗口内 X 分量图像逐行进行如步骤（2）所述的小波平滑处理,获得平滑后的分量图像。在后续各帧图像的识别中均以该颜色的分量图像为目标。

（5）从平滑后的 X 分量图像下方开始,自下向上扫描前 p 行像素（设 $p = y_{size}/25$）。在扫描第一行像素时,以 x_v 为中点,左右各扩展 q 个像素（设 $q = p/2$）,在此范围内寻找波谷位置,记作（x_{v0}, y_{v0}）。扫描第二行像素时,以 x_{v0} 为中心,同样左右各扩展 q 像素寻找第二行的波谷位置,记作（x_{v1}, y_{v1}）。之后的 $p-2$ 行像素采用同样的方法扫描,如图 8.4.2 所示。

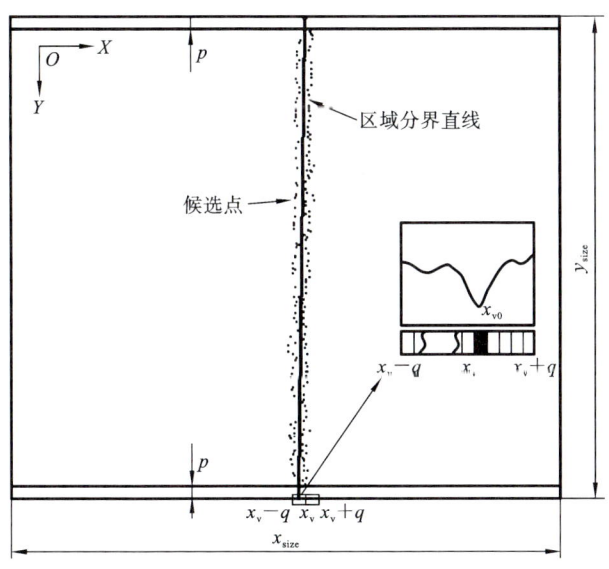

图 8.4.2　第一帧图像候选点群及导航直线检测示意图

（6）定义用于存放各行候选点的数组 V_E，从第 p 行开始，每次均以其前 p 行波谷位置的平均值作为中心，左右各扩展 q 个像素，统计当前行上下各 p 行范围内的竖直方向累计直方图数据。之后，将累计直方图的波谷位置作为当前行的候选点，并将其坐标存入数组 V_E。重复此操作，直至图像顶端 p 行处。

（7）计算数组 V_E 中各点横坐标的平均值，记为 x_{va}，以点 $(x_{va}, y_{size}/2)$ 为已知点对数组 V_E 进行过已知点的 Hough 变换，获得导航线。统计导航线上各点的横坐标并存入数组 L，其中 L 大小为图像高度 y_{size}。

2. 非第一帧田埂图像的检测

从第二帧图像开始，以后各帧图像均和其前一帧进行关联，利用上一帧的候选点群分段进行 Hough 变换，根据 Hough 变换获得的直线重新确定各行的处理区域并进行小波平滑处理。其中，进行小波平滑的图像仍为第一帧确定的 X 分量图像。之后，在平滑后的图像行内分析线形特征，寻找当前帧的候选点群，完成导航线的检测。具体步骤如下。

（1）将数组 V_E 中存放的上一帧图像上方 $y_{size}/4$ 长度内的各行候选点群数据存入数组 V_{ET}，计算 V_{ET} 内各点横坐标的平均值，记为 x_{vat}，以点 $(x_{vat}, y_{size}/8)$ 为已知点，对 V_{ET} 进行过已知点的 Hough 变换并得到拟合直线 l_t，之后将 l_t 上各点横坐标存入数组 L_t 中。

（2）将数组 V_E 中存放的上一帧图像下方 $3y_{size}/4$ 长度内导航直线的数据点存入数组 L_b 中。

（3）对于图像上方 $y_{size}/4$ 长度，以数组 L_t 中各点为中心，各行向左右分别扩展 m 像素宽度（m 用式（8.4.4）计算得到），缩小横向处理区域范围为 $l_{ti}-m$ 至 $l_{ti}+m$（如图 8.4.3 中虚线所示；其中，l_{ti} 表示数组 L_t 中的各点横坐标），并对该区域进行小波平滑处理。之后，计算得到 Y 轴方向上 $y_{size}/8$ 处（$y_{size}/4$ 长度的中心）下方 p 行的波谷信息，从 $y_{size}/8$ 处开始利用上述第一帧田埂图像的检测中步骤（6）所述的方法向上寻找，直至图像顶端 p 行处。同理，对于 $y_{size}/4$ 区域的下半部分，首先获得 Y 轴方向上 $y_{size}/8$ 处上方 p 行的波谷位置信息，之后从 $y_{size}/8$ 处开始向下寻找直至图像 $y_{size}/4$ 行处。在查找过程中，每当找到相应候选点，将其对应存入数组 V_E。

$$m = \tan\alpha \times y_{size}/2 \qquad (8.4.4)$$

其中，α 为播种机作业时允许的最大侧向偏转角，$\alpha=5°$。

（4）对于图像下方 $3y_{size}/4$ 长度，以数组 L_b 中各点为中心，各行同样向左右分别扩展 m 像素宽度，将横向处理区域范围缩小为 $l_{bi}-m$ 至 $l_{bi}+m$（如图 8.4.3

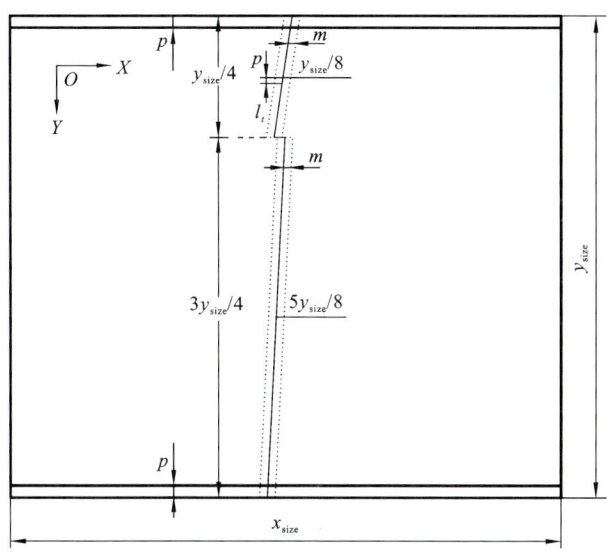

图 8.4.3　非第一帧图像候选点群及导航直线检测示意图

中虚线所示），并对该区域进行小波平滑处理。计算图像 Y 方向上 $5y_{size}/8$ 处（图像下方 $3y_{size}/4$ 长度的中心）下方 p 行的波谷信息，之后从 $5y_{size}/8$ 处开始用上述第一帧田埂图像的检测中步骤（6）的方法向上寻找直至图像 $y_{size}/4$ 处。同理，对于 $3y_{size}/4$ 区域的下半部分，采用类似方法向下寻找直至图像底端 $y_{size}-p$ 行处。在寻找过程中，每次查找到相应的候选点后，将其对应存入数组 V_E。

（5）利用上述第一帧田埂图像的检测中步骤（7）的方法对数组 V_E 进行过已知点的 Hough 变换，获得当前帧的导航线，并将其各点的横坐标存入数组 L。

3. 播种直线检测

播种直线检测也分为第一帧检测和非第一帧检测，其中第一帧检测方法除了没有田埂图像检测中第一帧田埂图像的检测中步骤（6）之外，其余步骤与田埂图像检测一样；非第一帧检测与田埂图像检测时非第一帧检测完全一样。

8.4.3　目标直线检测结果分析

图 8.4.4 所示为从视频中截取的不同作业环境下的第一帧图像。其中，图 8.4.4(a)、(b)为田埂线图像，图 8.4.4(c)、(d)为播种线图像；田埂线与播种线大致位于图像中心处。每个图像上的左右波形图，分别表示矩形区域内累计直方图的原数据和小波平滑数据。

从图中可以看出，田埂与田间、已播种地与未播种地的区分均不明显，图像

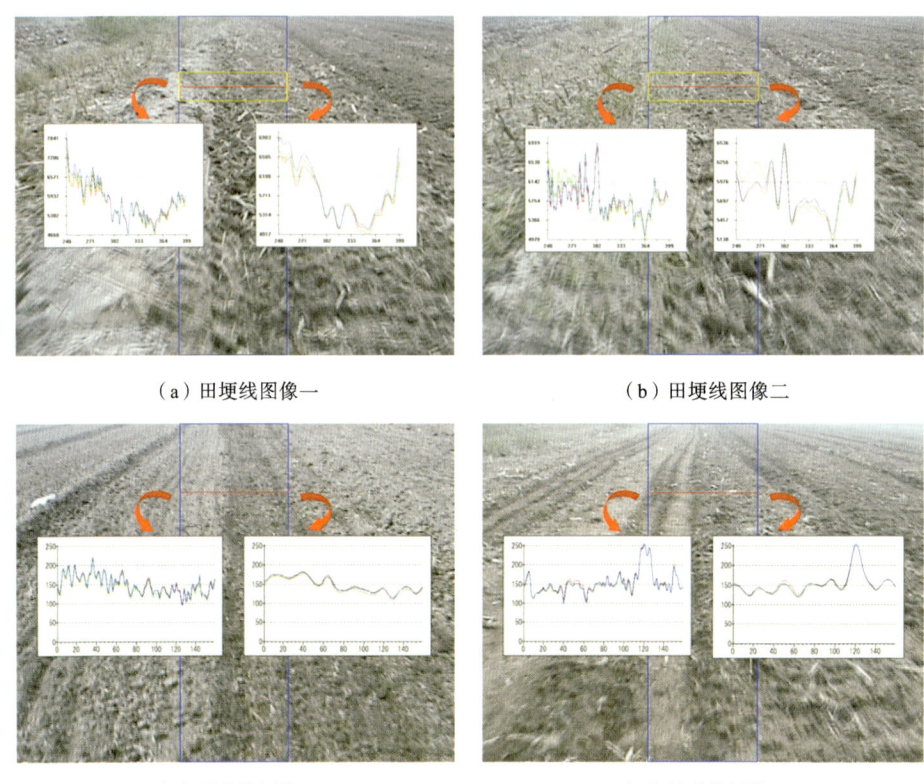

（a）田埂线图像一　　　　　　　　　　　　（b）田埂线图像二

（c）播种线图像一　　　　　　　　　　　　（d）播种线图像二

图 8.4.4　矩形区域内累计直方图的原数据和小波平滑数据

中含有的导航信息十分有限。此外，从数据波形图可以看出，经小波处理后，高频噪声被去除，数据得到了有效平滑。

　　图 8.4.5 为图 8.4.4 的处理窗口区域（蓝色矩形框所示）在竖直方向上的累计直方图的小波平滑数据。其中：图 8.4.5（a）、（b）为田埂线第一帧 R、G、B 分量的数据；图 8.4.5（c）、（d）为播种线第一帧的最大分量数据。从图 8.4.5（a）中可以看出，处理窗口内图像的主颜色为蓝色，其发生变化的位置在 295 处，即 $x_v = 295$；在图 8.4.5（b）中，主颜色为绿色，$x_v = 316$。对于播种线图像，如图 8.4.5（c）、（d）所示，其波谷位置分别为 $x_v = 310$ 及 $x_v = 309$。通过与图 8.4.4 中原图像对比发现，位置 x_v 大致对应图像底端田埂与田间、已播种地与未播种地的分界位置。

　　获得 x_v 后，便开始在第一帧内寻找候选点群及导航线。图 8.4.6 所示为图 8.4.4 的检测结果，其中蓝色点表示候选点群，黄色"十"字表示进行 Hough

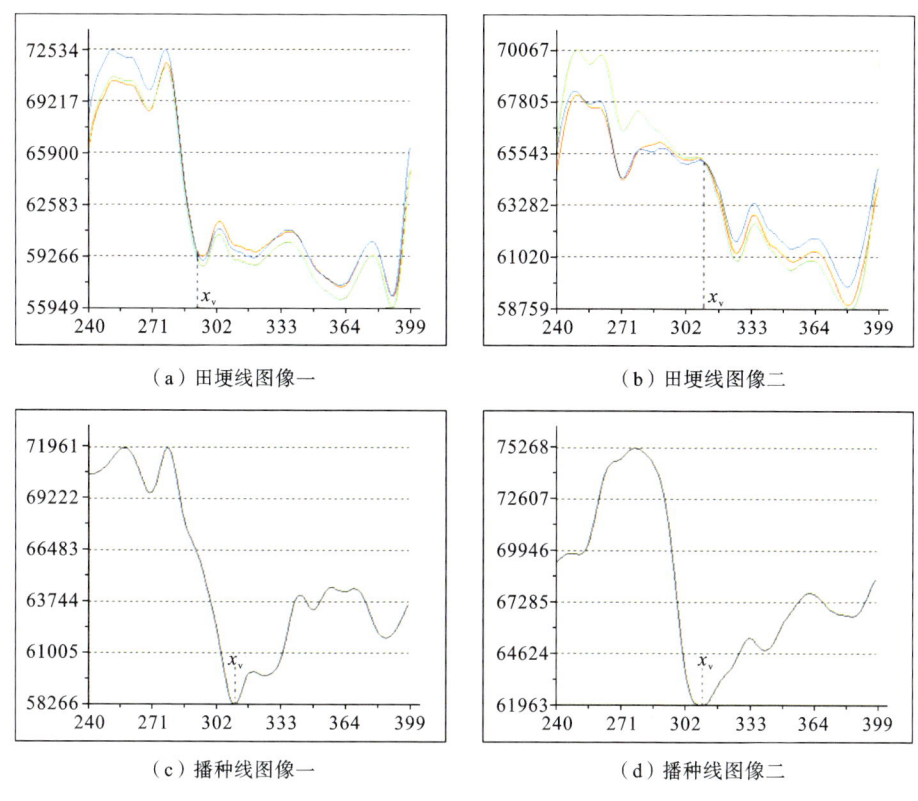

图 8.4.5 图 8.4.4 处理窗口在竖直方向上的累计直方图

变换的已知点,红色直线表示经 Hough 变换后获得的导航线。由图8.4.6中可以看出,经小波平滑、前 p 行数据相关联及波形分析等操作后,获得的各行候选点基本分布在区域分界线处。之后利用过已知点的 Hough 变换,消除个别错误点的影响,最终获得第一帧图像的导航线。此外,在田埂线候选点群检测过程中,由于需要计算每行上下各 p 行范围内的累计直方图,故在图像上、下两端各 p 行范围内未检测到候选点。

图 8.4.7 为从图 8.4.4 所示的 4 种不同作业环境视频中随机截取的非第一帧图像处理结果。图中分别用绿色点及蓝色点表示图像上方 $y_{size}/4$ 长度和图像下方 $3y_{size}/4$ 长度内的候选点群数据。两条青色直线之间的区域表示当前帧与其上一帧导航线相关联后确定的新的处理区域。黄色"十"字表示用于 Hough 变换的已知点,红色直线表示经 Hough 变换后获得的最终导航线。从图 8.4.7 可以看出,针对非第一帧图像,检测过程通过当前帧与其前一帧的动态关联实现分段候选点群搜索,获得了很好的检测结果。基于作业过程中允许

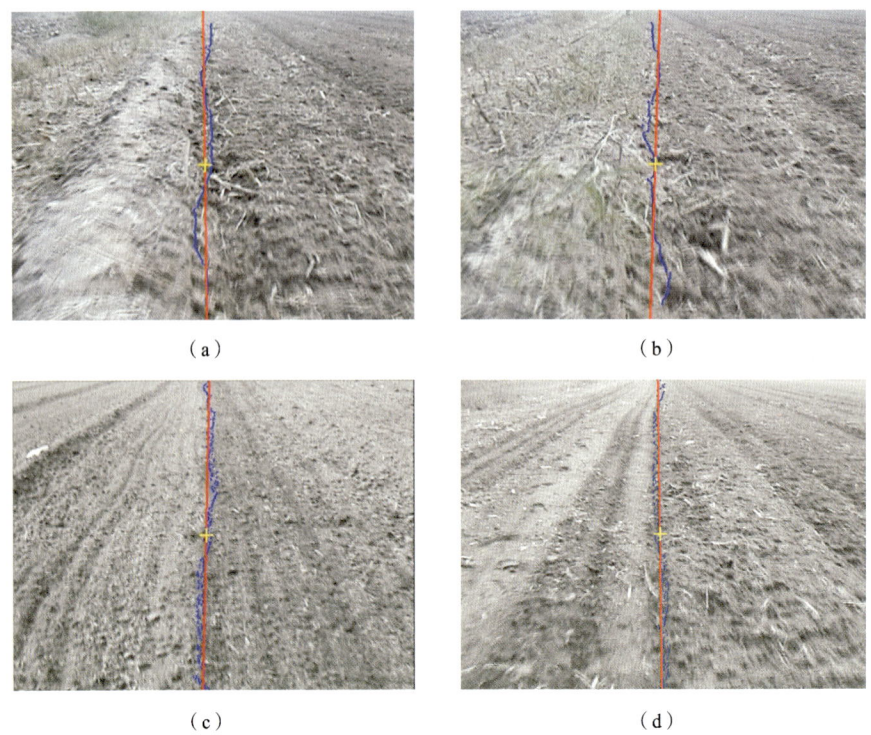

（a）　　　　　　　　　　　　　（b）

（c）　　　　　　　　　　　　　（d）

图 8.4.6　第一帧图像候选点群及导航直线的检测结果

的最大侧向偏转角及上一帧的导航线数据，重新计算了处理区域；这样一方面保证了候选点群的检测准确度，另一方面相对于整幅图像的处理区域，重新确定的小处理区域也大大提高了检测的速度，使检测方法能够更好地满足实时性的要求，最终能够快速地检测出分界区域的导航线，获得准确的导航信息。

（a）　　　　　　　　　　　　　（b）

图 8.4.7　非第一帧图像候选点群及导航直线的检测结果

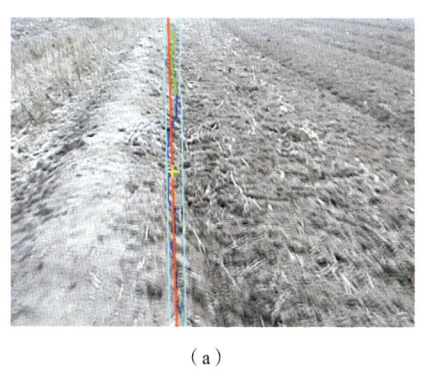 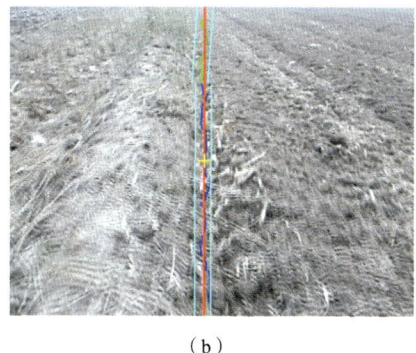

（a）　　　　　　　　　　　（b）

续图 8.4.7

8.4.4　田端检测

从第 2 帧图像开始,需要检测播种机是否到达田端。由于田端处有一段没有播种区域,检测不到导航目标线,可以利用该特征完成田端的检测,具体方法如下。

完成导航目标线检测处理后,提取当前帧 Y 轴方向上 $y_{\text{size}}/4$ 处上下各 p 行的候选点群数据,计算其 X 坐标的平均值,并分别记为 x_{t} 及 x_{d}。若 $|x_{\text{t}}-x_{\text{d}}|>2m$,则判定达到了田端,停止检测,如图 8.4.8 所示;否则,继续执行

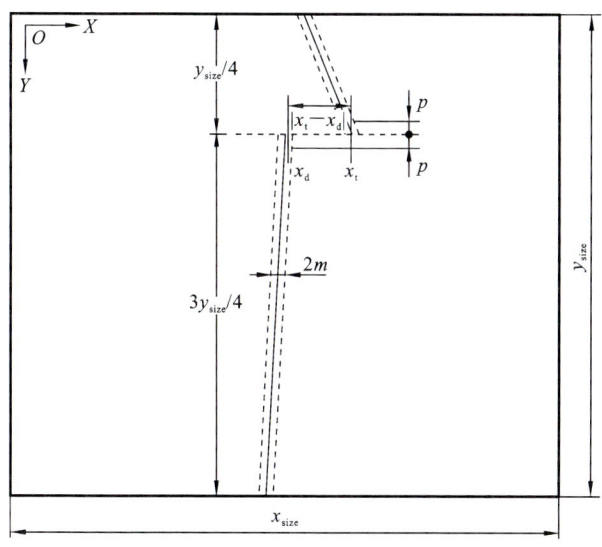

图 8.4.8　田端检测示意图

相应导航直线的检测。

图 8.4.9 所示为田端检测的结果。图中粉色水平直线表示检测出的田端位置,即满足 $|x_t - x_d| > 2m$ 停止条件时的位置。从图中可以看出,当田端区域进入图像时,图像上方将出现区域分界线的末端,本研究的检测方法判断出了此末端的位置。

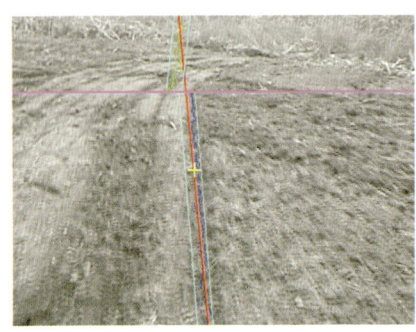

图 8.4.9 田端检测结果

图 8.4.10 所示为田埂检测过程中出现的错误情形。从图 8.4.10(a)中可以看出,田埂上长有大量的杂草并延伸至田间,遮挡了田埂与田间的分界区域。图 8.4.10(b)所示为进行第一帧图像检测过程中,处理窗口内图像竖直累计直方图的平滑曲线。从该曲线可以看出,主颜色为绿色,其发生突变处的坐标为 $x_v = 390$。在图 8.4.10(a)中,x_v 对应图像下方粉色直线处,这与实际的分界位置相比有一定偏差,导致检测出的导航线偏离实际位置(如图 8.4.10(a)所示,

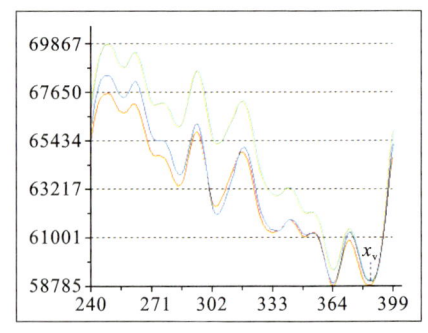

(a)导航线的检测结果　　　　　　(b)处理窗口内竖直累计直方图的平滑曲线

图 8.4.10 田埂检测过程中出现的错误情形

其中橙色直线为人眼观察的实际导航线,红色直线为检测出的导航线)。

8.4.5 试验验证

为了验证检测方法的准确性及稳定性,利用在不同环境下、不同田地中采集到的田埂线视频、播种线视频各 10 组(约 4 万帧图像)进行了测试。在田埂线检测试验中,其中 2 组视频的图像检测出现了图 8.4.10 所示的错误情形,最终检测失败,其余 8 组视频均正确完成检测。在播种线检测过程中,由于没有杂草的干扰,10 组视频均正确完成检测。此外,导航线检测正确的视频,其田端的检测也均正确。最后,通过统计正确检测视频的帧数及检测时间,计算得出每帧图像田埂线检测的平均时间为 45.7 ms,播种线检测的平均时间为 40.1 ms。

8.5 玉米收割导航线检测

本研究基于已收割区与未收割区的玉米地图像特征差异构建颜色分析与单色分量连续突变模型,实现收割边界线提取与田端判断,为玉米收割期田间作业导航提供新的解决方案。

8.5.1 硬件及图像采集

试验视频在天津市武清区的玉米收割现场采集,图像采集相关设备为奥尼Q718 型摄像机。摄像机安装在玉米收割机驾驶员一侧的后视镜上,镜头正对收割边界线,安装高度约 2 m,俯仰角约 30°(见图8.5.1),收割机平均行驶速度为 10

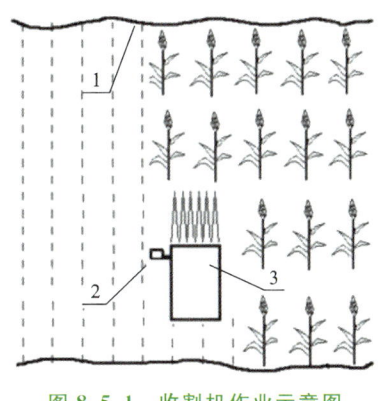

图 8.5.1　收割机作业示意图
1—田端；2—摄像机；3—玉米收割机

km/h。在收割过程中,拍摄现场彩色视频图像,视频采集帧率为 25 帧/秒,每帧图像大小为 640×480 像素。

8.5.2 玉米列边界线图像检测

本研究将玉米列边界线假设为直线,对彩色图像的红、绿、蓝三原色进行颜色特征分析,得到候选点群,最后用过已知点的 Hough 变换检测获得导航线。在实际处理过程中,为了保证处理速度,减少处理量,本研究只对第一帧视频的整幅图像进行处理,获得已收割区与未收割区分界线的检测范围,非第一帧图像的处理仅在检测范围内进行。

1. 第一帧图像检测

对图像做如下定义：设定图像的左上角为坐标原点，向右为 X 轴正方向，向下为 Y 轴正方向。x_{size} 为图像 X 轴方向宽度，y_{size} 为图像 Y 轴方向高度，具体的处理步骤及方法如下：

对第一帧图像沿 Y 轴方向设定 3 个局部动态关注区域，以适应垄行的弯曲或倾斜。

（1）在 X 轴方向 $[0, x_{size}-1]$ 范围内，沿 Y 轴方向将整个图像平均分成 3 个区域（见图 8.5.2）。

首先定义数组 $P_t[y_{size}]$，用于存放候选点，并将其初始值设为 -1。然后定义 Y 轴方向的范围 $[y_{sn}, y_{en}]$：

$$[y_{sn}, y_{en}] = [(n-1)y_{size}/3, ny_{size}/3] \tag{8.5.1}$$

其中：y_{sn}、y_{en} 分别为第 n 个区域 Y 轴方向的起始、终止位置，n 为整数变量，取值范围为 $[1, 3]$。

再重复以下步骤（2）～（4）以得到第一帧 3 个动态关注区域内所有的候选点。

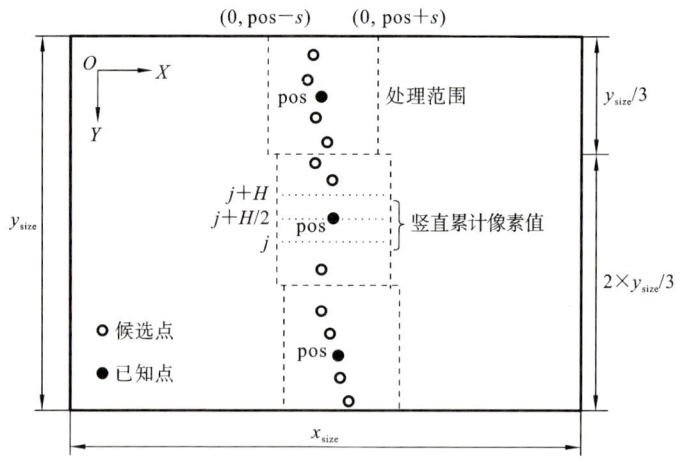

图 8.5.2　第一帧候选点群检测示意图

注：虚线框内为检测范围

（2）标识图像颜色。

在整幅图内分别对输入彩色图像进行逐行扫描，设置数组 buff_r、buff_g 和 buff_b，分别用于存储 R、G 和 B 分量在处理窗口内的垂直累计像素值，再求出 buff_r、buff_b 数组的平均值 mean_r、mean_b。若 mean_r≥mean_b,则图像颜色标识 color＝1,否则 color＝0。

（3）确定方向候选点。

对于上述 Y 轴方向的 3 个区域都执行以下操作:若累计值 buff_b$[i]$－buff_g$[i]$＜0（其中 $0≤i≤x_{size}$－1）,则令 buff_g$[i]$＝255×size_y（其中 size_y＝y_e－y_s＋1）,否则 buff_g$[i]$的数值保持不变。对数组 buff_g 进行步长为 6 的平滑处理,求出像素值最小的元素,再将此点的横坐标记为 pos。

（4）查找候选点。

以 pos 为中点,向左右扩展 s 个像素（本研究中令 $s＝x_{size}/40$）作为每个局部处理区域的宽度,设定检测区域 X 轴方向范围如下:

$$[x_{sn}, x_{en}]＝[pos－s, pos＋s] \tag{8.5.2}$$

其中:pos 为第（3）步中平滑处理数组 buff_g 所得到的像素最小值。这样,在检测线的周围就形成 3 个动态检测区域,即可以对弯曲或倾斜的垄线进行直线回归,有效减少处理量,提高处理速度。

为去除阴影干扰,若 color＝1,则将 R 分量作为处理对象 X;若 color＝0,则将 B 分量作为处理对象 X。依次扫描处理范围内的每一个像素,若 X 分量值小于或等于 G 分量值,则令 $G＝(g_{max}－g_{min})/2$,以确保这个值高于阴影部分的灰度值,否则保存 G 的原值。考虑到逐行确定候选点的方式误差太大,所以采用跳行累计的方式将从下到上的第 j 行到第 $j＋H$ 行累计为一行（其中 $y_{sn}≤j≤y_{en}－H$,并令 j 的初始值为 1。为减少处理量,本研究中 H 取值为 $y_{size}/40$）,即对变换后的 G 分量值进行 $H＋1$ 行的竖直方向累计相加,做平滑处理。试验表明,以步长为 6 进行平滑处理得到去除阴影后的数值走向效果最好。若左侧玉米已收割,则找到平滑处理后数值上升方向的波峰与波谷差值最大的一对波峰与波谷中波谷点的位置;若右侧玉米已收割,则找到平滑处理后数值下降方向的波峰与波谷差值最大的一对波峰与波谷中波谷点的位置,将其 X 坐标记为 minpos,存入数组 P_t（其中,给各元素赋初值－1）,令 $P_t[j＋H/2]＝$minpos。

（5）已知点的确定。

考虑到摄像头与水平方向的角度越小,拍摄视野越广,图像上方收敛性越好,在图像上端的候选点更集中,所以以图像上部 1/2 为对象求已知点。求出 $P_t[y_{size}/2]$～$P_t[3y_{size}/4－1]$范围内不为－1 的所有数值的方差、均值,分别记为 s_{d1}、mean1;求出 $P_t[3y_{size}/4]$～$P_t[y_{size}－1]$范围内不为－1 的所有数值的方差、均值,分别记为 s_{d2}、mean2。若 $s_{d1}＞s_{d2}$,则将点（mean2,3y_{size}/8）作为已知点;若

$s_{d1} \leqslant s_{d2}$，则将（mean1，$y_{size}/8$）作为已知点。

（6）拟合出导航线，同时将导航线上各点数据存入数组 $H_p[y_{size}]$。

2. 非第一帧图像检测

非第一帧图像以上一帧过已知点的 Hough 变换检测出的直线与图像中垂线的偏角来确定动态检测区域。动态检测区域以检测直线为中心沿 X 轴向两边扩展一定的宽度，该宽度与收割分界线的弯曲度或倾斜度正相关。收割机沿着收割分界线行走，在图像上所检测到的行走直线处于图像的中垂线上。若发现偏斜，表明收割机走偏，应调整其姿态。本研究提出了基于上一帧 Hough 线与图像中垂线的偏角来确定处理非第一帧图像检测范围的算法，具体方法如下：

（1）令 $y_s=0$，$y_e=y_{size}-1$。将 Hough 线上第一个点（0，$H_p[0]$）与最后一个点（$y_{size}-1$，$H_p[y_{size}-1]$）的坐标作为参数，根据式（8.5.3），计算出上一帧 Hough 线与中垂线的偏角 θ：

$$\theta=\arctan((y_{size}-1)/(H_p[y_{size}-1]-H_p[0])) \tag{8.5.3}$$

若 Hough 线与图像中垂线无限接近，则 θ 为 0。

根据式（8.5.4），计算处理范围 dis：

$$dis=\alpha\theta/3+\beta \tag{8.5.4}$$

式中：α 是像素间距离；θ 每增加 3°，处理范围一侧扩大 α；β 是一个基数，表示最小处理范围。本研究为了避免倾角偏斜导致处理范围过大，限定了 $dis \leqslant x_{size}/20$。

（2）检测候选点。

以上一帧得到的 Hough 线上的点（$H_p[j+H/2]$，j）为中点，向左右各扩展 dis 个像素作为处理范围（x_s，x_e），采用与第一帧相同的方法确定 G 分量值，竖直方向累计相加后再以步长 6 进行平滑处理。若左侧玉米已收割，则找到平滑后数值上升方向的波峰与波谷差值最大的波谷点的位置；若右侧玉米已收割，则找到平滑后数值下降方向的波峰与波谷差值最大的波谷点的位置。将波谷点 X 坐标记为 minpos，如图 8.5.3 所示。

（3）与前一帧关联，去掉误差较大点。

设定阈值 T（本研究中 $T=dis$），将第 $j+H/2$ 行候选点 minpos 与前一帧 Hough 线上相同位置点比较，若 $|minpos-H_p[j+H/2]| \leqslant T$，则 $P_t[j+H/2]=minpos$，若 $|minpos-H_p[j+H/2]|>T$，则 $P_t[j+H/2]=H_p[j+H/2]$。

（4）令 $j=j+H$，重复步骤（2）~（3），当 $j<y_{size}-1-H$ 时，停止循环。

（5）用第一帧图像检测的步骤（5）中的方法确定已知点。

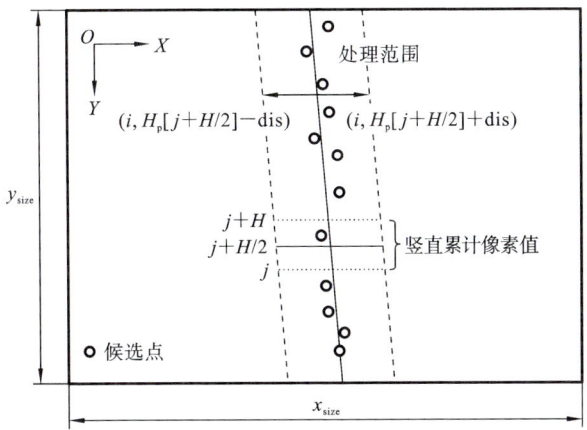

图 8.5.3　非第一帧候选点群检测示意图

注:虚线框内为检测范围。

（6）以步骤（2）获得的候选点群为目标,通过过已知点的 Hough 变换拟合出导航线,同时将导航线上各点数据存入数组 H_p。

（7）判断是否到达田端,具体方法见第 8.5.3 节。

8.5.3　田端图像检测

田端为玉米收割机行驶方向上的终止边界,设定处理区域进行田端检测,对于非第一帧图像,田端的具体检测方法如下:

（1）由于已收割区和未收割区在分界线两侧 R 分量差别较为明显,所以在靠近上一帧 Hough 线的已收割区域内,将左上角坐标为($H_p[y_{size}/n_1]-50$,y_{size}/n_1)的点,右下角坐标为($H_p[y_{size}/n_2]$,y_{size}/n_2)的点为两个对角点所构成的矩形作为处理区域(n_1、n_2 分别设为 16 和 6）。

（2）在处理区域内,对 R 分量进行水平累计,将累计值存入数组 $M[50]$。

（3）求出数组 $M[50]$ 的方差 s_d。

（4）若 s_d 连续 10 次及以上超过阈值,则判断收割机已到达田端。

8.5.4　试验结果与分析

1. 玉米列边界线检测

图 8.5.4(a)、(b)、(c)所示为在 3 种不同光照情况（田埂阴影、玉米列阴影和强光直射）下对同一玉米种植区域内采集到的原图像进行边界线检测的结

果。中间的粗实线为被检测出的导航线,左右两条细实线为按照第一帧图像检测(见第 8.5.2 节)方法确定的处理范围边界线。

对于图 8.5.4(a),由于摄像头平行于收割分界线,所检测出的分界线比较直且检测区域也相对较小,在这种情况下收割分界线最容易判断。从图 8.5.4(b)和(c)中所检测出过已知点的 Hough 线倾角都较大,检测区域也随之增大,若只看 G 分量竖直累计分布曲线,会发现其变化规律不明显。用第一帧图像检测步骤(1)~(4)中的方法确定动态检测区域,以适应检测线倾角较大的情况,再用非第一帧图像检测步骤(1)~(6)中的方法成功检测出导航线,可以看出,拟合出的导航线与实际观察到的目标直线非常吻合。

图 8.5.4(d)、(e)、(f)分别是图 8.5.4(a)、(b)、(c)所对应的处理窗口内 G 分量垂直累计分布直方图。从这 3 幅图可以看出,若只根据单一的 G 分量寻找候选点会比较困难。因为光照条件下的单一颜色规律不统一,未收割区域玉米植株阴影的干扰使得各颜色分量均较小。而收割分界线附近的玉米植株的叶子 G 分量较大,形成了较大的颜色变化,使得候选点出现在未收割区内,所以用第一帧图像检测步骤(4)中的方法对 R 或者 B 分量进行标识,再与 G 分量进行比较,可以在有效减少阴影干扰的前提下可靠地寻找到候选点。

图 8.5.4(d)、(e)、(f)为处理窗口内 $[j, j+H]$ 行竖直累计 G 分量未经过平滑处理的曲线,图 8.5.4(g)、(h)、(i)分别是图 8.5.4(d)、(e)、(f)去除阴影再平滑后的结果,其中已知点通过第一帧图像检测步骤(5)中的方法确定。可以看出,进行平滑处理后再去除玉米秆阴影的 G 分量垂直累计分布图可以很好地确定已知点,以方便非第一帧图像过已知点的 Hough 线的检测。由图 8.5.4(g)、(h)、(i)可看出,G 分量累计值的最大值都在目标线右侧,由此可以判断出左侧是已收割区,右侧是未收割区。去掉阴影的干扰后提高了找到目标点的准确性。

对实际作业环境的视频进行检测试验,统计的检测结果表明,在总共 3777 帧的视频样本中,累计错误检测 30 帧,有 27 帧由于未收割区中有干枯的玉米植株,另外 3 帧对应于图像中玉米垄行的变行处。检测准确率为 99.2%,平均每帧处理时间为 50.13 ms。

2. 田端图像检测

图 8.5.5 中横向的粗实线显示了 3 种不同视频样本中的田端图像原图及导航终止线的检测结果。田端的环境比较复杂,未收割区的田端有缺苗现象且杂草干扰多,采用颜色分量的多次突变判断田端的方式,可以有效避免误判。

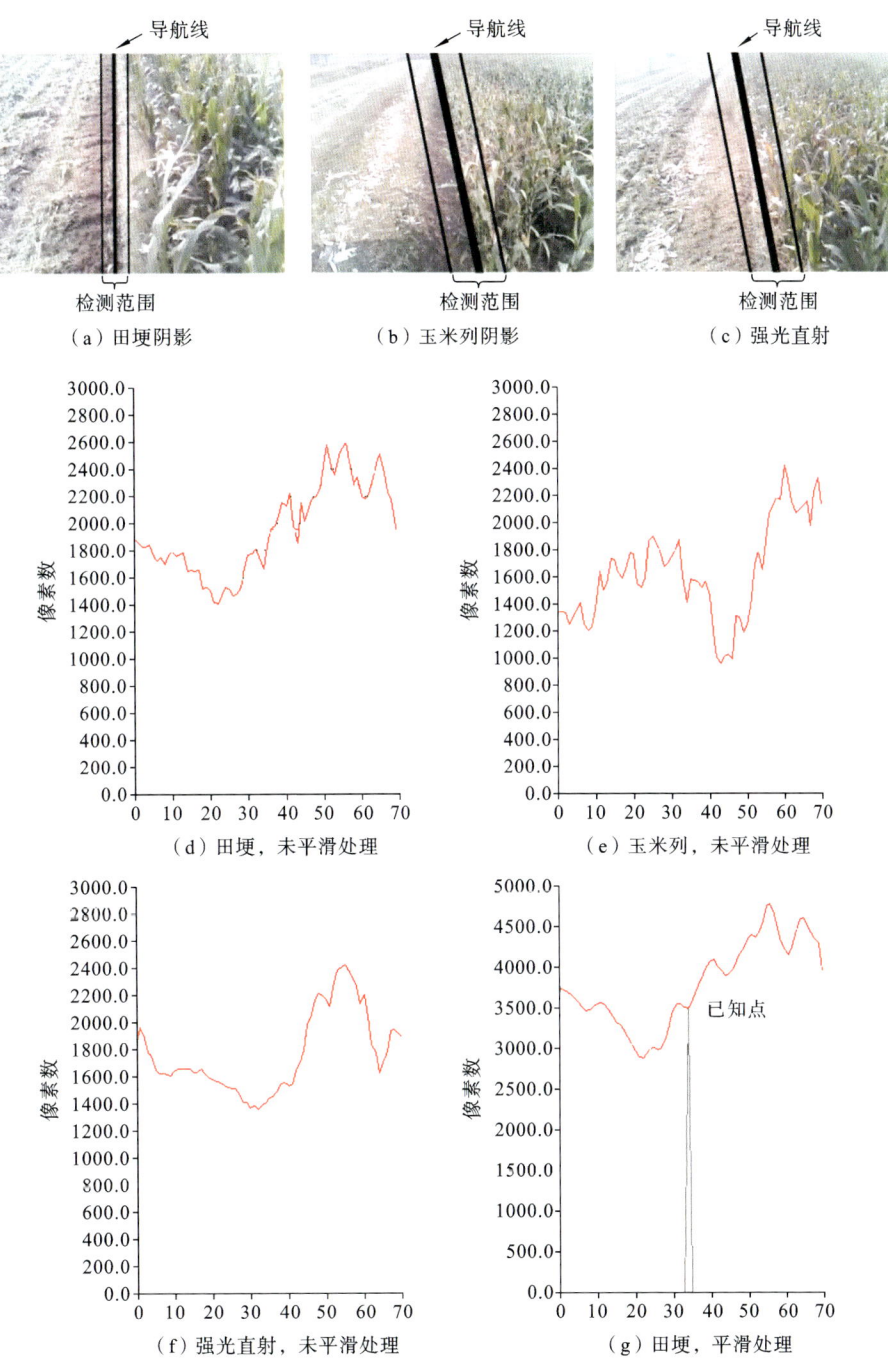

（a）田埂阴影　　　　　　　（b）玉米列阴影　　　　　　　（c）强光直射

（d）田埂，未平滑处理　　　　　　　（e）玉米列，未平滑处理

（f）强光直射，未平滑处理　　　　　　　（g）田埂，平滑处理

已知点

图 8.5.4　导航线检测结果及处理窗口内的 G 分量垂直累计分布

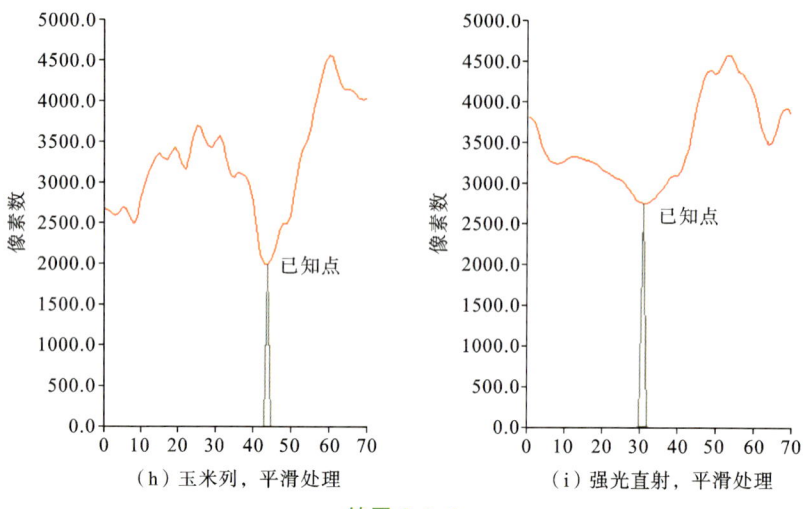

（h）玉米列，平滑处理 （i）强光直射，平滑处理

续图 8.5.4

（a）田端已收割区有静止障碍

（b）田端已收割区为另一个种植区

（c）田端已收割区有杂草障碍

图 8.5.5 田端检测结果图

由于采集图像时受到灰尘的影响且画面质量不够清晰,靠近田端处图像的 G 分量在收割分界处变化反而不如 R 分量明显,所以考虑用 R 分量的突变判断田端。为避免缺苗和杂草的影响,利用 R 分量的连续突变来判定田端的位置。对视频样本进行试验,当视频中未出现行人干扰时,程序对田端的检测均正确可靠。当视频中出现行人时,其行走干扰和衣服颜色会使候选点发生偏移,导致检测结果出现错误。在实际作业过程中应先检测障碍,必要时停止作业以确保结果准确。

8.5.5　小结

本研究针对玉米收割机在自动导航过程中的视觉导航线、田端判断提出了图像检测算法。

(1)针对导航线的检测,对第一帧与非第一帧图像采用不同方法设定动态检测区域,在适应目标线倾斜以及垄行弯曲的同时减少了数据处理量。第一帧图像的检测区域为以候选点为中心的 3 个动态部分,而非第一帧图像处理区域大小和目标线倾斜度与垄行弯曲度正相关。

(2)针对田端导航终止线的检测,提出了在田端图像复杂的情况下用颜色分量 R 的多次突变判断田端的方式,避免了由于未收割区的田端缺少玉米植株或有杂草干扰而造成的误判。

(3)在提高导航准确性和速度方面:实时导航的过程中在图像上半部分寻找已知点,由于图像收敛,已知点的确定更加准确;采用跳行累计非第一帧图像的 G 分量,加快了导航线检测的处理速度,导航线平均检测时间为每帧 50.13 ms。

试验证明,本研究提出的算法可以快速有效检测玉米收割的导航线以及对田端进行准确判断。导航线的判断准确无误,田端的判断与实际吻合。本研究成果也可以为小麦、高粱等其他高秆作物机械化收割视觉导航线的检测提供参考。

8.6　麦田多列目标线图像检测

本节基于前面获得的麦苗二值图像(见图 4.2.8),进行苗列线检测的研究。试验设备、图像采集和麦苗的提取方法同第 4.2.1~4.2.3 节。

利用过已知点的 Hough 变换来检测导航信息。为了进一步减少过已知点的 Hough 变换的数据处理量,本研究首先提取每个目标列上的目标点群,分别对每个目标列的目标点群进行过已知点的 Hough 变换处理,最终获得各个目标列的直线。

8.6.1 目标点的检测

设定一个 strip_width(本研究设 strip_width=20)×1 像素的矩形检测区域,对提取后的二值图像从下到上、从左到右逐像素地移动该区域,同时由式(8.6.1)计算第 y 行($y_{size}-1>y\geqslant0$)各个扫描区域内目标像素(白色或者黑色)的统计量 $y(i)$:

$$\sum_{i=0}^{x_{size}-strip\_width} y(i) = \sum_{x=i}^{i+strip\_width} f(x,y) \qquad (8.6.1)$$

式中:i 表示在第 y 行的扫描位置;$f(x,y)$ 表示点(x,y)的取值,点(x,y)是目标像素时 $f(x,y)=1$,点(x,y)是非目标像素时 $f(x,y)=0$。

在每一条水平扫描线上,当检测区域覆盖目标对象(苗列或者列间)时,所对应的目标像素数量最多。扫描完每一条水平线后,生成一个以水平坐标为图像横坐标、以目标像素数量为纵坐标的分布曲线 $s(x)$,利用式(8.6.2)和式(8.6.3)分别计算该曲线的平均值 A 和标准差 D:

$$A = \frac{1}{x_{size}} \sum_{x=0}^{x_{size}-1} s(x) \qquad (8.6.2)$$

$$D = \sqrt{\frac{1}{x_{size}} \sum_{x=0}^{x_{size}-1} (A-s(x))^2} \qquad (8.6.3)$$

设水平线 $y=A+D/2$ 以上的曲线部分为目标区域,以 x_{l1} 代表第一个目标区域的左端点的 X 坐标,x_{r1} 代表第一个目标区域的右端点的 X 坐标;同理,x_{ln}、x_{rn} 代表第 n 个目标区域的左、右端点的 x 坐标。取目标区域左、右端点的中点,即 $x_1=(x_{l1}+x_{r1})/2$,$x_2=(x_{l2}+x_{r2})/2$,…,$x_n=(x_{ln}+x_{rn})/2$,分别代表各个目标对象(苗列或者列间)在该扫描线上的目标点的 X 坐标(参考图8.6.1)。

8.6.2 目标点的归类

用上述方法可以求出每一条水平扫描线上的各个目标点,为了正确计算出每一个目标对象(苗列或者列间)的直线,有必要对每一条水平扫描线上的目标点进行归类。按下述步骤进行归类。

定义数组 array_present,用于保存当前扫描线上目标点的 X 坐标。定义数组 array_previous,用于保存前一扫描线上归类完毕的目标点的 X 坐标。定义

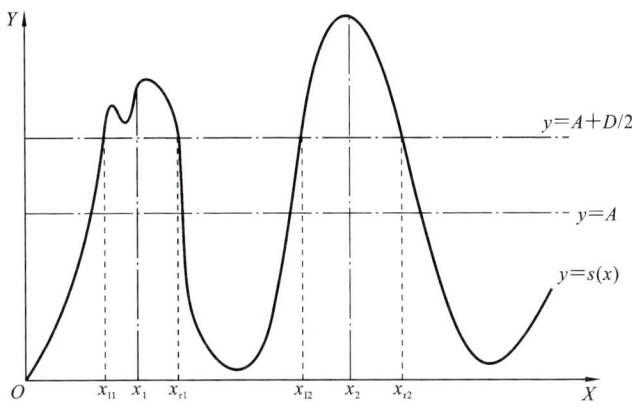

图 8.6.1　目标点检测示意图

数组 m_class$[i][j]$,用于保存各个目标列(类)的目标点的 X 坐标,i 表示目标点所属的类,j 表示目标点的序号。定义数组 num_cls,用于记录每一类中目标点的个数。

从下到上、从左到右逐点扫描二值图像,如果是第一次扫描,将获得的目标点归入不同的类 m_class$[m][0]$,其中 $0 \leqslant m < \text{row}$,$m$ 表示目标列的序号,row表示第一次扫描获得的目标点总数,0 表示每一个目标列中的第一个目标点。如果不是第一次扫描,利用相邻扫描线目标点的横坐标信息,对目标点进行如下归类。

(1) 将数组 array_previous[]中保存的前一扫描线上目标点的横坐标值从小到人排序。

(2) 由式(8.6.4)计算当前扫描线上目标点之间的距离平均值 A_{target}。

$$A_{\text{target}} = \frac{\text{array\_present}[\text{num\_present}-1] - \text{array\_present}[0]}{\text{num\_present}} \quad (8.6.4)$$

其中:num_present 表示当前扫描线上目标点的数量;

array_present[num_present-1]表示当前扫描线上最后目标点的横坐标;

array_present[0]表示当前扫描线上最初目标点的横坐标。

(3) 将当前扫描线上目标点 i 的横坐标 array_present$[i]$ 与前一扫描线上相邻两个目标点的横坐标 array_previous$[j]$ 和 array_previous$[j+1]$ 逐一比较,计算参数 d_{x1}、d_{x2} 和 para$_{\text{target}}$:

$$\begin{cases} d_{x1} = \text{array\_previous}[j] - \text{array\_present}[i] \\ d_{x2} = \text{array\_previous}[j+1] - \text{array\_present}[i] \\ \text{para}_{\text{target}} = A_{\text{target}} \times 0.75 \end{cases} \quad (8.6.5)$$

式中：$i \in [0, \text{num\_present}-1]$，$j \in [0, \text{num\_past}-2]$；$d_{x1}$、$d_{x2}$分别为点$j$、$j+1$的横坐标与点$i$的横坐标的差值；$\text{para}_{\text{target}}$为当前扫描线上相邻两个目标点的距离阈值；num_past为前一扫描线上目标点的数量。

有以下几种情况：

情况 1：当$d_{x1}=0$或者$d_{x2}=0$时，点i与点j或者点$j+1$属于同一类，点j或者点$j+1$所处类的目标点个数 num_cls[]加 1。

情况 2：当$d_{x1}<0$并且$d_{x2}>0$时，点i在点j和$j+1$之间。存在以下两种情况。

① 如果$|d_{x1}|<d_{x2}$，表示点i距离点j比较近。如果$|d_{x1}| \leqslant \text{para}_{\text{target}}$，表明点$i$与$j$属于同一类，点$j$所处类的目标点个数 num_cls[]加 1；否则创建新的类别，点i归为新类中的第一个目标点。

② 如果$|d_{x1}|>d_{x2}$，表示点i与点$j+1$比较近。如果$d_{x2} \leqslant \text{para}_{\text{target}}$，表明点$i$与$j+1$属于同一类，点$j+1$所处类的目标点个数 num_cls[]加 1；否则创建新的类别，点i归为新类中的第一个目标点。

情况 3：当$d_{x1}>0$时，当前扫描线上的目标点i位于前一扫描线所有目标点的左侧。如果$d_{x1} \leqslant \text{para}_{\text{target}}$，表示点$i$与前一扫描线最初目标点属于同一类；否则，表示出现了新的类（在所有目标列的左侧出现了新的目标列）。

情况 4：当$j=\text{num\_previous}-2$并且$d_{x2}<0$时，当前扫描线上的目标点i位于前一扫描线所有目标点的右侧。如果$|d_{x2}| \leqslant \text{para}_{\text{target}}$，表示点$i$与前一扫描线上的最后目标点属于同一类；否则，表示出现了新的类（在所有目标列右侧出现了新的目标列）。

（4）将当前扫描线上的目标点归类完毕后，复制当前扫描线数组 array_present[]到前一扫描线数组 array_previous[]，然后进入下一行的扫描。

循环执行以上各个步骤，直到图像全部扫描完毕为止。

本研究对每个目标列在一行上只选择一个目标点，这样可以大大减少后续过已知点 Hough 变换的数据处理量。例如，对于本研究中高度为 480 像素的图像，每个目标列过已知点的 Hough 变换数据处理量最多有 480 个。图8.6.2(a)表示了一个目标点计算结果的图像，白色苗列的像素为处理目标像素，白色苗列上分散的黑点为计算的目标点。在实际处理过程中，这些目标点都被储存在数组里，无须通过图像显示。图 8.6.2(b)表示了图 8.6.2(a)图像的$y=330$行上移 $1 \times \text{stripe\_width}$ 像素扫描区域获得的累加像素数分布曲线 $s(x)$。通过累加像素数的处理，有效地避免了噪声以及目标列分散对求取目标列中心的影响。

本研究根据相邻扫描行目标点的 X 坐标进行判断,实现了目标点的正确归类,建立了数据类与目标对象中心线的映射关系。每个数据类对应着实际图像中的一个目标对象(苗列或列间)中心线。对于图 8.6.2(a),在以苗列为检测对象时所有的目标点被划归为六个不同的数据类,对应于图像中出现的六个苗列。

(a)目标点计算结果

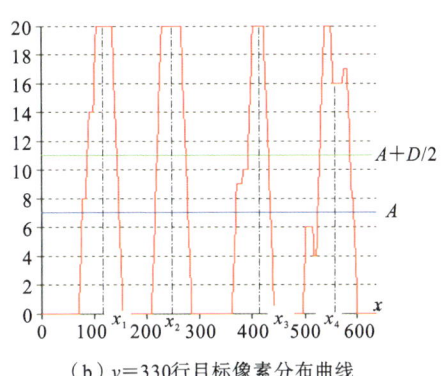

(b)y=330行目标像素分布曲线

图 8.6.2   目标点计算结果

8.6.3   已知点的确定

完成目标点的归类处理后,在每一类中确定一个已知点 m_basepoint[]。已知点由公式(8.6.6)确定:

$$\sum_{i=0}^{num\_row-1} \text{m\_basepoint}[i] = \frac{\sum_{j=0}^{num\_cls[i]} \text{m\_class}[i][j]}{num\_cls[i]} \tag{8.6.6}$$

式中:i 表示目标列;j 表示目标列中的目标点;m_basepoint[i]表示第 i 类(目标列)的已知点。

8.6.4   多列目标中心线的检测

通过上述各步处理,将各个目标列的目标点(在每行的分布中心)分别归类到了数据类中,并确定各数据类的分布中心为过已知点的 Hough 变换处理的已知点。对各个数据类分别进行过已知点的 Hough 变换处理,即可检测出多个目标列(苗列或者列间)的中心线。

在二值化处理以后的阶段,如果处理对象设定为白色像素,即可检测出苗列线;如果处理对象设定为黑色像素,即可检测出列间线。

对目标点归类以后,分别以各个数据类的分布中心为已知点,以该类中的目标点群为对象实施过已知点的 Hough 变换处理,同时获得了多列目标的中心线。目标列中心线的检测结果如图 8.6.3 和图 8.6.4 所示。图 8.6.3 的处理对象为白色像素,即苗列部分,图中各个苗列上的黑色直线代表检测出的各苗列的中心线。图 8.6.4 的处理对象为黑色像素,即列间,图中各个列间上的白色直线代表检测出的各列间的中心线。无论图 8.6.3 中的苗列,还是图 8.6.4 中的列间,都获得了正确的检测结果,从而也验证了前面目标点的选择和归类方法的正确性。

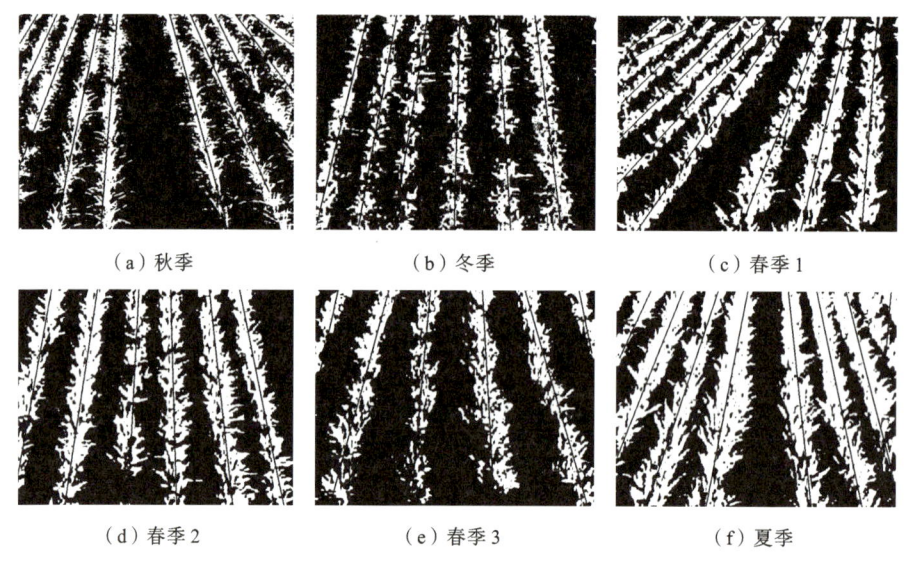

（a）秋季　　　　　　（b）冬季　　　　　　（c）春季 1

（d）春季 2　　　　　（e）春季 3　　　　　（f）夏季

图 8.6.3　不同生长期苗列线的检测结果

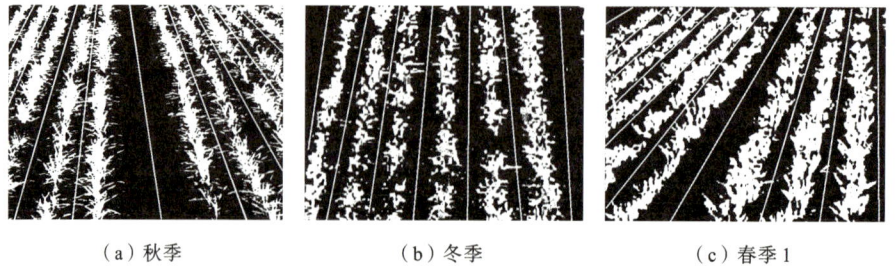

（a）秋季　　　　　　（b）冬季　　　　　　（c）春季 1

图 8.6.4　不同生长期列间线的检测结果

（d）春季 2　　　　　　　（e）春季 3　　　　　　　（f）夏季

续图 8.6.4

8.6.5　适应性分析

对于能明显分割出苗列和列间的图像,都获得了理想的苗列线和列间线的检测效果。但是,如果麦苗茂密,苗列严重交叉,就不能获得理想的检测效果。图 8.6.5(a)是苗列交叉较多的图像,图 8.6.5(b)和(c)分别是图 8.6.5(a)中的苗列中心线和列间中心线的检测结果。可以看出,对于这种情况的图像不能获得预期的检测效果。不过,在实际的麦田管理过程中,如果苗列生长到交叉较多的程度,作业机器人便难以进入作业区域,所以利用机器视觉进行麦田检测时不会遇到苗列交叉较多的情况。

（a）生长晚期的麦田图像　　　（b）苗列识别结果　　　（c）列间识别结果

图 8.6.5　不能正确检测的图像

8.7　红枣收获机导航线检测

新疆石河子大学研发了适用于枣树行作业的红枣收获机,本研究基于该红枣收获机,提出了一种针对骏枣与灰枣枣园枣树行作业、以树冠中心线为导航线的视觉导航线检测算法。

8.7.1 作业图像采集

本研究所用的视频是在新疆生产建设兵团第一师阿拉尔市十四团采集骏枣和灰枣时拍摄的,其中骏枣图像采集时间是 2018 年 10 月 15 日下午 3:00—5:00,灰枣图像采集时间是 2019 年 10 月 20 日下午 3:00—5:00。具体操作如下:如图 8.7.1(a)所示,将采集摄像头安装在红枣收获机的驾驶室正前方,距离地面 $h=2.5$ m,相机俯仰角 $\theta=30°$(保证能完整覆盖红枣树行幅宽);如图 8.7.1(b)所示,开启作业模式,驾驶红枣收获机进行红枣收获作业,车速约为 2 km/h,同时采集作业视频,图像大小为 640×480 像素,帧率为 30 帧/秒,视频存储为 AVI 格式。基于 Microsoft Visual Studio 2010 系统,在 ImageSys 平台上进行算法开发。计算机配置为 Intel Core i5-4590 CPU,主频为 3.3 GHz,内存为 8 GB。

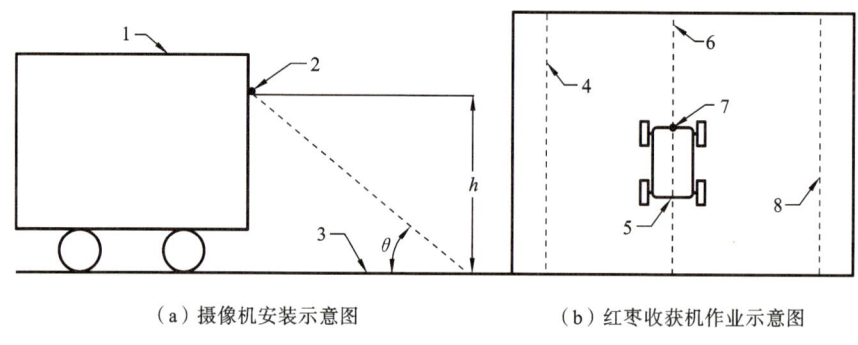

（a）摄像机安装示意图　　　　　　　（b）红枣收获机作业示意图

图 8.7.1　摄像机安装及红枣收获机作业简图

1,5—红枣收获机;2,7—摄像机;3—地面;4—已收获枣树行;6—收获枣树行;8—待收获枣树行

8.7.2 枣园作业模式的自动判别

如图 8.7.2 所示,图像左上角为坐标原点,向右为 X 轴正方向,向下为 Y 轴正方向。图像颜色分量分别用 R、G、B 表示。像素点的 X、Y 坐标分别对应像素列 j 和像素行 i。

灰枣树树干较高,枝干较多,收获期树叶残余较多,导致图像噪声较多,像素分布规律不明显,因此需要先对采集的图像进行面积去噪与补洞处理,再提取树冠部分的候选点,并拟合导航线。骏枣树树干较矮,枝干较少,收获期树叶基本自然脱落,像素分布规律明显,可直接通过拟合树冠部候选点提取导航线。

为了避免图像上方田端以外区域以及下方近视野噪声的干扰,将图像 Y 轴方向中间 1/3 区域设为处理区域。在处理区域内,将 B 分量的竖直方向累计值

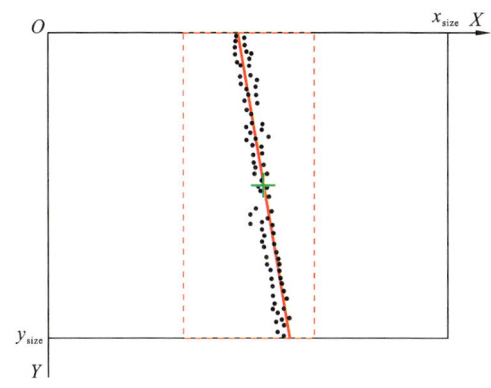

图 8.7.2 灰枣枣园处理窗口及导航路径示意图

存入数组 z 中,求得 z 的最小值 f 和标准差 d,若 $f/d<5$ 则判定为骏枣枣园作业模式,否则为灰枣枣园作业模式。通过对开始作业第 1 帧图像的判断确定枣园作业模式,后面都以该模式进行导航线检测。

本研究录制了灰枣枣园和骏枣枣园各 5 组导航视频,用于算法的开发和测试。完成算法开发以后,分别在两种枣园中进行实际导航试验。选用灰枣枣园和骏枣枣园各 3 组视频进行测试。其中,1 组为顺光工况,2 组为逆光工况,每组视频的帧数及枣园种类判别试验结果见表 8.7.1。

表 8.7.1 枣园种类判别试验结果

枣园	工况	图像数量/帧	误判数量/帧	准确率/(%)
	逆光	2 000	0	100
灰枣	顺光	4 509	0	100
	逆光	2 051	0	100
	顺光	3 559	0	100
骏枣	逆光	1 275	0	100
	逆光	2 651	0	100

图 8.7.3 为灰枣枣园和骏枣枣园图像的判断区域与区域内的 B 分量竖直方向累计直方图。从图中可以看出,骏枣枣园的 B 分量累计直方图存在明显波谷且波动较大,而灰枣枣园作业图像中波谷不明显,所以将 B 分量最小值 f 与标准差 d 作为判别标准。其中灰枣枣园图像的 $f=18\ 427$,$d=1\ 890.777$,$f/d=9.75$;骏枣枣园图像的 $f=7\ 338$,$d=1\ 979.634$,$f/d=3.71$。根据视频图像统计结果,初步设定以 $f/d=5$ 为阈值进行枣园种类判别试验。从表 8.7.1 中

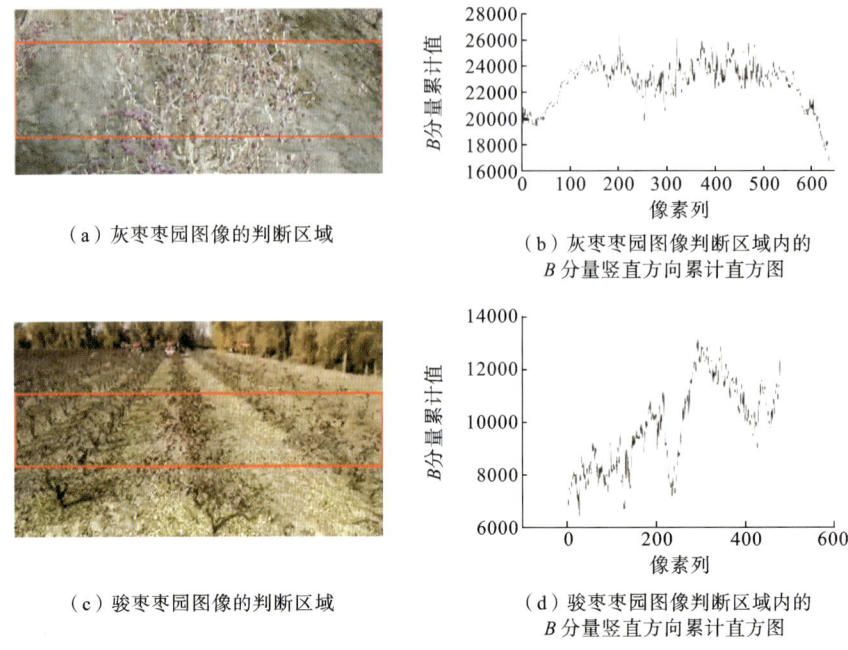

（a）灰枣枣园图像的判断区域

（b）灰枣枣园图像判断区域内的
B 分量竖直方向累计直方图

（c）骏枣枣园图像的判断区域

（d）骏枣枣园图像判断区域内的
B 分量竖直方向累计直方图

图 8.7.3　枣园类别的图像判断区域及判断区域内的 B 分量竖直方向累计直方图

可以看出,灰枣与骏枣枣园类别的判别准确率皆为 100%。所以确定 $f/d < 5.0$ 为骏枣枣园,否则为灰枣枣园。

8.7.3　灰枣枣园导航线检测

检测步骤如下:

(1) 图像的灰度化与二值化处理。通过对灰枣枣园图像的分析发现,左右行间区域像素与树冠像素区别较大,且 $G > B > R$,因此采用色差法(计算 $|2G - R - B|$)对图像进行灰度化处理,然后使用大津法对灰度图像进行二值化处理。

(2) 面积去噪处理。使用 ImageSys 平台中的 Noise_remover 函数,以黑色像素为对象,去除像素数量小于 50 的黑色像素连通区域。

(3) 补洞处理。使用 ImageSys 平台中的 Holl_filling 函数,分别以黑色像素和白色像素为对象进行两次 8 邻域补洞处理。

(4) 提取候选点群。如图 8.7.2 的中间虚线框所示,以图像 X 轴方向中间 1/3 区域作为处理窗口。在处理窗口内从上到下逐行扫描,将每行像素上像素值为 0 的像素点坐标平均值作为该行候选点的坐标,如图 8.7.2 中的候选点群。

(5) 已知点的确定。将所有候选点坐标的平均值作为 Hough 变换已知点的坐标。

(6) 拟合导航线。基于上述步骤(4)中候选点群与步骤(5)中已知点,使用过已知点的 Hough 变换拟合导航线,如图 8.7.2 中实线所示。

图 8.7.4 为不同工况下灰枣枣园导航线检测过程。在图 8.7.4(a)与图 8.7.4(b)中,对比二值图像与去噪处理结果可以看出,二值化处理后的图像中左右行间区域白色像素中存在黑色像素噪声,经过去噪处理噪声被有效去除;对比去噪处理与补黑色洞处理可以看出,经过黑色像素补洞处理后,树冠区域黑色像素中的"洞"(白色像素点)基本被"补上"(即去除白色像素点),使行间区域与树冠界限较为明显;对比补黑色洞处理与补白色洞处理结果可以看出,经过白色像素补洞处理后,行间区域白色像素中的黑色像素形成的"洞"被完全"补上",使图像的分区更为明显,便于提取候选点(候选点群为树冠区域中的白色像素点),从而提高拟合导航线精度。在图 8.7.4(c)中,原图中矩形框区域的

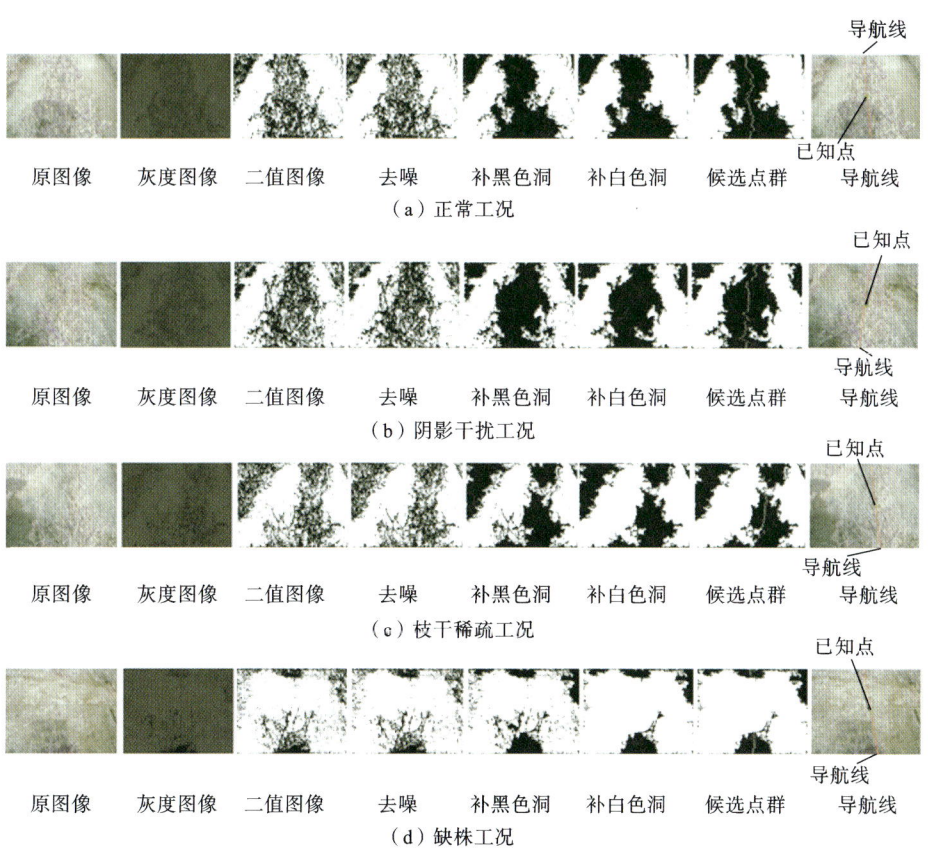

图 8.7.4 不同工况下灰枣枣园导航线检测结果

灰枣几乎脱落且枝干稀疏,经过二值化、去噪、补黑色洞和补白色洞处理后,行间区域与树冠区域出现粘连,使得该区域候选点的精度降低,最后导致检测出的导航线与目测有一些偏差。在图 8.7.4(d) 中,缺株工况使得行间区域与树冠区域粘连情况严重,图像分区错误,导致检测出的导航线误差较大。

使用采集到的作业视频对算法进行验证,实际检测与人为观测的误差较大即判为检测错误,具体结果如表 8.7.2 所示。

表 8.7.2　导航线检测试验结果

工况	图像数量/帧	误判数量/帧	准确率/(%)	平均处理速度/(秒/帧)
逆光	2 000	160	92	0.042
顺光	4 509	451	90	0.043
逆光	2 051	41	98	0.041

从表 8.7.2 可以看出:灰枣枣园的 3 组视频的检测准确率分别为 92%、90%、98%,平均值为 93%,图像平均处理速度为 0.042 秒/帧。产生误检的主要原因是枝干稀疏与缺株。这两种工况使得行间区域与树冠区域出现像素粘连,提取的候选点精度低,最终导致误检。该算法能够满足灰枣实际收获作业的需要,其检测的导航线可以作为灰枣枣园收获作业视觉导航自动驾驶的导航线。

8.7.4　骏枣枣园导航线检测

检测步骤如下:

(1) 处理窗口的确定。根据摄像机的安装位置、距地面高度以及与地面水平夹角等因素确定处理窗口。本研究以图像 X 轴方向中间 1/3 区域为处理窗口。

(2) 枣园田端的判断。设枣园田端位置为 n,在处理窗口内从上到下逐行扫描像素,并计算其 R 分量累计值,存入数组 s。完成扫描后,计算数组 s 的平均值 p 和标准差 d_1。最后,从下向上判断数组 s 的数据是否小于 $p-3\times d_1$,若连续 10 个数据满足条件,则设定第 1 次出现满足条件的数据代表的扫描行为田端 n,否则 $n=0$,即认为不存在田端。

(3) 扫描区间的确定。扫描标准线位置为第 m 列像素,以扫描标准线为中心左右各扩展 w(本研究中,取 $w=30$)像素作为扫描区间。确定 m 值方法如下:在处理窗口内从左向右逐列扫描,将第 j 列像素的 R 分量累计值存储在数组 $v[j]$ 中,数组 v 中最小值对应的 j 值即为 m。

(4) 提取候选点群。每行像素提取一个候选点,方法如下:在扫描区间内,从下向上逐行扫描至田端 n,将每行 R 分量最小的像素点作为候选点。

(5) 已知点的确定。将所有候选点坐标的平均值作为 Hough 变换已知点的坐标。

（6）拟合导航线。基于步骤（4）中候选点群与步骤（5）中已知点，使用过已知点的 Hough 变换拟合导航线。

图 8.7.5 是不同工况下骏枣枣园导航线检测结果。从图 8.7.5（a）可以看出，在顺光、车身抖动严重的工况下，目标枣行不在处理区域内，导致误检导航线。通过对比图 8.7.5（c）、（d）可知，人像的干扰会导致误检导航线。从图 8.7.5（b）中可以看出，在逆光、缺株、地膜干扰工况下，骏枣枣园中地膜逆光导致枣园田端误检，而导航线检测准确，这说明使用 R 分量最小值能够准确、稳定地提取候选点群，但田端检测算法的抗干扰能力仍需进一步提高。

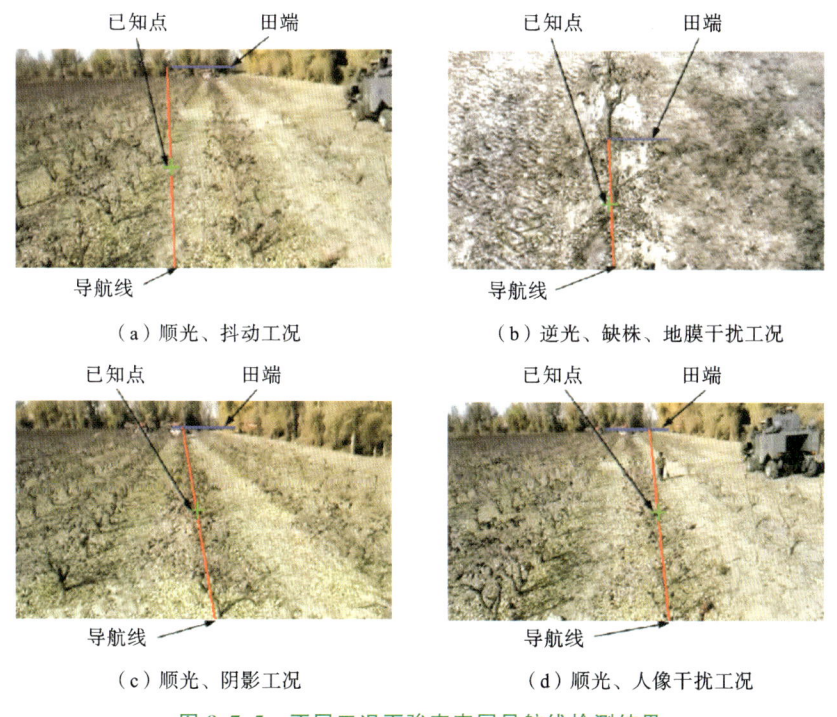

（a）顺光、抖动工况　　　　　　（b）逆光、缺株、地膜干扰工况

（c）顺光、阴影工况　　　　　　（d）顺光、人像干扰工况

图 8.7.5　不同工况下骏枣枣园导航线检测结果

图 8.7.6（a）是顺光、人像干扰工况下的扫描区域图与人像干扰所在行像素 R 分量累计直方图，其中，累计直方图中的凹点为提取的候选点位置。从图中可以看出，人像干扰导致该行候选点提取错误，最终使导航线误检。

图 8.7.6（b）是逆光、地膜干扰工况下的处理区域图与地膜所在行像素 R 分量累计直方图，累计直方图中黑色圆圈内的凹点位置为检测的田端位置，地膜的干扰导致田端检测错误。图 8.7.6（c）是顺光、阴影工况下随机像素行 R 分

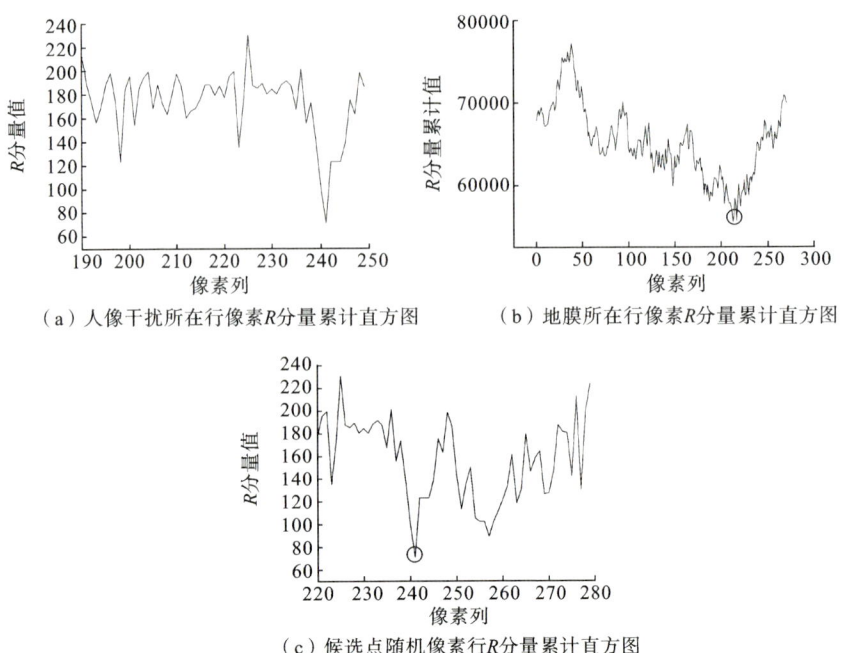

（a）人像干扰所在行像素R分量累计直方图　　（b）地膜所在行像素R分量累计直方图

（c）候选点随机像素行R分量累计直方图

图8.7.6　人像干扰、田端误检以及候选点特征分析

量累计直方图，累计直方图中黑色圆圈内的凹点为检测的该行像素候选点位置。为验证 R 分量最小值作为候选点提取特征的稳定性，进行如下试验：分别从采集的 3 组骏枣枣园视频中随机截取连续 100 帧图像，人工观察每帧图像中第 40 行、第 130 行、第 230 行（分别代表图像远视端、图像中间以及图像近视端随机像素行）中候选点提取是否正确。试验结果如表 8.7.3 所示。3 组视频中的近视端检测准确率分别为 93%、94%、92%，略低于图像远视端与图像中间的检测准确率。这主要是因为近视端的树冠像素分布密度较低，噪声多且干扰严重。出现误检的主要原因是人像的干扰与车身抖动。

表8.7.3　候选点提取试验结果

工况	像素行值	图像数量/帧	误判数量/帧	准确率/（%）
	40	100	4	96
顺光	130	100	5	95
	230	100	7	93
	40	100	3	97
逆光	130	100	4	96
	230	100	6	94

工况	像素行值	图像数量/帧	误判数量/帧	准确率/(%)
	40	100	3	97
逆光	130	100	3	97
	230	100	8	92

使用采集到的作业视频对算法进行验证,以实际检测结果与人为观测结果之间的误差作为判断检测的依据,误差较大即判为检测错误。具体结果如表 8.7.4 所示。

表 8.7.4　骏枣导航线检测试验结果

工况	图像数量/帧	误判数量/帧	准确率/(%)	每帧图像平均处理时间/s	是否有田端	田端是否检出
顺光	3 559	249	93	0.047	是	是
逆光	1 275	63	95	0.047	是	是
逆光	2 651	265	90	0.045	否	是

从表 8.7.4 中可以看出:针对骏枣枣园,3 组视频的检测准确率分别为 93%、95%、90%,检测准确率平均值为 92%,每帧图像的平均处理时间为 0.046 s。导航线出现误检的主要原因是车身抖动和人像的干扰导致扫描区间瞬移与人像所在行像素的候选点精度低,最终拟合的导航线精度不满足要求,地膜的干扰是造成田端误检的主要原因。该算法能够满足骏枣枣园实际收获作业的需要,其检测的导航线可以作为收获作业的视觉导航自动驾驶的导航线,田端检测准确。

8.7.5　小结

本研究针对收获时期灰枣枣园与骏枣枣园作业图像,研究并提出了视觉导航线检测算法。该算法能够自动判别红枣种类,选择合适的作业模式,同时实现对骏枣枣园田端的检测。

(1)枣园类型的判断。根据第一帧图像处理区域内的 B 分量竖直方向累计直方图,以及 B 分量最小值 f 与标准差 d 的关系,判断枣园类型。

(2)灰枣枣园导航线检测。针对灰枣枣园图像,首先进行灰度化、二值化处理,此时图像分区不明显,然后进行面积去噪与补洞处理,使得树冠与行间区域部分界限明显。在处理区域内,从上到下逐行扫描,以每行黑色像素坐标平均值作为该行候选点坐标,再以所有候选点坐标平均值作为 Hough 变换已知点,最后使用过已知点的 Hough 变换拟合导航线。

（3）骏枣枣园导航线检测。针对骏枣枣园图像，在处理区域内，以行像素为单位累计 R 分量值，再根据数据的平均值和标准差确定枣园田端的位置。从下到上至田端位置，以 R 分量最小值提取每行像素中的候选点，并以所有候选点坐标的平均值作为 Hough 变换已知点，最后使用过已知点的 Hough 变换拟合导航线。

（4）试验验证。使用采集的多工况灰枣枣园与骏枣枣园图像进行试验，试验的结果表明，灰枣枣园的检测准确率平均值为 93%，平均处理速度为 0.042 秒/帧，骏枣枣园的检测准确率平均值为 92%，平均处理速度为 0.046 秒/帧。该算法适用于两种枣园收获作业，提取的导航线精度与算法的实时性满足实际作业的要求，能够准确识别红枣种类和骏枣枣园的田端，为实现红枣收获视觉导航自动驾驶提供理论依据。

本研究中整体检测流程如图 8.7.7 所示。

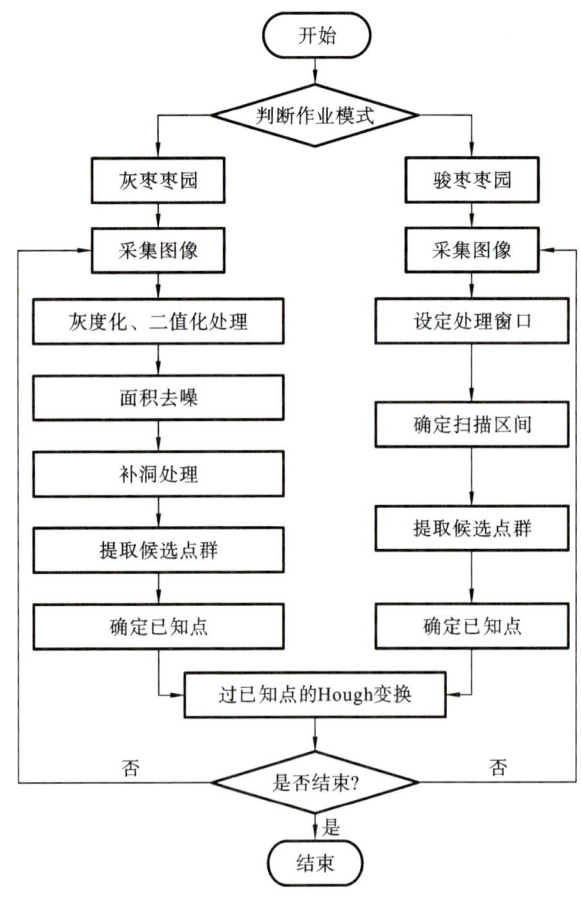

图 8.7.7　本研究中整体检测流程图

8.8 其他农田作业的导航线及田端检测

研究人员利用小麦播种的导航线检测方法分别对深耕、玉米播种、棉花播种、小麦收割和棉花采摘的环境进行了导航线检测试验。试验表明,上述环境一般都可以检测,但小麦收割环境和棉花采摘环境有些特殊。对于小麦收割环境,田埂线相较于周围较为明亮,而收割线则较暗;在河南等地区,麦田常设用于灌溉的垄格(相当于田埂线),也就是说,在收割过程中田埂线和收割线会频繁交替出现,需要考虑自动适应的问题;另外,在小麦收割过程中,有时会出现很大的灰尘,这也会影响检测效果。对于棉花采摘环境,导航线发白(白色棉花的边缘),而不是发黑,需要进行特殊处理。图 8.8.1～图 8.8.7 为不同环境下的检测结果,检测过程不再详细论述。

图 8.8.1　深耕环境的导航线检测结果

图 8.8.2　玉米免耕播种环境的导航线检测结果

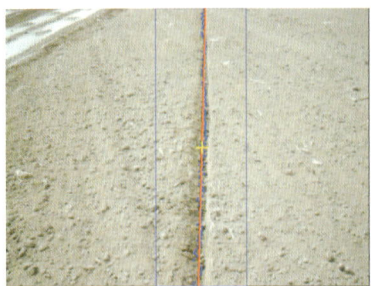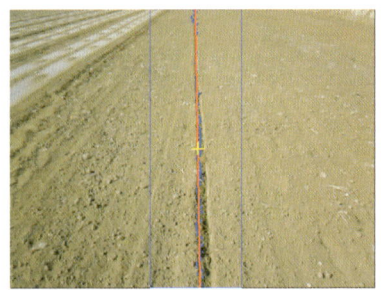

图 8.8.3　棉花播种环境的导航线检测结果

图 8.8.4　小麦收获环境的导航线检测结果

图 8.8.5　棉花采摘环境的导航线检测结果

图 8.8.6　农田管理导航线

图 8.8.7　田端检测

8.9　视觉导航样机试验及性能测试

8.9.1　视觉导航系统的硬件

如图 8.9.1 所示,视觉导航系统的硬件包括车载工控机、触摸屏、角度传感器、信号采集卡、摄像机、电动机驱动器、电动机和方向盘旋转机构等。图 8.9.2 是方向盘旋转机构结构图和安装在拖拉机上的实物图。

图 8.9.1　视觉导航系统示意图

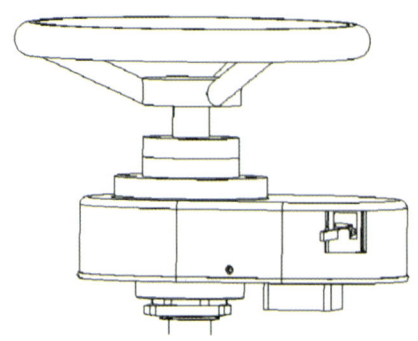

图 8.9.2　方向盘旋转机构结构图及实物图

8.9.2　视觉导航系统的软件

视觉导航系统的软件包括图像采集与处理软件及方向盘旋转控制软件。图像采集与处理软件主要用于检测农田作业导航线,在前面章节中分别介绍了各种农田作业环境的导航线检测方法。除了导航线检测外,本系统还通过角度传感器采集导向轮的旋转角度,通过组合导航线的方向角、中心偏移量和前轮旋转角度,确定控制电动机转动方向和旋转量,然后控制方向盘的转向和转角大小。

8.9.3　导航试验及性能测试

图 8.9.3 所示为在不同环境中的导航试验现场图片。其硬件设备完全相同,但针对不同的导航环境,选用了相应的导航线检测软件。

（a）公路车道实线　　　　　　　　　　（b）公路车道虚线

图 8.9.3　在不同环境中的视觉导航试验

（c）公路车道弯线

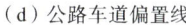

（d）公路车道偏置线

（e）耕地

（f）小麦播种

（g）棉花播种

（h）棉田喷药

续图 8.9.3

（i）收获机地缝导航

（j）激光导航

（k）红枣收获导航

续图 8.9.3

2015 年 7 月研究人员利用本视觉导航设备在新疆石河子市做棉田喷药导航试验，经新疆生产建设兵团农业机械检验测试中心检测，车速为 4.7 km/h，路径跟踪误差为 20 mm，不存在压秒现象。图 8.9.4 是视觉导航性能测试现场，图8.9.5 所示为视觉导航性能测试报告。

图 8.9.4　视觉导航性能测试现场

图 8.9.5　视觉导航性能测试报告

参考文献

[1] 陈兵旗. 机器视觉技术及应用实例详解[M]. 北京:化学工业出版社,2014.

［2］CHEN B Q，TOJO S，WATANABE K. Machine vision for a micro weeding robot in a paddy field［J］. Biosystems Engineering，2003，85（4），393-404.

［3］CHEN B Q，TOJO S，WATANABE K. Machine vision based guiding system for automatic rice transplanters［J］. Applied Engineering in Agriculture，2003，19（1），40-46.

［4］CHEN B Q，TOJO S，WATANABE K. Detection algorithm for traveling route in paddy fields for automated managing machines［J］. Journal of Electronic Packaging：Transactions of the ASAE，2002，45（1）：239-246.

［5］ZHANG H，CHEN B Q，ZHANG L. Detection algorithm for crop multicenterlines based on machine vision［J］. Transaction of the ASABE，2008，51（3）:1089-1097.

［6］张雄楚,陈兵旗,李景彬,等.红枣收获机视觉导航路径检测［J］.农业工程学报,2020,36（13）:133-140.

第9章
通用图像处理系统 ImageSys

9.1 系统简介

ImageSys 是一个大型图像处理系统,其主要功能包括图像/多媒体文件处理、图像/视频捕捉、图像滤波、图像变换、图像分割、特征测量与统计等。同时,系统还可以作为一个开发平台使用,支持彩色、灰度、静态和动态图像处理。ImageSys 系统可处理以下文件类型:位图文件(.bmp),TIFF 图像文件(.tif、.tiff),JPEG 图像文件(.jpg、.jpeg),文档图像文件(.txt)和多媒体视频图像文件(.avi、.dat、.mpg、.mpeg、.mov、.vob、.flv、.mp4、.wmv、.rm 等)。图像/视频传输采用国际标准的 USB 接口和 IEEE 1394 接口,适用于台式计算机和笔记本计算机,可支持一般民用 CCD 数码摄像机/相机(IEEE 1394 接口)和 PC 摄像机/相机(USB 接口)。

ImageSys 具有丰富的功能,基于这些功能提供了大量可利用的函数,所以其能够满足不同专业不同层次的需要。用于教学可以向学生展示现代图像处理技术的多种功能;在实际应用中可以自动计算、测量多种数据;可以利用提供的函数组合各种功能,用于机器人视觉判断;利用图像处理技术开展科学研究的人员,可以用 ImageSys 系统提供的丰富功能,简单地进行各种试验,用提供的函数库简单地编制处理程序,快速找到最佳方案。

ImageSys 还提供了一个框架源程序,包括图像文件的读入和保存、图像捕捉、视窗程序的基本系统设定等与图像处理无关的繁杂程序,也包括部分图像处理程序。用户可以简单地将自己的程序参考 ImageSys 系统函数的使用方法写入框架程序,从而节省大量的时间。图 9.1.1 是 ImageSys 的操作界面。

图 9.1.1　ImageSys 的操作界面

9.2　状态窗

如图 9.2.1 所示,状态窗用于显示模式、帧模式以及处理区域的设定。

图 9.2.1　状态窗

1. 显示模式

"显示模式"栏可以选择灰度、彩色显示方式,也可以设置为显示 R 分量、G 分量和 B 分量的灰度图像或全彩色图像。

2. 帧模式

"帧模式"栏可以显示当前帧,也可以从开始帧到结束帧连续循环显示。连续显示需设定开始帧、结束帧、等待时间等参数。图像处理结果可表示在下帧,原图像保留;也可覆盖原帧。

3. 处理区域

"处理区域"栏可通过设置起点、终点坐标来设定处理区域。也可切换预置的最大处理区域或中间 1/2 的处理区域。

也可通过键盘和鼠标对处理区域自由设定:移动鼠标

至目标区域的起点,按住"Shift"键后再按下鼠标左键,移动鼠标到要设定区域的终点位置,松开"Shift"键和鼠标左键即可。

9.3 图像采集

"图像采集"菜单只介绍 DirectX 直接采集选项内容,其他选项内容这里不做介绍。

直接采集是基于 DirectX 的图像采集功能(见图 9.3.1)。该功能可支持一般民用 CCD 数码摄像机/相机(IEEE 1394 接口)和 PC 摄像机/相机(USB 接口)。

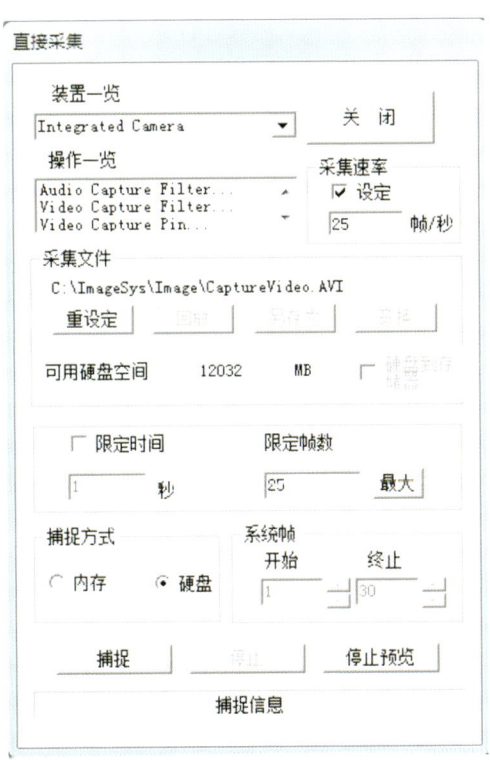

图 9.3.1 DirectX 图像直接采集功能界面

使用 IEEE 1394 接口的摄像机时,将图像采集到硬盘时的采集速率与摄像机/相机的制式有关,通常 PAL 制式下的采集速率为 25 帧/秒,NTSC 制式下的采集速率为 30 帧/秒;采集到内存(系统帧)时的采集速率与计算机的处理速度有关。

使用 USB 接口摄像机/相机时，将图像采集到硬盘、内存时的采集速率都与计算机处理速度有关。采集速率默认为 25 帧/秒，也可自行设定。

通过对捕捉方式的设定，可将图像采集到内存上，或采集到硬盘上。

9.4 直方图处理

9.4.1 直方图

在"直方图处理"菜单中，可以选择直方图的类型：灰度，彩色 RGB、R 分量、G 分量、B 分量，彩色 HSI、H 分量、S 分量、I 分量。

在"直方图"对话框（见图 9.4.1）中：可以依次显示所选类型的像素区域分布直方图的最小值、最大值、平均值、标准差、总像素等，显示所选类型的像素区域分布直方图，可以剪切和打印直方图，可以查看直方图上数据的分布情况，可以读出以前保存的数据、保存当前数据、打印当前数据，保存的数据可以用 Microsoft Excel 打开，重新作分布图。

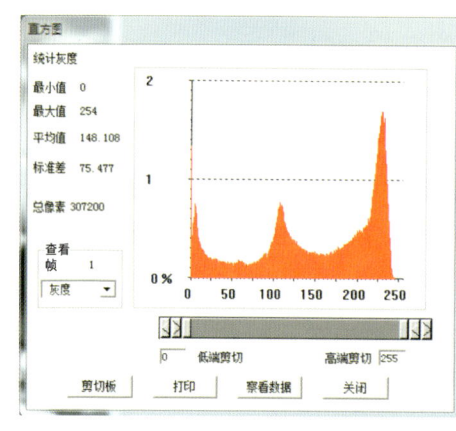
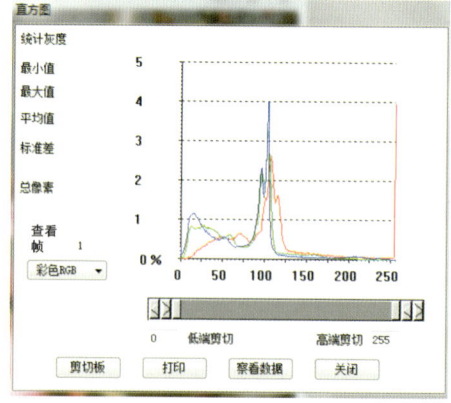

（a）灰度模式　　　　　　　　　　　（b）彩色模式

图 9.4.1 "直方图"对话框

9.4.2 线剖面

线剖面是沿用户绘制直线提取像素值分布的工具，广泛应用于图像定量分析。在"线剖面"对话框（见图 9.4.2）中，可选择线剖面的分布图类型，包括灰度、彩色 RGB、R 分量、G 分量、B 分量、彩色 HSI、H 分量、S 分量、I 分量等。

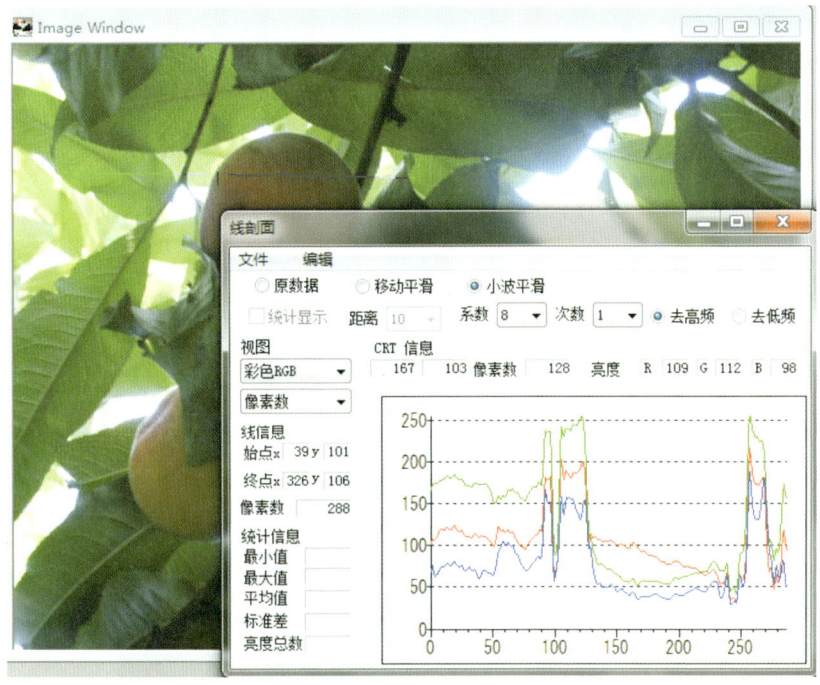

图 9.4.2 "线剖面"对话框

选择单个分量时,在窗口左侧会显示该分量线剖面信息的最小值、最大值、平均值、标准差和亮度总数。可以对线剖面进行移动平滑和小波平滑。移动平滑可以设定平滑距离。小波平滑可以设定平滑系数、平滑次数,选择去高频或去低频(去高频是将高频信号置 0,留下低频信号,即平滑信号,去低频是将低频信号置 0,留下高频信号,其目的是观察高频信号)。

9.4.3 3D 剖面

在"3D 剖面"对话框中,X 轴表示图像的横坐标,Y 轴表示图像的纵坐标,Z 轴表示像素的灰度值。可以采用自定义表示和 OpenGL 三维显示,如图 9.4.3 所示。可以设定采样空间、反色,也可以设定分布图的 Z 轴高度尺度、最大亮度、基亮度 、涂抹颜色、背景颜色等。

9.4.4 累计分布图

累计分布图是指竖直方向或者水平方向的像素值累加曲线。打开"累计分

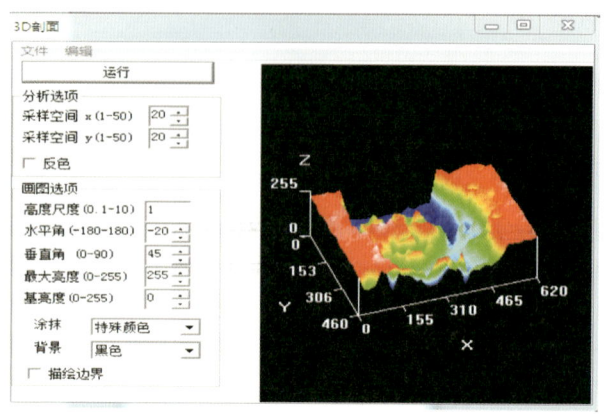

（a）自定义表示

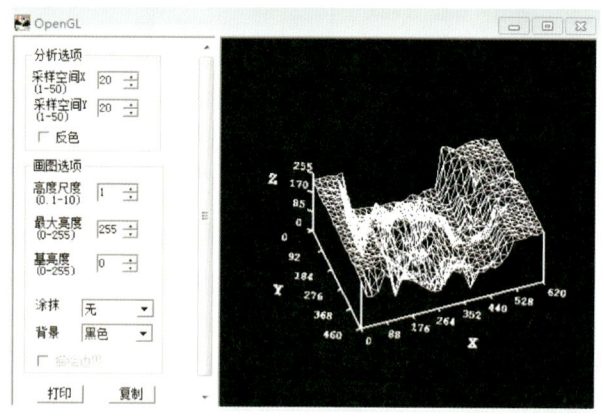

（b）OpenGL三维显示

图 9.4.3 "3D 剖面"对话框

布图"对话框,即显示处理窗口内像素的累计分布情况,若未选择处理窗口,则显示的是整幅图内像素的累计分布情况。可以选择显示原数据、移动平滑或小波平滑。

可选择的累计分布图类型有灰度、彩色 RGB、R 分量、G 分量、B 分量、彩色 HSI、H 分量、S 分量、I 分量等。选择单个分量时,显示所选类型累计分布图的最小值、最大值、平均值、标准差、总像素等。图 9.4.4 显示了图像上虚线窗口区域彩色 RGB 的竖直方向累计分布图,横坐标表示处理窗口的横坐标,纵坐标表示像素的累加值。

在"累计分布图"对话框中,可以剪切和打印累计分布图。此外,还可以

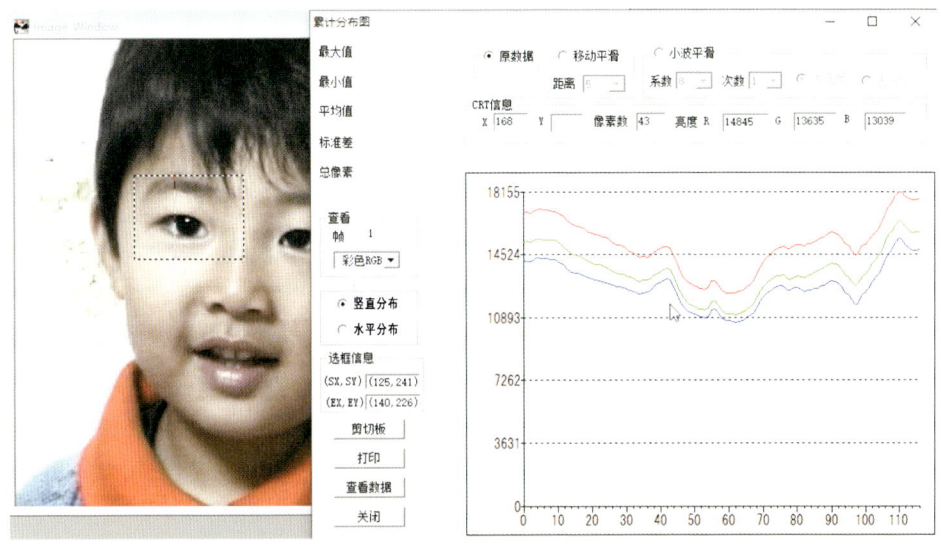

图 9.4.4　虚线窗口区域彩色 GB 的竖直方向累计分布图

查看数据，打开数据窗口的文件菜单，可以读出以前保存的数据、保存当前数据、打印当前数据。保存的数据可以用 Microsoft Excel 打开，重新作分布图。

9.5　颜色测量

颜色测量基于 RGB 三通道亮度值分析，结合国际照明委员会(CIE)标准颜色系统，通过 XYZ 颜色空间转换、HSI 色彩模型解析及色差量化计算，实现多维度色彩表征与精准量化评估。

利用颜色测量功能，可设置基准色、测量颜色及色差。内容包括：RGB 的亮度值，HSI 颜色系统下的取值，变换到 CIE XYZ 颜色系统时的 3 刺激值，3 刺激值在 XYZ 颜色系统的色度图上的色度坐标值 x、y，在 CIE 的 L^*、a^*、b^* 色空间值，以及变换成 CIE UCS 颜色空间时的坐标值 u^*、v^*。

可选择摄影时的光源：A 光源表示相关色温为 2856 K 左右的钨丝灯；B 光源表示可见光波长域的直射太阳光；C 光源表示可见光波长域的平均光；D65 光源表示包含紫外域的平均自然光。

图 9.5.1 所示为"颜色测量"对话框。

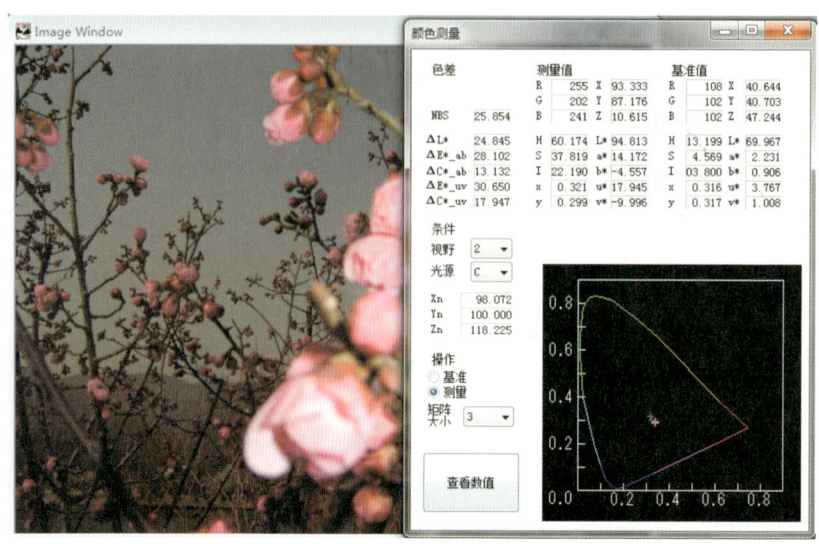

图 9.5.1　"颜色测量"对话框

9.6　颜色变换

9.6.1　颜色亮度变换

图 9.6.1 所示为颜色亮度变换窗口。颜色亮度变换功能用于彩色或灰度图像的亮度变换。可选择线性恢复、像素提取、范围移动、N 值化、L（朗格）变

图 9.6.1　颜色亮度变换窗口

换、γ(伽马)变换、动态范围变换等亮度变换的方法。

利用颜色亮度变换功能,可对图像进行反色处理,将图像的浓淡信息反转;可通过均衡化像素分布,使图像变得鲜明;可对雾霾图像进行清晰化处理。

可根据变换类型分别设定相应的参数。背景可选"黑色"或"白色";灰度范围移动的位移量可设定为"位移量 Y"和"位移量 X";N 值化项可选的 N 值有 2、4、8、16、32、64、128、256;"γ(咖马)变换"的 γ 系数可设定为 0~1.0,初始值为 0.5;灰度值的设定可通过输入灰度值或调节灰度调节柄来实现。

9.6.2　HSI 图像表示变换

HSI 图像表示功能用于将图像的 RGB 颜色值转换成 HSI 颜色值来进行图像表示。HSI 图像的参数包括色相 H、饱和度 S、亮度 I、色差 $(R-I)$ 和 $(B-I)$。自由调节 HSI 各个分量,可改变图像颜色。

"HSI 图像表示"对话框如图 9.6.2 所示。

9.6.3　自由变换

如图 9.6.3 所示为"自由变换"对话框。自由变换功能用于对图像进行平移、90°旋转、加亮度轮廓线、加马赛克、窗口涂抹、积分平均等处理。

图 9.6.2　"HSI 图像表示"对话框

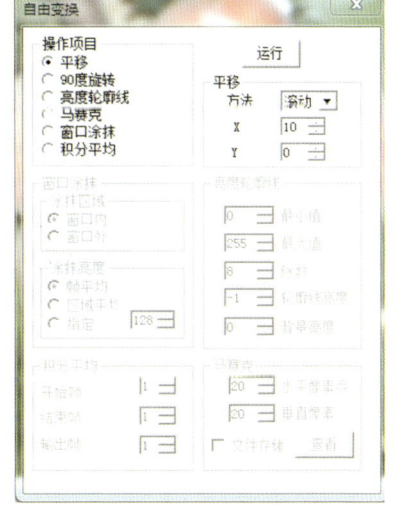

图 9.6.3　"自由变换"对话框

以下对自由变换的操作项目予以说明。

(1) 平移:执行图像的滚动或移动。

（2）亮度轮廓线：画出各个亮度范围的轮廓线。可设置亮度轮廓线的最小值和最大值、等分亮度范围份数、轮廓线的亮度值及轮廓线以外的背景的亮度值。

（3）马赛克：计算设定范围内像素的亮度平均值，画出马赛克图像。可设定水平方向像素范围和垂直方向像素范围。

（4）窗口涂抹：以任意的亮度对处理窗口内或窗口外的区域进行涂抹处理。

设定涂抹亮度的方法：① 帧平均，处理窗口周围的像素的平均亮度；② 区域平均，处理窗口内的像素的平均亮度；③ 指定，指定亮度。

（5）积分平均：用于图像区域的像素均值计算与数据平滑化处理，以去除随机噪声，从而改善图像。

9.6.4　RGB变换

图 9.6.4 所示为"RGB变换"对话框。RGB变换功能用于彩色图像 R、G、B 三分量之间的加减运算，可方便地提取彩色图像中 R、G、B 分量图，强化某些分量。

图 9.6.4　"RGB变换"对话框

9.7　几何变换

9.7.1　单步变换

图 9.7.1 为"单步变换"对话框。在该对话框中，可选"平移""旋转""放大

缩小"等变换项目。

选择"旋转"或"放大缩小"时,可设定旋转或放大缩小的 X、Y 轴方向的中心坐标。默认值为图像中心的 X、Y 坐标。

选择"旋转"时,设定旋转角后,下方的预览窗口自动显示旋转后的图像。

选择"平移"时,设定平移量后,下方的预览窗口自动显示平移后的图像。

选择"放大缩小"时,按照所设定的比例,下方的预览窗口自动显示尺寸生成后的图像。

9.7.2　复杂变换

复杂变换有放射变换和透视变换两种方式。

放射变换是平移、旋转、放大缩小等的组合变换。

透视变换是三维几何变换,可以设定扩大率,视点位置,屏幕位置,X、Y、Z 方向的移动量,以及以 X、Y、Z 轴为旋转轴回转的角度。

图 9.7.2 所示为"透视变换"界面。设定参数如下:扩大率 $X=1.2$,$Y=1.2$;视点位置 $Z=50$;屏幕位置 $Z=10$;移动量 $X=1$,$Y=1$,$Z=1$;X、Y、Z 轴的旋转角度均为 $10°$。点击"确定"按钮,预览图即为变换后的图像。

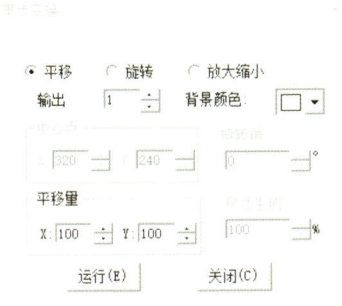

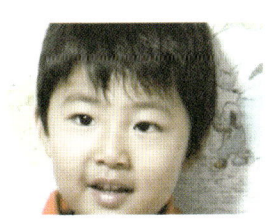

图 9.7.1　"单步变换"对话框

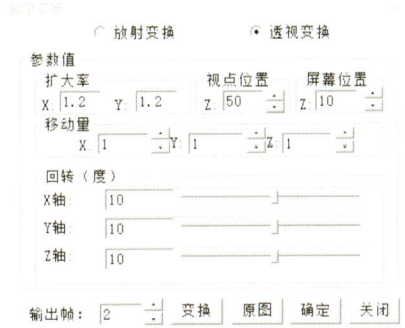

图 9.7.2　"复杂变换"对话框

9.7.3 单目测量

图 9.7.3 所示为"单目测量"对话框。

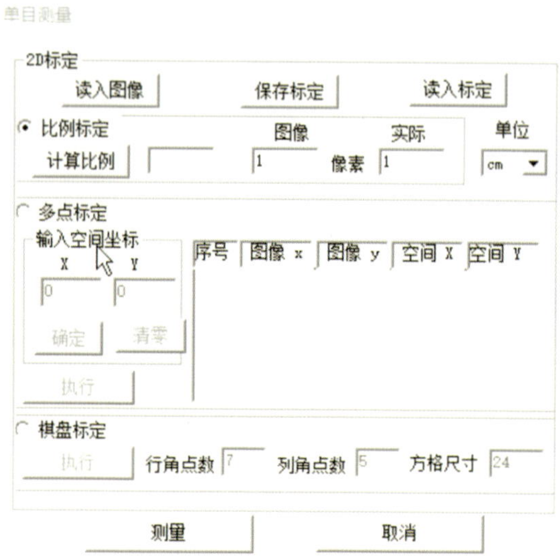

图 9.7.3 "单目测量"对话框

1. 2D 标定

单目测量功能提供以下三种 2D 标定模式。

比例标定：基于已知物理尺寸的比例换算。

多点标定：通过多组坐标点建立空间映射关系。

棋盘标定：利用棋盘格角点计算单应性矩阵。

具体标定操作详见第 10.3 节"运动图像及 2D 标定"，在此不做说明。

2. 测量

点击图 9.7.3 中的"测量"按钮，打开图 9.7.4 所示的"平面测量"对话框，同时关闭"单目测量"对话框。

"平面测量"对话框功能如下：

(1)"文件"菜单用于打开、保存、打印测量结果。

(2)"撤销"按钮用于删除最后一项测量结果。

(3)"清除"按钮用于清除所有测量结果。

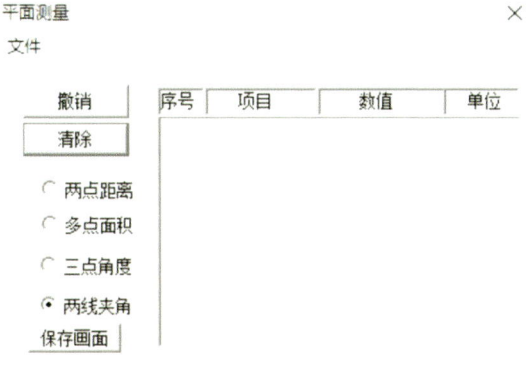

图 9.7.4 "平面测量"对话框

（4）结果表示窗口用于自动显示测量结果。

（5）测量项目包括以下四种。

① 两点距离：在图像上先后点击两点，将在两点间自动画出直线，在后一点处标出测量序号，测量结果即表示在窗口中。

② 多点面积：点击 3 个以上点，同时画出各点间连线，右击结束选点，同时画出最后一点与初始点间的连线，计算出多点间的面积，测量结果表示在窗口中。

③ 三点角度：点击 3 个点后，再点击要测量的角度，自动表示角度和测量序号，测量结果表示在窗口中。

④ 两线夹角：分别点击两条线的起点和终点，然后点击要测量的角度，自动表示两条线和测量序号，测量结果表示在窗口中。

（6）"保存画面"按钮用于保存有测量结果的图像。

3. 操作步骤

（1）打开"单目测量"对话框，点击"读入图像"按钮，读入标定图像。进行比例标定和多点标定时，可以直接在测量图像上进行标定；进行棋盘标定时，需要读入带棋盘的标定图像。

（2）点击"读入标定"，读入保存的标定文件。标定文件内容包括标定方法、单位、比例标定的比例值、多点标定和棋盘标定的单应矩阵数据、棋盘的角点数和方格尺寸。

（3）设定单位。

（4）选择"比例标定""多点标定"或"棋盘标定"，进行相应标定。

（5）点击"保存标定"，进行标定文件保存。

（6）点击"测量"，关闭"单目测量"对话框，打开"平面测量"对话框，进行平面测量。

（7）点击"取消"按钮，取消测量，关闭"单目测量"窗口。

9.8　频率域变换

9.8.1　小波变换

小波变换功能可以用于一维行变换、一维列变换和二维变换，小波变换

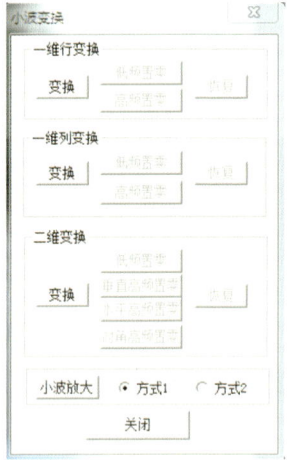

图 9.8.1　"小波变换"对话框

时可以消除任意分量后进行逆变换，可以对选择区域进行小波放大处理。图 9.8.1 所示为"小波变换"对话框。

1. 一维列变换处理示例

对原图像连续进行三次一维列变换以后，将垂直方向低频置零，再进行三次恢复处理，结果如图 9.8.2 所示。

2. 二维变换处理示例

对原图像连续进行三次二维小波变换以后，将低频置零，再进行三次恢复处理，结果如图9.8.3 所示。

（a）三次列变换

（b）低频置零

（c）三次恢复

图 9.8.2　一维列变换示例

（a）三次二维变换　　　　　（b）低频置零　　　　　（c）三次恢复

图 9.8.3　二维变换示例

9.8.2　傅里叶变换

快速傅里叶变换只能对长和宽都是 2 的次方大小的图像进行变换。图像处理区域的大小如果不是 2 的次方，将会被自动缩小到 2 的次方大小后进变换。

图 9.8.4 所示为"傅里叶变换"对话框，对变换后的傅里叶图像，可以选择各种类型的滤波器进行滤波处理，然后进行图像恢复。滤波器的种类包括用户自定义滤波器、理想低通滤波器、梯形低通滤波器、布特沃斯低通滤波器、指数低通滤波器、理想高通滤波器、梯形高通滤波器、布特沃斯高通滤波器、指数高通滤波器等。滤波器的参数包括指数 n、半径 D_0、半径 D_1。

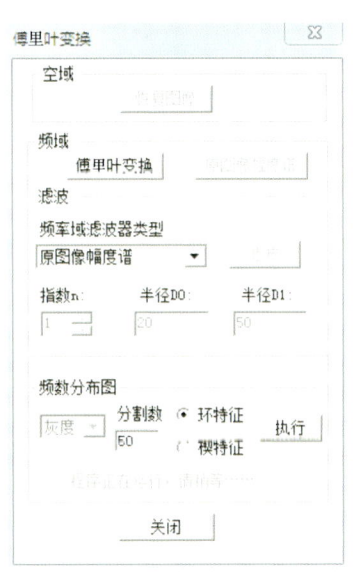

图 9.8.4　"傅里叶变换"对话框

在"频数分布图"栏，可以选择查看频率图像的环特征和楔特征。将频率图像在极坐标系中沿极半径方向划分为若干同心环状区域，分别计算每个同心环状区域上的能量总和，得到的就是环特征值。将频率图像在极坐标系中沿极角方向划分为若干楔状区域，分别计算每个楔状区域上的能量总和，得到的就是楔特征值。

傅里叶变换示例如图 9.8.5 所示。

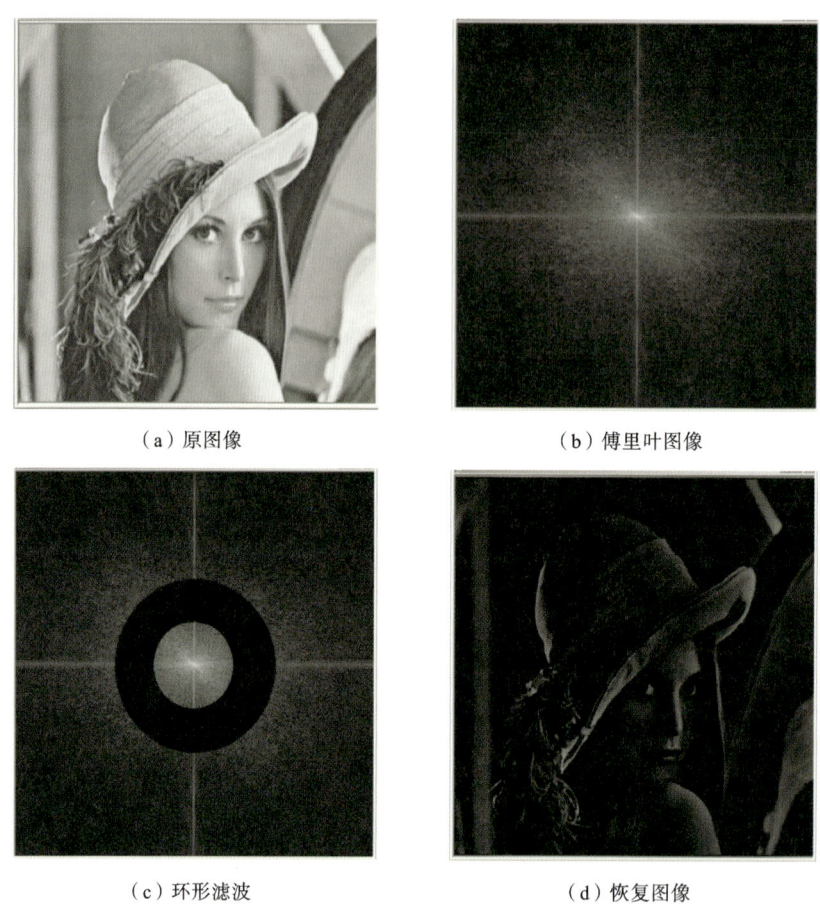

（a）原图像　　　　　　　　　　　（b）傅里叶图像

（c）环形滤波　　　　　　　　　　（d）恢复图像

图 9.8.5　傅里叶变换示例

9.9　图像间变换

9.9.1　图像间运算

图 9.9.1 所示为"图像间运算"对话框，图像间运算功能包括图像间的加、减、乘、除算术运算和逻辑运算。逻辑算子包括 AND、OR、XOR、XNOR。进行算术运算时，可以任意指定运算系数。可对多帧图像进行连续运算。

9.9.2　运动图像校正

图 9.9.2 所示为"运动图像校正"对话框。

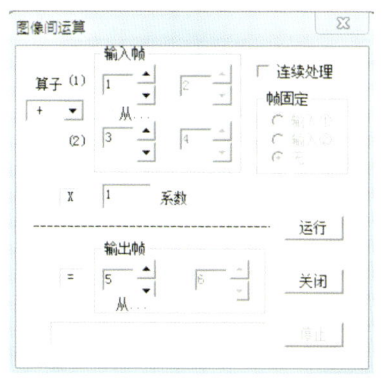

图 9.9.1 "图像间运算"对话框

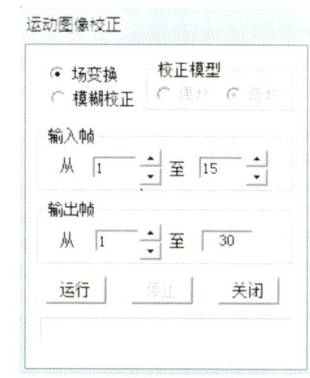

图 9.9.2 "运动图像校正"对话框

1. 场变换

由摄像装置摄取的图像是由奇数扫描场和偶数扫描场构成的,也就是说,奇数扫描场和偶数扫描场的像素可以合成一帧图像。场变换功能是将奇数场和偶数场分别做成一帧图像。可以进行多帧的连续场变换。

2. 模糊校正

模糊校正功能用于校正摄像时因扫描交错而产生的模糊。可以选择奇数场和偶数场,用选择的场做成一帧图像,来替代原来帧的图像。

9.10 滤波增强

9.10.1 单模板滤波增强

滤波增强是对图像的各个像素及其周围的像素乘一个系数列(滤波算子),将所得乘积相加,得出的和再除以某一个系数(除数),将最后结果作为该像素的值。通过上述处理,达到增强图像的某一特征或改善图像质量的目的。

可选的滤波器类型包括简单均值滤波器、加权均值滤波器、4 方向锐化滤波器、8 方向锐化滤波器、4 方向增强滤波器、8 方向增强滤波器、平滑增强滤波器、中值滤波滤波器、排序滤波器、高斯滤波器、自定义滤波器。选择以上几种滤波器时,滤波算子和除数的数据将自动在窗口表示。

滤波算子的大小可以选择 $3 \times 3, 5 \times 5, 7 \times 7, 9 \times 9$ 等。

图 9.10.1 所示是单模板滤波增强功能界面和处理示例(对一帧彩色图像进行了 3×3 区域的 8 方向锐化处理)。

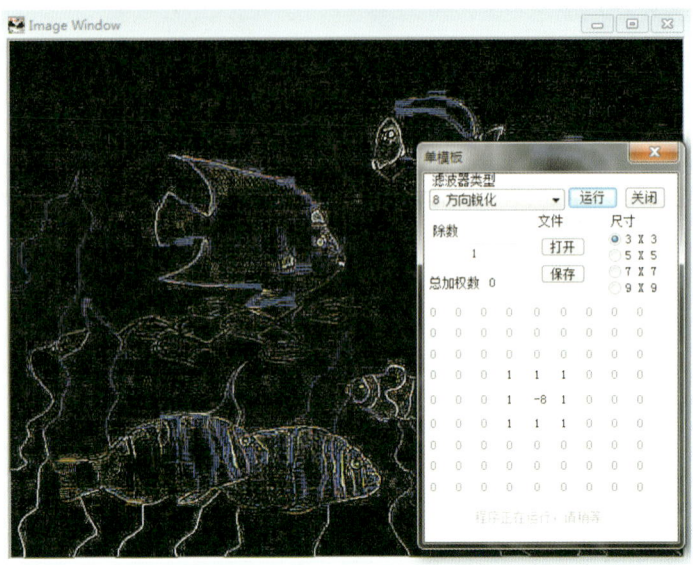

图 9.10.1　单模板滤波增强

9.10.2　多模板滤波增强

图 9.10.2 所示为多模板滤波增强功能界面和处理示例。多模板滤波增

图 9.10.2　多模板滤波增强

强可选的滤波算子有 Prewitt 算子，Kirsch 算子，Robinson 算子，一般差分算子，Roberts 算子，Sobel 算子，拉普拉斯算子 1、算子 2、算子 3，用户自定义类型等。

以上算子中，Prewitt 算子、Kirsch 算子、Robinson 算子是基于模板匹配的边缘检测与提取算子，它们各自有 9 个模板可供用户选择。一般差分算子、Roberts 算子、Sobel 算子以及 3 种拉普拉斯算子是基于微分的边缘检测与提取算子。用户选定滤波器种类后，对于基于模板匹配的算子，可同时选择其对应的多个模板，以达到最好效果，而基于拉普拉斯算子的运算则选择单模板。

9.10.3　Canny 边缘检测

如图 9.10.3 所示，Canny 边缘检测功能可以选择分步检测或一键检测。分步检测时，按顺序一步一步执行，显示各步处理结果图像。一键检测时，点击"Canny 检测"键，只显示最终检测结果。选择滤波器尺寸后，自动采用默认平滑尺度，也可以手动设定平滑尺度。高阈值占比和低阈值占比可以根据检测效果设定。

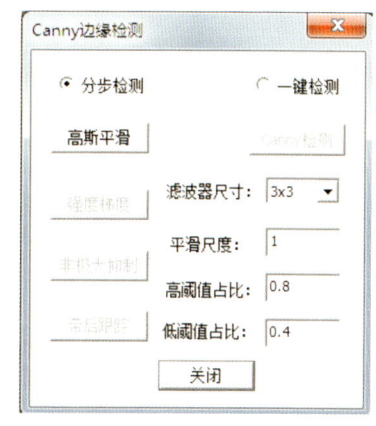

图 9.10.3　"Canny 边缘检测"对话框

9.11　图像分割

对于灰度图像或以灰度模式显示的彩色图像，可以自由设定阈值进行二值化处理，也可以由系统自动求出阈值并将图像二值化。可选择的自动二值化方法包括模态法、p 参数法和大津法。

对于基于 RGB 颜色系统的彩色图像二值化处理，可以分别设定 R、G、B 分量有效、无效及其阈值范围；对于基于 HSI 颜色系统的彩色图像二值化处理，可以分别设定 H、S、I 分量有效、无效及其阈值范围。在这两种彩色图像二值化处理中，还可以通过鼠标在图像上点击要提取的部位，自动获得阈值范围，并且可以设定鼠标点击区域的大小。图 9.11.1 所示为"图像分割"对话框。

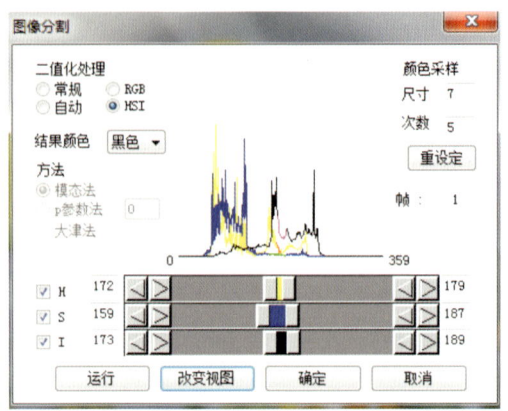

图 9.11.1 "图像分割"对话框

9.12 二值运算

9.12.1 基本运算

图 9.12.1 所示为"二值图像的基本运算"对话框。基本运算项目包括去噪声、补洞、膨胀、腐蚀、排他膨胀、细线化、去毛刺、清除窗口、轮廓提取等。在"参数"栏中,可根据实际情况设置对象物、邻域、去噪声、细线化次数、毛刺像素数和窗口位置的参数。

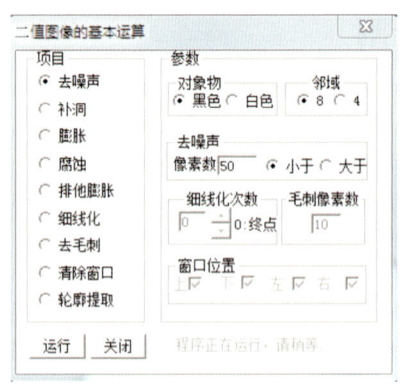

图 9.12.1 "二值图像的基本运算"对话框

去噪声:可在参数栏设定去噪声的像素数,选择小于或大于某像素数进行去噪声。

膨胀或者腐蚀:执行一次,根据邻域大小设定(8 邻域或 4 邻域)膨胀或者腐蚀一圈。反复执行膨胀和腐蚀命令,可以有效地修补图像表面的断裂、孔洞等。

排他膨胀:膨胀后对象物的个数不变,可以用于修补图像,而不改变对象物的个数。执行一次,根据邻域大小设定(8 邻域或 4 邻域)膨胀一次,靠近其他对象物的部位不膨胀。

细线化:一个像素一个像素地缩小对象物的轮廓,直到对象物缩小为一个像素宽(细线)的"骨架"为止。可以设定"细线化次数",设定值为 0(默认值)时,表示执行到细线为止。细线化处理只将线条变细,而不变短。

去毛刺:对细线化后的图像进行修正。可以设定毛刺的长度(毛刺像素数)。

清除窗口:清除窗口中不需要处理的对象物。可以设定清除方向为上、下、左或者右。

9.12.2　特殊提取

图 9.12.2 是特殊提取的操作界面及提取示例,该示例是提取面积大于 500 像素和周长大于 80 像素的黑色目标。

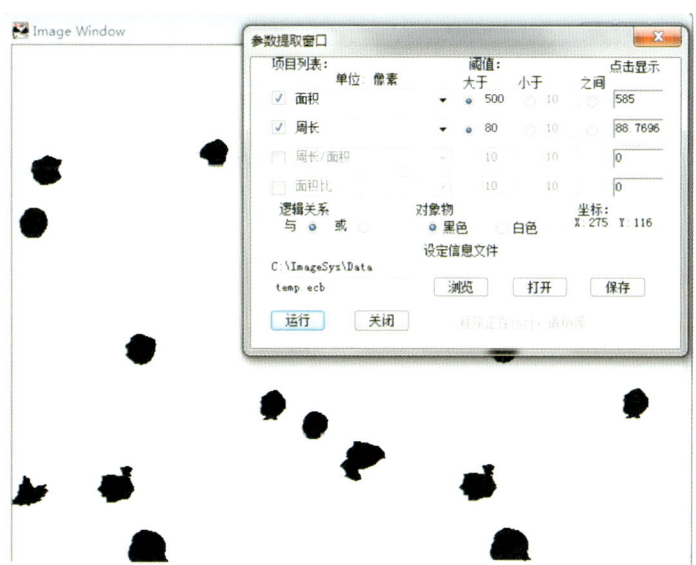

图 9.12.2　特殊提取的操作界面及提取示例

通过特殊提取可测定对象物的 26 项几何数据,根据最多 4 个"与"或"或"

的条件提取对象物。

设定项目包括面积、周长、周长/面积、面积比、孔洞数、孔洞面积、圆形度、等价圆直径、重心(X)、重心(Y)、水平投影径、垂直投影径、投影径比、最大径、长径、短径、长径/短径、投影径起点 X、投影径起点 Y、投影径终点 X、投影径终点 Y、图形起点 X(扫描初接触点的 X 坐标)、图形起点 Y(扫描初接触点的 Y 坐标)、椭圆长轴、椭圆短轴、长轴/短轴。

"逻辑关系"栏在选择两个项目以上时有效。逻辑关系是指提取对象物时所选项目之间的逻辑关系,可选择"与"或者"或"。

用鼠标点击目标后,自动获得目标的选定几何参数,可以参考这些参数设定提取阈值。设定范围包括:大于阈值、小于阈值和取两阈值之间。

参数提取窗口可以打开和保存设定的处理条件。

9.13 二值图像测量

二值图像测量包括几何参数测量、直线参数测量、圆形分离和轮廓测量等内容,以下分别介绍各项内容。

9.13.1 几何参数测量

几何参数测量可以选择一般或者手动方式。一般方式参数测量共有 49 个项目;手动方式参数测量项目包括两点间距离、连续测量两点间距离、3 点间角度、两线间夹角、多点面积等的测量。

在测量之前,可以通过鼠标设定比例尺。设定比例尺之后,测量的就是实际数据;如果不设定比例尺,默认测量的单位是像素。比例尺的单位有 pm、nm、μm、mm、cm、m、km 等。图 9.13.1 所示是几何参数测量的功能界面。

1. 一般方式参数测量

1)条件设定

对象物可设置为黑色或者白色,邻域可以选择 8 邻域或者 4 邻域,可以设定岛处理或者非岛处理,也可以设定处理结果上标注序号或者不标注序号。选择岛处理时,岛作为单独的

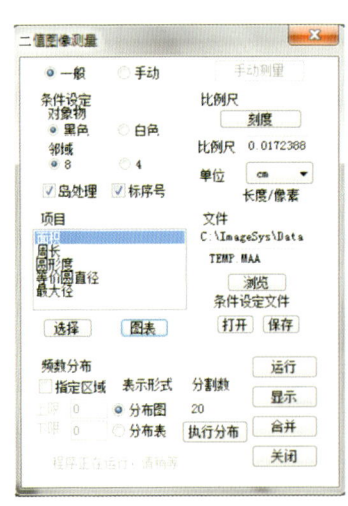

图 9.13.1　几何参数测量界面

一个对象物;不选择岛处理时,岛与其外侧的对象物一起处理。

2)测量项目

共有以下 40 个可选择测量项目(实际测量项目为 49 个)。

(1) 面积、周长类。

① 面积:可用对象物所占区域中像素的个数进行计算,不包括孔洞面积。

② 周长:对象物所占区域中相邻边缘像素间的距离之和。

③ 周长 2:对象物所占区域中相邻边缘像素间的距离之和,不包括处理窗口边界上的像素。

④ 孔洞数:对象物所占区域内孔洞的个数。

⑤ 孔洞面积:对象物所占区域中所有孔洞的像素的个数。

⑥ 总面积:对象物面积和孔洞面积的总和。

⑦ 面积比:对象物面积(不含孔洞)除以处理窗口的总面积。

⑧ 周长/面积。

⑨ NCI 比:周长÷总面积$^{1/2}$。

⑩ 圆形度(D):$D=4\pi\times$总面积÷周长^2。圆的圆形度为 1(最大)。

⑪ 等价圆直径:与对象物的面积相等的圆的直径。

⑫ 球体积:以等价圆的直径为直径的球体的体积。

⑬ 圆的形状系数(C):圆形度的倒数,表示圆的凹凸程度,数值越大,凹凸程度越大。$C=1/D=$周长^2÷($4\pi\times$总面积)。

⑭ 线长(细线化图像):线长=周长÷2。

(2) 重心、投影径类。如图 9.13.2 所示。

① 重心:重心的横坐标(x)、纵坐标(y)。

$$x = (1/n) \sum x_i, \quad y = (1/n) \sum y_i$$

式中:n 为像素数;x_i 为各个像素的 X 轴坐标值;y_i 为各个像素的 Y 轴坐标值。

② 水平投影径:投影到 X 轴的水平径。

③ 垂直投影径:投影到 Y 轴的垂直径。

④ 投影径角:由投影径构成的长方形(与

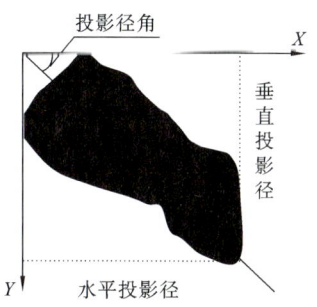

图 9.13.2　重心、投影径类

坐标轴平行的外接长方形)的对角线与 X 轴的夹角。投影径角=arctan(垂直投影径/水平投影径)。

⑤ 占有率:在投影径构成的长方形内,对象物所占的比例。占有率=总面积÷(水平投影径×垂直投影径)。

（3）最大径类。

① 最大径：对象物内最长的直线。除了最大径的长度以外，选择最大径后，还自动测量最大径端点坐标 x_1、y_1、x_2、y_2。

② 最大径角：最大径与 X 轴的夹角。

③ 直径的形状系数：直径的形状系数＝$(\pi/4)\times$（最大径$^2\div$总面积）。其最小值为 1（圆），数值越大离圆越远。

④ 长径：对象物外接长方形中面积最小的长方形的长边。对象物为椭圆时相当于长径。

⑤ 短径：对象物外接长方形中面积最小的长方形的短边。对象物为椭圆时相当于短径。

⑥ 长径角：长径与 X 轴所成的夹角。

（4）帧上的坐标类。

① 水平投影径坐标。

选择该项后，将测量以下四项内容（见图 9.13.3）：水平投影径起点 x、垂直投影径起点 y、水平投影径终点 x、垂直投影径终点 y。

② 图形起点坐标。

选择后将测量下列两项内容（见图 9.13.4）：图形起点 x、图形起点 y。

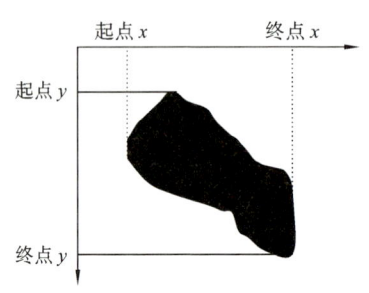

图 9.13.3　帧上的坐标类

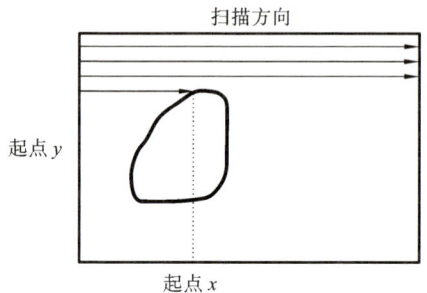

图 9.13.4　图形坐标

（5）椭圆类。

① 椭圆长轴：假定的惯性椭圆体的长轴。

$$椭圆长轴＝(1/m_{\theta\max})^{1/2}$$

$$m_{\theta\max}＝\max\left[0.5(M_{x2}+M_{y2})\pm0.5((M_{x2}-M_{y2})^2+4M_{xy}{}^2)^{1/2}\right]$$

式中：$m_{\theta\max}$ 为惯性椭圆体对椭圆长轴的惯性矩；M_{x2}、M_{y2}、M_{xy} 分别为对 X 轴的二阶矩、对 Y 轴的二阶矩和对 X、Y 轴的二阶矩，请参考"区域矩类"部分。

② 椭圆短轴:假定的惯性椭圆体的短轴。

$$椭圆短轴 = (1/m_{\theta\min})^{1/2}$$

$$m_{\theta\min} = \min[0.5(M_{x2} + M_{y2}) \pm 0.5((M_{x2} - M_{y2})^2 + 4M_{xy}{}^2)^{1/2}]$$

式中:$m_{\theta\min}$ 为惯性椭圆体对椭圆短轴的惯性矩。

③ 椭圆方向角:椭圆长轴与 X 轴的夹角 θ。

$$\theta = 0.5\arctan(2M_{xy} \div (M_{y2} - M_{x2}))$$

④ 椭圆长短轴比。

⑤ 椭圆体体积:以惯性椭圆体的长轴为中心轴回转所得到的体积。

$$椭圆体体积 = (4/3)\pi \times (长轴/2) \times (短轴/2)^2$$

⑥ 椭圆的形状系数:表示惯性椭圆体与圆的近似程度。

$$a = \pi \times (长轴 + 短轴) \div (2 \times 周长)$$

对于圆或椭圆,$a = 1$;对于不规则形状,$0 < a < 1$。

（6）区域矩类。

图像的坐标系如图 9.13.5 所示。

① 零阶矩(M_0):$M_0 = $ 对象物的面积。

② 一阶矩 $X(M_{x1})$:对 X 轴的一阶矩。

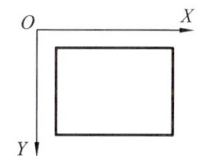

图 9.13.5　图像的坐标系

$$M_{x1} = \sum y$$

③ 一阶矩 $Y(M_{y1})$:对 Y 轴的一阶矩。

$$M_{y1} = \sum x$$

④ 二阶矩 $X(M_{x2})$:对 X 轴的二阶矩。

$$M_{x2} = \sum (y - y_0)^2$$

式中:y_0 为重心的 Y 坐标。

⑤ 二阶矩 $Y(M_{y2})$:对 Y 轴的二阶矩。

$$M_{y2} = \sum (x - x_0)^2$$

式中:x_0 为重心的 X 坐标。

⑥ 二阶矩 $XY(M_{xy})$:对 X、Y 轴的二阶矩。

$$M_{xy} = \sum \sum (x - x_0)(y - y_0)$$

⑦ 极惯性矩(M_o):

$$M_o = M_{x2} + M_{y2}$$

注意:上述公式只对二值图像有效。

可以用文档存储测量结果,打开表示文档后,保存的数据可以用其他软件读取、处理。

3）频数分布

可以对不同的测量项目选择用分布图或者分布表表示，这些图表都可以保存、复制和打印。图 9.13.6 所示是面积测量结果的频率分布图、频度分布表示示例。

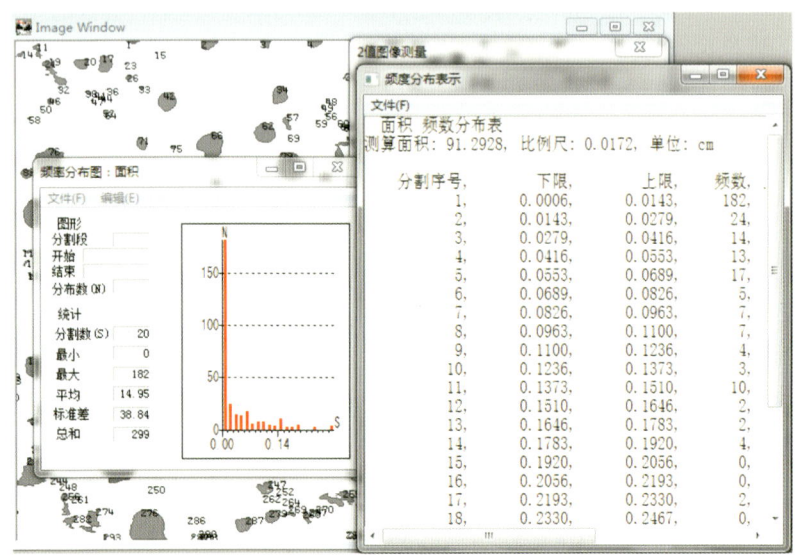

图 9.13.6　面积测量结果的频率分布图、频度分布表示示例

2. 手动方式参数测量

手动方式参数测量用于测量鼠标指定的距离、角度等。

① 两点间距离：在图像上先后点击两点，在两点间将出现一条直线，在后一点处标出测量序号。测量结果显示在窗口上。

② 连续测量两点间距离：连续显示鼠标点击位置的距离。

③ 3 点间角度：点击 3 个点后，再点击要测量的角度，窗口自动显示角度和测量序号。

④ 两线间夹角：分别点击两条线的起点和终点，然后点击要测量的角度，窗口自动显示两条线和测量序号。

⑤ 多点面积：点击 3 个以上点，连续执行"两点间距离"功能，右击鼠标右键停止选点，并计算多点包围的面积。

图 9.13.7 所示为手动测量界面与示例。

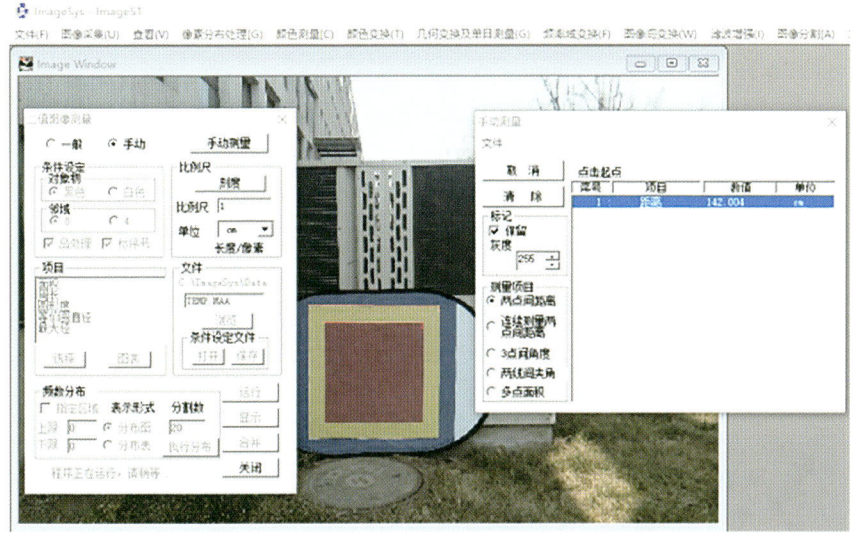

图 9.13.7　手动测量示例

9.13.2　直线参数测量

如图 9.13.8 所示,在二值图像中,利用不同的方法对目标区域进行直线检测,并显示检测结果和参数。可以选择以下测量方法。

图 9.13.8　直线参数测量

一般哈夫变换：利用一般哈夫变换检测图像中的直线要素。

过一点的哈夫变换：检测过设定点的直线要素。

过一条线的哈夫变换：检测过基准线与目标像素群相交点的直线要素。

最小二乘法：利用最小二乘法检测图像中的直线要素。

9.13.3　圆形分离

图 9.13.9 所示为"圆形分离"对话框与示例。圆形分离功能可用于分离圆形物体，并测量其直径、面积和圆心坐标。对于非圆形物体，采用内切圆的方式进行测量分离。还可表示处理结果的频数分布情况。

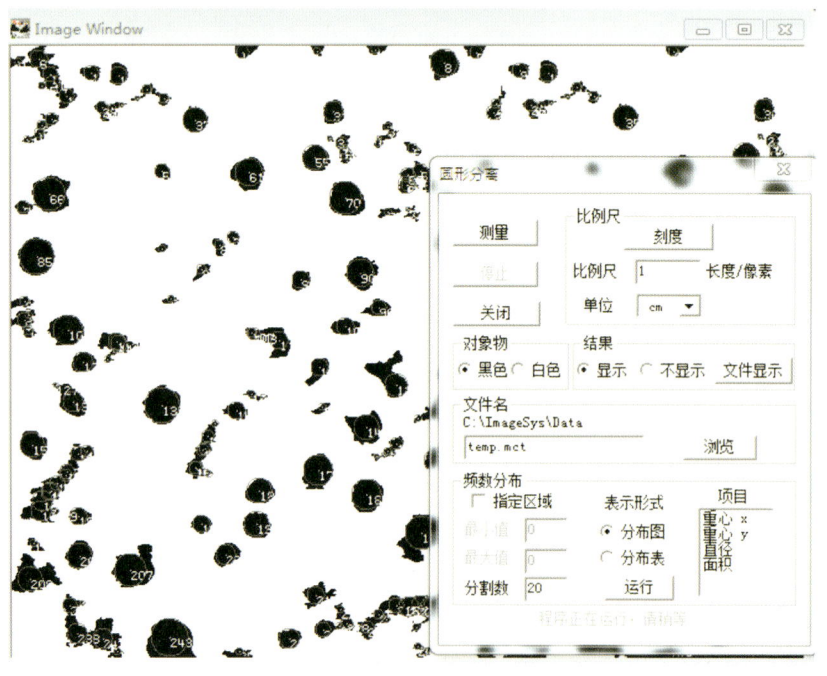

图 9.13.9　"圆形分离"对话框与示例

9.13.4　轮廓测量

图 9.13.10 所示为轮廓测量界面与示例。轮廓测量功能可用于测量对象物的个数、各个对象物轮廓线长度（像素数）及轮廓线上各个像素的坐标。测量数据可以文档方式表示和保存。

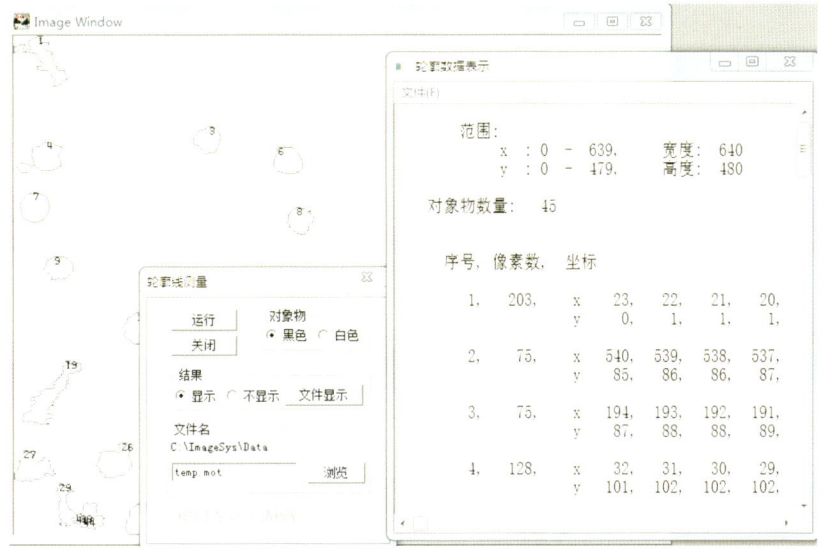

图 9.13.10　轮廓测量界面与示例

9.14　帧编辑

图 9.14.1 所示为"帧复制和清除"对话框,在该对话框中,可进行帧复制与清除。复制方式有两种。① 1 vs N:将一帧图像复制为多帧图像。② N vs N:将多帧图像复制为多帧图像。若进行帧清除,则将各个像素值设为 0(黑)即可。

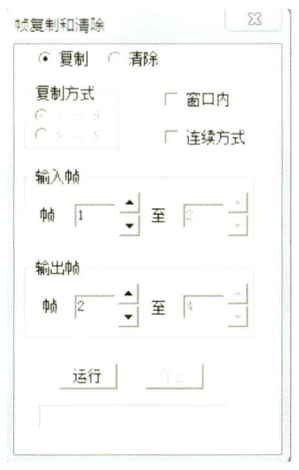

图 9.14.1　"帧复制和清除"对话框

9.15　画图

如图 9.15.1 所示,画图功能支持自由线、折线、直线、矩形、圆形等图形的直接绘制,并提供填充功能用于区域修正或自由画图。操作过程中支持多级撤销功能。圆的绘制包括两种模式:通过指定中心/半径画圆和 3 点画圆。在彩色模式下,可进行颜色选取及 R、G、B 各分量的独立调节,各分量取值范围为 0~255。

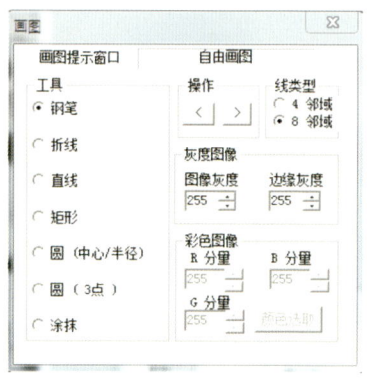

图 9.15.1　"画图"对话框

9.16　查看

图 9.16.1 所示为图像数据显示界面,在该界面中可以实时查看鼠标周围 7

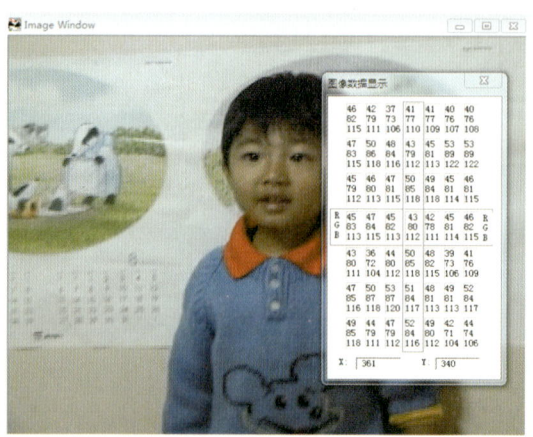

图 9.16.1　图像数据显示界面

×7 区域内的彩色图像的 R、G、B 分量或者灰度图像的像素值。在查看时可以放大、缩小图像，并可保存放大、缩小的图像。

9.17 文件

9.17.1 图像文件

1. 功能介绍

图 9.17.1 所示为"图像文件"对话框，图像文件的功能包括载入、存储、清除图像文件，支持 BMP、JPG、JPEG、TIF、TIFF 等格式文件，以及本系统特设的 TXT 图像文件。该功能支持单个文件载入，也可载入具有相同名称加 4 位连续序号的图像文件组。同时提供文件属性查看和区域处理控制等功能。

（1）信息：用于查看要载入文件的属性。

（2）浏览：打开文件浏览窗口，选择要载入的图像文件。默认打开位置为 C:\Im-ageSys\Image。可以载入单个文件，也可以载入连续图像文件，即具有相同名称加 4 位连续序号的图像文件组。当选择连续文件时，"文件 1"表示连续文件的开始文件，"文件 2"表示连续文件的结束文件。

（3）窗口内：不选择时，所执行的操作处理整帧图像；选择时，所执行的操作处理窗口内的图像。处理窗口的设定请查看"状态窗"的说明。

（4）起始 X/起始 Y：用于设定载入图像文件的起始位置。

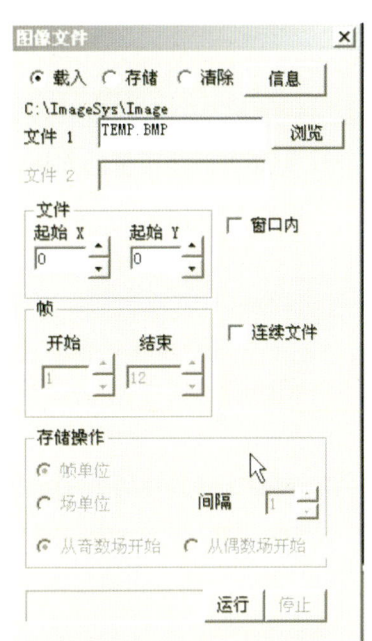

图 9.17.1 "图像文件"对话框

（5）帧的开始/结束：选择"连续文件"时有效，用于设定连续图像的开始帧和结束帧。

（6）存储操作：选择"连续文件"时有效，保存连续文件。"帧单位"表示以整帧图像为单位保存文件。"场单位"表示以扫描场为单位保存文件，选择"场单位"后,可进一步选择"从奇数场开始"或"从偶数场开始"。一幅图像由奇数扫描场和偶数扫描场构成,以场单位连续保存后,图像数量将增加一倍。

(7) 间隔:从开始帧到结束帧间隔的图像数。

(8) 运行:执行文件的操作处理。

(9) 停止:中断当前正在执行的命令。

2. 载入文件的操作方法

(1) 在"状态窗"选择载入的模式:灰度或彩色。以下各项在本窗口"图像文件"中进行。

(2) 选择"载入"。

(3) 输入或选择文件名(浏览)。载入连续文件时选择连续文件名;只载入窗口部分时,勾选"窗口内";不想从文件的开始位置(左上角)载入图像时,设定载入的起始点(起始 X,起始 Y);载入连续文件时,勾选"连续文件",设定载入开始帧和结束帧(开始,结束)。

(4) 点击"运行"按钮,载入文件。

3. 存储当前帧图像的方法

(1) 选择"存储"。

(2) 输入文件名或浏览保存路径保存图像。输入文件名时,需加扩展名,例如:temp. bmp、abc. jpg、abc. tif 等。

(3) 只保存处理窗口内的图像时,勾选"窗口内"。

(4) 设定"连续文件"为非选择状态("连续文件"前方框中没有打钩)。

(5) 点击"运行"按钮,保存文件。

4. 存储连续文件的方法

(1) 选择"存储"。

(2) 输入文件名或浏览保存路径保存文件。输入文件名时,文件名后面需要输入 1 个数字或者 4 位数的序号,并且需加扩展名,例如:temp1. bmp、abc0001. jpg 等。连续存储时系统自动递增文件名的序号。例如:连续存储 3 帧的文件,输入存储文件名 temp1. bmp,系统存储结果为 temp1. bmp、temp2. bmp、temp3. bmp;输入存储文件名 abc0001. jpg,系统存储结果为 abc0001. jpg、abc0002. jpg、abc0003. jpg。只保存处理窗口内的图像时勾选"窗口内"。设定"连续文件"为选择状态(方框中打钩)。设定连续保存的开始帧和结束帧(开始,结束)。

(3) 设定存储方式(存储操作)。

① 以整帧图像为单位保存时选择"帧单位"。

② 以扫描场为单位保存时选择"场单位"。

③ 选择"场单位"后,进一步选择"从奇数场开始"或"从偶数场开始"。

④ 设定图像的间隔数(间隔)。

(4)开始保存时执行"运行"。

(5)想停止正在进行的保存时点击"停止"按钮。

5. 清除图像文件的方法

(1)选择"清除"。

(2)输入文件名或浏览要清除的文件名,清除连续文件时选择连续文件名。

(3)点击"运行"按钮,清除文件。

9.17.2 多媒体文件

1. 载入功能介绍

图 9.17.2 所示为"多媒体文件"对话框,其支持 AVI、MP4、WMV、MKV、FLV、RM、DAT、MOV、VOB、MPG、MPEG 等格式视频文件的载入。

(1)载入:选择视频文件的载入操作。

(2)文件:显示已选视频文件名称。

(3)浏览:打开文件选择窗口。若所选视频分辨率与系统设定不同,将弹出系统设定窗口,在窗口中按需要设定视频文件的相关参数,设定完成后,单击"确定"按钮,系统自动关闭并按新分辨率及帧数重启,单击"取消"按钮,保持当前系统设定。

(4)播放:预览视频内容,点击后弹出图 9.17.3 所示的视频播放界面。

(5)窗口内:不勾选时,载入整帧画面,勾选时仅载入窗口内画面。

(6)系统帧:"开始帧"用于设定载入系统的起始帧号,"结束帧"用于设定载入系统的终止帧号。

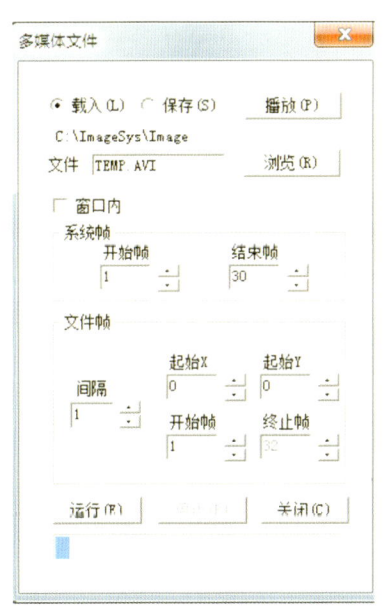

图 9.17.2 "多媒体文件"对话框

(7)文件帧:"间隔"用于设定视频文件的载入帧间隔数,"起始 X/起始 Y"

用于设定视频画面的载入起始坐标，"开始帧/终止帧"用于设定视频文件的载入起始帧号/结束帧号。

(8) 运行：开始载入操作。

(9) 停止：中断当前载入。

(10) 关闭：退出本窗口。

2. 多媒体文件载入方法

(1) 在"状态窗"选择载入模式（灰度/彩色）。

(2) 选择"载入"。

(3) 通过"浏览"选择视频文件。

(4) 需预览时点击"播放"按钮（播放控制见图9.17.3）。

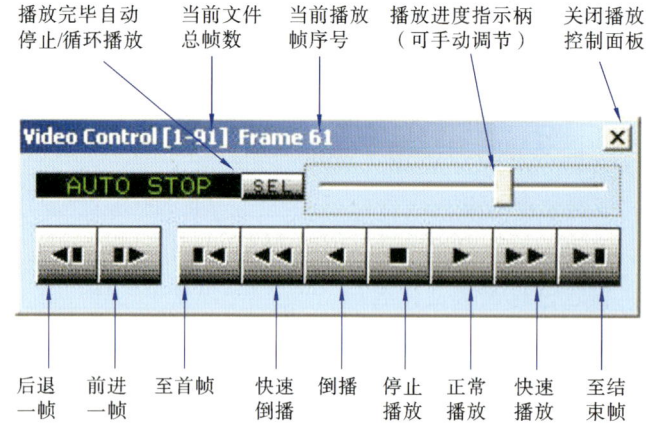

图 9.17.3　视频播放界面

(5) 勾选"窗口内"可限定处理范围。

(6) 设置系统载入帧范围（开始帧/结束帧）。

(7) 设置文件载入参数：间隔帧数、文件起始坐标（起始 X/起始 Y）。

(8) 点击"运行"开始载入，点击"停止"可中断操作。

3. 文件保存功能介绍

图 9.17.4 所示为"多媒体文件"对话框，支持 AVI/MOV 格式及多压缩模式。

(1) 保存：选择视频保存操作。

(2) 文件：输入/显示保存文件名。

(3) 浏览：选择保存路径及文件名。

（4）窗口内：不勾选时保存整帧图像，勾选时仅保存窗口内图像。

（5）帧存储："开始帧"用于设定系统保存起始帧号，"终止帧"用于设定系统保存终止帧号。

（6）存储操作："帧比率"用于设定播放速率，"间隔"用于设定帧保存间隔数，"各帧"表示以整帧为单位保存，"各场"表示以扫描场为单位保存（需选择"先奇数场"或"先偶数场"）。

（7）运行：开始保存（彩色文件将弹出压缩格式选择窗口）。

（8）停止：中断保存操作。

（9）关闭：关闭本窗口。

4. 多媒体文件保存方法

（1）选择"保存"。

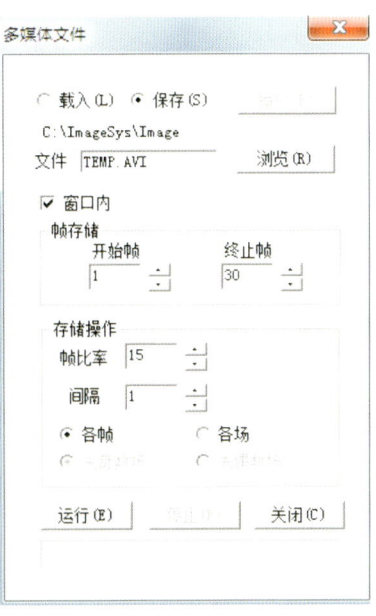

图 9.17.4 "多媒体文件"对话框

（2）输入文件名或通过"浏览"设定保存路径和文件名。

（3）勾选"窗口内"限定保存范围。

（4）设置保存帧范围（开始帧/终止帧）。

（5）配置存储参数：帧比率、间隔数（间隔）、保存单位（整帧保存选择"各帧"，扫描场保存选择"各场"并指定奇偶场顺序）。

（6）点击"运行"开始保存，出现压缩选项时选择压缩格式（默认无压缩），点击"停止"可中断保存。

9.17.3 多媒体文件编辑

利用多媒体文件编辑功能可以进行一个或同时两个视频（或图像）文件的编辑。同时编辑两个视频文件时可以对两个视频文件进行穿插编辑。可以把单个图像文件插入视频中，也可以从视频中截取单个图像文件。多媒体文件编辑的优点在于计算机内存的大小对其没有限制，可以对所要获取的视频任意帧进行编辑。能够编辑的多媒体文件格式包括 AVI、MP4、WMV、MKV、FLV、RM、DAT、MOV、VOB、MPG、MPEG 等多种。图9.17.5所示为"多媒体文件编辑"对话框。

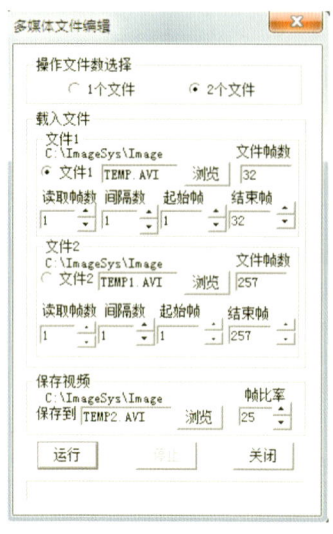

图 9.17.5 "多媒体文件编辑"
对话框

（1）操作文件数选择：选择对 1 个文件或 2 个文件进行编辑。

（2）文件 1：选择载入第一个多媒体文件。

（3）文件 2：选择载入第二个多媒体文件。

（4）浏览：载入文件选择窗口，选择要载入的多媒体文件。

（5）文件帧数：显示所载入的多媒体文件的帧数。

（6）读取帧数：设定连续读取帧数。

（7）间隔数：设定读入间隔数。

（8）起始帧：设定要读入视频文件的起始帧。

（9）结束帧：设定要读入视频文件的结束帧。

（10）保存到：设置保存的文件路径和文件名。

（11）运行：开始按设置编辑图像。

（12）停止：停止正在执行的编辑操作。

（13）关闭：关闭本窗口。

9.17.4　添加水印

在"添加水印"对话框中，可以对单帧的多媒体文件或者图像文件添加单条水印或者多条水印，也可以对多帧视频文件添加水印。其主要优点在于操作简便、灵活。图 9.17.6 所示为"添加水印"对话框与示例。

（1）输入文字：在输入文字编辑框内输入水印文字。

（2）字体：设置水印文字的字体，点击"字体"按钮后弹出字体设置窗口。

（3）颜色：设置水印颜色，点击"颜色"按钮后弹出颜色选择窗口。

（4）显示：按照设置将编辑窗口内的水印文字显示在屏幕上。

（5）确定：将显示在屏幕上的水印文字保存至当前显示帧图像中。

（6）清屏：清除已显示在屏幕上的水印文字。

（7）删除：添加多条水印时，点击"删除"按钮，可从尾到首逐条删除已保存的水印文字。

（8）原文件：显示读入的文件名称。可以通过其后的"浏览"按钮选择要读入的多媒体文件。点击"浏览"按钮选择视频文件后，自动弹出播放器，可以通过播放器观看选择的视频文件。

图 9.17.6 "添加水印"对话框与示例

（9）保存到：保存多媒体文件，可输入文件名或通过点击"浏览"选择目标文件。

（10）帧比率：设定所保存视频文件的播放速度。例如，该数为 15 时，表示播放速度为每秒 15 帧图像。

（11）保存：执行添加水印操作。

（12）停止：停止正在执行的操作。

（13）关闭：关闭本窗口。

9.17.5 屏幕捕捉

图 9.17.7 所示为"屏幕捕捉"对话框，利用屏幕捕捉功能可对系统执行过程进行视频录制和截屏。

（1）浏览：设定保存视频或者图像文件的位置和名称。

（2）视频：选择后可以执行"视频捕捉"。

（3）图像：选择后可以执行"图像截屏"。

（4）视频捕捉：执行屏幕的视频录制任务。

（5）停止：停止执行中的视频捕捉任务。

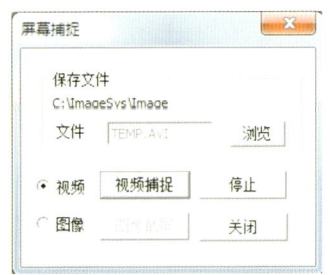

图 9.17.7 "屏幕捕捉"
对话框

（6）图像截屏：截取并保存一张屏幕图像。

（7）关闭：关闭本窗口。

9.17.6　图像/视频旋转

图 9.17.8 所示为"图像/视频旋转"对话框。利用图像/视频旋转功能，可对图像文件和视频文件的图像进行任意角度的旋转和保存。其主要特点是可从文件中读出图像数据，执行旋转预览或者旋转保存，不受系统帧设置影响。

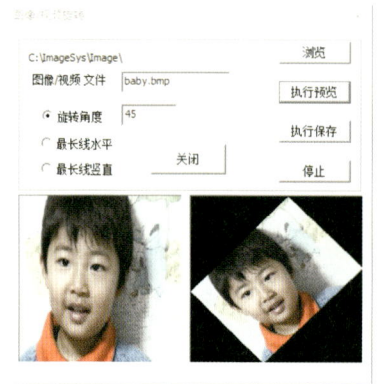

图 9.17.8　"图像/视频旋转"对话框

读取视频文件格式：AVI、DAT、MOV、MPG、MP4 等格式。保存格式：AVI。

读取图像文件格式：BMP、JPG、PNG 等格式。保存格式：BMP、JPG。

（1）浏览：载入文件选择窗口，选择要读入的视频文件或图像文件。

（2）旋转角度：选择对视频文件或图像文件进行任意角度的旋转，默认值为 45°。

（3）最长线水平：选择对图像进行水平变换（以图像上最长直线为基准）。该功能只适用于图像文件。

（4）最长线竖直：选择对图像进行垂直变换（以图像上最长直线为基准）。该功能只适用于图像文件。

（5）执行预览：对读入文件执行旋转操作，并预览执行结果（不保存）。

（6）执行保存：对读入文件执行旋转操作，预览执行结果并保存。保存文件名为原文件名后面加"1"。如读入文件 TEMP.JPG，则保存为 TEMP1.JPG。

（7）停止：停止正在执行的预览或保存操作。

（8）关闭：关闭本窗口。

9.18　系统设置

9.18.1　系统帧设置

1. 初始设置

点击"文件"菜单中的"系统帧设置"，弹出如图 9.18.1 所示的"设置系统帧"对话框。系统帧默认设置为 640×480 像素,4 个彩色帧。设置完成后点击 "确定"按钮,然后重新启动 ImageSys,设置生效。

启动 ImageSys 以后,可以根据需要增加或减少结束帧数,随时设定图像帧 数(参考图 9.2.1 所示的状态窗)。通过状态窗设置的系统帧个数,在系统关闭 后失效。

帧数的设定与计算机内存的大小有关,如果过多地占用内存将影响计算机 的运行速度。

2. 读文件时的重启设定

当打开图像文件或者视频文件时,如果选择的图像文件或者视频文件的图 像大小与目前系统的图像大小不同,会弹出"重新启动"对话框,如图 9.18.2 所 示,设定好参数后点击"确定"按钮,系统会自动关闭,并按设定图像大小和系统 帧数重新启动。

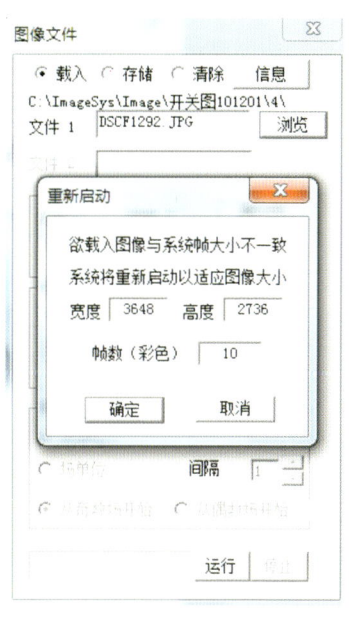

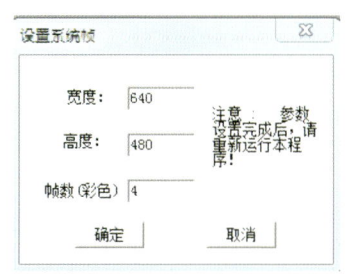

图 9.18.1 "设置系统帧"对话框　　　图 9.18.2　读文件时的重启设定

9.18.2　系统语言设置

本系统默认是中文(简体)界面,也可以选择英语界面。关闭图像窗口后, 点击"文件"菜单中的"系统语言设定",打开如图9.18.3 所示的"系统语言设定" 对话框,设定完成后点击"确定"按钮,然后重新启动 ImageSys,设定生效。

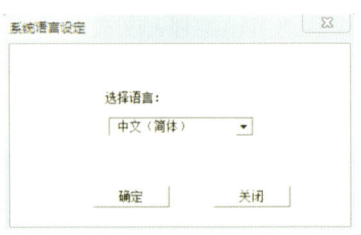

图 9.18.3 "系统语言设定"对话框

9.19 系统开发平台 Sample

ImageSys 系统提供框架式源代码开发平台 Sample。Sample 平台内置 400 余个标准化函数模块,其图像/视频文件查看、状态窗口管理、系统帧设定等核心功能模块,均基于 ImageSys 底层架构实现。Sample 平台同时提供灰度图像与彩色图像处理的完整示例程序,用户可便捷扩展自定义菜单及对话框组件,无须关注底层图像显示及文件操作等辅助功能,从而使用户能专注于核心算法研究。

如图 9.19.1 所示,Sample 平台集成 350 余个图像处理、显示与存取函数模

图 9.19.1 开发平台函数库

块,通过模块化函数封装实现全功能覆盖,确立了其作为专业级图像处理开发平台的技术优势。用户可基于该平台进行实施方案设计与算法验证,通过调用标准化函数模块编写定制化程序,有效提升研发效率。本书所述的多项研究成果均基于该平台实现。

参考文献

[1] 陈兵旗. 机器视觉技术[M]. 北京:化学工业出版社,2018.

第 10 章
二维运动图像测量分析系统 MIAS

10.1 系统概述

二维运动图像测量分析系统 MIAS 的主要功能是对选定目标进行运动轨迹的追踪、测量和表示。测量项目包括坐标位置、速度、加速度、角度、角速度、角加速度、移动距离等多组数据，并能根据需要采取自动、手动和标识跟踪的方式进行测量。追踪轨迹可以与图像进行同步表示，测量数据可以以图表等易于理解的直观方式进行表示。

MIAS 可应用于以下领域：人体动作的解析；物体运动解析；动物、昆虫、微生物等的行为解析；应力变形量的解析；浮游物体的振动、冲击解析；下落物体的速度解析；机器人视觉反馈解析等。

MIAS 的主要功能及特征包括以下几点。

（1）多种测量及追踪方式。通过对颜色、形状、亮度等信息的自动跟踪，测量运动点的移动轨迹。追踪方式有全自动、半自动、手动和标识点跟踪四种。

（2）多种标定功能。可以选择比例标定、多点标定、棋盘标定和坐标方位设置。

（3）图像采集功能。标配为 DirectShow 图像采集系统，也可以指定工业相机采集图像。

（4）多个目标设定功能。在同一帧内，最多可以对 4096 个目标进行跟踪测量。

（5）丰富的测量和表示功能。可测量位置、距离、速度、加速度、角度、角速度、角加速度、两点间的距离、两线间夹角（三点间角度）、角变量、位移量、相对坐标位置等十余个项目，并可以图表或数据的形式表示出来，也可对指定的表示画面单帧或连续帧（动态）进行存储。此外，还具有强大的动态表示功能：动态表示轨迹线图、矢量图等各种计测结果以及与数据的同期表示。

（6）便捷实用的修正功能。对指定的目标轨迹进行修改校正。可进行平滑化处理，对目标运动轨迹去掉棱角噪声，使其更趋向曲线化。可以进行内插补间修正，消除图像（轨迹）外观的锯齿。还可以进行数据合并，将两个结果文件（轨迹）进行连接。亦可设置对象轨迹的基准帧，添加或删除目标帧等。

图 10.1.1 所示是二维运动图像测量分析系统 MIAS 的初始界面。

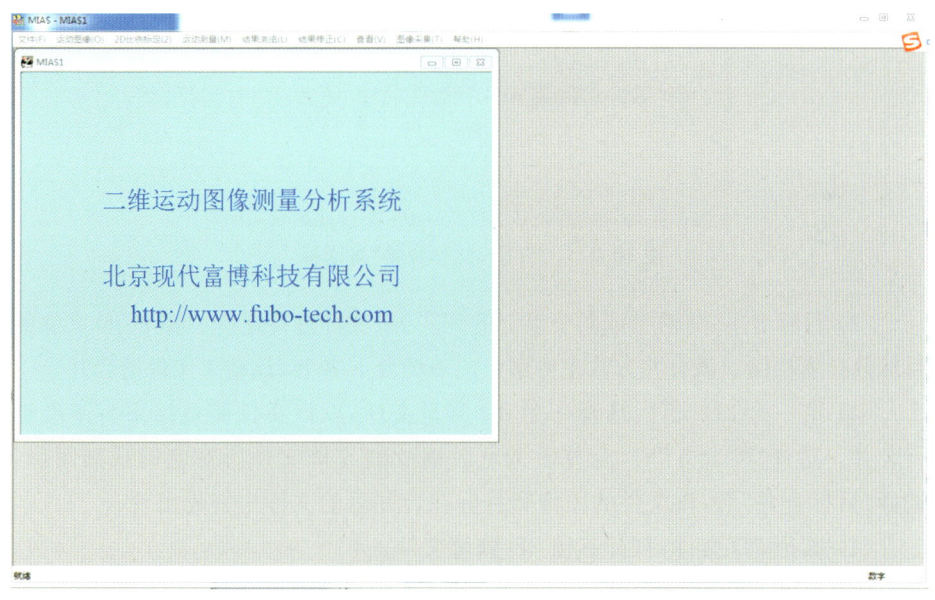

图 10.1.1 二维运动图像测量分析系统 MIAS 的初始界面

10.2 文件

MIAS 系统可对 2D 结果文件进行多项操作，具体包括：打开以前保存的 2D 结果轨迹文件，供后续查看或处理；合并多个 2D 结果文件，有帧合并和目标合并两种方式；保存当前"结果修正"后的轨迹文件；将当前的图像保存为 BMP 类型文件；打印当前显示的图像，打印前还可设定打印机及预览图像效果。

图 10.2.1 所示是"TRK 文件合并"对话框，以下介绍其功能。

（1）帧合并：以帧为单位，将两个或两个以上的 2D 结果文件中相同帧号上的目标合并到一个序列图像上。

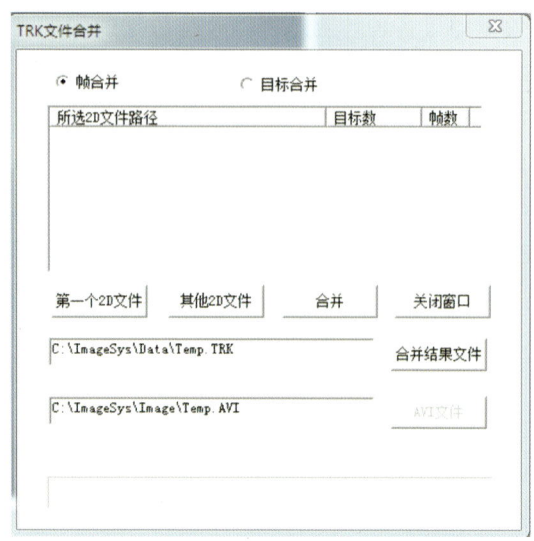

图 10.2.1　"TRK 文件合并"对话框

（2）目标合并：将两个或两个以上的 2D 结果文件进行连接。每个 2D 文件的目标数必须相同。该合并方式主要用于同一场合下多个 2D 结果文件的合并。

（3）第一个 2D 文件：选择一个 2D 测量文件，以该文件测量结果为基准进行合并。选择"帧合并"时，合并后浏览时播放的为该文件所对应的视频图像。选择"目标合并"时，该文件的图像和目标在合并后的文件中首先出现。

（4）其他 2D 文件：打开其他 2D 测量文件。

（5）合并：执行合并。

（6）关闭窗口：关闭当前窗口。

（7）合并结果文件：设定合并结果文件的保存路径及文件名。

（8）AVI 文件：选择"目标合并"方式时有效。这一功能可以将两个或两个以上的 2D 结果文件合并后的图像保存为 AVI 格式。

10.3　运动图像及 2D 标定

点击主界面的"运动图像"菜单，可读入要测量的连续图像文件和视频图像文件。连续图像文件是指相同名字加连续序号的图像文件，文件类型包括 BMP、JPG、TIF 等格式文件。视频文件包括 AVI、FLV、MP4、WMV、MPEG、RM、MOV 等格式文件。

在进行运动图像测量之前，需要进行 2D 标定。

点击"2D 比例标定"菜单,弹出如图 10.3.1 所示的"2D 标定"对话框。利用 2D 标定功能,可以读入标定图像、保存标定设定和读入标定设定。可以设定帧率、读取间隔和长度单位。可以进行比例标定、多点标定、棋盘标定和坐标方位设置。以下介绍界面功能。

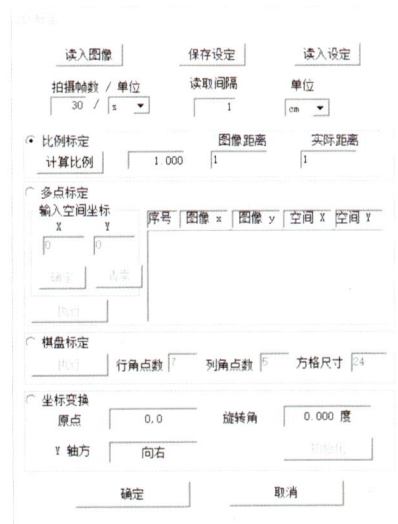

图 10.3.1 "2D 标定"对话框

(1) 读入图像:读入标定图像。比例标定和多点标定可以直接在运动图像上完成,不另外读入标定图像;也可以另外读入标定图像。棋盘标定需要读入有棋盘的标定图像。

(2) 保存设定:保存当前设置的标定条件。

(3) 读入设定:读入以前保存的标定设置条件。

(4) 拍摄帧数/单位:设定测量视频(连续图像)单位时间内拍摄的帧数。

(5) 读取间隔:设定测量视频(连续图像)读入的间隔帧数。

(6) 单位:选择实际距离的单位。包括 pm、nm、μm、mm、cm、m、km。

(7) 比例标定:一般用于垂直拍摄的情形,包括以下内容。

① 图像距离:图像上比例尺的像素距离。用鼠标点击比例的起点并移动到终点,松开鼠标自动显示像素距离。

② 实际距离:手动输入图像距离所表示的实际距离。

③ 计算比例:根据图像距离和实际距离计算出比例尺。在鼠标移动时,会自动计算比例尺,如果鼠标移动后,手动输入实际距离,需要点击"计算比例",计算出比例尺。在执行"确定"时,如果选择了"比例标定",也会自动计算比例尺。

图 10.3.2 所示是比例标定示例。在图像的小车上画红线,图像距离显示为 80.006249 像素,手动输入小车的实际长度 300 mm,计算的比例为 3.75,也就是 1 个像素相当于 3.75 mm。

(8) 多点标定:选择多点标定时,需要标定 4 个以上的点,计算单应性矩阵(参考 2.7 节),一般用于倾斜拍摄的情况。

① 界面功能如下。

输入空间坐标 X、Y:手动输入鼠标点击位置的空间坐标。

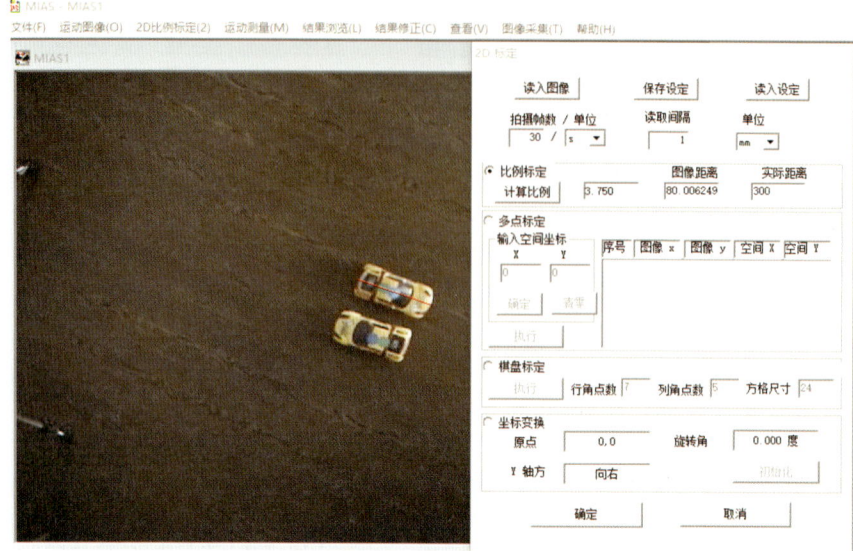

图 10.3.2 比例标定示例

确定:输入的空间坐标显示在右侧列表中对应的位置。

清零:清除右侧列表中的内容。点击鼠标右键一次,可以删除列表中最下面一项。

列表:显示鼠标点击位置的序号,图像坐标 x、y,手动输入的空间坐标 X、Y。

执行:执行多点标定,计算出单应性矩阵。

② 操作方法。

a. 用鼠标点击图像上标定点位置,其坐标自动显示在右侧列表中;在图像上点击 4 个以上位置点。点击右键删除最后一项,点击"清零"按钮,表中内容可以全部清除。

b. 用鼠标选择列表中的项。

c. 手动输入选择项的空间 X、Y 坐标。序号项一般作为空间坐标系原点,这里的空间位置坐标只用于计算单应性矩阵,与坐标变换没有关系。

d. 点击"确定"按钮,使空间坐标加入列表对应位置。

e. 列表中各项都输入空间坐标后,点击"执行"按钮,计算单应性矩阵,界面上显示"多点标定成功!"提示。

f. 点击"确定"按钮,关闭窗口。

图 10.3.3 所示是多点标定示例,图像是 4096×3072 像素,标定板的黄色区域是 $800 \text{ mm} \times 800 \text{ mm}$ 矩形。

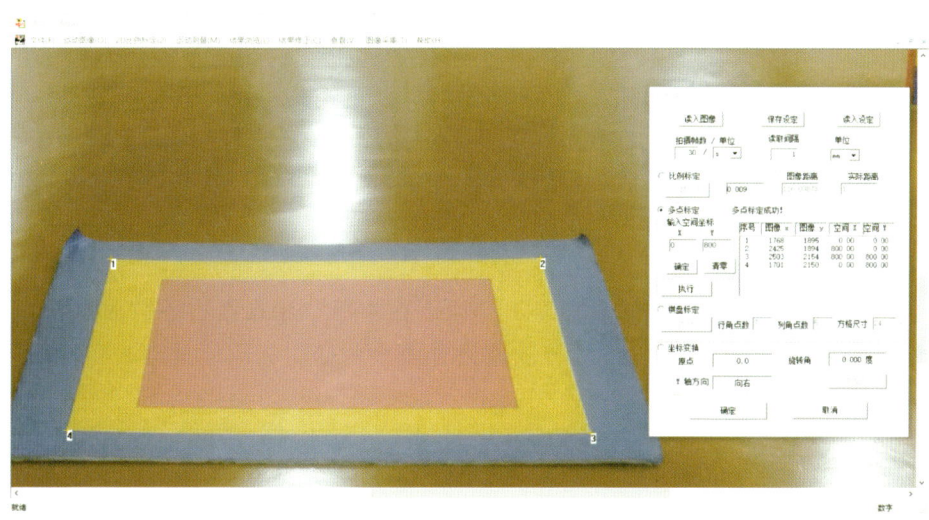

图 10.3.3　多点标定示例

（9）棋盘标定：选择棋盘标定。利用棋盘标定计算单应性矩阵（参考 2.7 节），一般用于倾斜拍摄的情况。

图 10.3.4 所示为棋盘标定示例。操作方法如下。

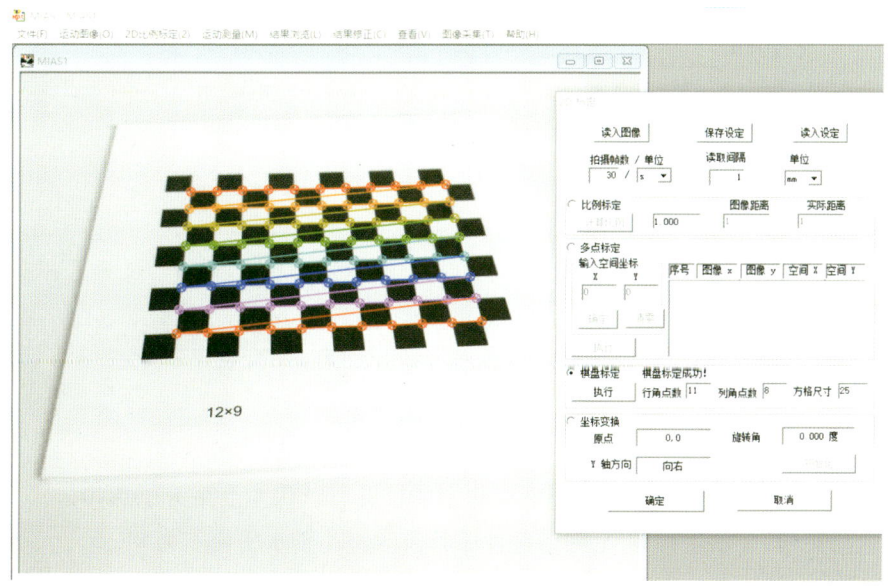

图 10.3.4　棋盘标定示例

① 读入有棋盘的标定图像。

② 输入行角点数、列角点数和方格尺寸,在图 10.3.4 上这三个参数分别是 11、8 和 25(单位是 mm)。注意:棋盘的角点数(11×8)和方格数(12×9)不同。

③ 点击"执行"按钮,计算单应性矩阵。

④ 点击"确定"按钮,关闭窗口。

(10) 坐标变换:选择坐标变换,具体内容如下。

① 固定坐标设置。

初始化后依次点击"原点在左上""原点在左下""原点在右下""原点在右上"等,原点、旋转角、Y 轴方向等随着设置内容的变化相应地自动改变,如图 10.3.5 所示。

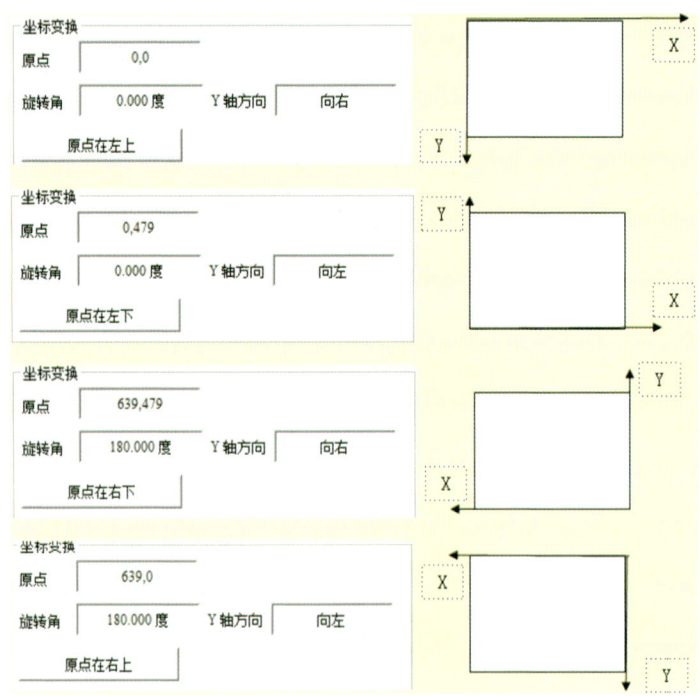

图 10.3.5 原点位置设置

原点:表示实际坐标系原点在图像上的位置。默认左上角为原点(0,0)。

旋转角:表示坐标的 X 轴逆时针旋转角度。X 轴水平向右为 0°。

Y 轴方向:表示坐标的 Y 轴方向。以 X 轴为基准,面向 X 轴方向时 Y 轴的方向。表示为"向左"或"向右"。具体看以下说明。

② 自由设定坐标方位的方法。

a. 选择"坐标变换"。

b. 设定 X 轴方向：用鼠标点击图像上两点，两点的连线方向即为 X 轴方向。点击鼠标右键可以取消设定。

c. 设定原点：设定完 X 轴方向后，将鼠标移动到原点位置，点击鼠标左键。点击鼠标右键可以取消设定。设定后相关参数显示在坐标变换栏目内。

(11) 确定：标定有效，关闭标定窗口。

(12) 取消：取消标定，关闭标定窗口。

10.4 运动测量

对在运动图像上选定的目标进行轨迹追踪，MIAS 系统提供了自动测量、手动测量和标识跟踪三种方式。

10.4.1 自动测量

自动测量是指以自动测量方式自动追踪设定的目标的运行轨迹并测量运动参数。一般来说，自动测量适用于待测运动目标有良好的识别环境的情况，如目标的 R、G、B 分量值或灰度值与其周边背景色有较好的对比度，比较容易分辨，环境噪声值较小的情况。

读入运动图像之后，对图像执行测量处理之前，需先设定测量目标，该系统提供了两种目标设定方法：手工和自动。其中：手工设定目标的方法通过拖动鼠标选择目标范围，然后点击要抽取目标的中心位置实现目标设定；而自动设定目标的方法按用户设定的阈值提取目标，并自动测量每个目标的中心位置实现目标设定。同时，系统提供了两种追踪方式：半自动和自动。半自动方式是指在追踪过程中，当不能自动跟踪时，辅以手工点击表示帧上的目标点；而自动方式能够全程追踪，不需要任何手工操作。图 10.4.1 是"追踪"对话框，以下介绍其功能。

1. 运动图像文件

"运动图像文件"栏上方的文本框：显示测量文件的路径。

起始文件(帧)：表示被测量运动图像的起始文件(连续文件)或者起始帧(视频文件)。

结束文件(帧)：表示被测量运动图像的结束文件(连续文件)或者结束帧(视频文件)。

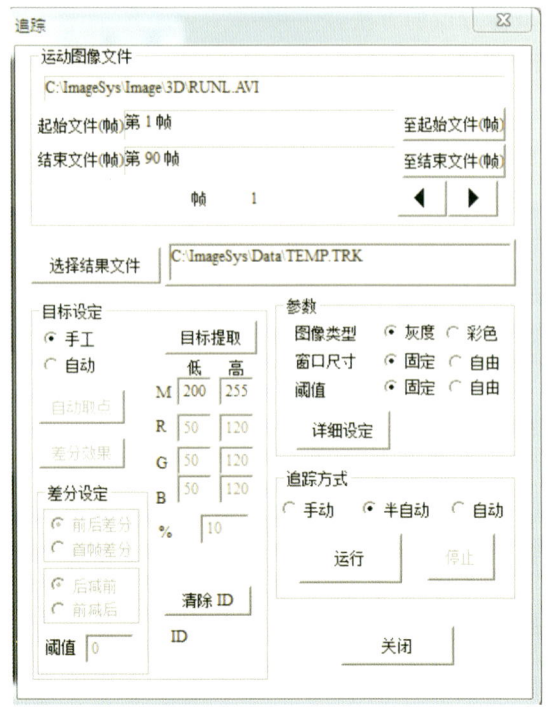

图 10.4.1 "追踪"对话框

至起始文件(帧):显示被测量运动图像的起始文件(连续文件)或者起始帧(视频文件)。

至结束文件(帧):显示被测量运动图像的结束文件(连续文件)或者结束帧(视频文件)。

帧:显示当前窗口表示帧。点击右侧的◀、▶键可以返回上一帧或跳转至下一帧。

2. 选择结果文件

在"选择结果文件"文本框中,可设定测量结果文件的保存路径及文件名。

3. 目标设定

(1) 手工:手工设定测量目标点的中心位置。

手工目标的设定方法:选择"手工"后,按住"Shift"键,再按住鼠标左键选择目标范围,然后点击要抽取目标的中心位置。如果有多个目标要多次点击,则点击的目标个数显示在"ID"后面。如果每次点击目标前都设定一次范围,且在窗口尺寸中选择自由格式,则可以实现不同目标、不同测量范围的设定。在目标设定的过程中若出现错误,则可在图像的任意位置点击鼠标右键,取消最近一次目标范围的设定,可多次取消。点击的目标个数将被显示在"ID"后面。执行"运行"时,在设定的目标范围内,按"详细设定"中设定的方法提取目标,并自动进行目标跟踪。

(2) 自动:选择"自动"后,"自动取点"按钮有效,执行"自动取点"命令,将按"详细设定"中设定的方法提取目标,并自动测量每个目标的中心位置。

自动目标的设定方法:选择"自动"后,按手工设定的方法设定自动测量范围(默认为整幅图像),执行"自动取点"命令,将按"详细设定"中设定的方法提取目标,自动测量每个目标的中心位置,并提示测量的目标个数,询问是否正确,如果正确,再按手工设定的方法设定目标的跟踪区域大小,然后点击"运行"按钮进行跟踪测量。

(3) 自动取点:当目标设定选择"自动"后,该按钮有效。

(4) 差分效果:"详细设定"中选择"差分"时该按钮有效。将运动图像回退1帧以上,点击"差分效果"按钮后,显示差分效果。

(5) 差分设定:设定差分方法和差分后的二值化阈值。设定以后,可以执行"差分效果",如果差分效果不好,可以改变参数设定。

(6) 目标提取:对设定的目标进行提取,执行后弹出图像分割窗口。在目标提取窗口点击"确定"按钮后,分割阈值自动表示在各个阈值窗口。图像分割窗口内项目的具体使用方法请参考第 9 章。

4. 参数

(1) 图像类型:读取图像后,系统自动判断图像是彩色的还是灰度的,并自动选择"灰度"或"彩色"。如果读取的是彩色图像,而人为选择了灰度图像,则系统将把彩色图像的 R 分量作为灰度图像进行测量。

(2) 窗口尺寸:选择提取目标窗口尺寸的格式。若选择"固定",则在追踪目标时,目标窗口尺寸自动统一为最后一个目标所设定的尺寸大小;若选择"自由",则在追踪目标时,目标窗口尺寸仍保持为原有设定的尺寸大小。

(3) 阈值:选择目标提取时阈值的设定格式。一般选择"固定"。

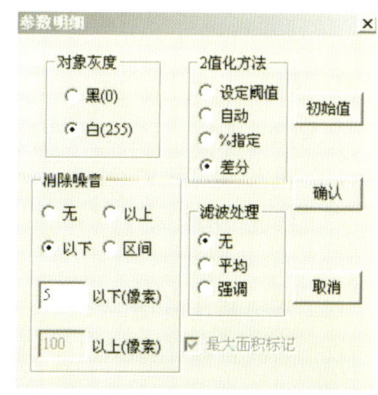

图 10.4.2 "参数明细"对话框

（4）详细设定：执行后出现图10.4.2所示的"参数明细"对话框，设定相应的参数。设定完成后点击"确定"按钮，关闭窗口，设定有效。

10.4.2　手动测量

手动测量是对设定的目标通过手工操作追踪其运行轨迹。手动测量适用于待测运动目标的识别环境较复杂，不太容易与周边背景区分开来的情况。手动测量是通过手工操作的方式逐帧对目标的运动轨迹进行追踪。

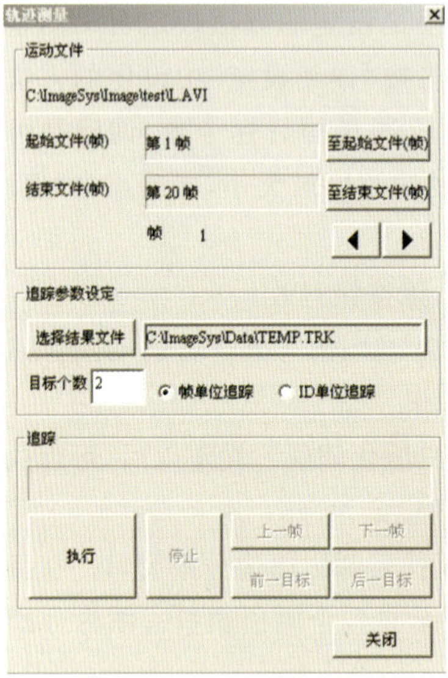

图10.4.3所示是手动测量的操作界面，窗口内项目及功能说明如下。

1. 运动文件

"运动文件"栏各项请参考第10.4.1节的"运动图像文件"。

2. 追踪参数设定

（1）选择结果文件：设定测量结果文件的保存路径及文件名。

（2）目标个数：设定目标的数量。

（3）帧单位追踪：以帧为单位，在执行手动测量的过程中，对每一帧的每一个ID目标都要逐一进行追踪，然后再进行下一帧的各个目标的相应追踪。

图10.4.3　手动测量的操作界面

（4）ID单位追踪：以目标为单位，追踪单个ID目标在所有的帧数中的整个轨迹，完成后再进行下一个目标的追踪。

3. 追踪

（1）状态条窗口：显示当前追踪的帧和ID。

（2）执行：运行以上设置，执行追踪。

（3）停止：中断执行。

（4）上一帧：返回至前一帧。

（5）下一帧：跳转至后一帧。

（6）前一目标：跳转至上一目标。

（7）后一目标：跳转至下一目标。

（8）关闭：退出手动测量窗口。

10.4.3　标识跟踪

标识跟踪是对设定的标识进行追踪。追踪之前,需在测量对象上贴上彩色标识点。图 10.4.4 所示为"标识跟踪"对话框。

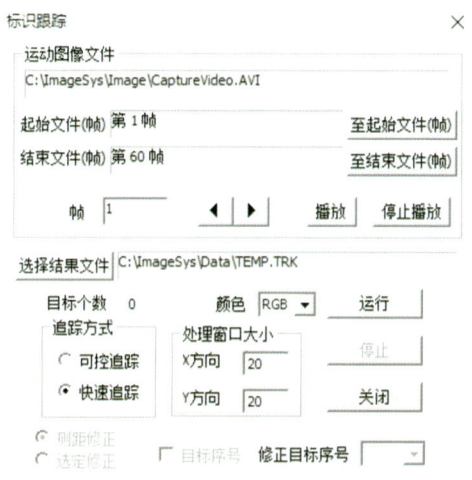

图 10.4.4　"标识跟踪"对话框

1. 运动图像文件

(1) 播放:播放连续图像文件或者视频文件。

(2) 停止播放:停止播放连续图像文件或者视频文件。

其他功能请参考第 10.4.1 节。

2. 其他跟踪参数设定

(1) 追踪方式:分为可控追踪和快速追踪。

① 可控追踪:通过播放器控制追踪的速度,并且可通过点击鼠标调整各个点在追踪过程中的位置;选择"可控追踪"时,"测距修正""选定修正""目标序号"和"修正目标序号"选项有效。

a. 测距修正:选择修正位置后,自动将本帧上距离点击位置最近的目标移到点击位置。用于目标分散的情况。

b. 选定修正:在"修正目标序号"下拉列表中选择要修正的目标,然后将选择目标移动到点击位置。用于目标集中的情况。

c. 目标序号:选择是否在图上显示目标序号。

② 快速追踪:以最快的方式完成自动追踪。

（2）处理窗口大小:设定追踪窗口的大小。

（3）颜色:分为 RGB、R、G、B 四类模式。根据标识目标颜色和背景颜色合理选择其中之一。

图 10.4.5～图 10.4.7 是 3 个跟踪测量实例。

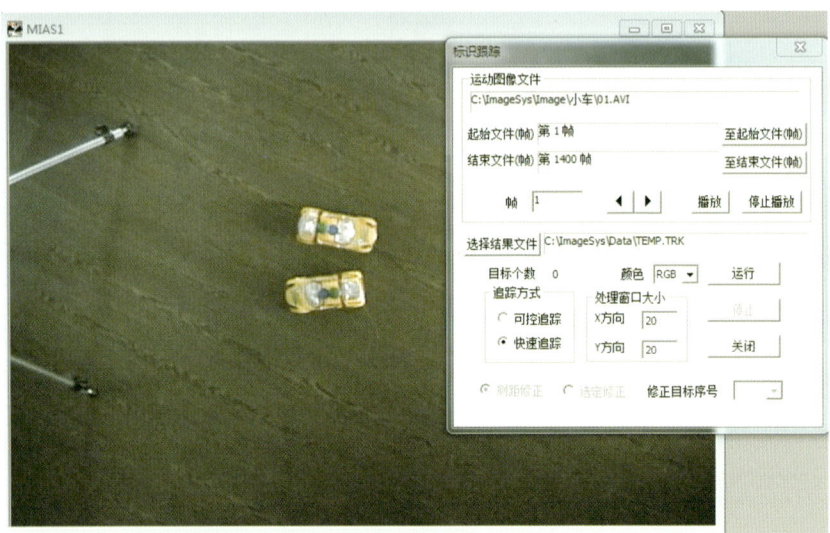

图 10.4.5　小车上蓝色标识的 RGB 跟踪测量

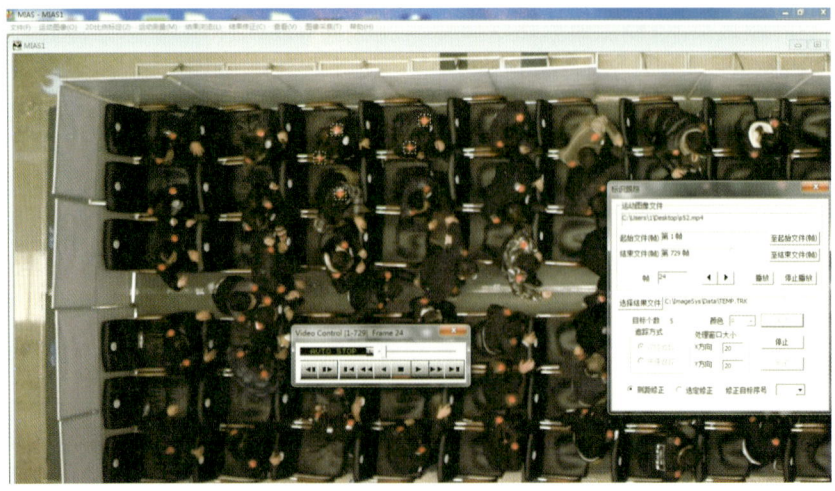

图 10.4.6　人体上红色标识点的 R 跟踪测量

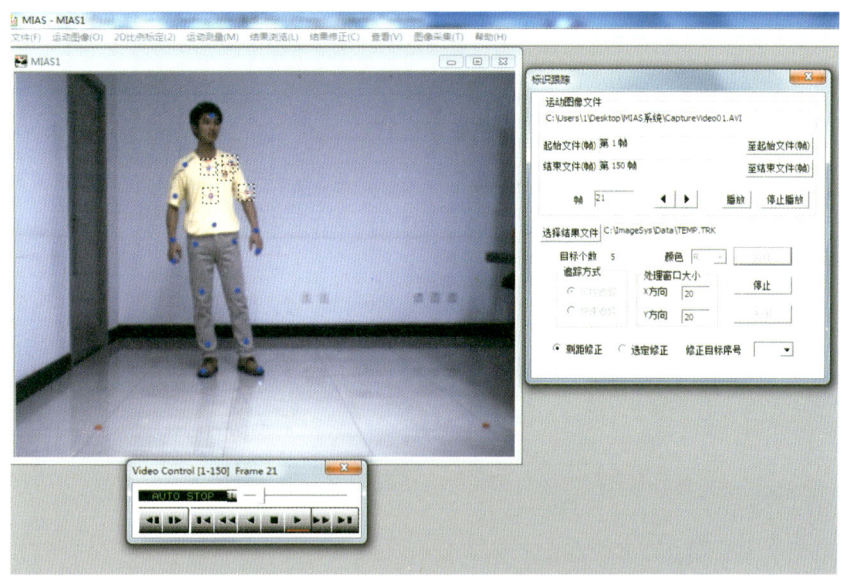

图 10.4.7　人体上蓝色标识点的 R 跟踪测量

10.5　结果浏览

完成目标运动测量之后,可对十余个项目的测量结果以图表、数据等形式进行浏览。

10.5.1　结果视频表示

结果视频表示功能主要包括对测量的结果进行图表表示、数据查看、复制、打印等,以及更改显示的颜色、线型等视觉效果。图 10.5.1 所示是"结果视频显示"对话框,下面介绍其功能。

1. 数据设定

(1) 设定目标:选择"显示轨迹"时有效,用于设置目标的运动轨迹颜色及线型。点击"设定目标"按钮后弹出图 10.5.2 所示的对话框,该对话框提供的各项功能如下。

① 显示目标列表显示框。

② 显示当前的对象目标序号。

③ 显示当前选择的颜色。颜色选项包括红、绿、蓝、紫、黄、青、灰。

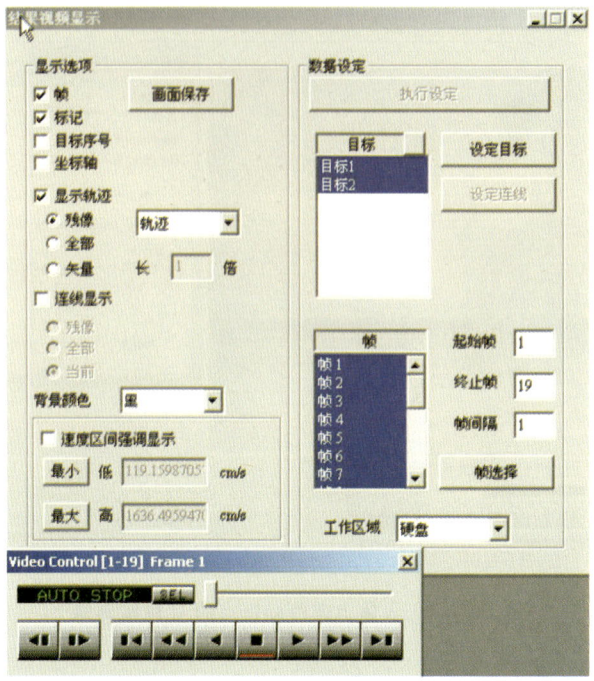

图 10.5.1　"结果视频显示"对话框

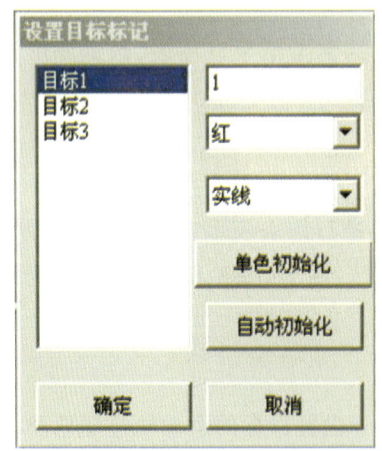

图 10.5.2　"设置目标标记"对话框

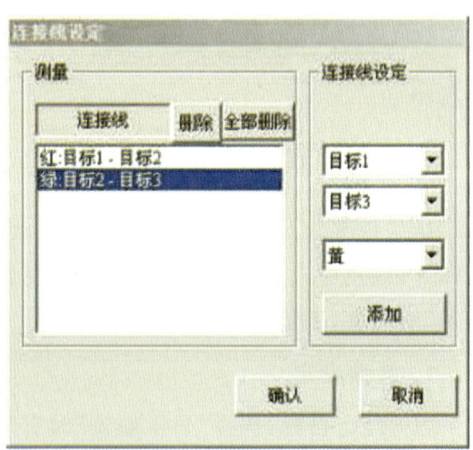

图 10.5.3　"连接线设定"对话框

④ 当前线型:线型选项包括实线、点线、一点断线、两点断线。

⑤ 单色初始化:将所有对象目标轨迹的颜色及线型分别统一成选定目标的颜色和线型。

⑥ 自动初始化：自动设定每个目标轨迹的颜色。

⑦ 确定：执行设定的项目。

⑧ 取消：不执行设定的项目，退出窗口。

（2）设定连线：选择"连线显示"时有效，可设置、添加、删除任意两个目标间的连线。执行后弹出图 10.5.3 所示的对话框，该对话框提供的各项功能如下。

① 测量。

连接线：连接目标与目标的线，下方是目标连接线列表框。

删除：删除列表框中指定的目标连接线。

全部删除：删除列表框中全部的目标连接线。

② 连接线设定。

第 1、2 个选项框用来设定要添加的两个对象目标，第 3 个选项框用来设定连接线的颜色。连接线颜色选项包括红、绿、蓝、紫、黄、青、灰。

添加：执行以上三个选项框的设定，添加目标连接线。

③ 确认：执行连接线窗口的设定。

④ 取消：退出"连接线设定"对话框。

（3）目标：显示目标列表。图 10.5.1 中目标列表中有 2 个目标，表示当前操作对象是目标 1 和目标 2。

（4）起始帧：设定要表示的开始帧。图 10.5.1 中设定的起始帧是第 1 帧。

（5）终止帧：设定要表示的结束帧。图 10.5.1 中设定的终止帧是第 19 帧。

（6）帧间隔：设定要表示的帧与帧之间的间隔帧数。图 10.5.1 中设定的帧间隔是 1。

（7）帧选择：执行上述起始帧、终止帧、帧间隔设定。

（8）帧：显示帧列表。图 10.5.1 显示了执行"帧选择"后的帧列表。

（9）工作区域：硬盘或内存。

（10）执行设定：执行数据设定栏内的项目设置。

2. 显示选项

（1）帧：表示当前窗口内读入的连续图像画面，用于设定是否显示"帧"。

（2）标记：表示目标的记号，用于设定是否显示"标记"。

（3）目标序号：表示目标的顺序标号，用于设定是否显示目标序号。

（4）坐标轴：用于设定是否显示坐标轴。

（5）显示轨迹。

① 残像：显示当前帧之前的运动轨迹。选项包括轨迹、轨迹加矢量、连续矢量。

② 全部：显示目标所有的运动轨迹。

③ 矢量：表示目标运动轨迹的方向。右边的小方框用来设定矢量的长度倍数。图 10.5.1 中设定为矢量显示 1 倍长度。

(6) 连线显示。

① 残像：显示运动过的帧上的连线。

② 全部：显示从指定的起始帧至终止帧上的连线。

③ 当前：显示当前帧上的连线。

(7) 背景颜色：表示当前窗口的背景颜色，可选黑或白。注意：勾选"帧"选项时，该项无效。

(8) 速度区间强调显示：选择感兴趣的速度区间，目标在此区间的轨迹将以粗实线表示。勾选"速度区间强调显示"后，最小、最大设定有效，分别用于设定目标的最小速度和最大速度。"最小"项默认的低值为所有目标速度的最低值，"最大"项默认的高值为所有目标速度的最高值。

(9) 画面保存：保存当前图像窗口内的表示画面（连续），可保存为连续的 BMP 图像类型的文件和 AVI 视频类型的文件。

保存为 BMP 图像类型时，先设定文件名，再点击"保存"按钮，系统自动将连续的运动画面从首帧至尾帧逐帧按序号递增存储。

保存为 AVI 视频类型时，先设定文件名，再点击"保存"按钮，系统提示选择压缩程序，可根据实际需要选择，如对保存的结果质量要求较高时，最好选择"（全帧）非压缩"的方式；反之，对图像质量要求较低时（存储占用空间相对较小），可选择其他的压缩方式及压缩率。点击"确定"按钮后，系统将连续的运动画面从首帧至尾帧逐帧存储为视频文件。

在执行存储处理过程中，如需中断存储任务，可点击处理进程界面中的"停止"按钮。保存的 BMP 或 AVI 结果文件，其具体图像内容与当前所设定的"显示选项"和"数据设定"表示结果一致。

图 10.5.4 列出了上述显示方法中的几种效果。其中：图 10.5.4(a)是以连续矢量显示方式显示全部运动轨迹的效果；图 10.5.4(b)为显示全部标记、目标序号、坐标轴以及全部轨迹、全部连线的效果，在该图中，窗口背景被设置成白色；图 10.5.4(c)中感兴趣速度区间被高亮显示，左图为任意选择的感兴趣速度区间，右图中粗实线部分为目标在该区间的运动轨迹。

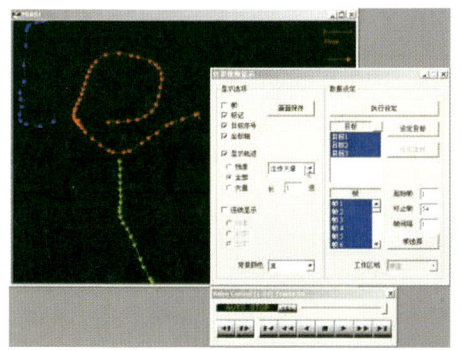

(a)连续矢量显示　　　　　　　　　　　(b)全部显示

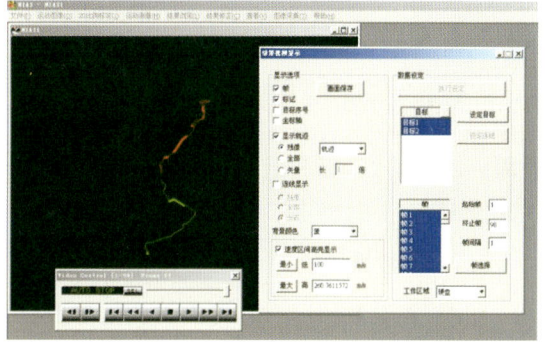

(c)感兴趣速度区间显示

图 10.5.4　轨迹追踪结果的几种显示方法

10.5.2　位置/速率

位置/速率是指目标轨迹在不同帧的位置和速率。图 10.5.5 所示为"位置/速率"对话框,在该对话框中,可以查看、复制、打印各目标轨迹的信息,以及设定目标标记及其运动轨迹线的显示颜色和线型。查看方式有查看图表和查看数据两种方式。

1. 设置目标

点击"设置目标"按钮,在弹出的设置窗口可设定目标标记及其运动轨迹线的显示颜色和线型。

2. 查看图表

点击"查看图表"按钮,可以查看测量参数设定范围的目标和项目的图表表示。图 10.5.6 所示为已经打开的某个 2D 结果文件执行"查看图表"后的结果

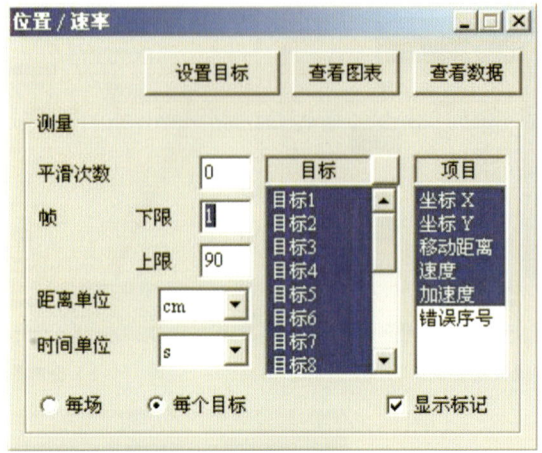

图 10.5.5　"位置/速率"对话框

界面。图中的红、绿和蓝色曲线分别表示 3 个目标的相应数值,这些图可以保存和复制。

3. 查看数据

点击"查看数据"按钮,可查看测量参数设定范围的目标和项目的数据。图 10.5.7 所示为执行"查看数据"后的结果界面,数据可以保存成 TXT 文件。

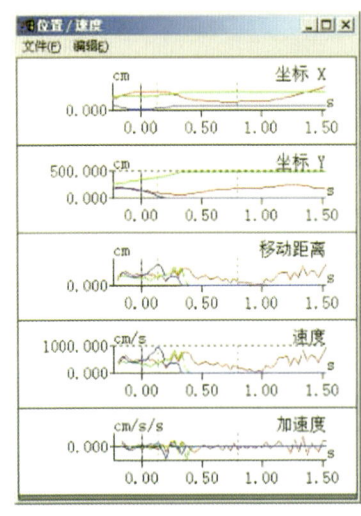

图 10.5.6　查看图表

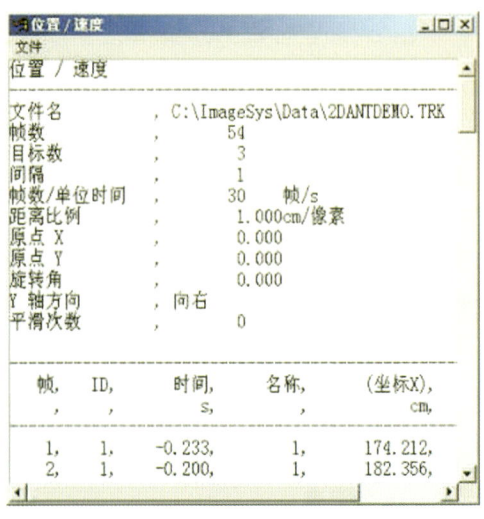

图 10.5.7　查看数据结果界面

4．测量

（1）目标：显示目标列表。可点击选择对象目标。

（2）项目：显示项目列表。选项包括坐标 X、坐标 Y、移动距离、速度、加速度。可点击选择对象项目。

错误序号：包括1、2、3、4 四个序号（详见后面"结果修正"→"内插补间"界面的错误提示信息介绍）。

（3）每场：以场为单位。

（4）每个目标：以目标为单位。

（5）显示标记：显示各个目标的记号。

（6）平滑次数：设定平滑化修正的次数。

（7）帧：表示设置或查看对象的帧数范围。下限表示起始帧，上限表示结束帧。

（8）距离单位：距离的单位，包括 pm、nm、μm、cm、m、km 等选项。

（9）时间单位：时间的单位，包括 ps、ns、μs、ms、s、min、h 等选项。

10.5.3　偏移量

偏移量反映目标轨迹在不同帧的位置变化。图 10.5.8 所示为"偏移量"对话框，在该对话框中，可查看指定目标相对于设定基准的 X 方向偏移、Y 方向偏移以及绝对值偏移。"设置目标""查看图表""查看数据"以及"测量"的各项含义与"位置/速率"对话框中的相同。基准位置功能说明如下。

平滑次数：设定执行平滑修正的次数。

基准帧：选择以后，以设定的帧为基准，计算各个目标的偏移量。

基准位置：选择以后，以设定的位置为基准，计算各个目标的偏移量。

基准目标：选择以后，以设定的目标为基准，计算各个目标的偏移量。

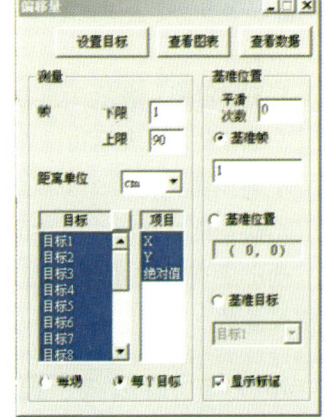

图 10.5.8　"偏移量"对话框

10.5.4　2 点间距离

2 点间距离是指目标与目标间的直线距离。图 10.5.9 所示为"2 点间距离"对话框,在该对话框中,可添加多条目标直线,并将其设置成不同的颜色和线型,以便区分。对话框中各项的含义与前面对话框中的基本一样,此处不再详细说明。

10.5.5　2线间夹角

2线间夹角是指两个以上目标组成的连线之间的角度,包括3点间角度、2线间夹角、X轴夹角和Y轴夹角4种类型。图10.5.10所示为"2线间夹角"对话框,这里只介绍与前面不相同的栏目。

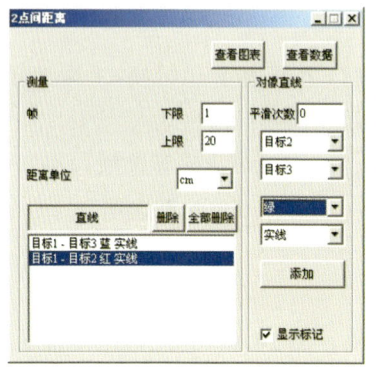

图 10.5.9　"2 点间距离"对话框　　　　　图 10.5.10　"2 线间夹角"对话框

3点间角度:表示3点之间顺侧或逆侧的角度。

2线间夹角:表示由3个或4个点组成的2条连线之间的夹角角度。

X轴夹角:表示2个点的连线与X轴的夹角角度。

Y轴夹角:表示2个点的连线与Y轴的夹角角度。

选定要查看的角度类型之后,可查看角度、角变异量、角速度及角加速度4个相关参数。

10.5.6　连接线一览表

图10.5.11所示为"连接线一览表"对话框,在该对话框中,可添加多个目标之间的连线、设置目标连线的颜色、设定X轴方向和Y轴方向连线的分布间隔(像素数)、放大倍数、背景颜色及帧间隔等参数。

(1)设置连接线:设定目标连线。可以参考第10.5.1小节。

(2)查看:浏览设定参数后的连接线表示图。

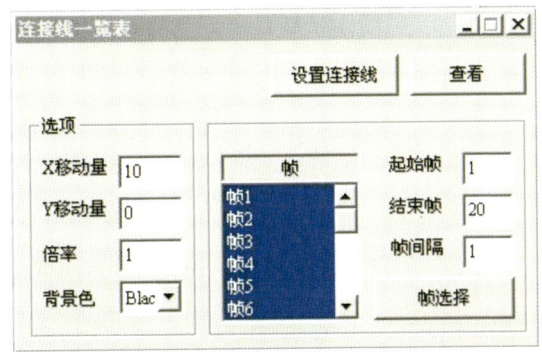

图 10.5.11 "连接线一览表"对话框

（3）选项。

X 移动量：设定 X 轴方向移动量。

Y 移动量：设定 Y 轴方向移动量。

倍率：设定放大倍数。

背景色：设定背景颜色,黑或白。

（4）帧。

帧：显示帧列表。

起始帧：设定开始帧。

结束帧：设定终止帧。

帧间隔：设定帧间隔。

帧选择：执行以上的帧设定。

10.6　结果修正

本系统提供了多种对测量结果进行修正的方式,具体包括:手动修正,对指定的目标轨迹进行修改校正;平滑化,去掉目标运动轨迹的棱角噪声,使轨迹更趋向曲线化;内插补间,进行样条曲线插值,消除图像(轨迹)外观的锯齿;坐标变换,改变帧的基准坐标;人体重心测量,测量人体重心所在;设置事项,可设定基准帧、添加或删除目标帧。

10.6.1　手动修正

点击"手动修正"菜单,弹出图 10.6.1 所示的"手动修正"对话框。

放大倍数：可选放大倍数为标准、2 倍、4 倍、8 倍或者 16 倍。

图 10.6.1　"手动修正"对话框

移动目标：将对象目标移至视频窗口内中心位置。

目标框：选择对象目标。

修正：执行以上设定。

取消：取消以上设定，关闭窗口。

10.6.2　平滑化

每执行一次"平滑化"命令，就对每个目标都执行一次 3 步长的轨迹数据平滑处理。可以根据需要，多次执行平滑处理。

10.6.3　内插补间

图 10.6.2 所示为"内插补间"对话框。利用内插补间功能可修正以下 4 项错误：

（1）可能有错误（自动检出窗口内出现了 2 个以上对象物）；

（2）错误可能性很大（自动检出窗口内的噪声大于 60 个）；

（3）错误可能性很大（自动检出窗口内没有对象物）；

（4）错误（手工、半自动跟踪时没有指定目标）。

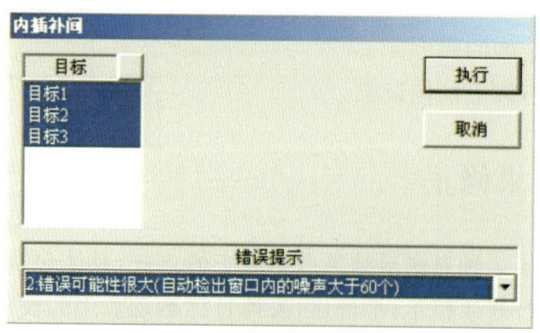

图 10.6.2　"内插补间"对话框

在执行内插补间修正时，如果当前要修正的迹线存在以上 4 项错误中的某项错误，则在修正所选定的错误时有效；反之，原迹线及相关数据保持原状。

10.6.4　坐标变换

图 10.6.3 所示为"坐标变换"对话框，在该对话框中，可设置标准帧（要变

换坐标的帧序号）、基准位置、基准轴等参数，实现帧坐标变换。

10.6.5 人体重心测量

图 10.6.4 所示为"人体重心测量"对话框，在该对话框中，可同时测量人体多个部位的重心，如全身、上肢、右大臂、左小腿等。所选择部位的重心轨迹将会和运动轨迹一起显示出来。

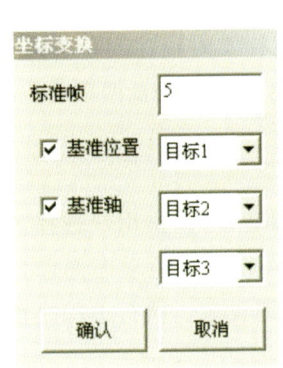

图 10.6.3 "坐标变换"对话框

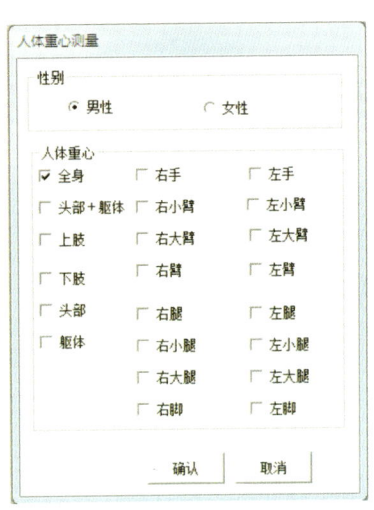

图 10.6.4 "人体重心测量"对话框

10.6.6 设置事项

利用"设置事项"功能可设置基准帧、添加目标帧以及删除目标帧。利用"Video Control"操作可改变当前显示帧，根据需要设定当前显示帧为基准帧，或者添加当前显示帧为目标帧。设定的基准帧将作为整个测算过程中的基准帧，显示在各项数据分布和图表中；在各项数据分布的画面上，设定的目标帧，前面会增加标识号"＋"。

10.7 查看

"查看"菜单包括像素值、图像缩放、状态栏 3 个项目。

像素值：显示以鼠标位置为中心的 7×7 范围内的像素点的值。彩色显示模式下为 RGB 值，灰度显示模式下为亮度值。

图像缩放：画面的放大/缩小表示。以 50%、100%、200%、300%、400%、

500%六个比例表示倍率,即 1/2、1 倍、2 倍、3 倍、4 倍、5 倍。

状态栏:控制状态窗的开关。

10.8　图像采集

执行"图像采集"命令,激活一个独立的图像采集系统,默认是 DirectX 直接采集系统,具体功能可以参看"9.3 图像采集"。

10.9　实时测量

在 MIAS 系统的基础上,研究者开发了运动目标实时跟踪测量系统 RTTS。与 MIAS 相比,该系统主要增加了实时目标测量和实时标识测量两项功能。

10.9.1　实时目标测量

操作界面上显示与计算机相连接的有效摄像装置,以供用户选择,用户还可设置摄像装置的功能。视频图像输入之后,可在窗口预览动态图像,也可停止预览,窗口保留最后一帧图像,在图像上进行追踪设定。执行追踪之前,需对背景和追踪目标类型进行设定。

背景设定:当非动态显示图像时,通过在背景上画一条线,来获得背景信息。

目标类型设定:当非动态显示图像时,通过在目标上画一个"十"字,来获取一种类型的目标信息。

设定完背景信息和某一种类型目标信息后,开始执行目标追踪,可同时选中多个目标进行无标识追踪。

10.9.2　实时标识测量

与实时目标测量不同,进行实时标识测量之前需在跟踪的目标上贴上彩色标识点,然后对标识点进行追踪。而其他功能及跟踪过程与实时目标测量相似,在此不再赘述。另外,对于实时标识测量,用户可设定是否显示目标序号。若想增减跟踪目标的数量,可设定目标,利用鼠标左右键添加或删除目标;若暂时不再增减目标个数,可锁定目标,即鼠标在视图窗口中的任何操作都不会影响目标的数量。图 10.9.1 是对小车上的颜色标识点进行实时跟踪测量的结果。

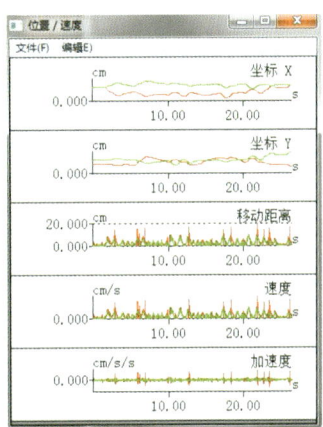

图 10.9.1 小车的实时跟踪测量结果

10.10 开发平台 MSSample

MIAS 系统提供了一个框架源程序的开发平台 MSSample。该框架平台具有保存当前图像等各种文件操作功能,并提供了一个 AVI 视频文件的差分处理演示视频,以供用户更直观地了解此开发平台。用户在该平台上可任意添加自己的图像处理界面以及处理函数,以实现更多的功能。另外,MSSample 与系统配备的大型图像处理函数库建立了默认连接,用户开发时可直接调用库里的函数。此平台提供的函数库封装了 400 多条实用的图像处理、图像显示及图像存取函数。

本系统的初始设置、系统语言设置、图像采集功能与通用图像处理系统 ImageSys 基本一样,这里不再详细说明。

参考文献

[1] 陈兵旗. 机器视觉技术[M]. 北京:化学工业出版社,2018.

[2] 陈兵旗. 机器视觉技术及应用实例详解[M]. 北京:化学工业出版社,2014.

第 11 章
三维运动图像测量分析系统 MIAS3D

11.1　MIAS3D 系统简介

MIAS3D 系统是一套集多通道同步图像采集、二维运动图像测量、三维数据重建、数据管理、三维轨迹联动表示等功能于一体的软件系统。

1. 主要应用领域

MIAS3D 系统主要应用于人体动作解析、人体重心测量、动物及昆虫行为解析、刚体姿态解析、浮游物体的振动与冲击分析、机器人视觉反馈、科研教学等领域。

2. 主要功能特点

MIAS3D 系统具有以下功能特点：简体中文及英文界面，操作简便；支持多通道同步图像采集与单通道切换采集；提供完整的二维运动图像测量功能；可自定义三维比例参数；支持二维测量数据的三维合成；具备多视角三维运动轨迹动态表示及轨迹-图像联动功能；基于 OpenGL 的三维运动轨迹自由表示功能；可突出显示指定速度区间的轨迹；支持测量结果的图表化与文档化表示；包含人体各部位重心轨迹的三维/二维测量表示功能；支持多组三维测量数据的融合与拼接。系统可测量的参数涵盖位置、距离、速度、加速度、角度、角速度、角加速度、角变位、位移量、相对坐标位置等。

MIAS3D 系统图像窗口的默认初始分辨率为 640×480 像素，用户可通过系统设置调整窗口尺寸。当用户打开三维结果文件或二维跟踪文件时，若需导入的图像文件或多媒体文件的尺寸与当前系统设置不符，系统将自动弹出参数设置窗口。完成参数设定后，系统将自动重启以应用新配置。系统初始界面如图 11.1.1 所示。

本系统整合了二维运动图像测量分析系统 MIAS（详见第 10 章）与独立的

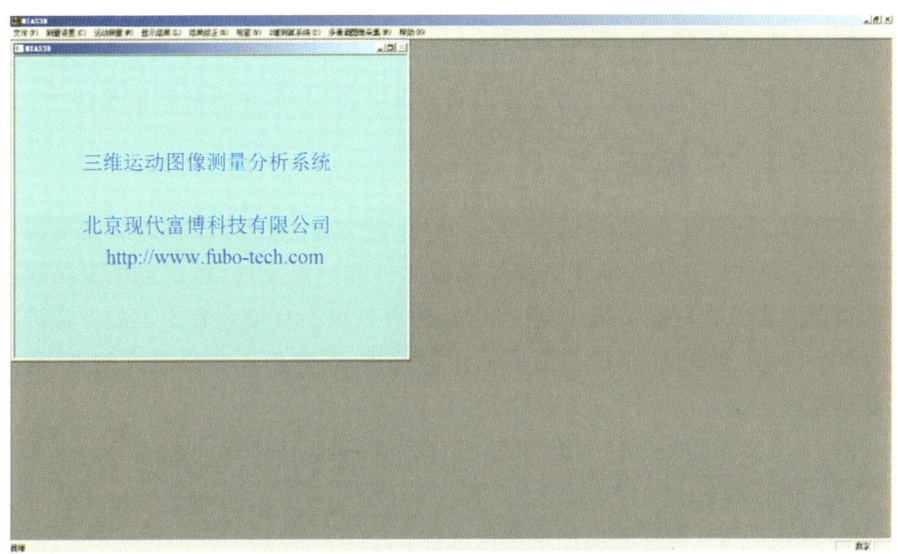

图 11.1.1　MIAS3D 系统初始界面

多通道同步图像采集系统,本章重点阐述 MIAS3D 的界面功能。

11.2　文件

　　MIAS3D 系统具有丰富的文件处理功能,可以对保存的结果文件及跟踪文件进行进一步处理,具体功能有:载入以前保存的 3D 测量结果文件;修改指定摄像机(或相机)的跟踪文件,改变 3D 测量数据与跟踪文件的连接路径;合并多个 3D 测量文件;导出 3DS 运动数据,使保存后的文件可以用 3ds Max、AutoCAD 等软件读取;以位图文件格式保存当前显示的图像;打印前预览图像的效果,设置打印机及打印当前显示的图像;显示近期工作文件历史记录等。

11.3　测量设置

　　MIAS3D 系统通过整合至少两组二维同步图像的测量结果(跟踪文件)与三维标定文件,完成三维数据合成。进行三维测量前,需载入两组及以上二维测量结果文件,并执行三维标定或加载已有标定文件。测量设置过程为:打开 2D 跟踪文件→3D 标定→棋盘标定。

11.3.1　打开2D跟踪文件

为了进行3D数据合成，需要读入两个以上的2D同步测量结果文件。

11.3.2　3D标定

在进行3D数据合成时，需要导入3D标定文件；利用3D标定功能可以生成3D标定文件。先读入标定图像的起始文件和结束文件，再设定标定结果文件的存储路径及文件名并选定刻度单位，便可以以半自动或者手工的方式进行3D标定。标定完成后，系统会给出标定误差提示，对于标定误差大的点，可以重新进行标定。

图11.3.1所示是"3D标定"对话框，以下说明其功能。

（1）设定文件。

① 标定图像：选择首尾标定图像文件。

② 结果：设定标定结果文件的路径及文件名，文件类型为CLB。

（2）坐标输入。

① 单位：选定刻度单位pm、nm、μm、cm、m或km。

② 手动：以手工方式确定标定点的图像坐标并输入各点的空间坐标。

③ 半自动：在执行过程中辅以手工操作，利用图像分割的方法来确定标定点位置。

（3）关闭：退出本窗口。

图11.3.1　"3D标定"对话框

11.3.3　棋盘标定

棋盘标定一般用于标定小视场,例如室内的桌面等。棋盘标定操作方便,标定精度高。

对于棋盘的拍摄,需要注意以下事项:

(1) 两摄像机镜头应保持平行;

(2) 棋盘在标定空间中应平均分布;

(3) 棋盘平面与摄像机镜头平面之间的夹角应保持在45°以内,角度太大会影响精度;

(4) 如果采用打印的纸质棋盘,则纸质棋盘应粘贴在坚硬的物体上,保证其平整度。

图 11.3.2 所示为"棋盘标定"对话框,下面介绍其中部分项目。

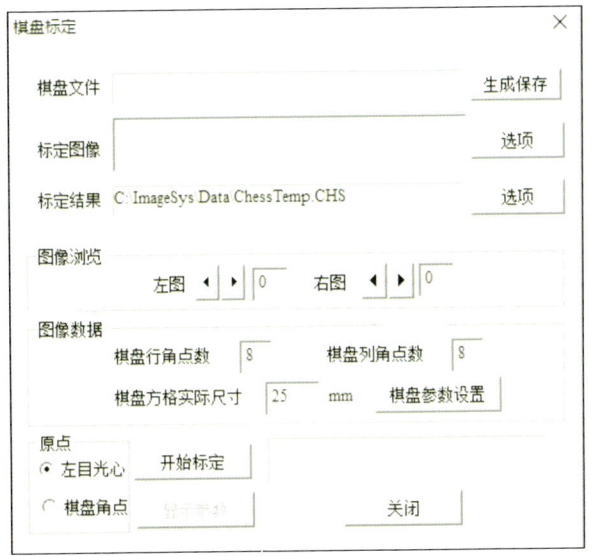

图 11.3.2　"棋盘标定"对话框

(1) 棋盘文件:执行"生成保存"命令,可以生成一个棋盘图像。

(2) 标定图像:选择首、尾位置标定图像文件。

(3) 标定结果:选择标定结果文件的路径及文件名,文件类型为 CHS。

(4) 棋盘参数设置:点击"棋盘参数设置"按钮后,弹出图 11.3.3 所示的"棋盘参数设定"对话框,用以设定以下参数。

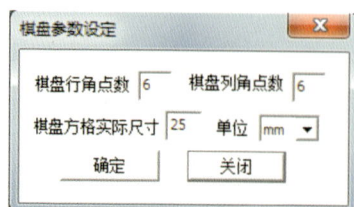

图 11.3.3　"棋盘参数设定"对话框

① 棋盘行、列角点数：棋盘角点是指由四个方格(两个黑格两个白格)组成的角点。

② 棋盘方格实际尺寸：每个棋盘方格的尺寸。

③ 单位：棋盘方格尺寸的单位,可选择的单位包括 pm、nm、μm、mm、cm、m。

（5）开始标定：系统开始进行摄像机标定。

（6）显示参数：在标定结束后,点击"显示参数",可以查看摄像机内外参。

（7）关闭：结束标定,关闭对话框。

11.4　显示结果

完成运动测量后,MIAS3D 系统可通过多种形式表示测量结果,包括视频表示、点位速率、位移量、2 点间距测量、2 线间夹角、连接线一览表示等。结果显示功能的操作界面与二维运动图像测量分析系统 MIAS 基本一致,差异仅在于数据维度由二维扩展至三维。本节着重阐述各类显示方法,不再详细说明操作界面细节。

11.4.1　视频表示

1. 多视角三维显示

该功能支持对载入的三维结果文件进行俯视、正视、旋转视图、侧视及任意角度的图表表示、数据查阅、复制及打印操作,并可自定义轨迹颜色、线型等可视化属性。轨迹与目标点的连线可切换残影模式或矢量模式。用户可选定特定速度范围的轨迹段,系统将以加粗实线显示。同时,通过播放控制面板可实现快进、快退、逐帧回放等动态交互操作。

图 11.4.1 所示为多视角三维表示结果示例。示例中 20 个目标点分布于人体各关节处,测量结果通过俯视、正视、旋转及侧视视图多维度呈现。利用播放控制功能,可逐帧观察关节的运动状态。

2. OpenGL 表示

此功能基于 OpenGL 引擎对三维结果文件进行动态渲染,支持导出 3DS 格式文件,以便通过 3ds Max、AutoCAD、Pro/E 等专业软件调用。用户可调节目标点显示颜色、线型及尺寸,并可选定特定速度范围的轨迹段进行高亮。播放

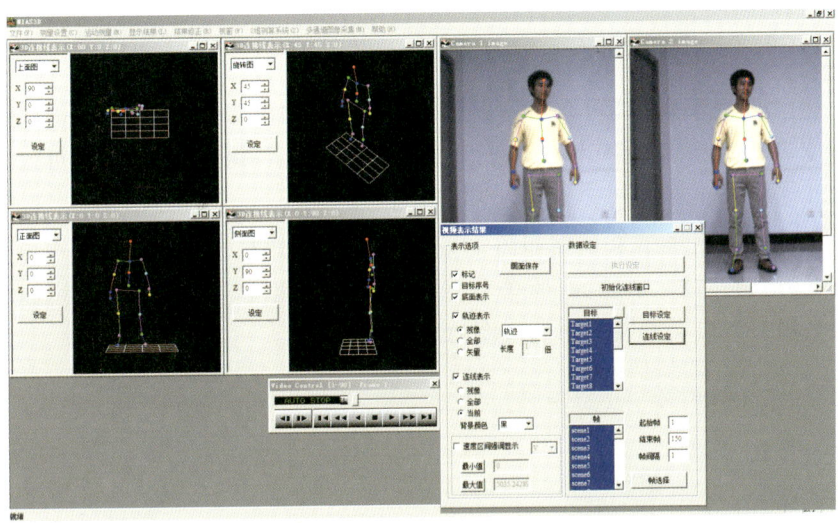

图 11.4.1　多视角三维表示结果示例

控制面板提供快进、快退及逐帧回放功能。

　　图 11.4.2 展示了 OpenGL 三维渲染效果。用户可通过鼠标交互实现显示对象的缩放、自由旋转,实现对目标点及其轨迹的全方位观测。

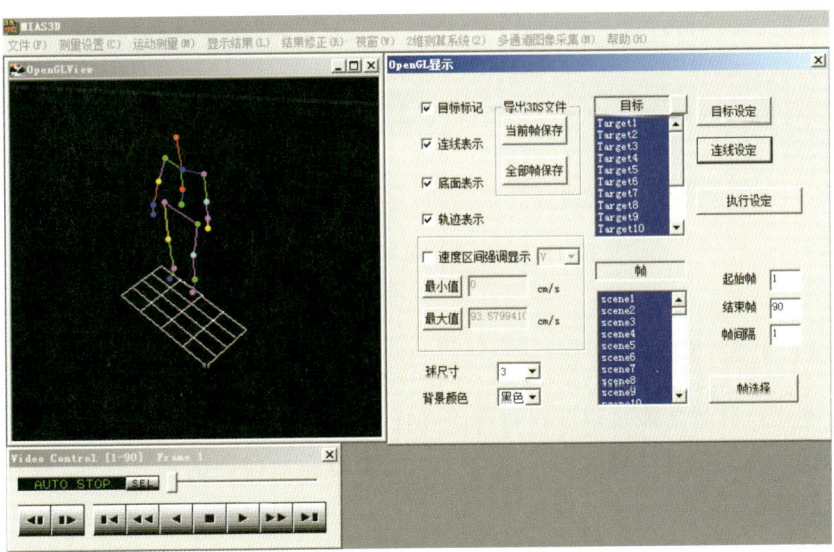

图 11.4.2　OpenGL 三维渲染效果示例

11.4.2　点位速率

利用点位速率功能可以获得目标在任意时刻的位置坐标、移动距离、速度、加速度等参数,结果数据不仅可以以文本的形式显示、保存及打印,还可以以分布曲线图的形式直观显示、复制及打印等。

点位速率测量结果示例如图 11.4.3 所示,图中表示了人体右腿 4 个目标点(右脚拇指、右脚、右膝、右胯关节)的移动距离、速度、加速度 3 个参数,测量结果数据分别以文本及分布曲线图的形式进行显示。

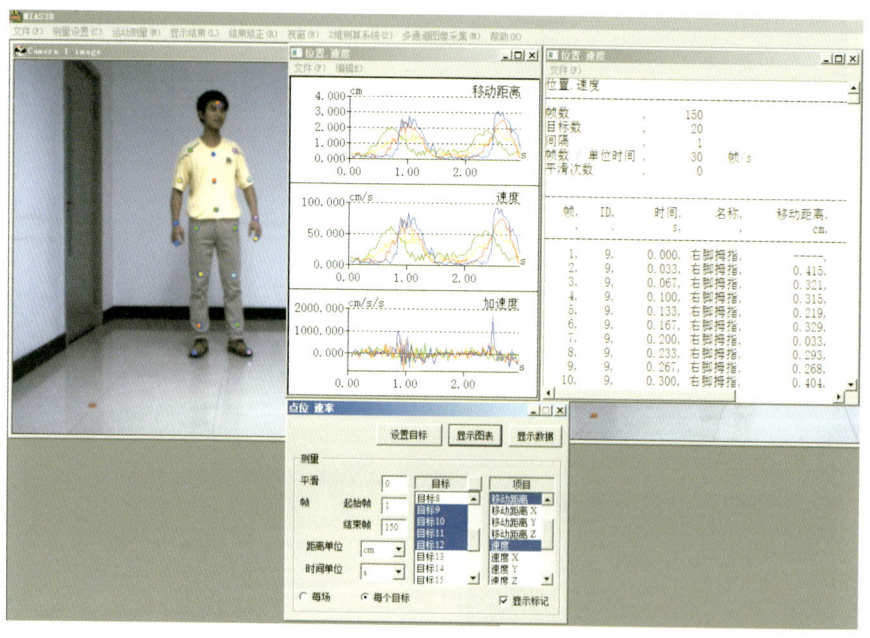

图 11.4.3　点位速率测量结果示例

11.4.3　位移量

利用位移量功能可以获得目标点在任意时刻相对于基准帧、基准点或基准目标的位移。测量结果数据可以以文本或者分布曲线图的形式显示、保存、复制及打印等。

位移量测量结果示例如图 11.4.4 所示。图中表示了人体右腿 4 个目标点(右脚拇指、右脚、右膝、右胯关节)相对于基准帧第一帧的 X、Y、Z 及绝对值的位移量,测量结果数据分别以文本及分布曲线图的形式进行显示。

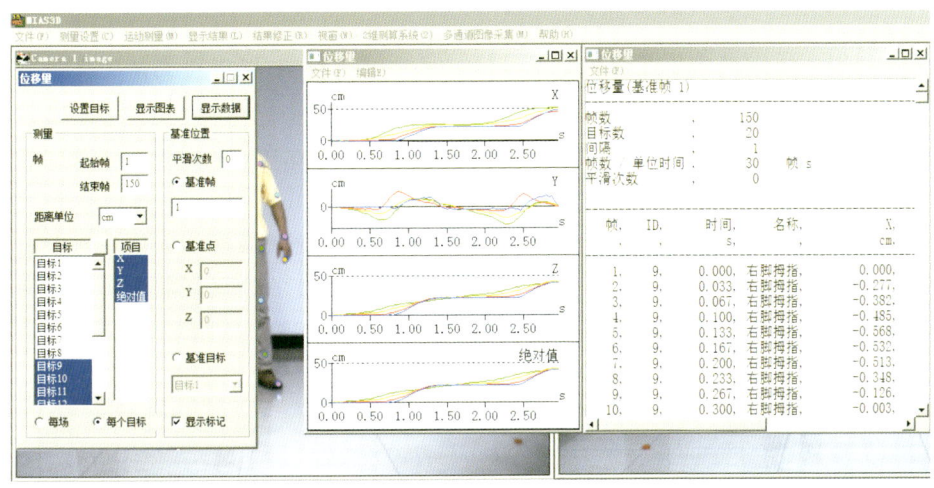

图 11.4.4　位移量测量结果示例

11.4.4　2 点间距离

利用 2 点间距离功能可以获得指定的目标与目标间的距离,测量结果数据可以以文本或者分布曲线图的形式显示、保存、复制及打印等。

2 点间距离测量结果示例如图 11.4.5 所示,图中测量目标为左、右脚拇指间的距离,测量结果数据分别以文本及分布曲线图的形式显示。

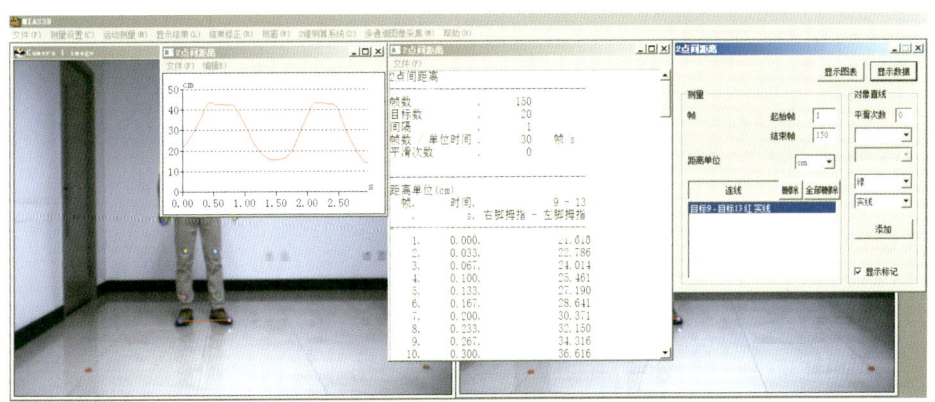

图 11.4.5　2 点间距离测量结果示例

11.4.5　2 线间夹角

利用 2 线间夹角功能可以获得目标与目标间的夹角,其中可测量的夹角类型有 3 点间夹角、2 线间夹角、X 轴夹角、Y 轴夹角、Z 轴夹角等。此外,测量夹角时,可以选择不同的角度计算基准,如实际空间角度、XY 平面投影角度、ZY 平面投影角度和 XZ 平面投影角度等。

2 线间夹角测量结果示例如图 11.4.6 所示,图中测量目标为人体右腿上右脚拇指、右脚连线与右脚、右膝连线的夹角。其中,角度的计算基准为实际空间角度,测量的参数有角度、角变异量、角速度及角加速度等。

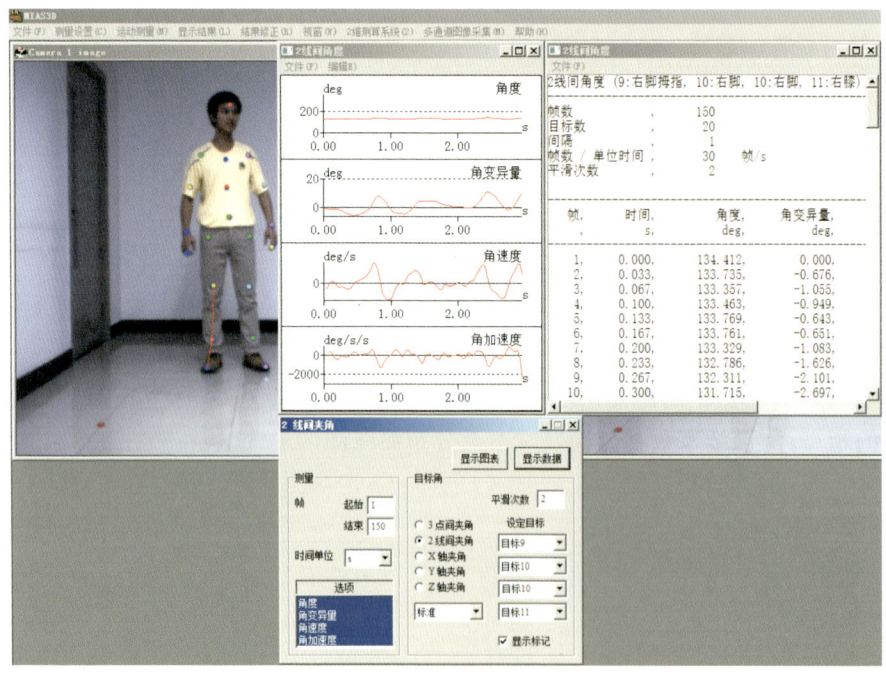

图 11.4.6　2 线间夹角测量结果示例

11.4.6　连接线一览表示

利用连接线一览表示功能可以一览图形式表示目标间的连接线。表示时可以设置不同的帧间隔,选择不同的投影图,如上面图、旋转图、正面图、侧面图等。

连接线一览图结果示例如图 11.4.7 所示,其中投影图设置为正面图,背景设置为黑色,帧间隔设置为 2。

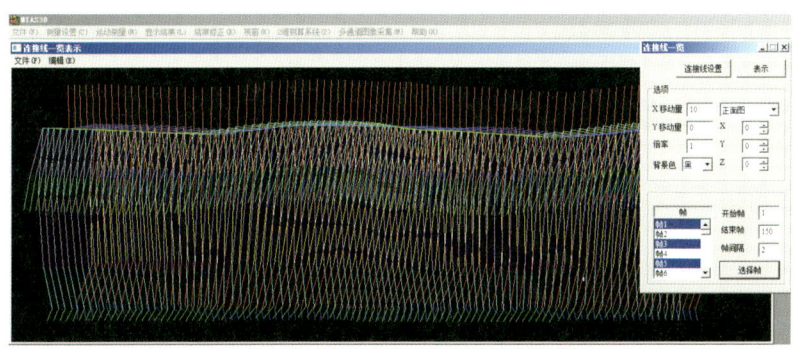

图 11.4.7　连接线一览表示示例

11.5　结果修正

MIAS 3D 系统的结果修正功能包括事项设定功能和人体重心测量功能。

1. 事项设定

利用事项设定功能可以设定基准帧、添加事项帧、删除事项帧。事项帧是指用户特别关注的帧。

2. 人体重心测量

人体重心测量功能的测量点位与 MIAS 系统中相同，只是测量数据由二维数据变成了三维数据。图 11.5.1 表示了一个测量示例，图中 1、2 点即为所测得的重心点。通过结果回放可以获得重心点 1、2 的运动轨迹、点位速率、位移

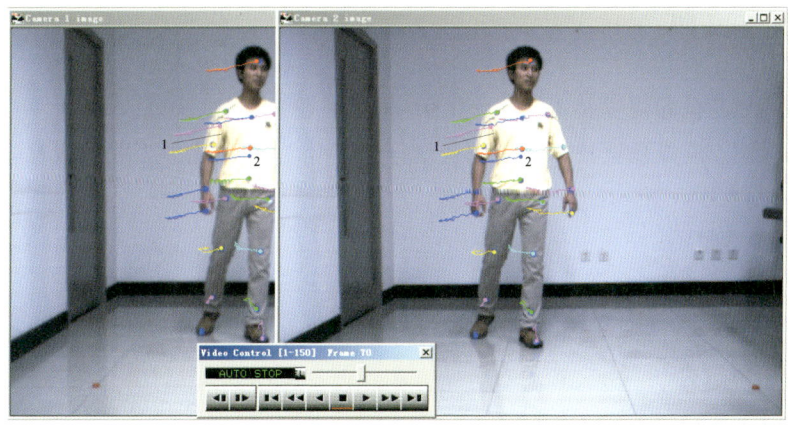

图 11.5.1　人体重心测量示例

及这两点间的距离等参数。

11.6　其他功能

1. 视窗

利用 MIAS3D 系统的"视窗"菜单可以新建立一个三维连线的显示窗口。如果想同时观察 4 个以上立体侧面,可以执行该命令。此外,它可以设定三维连线表示视窗的大小,可以设置显示比例,如 1/4、1/2、1 倍、2 倍、8 倍、16 倍等。

2. 二维测算系统

利用 MIAS3D 系统的"二维测算系统"菜单可以打开二维运动图像测算系统 MIAS。

3. 多通道图像采集

利用 MIAS3D 系统的"多通道图像采集"菜单可以打开多通道图像采集系统。

11.7　实时 3D 测量系统

在 MIAS3D 系统的基础上,作者开发了三维运动目标实时跟踪测量系统 RTTS3D。与 MIAS3D 相比,RTTS3D 不需要双目视觉分别进行测量后再进行 3D 数据合成,所有测量都是实时自动完成的。

参考文献

［1］陈兵旗. 机器视觉技术［M］. 北京:化学工业出版社,2018.
［2］陈兵旗. 机器视觉技术及应用实例详解［M］. 北京:化学工业出版社,2014.